Dieter Holzner

Chemie für Biologielaboranten

Related Titles

S. Eckhardt, W. Gottwald,
B. Stieglitz
1 x 1 der Laborpraxis
2002, ISBN 3-527-30755-9

Dieter Holzner

Chemie für Biologielaboranten

WILEY-VCH GmbH & Co. KGaA

Dr. Dieter Holzner
Birkenweg 22
85567 Pienzenau
Germany

Das vorliegende Werk wurde sorgfältig erarbeitet. Dennoch übernehmen Autoren, Herausgeber und Verlag für die Richtigkeit von Angaben, Hinweisen und Ratschlägen sowie für eventuelle Druckfehler keine Haftung.

Im Titelbild ist der dreidimensionale Aufbau der kleinen 30S-Untereinheit von Ribosomen (Seite 322) dargestellt: die ribosomale RNA in Orange und die vorliegenden 19 Proteine in verschiedenen Farben. Dieses Raummodell gibt Hinweise auf das Zusammenwirken von Ribosom, messengerRNA und Transfer-Ribonucleinsäuren im Decodierungs-Zentrum (Seite 321), in dem die genetische Information der mRNA in die Aminosäuere-Sequenzen der Proteine übersetzt wird. (Quelle: Jörg M. Harms, Frank Schluenzen, Max-Planck Gesellschaft Arbeitsgruppe Ribosomenstruktur, c/o DESY, Nottkestraße 85 22603 Hamburg, veröffentlicht in Max-Planck-Forschung 3/2000)

Die Deutsche Bibliothek - CIP-Einheitsaufnahme

Ein Titeldatensatz für diese Publikation ist bei Die Deutsche Bibliothek erhältlich

ISBN 978-3-527-30755-5

© 2003 WILEY-VCH Verlag GmbH & Co. KgaA, Weinheim
Gedruckt auf säurefreiem Papier.
Alle Rechte, insbesondere die der Übersetzung in andere Sprachen, vorbehalten. Kein Teil dieses Buches darf ohne schriftliche Genehmigung des Verlages in irgendeiner Form - durch Photokopie, Mikroverfilmung oder irgendein anderes Verfahren - reproduziert oder in eine von Maschinen, insbesondere von Datenverarbeitungsmaschinen, verwendbare Sprache übertragen oder übersetzt werden. Die Wiedergabe von Warenbezeichnungen, Handelsnamen oder sonstigen Kennzeichen in diesem Buch berechtigt nicht zu der Annahme, daß diese von jedermann frei benutzt werden dürfen. Vielmehr kann es sich auch dann um eingetragene Warenzeichen oder sonstige gesetzlich geschützte Kennzeichen handeln, wenn sie nicht eigens als solche markiert sind.
All rights reserved (including those of translation into other languages). No part of this book may be reproduced in any form - by photoprinting, microfilm, or any other means - nor transmitted or translated into a machine language without written permission from the publishers. Registered names, trademarks, etc. used in this book, even when not specifically marked as such, are not to be considered unprotected by law.
Satz: SC ZeroSoft SRL, Rumänien. Druck: betz-druck GmbH, Darmstadt.

Vorwort

Biologielaboranten und Biologielaborantinnen sind in erheblichem Maße an Arbeiten in Forschungs-, Entwicklungs- und Untersuchungslaboratorien in der pharmazeutischen und chemischen Industrie, in Biotechnologie-Unternehmen und an Universitäten und Forschungsinstituten und bei staatlichen Einrichtungen beteiligt.

Hierbei sind sie nicht nur auf allen Fachgebieten der Biologie selbst tätig, wie in der Zoologie, Botanik und Mikrobiologie, sondern sie arbeiten auch auf Gebieten, in denen Biologie und andere Wissenschaften, wie Chemie und Medizin, zur Biochemie, Bioanalytik, Molekularbiologie, Molekulargenetik, Gentechnik und Molekularen Medizin zusammengewachsen sind. Hinzu kommen die vielfältigen Anwendungen der Biowissenschaften in den Bereichen der Diagnostik sowie der Biotechnologie und der Gentechnologie.

Dieser Überblick zeigt, daß der staatlich anerkannte Ausbildungsberuf Biologielaborant/Biologielaborantin zu einer hohen fachlichen Qualifikation führt. Um diese Qualifikation zu erreichen, war es erforderlich, die Ausbildungsinhalte den neuen Anforderungen anzupassen, die sich aus der beruflichen Tätigkeit mit fachübergreifenden Aufgabenstellungen insbesondere auf den in rascher Entwicklung befindlichen Gebieten Biotechnologie, Gentechnik und Bioinformatik ergeben.

Die Grundlage für die 3½ jährige Ausbildung zum Biologielaboranten oder zur Biologielaborantin bildet derzeit eine Verordnung des Bundesministeriums für Wirtschaft und Technologie im Einvernehmen mit dem Bundesministerium für Billdung und Forschung, die am 1. August 2000 in Kraft getreten ist (Bundesgesetzblatt Jahrgang 2000 Teil I Nr.12, Seiten 257-265).

Zur Umsetzung dieser Verordnung wurde durch Beschluß der Kultusministerkonferenz im Jahr 2000 ein *Rahmenlehrplan für den Ausbildungsberuf Biologielaborant/Biologielaborantin* geschaffen, in dem die Ziele und Inhalte dieser Berufsausbildung geregelt sind.

Das hier vorliegende, für diese Zielgruppe neu konzipierte Lehrbuch umfaßt die Lehrinhalte, die in diesem Rahmenlehrplan für den theoretischen Unterricht im Fach *Chemie* angegeben sind.

Darüber hinaus sind auch zum Verständnis erforderliche Lehrinhalte aus der Physik sowie vor allem die vielfältigen Anwendungen der Chemie auf den Gebieten *Molekularbiologie, Biotechnologie* und *Gentechnik* in entsprechendem Umfang enthalten.

Der Nutzen dieses *in einem Band* vorliegenden Lehrbuches besteht darin, daß der Leser zum Verständnis der in der "Biochemie" beschriebenen chemischen Strukturen und Stoffwechsel-Reaktionen **unmittelbar** auf allen vorangehenden Kapiteln zur Allgemeinen und Anorganischen Chemie wie auch zur Organischen Chemie aufbauen kann.

Ohne Vorkenntnisse in Chemie vorauszusetzen, habe ich mich bemüht, die Vielfalt der Stoffe und der chemischen Vorgänge überschaubar und einprägsam darzustellen und das Verständnis für die Zusammenhänge zu erschließen. Die hierzu erforderlichen Fachbegriffe sind eingehend im Text erläutert.

Insgesamt werden Sie sich die Chemie erschließen wie eine abwechslungsreiche Landschaft nach kurzem Morgennebel an einem schönen Frühlingstag.

Dieses Buch entstand aufgrund meiner langjährigen Lehrtätigkeit und baut auf Erfahrungen auf, die beim Einsatz des Lehrbuches "Chemie für Technische Assistenten in der Medizin und in der Biologie" gesammelt wurden.

Für ihr Entgegenkommen bei der Herausgabe dieses Lehrbuches und für die gute Zusammenarbeit danke ich Frau Dr. Eva-Elisabeth Wille und Frau Dr. Andrea Pillmann vom Verlag Wiley-VCH.

Den Biologielaborantinnen und Biologielaboranten wünsche ich bei der Arbeit mit diesem Lehrbuch in der Ausbildung und in ihrem Beruf viel Erfolg.

Juli 2003   D. Holzner

Inhalt

Farbtafeln XVII

1 Einführung 1
1.1 Tätigkeitsbereiche von Biologielaboranten 1
1.2 Chemie-Ausbildung von Biologielaboranten 2
1.3 Physik......Chemie 3
1.4 Chemie.....Biologie 4
1.5 Molekularbiologie 5
1.6 Biotechnologie und Gentechnologie 8
1.6.1 Grundlagen 8
1.6.2 Gentechnisch veränderte Pflanzen 9
1.7 Arzneimittel-Wirkstoffe 10
1.7.1 Einführung 10
1.7.2 Die Suche nach neuen Wirkstoffen 11
1.8 Wechselwirkung zwischen Organismus und Stoffen 11

2 Stoffe, ihre Einteilung und Methoden zur Stoff-Trennung 13
2.1 Die Vielfalt an Stoffen 13
2.1.1 Bedeutungen des Stoff-Begriffes 13
2.1.2 Bedeutungen der Bezeichnung „Mittel" 14
2.1.3 Reinheitsgrad von Stoffen 15
2.2 Einteilung von Stoffen 16
2.3 Charakteristische Eigenschaften reiner Stoffe 16
2.3.1 Natriumchlorid und Glucose als Beispiele für reine Stoffe 16
2.3.2 Physikalische Eigenschaften von Stoffen 17
2.3.2.1 Zusammenhänge zwischen chemischem Aufbau und Eigenschaften 17
2.3.2.2 Zwischenmolekulare Kräfte 18
2.3.2.3 Identifizierung reiner Stoffe 19
2.4 Stoff-Gemische 20
2.4.1 Homogene Stoff-Gemische 20
2.4.2 Heterogene Stoff-Gemische 20
2.4.3 Zusammensetzung von Nährmedien 21
2.4.4 Der Umgang mit Arbeitsstoffen 23
2.5 Trennung von Stoff-Gemischen 23
2.5.1 Extraktion 24
2.5.2 Gewinnung fester Stoffe aus Lösungen 25
2.5.3 Weitere Trennverfahren 25
2.5.4 Chromatographische Trennmethoden 25
2.5.4.1 Gel-Chromatographie 26
2.5.4.2 Adsorptions-Chromatographie 26
2.5.4.3 Ionenaustausch-Chromatographie 27
2.5.5 Elektrophorese 27
Kontrollfragen 28

3 Chemische Elemente und Atom-Aufbau 29
3.1 Unterscheidung Elemente . . . Verbindungen 29

3.2	Die kleinsten Teilchen chemischer Elemente	30
3.2.1	Der Atom-Begriff	30
3.2.2	Elementarteilchen	30
3.3	Atom-Aufbau	31
3.4	Isotope	33
3.4.1	Bedeutung der Neutronen	33
3.4.2	Kohlenstoff-Isotope	34
3.4.3	Wasserstoff-Isotope	34
3.4.4	Anwendungen von Isotopen	34
3.5	Aufbau und Eigenschaften von Atomkernen	35
3.5.1	Die natürliche Radioaktivität	35
3.5.2	Künstliche Kern-Umwandlungen	37
	Kontrollfragen	37
4	**Das Periodensystem der Elemente**	**39**
4.1	Einführung	39
4.2	Das heutige Periodensystem	39
4.3	Aufbau-Prinzip der Elektronenhülle	40
4.4	Aufbau des Periodensystems	41
4.5	Einteilung der Elemente in Gruppen	42
4.6	Periodizität von Eigenschaften	44
	Kontrollfragen	45
5	**Entstehung chemischer Verbindungen**	**47**
5.1	Übersicht	47
5.2	Ionen-Verbindungen	48
5.2.1	Eigenschaften von Ionen-Verbindungen	49
5.2.2	Entstehung von Ionen und Ionen-Bindung	49
5.2.3	Benennung von Ionen-Verbindungen	50
5.3	Entstehung von Molekülen	50
5.3.1	Moleküle aus zwei gleichartigen Atomen	50
5.3.2	Moleküle aus zwei verschiedenartigen Atomen	52
5.3.3	Moleküle aus mehr als zwei Atomen	52
5.4	Elektronegativität	53
5.5	Koordinationsverbindungen (Komplex-Verbindungen)	54
5.5.1	Komplex-Verbindungen	55
5.5.2	Stabilität und Anwendung von Komplex-Verbindungen	56
5.5.3	Chelat-Komplexe	57
	Kontrollfragen	57
6	**Quantitative Angaben und optische Methoden in der Chemie**	**59**
6.1	Die Notwendigkeit quantitativer Angaben	59
6.2	Relative Molekülmasse und Formelmasse	60
6.3	Das Internationale Einheiten-System	60
6.4	Das Mol – die Einheit der Stoffmenge	61
6.4.1	Stoffmengen-Angaben	62
6.5	Molare Masse	63
6.6	Das Dalton als Masseneinheit	64
6.7	Optische Methoden in der Chemie	65
6.7.1	Elektromagnetische Strahlung	65
6.7.2	Spektrometrie	66
6.7.3	Photometrische Bestimmungen	66
6.7.4	Polarimetrie	67

	Kontrollfragen	68
7	**Gase**	**69**
7.1	Die verschiedenen Aggregatzustände	69
7.2	Physikalische Eigenschaften von Gasen	69
7.2.1	Das molare Volumen idealer Gase	70
7.2.2	Gas-Gemische	70
7.3	Gase in der Umwelt	70
	Kontrollfragen	72
8	**Gesetzmäßigkeiten chemischer Reaktionen**	**73**
8.1	Übersicht	73
8.2	Masse und Volumen bei chemischen Reaktionen	74
8.2.1	Gesetz von der Erhaltung der Masse (Lavoisier, 1785)	74
8.2.2	Gesetz von den konstanten Proportionen (Proust, 1799)	74
8.2.3	Gesetz von den multiplen Proportionen (Dalton, 1808)	75
8.2.4	Volumen-Gesetz von Gay-Lussac (1808)	75
8.2.5	Avogadrosche Hypothese (1811)	75
8.3	Chemische Gleichgewichte und Massenwirkungsgesetz	75
8.4	Prinzip des kleinsten Zwanges	78
8.5	Energetik chemischer Reaktionen	78
8.5.1	Aktivierungs-Energie und Katalyse	79
	Kontrollfragen	81
9	**Wasser**	**83**
9.1	Wasser als Grundlage der Lebensvorgänge	83
9.2	Chemische Zusammensetzung	83
9.3	Wasserstoffbrücken- Bindungen zwischen Wasser-Molekülen	83
9.4	Wasser als Lösungsmittel	84
9.5	Ionenprodukt des Wassers	84
9.6	Die Härte des Wassers	87
	Kontrollfragen	88
10	**Lösungen**	**89**
10.1	Übersicht	89
10.2	Wäßrige Lösungen	90
10.3	Gehalts-Angaben von Lösungen	92
10.3.1	Stoffmengen-Konzentration	93
10.3.2	Äquivalent-Konzentration	93
10.3.3	Molalität	94
10.3.4	Massen-Anteil	94
10.3.5	Massen-Konzentration	94
10.3.6	Volumen-Konzentration	95
10.3.7	Formel-Übersicht	95
10.4	Von der Teilchenanzahl abhängige Lösungs-Eigenschaften	95
10.5	Lösungen von Gasen in Wasser	98
	Kontrollfragen	99
11	**Säure-Base-Reaktionen**	**101**
11.1	Übersicht	101
11.2	Protonen-Übertragungsreaktionen (Protolysen)	102
11.2.1	Protolyse von Säuren	102
11.2.2	Protolyse von Basen	106

11.3	Korrespondierende Säure-Base-Paare	107
11.4	pH-Wert wäßriger Lösungen starker Säuren und Basen	108
11.5	Die Neutralisations-Reaktion	108
11.6	Indikatoren	111
11.7	Protolyse von Salzen	112
	Kontrollfragen	114
12	**Puffer-Systeme**	**115**
12.1	Übersicht	115
12.2	Qualitative Zusammensetzung von Puffer-Lösungen	115
12.3	Quantitative Zusammensetzung von Puffer-Mischungen	116
12.4	Wirkungsweise von Puffer-Systemen	118
12.5	Anwendung von Puffer-Systemen	120
12.6	Puffer-Systeme des Blutes	121
	Kontrollfragen	123
13	**Oxidations- und Reduktions-Vorgänge (Redox-Reaktionen)**	**125**
13.1	Oxidation und Reduktion unter Beteiligung von Sauerstoff	125
13.2	Oxidation und Reduktion als Elektronen-Übertragung	125
13.3	Oxidationszahlen	127
13.4	Redox-Begriffe in der Übersicht	127
13.4.1	Die chemischen Vorgänge	127
13.4.2	Oxidationsmittel	127
13.4.3	Reduktionsmittel	128
13.5	Aufstellen von Redox-Gleichungen	128
13.6	Redox-Titrationen	129
	Kontrollfragen	131
14	**Eigenschaften und Reaktionen bestimmter Elemente und Verbindungen**	**133**
14.1	Metalle	133
14.1.1	Eigenschaften und Verwendung von Metallen	133
14.1.2	Ursachen für die toxische Wirkung von Metallen	134
14.2	Alkalimetalle	134
14.3	Erdalkalimetalle	135
14.4	Bor und Aluminium als Elemente der 3. Gruppe	135
14.5	Kohlenstoff-Silicium-Gruppe	136
14.6	Metalle aus den Nebengruppen des Periodensystems der Elemente	137
14.7	Stickstoff-Phosphor-Gruppe	138
14.8	Sauerstoff-Schwefel-Gruppe	139
14.9	Halogene	141
	Kontrollfragen	143
15	**Elektrolyte im menschlichen Organismus**	**145**
15.1	Kationen im Elektrolyt-Haushalt	146
15.2	Anionen im Elektrolyt-Haushalt	149
	Kontrollfragen	150
16	**Organische Chemie - Einführung und Übersicht**	**151**
16.1	Entwicklung und Bedeutung der Organischen Chemie	151
16.2	Der Aufbau organischer Verbindungen	152
16.3	Die Vielfalt organischer Verbindungen	154
16.4	Isomerie und Molekül-Modelle	156
16.5	Organische Polymere	157

16.6	Benennung und Klassifizierung organischer Verbindungen	159
16.7	Chemische Konstitution und physikalische Eigenschaften	160
16.8	Reaktions-Typen in der Organischen Chemie	162
	Kontrollfragen	166
17	**Kohlenwasserstoffe**	**167**
17.1	Einführung	167
17.2	Die homologe Reihe der Alkane (Paraffine)	168
17.3	Die Gerüst-Isomerie der Alkane	170
17.4	Cycloalkane	172
17.5	Substitutions-Reaktionen mit gesättigten Kohlenwasserstoffen	172
17.5.1	Chlorkohlenwasserstoffe	173
17.6	Alkene	173
17.6.1	Polymerisation	175
17.7	Aromatische Kohlenwasserstoffe	176
	Kontrollfragen	178
18	**Alkohole Ether Phenole**	**179**
18.1	Einführung	179
18.2	Alkanole	180
18.2.1	Physikalische Eigenschaften der Alkanole	181
18.2.2	Chemische Reaktionen	182
18.3	Mehrwertige Alkohole	183
18.4	Ether	184
18.4.1	Ether als Verbindungsklasse	184
18.5	Phenole	185
18.5.1	Einwertige Phenole	185
18.5.2	Mehrwertige Phenole	186
	Kontrollfragen	187
19	**Carbonyl-Verbindungen**	**189**
19.1	Einführung	189
19.2	Aldehyde	189
19.2.1	Aldehyde als Verbindungsklasse	189
19.2.2	Alkanale	190
19.2.3	Aldehyde aus anderen homologen Reihen	191
19.3	Ketone	191
19.3.1	Alkanone	191
19.4	Reaktionen von Carbonyl-Verbindungen	192
19.4.1	Anlagerung von Wasserstoff (Hydrierung)	192
19.4.2	Anlagerung von Wasser/Aldehyd-Hydrate	192
19.4.3	Anlagerung von Alkoholen/Halbacetale und Acetale	193
	Kontrollfragen	193
20	**Carbonsäuren**	**195**
20.1	Einführung	195
20.2	Gesättigte Monocarbonsäuren	196
20.3	Ungesättigte Monocarbonsäuren	197
20.4	Gesättigte und ungesättigte Dicarbonsäuren	197
20.5	Percarbonsäuren	198
20.6	Substituierte Carbonsäuren	199
20.6.1	Halogen-carbonsäuren	199
20.6.2	Hydroxy-carbonsäuren	200

20.6.3	Keto-carbonsäuren	201
	Kontrollfragen	202

21 Stereochemie 203
21.1	Einführung	203
21.2	Optische Aktivität	203
21.2.1	Historische Entwicklung und Grundbegriffe	203
21.2.2	Ursache der optischen Aktivität	205
21.3	Optisch aktive Verbindungen mit mehreren asymmetrischen C-Atomen	206
21.4	Cis-trans-Isomerie (Geometrische Isomerie)	206
	Kontrollfragen	207

22 Funktionelle Carbonsäure-Derivate 209
22.1	Einführung	209
22.2	Salze von Carbonsäuren	209
22.2.1	Seifen	210
22.2.2	Komplex-Salze	210
22.3	Carbonsäure-ester	211
22.4	Carbonsäure-anhydride	212
22.5	Carbonsäure-amide	213
	Kontrollfragen	213

23 Fette und Lipide 215
23.1	Einteilung der Fette	215
23.2	Chemische Struktur der Fette	215
23.3	Chemische Eigenschaften der Fette	216
23.4	Physikalische Eigenschaften der Fette	217
23.5	Biologische Bedeutung der Fette	218
23.6	Lipide	219
23.7	Lipide in biologischen Membranen	220
23.8	Steroide	221
	Kontrollfragen	223

24 Kohlenhydrate 225
24.1	Einführung	225
24.2	Monosaccharide	225
24.2.1	Triosen	226
24.2.2	Pentosen	226
24.2.3	Glucose	228
24.2.4	Glycoside	232
24.2.5	Weitere Hexosen	233
24.3	Disaccharide	234
24.3.1	Saccharose (Rohrzucker, Rübenzucker)	234
24.3.2	Maltose (Malzzucker)	235
24.3.3	Cellobiose	236
24.3.4	Lactose (Milchzucker)	236
24.4	Polysaccharide	236
	Kontrollfragen	238

25 Schwefelhatige organische Verbindungen 239
25.1	Einführung	239
25.2	Thioalkohole (Thiole)	239
25.3	Thioether	240
25.4	Thioester	240

25.5	Sulfonsäuren	240
25.6	Amino-sulfonsäuren	241
25.7	Schwefelsäuremonoester	242
	Kontrollfragen	242

26 Stickstoffhaltige organische Verbindungen 243

26.1	Amine	243
26.1.1	Alkylamine (Aminoalkane)	243
26.1.2	Heterocyclische Amine	244
26.1.3	Amine mit alkoholischen Hydroxy-Gruppen	244
26.1.4	Aromatische Amine	245
26.2	Ungesättigte Stickstoff-Heterocyclen	245
26.2.1	Harnsäure	246
26.3	Harnstoff und Ureide	247
26.4	Guanidin	248
26.5	Quartäre Ammoniumsalze	248
26.6	Stickstoffhaltige organische Verbindungen als Komplexbildner	249
26.7	Weitere stickstoffhaltige Verbindungen	250
	Kontrollfragen	251

27 Aminosäuren und Peptide 253

27.1	Einführung	253
27.2	Eigenschaften von Monoamino-monocarbonsäuren	254
27.3	Monoamino-dicarbonsäuren	258
27.4	Diamino-monocarbonsäuren	258
27.5	Aminosäuren im Stoffwechsel	259
27.6	Harnstoff-Synthese	260
27.7	Peptide	260
	Kontrollfragen	263

28 Proteine 265

28.1	Einführung	265
28.2	Einteilung der Proteine	266
28.2.1	Lipoproteine	268
28.2.2	Glycoproteine	269
28.3	Eigenschaften von Proteinen	271
28.4	Isolierung und Reinigung von Proteinen	273
28.4.1	Einführung	273
28.4.2	Reinigung von Peptiden und Proteinen durch chromatographische Trennverfahren	274
28.4.3	Protein-Trennungen aufgrund von Ladungs-Unterschieden	275
	Kontrollfragen	276

29 Enzyme 277

29.1	Einführung	277
29.2	Chemischer Aufbau und Eigenschaften der Enzyme	279
29.3	Einordnung und Benennung von Enzymen	281
29.3.1	Oxidoreduktasen	282
29.3.2	Transferasen	282
29.3.3	Hydrolasen	283
29.3.4	Lyasen	283
29.3.5	Isomerasen	284
29.3.6	Ligasen	284
29.4	Enzym-Kinetik	284

Kontrollfragen 286

30   Vitamine und Coenzyme 287
30.1   Vitamine 287
30.2   Die Coenzyme NAD$^\oplus$ und FAD 290
30.3   Die Bedeutung von NAD$^\oplus$/NADH für quantitative Bestimmungen 292
       Kontrollfragen 293

31   Nucleotide 295
31.1   Einführung 295
31.2   Mononucleotide 296
31.3   Benennung von Nucleotiden 298
31.4   Nucleosid-triphosphate 299
31.5   Oligonucleotide 300
31.5.1 Chemischer Aufbau 300
31.5.2 Anwendungen von Oligonucleotiden 301
       Kontrollfragen 302

32   Nucleinsäuren 303
32.1   Einführung 303
32.2   Chemischer Aufbau der Nucleinsäuren 303
32.3   Chemische Eigenschaften von Nucleinsäuren 305
32.4   Vorkommen von DNA 306
32.5   Isolierung und Aufreinigung von Nucleinsäuren 308
32.5.1 Gewinnung von genomischer DNA 309
32.5.2 Gewinnung von Plasmid-DNA 309
32.5.3 Gewinnung von eukaryotischer mRNA (Poly(A)mRNA) 310
32.6   Denaturierung von DNA 310
32.7   Hybridisierung von Nucleinsäuren 311
32.8   DNA-Sequenzanalyse 314
32.9   Polymerase-Kettenreaktion 315
32.10 Biologische Funktionen der Nucleinsäuren 317
32.10.1 Die Replikation von DNA 317
32.10.2 Die Transkription von DNA in RNA 319
32.10.3 Die Translation von mRNA in Proteine 320
       Kontrollfragen 323

33   Gentechnologie 325
33.1   Einführung 325
33.2   Enzyme für Nucleinsäure-Substrate 326
33.3   Plasmide 327
33.4   Gen-Bibliotheken 328
33.5   Rekombination von DNA 328
33.6   Rekombinante Pharma-Proteine 330
       Kontrollfragen 331

34   Biochemie 333
34.1   Einführung 333
34.2   Stoffwechsel 335
34.2.1 Glycolyse 336
34.2.2 Citronensäure-Cyclus 336
34.2.3 Biosynthese 337
34.3   Gemeinsamkeiten des Stoffwechsels 338

34.4	Bioenergetik	339
34.4.1	Die Schlüsselstellung von Adenosin-triphosphat im Energie-Stoffwechsel	339
34.4.2	Oxidative Phosphorylierung	342
	Kontrollfragen	343

Chemische Elemente in alphabetischer Reihenfolge (Auswahl) 345

Antworten zu den Kontrollfragen 347

Literaturverzeichnis 355

Register 357

Farbtafeln

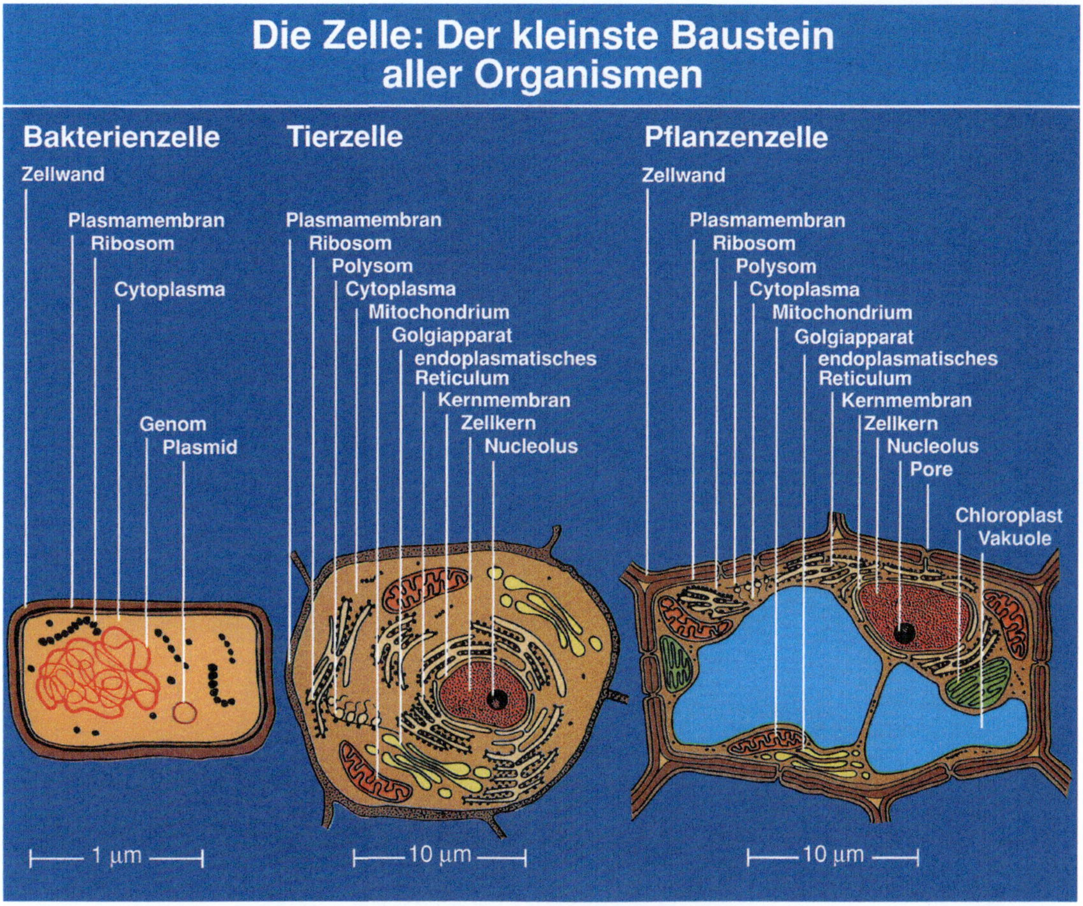

Abb. 1-1. Die Zellen als kleinste strukturelle, wie auch funktionelle Einheiten von Lebewesen unterscheiden sich bei Bakterien (Prokaryonten) sowie Tieren und Pflanzen (Eukaryonten) hinsichtlich der Beschaffenheit von Zellwand und Membranen sowie des Vorhandenseins von Zellkern und Zell-Kompartimenten (Seite 339) erheblich voneinander (Bild-Quelle: Folienserie des Fonds der Chemischen Industrie, Serie 20, Biotechnologie/Gentechnik, Frankfurt, 1996).

Abb. 1-2. Fermenter sind mit aufwendiger Meß- und Regeltechnik ausgestattete Apparaturen zur Durchführung biotechnologischer Verfahren, z.B. zur Produktion von Antibiotika, Pharma-Proteinen und Enzymen (Bild-Quelle: research Bayer, Leverkusen, Ausgabe 8, 1996).

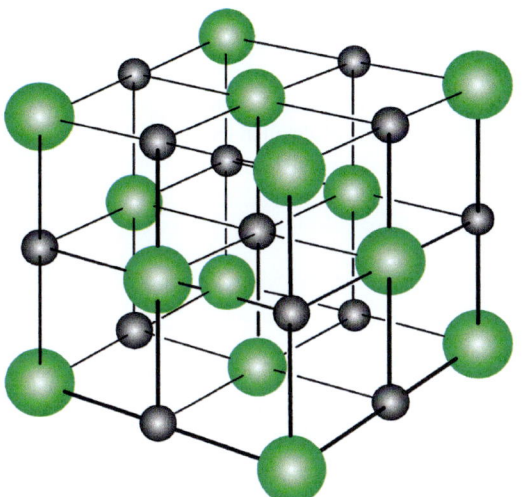

Abb. 5-2. Kristallgitter von Natriumchlorid: Die Abbildung berücksichtigt die unterschiedlichen Ionen-Radien von Na$^\oplus$-Ionen (kleinere Kugeln) und Cl$^\ominus$-Ionen (größere Kugeln). Durch die (als Linien dargestellten) Anziehungskräfte werden die positiv und negativ geladenen Ionen im Kristall zusammengehalten (nach C. E. Mortimer: *Chemie*. Georg Thieme Verlag, Stuttgart, 4. Aufl. 1983).

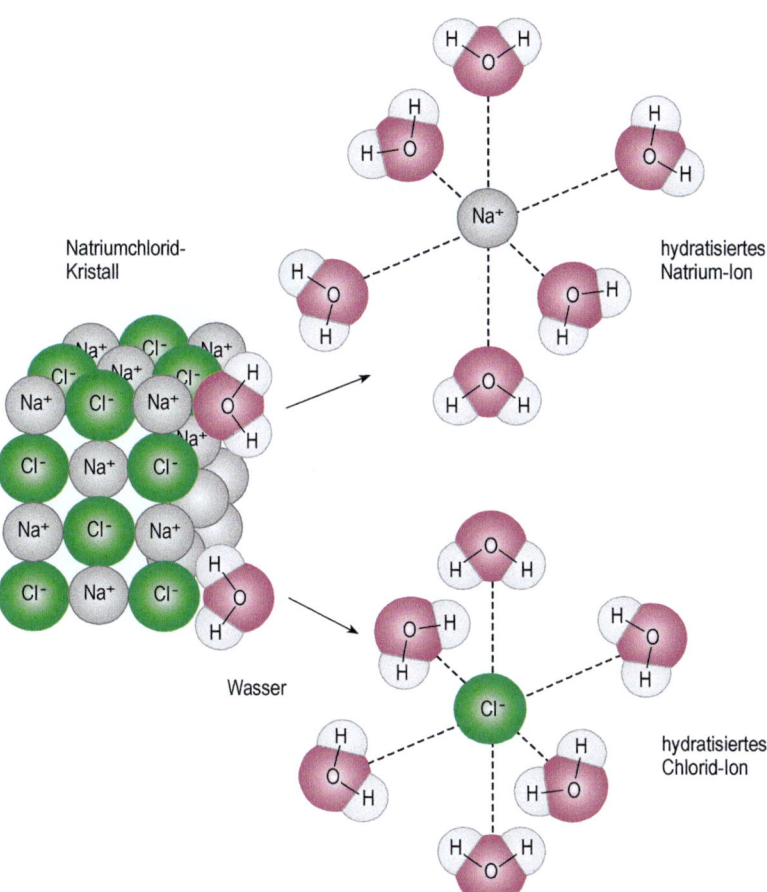

Abb. 10-2. Am Beispiel Natriumchlorid wird das Auflösen von Kristallen einer Ionen-Verbindung in Wasser gezeigt. Die an den Kanten des Kristalls befindlichen Ionen werden zuerst aus der Oberfläche des Ionen-Gitters herausgelöst und von Wasser-Molekülen umhüllt (hydratisiert) (nach: J. R. Holum).

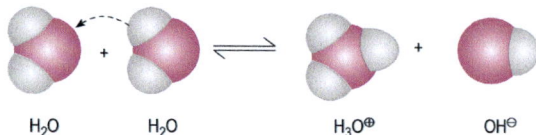

Abb. 9-2. Protonen-Übertragungsreaktion zwischen Wasser-Molekülen (Kalotten-Modelle).

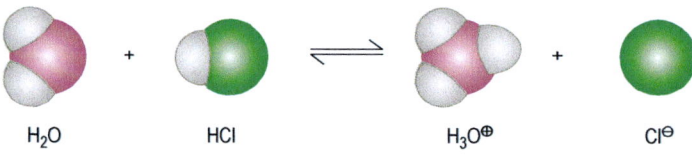

Abb. 11-1. Protonen-Übertragungsreaktion zwischen Chlorwasserstoff- und Wasser-Molekülen (Kalotten-Modelle).

Abb. 16-3. und **Abb. 17-4.** In der Organischen Chemie und Biochemie sind Kalotten-Modelle zur Veranschaulichung der räumlichen Gestalt von Molekülen von Nutzen.
Links: Das Kalotten-Modell von Ehtanol (C schwarz, H weiß, O rot).
Rechts: Das Kalotten-Modell von cis- und trans-1,2-Dichlor-ethen (Cl grün).

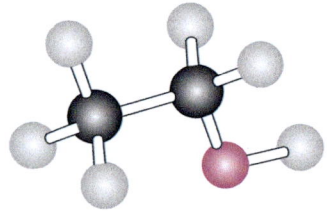 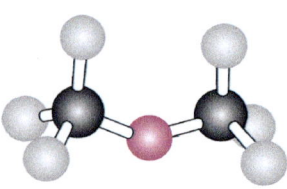

Abb. 18-1. Kugel-Stab-Modelle der beiden funktionsisomeren Verbindungen C_2H_6O: Ethanol (links) mit der Hydroxy-Gruppe (OH, O-Atom als rote Kugel) und Dimethyl-ether mit dem O-Atom zwischen zwei C-Atomen (nach: Solomons: Organic Chemistry).

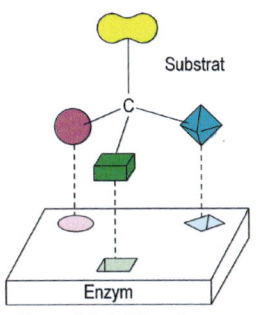 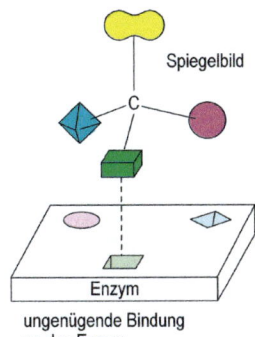

Abb. 21-1. Von den beiden spiegelbildisomeren Substraten wird nur das links abgebildete zu einem Enzym-Substrat-Komplex gebunden. Die enantiomere Konfiguration des rechts abgebildeten Substrats läßt eine Bindung an das Enzym an zwei von drei Stellen nicht zu (nach: Solomons: *Organic Chemistry*).

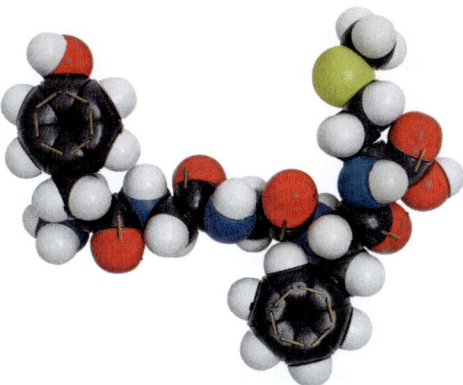

Abb. 27-2. Kalotten-Modell des Pentapeptids Met-Enkephalin **Tyr-Gly-Gly-Phe-Met** (freundlicherweise von der Fa. Leybold Didactic, Hürth, zur Verfügung gestellt).

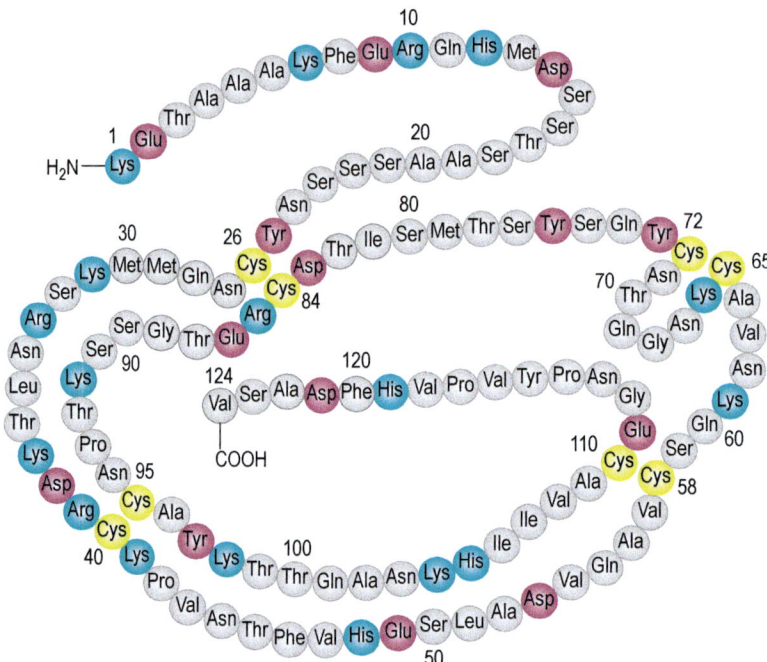

Abb. 28-1. Primär-Struktur der Ribonuclease A aus Rinderpankreas (nach Jakubke/Jeschkeit). Die 8 innerhalb der Peptid-Kette durch Disulfid-Bindungen verknüpften Cysteinyl-Reste sind gelb, die Reste saurer Aminosäuren rot und die basischer Aminosäuren blau hervorgehoben.

Abb. 32-1. Die Doppelhelix-Struktur der DNA. In dem DNA-Tischmodell ist der Zusammenhalt der *komplementären Basen* farblich hervorgehoben („D" weist auf die im Rückgrat der DNA vorliegenden Desoxyribose-Reste hin).
Die Sequenz der Nucleotide kann für Unterrichtszwecke variiert werden (mit freundlicher Genehmigung der Fa. A. Schlüter, Haus für Biologie, Winnenden).

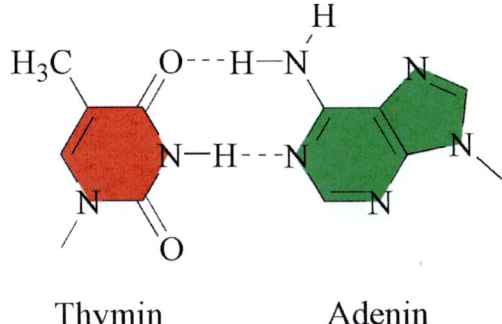

Thymin — Adenin

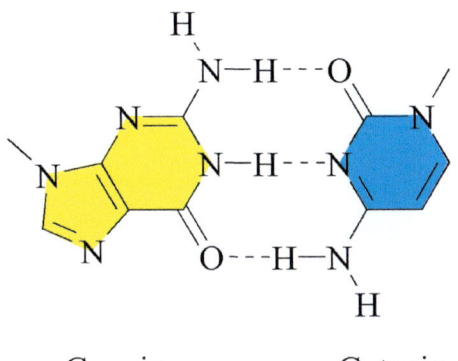

(A) Guanin — Cytosin

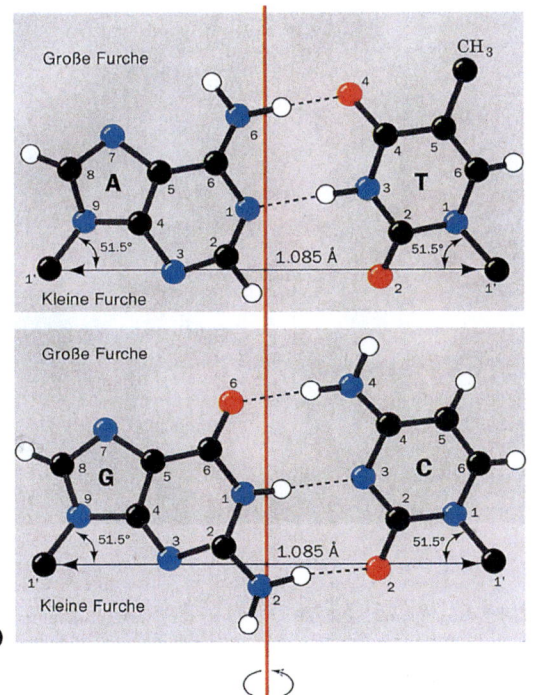

Abb. 32-2. Die komplementäre Basen-Paarung: In (A) sind die Ring-Systeme der komplementären Basen in den gleichen Farben wiedergegeben, die den Nucleotiden A, G, C und T bei der DNA-Sequenzierung zugeordnet sind.
In (B) ist die Basen-Paarung durch Kugel-Stab-Modelle der Nucleobasen veranschaulicht (C schwarz, N blau, O rot, H farblos; Doppelbindungen sind hier nicht eingezeichnet). Das C-Atom 1' der Desoxyribose ist stets mit dem N-Atom 1 der Pyrimidin-Basen oder dem N-Atom 9 der Purin-Basen verknüpft. Der Abstand zwischen den C-Atomen 1' ist bei beiden Basen-Paaren gleich lang (Abb. (B) aus Voet, s. Literaturverzeichnis).

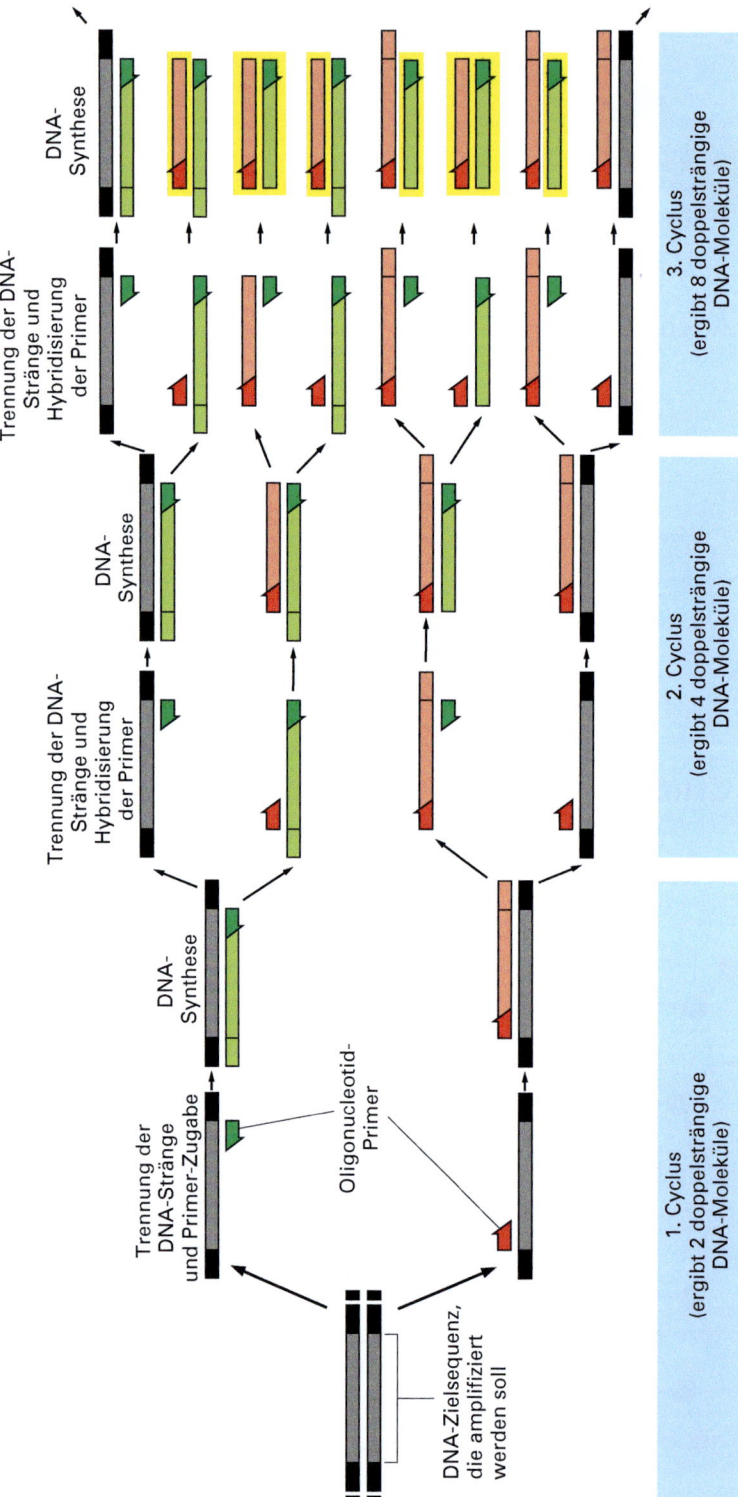

Abb. 32-3. Die Polymerase-Kettenreaktion zur Vervielfältigung von DNA: Der hellgraue Bereich entspricht der Länge der DNA-Zielsequenz, die amplifiziert werden soll. Die ersten beiden Schritte der PCR-Cyclen (die Trennung der DNA-Stränge und das Primer-Annealing) sind hier zusammengefaßt. Das Ergebnis bei der Synthese neuer DNA-Stränge ist für die ersten drei (von insgesamt meist 30 Cyclen) im einzelnen dargestellt. Jedes der hierbei synthetisierten DNA-Fragmente dient nach erfolgter Strang-Trennung im nächstfolgenden Cyclus selbst als Matrize, was im folgenden dazu führt, daß praktisch alle am Ende erhaltenen DNA-Stränge die gleiche Länge aufweisen (nach Alberts et al., s. Literaturverzeichnis).

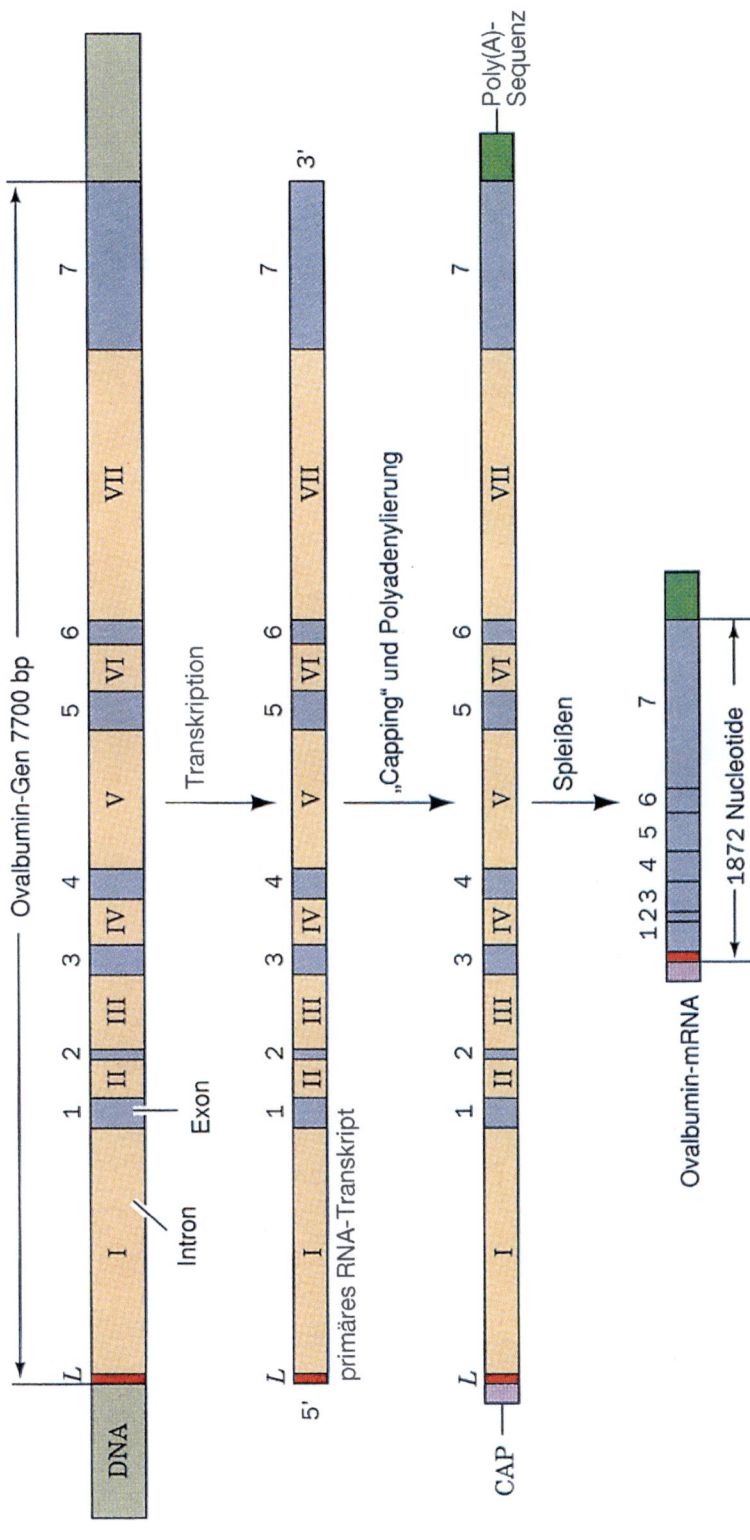

Abb. 32-5. Die Abbildung veranschaulicht am Beispiel des für Hühner-Ovalbumin codierenden Gens einzelne Schritte der Prozessierung von der Vorläufer-mRNA (dem Primärtranskript) zur reifen Ovalbumin-mRNA. Bei dem als „Capping" bezeichneten Vorgang wird das 5'-Ende des Primärtranskripts modifiziert (aus Voet/Voet, s. Literaturverzeichnis).

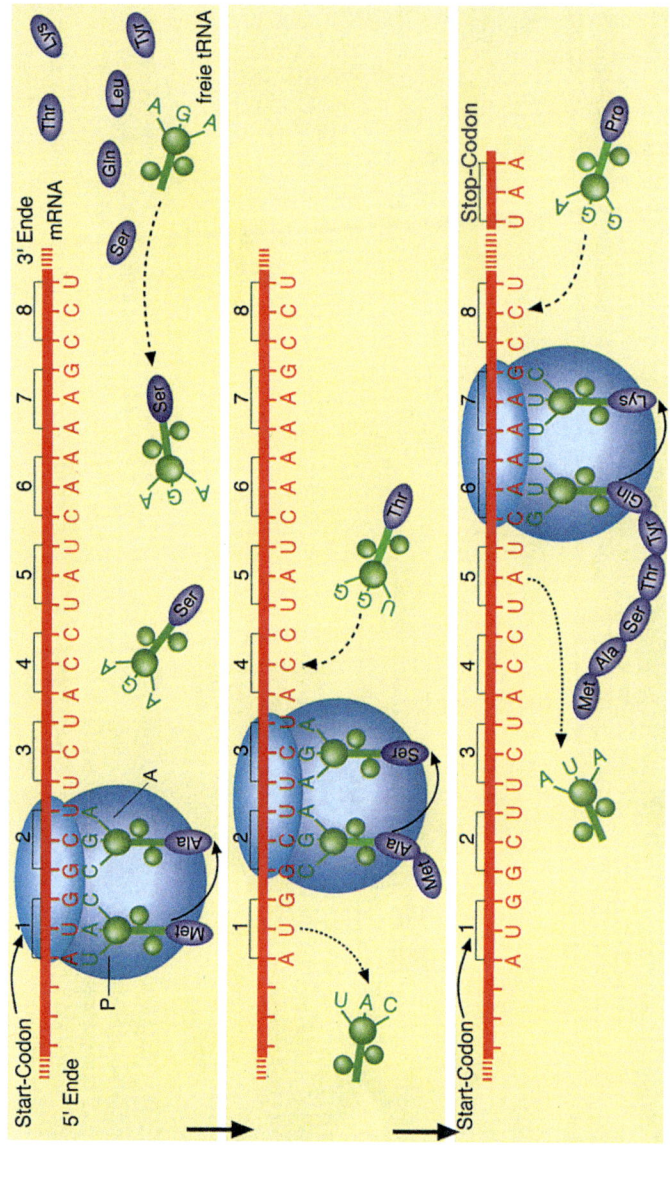

Abb 32-6. Die Biosynthese der N-terminalen Octapeptid-Sequenz Met-Ala-Ser-Thr-Tyr-Gln-Lys-Pro erfolgt, indem die mit der jeweiligen Aminosäure (violett) beladene Transfer-RNA (grün und violett) mit ihrem Anticodon an die mit den Ribosomen assoziierte mRNA bindet. Die Peptidyl-Bindungsstelle und die Akzeptor-Bindungsstelle sind mit **P** und **A** bezeichnet (nach Linder, Biologie, s. Literaturverzeichnis).

Periodensystem der Elemente

Gruppe	Hauptgruppen-Elemente			Nebengruppen-Elemente (d-Übergangselemente)									Hauptgruppen-Elemente					Edelgase
	IA	IIA	IIIB	IVB	VB	VIB	VIIB	VIIIB			IB	IIB	IIIA	IVA	VA	VIA	VIIA	VIIIA
	1	2	3	4	5	6	7	8	9	10	11	12	13	14	15	16	17	18
1. Periode	1 H Wasserstoff 1,0079																	2 He Helium 4,0026
2. Periode	3 Li Lithium 6,941	4 Be Beryllium 9,01218											5 B Bor 10,811	6 C Kohlenstoff 12,011	7 N Stickstoff 14,0067	8 O Sauerstoff 15,9994	9 F Fluor 18,9984	10 Ne Neon 20,179
3. Periode	11 Na Natrium 22,9898	12 Mg Magnesium 24,305											13 Al Aluminium 26,9815	14 Si Silicium 28,0855	15 P Phosphor 30,9738	16 S Schwefel 32,06	17 Cl Chlor 35,453	18 Ar Argon 39,948
4. Periode	19 K Kalium 39,0983	20 Ca Calcium 40,08	21 Sc Scandium 44,956	22 Ti V Titan 47,87	23 V anadium 50,9415	24 Cr Chrom 51,996	25 Mn Mangan 54,938	26 Fe Eisen 55,845	27 Co Cobalt 58,9332	28 Ni Nickel 58,69	29 Cu Kupfer 63,546	30 Zn Zink 65,39	31 Ga Gallium 69,723	32 Ge Germanium 72,61	33 As Arsen 74,9216	34 Se Selen 78,96	35 Br Brom 79,904	36 Kr Krypton 83,80
5. Periode	37 Rb Rubidium 85,4678	38 Sr Strontium 87,62	39 Y Yttrium 88,906	40 Zr Zirkonium 91,224	41 Nb Niob 92,9064	42 Mo Molybdän 95,94	43 Tc Technetium (98)	44 Ru Ruthenium 101,07	45 Rh Rhodium 102,91	46 Pd Palladium 106,42	47 Ag Silber 107,868	48 Cd Cadmium 112,41	49 In Indium 114,82	50 Sn Zinn 118,71	51 Sb Antimon 121,76	52 Te Tellur 127,60	53 I Iod 126,904	54 Xe Xenon 131,29
6. Periode	55 Cs Caesium 132,905	56 Ba Barium 137,33	57 La Lanthan 138,906	72 Hf Hafnium 178,49	73 Ta Tantal 180,947	74 W Wolfram 183,85	75 Re Rhenium 186,21	76 Os Osmium 190,2	77 Ir Iridium 192,22	78 Pt Platin 195,08	79 Au Gold 196,967	80 Hg Quecksilber 200,59	81 Tl Thallium 204,383	82 Pb Blei 207,2	83 Bi Bismut 208,98	84 Po Polonium 208,98	85 At Astat (210)	86 Rn Radon 222,02
7. Periode	87 Fr Francium 223,02	88 Ra Radium 226,025	89 Ac Actinium 227,03	104 Rf Rutherfordium (261)	105 Db Dubnium (262)	106 Sg Seaborgium (266)	107 Bh Bohrium (264)	108 Hs Hassium (267)	109 Mt Meitnerium (268)	110 (271)	111 (272)	112 (272)						

f-Übergangselemente

Lanthanoide

58 Ce Cer 140,12	59 Pr Praseodym 140,907	60 Nd P Neodym 144,24	61 Pm romethium (145)	62 Sm Samarium 150,4	63 Eu Europium 151,96	64 Gd Gadolinium 157,25	65 Tb Terbium 158,925	66 Dy Dysprosium 162,50	67 Ho Holmium 164,930	68 Er Erbium 167,26	69 Tm Thulium 168,934	70 Yb Ytterbium 173,04	71 Lu Lutetium 174,97

Actinoide

90 Th Thorium 232,038	91 Pa Protactinium 231,036	92 U Uran 238,029	93 Np Neptunium 237,05	94 Pu Plutonium 244,06	95 Am Americium (243)	96 Cm Curium (247)	97 Bk Berkelium (247)	98 Cf Californium (251)	99 Es Einsteinium (252)	100 Fm Fermium (257)	101 Md Mendelevium (258)	102 No Nobelium (259)	103 Lr Lawrencium (262)

1 Einführung

1.1 Tätigkeitsbereiche von Biologielaboranten

Der Bogen der beruflichen Tätigkeit von Biologielaboranten und Biologielaborantinnen ist weit gespannt. Sie arbeiten in der biologischen und medizinischen Grundlagenforschung, wie auch in vielen Bereichen der angewandten Forschung und Entwicklung sowie in Untersuchungs- und Kontroll-Laboratorien. Die Lösung komplexer Aufgabenstellungen erfolgt vielfach in Zusammenarbeit mit Kollegen aus anderen Laboratoriums- und technischen Assistenzberufen (aus dem Bereich der Chemie, Medizin, Veterinärmedizin und Pharmazie) sowie mit Biologen, Chemikern, Pharmazeuten und Ärzten unterschiedlicher Fachrichtungen. Die Mitarbeit an interdisziplinären Aufgabenstellungen bietet naturgemäß die Möglichkeit, eigene berufliche Kenntnisse und Fertigkeiten weiterzugeben und sich auf angrenzenden Fachgebieten weiterzubilden.

Mit der nachstehenden Aufstellung verbindet sich die Frage an Sie: „In welchen Aufgabenbereichen wollen *Sie* mitwirken?"
– Aufklärung der Funktion von Genen und Proteinen
– Isolierung und Struktur-Aufklärung von Naturstoffen (Enzymen oder sekundären Stoffwechsel-Produkten aus Pflanzen, Mikroorganismen und Meeres-Lebewesen)
– Entwicklung neuer Arzneimittel-Wirkstoffe
– Entwicklung von Impfstoffen
– Untersuchung der biologischen Wirksamkeit neuer chemischer Verbindungen in Tests mit Zellen und Geweben oder in Tierversuchen
– Entwicklung von biotechnologischen Verfahren zur Herstellung einer Vielfalt an Produkten
– Herstellung gentechnisch veränderter Organismen (Mikroorganismen, Pflanzen, Tiere)
– Entwicklungen im Bereich Grüne Gentechnik sowie auf dem Gebiet der Pflanzenschutzmittel
– Arbeiten auf dem Gebiet „Nachwachsende Rohstoffe"
– Entwicklung von Methoden in der Analytik und in der Diagnostik
– Überprüfung der Einhaltung von Umweltschutz-Bestimmungen
– Analyse von Nahrungsmitteln im Hinblick auf ihre Herkunft aus gentechnisch veränderten Organismen.

Die folgende Aufstellung gibt Ihnen einen Überblick über die wichtigsten Industriezweige und Institutionen, in denen Biologielaboranten beschäftigt sind:
– Pharmazeutische Industrie
– Chemische Industrie, insbesondere in den Bereichen gentechnisch veränderte Pflanzen und Biotechnologie
– Lebensmittel-Industrie (Biotechnologie)
– Forschungsgesellschaften mit ihren Instituten im Bereich der Biowissenschaften:
  - Max-Planck-Gesellschaft in Deutschland, z. B. Max-Planck-Institut für Züchtungsforschung, Köln
  - Fraunhofer-Gesellschaft
  - Gesellschaft für Biotechnologische Forschung, Braunschweig
  - Forschungszentrum Jülich
  - Deutsches Krebsforschungszentrum, Heidelberg
  - GSF-Forschungszentrum für Umwelt und Gesundheit, Neuherberg
  - Umweltforschungszentrum Leipzig-Halle
– Hans-Knöll-Institut für Naturstoff-Forschung, Jena
– Leibniz-Institut für Pflanzenbiochemie, Halle/Saale
– Institut für Pflanzengenetik und Kulturpflanzenforschung, Gatersleben
– Biologische Bundesanstalt für Land- und Forstwirtschaft, Braunschweig

- Bundesanstalt für Züchtungsforschung an Kulturpflanzen, Quedlinburg
- Bundesforschungsanstalt für Ernährung, Karlsruhe
- Deutsches Institut für Ernährungsforschung, Potsdam
- Paul-Ehrlich-Institut, Langen
- Max-Delbrück-Centrum für Molekulare Medizin, Berlin
- Universitäts-Institute
- Unternehmen, welche im Rahmen der 18 BioRegionen in Deutschland zusammengefaßt sind
- Untersuchungsämter und Kontroll-Laboratorien (genetisch veränderte Organismen, Lebensmittel, Umweltschutz).

In diesem Zusammenhang stellt sich die Frage, welche Kenntnisse aus dem Fachgebiet Chemie zum Verständnis des Aufbaus biologischer Strukturen und des Verlaufs biologischer Vorgänge erforderlich sind. Die folgende Aufstellung über Fachgebiete, auf denen Biologielaboranten tätig sind, zeigt, daß zu der „klassischen" Biologie zahlreiche Fachgebiete hinzugekommen sind, auf denen die biologischen Vorgänge auf *zellulärer* und auf *molekularer Ebene* erforscht werden:

- Biologie
- Zoologie
- Botanik
- Mikrobiologie
- Zellbiologie
- Molekularbiologie
- Genetik
- Molekulargenetik
- Biochemie
- Bioanalytik
- Biotechnologie
- Gentechnologie

Damit richtet sich das Interesse nicht nur auf Untersuchungen an den Organismen selbst, an ihren Organen und Geweben, sondern auch auf die Erforschung von Zellen (Zellbiologie) als den kleinsten Einheiten der Lebewesen. Es gibt Lebewesen, die **Prokaryoten** (Bakterien sowie Archaea), deren Zellen *keinen Kern*, enthalten, wie auch Lebewesen, die **Eukaryoten** (Tiere, Pflanzen, Pilze, z. B. Hefen, und Protozoen), in deren Zellen ein *echter Kern* (ein durch Membranen abgegrenzter Zellkern) vorhanden ist. Prokaryotische Zellen und eukaryotische Zellen unterscheiden sich erheblich in ihrer Strukturierung. Diese ist bei *eukaryotischen Zellen* durch das Vorhandensein charakteristischer *Zell-Organellen* (Kompartimente) geprägt, wie die **Farbtafel** Abb. 1-1 zeigt. Weiterhin ist von Interesse
- welche chemischen Verbindungen am Aufbau lebender Zellen beteiligt sind
- welche chemische Zusammensetzung diese Verbindungen haben und
- welche chemischen Reaktionen in lebenden Zellen ablaufen.

Die Beantwortung dieser Fragen führt auf die *molekulare Ebene*, weil die weitaus überwiegende Zahl chemischer Verbindungen aus Molekülen als kleinsten Teilchen besteht. Hieraus ergeben sich Bezeichnungen für neue Fachgebiete wie *Molekularbiologie, Molekulargenetik* und *Molekulare Medizin*. Erst die Erforschung des Geschehens auf der *molekularen Ebene* führt zu Erkenntnissen über die Wirkungsweise von Medikamenten, wie der Wechselwirkung von Arzneimittel-Wirkstoffen mit körpereigenen Enzymen (Biokatalysatoren) oder Rezeptoren an Zelloberflächen, über die Ursachen von genetisch bedingten Erkrankungen oder über die Entstehung krebsartiger Veränderungen von Zellen.

1.2 Chemie-Ausbildung von Biologielaboranten

In der seit August 2000 neu strukturierten Ausbildung zu Biologielaboranten und zu Biologielaborantinnen wird *berufsspezifisch ausgewählten* Bereichen der Chemie große Bedeutung zugemessen, weil die in der Ausbildung erworbenen Kenntnisse in dem Grundlagenfach Chemie das Verständnis für die Zusammenhänge auf vielen anderen Gebieten erschließen. Die Erforschung der unbelebten und der belebten Natur ist Aufgabe der Naturwissenschaften (Physik und Chemie) und der Biowissenschaften (Life Sciences). Diese Arbeitsgebiete berühren und durchdringen sich in vielen Bereichen. Weil *die Lebensvorgänge auf physikalischen und chemischen Gesetzmäßigkeiten beruhen*, erfordert das Arbeiten auf bestimmten Gebieten der Biologie weitreichende Chemie- und Physik-Kenntnisse. Für Biologielaboranten sind Chemie-Kenntnisse vorrangig zum Verständnis der Zusammensetzung, der Eigenschaften und der *Funktionen* solcher Stoffe von Bedeutung, die für die Lebensvorgänge unentbehrlich sind, wie:
- Wasser, Sauerstoff und Kohlenstoffdioxid
- Salze und Spurenelemente (Elektrolyt-Haushalt)
- Säuren und Basen (Puffer-Systeme zur pH-Regulierung in Zellen und Organismen)
- Fette, Kohlenhydrate, Proteine und Vitamine als Nahrungsbestandteile
- Stoffwechsel-Vorgänge zur Nutzung der Nähr-

stoffe zur Synthese energiereicher Verbindungen und aller körpereigenen Stoffe (Energie- und Baustoffwechsel)
- Fettsäuren, Aminosäuren und Zucker
- Enzyme als Biokatalysatoren
- Nucleinsäuren als Träger der Erbinformation.

Für das qualifizierte Arbeiten mit pflanzlichen, tierischen und menschlichen Zellen, wie auch mit Mikroorganismen (Bakterien und Pilzen) und mit Viren ist es erforderlich, ihren Aufbau und ihren Stoffwechsel zu kennen und bei ihrer Kultivierung hinsichtlich der Zusammensetzung der Nährmedien und der Wachstums-Parameter optimale Bedingungen einzuhalten.

Als „Vorschau" auf die folgenden Kapitel dieses Buches sind in den nächsten Abschnitten Sachgebiete beschrieben, zu denen entsprechende Kenntnisse vermittelt werden. Sie werden sich selbst davon überzeugen, daß die Beschäftigung mit „der Chemie" keinesfalls im „Auswendiglernen" chemischer Formeln besteht. Vielmehr bestehen ausgeprägte **Zusammenhänge** zwischen *der Zusammensetzung chemischer Verbindungen* und *der Stellung chemischer Elemente im Periodensystem* wie auch zwischen *den Eigenschaften von Stoffen und der Art ihrer kleinsten Teilchen*. Im Rahmen einer fundierten Ausbildung in *Chemie* ist es unumgänglich, daß wir die Bedeutung der **grundlegenden Begriffe** kennenlernen. Ebenso wie andere Naturwissenschaften, wie die Lebenswissenschaften und die Medizin zeichnet sich die Chemie durch eine spezifische **Fachsprache** aus. Als Besonderheit kommt in der Chemie die *Formelsprache* hinzu, die Sie nach einem Blick „hinter die Kulissen", in diesem Fall in das *Periodensystem der chemischen Elemente* (**Farbtafel**) und auf die Struktur-Merkmale organischer Verbindungen, erfolgreich anwenden können. Anfangs, als die chemische Zusammensetzung der in der Natur aufgefundenen oder aus Pflanzen und Tieren isolierten Stoffe nicht bekannt war, gab man ihnen Namen nach ihrem Entdecker (insbesondere bei chemischen Elementen und Mineralien), ihrem Vorkommen (Harnstoff, Coffein) oder nach einer typischen Eigenschaft unter Hinweis auf das Ausgangsmaterial (Essigsäure, Milchsäure, Citronensäure, Harnsäure, Nicotinsäure). Solche **Trivialnamen** *lassen keine Rückschlüsse auf die chemische Zusammensetzung (Formel) der Stoffe zu.*

In dem Maße, wie die chemische Zusammensetzung der Stoffe analysiert und ihre Struktur aufgeklärt wurde, ergab sich die Grundlage für ihre Einteilung in *Stoffklassen* und für ihre systematische Benennung (Nomenklatur) nach international vereinbarten Regeln. Hierbei kommen *definierte Vorsilben und Wortendungen* zur Anwendung. Die frühzeitige Beschäftigung mit den wichtigsten Regeln führt dazu, daß wir einer chemischen Verbindung mit bekannter Formel leicht ihren systematischen Namen *zuordnen* können, ebenso wie wir andererseits aus dem systematischen Namen die zugehörige chemische Formel *ableiten* können. Trivialnamen werden jedoch nach wie vor aus zwei Gründen verwendet: zum einen, weil sie sich für zahlreiche chemische Verbindungen auf vielen Gebieten eingebürgert haben, zum anderen, weil die Anwendung der systematischen Benennung auf chemische Verbindungen mit komplizierter Struktur, insbesondere auf Naturstoffe, wegen der Länge der sich ergebenden Namen nicht übersichtlich ist. Es gibt gut zugängliche Verzeichnisse (auch Kataloge von Chemikalien-Herstellern), in denen man sich über die Formeln mit ihren charakteristischen Struktur-Merkmalen und die Eigenschaften von Verbindungen mit Trivialnamen informieren kann.

1.3 Physik......Chemie

Die Physik untersucht die verschiedenen Erscheinungsformen der Materie und der Energie sowie die Wechselwirkungen von Materie und Energie. Bei vielen physikalischen Vorgängen ändert sich der Aggregatzustand der untersuchten Stoffe. Die chemische Zusammensetzung reiner Stoffe oder der einzelnen Bestandteile von Stoff-Gemischen bleibt hierbei jedoch unverändert. So hat der reine Stoff Wasser in den verschiedenen Aggregatzuständen (als Eis, flüssiges Wasser und Wasserdampf) die chemische Zusammensetzung H_2O. *Physikalische Vorgänge führen* – im Gegensatz zu chemischen Umsetzungen – *zu keiner Änderung der Zusammensetzung reiner Stoffe,* wie das folgende Beispiel verdeutlicht:

Wenn wir reinen Alkohol (Ethanol) in einen Glaskolben füllen, der Teil einer Destillationsapparatur ist, und die Flüssigkeit bis zu einer Temperatur von 78° C (dem Siedepunkt) erhitzen, *siedet* Ethanol. Durch Abkühlen kann man den Dampf *kondensieren* und durch Sammeln des Kondensats in einem Glaskolben erhält man denselben Stoff, *dieselbe che-*

mische Verbindung, die schon vor dem Verdampfen und Sieden vorgelegen hat, hier: Ethanol.

Zu einem ganz anderen Ergebnis gelangen wir bei der *Verbrennung* von Ethanol. Durch den Verbrennungsvorgang (die chemische Reaktion mit Luft-Sauerstoff) entstehen aus Ethanol Kohlenstoffdioxid (CO_2) und Wasserdampf (H_2O). Nach der Verbrennung ist von dem eingesetzten Ethanol (C_2H_6O) praktisch nichts mehr vorhanden. Aus jedem Ethanol-Molekül sind 2 Moleküle CO_2 und 3 Moleküle H_2O entstanden, was nach dem **Gesetz von der Erhaltung der Masse** aus der folgenden Reaktions-Gleichung folgt:

$$C_2H_6O + 3\,O_2 \longrightarrow 2\,CO_2 + 3\,H_2O$$

Die Physik stellt die wissenschaftlichen Grundlagen, ebenso wie Messmethoden und Apparaturen, bereit, um viele Aufgabenstellungen in den Nachbarwissenschaften Chemie und Biologie zu bearbeiten. Physikalische Methoden werden angewendet **zur**:
– Bestimmung von charakteristischen Stoff-Eigenschaften, z. B. der Dichte oder der Schmelztemperatur, um chemische Verbindungen zu identifizieren.
– Auftrennung von Stoff-Gemischen in Fraktionen oder in ihre einzelnen Bestandteile, z. B. durch fraktionierende Destillation.
– Durchführung qualitativer und quantitativer Analysen unter Verwendung optischer (Photometer) oder elektrischer Geräte und zur Aufklärung der Struktur chemischer Verbindungen unter Verwendung von Spektralphotometern und Massenspektrographen.
– Bestimmung der **drei**dimensionalen Struktur von Proteinen. Hierzu muß es zunächst gelingen, von dem betreffenden Protein *Kristalle* zu züchten, die für *Röntgenstruktur-Analysen* (die Röntgen-Kristallographie) geeignet sind.
– Fluoreszenzmikroskopischen Untersuchung der Lokalisation und des Verhaltens von Proteinen in lebenden Zellen.

Im Gegensatz zu physikalischen Vorgängen ändert sich bei *chemischen Vorgängen* die Zusammensetzung der Stoffe. Aus Stoffen, die *vor* Ablauf einer chemischen Reaktion (Umsetzung, Umwandlung) vorliegen, den Ausgangsstoffen, *entstehen Reaktions-Produkte mit anderen Eigenschaften*:

Ausgangsstoffe $\longrightarrow$ Reaktions-Produkte

Durch physikalische Maßnahmen kann man chemische Reaktionen in Gang setzen oder ihren Verlauf beschleunigen, so durch Erhitzen, Einwirkung von elektrischem Strom oder Bestrahlung mit ultraviolettem Licht. Andererseits können chemische Reaktionen unter starker Erwärmung (manche sogar explosionsartig) ablaufen. Die **Chemie** untersucht solche Vorgänge qualitativ und quantitativ, sie erforscht vor allem das *Verhalten von Stoffen gegenüber anderen Stoffen* (ihre Reaktivität).

Die bei chemischen Umsetzungen entstehenden *Reaktions-Produkte haben* **andere Eigenschaften** *als die Ausgangsstoffe*.

1.4 Chemie.....Biologie

Als kennzeichnend für **Lebewesen** wird das *gemeinsame* Vorhandensein folgender Merkmale angesehen:
– Die kleinste strukturelle, wie auch funktionelle Einheit der Lebewesen (Organismen) ist die biologische *Zelle* (**Farbtafel**).
– Zellen sind durch eine Zellwand oder durch Zellmembranen gegenüber ihrer Umwelt oder voneinander abgegrenzt.
– Als ihr *Genom* haben Lebewesen *Erbinformation* gespeichert, die sie an nachfolgende Generationen weitergeben. *In sich selbst* haben sie die Fähigkeit zu Wachstum, Entwicklung und Vermehrung.
– Lebewesen sind *offene Systeme*, die zur Erhaltung der Lebensvorgänge Stoffe (und Energie) aus ihrer Umgebung aufnehmen, auf dieser Grundlage eine Vielzahl chemischer Reaktionen (ihren *Baustoffwechsel und Energie-Stoffwechsel*) durchführen und Endprodukte des Stoffwechsels ausscheiden.
– Lebewesen nehmen *Reize aus der Umwelt* auf und reagieren hierauf.
– Lebewesen weisen als Ganzes oder innerhalb ihrer Zellen Beweglichkeit auf.

Organisationsformen der Materie, die diese Merkmale nicht besitzen, wie *Viren* und virusähnliche Partikel, zählen *nicht* zu den Lebewesen. Viren bestehen lediglich aus Desoxyribonucleinsäuren (DNA), die von einer als Capsid bezeichneten Protein-Hülle umgeben sein können. Retroviren hingegen bestehen aus Ribonucleinsäuren (RNA). Allen Viren gemeinsam ist, daß sie zu ihrer

Vervielfältigung erst in Bakterien-Zellen oder pflanzliche oder tierische Organismen eindringen müssen, wo sie sich dann in parasitärer Weise vermehren.

Der Aufbau der Biosphäre von einer Population von Lebewesen bis hinunter zur molekularen Ebene beinhaltet die folgenden Stufen:

Population → Organismen → Organsysteme → Organe → Gewebe → **Zellen** → Zell-Organellen → Supramolekulare Strukturen (biologische Membranen, Ribosomen, Multienzym-Komplexe) → Biopolymere (Makro**moleküle**)

Als „Brücke" zwischen Chemie und Biologie erforscht und beschreibt die Biochemie den chemischen Aufbau von Organismen und die chemischen Reaktionen, die der Aufrechterhaltung der Lebensvorgänge dienen, insbesondere alle Stoffwechsel-Wege.

Zu den herausragenden Ergebnissen der Forschung auf dem Gebiet der Biochemie gehören:
– die Aufklärung des Ablaufs der für das Leben auf der Erde grundlegenden Photosynthese,
– die Isolierung einer Vielzahl von **Proteinen** und **Glycoproteinen** (wie *Enzymen, Hormonen, Antikörpern, Rezeptoren*) aus unterschiedlichsten Organismen, ihre Gewinnung in reiner Form, die Beschreibung ihrer Struktur und die Charakterisierung ihrer biologischen Funktion
– die Erforschung des **Sekundärstoffwechsels**, der zu Synthese-Produkten wie *Antibiotika* aus Bakterien und Pilzen oder pharmakologisch wirksamen Inhaltsstoffen aus Pflanzen führt und deren Isolierung und Struktur-Aufklärung

Von den Lebewesen wird eine große Vielfalt an Naturstoffen synthetisiert, die als
– *Primärstoffe* für das Wachstum und den Stoffwechsel des betreffenden Organismus lebensnotwendig sind (Nucleinsäuren, Proteine, Lipide, Kohlenhydrate) oder die als
– *Sekundärstoffe* zu einer besseren Anpassung des Organismus an seine Umwelt beitragen.

Sekundärstoffe gehören sehr unterschiedlichen chemischen Stoffklassen an, wie die **sekundären Pflanzeninhaltsstoffe**, von denen im Jahr 2000 etwa 30 000 Verbindungen bekannt waren. Einige der mit der Nahrung (Gemüse, Obst) aufgenommenen sekundären Pflanzeninhaltsstoffe können im menschlichen Organismus eine gesundheitsfördernde Wirkung entfalten, wie eine antimikrobielle, antioxidative (Krebserkrankungen vorbeugende Wirkung) oder den Cholesterin-Spiegel senkende Wirkung.

Grüne Pflanzen, wie Algen, Moose, Farne und höhere Pflanzen, und einige Bakterien-Arten (Cyanobakterien) sind dazu befähigt, *die Energie des Sonnenlichtes mit Hilfe ihrer Chlorophyll-Farbstoffe zur Synthese energiereicher organischer Verbindungen zu nutzen*. Durch die bei der **Photosynthese** ablaufenden Licht- und Dunkelreaktionen bauen diese autotrophen Organismen aus den **anorganischen** Verbindungen Kohlenstoffdioxid und Wasser Glucose und andere Kohlenhydrate auf.

Die Arbeit in biochemischen und molekularbiologischen Laboratorien ist vielfach darauf ausgerichtet, bestimmte biologisch aktive Verbindungen, vor allem Proteine und Glycoproteine sowie Nucleinsäuren, aus biologischem Material in reiner Form zu gewinnen.

Hierzu ist oft ein erheblicher Arbeitsaufwand erforderlich, weil die biologisch aktive Verbindung erst aus Geweben, Säugerzellen, pflanzlichen Zellen oder Mikroorganismen in eine zur Weiterverarbeitung geeignete Lösung gebracht werden muß. Danach erfolgt eine Anreicherung durch Kombination einer Reihe von Verfahren, bei denen niedermolekulare und hochmolekulare Begleitstoffe abgetrennt werden. Dies führt schrittweise zu einer Erhöhung des Reinheitsgrades der gewünschten biologisch aktiven Verbindung. Um das mit dem jeweils angewendeten Trennverfahren erzielte Ergebnis beurteilen zu können, müssen mit dem präparativen Arbeiten ständig analytische Untersuchungen einhergehen.

Zur Trennung und Reinigung von Naturstoffen werden zahlreiche chromatographische Verfahren angewendet. Die hierbei erhaltenen Stoffe werden durch physikalisch-chemische Verfahren charakterisiert.

1.5 Molekularbiologie

Als Geburtsjahr der Molekularbiologie kann man das Jahr 1953 ansehen – das Jahr, in dem Watson und Crick die **Doppelhelix-Struktur** für **Desoxyribonucleinsäuren (DNA)** vorgeschlagen haben. Als Grundlage hierfür dienten Ergebnisse, die andere Forscher (Chargaff, Wilkins und Franklin) bei Untersuchungen der chemischen Zusammensetzung und der Röntgen-Beugungsmuster von DNA erhalten hatten.

Die Zugrundelegung der Doppelhelix-Struktur der DNA mit dem **Prinzip der komplementären Basen-Paarung** führte unmittelbar zu einer Erklärung der molekularen Grundlage der *identischen Verdoppelung (Replikation)* von DNA vor der Zellteilung.

Seit 1944 hatte sich auch die Erkenntnis durchgesetzt, daß Desoxyribonucleinsäuren (und nicht Proteine) die Träger der genetischen Information sind. In den Jahren 1961 bis 1965 gelang es dann, den **Genetischen Code** zu entschlüsseln und damit Klarheit darüber zu gewinnen, wie die in der DNA gespeicherte Erbinformation bei der **Biosynthese von Proteinen** in Aminosäure-Sequenzen *übersetzt* wird.

Damit ist das Verständnis biologischer Vorgänge *auf molekularer Ebene* möglich geworden, aus dem heraus sich die Molekularbiologie als eigenes Fachgebiet entwickelt hat.

Auf den außerordentlich langen DNA-Molekülen besitzen ganz bestimmte DNA-Abschnitte die Fähigkeit, als **Gene** alle lebensnotwendigen **Proteine** oder funktionelle Ribonucleinsäuren zu codieren. Das gesamte genetische Material einer Zelle bezeichnet man als **Genom**.

Die Zellen aller Lebewesen bauen die hochmolekulare DNA aus 4 niedermolekularen Verbindungen, den **Nucleotiden**, auf, deren besonders charakteristische Bausteine als Basen Adenin, Guanin, Cytosin und Thynin, abgekürzt mit den Buchstaben **A, G, C** und **T** bezeichnet werden.

Die DNA ist in allen menschlichen Zellen auf 23 Chromosomen (einfacher Chromosomensatz) angerodnet. Die Aufeinanderfolge (Sequenz) der insgesamt 3,2 Milliarden Nucleotid-Paare (Basen-Paare) ist inzwischen im Rahmen des größten, auf dem Gebiet der Biowissenschaften vorangetriebenen internationalen Projektes, des Humangenom-Projektes, vollständig bestimmt worden.

Die Anzahl der in einer menschlichen Zelle vorhandenen **Gene** liegt nach neuesten Berechnungen zwischen 30 000 und 40 000. Überraschenderweise enthalten nur *1 bis 2% der 3,2 Milliarden Basen-Paare* des menschlichen Genoms die Baupläne für sämtliche Proteine, deren Anzahl derzeit auf mindestens 100 000 geschätzt wird.

Die *nicht-codierende* DNA setzt sich aus Kontroll-Abschnitten (regulatorischen Sequenzen), Struktur-stabilisierenden Sequenzen, ausgedehnten Regionen von sich wiederholenden (repititiven) Sequenzen und im Verlauf der Evolution stillgelegten Genen zusammen.

Nach dem Abschluß der Entzifferung des menschlichen Genoms liegen noch viele Aufgaben vor den Forschern, wie

– die Identifizierung aller bisher nicht bekannten Gene,
– die Aufklärung, welche **Funktionen** jedes einzelne Gen oder zusammenwirkende Gruppen von Genen ausüben, was als *funktionelle Genom-Analyse* bezeichnet wird,
– die Erfassung von Gen-Veränderungen, insbesondere solcher *Mutationen*, die Ursache für das Auftreten genetisch bedingter Erkrankungen sind,
– die Untersuchung, wodurch das Anschalten und Abschalten von Genen (die *Gen-Regulation*) bestimmt wird.

Die Aktivität von Genen hängt von der Art der Zellen und Gewebe und ihrem Entwicklungszustand ab. *Die DNA-Sequenzen aktiver Gene werden in Boten-RNA überschrieben* (Kap. 34-10). Das **Gen-Expressionsmuster** der Zellen gibt darüber Aufschluß, welche Gene zu einer bestimmten Zeit abgelesen worden sind und welche Ribonucleinsäuren gebildet worden sind.

Zur Bestimmung solcher Gen-Aktivitätsmuster verwendet man *Biochips*, die mit Verfahren der Nanotechnologie durch Beschichten von Glas- oder Silicium-Plättchen und Verknüpfung mit DNA- (oder RNA)-*Sonden bekannter Sequenz* hergestellt werden. Auf der Oberfläche solcher **DNA–Chips** befindet sich ein Raster mit sehr vielen Punkten, an denen die Sonden-Moleküle an bekannten Positionen „angebracht" sind.

Aus der streng spezifischen Bindung (Kap. 34-7) der in dem Untersuchungsmaterial vorhandenen an die auf dem DNA–Chip angeordneten Nucleinsäure-Moleküle läßt sich die Gen-Aktivität bestimmen und durch Vergleiche lassen sich die Unterschiede in der Gen-Expression in gesunden und krankhaft veränderten Zellen (wie Krebszellen) feststellen.

Zu weiter gehenden Erkenntnissen führt dann die Erforschung der **Proteine**, die die eigentlichen „**Funktionsträger**" im biologischen Geschehen sind, wie die Auswahl in Tab. 1-1 zeigt.

Die Gesamtheit der Proteine, die von einer Zelle oder einem Gewebe zu einem bestimmten Zeitpunkt exprimiert werden, bezeichnet man als **Proteom**. Proteome sind in hohem Maße *veränderlich* und umfassen (in der Art einer Momentaufnahme) jeweils die Proteine, die je nach den Erfordernissen aus dem vorliegenden Genom gerade „abgerufen" worden sind. Die Identifizierung der einzelnen, in den Proteomen enthaltenen Proteine erfolgt durch eine aufwendige Proteom-Analyse.

Tab. 1-1 Ausgewählte Proteine nach ihrer biologischen Funktion

Proteine	Biologische Funktion
Enzyme	
DNA-Polymerase	Replikation von DNA
Pepsin	Spaltung von Nahrungsproteinen
Hexokinase	Glucose-Abbau
Lactat-Dehydrogenase	Energie-Stoffwechsel
Transport-Proteine	
Serum-Albumin	Transport von Fettsäuren im Blut
Hämoglobin	Transport von Sauerstoff
Proteine des Immunsystems (Antikörper)	
Immunglobuline	spezifische Bindung an Antigene
Proteine des Blutgerinnungs-Systems	
Blutgerinnungs-Faktor VIII	
Speicher-Proteine	
Casein	Milchprotein
Speicher-Proteine der Pflanzen	
Struktur-Proteine	
Kollagen	im Bindegewebe
Keratin	im Haar
Kontraktile Proteine	
Myosin und Actin	Muskel-Kontraktion
Proteohormone	
Wachstumshormon	
Erythropoietin	Bildung von Erythrocyten
Cytokine (Botenstoffe der Zellkommunikation)	
Interferone und Interleukine	

Große Anstrengungen richten sich darauf, diejenigen Proteine aufzufinden, die an „Schaltstellen" der Vorgänge in Zellen und Geweben maßgeblich daran beteiligt sind, ob das biologische Geschehen physiologisch abläuft oder ob es in krankhafter Weise „entartet". Zur Erforschung der Proteome werden in zunehmendem Maße ebenfalls Biochips eingesetzt: in diesem Fall Protein-Chips (Protein-Microarrays).

Bis zum April 2002 hatte man die **Genome** von insgesamt fast 100 Bakterien-, Pilz-, Tier- und Pflanzenarten weitgehend oder vollständig entziffert (Tab. 1-2)

Tab. 1-2 Größe der Genome ausgewählter Organismen.

Organismus	Größe des Genoms (Millionen Basen-Paare)	Anzahl der Gene
Helicobacter pylori	1,66	1590
Escherichia coli	4,60	4288
Bäckerhefe	12,1	6034
Ackerschmalwand	100	25498
Taufliege	180	13061
Mensch	3200	zwischen 30 000 und 40 000

Die nach der Entzifferung der Bakterien-Genome erfolgende Aufklärung der *Funktion der Bakterien-Gene* bildet die Grundlage für *neuartige* Ansätze in der Diagnose und der Behandlung von Infektionskrankheiten. Die auf der Genom-Sequenzierung **pathogener Bakterien** basierenden Erkenntnisse ebnen den Weg zur Entwicklung neuer antibakterieller Wirkstoffe, was angesichts der weit verbreiteten Resistenz pathogener Keime gegenüber den bisherigen Antibiotika vorrangig ist.

Das Zeitalter der **Antibiotika** geht auf das Jahr 1928 zurück, als der Bakteriologe A. Fleming entdeckte, daß der *Schimmelpilz Penicillium notatum* eine Substanz in einen Bakterien-Nährboden abgesondert hatte, die das Wachstum von Staphylokokken hemmte. Es erwies sich jedoch als extrem schwierig, diese **Penicillin** genannte Substanz als reinen Stoff zu isolieren und ausreichende Mengen an Penicillin für klinische Prüfungen zu gewinnen und dieses schließlich für die therapeutische Verwendung industriell in großen *Fermentern* (Bioaktoren) herzustellen. In Deutschland konnte Penicillin erst nach dem Ende des zweiten Weltkriegs in Lizenz produziert werden.

In der Folgezeit wurden mehrere Tausend Stoffwechsel-Produkte von Mikroorganismen isoliert, die in orientierenden Versuchen (*Screening-Tests*) eine antibiotische Wirksamkeit aufweisen. Die für die Therapie bakterieller Infektionen am Menschen am besten geeigneten Wirkstoffe werden weltweit in Medikamenten eingesetzt.

Aufgrund dieser Entwicklung gibt es ganze Gruppen von Antibiotika, wie die Penicilline (nicht nur den ersten, jetzt Penicillin G genannten Wirkstoff), die Cephalosporine und die Tetracycline. Im Hinblick auf charakteristische Merkmale ihrer chemischen Struktur gehören die Antibiotika sehr unterschiedlichen Verbindungsklassen an. **Antibiotika** aus unterschiedlichen Verbindungsklassen haben in den Bakterien-Zellen auch unterschiedliche „Angriffsorte". Auf den Veränderungen, die sie dort bewirken, beruht ihre das Bakterien-Wachstum *hemmende (bakteriostatische)* oder *verhindernde (bakterizide)* Aktivität:

– Die Synthese der **Zellwand** von Bakterien wird durch *Penicilline* (wie Ampicillin) und *Cephalosporine* inhibiert (gehemmt).
– Die Synthese von **Bakterien-Proteinen** wird an den Ribosomen, den „Produktionsstätten" für Proteine in den Zellen, zum Abbruch gebracht durch: Tetracycline, Streptomycin und Aminoglycosid-Antibiotika (wie Kanamycin und Neomycin), Erythromycin (Makrolid-Antibi-

otika), Chloramphenicol und Clindamycin. Ihre bakterizide Wirkung beruht auf der Bindung an die *bakterielle ribosomale RNA*.

So unterschiedlich wie die Wirkungsmechanismen von Antibiotika sind auch die Wege, auf denen sich bei Bakterien *Resistenzen gegen Antibiotika* entwickelt haben:
- Bei resistenten Bakterien-Stämmen ist ihre *Zellwand* für bestimmte Antibiotika *undurchlässig* geworden.
- Andere resistente Bakterien-Stämme können eindringende Antibiotika rasch wieder *ausschleusen*, bevor diese ihre Wirkung entfalten.
- Resistente Bakterien-Stämme können bestimmte *Enzyme* (wie ß-Lactamasen) synthetisieren.

Diese katalysieren eine Spaltungs-Reaktion an einer empfindlichen Stelle der Antibiotikum-Moleküle, so daß diese *unwirksam* werden. Auf diese Weise werden Bakterien gegen Ampicillin (und andere Antibiotika vom ß-Lactam-Typ), Kanamycin und Chloramphenicol resistent.

1.6 Biotechnologie und Gentechnologie

1.6.1 Grundlagen

Unter der Bezeichnung **Biotechnologie** kann man sämtliche *gezielt* durchgeführten Herstellungsverfahren und Verwendungsverfahren zusammenfassen, die auf der *biologischen Aktivität lebender Organismen und lebender Zellen* oder auf der *katalytischen Aktivität von Enzymen* beruhen. Ein ständig wachsendes Teilgebiet der weit verzweigten Biotechnologie ist die **Gentechnologie** (Gentechnik). Auf diesem Gebiet werden biotechnologische Verfahren mit lebenden Organismen und Zellen durchgeführt, die eigens hierfür mit Methoden der *rekombinanten DNA-Technologie* (Kap. 35) genetisch verändert worden sind. Grundlage biotechnologischer Verfahren sind somit:
- Mikroorganismen (Bakterien, Pilze), die als Hochleistungsstämme aus Wildstämmen durch Selektion oder gentechnische Methoden erhalten wurden, wie auch durch Neu-Kombination von DNA hergestellte
- Transgene Pflanzen
- Transgene Tiere
- Zellkulturen aus Zellen von Pflanzen und Tieren (hier vor allem Säugerzellen)
- aus Mikroorganismen gewonnene Enzyme.

Biotechnologische und gentechnologische Verfahren werden angewendet:
- in der chemischen Industrie zur großtechnischen Herstellung von
  - Aminosäuren (als Futtermittel-Zusatz oder Gewürzstoff)
  - Vitaminen
  - Futter-Proteinen (Single Cell Protein)
  - Enzymen zur Verwendung in Waschmitteln, in der Lebensmittel- und Getränke-Industrie und in der Medizinischen Diagnostik
  - DNA-Polymerasen zur Verwendung in der Molekularbiologie
  - Glucose-/Fructose-Sirup durch Abbau von Getreide-Stärke
  - Citronensäure, Milchsäure
- in der pharmazeutischen Industrie zur Herstellung von
  - Antibiotika
  - Arzneimittel-Wirkstoffen mit ganz bestimmtem *räumlichen Aufbau* (Stereoisomeren)
  - humanen Proteinen, wie Hormonen und Blutgerinnungs-Faktoren
  - Impfstoffen und monoklonalen Antikörpern
- in der Lebensmittel-Industrie zur Herstellung
  - zahlreicher Nahrungs- und Genußmittel (Brot, Käse, Milchprodukte, alkoholische Getränke)
  - zum Abbau von Milchzucker (Lactose)
- im Umwelt-Bereich
  - zum Abbau und zur Umwandlung organischer Substanzen bei der Abwasser-Reinigung, Abfall-Beseitigung und Boden-Sanierung.

Als *Reaktoren* zur Durchführung biotechnologischer Verfahren dienen *Fermenter* (Abb. 1-2, **Farbtafel**) vom Labormaßstab bis hin zu großtechnischen Anlagen. Außerdem ist eine umfassende Meß- und Regeltechnik zur Einstellung und Aufrechterhaltung der für jedes einzelne Verfahren *optimierten Bedingungen* erforderlich. Wichtige Verfahrensparameter sind die Temperatur, der pH-Wert, die Partialdrucke von Gasen, wie Sauerstoff, und die Rührgeschwindigkeit zur Durchmischung, so daß optimale Bedingungen für Kultivierung, Wachstum und Stoffwechsel der verwendeten Mikroorganismen oder Zellen gewährleistet sind.

Biotechnologische Verfahren umfassen eine Reihe von Verfahrensstufen:
- *Upstream-Processing* (vorbereitende Arbeiten):

- Sterilisieren der verwendeten Gefäße und Lösungen
- Zubereitung der Nährmedien für die eingesetzten Mikroorganismen oder Zellkulturen
– *Durchführung* des vorgesehenen Herstellungsverfahrens
– *Downstream-Processing*
  - Aufarbeitung der erhaltenen Kulturbrühen und/oder Zellmasse, Gewinnung von Rohextrakten, Aufreinigung zur Gewinnung bestimmter Fraktionen und schließlich reiner Verfahrensprodukte unter Anwendung chemisch-physikalischer Trennverfahren und insbesondere chromatographischer Methoden.

Die *Gentechnologie* beruht auf den seit mehr als 30 Jahren ständig weiter entwickelten Methoden der **Rekombination** (Neu-Kombination) **von DNA**, mit denen Gene aus den Zellen eines Organismus isoliert und danach ganz *gezielt* in DNA-Sequenzen, die als Transportmittel (*Vektoren*) dienen, eingebaut werden. Die Vektoren mit den Fremdgenen können nun in Zellen anderer Organismen, *auch über Artgrenzen hinweg*, übertragen werden. Mit gentechnischen Verfahren war es erstmals möglich, **menschliche Gene** zu isolieren, in Vektoren einzubauen und diese in **Bakterienzellen** einzuschleusen – mit den bahnbrechenden Ergebnissen, daß Zellen des Bakteriums *Escherichia coli* als Wirtsorganismus menschliches Insulin, menschliches Wachstumshormon und menschliche Interferone produzierten. Vor der Entwicklung gentechnischer Verfahren waren für die therapeutische Anwendung dringend benötigte Proteine entweder überhaupt nicht verfügbar, oder sie konnten nur in aufwendigen Verfahren und in unzureichender Menge aus tierischem oder menschlichem Blut, Urin, Geweben oder Organen isoliert werden. Durch gentechnische Verfahren werden nicht nur menschliches Insulin, Wachstumshormone und Interferone, sondern außerdem Blutgerinnungs-Faktoren (wie Faktor VIII), das zur Bildung von Erythrocyten notwendige Erythropoietin und zahlreiche andere menschliche Proteine in *E. coli*, Hefe oder Hamster-Zellinien als Wirtszellen *in nicht begrenzter Menge und in sehr hoher Reinheit* hergestellt.

Früher standen für die Verwendung als *Biokatalysatoren* in biotechnologischen Verfahren nur solche **Enzyme** zur Verfügung, die aus *mesophilen* Bakterien isoliert worden waren. Solche Enzyme waren für manche Verfahren nicht ausreichend hitzestabil und ihre katalytische Aktivität ging durch Denaturierung bei höheren Temperaturen verloren. In dem Maße, wie Mikrobiologen Bakterien und Archaea aufspürten, die als *thermophile* Mikroorganismen in heißen vulkanischen Quellen bei Temperaturen bis zu 113° C leben, wurden aus ihnen Enzyme isoliert, die sich durch ihre thermische Stabilität auszeichnen. Auf dem Wege über die Neu-Kombination von DNA gelang es auch, andere Enzym-Eigenschaften, wie Substrat-Spezifität und Stereospezifität (Kap. 29), so zu verbessern, daß die in ihrem chemischen Aufbau (ihrer Aminosäure-Sequenz) abgewandelten Enzyme jetzt für die vorgesehene Verwendung optimal geeignet sind.

1.6.2 Gentechnisch veränderte Pflanzen

Im Jahr 2001 wurden gentechnisch veränderte Pflanzen (*Transgene Pflanzen*) weltweit auf *52,6* Millionen Hektar Ackerfläche angebaut (rund 99% in den USA, Argentinien, Kanada und in China) Unter Anwendung der Gentechnik kann man die für die herkömmliche Züchtung neuer Pflanzen-Sorten erforderlichen Zeiträume wesentlich verkürzen und darüber hinaus eine *Neu-Kombination von Genen in gezielter Weise* herbeiführen. Die durch Anwendung gentechnischer Verfahren angestrebten *Verbesserungen der Eigenschaften von Kulturpflanzen* (die Züchtungsziele) sind sehr vielfältig. Einige Züchtungsziele, die durch das Einfügen geeigneter Fremd-Gene in das Genom von Kulturpflanzen oder durch das gezielte „Abschalten" vorhandener Pflanzen-Gene erreicht worden sind oder noch erreicht werden sollen, werden im folgenden kurz aufgeführt:
– Die Toleranz von Nutzpflanzen gegenüber einer Schädigung durch Pflanzenschutzmittel, die gegen konkurrierende Pflanzen eingesetzt werden, soll erhöht werden *(Herbizid-Toleranz)*.
– Es sollen transgene Pflanzen erzeugt werden, die *gegen Pflanzen-Schädlinge resistent* sind, wie gegen bestimmte Viren, Bakterien, Pilze und Insekten (Schutz vor Pflanzen-Krankheiten und Schädlingsbefall).
– Die Stoffwechsel-Wege bisher angebauter Pflanzen-Sorten sollen an ganz bestimmten Stellen gezielt verändert werden, damit die transgenen Pflanzen bestimmte Naturstoffe *in anderer Zusammensetzung* bilden. Diese Entwicklungen richten sich auf:
  - das Speicher-Polysaccharid Stärke (Kap. 24-4),
  - die Fettsäure-Anteile in pflanzlichen Fetten

und Ölen (Kap. 23-2),
- den Gehalt pflanzlicher Speicher-Proteine an den essentiellen Aminosäuren Methionin und Lysin (Kap. 27-5),
- den Gehalt an sekundären Pflanzen-Inhaltsstoffen, die als Arzneimittel-Wirkstoffe benötigt werden,
- die erstmalige Biosynthese der Vorstufe von Vitamin A (Kap. 30-1 in Reis-Sorten,
- die Verringerung des Gehalts an Inhaltsstoffen, die Nahrungsmittel-Allergien auslösen.

Große Bedeutung haben gentechnische Veränderungen zur Verbesserung bestimmter Eigenschaften von solchen Nutzpflanzen, die **Nachwachsende Rohstoffe** produzieren. Die Entwicklungen auf diesem Gebiet tragen zu einer dauerhaften Sicherung der natürlichen Lebensgrundlagen auch für die nachfolgenden Generationen bei (Sustainable Development, Responsible Care). Bei ausgewählten Nutzpflanzen soll die quantitative *Zusammensetzung* von Stärke, von Ölen und Fetten oder von Proteinen in vorgegebener Weise verändert werden, damit diese Produkte unmittelbar für die vorgesehene industrielle Verwendung oder als Futtermittel (Proteine) eingesetzt werden können. Im Hinblick auf die Zusammensetzung von *Stärke* kam es darauf an, den Anteil an *Amylose*, die für die direkte Verwendung von Stärke ungeeignet ist, stark zu verringern. Dieses Ziel wurde bei *Kartoffeln* dadurch erreicht, daß man die Bildung eines an der Biosynthese von Amylose beteiligten Enzyms verhinderte. Die von solchen Kartoffel-Sorten gebildete Stärke besteht fast nur aus *Amylopektin*, das in der Papier- und Textilindustrie verwendet wird. Auch die in Deutschland wichtigste Ölpflanze, *Raps*, wurde im Hinblick auf die *Anteile der einzelnen Fettsäuren in Rapsöl* mit unterschiedlichen Zielsetzungen gentechnisch verändert. Hierbei wurde die *Biosynthese von Fettsäuren* durch Blockieren von Stoffwechsel-Schritten dahingehend gesteuert, daß die gewünschte Fettsäure (z. B. mit einer Kettenlänge von 12 oder 14 Kohlenstoff-Atomen) vorzugsweise gebildet wurde.

Auf dem neuartigen Gebiet des „Molecular Pharming" sollen Gene in Pflanzen eingebracht werden, die *Pflanzen* dazu befähigen, rekombinante *Pharma-Proteine* (Kap. 33-6), einschließlich Impfstoffe, zu produzieren, wie einen Impfstoff gegen Cholera in Bananen.

Bei diesen Entwicklungen ist es unumgänglich, die für eine spätere Nutzung in der Landwirtschaft vorgesehenen gentechnisch veränderten Pflanzen nach dem Abschluß aller Arbeiten im Labor und im Gewächshaus nun unter *Freiland-Bedingungen auf Versuchsfeldern* anzubauen und zu überprüfen, in wie weit die beabsichtigte Verbesserung vorhandener Eigenschaften oder die gezielte Schaffung neuer Eigenschaften bei den transgenen Pflanzen erreicht worden ist. Alle Freisetzungen werden durch das **Gentechnik-Gesetz** geregelt. Die erforderliche Genehmigung muß beim Robert Koch-Institut in Berlin beantragt werden, wobei dem Antrag umfangreiche Unterlagen mit allen bis dahin erhaltenen Ergebnissen beigefügt werden müssen. Mit dem Begriff „Freisetzung" bezeichnet man eine zeitlich und räumlich begrenzte Ausbringung von *gentechnisch veränderten Organismen (GVO)* ins Freiland zu Versuchszwecken. Seit 1990 wurden in Deutschland mehr als 2000 Freisetzungs-Versuche, mit den Pflanzen-Arten Raps, Zuckerrübe, Mais, Kartoffel, Petunie, Tabak, Pappel, Weinrebe und Erbse durchgeführt.

1.7 Arzneimittel-Wirkstoffe

1.7.1 Einführung

Nachdem Arzneimittel-Wirkstoffe in den menschlichen Körper aufgenommen (resorbiert) und zu den Organen und Geweben transportiert worden sind, bindet der (meist niedermolekulare) Wirkstoff an ein Protein („sein" *Zielprotein*) und entfaltet dadurch seine pharmakologische Wirkung. Die Wirkstoff-Moleküle haben eine solche *räumliche Anordnung*, daß sie zu bestimmten Bereichen (Domänen) der großen Protein-Moleküle passen – vergleichbar damit, daß ein Schlüssel nur dann zum Öffnen eines Schlosses geeignet ist, wenn seine geometrische Form zu der des Schlosses passt. Bei dem betrachteten Wirkstoff kommt noch hinzu, daß sich zwischen seinen Molekülen und denen des Zielproteins mehr oder weniger starke *zwischenmolekulare Wechselwirkungskräfte* ausbilden. Die für die Aufrechterhaltung der Lebensfunktionen wichtigsten Zielproteine sind Enzyme und Rezeptor-Proteine (kurz: Rezeptoren). **Enzyme** binden körpereigene Stoffe, ihre **Substrate**, in *spezifischer* Weise und *katalysieren* hierdurch alle Stoffwechsel- Reaktionen (Kap. 31). Falls die Moleküle eines Wirkstoffs ebenso gut in das *aktive Zentrum* von Enzym-Molekülen hineinpassen und dort sogar noch fester als das natürliche Substrat gebunden werden, kommt es zu einer *kompetitiven Hemmung* der Aktivität des Enzyms. Der Arzneistoff wirkt als **Enzym-Inhibitor**. So hat man nach Kenntnis aller Stoffwechsel-Schritte, die zur Synthese von körpereigenem *Cholesterin* führen, Arzneistoffe entwickelt, die das für diesen Stoffwechsel-Weg wichtigste Enzym hemmen (inhibieren). Auf diese Weise wird die angestrebte, den Cholesterin-Spiegel im Blut senkende Wirkung erzielt. Auch andere Arzneimittel-Wirkstoffe (z. B. zur Behandlung von erhöhtem Blutdruck) sind Enzym-Inhibitoren. Viele **Rezeptor-Proteine** sind als Membran-Proteine Bestandteil der *Plasma-Membran* von Zellen. An bestimmten Bereichen (Bindungsstellen) dieser Proteine auf der Zelloberfläche können andere Verbindungen mit passender Struktur, deren Moleküle *Signale übermitteln* (Signal-Moleküle) andocken und dort binden. Dieser Vorgang löst dann eine Reaktion *in der Zelle* aus, wie die Aufnahme von Glucose in die Zellen nach Bindung von Insulin an seinen Rezeptor. Weitere Beispiele sind die Wechselwirkungen von Rezeptor-Proteinen mit anderen *Hormonen* und *Neurotransmittern*. Die Moleküle von Wirkstoffen konkurrieren mit körpereigenen Signal-Molekülen um die „Andockstellen" an Rezeptor – Molekülen. Die Folge hiervon kann sein, daß sie entweder als **Agonisten** (welche die Wirkung körpereigener Botenstoffe *verstärken*) oder als **Antagonisten** (welche deren Wirkung abschwächen oder ganz aufheben) wirken.

1.7.2 Die Suche nach neuen Wirkstoffen

Bei allen Erfolgen, die mit der derzeitigen Arzneimittel-Therapie erzielt werden, besteht ein dringender Bedarf an Arzneimittel-Wirkstoffen mit einem *neuartigen Wirkungs-Profil*, weil
– zahlreiche Krankheiten bisher gar nicht oder nur unzureichend mit Arzneimitteln behandelt werden können und weil
– viele Krankheitserreger gegenüber bisher eingesetzten Wirkstoffen *resistent* geworden sind.

Forschungsarbeiten auf dem Gebiet der Molekularbiologie, insbesondere das *Humangenom-Projekt* und die *funktionelle Genom- und Proteom-Analyse*, haben Wege zu einer Behandlung der **Ursachen von Erkrankungen** erschlossen. Ihnen verdanken wir z. B. Kenntnisse über
– die Funktionsweise des Immunsystems
– die Vorgänge bei der Blut-Gerinnung
– die Entstehung von Krebszellen und ihre Ausbreitung
– die Entstehung und den Verlauf von durch Viren oder Bakterien ausgelösten Infektionen.

Je besser man die *Mechanismen der Entstehung und des Verlaufs von Krankheiten* und die daran beteiligten *Gene und Proteine* kennt, desto gezielter kann man bei der Suche nach neuen Arzneimittel-Wirkstoffen vorgehen. Viele dieser Proteine sind bisher identifiziert, mit gentechnischen Methoden in für Forschungszwecke ausreichenden Mengen hergestellt und isoliert worden. Damit stehen **Zielproteine** (Targets) zur Verfügung und man kann in groß angelegten, unter Einsatz von Robotern auf Mikrotiterplatten durchgeführten Prüfungen (Screening-Tests, Hochdurchsatz-Screening) feststellen, ob unter Zehntausenden neuer Substanzen (die durch automatisierte Verfahren der Kombinatorischen Chemie erhalten werden) einige sind, die an bestimmte Zielproteine binden und somit als „Wirkstoff-Kandidaten" weiter geprüft werden.

Darüber hinaus wird die Suche nach **Naturstoffen**, die als Produkte des *Sekundär-Stoffwechsels* von Organismen unterschiedlichster Lebensräume gebildet werden, weltweit intensiv fortgesetzt. Aus Pflanzen der tropischen Regenwälder, aus Algen und Moosen, aus Bakterien und Pilzen und aus Lebewesen der Ozeane wurde eine große Vielfalt an Naturstoffen isoliert. Die Erwartungen sind groß, daß in diesem Reservoir von Naturstoffen mit immer wieder überraschenden *Struktur-Merkmalen* auch Substanzen sind, deren Wirkungs-Profil so viel versprechend ist, daß sie als **Leitstrukturen** für neue Arzneimittel-Wirkstoffe dienen können.

1.8 Wechselwirkung zwischen Organismus und Stoffen

Die **pharmakologischen Wirkungen** von Arzneimittel-Wirkstoffen im Organismus resultieren stets daraus, wie der jeweilige Stoff Funktionen im Organismus beeinflußt (Pharmakodynamik) und wie sich der Organismus gegenüber diesem Stoff verhält (Pharmakokinetik).

Die *Pharmakodynamik* wird bestimmt durch die chemische Struktur und die Eigenschaften der Stoffe, insbesondere ihre Affinität zu körpereigenen Rezeptoren, durch die Art der Verabreichung und durch die Höhe der Dosis.

Für die *Pharmakokinetik* sind die Aufnahme in das Körperinnere und die Verteilung der Stoffe sehr wesentlich. Mit dem Ziel der Elimination von Fremdstoffen finden im Organismus Stoffwechsel-Reaktionen mit mehr oder weniger weitgehenden Veränderungen der chemischen Struktur der aufgenommenen Stoffe statt, so daß auch deren *Metabolite* ausgeschieden werden.

Bei der Arzneimittel-Therapie laufen somit im wesentlichen folgende Vorgänge ab:
– Verabreichung (Applikation) einer festgelegten Dosis
– Aufnahme in das Körperinnere (Resorption)
– Verteilung in der Blutbahn und Organen
– unmittelbare Wirkung oder Wirkung von Metaboliten nach Biotransformation, d. h. chemischen Veränderungen durch Stoffwechsel-Reaktionen unter Bildung von Metaboliten
– Ausscheidung (Exkretion).

Im Zuge der Prüfung potentieller Arzneimittel-Wirkstoffe sind zahlreiche *Ersatz- und Ergänzungs-Methoden zum Tierversuch* erarbeitet worden, so daß die Anzahl an Tierversuchen beständig erheblich verringert werden konnte. Solche Ersatz-Methoden werden vielfach mit *Kulturen aus menschlichen oder tierischen Zellen* durchgeführt, z. B. mit Hepatocyten (Leberzellen) zur Prüfung der Bildung toxischer Stoffwechsel-Produkte oder mit Keratinocyten (Hautzellen) zur Prüfung auf Haut-Reizung.

Aus Zell-Kulturen lassen sich durch Zell-Fraktionierung auch einzelne Zell-Organellen (wie Mitochondrien oder Ribosomen) oder bestimmte Rezeptoren oder Enzyme *isolieren* und zur Prüfung der biologischen Wirkung neuer Stoffe verwenden.

Den **toxischen** Wirkungen von Schadstoffen im Organismus liegen im Prinzip die gleichen Vorgänge zugrunde. Die Art und das Ausmaß der toxischen Wirkung, die ein Stoff entfaltet, hängen von seinen chemischen und physikalischen Eigenschaften, der in den Organismus gelangenden Menge und anderen Faktoren ab. So ist es von erheblicher Bedeutung, auf welchem Wege der Stoff in den Organismus gelangt, ob über die Atemwege (den Respirationstrakt), den Magen-Darm-Trakt (Gastrointestinaltrakt), durch die Schleimhäute oder durch die Haut.

Gase und Dämpfe von niedrigsiedenden und leichtflüchtigen Stoffen (die schon bei Raumtemperatur einen hohen Dampfdruck haben), ferner in der Luft enthaltene Feststoffe in feiner Verteilung (Stäube, Aerosole) werden über die Atemwege aufgenommen.

Die Löslichkeits-Eigenschaften (hydrophil oder lipophil) des jeweiligen Stoffes haben großen Einfluß auf die Resorption und die Verteilung im Organismus. Zur Aufnahme eines Stoffes in den Körper ist stets der Durchtritt (die Passage) durch Membranen erforderlich, z. B. in den Lungenalveolen oder in der Darmwand.

Stoffe, aus denen im Magen-Darm-Trakt schwerlösliche oder unlösliche Verbindungen entstehen, werden nur in geringem Maße oder gar nicht resorbiert.

Lipophile Verbindungen, wie die Chlorkohlenwasserstoffe, passieren die aus Phospholipiden bestehenden Strukturen von Zellmembranen in freier Diffusion. Dagegen können in Form von hydratisierten Kationen vorliegende **Metalle** biologische Membranen meist nicht durch Diffusion überwinden, sondern werden von den nach außen gerichteten Phosphat-Gruppen der Phospholipide adsorbiert. Lediglich dann, wenn ein Metall in Form eines nicht-geladenen oder anionischen Komplexes vorliegt, gelangt es ähnlich wie ein lipophiler Stoff durch die Membran hindurch. Bestimmte körperfremde Metall-Kationen, die einen ähnlichen Ionen-Radius wie physiologisch notwendige Kationen (z. B. $K^{\oplus}$ und $Ca^{\oplus\oplus}$) haben, können durch solche Membranen gelangen, die *Ionenkanäle* für physiologisch notwendige Kationen aufweisen.

Sind Metalle in die Blutbahn gelangt, werden sie dort an hydrophile Proteine oder Peptide oder auch an niedermolekulare Liganden gebunden und können hiernach in Körpergewebe eindringen. Dort konkurrieren sie mit physiologischerweise vorhandenen Kationen, verdrängen diese aus ihrer Bindung an Proteine, insbesondere Enzyme, und beeinträchtigen somit die Enzym-Aktivität.

2 Stoffe, ihre Einteilung und Methoden zur Stoff-Trennung

2.1 Die Vielfalt an Stoffen

Jeder von uns kommt ständig mit einer Vielfalt und Vielzahl an Stoffen in Berührung. Solche Stoffe sind entweder:
- **Reine Stoffe** (Reinstoffe), deren chemische Zusammensetzung stets die *gleiche* ist und sich durch chemische Formeln wiedergeben läßt, zum einen
    - chemische Elemente (Kap. 3 und Farbtafel), zum anderen
    - chemische Verbindungen, wie Kohlenstoffdioxid, Natriumchlorid oder Vitamin C, oder es sind
- **Gemische** aus *mindestens zwei Stoffen in unterschiedlicher Zusammensetzung*. Der Begriff „Stoff-Gemische" in seiner allgemeinen Bedeutung umfaßt *sämtliche* aus mehreren Bestandteilen bestehenden stofflichen Zusammensetzungen. Eine Differenzierung im Hinblick auf das Vorkommen, die Gewinnung oder die Herstellung eines einzelnen Stoff-Gemisches erfolgt hierbei noch nicht.

Man kann jedoch eine nützliche Unterscheidung zwischen Stoff-Gemischen und Stoff-Mischungen vornehmen.
- **Stoff-Gemische** (im engeren Sinne des Begriffes)
    - kommen unmittelbar in der Natur vor (wie Erdöl, Erdgas, Bienen-Honig oder Olivenöl),
    - entstehen ständig durch Stoffwechsel-Vorgänge in den Zellen von Mikroorganismen, Pflanzen und Tieren,
    - werden von Forschern aus biologischem Material isoliert (z. B. durch Aufschluß von Zellen oder durch Extraktion aus Pflanzenteilen) und zu weniger komplex zusammengesetzten Stoff-Gemischen (Fraktionen) aufgereinigt. Durch spezielle Verfahren zur Stoff-Trennung kann man aus Stoff-Gemischen letztendlich reine Stoffe gewinnen.
- **Stoff-Mischungen** werden im Labor oder industriell *in gezielter Weise für die vorgesehene Verwendung* hergestellt, indem man die einzelnen Bestandteile durch ein Verfahren der Mischtechnik (Rühren, Schütteln) nach einer bestimmten Arbeitsvorschrift zusammen bringt.

Zur Herstellung von Stoff-Mischungen kann man entweder ausschließlich reine Stoffe miteinander mischen oder man kann Stoff-Gemische oder bereits vorhandene Mischungen bekannter Zusammensetzung mit anderen Mischungen (Lösungen) oder mit reinen Stoffen mischen.

Das Letztere geschieht im Labor vielfach beim *Verdünnen konzentrierter Lösungen*. Auch Nährmedien *definierter Zusammensetzung* zur Kultivierung von Mikroorganismen und pflanzlichen und tierischen Zellen sind Stoff-Mischungen.

2.1.1 Bedeutungen des Stoff-Begriffes

Die wichtigste Bedeutung des Begriffes „Stoff" ist *Chemische Verbindung* (Substanz). Weitere Bezeichnungen mit gleicher oder ähnlicher Bedeutung wie „Stoff" sind:
- Körper und Festkörper in der Physik
- Chemikalien für handelsübliche (reine) Stoffe oder Stoff-Mischungen
- Reagenzien für Stoffe, die analytischen Zwecken dienen
- Substrate für Stoffe, die an Enzyme binden
- Metabolite für Stoffe, die beim Stoffwechsel umgesetzt werden.

In jedem lebenden Organismus findet ein vielfältiger Stoffwechsel statt, bei dem mit der Nahrung aufgenommene Stoffe in körpereigene Stoffe umgewandelt werden.

Darüber hinaus wird der Begriff „......stoff" in zahlreichen Wort-Zusammensetzungen verwendet, wie
- Arbeitsstoffe, z. B. Säuren und Laugen
- Arzneistoffe (die Wirkstoffe in Fertigarzneimitteln)
- Eiweißstoffe (Proteine, wie Albumine und Globuline)
- Farbstoffe (farbige Verbindungen, wie Blut- und Blattfarbstoffe, Indigo)
- Gefahrstoffe, z. B. leicht entzündliche Flüssigkeiten
- Giftstoffe (Toxine, wie Schlangengifte)
- Hilfsstoffe (in der Pharmazie zusammen mit Wirkstoffen eingesetzte Substanzen)
- Konservierungsstoffe (zur Haltbarmachung von Lebensmitteln eingesetzte Stoffe)
- Kunststoffe (hochmolekulare Verbindungen, Polymere, wie Polypropylen, Perlon)
- Nährstoffe (Inhaltsstoffe von Nährlösungen)
- Naturstoffe (sämtliche in der Natur vorkommenden organischen Verbindungen)
- Rohstoffe (Erdöl, Nachwachsende Rohstoffe, Erze)
- Schadstoffe (z. B. Inhaltsstoffe des Zigarettenrauchs)
- Trägerstoffe (in der Pharmazie zusammen mit Wirkstoffen eingesetzte Substanzen)
- Werkstoffe (Metalle, Legierungen, Glas, Kunststoffe)
- Wirkstoffe (Substanzen mit biologischer Wirksamkeit)
- Wuchsstoffe (Hormone in Tieren und Pflanzen)
- Zusatzstoffe (zur Erzielung eines bestimmten Effektes zugegebene Substanzen)

Außerdem gibt es zusammengesetzte Begriffe mit „.....material" und „.....produkt", wie
- Ausgangsmaterial für chemische Verfahren, wie pflanzliche Öle,
- Trägermaterial zur Durchführung elektrophoretischer Trennungen
- Ausgangsprodukte/Zwischenprodukte/Endprodukte, die bei Verfahren der chemischen Synthese oder auf Stoffwechsel-Wegen (der Aufeinanderfolge chemischer Reaktionen in lebenden Zellen) umgesetzt oder gebildet werden
- Abfallprodukte, wie Melasse bei der Produktion von Rübenzucker
- Zufallsprodukte (bei entgegen der Erwartung verlaufenden Versuchen entdeckte Produkte)
- Reaktions-Produkte (bei chemischen Reaktionen entstehende Stoffe, deren Bezeichnung auf den Reaktions-Typ hinweisen kann, wie Polymerisate, Hydrolysate)

2.1.2 Bedeutungen der Bezeichnung „Mittel"

Zu beachten ist, daß die Bezeichnung „Mittel" in der Regel *nicht* die Bedeutung von „Stoff" hat. Als „......**mittel**" werden meist **Mischungen** von Stoffen bezeichnet, die *für ganz bestimmte Verwendungen* aus zwei oder mehreren Bestandteilen hergestellt werden. Die stoffliche Zusammensetzung von Mitteln muß qualitativ und quantitativ darauf abgestellt sein, daß das betreffende Mittel für die vorgesehene Verwendung möglichst optimal geeignet ist. In den meisten Fällen wird hierzu der eigentliche, für die Verwendung erforderliche Wirkstoff mit einer ganzen Anzahl von anderen Stoffen gemischt, welche zu dem gewollten Effekt beitragen. Bei der anwendungstechnischen Entwicklung von Mitteln hat man immer wieder beobachtet, daß ein Stoff die Wirkung eines anderen, in gleicher Richtung wirkenden Stoffes in überraschender, über das additive Maß hinausgehender Weise erhöht. In solchen Fällen spricht man von einer *synergistischen Wirkung*. Falls dagegen ein zweiter Stoff die Wirkung des ersten aufhebt, liegt eine *antagonistische Wirkung* vor.

Auf diese Weise werden Körperpflegemittel, Waschmittel, Pflanzenschutzmittel, Düngemittel und (einige) Desinfektionsmittel hergestellt.
Unter der Bezeichnung „......mittel" werden jedoch auch *reine Stoffe* aufgrund einer für sie typischen, *gemeinsamen Eigenschaft* zu Stoffgruppen zusammengefaßt, wie:
- Lösungsmittel: Alle reinen, flüssigen Stoffe, die dazu verwendet werden, andere Stoffe darin aufzulösen (in Lösung zu bringen).
- Trockenmittel, wie wasserfreies Calciumchlorid
- einige Desinfektionsmittel
- Oxidationsmittel: Stoffe mit der Eigenschaft, andere Stoffe zu oxidieren
- Reduktionsmittel: Stoffe mit der Eigenschaft, andere Stoffe zu reduzieren

Eine Sonderstellung unter den Mitteln nehmen Arzneimittel ein, die nur in seltenen Fällen aus einem einzigen Stoff, dem *Wirkstoff*, wie Acetylsalicylsäure, bestehen. Wirkstoffe werden entweder mit einem internationalen Freinamen bezeichnet, den jeder benutzen darf, oder mit einem Namen, der markenrechtlich geschützt ist (in unserem Beispiel Aspirin).

Arzneimittel (Pharmazeutische Präparate) sind für die *therapeutische Anwendung bei Menschen und Tieren* bestimmt. Sie bestehen aus dem eigentlichen Arzneimittel-**Wirkstoff**, der in der Regel zusammen mit pharmazeutischen Trägerstoffen und Hilfsstoffen konfektioniert wird.

Arzneimittel müssen vom Bundesinstitut für Arzneimittel und Medizinprodukte (BfAM) für bestimmte Indikationen (therapeutische Anwendungen) zugelassen worden sein. Der internationale Freiname des Wirkstoffs sowie die Namen der bei der Herstellung der unterschiedlichen *Darreichungsformen* zugegebenen pharmazeutischen Trägerstoffe und Hilfsstoffe sind auf den Beipackzetteln angegeben.

Wie kann man feststellen, *welche Stoffe* man vor sich hat?
– Bei **Handelsprodukten**, wie Chemikalien, Reagenzien, Lösungsmitteln, Puffer-Lösungen, Nährmedien für Mikroorganismen und für Zellkulturen, ferner bei Desinfektionsmitteln, Reinigungsmitteln und Pflanzenschutzmitteln durch Auswertung der Angaben der Hersteller.
– Bei **Stoffen nicht bekannter Zusammensetzung** durch analytische Untersuchungen (Nachweis-Reaktionen bei Durchführung einer *qualitativen Analyse*), die erkennen lassen, welche Stoffe vorliegen bzw. welche Stoffe auszuschließen sind. Bei reinen Stoffen führen die *physikalische Bestimmung charakteristischer Stoff-Eigenschaften* und der Vergleich der so erhaltenen Daten mit entsprechenden Daten in Tabellen-Werken oder Datenbanken oft zur *Identifizierung* des betreffenden Stoffes.

2.1.3 Reinheitsgrad von Stoffen

Die für das Arbeiten im Labor zur Durchführung von chemischen und physikalischen Versuchen, von Analysen und Synthesen, von Verfahren zur Trennung von Stoff-Gemischen und zur Charakterisierung von Stoffen durch spektroskopische Methoden erforderlichen **Chemikalien** (Reagenzien), wie Salze, Säuren, Laugen, Puffer-Substanzen, Lösungsmittel, Adsorptionsmittel und Detergentien (oberflächenaktive Substanzen), werden in großer Zahl von bestimmten Firmen angeboten, die auf den Gebieten der Herstellung, Aufreinigung und Kennzeichnung solcher Substanzen sehr leistungsfähig sind.

Auch in diesem Zusammenhang gilt jedoch: „Qualität hat ihren Preis", der auch durch den **Reinheitsgrad** bestimmt wird, den man von den betreffenden Chemikalien verlangt. Je höher die Reinheitsanforderungen sind, desto größer ist der Aufwand für die Produktion und die Analytik solcher *Rein- und Reinstsubstanzen* bis hin zu extrem reinen Referenzmaterialien.

Wenn Sie vorhaben, Chemikalien zu bestellen, so wird die Frage im Vordergrund stehen, für welchen *Verwendungszweck* diese Substanzen bestimmt sind und welcher *Reinheitsgrad* für die vorgesehene Verwendung ausreichend (oder andererseits unbedingt erforderlich) ist. Hierbei ist auch zu überlegen, in wie weit vorhandene *Verunreinigungen* bei der vorgesehenen Verwendung „stören", z. B. dadurch, daß sie andere Stoffe inaktivieren oder Meßergebnisse verfälschen.

Die Kataloge und Firmenschriften der Hersteller enthalten umfassende Angaben darüber, für welche Verwendungen bestimmte Chemikalien/Reagenzien geeignet sind, z. B. die Bezeichnungen:
– *zur Synthese*. Für diesen Zweck sind auch weniger reine Ausgangsstoffe geeignet, weil Verunreinigungen in Ausgangsstoffen oder Lösungsmitteln bei der nach der Synthese ohnehin erfolgenden *Aufarbeitung* abgetrennt werden.
– *für biochemische und molekularbiologische Arbeiten* oder *für zellbiologische Arbeiten*.
– *zur Analyse* (pro analysi, z. B. Urtiter-Substanzen)
– *zur Verwendung bei chromatographischen Trennverfahren.*
– *für spektroskopische Anwendungen*, z. B. sehr reine Lösungsmittel für die Aufnahme von Spektren im ultravioletten und sichtbaren Bereich.

Stoffe mit hohem Reinheitsgrad sind vom Hersteller entsprechend gekennzeichnet und als „Garantiert reine Reagenzien" mit einem Garantieschein versehen, auf dem Fremdbestandteile (Verunreinigungen) und deren Maximalgehalt genau angegeben sind. Für spezielle Anwendungen bestimmte Stoffe müssen höchste Reinheits-Anforderungen erfüllen, so z. B.:
– Wirkstoffe in Arzneimitteln, wie Penicillin und Insulin
– Aminosäuren, die in Infusions-Lösungen eingesetzt werden.

Die Angaben über die Reinheit von Substanzen hängen davon ab, welche *Analyse-Verfahren* zu ihrer Charakterisierung angewendet werden. In Stoffen, die früher als „rein" angesehen wurden, sind in der Folgezeit Fremdsubstanzen festgestellt worden, weil die Leistungsfähigkeit der Analytik zum Nachweis und zur quantitativen Bestimmung von Substanzen, die nur in geringsten *Spuren* vorhanden sind, ständig erhöht worden ist.

2.2 Einteilung von Stoffen

Wenn Sie daran gehen wollen, die Vielfalt und Vielzahl an Stoffen in *bestimmte Stoffklassen oder Stoffgruppen einzuordnen*, können Sie in unterschiedlicher Weise vorgehen:

(1) Die Einordnung **reiner Stoffe** in eine ganz bestimmte **Verbindungsklasse** (Stoffklasse): Dies ist die anspruchsvollste Aufgabe, weil hierzu die Kenntnis von charakteristischen **Struktur-Merkmalen** (die oftmals als *funktionelle Gruppen* vorhanden sind; Tab. 16-6) erforderlich ist. Beispiele für wichtige Stoffklassen sind: Kohlenwasserstoffe, Alkohole, Carbonsäuren, Fette, Aminosäuren, Proteine (Eiweißstoffe, wie Albumine und Globuline), Mono- und Disaccharide (Zucker) und Nucleinsäuren. Stoffe, die *derselben Verbindungsklasse* angehören, weisen auch *dieselben Struktur-Merkmale* auf. Faßt man Stoffe dagegen *unter andersartigen Gesichtspunkten* zu Stoffgruppen zusammen, so führt dies dazu, daß selbst diejenigen chemischen Verbindungen, die sich gemeinsam in jeweils einer der nachstehend genannten Stoffgruppen befinden, große Unterschiede in ihren chemischen Strukturen aufweisen können, wie z. B. Vitamin C und Vitamin D.

(2) Die Zuordnung zu einer Stoffgruppe aufgrund einer für den betreffenden Stoff **typischen Eigenschaft**: Beispiele hierfür sind: Salze, Säuren, Basen, Lipide (Verbindungen mit fettähnlichen Eigenschaften), Farbstoffe (Blut- und Blattfarbstoffe, Indigo), oberflächenaktive Stoffe (Tenside, Detergentien).

(3) Die Zuordnung zu einer Stoffgruppe aufgrund von **Wirkungen** in oder auf Organismen oder auf Sinnesorgane: Beispiele hierfür sind: Hormone (körpereigene Wirkstoffe in Tieren und Pflanzen), Vitamine, Aromastoffe, Duftstoffe, Schadstoffe (wie Inhaltsstoffe des Zigarettenrauches).

(4) Die Zusammenfassung zu Stoffgruppen aufgrund der für die betreffenden Stoffe vorgesehenen **Verwendung**, wie:
– Arzneimittel-Wirkstoffe (Antibiotika, Antidiabetika), Impfstoffe
– Werkstoffe (Stahl, Legierungen, Glas)
– Werkstoffe aus synthetisch hergestellten Polymeren (Kunststoffen), wie Polyethylen, Polypropylen, Polyvinylchlorid, Polyamiden (Nylon, Perlon), Plexiglas

(5) Stoffgruppen nach dem **Vorkommen** (der Herkunft) der Stoffe: Beispiele hierfür sind: Rohstoffe (Erze und Mineralien, fossile Brennstoffe), Naturstoffe (aus Mikroorganismen, Pflanzen und Tieren isolierte Stoffe), Kunststoffe als von der chemischen Industrie hergestellte hochmolekulare Verbindungen (Polymerisate).

2.3 Charakteristische Eigenschaften reiner Stoffe

2.3.1 Natriumchlorid und Glucose als Beispiele für reine Stoffe

Zu den bekanntesten *chemischen Verbindungen* gehören Natriumchlorid (Kochsalz) und Glucose (Traubenzucker). Am Beispiel dieser beiden Stoffe sollen bereits an dieser Stelle einige der wichtigsten Begriffe aus der Chemie erklärt werden. Bei chemischen Verbindungen stellt sich stets die Frage, aus welchen *kleinsten Teilchen* (Ionen oder Molekülen) sie bestehen, weil die *Art und die Zusammensetzung der kleinsten Teilchen* sowie die *Wechselwirkungskräfte zwischen den kleinsten Teilchen* (elektrostatische Kräfte oder zwischenmolekulare Wechselwirkungen) physikalische und chemische Eigenschaften der betreffenden Verbindungen bestimmen. Die anorganische Verbindung **Kochsalz** entsteht aus den chemischen Elementen Natrium und Chlor (Kap. 5.2.2). Ihr systematischer Name ist **Natriumchlorid** mit der chemischen Formel NaCl. NaCl ist aus *elektrisch geladenen Teilchen* (aus **Ionen**) aufgebaut, die in dem Feststoff Natriumchlorid ein Kristallgitter bilden (Kap. 5.2 sowie Abb. 5-2 als **Farbtafel**). Natrium-Ionen ($Na^{\oplus}$) tragen eine positive Ladung, Chlorid-Ionen ($Cl^{\ominus}$) tragen eine negative Ladung. In der chemischen Formel NaCl werden die elektrischen Ladungen der Ionen nicht gesondert angegeben. Entsprechendes gilt auch für die chemischen Formeln der anderen Ionen-Verbindungen. Diese Vereinfachung der Formel-Schreibweise dient der Übersichtlichkeit. Im *Kristallgitter* liegen die *Ionen* in regelmäßiger Anordnung vor; hier sind sie *nicht beweglich*. Durch Erhitzen auf eine Temperatur von 801° C geht Natriumchlorid vom festen Zustand in eine Schmelze über, in der die Ionen nun beweglich sind. Auch beim Auflösen von Kochsalz in Wasser werden die *bereits im Kristallgitter vorliegenden Ionen* beweglich (Kap. 10.2

sowie Abb. 10-2 als **Farbtafel**), so daß wässrige NaCl-Lösungen den elektrischen Strom leiten. Die elektrische Leitfähigkeit in wässrigen Lösungen (und in Schmelzen) ist eine charakteristische Eigenschaft aller aus **Ionen** aufgebauten chemischen Verbindungen, weil die elektrischen Ladungen ihrer kleinsten Teilchen nach außen hin wirksam sind. Die kleinsten Teilchen der überwiegenden Anzahl chemischer Verbindungen, vor allem der organischen Verbindungen, sind **Moleküle**, die nach außen hin keine elektrische Ladung aufweisen. Sofern sich organische Verbindungen in Wasser lösen (und sofern beim Auflösen durch chemische Reaktionen mit Wasser-Molekülen keine Ionen gebildet werden), zeigen die erhaltenen wässrigen Lösungen keine elektrische Leitfähigkeit. In unserem Beispiel **Glucose** mit der Summenformel $C_6H_{12}O_6$ sind jeweils 6 Kohlenstoff-Atome (C), 12 Wasserstoff-Atome (H) und 6 Sauerstoff-Atome (O) zu einem Glucose-Molekül miteinander verknüpft. Die **Summenformeln** chemischer Verbindungen erhält man durch *quantitative* Analyse und durch Bestimmung ihrer *molaren Masse* (ihres „Molekulargewichtes"). Glucose gehört zu den *niedermolekularen Verbindungen*, weil in den Glucose-Molekülen nur wenige Atome miteinander verknüpft sind. Glucose-Moleküle ihrerseits sind nun „molekulare Bausteine" für sehr große Moleküle, für *Makromoleküle*, aus denen die *hochmolekularen Verbindungen, die Polymere*, bestehen (Kap. 16-2). So entstehen durch Verknüpfung von einigen Tausend Glucose-Molekülen die Makromoleküle der Polysaccharide Stärke und Glykogen (Tab. 16-1). Diese *Biopolymere* sind wichtige Speicherstoffe in pflanzlichen und tierischen Organismen.

Die Kenntnis der Summenformel eröffnet den Zugang zu weiteren Untersuchungen, die man insgesamt als *Struktur-Aufklärung* bezeichnet. Die Struktur-Aufklärung von Glucose hat zu dem Ergebnis geführt, daß Glucose-Moleküle einen ganz bestimmten *räumlichen Aufbau* (eine ganz bestimmte *Konfiguration*) haben. Hierdurch unterscheidet sich Glucose von den anderen Monosacchariden, welche ebenfalls die Summenformel $C_6H_{12}O_6$ haben. In den Glucose-Molekülen sind die Kohlenstoff-Atome zum einen *kettenförmig*, zum anderen aber vorwiegend *ringförmig* miteinander verknüpft (Kap. 24.2.3).

Die **Löslichkeit** chemischer Verbindungen in Wasser (und in allen sonstigen Lösungsmitteln) wird ebenfalls durch die Art ihrer kleinsten Teilchen bestimmt. Es gilt die Regel: „Ähnliches löst sich in Ähnlichem". Ebenso wie die Stoffe, die man in Lösung bringen will, lassen sich auch die Lösungsmittel in *polare* und *unpolare* (nicht-polare) Verbindungen einteilen. Die kleinsten Teilchen des wichtigsten Lösungsmittels **Wasser** sind *Dipol-Moleküle* (Kap. 9.4). Wasser ist somit ein polares Lösungsmittel und es ist zu erwarten, daß sich viele Ionen-Verbindungen, wie Natriumchlorid, sowie andere polare Verbindungen in Wasser lösen. Die gute Löslichkeit von Glucose in Wasser ergibt sich daraus, daß Glucose-Moleküle, wie auch Wasser-Moleküle, als gemeinsames Struktur-Merkmal die aus einem O-Atom und einem H-Atom bestehende **Atomgruppe -OH** enthalten. In den Glucose-Molekülen ist jede der insgesamt 5 OH-Gruppen mit einem C-Atom verknüpft.

2.3.2 Physikalische Eigenschaften von Stoffen

2.3.2.1 Zusammenhänge zwischen chemischem Aufbau und Eigenschaften

Alle Stoffe liegen unter definierten äußeren Bedingungen bei gegebener Temperatur und gegebenem Druck in einem bestimmten **Aggregatzustand** vor, entweder als Festkörper (Feste Stoffe) oder als Flüssigkeiten (Flüssige Stoffe) oder als Gase (Gasförmige Stoffe). Erhitzen oder Abkühlen führt zu Änderungen des Aggregatzustandes des jeweiligen Stoffes, wie beim
– Schmelzen als Übergang vom festen in den flüssigen Zustand
– Erstarren (Gefrieren bei Wasser)
– Verdampfen und Sieden als Übergang vom flüssigen in den dampfförmigen oder gasförmigen Zustand
– Kondensieren (gasförmig/dampfförmig ⟶ flüssig) oder
– Sublimieren (fest ⟶ dampfförmig/gasförmig).

Um Zusammenhänge zwischen der chemischen Zusammensetzung von Stoffen und ihren Eigenschaften herzuleiten, ist zunächst die Frage zu klären, durch welche Struktur-Merkmale die Eigenschaften von Stoffen geprägt werden. Danach ist dann von Interesse, welche *praktischen Anwendungen* sich aus dem Vorhandensein typischer Stoff-Eigenschaften ergeben. Von großem Einfluß auf
– die Höhe der Temperatur, bei der Stoffe schmelzen oder sieden,
– das Ausmaß ihrer Löslichkeit in unterschiedli-

chen Lösungsmitteln (polar/unpolar),
- die Fähigkeit von Stoffen, in Lösung oder auf einem Trägermaterial nach dem Anlegen einer Gleichspannung im elektrischen Feld zu wandern ist die *Art der kleinsten Teilchen,* aus denen jede chemische Verbindung besteht. Von der Art der kleinsten Teilchen hängen auch die Art der **Wechselwirkung** zwischen diesen Teilchen und die Stärke der so genannten *zwischenmolekularen Kräfte* ab – auch gegenüber Lösungsmitteln und den bei chromatographischen Trennverfahren verwendeten Adsorptionsmitteln. Nach der Art ihrer kleinsten Teilchen kann man die Vielfalt der chemischen Verbindungen wie folgt unterteilen:

a) Ihre kleinsten Teilchen liegen *von Natur aus als elektrisch geladene Teilchen*, als **Ionen**, vor. Solche Verbindungen heißen (primäre) **Elektrolyte**; ihre Lösungen in Wasser leiten den elektrischen Strom. Zu den Elektrolyten gehören vor allem *Salze*, in deren Kristallen die Ionen an ganz bestimmten Plätzen angeordnet sind (Ionen-Gitter).

b) Ihre kleinsten Teilchen sind *Moleküle*, in denen jedoch *polarisierte Bindungen* zwischen bestimmten Atomen vorhanden sind. Das Vorliegen polarisierter Bindungen läßt sich aus der Differenz der *Elektronegativitäts-Werte* (Kap. 5.4) der beteiligten Atome ersehen. Aus derartigen Molekülen *entstehen* Ionen erst beim Auflösen der betreffenden Verbindungen in Wasser *(elektrolytische Dissoziation)* durch chemische Reaktionen mit Wasser-Molekülen. Solche Verbindungen nennt man **potentielle Elektrolyte**. Hierzu gehören Säuren und Basen.

c) Ihre kleinsten Teilchen sind *Moleküle*, aus denen *keine* Ionen entstehen, weil sie keine polarisierten Bindungen oder nur schwach polarisierte Bindungen enthalten. In diese Gruppe gehört die weitaus überwiegende Zahl *organischer Verbindungen*.

2.3.2.2 Zwischenmolekulare Kräfte

Innerhalb der Moleküle chemischer Verbindungen, wie auch innerhalb mehratomiger Ionen, werden die *miteinander* verknüpften Atome durch gemeinsame Elektronenpaare (Bindungs-Elektronenpaare) zusammengehalten. Darüber hinaus sind auch **zwischen** den kleinsten Teilchen der Stoffe Kräfte wirksam:
- Elektrostatische Kräfte: Entgegengesetzt elektrisch geladene Teilchen ziehen sich an, wie Kationen mit positiver Ladung und Anionen mit negativer Ladung. Gleichartig elektrisch geladene Teilchen stoßen sich ab, wie Kationen und Kationen.
- Zwischenmolekulare Kräfte: *Zwischen* **Molekülen** sind mehr oder weniger stark ausgeprägte zwischenmolekulare Kräfte wirksam.

Der Aggregatzustand, in dem die Stoffe unter definierten Bedingungen vorliegen (wie bei einer Temperatur von 25° C und einem Druck von 1,013 bar) läßt darauf schließen, ob zwischen ihren Teilchen schwache oder starke zwischenmolekulare Kräfte wirksam sind.

Aggregatzustand	Zwischenmolekulare Kräfte
gasförmig	sehr schwach
flüssig	schwach (bei Flüssigkeiten mit hohem Dampfdruck und niedrigem Siedepunkt)
	relativ stark (bei Flüssigkeiten mit niedrigem Dampfdruck und hohem Siedepunkt)
fest	stark

Kristalline Feststoffe, die aus Ionen aufgebaut sind, schmelzen in der Regel bei sehr viel höheren Temperaturen als Verbindungen, die aus Molekülen bestehen, weil zwischen den in Kristallgittern abwechselnd regelmäßig angeordneten Kationen und Anionen starke elektrostatische Anziehungskräfte wirksam sind. Typisch für viele Ionen-Verbindungen ist auch ihre gute *Löslichkeit in polaren Lösungsmitteln*. Bedingt durch das Vorhandensein elektrischer Ladungen, wie auch durch das Vorliegen *polarisierter* Bindungen in Dipol-Molekülen treten Wechselwirkungen auf zwischen
- Ionen und Dipol-Molekülen
- Dipol-Molekülen und gleichartigen oder verschiedenartigen Dipol-Molekülen.

Dipol-Moleküle sind dadurch charakterisiert, daß in ihnen Atome von chemischen Elementen mit *erheblich unterschiedlicher Elektronegativität* (Kap 5.4) durch Bindungselektronen miteinander verknüpft sind, insbesondere ein Sauerstoff-Atom mit einem Wasserstoff-Atom, wie in Wasser und den Alkoholen, oder (schwächer ausgeprägt) ein Stickstoff-Atom mit einem Wasserstoff-Atom, wie in Ammoniak und primären Aminen.

Die in allen Lebewesen vorliegenden, wichtigsten zwischenmolekularen Bindungen sind die **Wasserstoffbrücken-Bindungen** (Kap. 16.7) bei den Proteinen und Nucleinsäuren. Bei den Proteinen tragen auch *hydrophobe Wechselwirkungen* maßgebend zur Faltung der Polypeptid-Ketten bei.

2.3.2.3 Identifizierung reiner Stoffe

Reine Stoffe kann man *identifizieren und so von anderen Stoffen unterscheiden*, indem man solche *Kennzahlen bestimmt, die für den betreffenden Stoff unter definierten Bedingungen charakteristisch sind*. Diese Kennzahlen werden mit *physikalischen Methoden* ermittelt, wie
- Schmelztemperatur
- Erstarrungstemperatur (Gefrierpunkt, Kap. 10.4)
- Siedetemperatur
- Dichte
- Viskosität (Zähflüssigkeit) von Flüssigkeiten
- Brechzahl (früher als Brechungsindex bezeichnet) von Flüssigkeiten (Refraktometer)
- Drehung der Ebene des polarisierten Lichtes durch Lösungen optisch aktiver Verbindungen (Kap. 16.4)
- Wechselwirkung der Stoffe mit elektromagnetischer Strahlung unterschiedlicher Wellenlängen (mit ultraviolettem und sichtbarem Licht, mit Infrarot-Strahlung oder mit Röntgen-Strahlung). Der Kurven-Verlauf der betreffenden Spektren (die Lage und die Intensität von Absorptionen) oder das Röntgen-Beugungsmuster ist für die jeweiligen Stofffe charakteristisch.
- Kristallform von kristallinen Stoffen
- Löslichkeit fester Stoffe in Wasser (Kap.10-2)
- elektrische Leitfähigkeit von Metallen und Halbmetallen sowie von Lösungen von Elektrolyten in Wasser
- Wanderungsstrecke bei der Elektrophorese.

Zur Identifizierung eines Stoffes vergleicht man die erhaltenen Daten mit den in Tabellenwerken, Handbüchern oder Datenbanken angegebenen Daten oder Spektren. Auch für die Ausbildung gibt es *Tabellenwerke* (→ Literatur-Verzeichnis), in denen viele *Stoff-Kennzahlen* aufgeführt sind, wie Schmelz- und Siedepunkte, Dichte- und Löslichkeits-Angaben. Die Kenntnis der physikalischen Eigenschaften der Stoffe ist für die *Aufreinigung und die Trennung von Stoffen voneinander* durch physikalische Verfahren, wie fraktionierende Destillation, Zentrifugation oder Elektrophorese erforderlich.

Schmelztemperatur (Schmelzpunkt)

Reine feste Stoffe gehen bei einer für sie charakteristischen Temperatur vom festen in den flüssigen Zustand über. Diese Temperatur (häufig ist es ein enger Temperatur-Bereich) wird als Schmelzpunkt bezeichnet und als eine wichtige Kennzahl in Schmelzpunkts-Tabellen aufgeführt.

Enthalten Stoffe Verunreinigungen, so wird nicht nur der Schmelzpunkt herabgesetzt, sondern das Schmelzen erfolgt in einem breiten Temperatur-Bereich.

In folgender Aufstellung sind die Schmelztemperaturen einiger reiner Stoffe angegeben:

Reiner Stoff	Schmp./°C
Eisen	1536
Natriumchlorid	801
Quecksilber(II)chlorid	276
Zinn	232
α-D-Glucose	146
Harnstoff	135
Schwefel	119
Essigsäure (Eisessig)	16,6

Verschiedenartige Stoffe können den gleichen Schmelzpunkt aufweisen. Zu ihrer Unterscheidung muß mindestens eine weitere Kennzahl bestimmt werden.

Siedetemperatur (Siedepunkt)

Die Siedetemperatur einer bestimmten Flüssigkeit hängt von dem jeweils herrschenden Druck (Luftdruck) ab. Wenn der Druck nicht gesondert angegeben ist, beziehen sich Siedepunkts-Angaben auf Normaldruck, d. h. auf 1,013 bar = 1013 mbar.

In folgender Aufstellung sind die Siedetemperaturen einiger reiner Stoffe angegeben:

Reiner Stoff	Sdp./°C
Glycerin	290
p-Xylol	138
Essigsäure	118
Pyridin	116
Chloroform	61
Brom	58
Diethylether	35
Sauerstoff	-182,9

Dichte

Als Dichte ρ ist der Quotient aus Masse und Volumen eines Stoffes definiert:

$$\text{Dichte} = \frac{\text{Masse}}{\text{Volumen}} \qquad \varrho = \frac{m}{V}$$

Die Dichte ist eine für den betreffenden Stoff charakteristische (spezifische) Größe. Sie wird bei Feststoffen in g/cm³, bei Flüssigkeiten auch in g/mL und bei Gasen in g/L angegeben. Da das in der Dichte-Gleichung enthaltene Volumen der Stoffe von der Temperatur abhängt, muß vermerkt werden, bei welcher Temperatur die Dichte bestimmt worden ist.

Einige Beispiele:

Reiner Stoff	ϱ (g/cm³) (bei 20 °C)
Hexan	0,659
Ethanol	0,789
Wasser	0,998
Schwefelsäure (konz.)	1,84
Brom	3,14
Quecksilber	13,55
Aluminium	2,70
Eisen	7,86
Silber	10,5
Blei	11,34
Uran	19,07
Platin	21,4

2.4 Stoff-Gemische

Stoff-Gemische werden auch *Mehrstoffsysteme* genannt. *Als System bezeichnet man einen abgegrenzten Materie-Bereich.* Bei Mehrstoffsystemen unterscheidet man *homogene* und *heterogene* Stoff-Gemische. So erhält man beim Auflösen zunehmender Stoffportionen Natriumchlorid (NaCl) in reinem Wasser so lange homogene Stoff-Gemische, wäßrige NaCl-Lösungen, wie sich die eingesetzte Stoffportion NaCl (bei einer gegebenen Temperatur) in Wasser löst. *Jeder Volumen- und Massen-Anteil eines **homogenen** Stoff-Gemisches weist die gleiche Zusammensetzung und gleiche Eigenschaften auf.* Da die Löslichkeit von NaCl (und vieler anderer Stoffe) in Wasser jedoch nicht unbegrenzt ist, erhält man schließlich ein **heterogenes Stoff-Gemisch** aus dem *festen* Stoff NaCl (*Bodenkörper*) und der mit NaCl *gesättigten wäßrigen Lösung*.

2.4.1 Homogene Stoff-Gemische

Während bei heterogenen Stoff-Gemischen das Vorhandensein mehrerer Phasen mit bloßem Auge oder unter dem Mikroskop erkennbar ist, bestehen homogene Stoff-Gemische nur aus einer Phase. Die wichtigsten homogenen Stoff-Gemische sind die **Lösungen**, die aus einer als Lösungsmittel (Lösemittel) bezeichneten Flüssigkeit und darin gelösten gasförmigen, flüssigen oder festen Stoffen bestehen. Das wichtigste Lösungsmittel ist Wasser, da die Lebensvorgänge in wäßrigen Systemen ablaufen. Außer Wasser werden zahlreiche organische Verbindungen als Lösungsmittel verwendet, z. B. Alkohole, Ether, Chloroform und Kohlenwasserstoffe. Auch Extrakte, die man z. B. durch Einwirkung von Lösungsmitteln auf die Blätter, Wurzeln und Rinden von Arzneipflanzen gewinnen kann, sind (nach dem Filtrieren) homogene Stoff-Gemische.

Eine NaCl-Lösung ist ebenso als homogen zu bezeichnen wie der reine Stoff Wasser. Um festzustellen, ob ein homogenes Stoff-Gemisch oder ein reiner Stoff vorliegt, muß man über die Beurteilung des Aussehens hinausgehende Prüfungen vornehmen.

Die Einteilung der homogenen Stoff-Gemische geht von dem **Aggregatzustand ihrer Bestandteile** aus:

gasförmig/gasförmig	Gas-Gemische (z. B. Luft mit den Hauptbestandteilen Stickstoff und Sauerstoff)
flüssig/flüssig	Mischungen von (in jedem Verhältnis mischbaren) Flüssigkeiten (Wasser/Ethanol)
gasförmig/flüssig	Lösungen von Gasen (z. B. Formaldehyd oder CO_2 in Wasser)
fest/flüssig	Lösungen von Feststoffen (z. B. Kochsalz oder Zucker in Wasser)
fest/fest	Legierungen (z. B. Bronzen aus Kupfer und Zinn)

2.4.2 Heterogene Stoff-Gemische

Jedes heterogene System (heterogene Stoff-Gemisch) besteht aus mehreren Phasen; z. B. einer festen Phase (NaCl) und einer flüssigen Phase (gesättigte wäßrige NaCl-Lösung). *Eine in einem System vorhandene Phase umfaßt alle Anteile, die gleiche Zusammensetzung und gleiche Eigenschaften haben.* Phasen sind somit einheitliche (homogene) Bereiche innerhalb eines heterogenen Systems und als solche mit bloßem Auge oder unter dem Mikroskop erkennbar.

Ein häufig als Beispiel für ein heterogenes System gewähltes Stoff-Gemisch ist das aus den Mineralien Feldspat, Quarz und Glimmer bestehende Gestein Granit, bei dem die drei festen Phasen mit bloßem Auge zu erkennen sind.

Heterogene Stoff-Gemische können aus chemischen Elementen (z. B. Eisen-Spänen und Schwefel-Pulver), chemischen Verbindungen (z. B. Granit) oder *in sich* homogenen Stoff-Gemischen (z. B. Lösungen von Stoffen in miteinander nicht mischbaren Flüssigkeiten wie Wasser und Ether) bestehen. Ihre Zusammensetzung ist in beliebigen Grenzen veränderlich.

Zwischen den voneinander getrennten Phasen eines heterogenen Systems ist eine **Phasengrenze** (Grenzfläche) sichtbar. Wasser bildet z. B. im System A die untere, im System B die obere flüssige Phase (Dichte-Angaben ϱ in g/cm³ bei 20 °C):

	System A	ϱ	System B	ϱ
obere Phase	Ether	0,719	Wasser	0,998
untere Phase	Wasser	0,998	Chloroform	1,489

Große praktische Bedeutung kommt den als **Dispersionen** bezeichneten heterogenen Stoff-Gemischen zu. In einem Dispersionsmittel, dem mengenmäßig überwiegenden Bestandteil einer Dispersion, sind ein oder mehrere Stoffe fein verteilt. Dispersionsmittel und darin dispergierte Stoffe können in demselben Aggregatzustand oder in verschiedenen Aggregatzuständen vorliegen. In der Tab. 2-1 ist zuerst der Aggregatzustand des dispergierten Stoffes, danach der des Dispersionsmittels angegeben.

Dispersionen sind auch als Darreichungsformen von Arzneimitteln von Bedeutung. Feste Wirkstoffe, die keine ausreichende Wasser-Löslichkeit haben, können als Suspensionen oder in Form von Salben verabreicht werden. **Aerosole** dienen zur Inhalations-Therapie, wobei die Atemwege von dem in einem „Treibgas" äußerst fein verteilten festen oder flüssigen Wirkstoff gut erreicht werden.

Tab. 2-1: Zusammenstellung von Dispersionen

Aggregat-zustand der Bestandteile	Bezeichnung	Beispiele
fest in fest		Gesteine (wie Granit), Rohsalze in Salzlagerstätten, Granulate zur Tabletten-Herstellung
fest in flüssig	Suspension (Aufschlämmung)	Bariumsulfat als Röntgenkontrastmittel
flüssig in fest	Gel (gallertartige Stoffe)	Wasser in Lehm
fest in gasförmig	Aerosol (Rauch)	Ruß oder Stäube in der Luft
gasförmig in fest	Schaum	Bimsstein Gase in Schaumstoffen (Polystyrol, Polyurethan)
flüssig in flüssig	Emulsion	Milch (Fetttröpfchen in Wasser), Cremes (Wasser in Öl)
flüssig in gasförmig	Aerosol (Nebel)	Wassertröpfchen in Luft
gasförmig in flüssig	Schaum	Luft in Seifenwasser

Tab. 2-2 gibt eine Übersicht über Stoff-Gemische und reine Stoffe. Infolge der nahezu unbegrenzten Kombinations-Möglichkeiten von Stoffen miteinander gibt es sehr viel mehr in der Natur vorkommende Stoff-Gemische und industriell hergestellte Stoff-Mischungen als reine Stoffe.

2.4.3 Zusammensetzung von Nährmedien

In vielen Laboratorien wird mit festen und flüssigen Nährmedien (Nährlösungen) zur Kultivierung von Mikroorganismen (Bakterien, Pilzen, Cyanobakterien) oder zur Vermehrung pflanzlicher und tierischer Zellen gearbeitet. Die zu kultivierenden Mikroorganismen oder zu vermehrenden Zellen stellen sehr unterschiedliche *Anforderungen an die Zusammensetzung „ihrer" Nährmedien.*

Aus diesem Grund ist auch eine große Zahl an Nährmedien im Handel, ebenso wie vielfältige Zusatzstoffe zu Nährlösungen, weil insbesondere das Wachstum und die Vermehrung der sehr anspruchsvollen Zellen von Säugetieren *Nährlösungen definierter Zusammensetzung* mit ausgewähl-

Tab. 2-2: Übersicht über Stoffe

	heterogene Stoff-Gemische	homogene Stoff-Gemische Lösungen	reine Stoffe (homogen) chem. Verbindungen	reine Stoffe (homogen) chem. Elemente
Phasen	mehrere	eine	eine	eine
Zusammensetzung (Massen-Anteile)	beliebig veränderlich	in bestimmten Grenzen veränderlich	feststehend	feststehend
Bestandteile bzw. kleinste Teilchen	homogene Stoff-Gemische/Verbindungen/Elemente	Verbindungen/Elemente	Moleküle Ionen	Atome mit derselben Protonenzahl
Trennung in die Bestandteile durch	physikalische Verfahren: Dekantieren Filtrieren/Sieben Trennung flüssiger Phasen	physikalische Verfahren: Kristallisieren Destillieren Extrahieren Chromatographie	chemische Vorgänge: Verbindungen Elemente	Elemente sind chemische Grundstoffe

ten Zusatzstoffen erfordern.

Die Nährmedien müssen *steril* angesetzt und steril gehalten werden, um zu verhindern, daß in der Luft und im Wasser vorkommende Mikroorganismen in Nährlösungen gelangen, wo sie die gewünschten Zellen rasch überwuchern können. Zudem wäre die Kultivierung *unter kontrollierten Verfahrensbedingungen in reproduzierbarer Weise* ohne **Sterilisation** nicht möglich.

Meist wird die Sterilisation mit *feuchter Hitze* durchgeführt, indem das Nährmedium mit Wasserdampf in einem *Autoklaven* (einem Druckbehälter) unter Standardbedingungen für das *Autoklavieren* (121° C / 2 bar / 15 min) erhitzt wird. Nährlösungen, die hitzeempfindliche Stoffe enthalten, können durch Filtration über spezielle *Membranfilter* keimfrei gemacht werden.

Bei der Kultivierung von Mikroorganismen und Zellen muß man entweder bewährte Arbeitsvorschriften zugrunde legen oder eine geeignete Zusammensetzung des jeweiligen Nährmediums, ebenso wie geeignete Kultivierungs-Bedingungen, durch Versuche ermitteln. Jedes Nährmedium muß die für den Energie- und Baustoffwechsel der zu kultivierenden Mikroorganismen oder der zu vermehrenden Zellen unverzichtbaren Bestandteile enthalten, die aus den in Tab. 2-3 aufgeführten kohlenstoff- und stickstoffhaltigen Stoffen auszuwählen sind. Hinzu kommen, neben einem ausreichenden *Wasser-Anteil*,

– lösliche anorganische Phosphate (Natrium- und Kalium-Salze der Phosphorsäure) als Phosphor-Quelle
– anorganische Salze (Mineralstoffe) für die Zufuhr von Schwefel (in Form von Sulfaten oder Sulfiden), ferner von Natrium-, Kalium-, Magnesium-, Calcium- und Eisen(III)-Ionen sowie die Zufuhr der Ionen von Spurenelementen und, falls erforderlich,
– Vitamine (meist B-Vitamine), bestimmte Aminosäuren, Purine und Pyrimidine und zudem
– *für tierische Zellen* Wachstums-Faktoren, wie Albumin, Transferrin und Insulin.

Die als Nährmedien verwendeten wäßrigen Lösungen lassen sich einteilen in:

– **Komplexe Nährmedien**, deren Zusammensetzung nicht genau bekannt ist und zudem noch Schwankungen unterliegt – je nach Beschaffenheit der zu ihrer Herstellung verwendeten Ausgangsmaterialien. Das sind wasserlösliche Ex

Tab. 2-3: Bestandteile von *Definierten Nährmedien* sowie *Komplexe Nährmedien*

C-Quellen	N-Quellen	Komplexe Nährmedien
Monosaccharide (Glucose, Galactose) Disaccharide (Maltose, Lactose) Glycerin kurzkettige Fettsäuren	Aminosäuren Ammoniumsalze (Chlorid und Sulfat) Nitrate	Hefe-Extrakte Fleisch-Extrakte und daraus hergestellte Hydrolysate Peptone und Tryptone Casein-Hydrolysat Sojaprotein-Hydrolysat

trakte aus Hefe, wie auch aus pflanzlichen oder tierischen Massenprodukten (Mais-Quellwasser, Fleisch-Extrakte), außerdem durch Abbau tierischer Proteine durch Zugeben des Verdauungsenzyms Pepsin erhaltene, *Peptone* genannte Gemische aus Peptiden und Aminosäuren.
- **Definierte Medien**, die man durch *Einwaage und Auflösen reiner Stoffe in reinem Wasser herstellt*, so daß die qualitative und quantitative Zusammensetzung des Mediums bekannt ist. Derartige Medien enthalten meist einen Zucker, eine anorganische Stickstoff-Quelle, Mineralsalze und, falls erforderlich, Wachstums-Faktoren.

Zur Verfestigung von Nährmedien dient *Agar-Agar*, ein aus Meeresalgen gewonnenes Polysaccharid. Weil Mikroorganismen viel geringere Anforderungen an ihren Nährstoff-Bedarf stellen als tierische Zellen, werden zur großtechnischen Produktion von Antibiotika durch Mikroorganismen billige komplexe Medien, wie Fleisch-Extrakt, Hefe-Extrakt oder Peptone aus Casein, Fleisch oder Soja-Proteinen verwendet.

2.4.4 Der Umgang mit Arbeitsstoffen

Während Ihrer Ausbildung und Ihrer beruflichen Tätigkeit werden Sie mit vielen Stoffen, Stoff-Gemischen und Stoff-Mischungen zu tun haben. Diese Stoffe sind für Sie **Arbeitsstoffe**. Darunter werden auch solche Stoffe sein, mit deren Handhabung eine Gefährdung Ihrer Gesundheit oder Sicherheit einhergehen könnte, falls Arbeitsschutz-Vorschriften, die den Umgang mit *Gefahrstoffen* regeln, nicht eingehalten werden.

Die Gesundheitsgefährdung, die von bestimmten *Arbeitsstoffen* ausgeht, ist u.a. aus der jährlich aktualisierten *Liste der MAK-Werte* ersichtlich. Die *Maximale Arbeitsplatz-Konzentration ist die höchstzulässige Konzentration eines Arbeitsstoffes als Gas, Dampf oder Aerosol in der Luft am Arbeitsplatz, die nach gegenwärtigem Kenntnisstand auch bei langfristiger, täglich achtstündiger Exposition die Gesundheit der Beschäftigten nicht beeinträchtigt.* Die MAK-Werte betreffen Stoffe, die hauptsächlich über die Atemwege aufgenommen werden. Arbeitsstoffe werden auch dahingehend geprüft, ob beim Umgang mit ihnen eine Aufnahme (*Resorption*) durch die Haut erfolgt.

Die folgende Aufstellung zeigt, welche Gesetze, Verordnungen und Richtlinien im Bereich der Arbeitssicherheit – je nach Tätigkeitsbereich – zu beachten sind:
- Chemikaliengesetz......Gesetz zum Schutz vor gefährlichen Stoffen
- Gefahrstoffverordnung
- Technische Regeln für Gefahrstoffe
- Verordnung über brennbare Flüssigkeiten
- Hinweise auf besondere Gefahren (*R-Sätze*)
- Sicherheitsratschläge (*S-Sätze*)
- Sicherheitsdatenblätter des Herstellers, die mit solchen Chemikalien mitgeliefert werden müssen, die als Gefahrstoffe gekennzeichnet sind
- MAK-Liste (jährlich aktualisiert)
- Gentechnik-Gesetz (1990; novelliert 1993)..... Sicherheit in der Gentechnologie
- Gentechnik-Sicherheitsverordnung (1990; novelliert 1995)
- Biostoff-Verordnung (1999).....Sicherheit und Gesundheitsschutz bei Tätigkeiten mit biologischen Arbeitsstoffen

2.5 Trennung von Stoff-Gemischen

Die Arbeit im Laboratorium wird vielfach durch die Untersuchung und durch die Aufarbeitung von Stoff-Gemischen geprägt, die stets mehrere Bestandteile enthalten. Die Untersuchung von Stoff-Gemischen erfolgt mit dem Ziel, das Vorhandensein bestimmter Stoffe nachzuweisen (qualitative Analyse) oder den Gehalt (die Konzentration) bestimmter Stoffe in dem untersuchten Stoff-Gemisch zu bestimmen (quantitative Analyse). Beispiele hierfür sind die Untersuchung von Körperflüssigkeiten (wie Serum und Urin) im klinisch-chemischen Labor oder von Rückständen von Pflanzenschutz- oder Schädlingsbekämpfungsmitteln im ökologischen Labor. Eine Auftrennung von Stoff-Gemischen in Fraktionen oder eine Abtrennung einzelner Stoffe wird beim analytischen Arbeiten nur insoweit vorgenommen, wie andere, in dem Untersuchungsmaterial vorhandene Stoffe den Nachweis oder die Bestimmung der interessierenden Stoffe nachteilig beeinflussen (stören).

Im Bereich der Analytik werden Stoff-Trennungen oft mit äußerst geringen Probemengen in hierfür entwickelten Geräten und unter Anwendung darauf abgestimmter Verfahren durchgeführt, wie bei der
- analytischen Gas-Flüssigkeits-Chromatographie

- Dünnschicht-Chromatographie,
- Papier-Chromatographie,
- Gel-Elektrophorese.

Dagegen ist das präparative Arbeiten darauf abgestellt, bestimmte Stoffe in möglichst großen Mengen (in präparativem Maßstab) und in hohem Reinheitsgrad aus Stoff-Gemischen abzutrennen (zu isolieren). Hierbei arbeitet man zunächst darauf hin, die gewünschten Stoffe anzureichern (weil sie in dem vorliegenden Stoff-Gemisch als Rohprodukte oft nur in geringem Anteil enthalten sind) und schließlich in reiner Form zu gewinnen. Beispiele hierfür sind die Gewinnung von

- Antibiotika aus den Kulturbrühen nach der Kultivierung von Mikroorganismen und von
- Proteinen, die durch Verfahren der Biotechnologie oder Gentechnologie hergestellt worden sind.

Ein besonders hoher Reinheitsgrad ist immer dann unbedingt erforderlich, wenn die betreffenden Substanzen als Arzneimittel-Wirkstoffe, als Reagenzien für analytische Untersuchungen oder für Forschungszwecke bestimmt sind. Die präparativen Methoden der Trennung von Stoffen beruhen vielfach auf den gleichen Grundlagen (Trennprinzipien) wie entsprechende analytische Verfahren, sind jedoch auf das Arbeiten mit (weitaus) größeren Ansätzen ausgerichtet. Neben vielen anderen Verfahren kann man die bereits erwähnte Gas-Flüssigkeits-Chromatographie, Dünnschicht-Chromatographie und Gel-Elektrophorese auch in präparativem Maßstab durchführen.

Das bei Trennungen in präparativem Maßstab erzielte Ergebnis muß in jedem Fall durch analytische Verfahren überprüft und der Reinheitsgrad der erhaltenen Stoffe bestimmt werden. Alle Verfahren zur Trennung von Stoff-Gemischen machen sich Unterschiede in den physikalischen und den chemischen Eigenschaften der im Gemisch vorliegenden Stoffe zunutze.

Der Aufwand und der Erfolg von Trennverfahren hängen davon ab, wie stark Unterschiede in der einen oder anderen Eigenschaft der voneinander zu trennenden Stoffe ausgeprägt sind. Je ähnlicher sich zwei Stoffe verhalten, um so aufwendiger ist es, sie voneinander zu trennen.

Trennungen heterogener *Gemische* in die einzelnen Phasen sind meist einfach durchzuführen, z. B. bei Suspensionen durch Absetzenlassen (Sedimentation) der Feststoffteilchen am Boden, wobei man das Sediment durch Zentrifugieren rascher erhält, und Dekantieren (Abgießen der flüssigen Phase) oder Filtrieren (Sammeln des Feststoffes in einem Filter).

Mehr Aufwand an Zeit und Arbeitsgeräten erfordern die Auftrennungen **homogener** Stoff-Gemische in die Bestandteile. Hierbei kann man sich damit begnügen, Fraktionen von Stoffen mit ähnlichen Eigenschaften (z. B. von Proteinen) abzutrennen, oder man kann die Auftrennung bis zu reinen chemischen Verbindungen weiterführen.

In Tab. 2-4 sind einige Stoff-Eigenschaften zusammengestellt, welche die Grundlage für Trennverfahren bilden.

Tab. 2-4: Stoff-Trennungen aufgrund bestimmter Eigenschaften

Eigenschaft	Trennverfahren
Siedetemperatur	Destillation
Dichte	Zentrifugation
Löslichkeit	Extraktion
	Umkristallisation
Molekül-Größe	Dialyse
(molare Masse)	Ultrafiltration
elektrische Ladung	Elektrophorese

2.5.1 Extraktion

- Extrahieren (Herauslösen) bestimmter Stoffe (z. B. Coffein) aus Naturstoff-Gemischen: **hydrophile** (wasserlösliche) Inhaltsstoffe werden mit Wasser oder wasserähnlichen Lösungsmitteln, **hydrophobe** (wasserabweisende) Stoffe werden mit lipophilen (fettlösenden) Lösungsmitteln extrahiert.
- Extrahieren von Stoffen aus Lösungen: ein Stoff in wäßriger Lösung kann durch Ausschütteln mit einem geeigneten, nicht mit Wasser mischbaren Lösungsmittel (z. B. Ether, Chloroform) in der organischen Phase angereichert werden; die organische Phase wird in einem Separator (z. B. Scheidetrichter) von der wäßrigen Phase abgetrennt.

Stoffe verteilen sich zwischen zwei miteinander nicht mischbaren Lösungsmitteln 1 und 2 *bis sich ein Gleichgewichts-Zustand* einstellt. In der Regel gilt hierfür der **Nernstsche Verteilungssatz**:

$$c_1 : c_2 = K$$

Im Verteilungs-Gleichgewicht ist das Verhältnis der Stoffmengen-Konzentrationen c_1 und c_2 *konstant*. Die Größe des Verteilungs-Koeffizienten hängt von der Temperatur ab.

2.5.2 Gewinnung fester Stoffe aus Lösungen

- Durch Verdampfen von Lösungsmittel-Anteilen (Einengen, Konzentrieren) oder des Lösungsmittels insgesamt (Eindampfen) durch Erhitzen bei Normaldruck oder im Vakuum kann der Feststoff gewonnen werden.
- Das Ausfällen eines festen Stoffes wird durch Zugabe von Substanzen, die seine Löslichkeit herabsetzen, durchgeführt.
- Wärmeempfindliche feste Stoffe (z. B. Proteine) werden durch Gefriertrocknung (Lyophilisation) aus wäßrigen Lösungen gewonnen.

2.5.3 Weitere Trennverfahren

- **Umkristallisieren**: feste Stoffe werden durch Auflösen in einem Lösungsmittel, in dem sich der Hauptbestandteil bei erhöhter Temperatur gut löst, die Verunreinigungen aber nicht lösen, gereinigt; beim Abkühlen kristallisiert der Feststoff aus der filtrierten Lösung aus.
- Flüssigkeiten kann man durch **Destillation** reinigen; Gemische aus Flüssigkeiten mit verschiedenen Siedepunkten können durch fraktionierende Destillation aufgetrennt werden.
- Hochmolekulare Stoffe können durch **Dialyse** von niedermolekularen Verunreinigungen getrennt werden: die niedermolekularen Stoffe passieren eine Membran bestimmter Porengröße (z. B. Cellophan), die für hochmolekulare Stoffe undurchlässig ist.
- Bei der **Ultrafiltration** werden Membranen mit vorgegebenen Ausschlußgrenzen zur Trennung von Molekülen mit einer molaren Masse von 1000 bis zu 300 000 Dalton verwendet. Hierdurch kann man vor allem Salze und niedermolekulare Verbindungen von Protein-Fraktionen abtrennen.

2.5.4 Chromatographische Trennmethoden

Die Bezeichnung „Chromatographie" geht auf den russischen Botaniker Tswett zurück, der in Lösung befindliche Blattfarbstoffe an festen Adsorbentien getrennt und hierbei farbige Banden erhalten hat. In der Folgezeit sind eine Reihe chromatographischer Methoden zur Trennung von Stoff-Gemischen, insbesondere zur weitestgehenden Reinigung angereicherter Stoffe, entwickelt worden. Die Chromatographie beruht darauf, daß sich Stoffe, bedingt durch ihre Eigenschaften, in unterschiedlicher Weise zwischen einer stationären Phase und einer mobilen (beweglichen) Phase verteilen. Tab. 2-5 enthält einige Beispiele für chromatographische Verfahren; weitere Anwendungen sind im Kap. Proteine (28.4) beschrieben.

Tab. 2-5: Chromatographische Trennmethoden aufgrund bestimmer Eigenschaften

Eigenschaft	Trennmethode
Molekül-Größe	Gel-Chromatographie
Bindung an Adsorptionsmittel	Adsorptions-Chromatographie
elektrische Ladung	Ionenaustausch-Chromatographie

Der Aggregatzustand, in welchem die **mobile** Phase vorliegt, bestimmt die Einteilung der chromatographischen Verfahren in zwei große Bereiche:
- Flüssigkeits-Chromatographie (LC) und
- Gas-Chromatographie (GC).

Hieran schließt sich eine weitergehende Unterteilung an, die auf dem Aggregatzustand der **stationären** Phase basiert. Eine **flüssige** mobile Phase in Kombination mit einer **festen** stationären Phase ist das gemeinsame Kennzeichen der wichtigsten chromatographischen Verfahren. Bei der Säulen-Chromatographie wird ein Füllmaterial (die stationäre Phase), z. B. ein Gel, ein Adsorptionsmittel oder ein Ionenaustauscher, in ein senkrecht angebrachtes Rohr (eine Säule) aus Glas, Kunststoff oder Metall eingebracht. Danach wird die Säule auf die Bedingungen eingestellt (äquilibriert), unter denen eine Lösung des zu trennenden Stoff-Gemisches dann auf die Säule aufgebracht wird. Die zu trennenden Stoffe wandern entlang der Säule und treten hierbei mit dem Füllmaterial in der Säule in unterschiedlich starkem Maße in Wechselwirkung. Bei der nun folgenden **Elution** läßt man ein Elutionsmittel die Säule durchströmen, was zu einer ständigen Neuverteilung der zu trennenden Stoffe zwischen stationärer und mobiler Phase führt: Zum Eluieren verwendet man ein andersartiges Lösungsmittel (als zum Aufbringen der zu trennenden Stoffe) oder Lösungsmittel-Mischungen, Puffer-Lösungen oder Lösungen von Salzen. Das aus der Säule austretende Eluat wird mittels eines Detektors auf seinen Gehalt an bestimmten Stoffen geprüft und in Fraktionen gesammelt.

Bei der *Gradienten-Elution* ändert man die Zusammensetzung der mobilen Phase während des Elutions-Vorgangs stetig, indem man in einer Mischung aus den Bestandteilen A und B (durch Dosierung aus Vorratsbehältern) den Anteil an B erhöht und den an A dementsprechend verringert. Auf diese Weise erzeugt man ein Konzentrations-Gefälle (einen Gradienten) in Hinblick auf den Anteil eines bestimmten Lösungsmittels oder auf die Ionenstärke.

Durch die Verwendung von neuartigen stationären Phasen und von druckbeständigen Säulen sind viele zuvor bei niedrigen oder mittleren Drücken durchgeführte säulenchromatographische Verfahren zu der besonders leistungsfähigen **Hochdruck-Flüssigkeitschromatographie** (HPLC, auch als High Performance Liquid Chromatography bezeichnet) weiterentwickelt worden. Hiermit werden verbesserte (hochauflösende) Trennungen in kürzerer Zeit erzielt. Die HPLC wird nicht nur für Trennungen in präparativem Maßstab mit großem Erfolg angewendet, sondern auch für die Analytik von Arzneimitteln, in der Umwelt-Analytik und in der klinischen Chemie.

Bevor nun die in Tab. 2-5 angegebenen Verfahren der Fest-Flüssigkeits-Chromatographie näher beschrieben werden, sei auf zwei andersartige Methoden hingewiesen:

Die Liquid-Liquid-Chromatographie beruht auf der Verwendung einer flüssigen mobilen Phase in Kombination mit einer flüssigen stationären Phase, mit welcher ein Trägermaterial beschichtet ist. Bei dieser Verteilungs-Chromatographie bestimmt allein das Löslichkeits-Verhalten der zu trennenden Stoffe in der jeweiligen flüssigen Phase, in welchem Ausmaß sich die Stoffe zwischen den beiden flüssigen Phasen verteilen.

Bei der Gas-Flüssigkeits-Chromatographie (GLC) liegt eine gasförmige mobile Phase in Kombination mit einer (an das Trägermaterial gebundenen) flüssigen stationären Phase vor. Die von einem Gasstrom mitgeführten Stoffe verweilen unterschiedlich lange an der stationären Phase und können aufgrund ihrer unterschiedlichen Retention getrennt werden. Die GLC ist ein sowohl analytisch als auch präparativ angewendetes Verfahren. Sie unterliegt jedoch der Einschränkung, daß viele organische Verbindungen thermisch nicht stabil sind und sich bei den höheren Temperaturen, die zur Verdampfung von schwerflüchtigen Stoffen erforderlich sind, zersetzen. Um dies zu vermeiden, muß man schwerflüchtige Stoffe, wie Zucker und Aminosäuren, vor dem Einbringen in einen Gaschromatographen durch chemische Umsetzungen erst einmal in leichter flüchtige Derivate überführen.

2.5.4.1 Gel-Chromatographie

Stoffe unterschiedlicher Molekül-Größe kann man durch Gel-Chromatographie voneinander trennen. Hierzu beschickt man eine Chromatographie-Säule mit einem der handelsüblichen Materialien, die zu einem Gel genau definierter Porengröße aufquellen. Die Gel-Matrix (das dreidimensionale Netzwerk) besteht aus den quervernetzten Polysacchariden Dextran oder Agarose oder aus Polyacrylamid.

In dem zu trennenden Stoff-Gemisch vorhandene kleine Moleküle von niedermolekularen Stoffen können aus der auf die Säule aufgebrachten Lösung tief in die Gel-Poren eindringen und durch sie hindurchdringen. Man spricht daher auch von Gel-Permeationschromatographie. Dagegen können die Teilchen von Stoffen mit höherer molarer Masse nicht in die Hohlräume von Gelen mit einer vorgegebenen Ausschlußgrenze eindringen. Dies führt zu dem Ergebnis, daß höhermolekulare Stoffe vor niedermolekularen Stoffen eluiert werden, weil deren kleine Teilchen einen längeren Weg zurücklegen (durch die Poren hindurch und nicht einfach an den Gel-Perlen vorbei) und somit länger in der Säule verweilen. Die Gel-Chromatographie wird regelmäßig zur Reinigung von Proteinen und Nucleinsäuren angewendet.

2.5.4.2 Adsorptions-Chromatographie

Die Adsorptions-Chromatographie beruht auf der unterschiedlichen Stärke von Wechselwirkungskräften zwischen einem **Adsorptionsmittel** (auch Adsorbens oder nur Sorbens genannt) und den zu trennenden Stoffen. Diese werden vom Adsorbens unter vorgegebenen Verfahrensbedingungen durch physikalisch-chemische Wechselwirkungen mehr oder weniger fest gehalten. Als Adsorptionsmittel werden insbesondere verwendet: Kieselgele (Silicagel), Aluminiumoxid, Hydroxyapatit, Aktivkohle, Cellulosepulver, Polyamidpulver. Zur Adsorptions-Chromatographie kann das Adsorbens entweder in eine Säule gefüllt oder in dünner Schicht auf Glasplatten oder Trägerfolien aufgebracht werden (Dünnschicht-Chromatographie, DC). Auch hierbei werden die zu trennenden Stoffe unterschiedlich fest an das Adsorbens gebunden. Weniger fest gebundene Stoffe wandern beim Entwickeln der Dünnschicht-Chromatogramme (entsprechend dem Eluieren der Säulen) voraus.

Die Adsorptions-Chromatographie war lange auf die Verwendung der genannten polaren Adsorbentien beschränkt. Die polaren Eigenschaften der Kieselgele beruhen darauf, daß an ihrer Oberfläche Si-OH-Gruppen vorhanden sind. Im Zuge der Weiterentwicklung der Chromatographie verwendet man jetzt vielfach auch solche Kieselgele, deren Oberfläche durch chemische Umsetzungen unpolar gemacht wurde. Typisch für diese oberflächenmodifizierten Kieselgele sind Atomgruppen der allgemeinen Formel Si-O-R. Unter „R" muß man sich hier Atomgruppen vorstellen, die sich von Kohlenwasserstoffen mit 6, 8 oder 18 C-Atomen ableiten und die daher ausgeprägt hydrophob (wasserabweisend) sind. Da dieses neuere Chromatographie-Verfahren auf einer Umkehr der Polaritäts-Verhältnisse in der Wechselwirkung zwischen adsorbiertem Stoff/Adsorbens/Elutionsmittel beruht, wird es als Reversed Phase-Chromatographie (Umkehrphasen-Chromatographie) bezeichnet.

2.5.4.3 Ionenaustausch-Chromatographie

Durch Ionenaustausch-Chromatographie werden solche Stoffe voneinander getrennt, deren kleinste Teilchen unter den zugrunde gelegten Verfahrensbedingungen als Ionen vorliegen, das heißt, nach außen wirksame elektrische Ladungen aufweisen. Die stationäre Phase besteht aus unlöslichen, synthetisch hergestellten hochmolekularen Verbindungen, bei denen das polymere Gerüst (die Matrix) kovalent mit in Ionen-Form vorliegenden Gruppen verknüpft ist. Zur Herstellung von Ionenaustauschern verwendet man als Matrix vernetztes Polystyrol, Polyacrylamid, vernetztes Dextran, Cellulose oder Agarose. Je nach den mit der jeweiligen Matrix verknüpften ionisierten Gruppen unterscheidet man die in Tab. 2-6 aufgeführten Typen von Ionenaustauschern. Als Gegenionen (zu den an das Polymere gebundenen ionisierten Grupen) sind meist $Na^{\oplus}$-Ionen oder $Cl^{\ominus}$-Ionen vorhanden, die bei der chromatographischen Trennung in unterschiedlich starkem Maße gegen die in der mobilen Phase vorliegenden Ionen der zu trennenden Stoffe (z. B. $X^{\oplus}$ oder $Y^{\ominus}$) ausgetauscht werden.

Tab. 2-6: Typen von Ionenaustauschern

Ionenaustauscher	ionisierte Gruppen
Kationenaustauscher	
stark sauer	$-SO_3^{\ominus}$ oder $-O-CH_2-CH_2-CH_2-SO_3^{\ominus}$
schwach sauer	$-COO^{\ominus}$ oder $-O-CH_2-COO^{\ominus}$
Anionenaustauscher	
stark basisch	$-\overset{\oplus}{N}(CH_3)_3$ oder $-O-CH_2-CH_2-\overset{\oplus}{N}\begin{smallmatrix}CH_2-CH(OH)-CH_3\\CH_2-CH_3\\CH_2-CH_3\end{smallmatrix}$
schwach basisch	$-O-CH_2-CH_2-\overset{\oplus}{N}H(C_2H_5)_2$

2.5.5 Elektrophorese

Zur Trennung und Charakterisierung von Stoffen, deren kleinste Teilchen entweder bereits als Ionen vorliegen oder unter vorgegebenen Verfahrensbedingungen in Ionen übergehen, kommen elektrophoretische Verfahren zur Anwendung. Als Elektrophorese bezeichnet man die Wanderung geladener Teilchen unter der Einwirkung eines elektrischen Feldes (Gleichspannung). Die Wanderungs-Geschwindigkeit hängt zum einen von der Feldstärke ab, zum anderen von der nach außen hin wirksamen Nettoladung der wandernden Teilchen sowie ihrer Größe und ihrer Form. Die Elektrophorese wird in Elektrophorese-Kammern durchgeführt. Bei der gebräuchlichsten Ausführung als Träger-Elektrophorese wird ein Trägermaterial, wie Papier oder Celluloseacetat-Folien, zur Einstellung eines bestimmten pH-Wertes mit einer Puffer-Lösung getränkt.

Besonders hervorzuheben ist die in allen mit Protein- und Nucleinsäure-Trennungen beschäftigten Laboratorien durchgeführte Elektrophorese unter Verwendung von Gelen als Trägermaterialien, insbesondere die **Polyacrylamid-Gelelektrophorese** (PAGE). Die Nucleinsäuren (DNA und RNA) liegen als polymere Anionen (Polyanionen) vor.

In der klinischen Chemie ist die Elektrophorese eine Standardmethode zur Bestimmung von in menschlichem Blutserum vorliegenden Proteinen. Im schwach alkalischen pH-Bereich, und somit auch im physiologischen pH-Bereich, weisen die meisten Proteine eine negative Nettoladung auf.

Die zum Verständnis der genannten Trennmethoden nützlichen Begriffe sind in Tab. 2-7 zusammengestellt.

Tab. 2-7: Zuordnung grundlegender Begriffe

Merkmal	Unterscheidung	kleinste Teilchen	chemische Verbindungen
molare Masse	niedermolekular	Moleküle	die meisten *organischen* Verbindungen
	hochmolekular	Makromoleküle	Polymere(Tab.16-1;Kunststoffe)
elektrische Ladung	positiv	Kationen	Salze (Ionen-Gitter)
	negativ	Anionen	Potentielle Elektrolyte
elektrische Ladungen vorhanden, aber nach außen nicht wirksam	*sowohl* positive *als auch* negative Ladungen	Zwitterionen	Aminosäuren und Proteine, jeweils am isoelektrischen Punkt
nach außen hin *wirksame* Nettoladung	positiv oder negativ	Kationen oder Anionen	Aminosäuren und Proteine, jeweils abhängig vom pH-Wert der Lösungen Polyanionen der Nucleinsäuren

Kontrollfragen

2-1 Unterscheiden Sie zwischen physikalischen und chemischen Vorgängen: Oxidation, Destillation, Sublimation, Neutralisation, Reduktion, Filtration, Verbrennung, Verdauung, Dialyse.

2-2 Ordnen Sie die Stoffe Messing, Magnesium, Olivenöl, Harnsäure, physiologische Kochsalzlösung, Harnstoff, Vitamin C, Serum-Proteine als chemische Elemente, Verbindungen oder Stoff-Gemische ein.

2-3 Aus wievielen Phasen besteht ein homogenes System?

2-4 Bilden Natriumchlorid und Wasser in beliebigen Anteilen homogene Systeme? (Begründung)

2-5 Bilden Ethanol („Alkohol") und Wasser in beliebigen Anteilen homogene Systeme? (Begründung)

2-6 Woraus bestehen Dispersionen?

2-7 Erläutern Sie die Begriffe Emulsion und Suspension.

2-8 Nennen Sie zwei physikalische Kennzahlen, die meist zur Charakterisierung flüssiger chemischer Verbindungen angegeben werden.

2-9 Welches Volumen nehmen 600 g einer konzentrierten wäßrigen Ammoniak-Lösung ein (ϱ = 0,880 g/mL)?

2-10 Welche Masse hat eine Schwefelsäure-Portion mit dem Volumen V = 450 mL und der Dichte ϱ = 1,84 g/mL?

2-11 Welches ist die Zielsetzung a) bei der qualitativen Analyse, b) bei der quantitativen Analyse?

2-12 Welche Adsorptionsmittel werden bei der Adsorptions-Chromatographie am häufigsten verwendet?

2-13 Mit welchem Eigenschaftswort bezeichnet man Stoffe, die a) das Bestreben haben, sich mit Wasser-Molekülen zu umgeben, im Gegensatz zu solchen, die sich b) wasserabweisend verhalten?

3 Chemische Elemente und Atom-Aufbau

3.1 Unterscheidung Elemente .. Verbindungen

Elemente sind die chemischen Grundstoffe, weil man sie mit chemischen Methoden *nicht* weiter zerlegen kann. Gegenwärtig sind **112 chemische Elemente** bekannt, darunter auch Elemente, die nicht in der Natur vorkommen, sondern seit Beginn des Atom-Zeitalters in Kern-Reaktoren hergestellt worden sind (Transurane, Transfermium- Elemente, „künstliche" Elemente).

93 chemische Elemente kommen in der Natur unmittelbar als Elemente (Sauerstoff, Stickstoff, Schwefel, Edelmetalle, Edelgase) oder/und in Form ihrer Verbindungen (Mineralien, Erze) vor. Anstelle der ausgeschriebenen Namen (z. B. Sauerstoff) werden in der Chemie Symbole für die chemischen Elemente benutzt. Die Element-Symbole bestehen aus einem oder zwei Buchstaben, die sich meist von lateinischen oder griechischen Element-Namen ableiten:

Chemisches Element		Symbol
Blei	Plumbum	Pb
Eisen	Ferrum	Fe
Gold	Aurum	Au
Kohlenstoff	Carbon(eum)	C
Kupfer	Cuprum	Cu
Quecksilber	Hydrargyrum	Hg
Sauerstoff	Oxygen(ium)	O
Schwefel	Sulfur	S
Silber	Argentum	Ag
Stickstoff	Nitrogen(ium)	N
Wasserstoff	Hydrogen(ium)	H
Zinn	Stannum	Sn

Es ist vorteilhaft, sich von Anfang an die Symbole der wichtigsten chemischen Elemente einzuprägen. *Das Auffinden der Element-Symbole wird durch die Tabelle vor der hinteren Umschlagseite dieses Buches erleichtert, in der die chemischen Elemente alphabetisch nach ihren deutschen Namen geordnet sind.* In diese Tabelle wurden vor allem diejenigen Elemente aufgenommen, die in der Physiologischen Chemie (Stoffwechsel, Mineral-Haushalt, Spurenelemente) und in der Medizin (einschließlich der Nuklearmedizin) als Elemente oder in Form ihrer chemischen Verbindungen von Bedeutung sind. Die Tabelle enthält auch Angaben über die für jedes Element charakteristische Protonenzahl (Z) und die relative Atommasse (A_r).

Eine vollständige Übersicht über die chemischen Elemente gibt das **Periodensystem der Elemente**, in dem die Elemente nach zunehmender Protonenzahl angeordnet sind.

Chemische Elemente können miteinander reagieren, wobei chemische Verbindungen entstehen.
– Bestimmte Elemente (Alkalimetalle, Erdalkalimetalle, Halogene) sind so reaktionsfähig, daß sie bereits in den Anfängen der Erdgeschichte unter Entstehung chemischer Verbindungen reagiert haben. Sie können nur durch spezielle Verfahren aus ihren natürlichen Vorkommen (Erzen, Mineralien, Salzen) freigesetzt werden (z. B. die Elemente Natrium und Chlor durch Einwirkung des elektrischen Stromes auf ihre Verbindung Natriumchlorid).
– Andere Elemente zeigen ein gerade entgegengesetztes chemisches Verhalten. Sie sind sehr reaktionsträge (Edelmetalle) oder nicht reaktionsfähig (Edelgase) und kommen daher **als Elemente** (elementar) in der Natur vor.
– Zwischen diesen Element-Gruppen mit besonders großer bzw. geringer Reaktivität stehen die Elemente mit mittlerer Reaktionsfähigkeit. Diese Elemente kommen in der Natur sowohl elementar (Sauerstoff, Schwefel, Stickstoff) als auch in Form ihrer Verbindungen vor (Oxide, Sulfide, Nitrate).
– Alle Elemente mit Ordnungszahlen ab 95 (Trans-

urane, z. B. Curium $_{96}$Cm und Einsteinium $_{99}$Es, sowie die Transfermium-Elemente) kommen in der Natur nicht vor. Man bezeichnet sie als künstliche Elemente, weil sie ausschließlich durch Kern-Umwandlungen (atomphysikalische Prozesse) in Kern-Reaktoren hergestellt worden sind. Ihren Zerfall unter Aussendung von Strahlen bezeichnet man als künstliche Radioaktivität.

3.2 Die kleinsten Teilchen chemischer Elemente

3.2.1 Der Atom-Begriff

Im Jahre 1808 veröffentlichte der britische Naturforscher John Dalton die Auffassung, daß die chemischen Elemente aus kleinsten Teilchen, den Atomen („atomos" bedeutet „unteilbar"), aufgebaut seien. Die Atome eines bestimmten Elements sind nach der Daltonschen Atom-Hypothese untereinander jeweils gleichartig.

Lange hielt man die Atome für die kleinsten Materie-Teilchen überhaupt und sah sie als unteilbar an. Durch die Entdeckung der natürlichen Radioaktivität und die Auswertung umfassender physikalischer Untersuchungen wissen wir, daß Atome nicht unteilbar sind, sondern ihrerseits aus noch kleineren Teilchen, den Elementarteilchen, bestehen.

3.2.2 Elementarteilchen

Atome bestehen aus den Elementarteilchen: Protonen, Neutronen und Elektronen. Protonen und Neutronen bilden gemeinsam den Atomkern und werden deshalb gemeinsam als Nucleonen („Nucleus" bedeutet Kern) bezeichnet. Die Elektronen sind in der Atomhülle um den Atomkern herum angeordnet. *Die Elementarteilchen unterscheiden sich voneinander durch ihre elektrische Ladung und ihre Masse.*

Im Gegensatz zu den ungeladenen Neutronen sind Protonen und Elektronen elektrisch geladene Teilchen. Ihre elektrische Ladung wird als „Elementarladung" bezeichnet und beträgt $1{,}602 \cdot 10^{-19}$C (Coulomb). Jedes Proton weist eine positive, jedes Elektron eine negative Elementarladung auf.

Elementarteilchen	Elementarladung
Proton	+1
Neutron	0 (keine)
Elektron	−1

In jedem Atom ist die Anzahl der Elektronen ebenso groß wie die Anzahl der Protonen.

Somit steht einer bestimmten Zahl positiver Ladungen (Protonen im Atomkern) eine **gleich große** Zahl negativer Ladungen (Elektronen in der Elektronenhülle) gegenüber. Jedes Atom als Ganzes verhält sich infolge dieser ausgeglichenen Ladungsbilanz elektrisch neutral.

Alle Atome eines bestimmten chemischen Elements enthalten dieselbe Anzahl Protonen und Elektronen. Mit Angabe der Protonenzahl seiner Atome steht eindeutig fest, welches chemische Element vorliegt. Beispielsweise enthalten alle Sauerstoffatome 8 Protonen und 8 Elektronen, mit anderen Worten: alle Atome mit der Protonenzahl 8 sind Sauerstoff-Atome.

In der Tab. auf der letzten Seite ist die Protonenzahl als die Kennzahl eines Atoms angegeben. Diese Kennzahl bezeichnet man auch als **Kernladungszahl** (weil die Protonen die Kernladung hervorrufen) oder **Ordnungszahl** (weil die Ordnung der Elemente im Periodensystem auf der Protonenzahl beruht). Die Protonenzahl (Z) eines Elements wird links unterhalb des Element-Symbols angegeben, z. B.

$_1$H $_8$O $_{26}$Fe $_{35}$Br.

Die zweite charakteristische Eigenschaft der Elementarteilchen ist ihre **Masse**.

Elementarteilchen	Masse in g	Masse in u
Proton (p)	$1{,}673 \cdot 10^{-24}$	1,0073
Neutron (n)	$1{,}675 \cdot 10^{-24}$	1,0087
Elektron (e)	$0{,}911 \cdot 10^{-27}$	0,000549

Dieser Aufstellung ist zu entnehmen:
– Protonen und Neutronen haben eine nahezu gleich große Masse.
– Die Masse eines Elektrons ist sehr viel geringer

und beträgt nur den 1836. Teil $\left(\frac{1}{1836}\right)$ der Masse eines Protons.
– *Im Atomkern liegt praktisch die gesamte Masse eines Atoms vor.*
– Die in kg oder g angegebenen, außerordentlich kleinen Massen einzelner Elementarteilchen und Atome liegen in der Größenordnung von:

$$\frac{1}{10^{27}} \text{kg} = 10^{-27} \text{kg} = 10^{-24} \text{g}$$

Um besser überschaubare Werte zu erhalten, wurde die **atomare Masseneinheit** (atomic mass unit, Symbol u) eingeführt. 1 u ist definiert als der 12. Teil (1/12) der Masse eines Atoms des Kohlenstoff-Isotops ^{12}C. Die Masse von 6,022 10^{23} Atomen ^{12}C beträgt genau 12,00 g. Diese durch die **Avogadro-Konstante** N_A gegebene Teilchenanzahl entspricht der Stoffmenge 1 mol (Kap. 5); daraus ergibt sich

$$1 \text{u} = \frac{12}{12 \cdot N_A} \text{g} = 1{,}660 \cdot 10^{-24} \text{g}$$

Das einfachste Atom ist das Wasserstoff-Atom mit der Masse m (H) = 1,0079 u.
Das Wasserstoff-Atom besteht aus einem Proton und einem Elektron, seine Masse ist daher nur geringfügig höher als die des Protons.
In vielen Tabellen und Darstellungen des Periodensystems der Elemente ist die **relative Atommasse** A_r (früher als Atomgewicht bezeichnet) angegeben. Die relative Atommasse A_r wird auf die Masse des 12. Teils eines Atoms des Kohlenstoff-Isotops ^{12}C bezogen. Die relativen Atommassen von chemischen Elementen, die aus nur einer Atomsorte bestehen (Reinelemente), sind annähernd ganze Zahlen, z. B.

A_r (F) = 18,998 A_r(Be) = 9,012

Weitaus mehr chemische Elemente bestehen jedoch aus mehreren Atomsorten (Isotopen), z. B. Chlor aus ^{35}Cl und ^{37}Cl, die in den natürlichen Vorkommen im Gemisch miteinander vorliegen. Hieraus resultiert für Chlor A_r(Cl) = 35,453.
Beim Rechnen mit den relativen Atommassen bleibt die geringe Masse des Elektrons unberücksichtigt, z. B. beträgt auch nach Aufnahme eines Elektrons A_r(Cl$^\ominus$) = 35,453.

3.3 Atom-Aufbau

Zu der Vorstellung über den Atomkern als Mittelpunkt des Atoms mit praktisch der gesamten Atommasse, umgeben von einer nahezu masselosen Elektronenhülle, haben grundlegende Experimente des englischen Physikers Rutherford geführt.
Die aus Atomkern und Elektronen bestehenden Atome haben Ausdehnungen in der Größenordnung von 10^{-8} cm. Der Durchmesser der Atomkerne ist außerordentlich klein und beträgt nur etwa ein Zehntausendstel des Atom-Durchmessers, somit 10^{-12} cm.
Zu Beginn dieses Jahrhunderts wurden Modell-Vorstellungen (Atom-Modelle) entwickelt, um den Aufbau von Atomen anschaulich wiederzugeben, was nur im Rahmen einer weitgehenden Vereinfachung der wirklichen Gegebenheiten möglich ist. Nach dem **Bohrschen Atom-Modell** kann man sich ein Atom als ein auf die atomare Größenordnung verkleinertes Planeten-System vorstellen. Um den Atomkern als Mittelpunkt bewegen sich die Elektronen in ganz bestimmten Elektronenschalen (Umlaufbahnen). Jede dieser Elektronenschalen befindet sich in einem bestimmten Abstand vom Atomkern und kann nur eine bestimmte Höchstzahl Elektronen aufnehmen.
Die **Gesamtzahl** der Elektronen ist genau so groß wie die Zahl der Protonen im Atomkern. Den positiven elektrischen Ladungen der Protonen im Atomkern stehen genau gleich viele negative elektrische Ladungen der Elektronen gegenüber, das Atom ist nach außen hin elektrisch neutral.
Zwischen den positiven Ladungen der Protonen im Atomkern und den negativen Ladungen der Elektronen wirken (wie zwischen allen entgegengesetzt geladenen Teilchen) elektrostatische Anziehungskräfte. Da die Stärke dieser elektrostatischen Anziehungskräfte von der Entfernung der Ladungsträger voneinander abhängt, wirken auf Elektronen in äußeren Elektronenschalen schwächere Anziehungskräfte als auf Elektronen in kernnäheren, inneren Elektronenschalen.
Die Elektronenschalen werden von innen nach außen mit den Buchstaben K bis Q bezeichnet. Wie in Kap. 4 näher ausgeführt wird, kann die K-Schale maximal 2 Elektronen, die L-Schale maximal 8 Elektronen und die M-Schale maximal 18 Elektronen aufnehmen. In der Aufeinanderfolge der Elektronenschalen ist die M-Schale die **3.** Schale, und

die Höchstzahl Elektronen (18) in dieser Schale ergibt sich aus der Formel $2n^2$ durch Einsetzen der Zahl 3 für n. (Diese Formel kann man auch zur Berechnung der Zahl der Elektronen anwenden, die in den anderen Schalen **maximal** vorhanden sein können.)

Zur bildlichen Darstellung dieses Atom-Modells kann man die Elektronen als Punkte auf konzentrischen Kreisen um den Atomkern als Mittelpunkt anordnen (die Zusammensetzung des Atomkerns selbst wird hierbei meist nicht angegeben). Diese Modellvorstellung soll nun auf einige Beispiele angewendet werden:

Das einfachste Atom ist das Wasserstoff-Atom. Sein Atomkern besteht aus einem Proton, er enthält kein Neutron. Da das Wasserstoff-Atom, wie jedes andere Atom auch, nach außen hin elektrisch neutral ist, muß zum Ausgleich der Protonenladung ein Elektron vorhanden sein.

Abbildung 3-1 zeigt das Schalenmodell des Wasserstoff- und des Helium-Atoms.

Wasserstoff   Helium

Abb. 3-1. Schalenmodell des Wasserstoff- und des Helium-Atoms.

Bei dem Helium-Atom ist die K-Schale bereits aufgefüllt, die erste Periode des Periodensystems ist abgeschlossen.

Die Elektronen-Besetzung der L-Schale beginnt bei den Lithium-Atomen (das Alkalimetall Lithium ist das erste Element der 2. Periode) und endet bei den Atomen des Edelgases Neon (Abb. 3-2).

Beim Neon-Atom ist die L-Schale aufgefüllt. Daher werden bei den Atomen der 3. Periode, die mit dem Alkalimetall Natrium beginnt und mit dem Edelgas Argon endet, Elektronen in die 3. Schale (M-Schale) aufgenommen (s. Abb. 3-3).

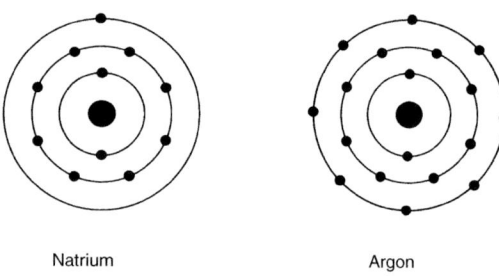

Natrium   Argon

Abb. 3-3. Schalenmodell der am Anfang bzw. am Ende der dritten Periode stehenden Elemente Natrium und Argon.

Die M-Schale enthält beim Argon-Atom nur 8 Elektronen, sie könnte also weitere 10 Elektronen aufnehmen. Sie wird jedoch beim Element mit der nächsthöheren Ordnungzahl, Kalium, nicht weiter aufgefüllt (ihre Vervollständigung wird unterbrochen), sondern die 4. Schale nimmt das hinzugekommene Elektron auf. Dies bedeutet, daß mit Kalium die 4. Periode des Periodensystems beginnt. Beim Calcium wird ein weiteres Elektron in die 4. Schale aufgenommen. Erst bei den folgenden Elementen der 4. Periode wird die 3. Schale bis zur maximalen Zahl von 18 Elektronen vervollständigt.

In den Abb. 3-2 und 3-3 sind Innen- **und** Außenschalen und sämtliche Elektronen eingezeichnet. Zur Veranschaulichung chemischer Reaktionen durch das Schalen-Modell der beteiligten Atome braucht man innere Elektronenschalen eigentlich nicht einzuzeichnen (Abb. 4-3). Bei **chemischen** Vorgängen wird die Zusammensetzung des Atomkerns nicht verändert. Bei den Elementen der **Hauptgruppen** des Periodensystems (Abb. 3-4)

Lithium   Neon

Abb. 3-2. Schalenmodell von Atomen der Elemente der zweiten Periode. Bei den auf Lithium folgenden Elementen kommt jeweils ein weiteres Elektron auf der Außenschale hinzu, bis diese bei Neon abgeschlossen ist.

Hauptgruppe	I.	II.	III.	IV.	V.	VI.	VII.	VIII.
Außenelektronen	1	2	3	4	5	6	7	8
	H							He
	Li	Be	B	C	N	O	F	Ne
	Na	Mg	Al	Si	P	S	Cl	Ar
	K	Ca	Ga	Ge	As	Se	Br	Kr
	Rb	Sr	In	Sn	Sb	Te	I	Xe
	Cs	Ba	Tl	Pb	Bi	Po	At	Rn

Abb. 3-4. Verkürztes Periodensystem, das nur die Hauptgruppen zeigt.

bleibt auch die Elektronen-Konfiguration der inneren Schalen erhalten. Entscheidend für die Zusammensetzung der chemischen Verbindungen, die aus den Elementen der Hauptgruppen entstehen, ist die in der jeweils **äußeren** Schale vorliegende Elektronen-Konfiguration. Die für das chemische Geschehen entscheidenden Elektronen heißen **Valenzelektronen**. Wie Abb. 3-4 für die Hauptgruppen-Elemente zeigt, bilden die Elemente mit derselben Zahl von Außenelektronen im Periodensystem jeweils eine Gruppe (senkrechte Reihe). Bei den Hauptgruppen-Elementen (außer Helium) stimmt die Anzahl der Außenelektronen mit der Gruppen-Nummer überein.

Die Atome der Edelgase (außer Helium) haben auf ihrer äußersten Schale 8 Elektronen. Edelgase zeigen aber, wie schon mehrfach erwähnt, keine Neigung, durch chemische Reaktionen diese Anordnung der Außenelektronen aufzugeben. Die **Edelgas-Konfiguration** mit 8 Außenelektronen (Achterschale oder **Elektronen-Oktett**) ist also besonders stabil (d.h. besonders energiearm).

3.4 Isotope

3.4.1 Bedeutung der Neutronen

Neutronen bilden gemeinsam mit den Protonen den Atomkern; man bezeichnet diese Elementarteilchen als Nucleonen. *Die Nucleonenzahl ist die Summe aus:*

Zahl der Protonen + Zahl der Neutronen.

Die Neutronen tragen wesentlich zur Stabilisierung der Atomkerne bei, indem sie die zwischen den gleichartig geladenen Protonen wirkenden Abstoßungskräfte abschwächen.

Die meisten chemischen Elemente bestehen aus zwei oder mehreren Atomsorten mit gleicher Protonen- aber unterschiedlicher Neutronenzahl. Da der Platz eines Elementes im Periodensystem nur von der Anzahl der Protonen (Kernladungszahl) bestimmt wird, müssen Atome mit gleicher Protonen-, aber unterschiedlicher Neutronenzahl zu demselben Element gehören. Man nennt sie Isotope. Isotope eines Elements haben also unterschiedliche Neutronenzahlen und damit unterschiedliche Massen.

Die Zahl der in Isotopen vorliegenden Neutronen ergibt sich als Differenz aus:

Nucleonenzahl − Protonenzahl (A − Z).

Alle Isotope eines Elements haben dasselbe Symbol und denselben Namen. Zur Bezeichnung von Isotopen wird dem Element-Symbol die Nucleonenzahl vorangestellt, z. B. ^{26}Mg (gesprochen: Magnesium 26).

Es gibt nur wenige Elemente, die nur aus einer Atomsorte bestehen, d. h. in deren natürlichen Vorkommen keine Isotope gefunden wurden; man nennt sie **Reinelemente**. Reinelemente sind Fluor, Natrium, Aluminium, Phosphor, Mangan, Cobalt, Arsen und Iod.

Die weitaus größere Zahl der Elemente sind **Mischelemente**, d. h. in ihren natürlichen Vorkommen finden sich Isotope in ganz bestimmten Anteilen.

Tab. 3-1: Natürliches Vorkommen nicht-radioaktiver Isotope

Element	Isotop	Häufigkeit in %
Wasserstoff	^{1}H	99,985
(Deuterium)	^{2}H	0,015
Kohlenstoff	^{12}C	98,90
	^{13}C	1,10
Stickstoff	^{14}N	99,63
	^{15}N	0,37
Sauerstoff	^{16}O	99,762
	^{17}O	0,038
	^{18}O	0,200
Chlor	^{35}Cl	75,77
	^{37}Cl	24,23
Brom	^{79}Br	50,69
	^{81}Br	49,31

Aus der prozentualen Häufigkeit und den Massenzahlen der vorliegenden Isotope errechnet sich die im Periodensystem bei Mischelementen angegebene relative Atommasse.

3.4.2 Kohlenstoff-Isotope

Das Kohlenstoff-Isotop ^{12}C ist der Hauptbestandteil des in der Natur (elementar oder in Verbindungen) vorkommenden Kohlenstoffs.

Das **radioaktive Isotop** ^{14}C entsteht in sehr geringer Menge in den oberen Luftschichten durch eine Kern-Umwandlung bei Einwirkung kosmischer Strahlung auf Stickstoff-Atome. In Form der Verbindung $^{14}CO_2$, Kohlenstoff(14)dioxid, wird radioaktiver Kohlenstoff bei der Assimilation von den Pflanzen aufgenommen. Die Menge radioaktiven Kohlenstoffs in pflanzlichem Material läßt sich mit sehr leistungsfähigen physikalischen Methoden bestimmen; dies dient als Grundlage für eine Altersbestimmung solcher Stoffe (z. B. von Holz).

3.4.3 Wasserstoff-Isotope

Das chemische Element Wasserstoff wird aus Wasserstoff-Verbindungen hergestellt. Natürlicher Wasserstoff hat die Isotopen-Zusammensetzung

^1_1H 99,985% ^2_1H 0,015% ^3_1H 10^{-15}%

Die Wasserstoff-Isotope können mit einem eigenen Namen und einem eigenen Symbol bezeichnet werden:

Name	Symbol	Zahl der n	p	e[*)]
Protium	H oder ^1_1H	0	1	1
Deuterium	D oder ^2_1H	1	1	1
Tritium	T oder ^3_1H	2	1	1

* n Neutronen, p Protonen, e Elektronen

Die Atome des „leichten" Wasserstoffs bestehen aus einem Proton und einem Elektron.

Atome des als Deuterium bezeichneten „schweren" Wasserstoffs enthalten zusätzlich ein Neutron und haben daher eine **doppelt** so große Masse. Außer den beiden natürlichen Wasserstoff-Isotopen kennt man noch Wasserstoff, dessen Atomkern zwei Neutronen enthält. Dieses als Tritium bezeichnete Isotop wird durch eine Kern-Umwandlung (Veränderung der Zusammensetzung von Atomkernen) hergestellt, es ist radioaktiv und zerfällt unter Aussendung von Strahlung.

Der Volumen-Anteil des Elements Wasserstoff in der unteren Erdatmosphäre ist äußerst gering. Dagegen sind Wasserstoff-Verbindungen, z. B. das Wasser und die in Erdgas und Erdöl vorliegenden Kohlenwasserstoffe (Verbindungen aus Kohlenstoff und Wasserstoff) weit verbreitet. Die Herstellung von Wasserstoff erfolgt durch:

– Elektrolyse (elektrochemische Spaltung) von Wasser:

$$H_2O \longrightarrow H_2 + \frac{1}{2}O_2$$

– oder aus Säuren durch Reaktion mit unedlen Metallen, z. B. aus Salzsäure und Zink (Labor-Verfahren):

$$2\,HCl + Zn \longrightarrow 2\,H + ZnCl_2$$

Aus den Protonen der mit dem Metall reagierenden Säure (Kap. 13.2.1) entstehen zunächst Wasserstoff-**Atome**, die im Entstehungszustand (statu nascendi) sehr reaktionsfähig sind. Jeweils zwei H-Atome gehen eine sehr stabile Bindung ein und bilden ein H_2-Molekül:

$$2\,H \longrightarrow H_2$$

Elementarer Wasserstoff besteht aus zweiatomigen Molekülen und ist erheblich weniger reaktionsfreudig. Wasserstoff ist ein geruchloses, in Wasser nicht lösliches, **brennbares Gas**. Er ist das leichteste Gas, seine Dichte beträgt im Normzustand $\varrho\,(H_2) = 0{,}08987$ g/L. (Die Dichte von Luft ist ca. 14mal so hoch und beträgt 1,2928 g/L) Auch die schweren Wasserstoff-Isotope bilden Wasserstoff-Verbindungen. Die wichtigste ist „schweres Wasser" mit der Formel D_2O, das (wenn auch nur in geringem Anteil) in natürlichem Wasser enthalten ist.

3.4.4 Anwendungen von Isotopen

Die chemischen Eigenschaften (Reaktionsfähigkeit, chemisches Verhalten) der Elemente werden durch die in ihren Atomen vorhandenen Elektronen, vor allem durch die vom Atomkern am weitesten entfernten Außenelektronen bestimmt. Da isotope Atome dieselbe Anzahl an Elektronen enthalten, unterscheiden sich Isotope **nicht** in ihren chemi-

3.5 Aufbau und Eigenschaften von Atomkernen

Atomkerne bestehen aus den Elementarteilchen Protonen und Neutronen, die gemeinsam als Nucleonen bezeichnet werden. **Kernreaktionen**, bei denen Veränderungen in der Zusammensetzung der Atomkerne stattfinden, unterscheiden sich grundlegend von chemischen Reaktionen, bei denen die Atomkerne unverändert bleiben und Veränderungen nur in der Elektronenhülle erfolgen.

Die Atome der Elemente mit einer Protonenzahl oberhalb von 83 (Bismut) sind nicht stabil, ihre Atomkerne zerfallen unter Aussendung (Emission) von Strahlung. Solche Elemente bezeichnet man als **radioaktiv**. Der radioaktive Zerfall von Atomen erfolgt spontan und kann durch äußere Einwirkungen nicht beeinflußt werden.

schen Eigenschaften. Daß man sie überhaupt als unterschiedliche Atomsorten erkennt, beruht auf der unterschiedlichen Neutronen-Zahl.

Außer den in natürlichen Vorkommen vorhandenen Isotopen sind viele durch Kern-Umwandlungen hergestellte Isotope bekannt. Die Atomkerne von Isotopen können stabil oder instabil sein; instabile Isotope sind radioaktiv und gehen unter Aussendung von ' Elementarteilchen oder von Strahlungs-Energie in stabile(re) Nuclide über.

Stabile Isotope wie

^{2}H, ^{13}C, ^{15}N, ^{17}O, ^{18}O

oder Radioisotope (instabile Isotope) wie

^{3}H, ^{14}C, ^{32}P, ^{35}S

können in die Moleküle chemischer Verbindungen eingebaut werden. Solche Verbindungen bezeichnet man als markierte Verbindungen (Tracer) und verwendet sie häufig zu Stoffwechsel-Untersuchungen und diagnostischen Zwecken.

Für jedes neue Arzneimittel (Wirkstoff) muß ermittelt werden, welche Stoffwechsel-Produkte (Metabolite) im Organismus aus der Wirksubstanz entstehen. Dies ist eine der Voraussetzungen für die Zulassung eines neuen Arzneistoffes durch das Bundesinstitut für Arzneimittel und Medizinprodukte. Als Ausgangsmaterial für derartige Untersuchungen synthetisiert man markierte Verbindungen, die ein radioaktives Isotop enthalten. Da man die von diesem Isotop ausgesandte Strahlung (in der Regel β-Strahlung) mit empfindlichen Methoden sehr gut messen kann, ermöglicht es der Tracer, den Weg des Wirkstoffes und der aus ihm durch Stoffwechsel-Reaktionen in der Zelle entstehenden Metabolite über das Leitisotop genau zu verfolgen.

Für die Biologie war es sehr wesentlich, den Verlauf der Photosynthese zu erforschen, durch die grüne Pflanzen aus Kohlenstoffdioxid und Wasser mit Hilfe von Chlorophyll und der Energie des Sonnenlichts Traubenzucker aufbauen. Dies gelang durch Untersuchungen mit markiertem Kohlenstoffdioxid.

Durch Isotopen-Markierung gelang es auch, den **Verlauf der Biosynthese** zahlreicher Zellbestandteile, d. h. den Aufbau körpereigener Stoffe, genau zu erforschen. So wurde durch Untersuchungen mit ^{15}N-markierten Verbindungen die Biosynthese (der Aufbau im lebenden Organismus) von rotem Blutfarbstoff aufgeklärt.

3.5.1 Die natürliche Radioaktivität

Die Entdeckung der natürlichen Radioaktivität geht auf das Jahr 1896 zurück. Der französische Physiker Becquerel beobachtete, daß eine vor Licht geschützte photographische Platte durch ein Uransalz geschwärzt worden war. Er folgerte daraus, daß Uran-Atome eine Strahlung aussenden, die Verpackungsmaterial durchdringen und die lichtempfindliche Schicht einer Photoplatte schwärzen kann.

Umfassende Untersuchungen des Uranminerals Pechblende durch Marie und Pierre Curie führten dann zur Entdeckung der radioaktiven Elemente Radium und Polonium. In der Folgezeit gewann man nicht nur Erkenntnisse über das Auftreten der natürlichen Radioaktivität bei allen Atomkernen, die schwerer als Bismut ($^{209}_{83}$Bi) sind, sondern auch über die Art der radioaktiven Strahlung. Es gibt drei unterschiedliche Arten natürlicher radioaktiver Strahlung:
– **α-Strahlung:**
  besteht aus Atomkernen des Edelgases Helium
  Ladung: +2
  relative Masse: 4u
  Symbol: $^4_2$He oder ($^4_2$He$^{\oplus\oplus}$) oder α-Teilchen
– **β-Strahlung:**
  besteht aus Elektronen, hervorgehend aus der im Atomkern erfolgenden Umwandlung:

Neutron → Proton + Elektron
Ladung: –1
relative Masse: sehr gering (1/1836 u)
Symbol: $_{-1}^{0}e$ (Massenzahl 0, Ladungszahl –1)
- **γ-Strahlung:**
energiereiche elektromagnetische Strahlung (mit der Röntgenstrahlung vergleichbar).

Die radioaktive Strahlung wird als **ionisierende Strahlung** bezeichnet, weil durch die hohe Energie dieser Strahlung beim Auftreffen auf Materie (z. B. Luft, andere Gase, Zellbestandteile) Elektronen aus der Elektronenhülle von Atomen und Molekülen „herausgeschlagen" werden und hierdurch Ionen entstehen.

Der Energie-Inhalt der α-Teilchen, und damit ihre Reichweite (in Luft ca. 3-8 cm), hängt von der Art des jeweiligen zerfallenden Atoms ab.

β-Strahlung hat eine größere Reichweite (in Luft ca. 1,5-8,5 m). Die kinetische Energie der aus dem Atomkern abgestrahlten Elektronen ist unterschiedlich groß, ihre Geschwindigkeit kann annähernd Lichtgeschwindigkeit erreichen.

Am größten sind Reichweite und Durchdringungsvermögen der γ-Strahlung, die selbst durch mehrere Zentimeter dicke Bleiplatten hindurchgelangen kann.

Zur Beschreibung der unterschiedlichen Zusammensetzung von Atomkernen sowie von Kernreaktionen dienen die Begriffe **Nuclid** und **Isotop**. Nuclid ist der weiterreichende Begriff und bedeutet „Atomsorte". Nuclide können sich in der Zahl der Protonen oder in der Zahl der Neutronen voneinander unterscheiden.

Dagegen unterscheiden sich Isotope ausschließlich in der Zahl der Neutronen, sie haben aber dieselbe Protonenzahl und sind daher verschiedene Atomsorten ein- und desselben chemischen Elements. Von der Stellung an „demselben Ort" (griech. „isos topos") im Periodensystem leitet sich die Bezeichnung Isotope für Atomsorten ab, die sich nur durch ihre Massenzahl (bei übereinstimmender Kernladungszahl) unterscheiden.

Abhängig davon, ob ein radioaktives Nuclid α-, β- oder γ-Strahlung aussendet, finden völlig verschiedene Kern-Umwandlungen statt. Bei der **Aussendung von α-Strahlung** „verliert" der betreffende Atomkern zwei Protonen und zwei Neutronen. Das Ergebnis:
- Abnahme der Ordnungszahl um 2,
- Verringerung der Nucleonenzahl (Massenzahl) um 4.

Ausgehend von Atomen X^1 mit der Ordnungszahl Z und der Nucleonenzahl A ergibt sich die Kern-Gleichung in allgemeiner Form:

$$_{Z}^{A}X^1 \longrightarrow \, _{Z-2}^{A-4}X^2 + _{2}^{4}He$$

Wenn ein unter Aussendung von α-Strahlung zerfallendes radioaktives Element in einem luftleeren, zugeschmolzenen Glasrohr lange genug aufbewahrt wird, sammelt sich im Gasraum **Helium** an. Auch beim α-Zerfall radioaktiver Atome in Erzen und Mineralien in abgeschlossenen Lagerstätten (Felsräumen) entsteht das Edelgas Helium neben den Atomen des Elements mit um zwei niedrigerer Ordnungszahl.

Beim Zerfall unter **Aussendung von β-Strahlung** wird ein Neutron in ein Proton und ein Elektron umgewandelt. Das Ergebnis:
- Zunahme der Ordnungszahl um 1, da die Protonenzahl um 1 größer wird,
- keine Veränderung der Atommasse,
- keine Veränderung der Nucleonenzahl.

Die allgemeine Kern-Gleichung für den **β-Zerfall** lautet:

$$_{Z}^{A}X^1 \longrightarrow \, _{Z+1}^{A}X^2 + _{-1}^{0}e$$

Sowohl **α-Zerfall** als auch (β-Zerfall führen immer dazu, daß aus Atomen eines bestimmten Elements Atome eines anderen Elements entstehen, weil sich die Kernladungszahl ändert.

Beim **γ-Zerfall** tritt dagegen keine Element-Umwandlung ein, sondern nur ein Energie-Ausgleich, indem Atome ein und desselben Elements aus einem angeregten, energiereicheren Zustand in einen energieärmeren Zustand, den Grundzustand, übergehen. γ-Strahlen bewirken bei den Atomen, von denen sie ausgehen, weder eine Änderung der Kernladung noch der Massenzahl.

Somit ergibt sich (Z = Ordnungszahl, A = Massenzahl):

Strahlung	Aussenden von	entstehende Atome
α	2 p + 2 n (als He-Kerne)	um 2 niedrigeres Z um 4 niedrigeres A
β	Elektronen	um 1 höheres Z unverändertes A
γ	energiereicher elektromagnetischer Strahlung	unverändertes Z unverändertes A

Die Atome bestimmter Elemente zerfallen außerordentlich langsam, die anderer Elemente extrem schnell. Die Zerfallsgeschwindigkeit läßt sich durch Angabe der **Halbwertzeit** exakt beschreiben.

Die Halbwertzeit ist die Zeit, in der die Hälfte (1/2 N_0) der ursprünglich vorhandenen radioaktiven Atome (N_0) zerfallen ist. Nach einer weiteren Halbwertzeit liegt nur noch ein Viertel (1/4 N_0) der ursprünglich vorhandenen radioaktiven Atome vor und so fort.

Die Halbwertzeit ist eine charakteristische Eigenschaft des jeweiligen Radionuclids. Man kennt Radionuclide mit einer Halbwertzeit in der Größenordnung von Milliarden Jahren, dagegen andere, deren Halbwertzeit nur Bruchteile von Sekunden beträgt. Solche extrem kurzlebigen Radionuclide wurden bei künstlichen Element-Umwandlungen erhalten.

Mit Hilfe von Chrom-51 kann man die Lebensdauer von Erythrocyten bestimmen.

3.5.2 Künstliche Kern-Umwandlungen

Außer den Kern-Umwandlungen, die beim natürlichen radioaktiven Zerfall stattfinden, können auch **„künstliche" Kern-Umwandlungen** durch Beschießen stabiler Atomkerne mit bestimmten Teilchen, wie α-Teilchen oder Neutronen, herbeigeführt werden.

Bei vielen Kernreaktionen verwendet man **Neutronen** als Geschoß-Teilchen: Neutronen weisen keine Ladung auf und können somit besonders leicht in die Atomkerne eindringen. Durch Neutronen-Beschuß können in Kernreaktoren zahlreiche zusätzliche Isotope natürlicher Elemente hergestellt werden, die für die Medizin, Chemie und Biologie von großer Bedeutung sind.

Mit Hilfe von als **Tracer** bezeichneten Isotopen ist es möglich, biologische Vorgänge im Organismus oder in bestimmten Körperzellen (Organen, Drüsen, Geweben) genau zu verfolgen. Für die *Anwendung von Radioisotopen in der Medizin* ist es von entscheidender Bedeutung, wie rasch sich die Atome dieser Isotope in nicht-radioaktive Atome umwandeln. Die Halbwertzeiten von in Kernreaktoren hergestellten Isotopen, die in der Medizin verwendet werden, betragen meist einige Tage. Die Isotope werden in Form chemischer Verbindungen, die eine ausreichende Löslichkeit in Wasser haben müssen, oral oder intravenös verabreicht. Die Halbwertzeit für einige zu **diagnostischen** Zwecken verwendete Radioisotope beträgt:

Radioisotop	Untersuchung von	Halbwertzeit
Phosphor-32	Leukämie	14,3 Tage
Chrom-51	Nieren	27,7 Tage
Kupfer-64	Leber, Milz	12,7 Stunden
Selen-75	Pankreas	118,5 Tage
Rubidium-82	Herz	75 Sekunden
Technetium-99m*)	Gehirn, Herz	6 Stunden
Barium-131	Knochen	12 Tage
Iod-131	Schilddrüse	8 Tage
Xenon-133	Lungen	5 Tage

*) Die Angabe „m" hinter der Nucleonenzahl von Technetium weist darauf hin, daß hier metastabile Atome vorliegen.

Kontrollfragen

3-1 Welches sind die Elementarteilchen?
3-2 Wie sind sie in den Atomen angeordnet?
3-3 Welche Elementarladung und relative Masse haben sie?
3-4 Worauf ist es zurückzuführen, daß sich jedes Atom nach außen hin elektrisch neutral verhält?
3-5 Welche Elementarteilchen enthalten alle Isotope eines Elements in gleicher Anzahl?
3-6 Worin unterscheiden sich die Atome von Isotopen eines bestimmten Elements?
3-7 Der Atomkern eines Isotops enthält 10 Neutronen und 8 Protonen. Geben Sie für ein solches Atom an: (A) Die Ordnungszahl, (B) die Massenzahl, (C) die Gesamtzahl der Elektronen, (D) das Element-Symbol.
3-8 Welches sind die kleinsten Teilchen chemischer Elemente?
3-9 Welches sind die nach außen hin elektrisch neutralen kleinsten Teilchen der meisten chemischen Verbindungen?
3-10 Bestimmte chemische Verbindungen bestehen aus elektrisch geladenen kleinsten Teilchen. Wie heißen diese Teilchen?
3-11 Inwieweit unterscheiden sich Protonenzahl und Kernladungszahl eines bestimmten Atoms?
3-12 Erläutern Sie die Begriffe Nucleonen und Nuclide.
3-13 Haben die Begriffe Nuclide und Isotope dieselbe Bedeutung?
3-14 Welche Angaben sind zur Kennzeichnung eines Nuclids unbedingt notwendig?
3-15 Wie heißen die Wasserstoff-Isotope ^2H und ^3H?
3-16 Was sind markierte Verbindungen?
3-17 Was versteht man unter Elektronen-Konfiguration?
3-18 Welche Atome sind durch acht Elektronen (Elektronen-Oktett) auf ihrer äußersten Schale gekennzeichnet?
3-19 Wie viele Valenzelektronen haben Lithium-, Stickstoff-, Schwefel- und Fluor-Atome?

3-20 Geben Sie Natrium- und Chlor-Atome und Natrium- und Chlorid-Ionen mit Hilfe des Schalenmodells wieder.

3-21 Zu welchen Element-Gruppen gehören die reaktionsfähigsten Elemente?

3-22 Was bezeichnet man als α-Strahlung?

3-23 Wie ändern sich Kernladungszahl und Massenzahl von Atomen beim α-Zerfall?

3-24 Was bezeichnet man als β-Strahlung?

3-25 Wie ändern sich Kernladungszahl und Massenzahl beim β-Zerfall?

3-26 Wie ist die γ-Strahlung einzuordnen?

3-27 Welche für jedes radioaktive Nuclid charakteristische Größe gibt Aufschluß über dessen Zerfallsgeschwindigkeit?

3-28 Wie können „künstliche" Isotope hergestellt werden?

3-29 Zu diagnostischen Zwecken werden die Isotope Iod-131 und Chrom-51 eingesetzt. Geben Sie für diese Isotope Ordnungszahl und Anzahl der Neutronen an.

3-30 Welches Nuclid entsteht aus dem β-Strahler Iod-131? (Kerngleichung)

4 Das Periodensystem der Elemente

4.1 Einführung

Die zur Zeit bekannten 112 chemischen Elemente kann man unter verschiedenen Gesichtspunkten einordnen:
- Nach ihrem Aggregatzustand in gasförmige (Wasserstoff, Stickstoff, Sauerstoff, Fluor, Chlor, Edelgase), flüssige (Brom, Quecksilber) und feste Elemente (alle übrigen Elemente).
- Nach ihrem metallischen Charakter in Nichtmetalle (die gasförmigen Elemente, ferner z. B. Kohlenstoff, Brom, Iod). Halbmetalle (Silicium, Selen), Metalle (z. B. Chrom, Eisen, Kupfer, Quecksilber).
- Nach ihrer Stabilität in radioaktive (z. B. Uran, Radium) und nicht-radioaktive Elemente.

Von größter Bedeutung für das Verständnis der Chemie ist jedoch das Ordnungsprinzip, das dem Periodensystem der Elemente zugrunde liegt. Jede moderne Darstellung des Periodensystems der Elemente beruht auf dem von Mendelejew und Lothar Meyer unabhängig voneinander in den Jahren 1869 bis 1871 aufgestellten Periodensystem. Ausgehend von den zu jener Zeit vorliegenden Kenntnissen über die „Atomgewichte" (Atommassen) und die chemischen und physikalischen Eigenschaften der Elemente ordneten Mendelejew und Meyer die Elemente nach ansteigenden Atomgewichten. Hierbei wurde eine Periodizität der Eigenschaften erkannt, denn nach einer ganz bestimmten Zahl dazwischen liegender Elemente folgt stets ein Element, dessen chemische Eigenschaften denen eines anderen Elements sehr ähnlich sind. Die Aneinanderreihung der Elemente nach dem Atomgewicht wurde daher nicht beliebig fortgesetzt, sondern mehrfach abgebrochen und erneut aufgenommen, um Elemente mit ähnlichen chemischen Eigenschaften zu einer **Element-Gruppe** zusammenzufassen. Von der periodischen Wiederkehr bestimmter Eigenschaften erhielt dieses Ordnungsprinzip den Namen „Periodensystem der Elemente".

4.2 Das heutige Periodensystem

Die im 20. Jahrhundert in der Physik und Chemie gewonnenen Erkenntnisse führten dazu, für die Aufeinanderfolge der chemischen Elemente im Periodensystem die **Kernladungszahl (Protonenzahl)** zugrunde zu legen. Da die Kernladungszahl nunmehr die Ordnung der Elemente im Periodensystem bestimmt, spricht man auch von **Ordnungszahl**.

Das heute gültige Periodensystem (s. Farbtafel) ist so aufgebaut:
Die Elemente sind nach jeweils um eins zunehmender Kernladungszahl in waagrechten Reihen (Perioden) angeordnet. Es gibt sieben Perioden.

Elemente mit ähnlichen chemischen Eigenschaften stehen senkrecht untereinander und bilden eine Gruppe. Das Periodensystem der Elemente umfaßt acht Hauptgruppen und acht Nebengruppen.

Im Periodensystem werden oft nur die Element-Symbole, nicht die ausgeschriebenen Namen der Elemente angegeben. Die Elemente mit den Kernladungszahlen 110 bis 112 sind nicht näher bezeichnet, weil über ihre Namen und Symbole international noch keine Einigkeit erzielt werden konnte.

Zum Verständnis des Aufbaus des Periodensystems ist folgendes wesentlich:
- Atome sind die kleinsten Teilchen, aus denen chemische Elemente bestehen.
- Alle Atome eines bestimmten Elements enthalten die gleiche Anzahl an Protonen.
- Atome sind nach außen hin elektrisch neutrale Teilchen. Somit muß einer gegebenen Zahl Protonen (positiver Ladungen) im Atomkern eine ebenso große Zahl Elektronen (negativer Ladungen) in der Elektronenhülle gegenüberstehen.
- Die Elektronen sind auf Elektronenschalen, die unterschiedlichen Energie-Zuständen entsprechen, angeordnet.

- Jede Elektronenschale kann nur eine bestimmte Höchstzahl an Elektronen aufnehmen. Ist diese Höchstzahl erreicht, bezeichnet man die betreffende Elektronenschale als aufgefüllt (besetzt).
- Da außer bei Wasserstoff- und Helium-Atomen stets mehrere Elektronenschalen vorhanden sind, muß man zwischen inneren und äußeren Elektronenschalen unterscheiden. Die chemischen Eigenschaften jedes Elements werden ausschließlich durch die Zahl und Anordnung der Elektronen auf äußeren Elektronenschalen ihrer Atome bestimmt. Bei den Elementen der Hauptgruppen ist nur die Zahl der Elektronen auf der jeweiligen äußersten Schale (Außenschale, Außenelektronen, Valenzelektronen), bei Nebengruppen-Elementen auch die Elektronenzahl auf der zweitäußersten Schale für ihr chemisches Verhalten entscheidend.
- Zur Beschreibung der Anordnung der Elektronen in der Elektronenhülle (der Elektronen-Konfiguration) ist ihre Zuordnung zu verschiedenen Elektronenschalen (Hauptschalen) nicht ausreichend. Die weitergehende Unterteilung in Unterschalen wird in Abschn. 4.3 erläutert.

4.3 Aufbau-Prinzip der Elektronenhülle

Die Elektronen sind nicht in beliebiger Weise um den Atomkern herum verteilt, sondern nehmen in einer für jedes Atom charakteristischen Weise bestimmte Energie-Zustände (Energie-Niveaus) ein. Zur Darstellung der Elektronen-Konfiguration von Atomen faßt man bestimmte Energie-Zustände von Elektronen zu **Elektronenschalen** (Hauptschalen und Unterschalen) zusammen.

Man unterscheidet 7 **Hauptschalen**, die man, beginnend mit der dem Atomkern am nächsten liegenden Schale, fortlaufend numerieren oder mit den großen Buchstaben K bis Q bezeichnen kann:

| 1. | 2. | 3. | 4. | 5. | 6. | 7. | Hauptschale |
| K- | L- | M- | N- | O- | P- | Q- | Schale |

Jede Hauptschale kann eine durch die Formel

$$2n^2$$

(für n ist die jeweilige Schalen-Nummer einzusetzen) gegebene Höchstzahl Elektronen aufnehmen.

Für die ersten vier Elektronenschalen ergeben sich so folgende Werte:

Elektronenschale			maximale Elektronenzahl
Bezeichnung	Reihenfolge	n	
K	1.	1	2
L	2.	2	8
M	3.	3	18
N	4.	4	32

Bei den Atomen der im Periodensystem aufgeführten chemischen Elemente ist die jeweils maximale Elektronenschalen-Besetzung nur bis zur Auffüllung der N-Schale verwirklicht. Entsprechend den sieben Hauptschalen der Elektronen-Anordnung stehen die Elemente im Periodensystem in sieben waagrechten Reihen (sieben Perioden). Die Periodennummer 1 bis 7 bezeichnet jeweils die äußerste Schale, in der Elektronen angeordnet sind.

Physikalische Untersuchungen haben ergeben, daß sich zu ein und derselben Hauptschale gehörende Elektronen auf verschiedenen Unterschalen (Energie-Niveaus) befinden können, die man mit den kleinen Buchstaben s, p, d und f bezeichnet. Eine s-Unterschale kann maximal 2 Elektronen, eine p-Unterschale maximal 6, eine d-Unterschale maximal 10 und eine f-Unterschale maximal 14 Elektronen aufnehmen.

Alle Elektronen, die in einer gegebenen Hauptschale zu derselben Unterschale gehören (z. B. alle 6 Elektronen der zur 2. Hauptschale gehörenden p-Unterschale), befinden sich auf demselben Energie-Niveau. Maximal zwei in demselben Energiezustand vorliegende Elektronen können sich in einem gemeinsamen **Orbital** befinden. So bilden die zur p-Unterschale einer bestimmten Hauptschale gehörenden 6 Elektronen drei p-Orbitale.

Unterschale	Anzahl der Orbitale	maximale Elektronenzahl
s	1	2
p	3	6
d	5	10
f	7	14

Die Orbitale der einzelnen Hauptschalen werden durch eine Kombination aus Ziffer (Nummer der Hauptschale) und Buchstabe (Kennbuchstabe der Unterschale) gekennzeichnet, z. B.

1. Hauptschale:	ein s-Orbital	**1s**
2. Hauptschale:	ein s-Orbital	**2s**
	drei p-Orbitale	**2p**
3. Hauptschale:	ein s-Orbital	**3s**
	drei p-Orbitale	**3p**
	fünf d-Orbitale	**3d**
4. Hauptschale:	ein s-Orbital	**4s**
	drei p-Orbitale	**4p**
	fünf d-Orbitale	**4d**
	sieben f-Orbitale	**4f**

Die zur 4. und 5. Hauptschale gehörenden f-Orbitale werden in den beiden längsten Perioden des Periodensystems der Elemente auch tatsächlich maximal aufgefüllt.

In der 6. Hauptschale sind nur noch s- und p-Orbitale maximal aufgefüllt. In der Natur kommen keine chemischen Elemente mit 6d- oder 6f-Elektronen vor. In der 7. Hauptschale ist nur noch das s-Orbital aufgefüllt.

Zur vollständigen Beschreibung der Elektronen-Konfiguration in einem bestimmten Atom muß man die bisher benutzte Kombination aus Ziffer und Buchstabe noch durch hochgestellte Ziffern ergänzen, welche die in der betreffenden Unterschale **tatsächlich vorhandenen Elektronen** angeben. Ein Beispiel: Chlor-Atome enthalten 17 Elektronen in der Konfiguration

$$1s^2 \quad 2s^2 \quad 2p^6 \quad 3s^2 \quad 3p^5$$

Zählt man die hochgestellten Zahlen zusammen, erhält man die Elektronenzahl 17. Die dritte Hauptschale enthält hier 2 Elektronen im s-Orbital und 5 Elektronen in den drei p-Orbitalen.

Die Auffüllung der Schalen mit Elektronen folgt einem allgemeinen Prinzip: Zuerst werden Orbitale eines niedrigeren Energie-Niveaus, dann erst Orbitale höherer Energie-Niveaus aufgefüllt.

Das in Abb. 4-1 wiedergegebene Schema ermöglicht eine Einschätzung der Höhe der Energie-Niveaus, die den Orbitalen zuzuordnen sind. Wenn man in Pfeilrichtung vorgeht, ergibt sich daraus die *Reihenfolge der Besetzung der Orbitale mit Elektronen.*

4.4 Aufbau des Periodensystems

Das Ordnungsprinzip des Periodensystems ist – wie schon erwähnt – die Kernladungszahl. Die Atome eines beliebigen Elements enthalten jeweils ein

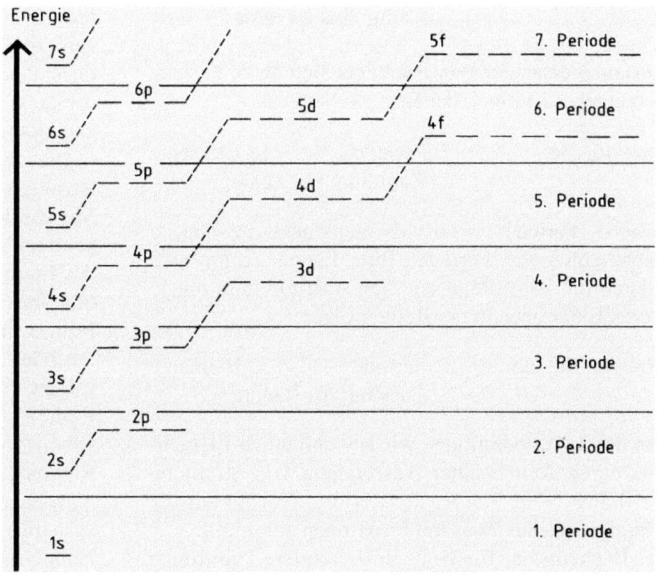

Abb. 4-1. Aus dem Energieniveau-Schema kann man die Reihenfolge der Besetzung der Unterschalen (z. B. 4s **vor** 3d) und die Länge der Perioden ersehen. Jeder waagrechte Strich symbolisiert ein Orbital, das maximal zwei Elektronen aufnehmen kann (nach: H. Freyschlag: *Chemie - Die Frage nach dem Stoff*).

Proton und ein Elektron mehr als die des vorhergehenden Elements (Neutronen bleiben hier außer Betracht). Das neu hinzukommende Elektron wird nach einem bestimmten Aufbau-Prinzip in die Elektronenhülle eingebaut: Das Elektron wird in das Orbital mit dem niedrigsten Energieniveau aufgenommen, das noch nicht vollständig mit Elektronen besetzt ist. Das Energieniveau-Schema (Abb. 4-1) zeigt die Energie-Niveaus der einzelnen Orbitale (dabei kommt es nicht auf die absolute Größe der Energie, sondern auf die Lage der Niveaus zueinander an).

Wie aus dem Energieniveau-Schema ersichtlich, werden die Orbitale in folgender Reihenfolge aufgefüllt:

1s	1. Periode	2 Elemente
	Wasserstoff und Helium	
2s 2p	2. Periode	8 Elemente
	Lithium bis Neon	
3s 3p	3. Periode	8 Elemente
	Natrium bis Argon	

In der 4. Periode erfolgt erst die Auffüllung des 4s-Orbitals, dann die der fünf 3d-Orbitale (weil das 4s-Orbital energieärmer ist als die 3d-Orbitale) und schließlich die Auffüllung der 4p-Orbitale. Infolgedessen umfaßt diese Periode 2 + 10 + 6 = 18 Elemente:

4s 3d 4p	4. Periode	18 Elemente
	Kalium bis Krypton	

In entsprechender Weise schließt sich die 5. Periode an unter Auffüllung der Energie-Niveaus:

5s 4d 5p	5. Periode	18 Elemente
	Rubidium bis Xenon	

Die 6. Periode ist mit 32 Elementen die längste abgeschlossene Periode. Ihre Länge ergibt sich durch die Auffüllung der sieben 4f-Orbitale mit je zwei Elektronen in der Reihenfolge:

6s 4f 5d 6p	6. Periode	32 Elemente
	Caesium bis Radon	

In der 7. Periode finden wir ausschließlich Elemente, deren Atome unter Aussendung von Strahlung zerfallen (Kap. 3.5: Radioaktivität). Es sind nur die Energieniveaus 7s 5f mit Elektronen aufgefüllt.

19 chemische Elemente, insbesondere Transurane sowie die Transfermium-Elemente kommen in der Natur nicht vor (weder als Elemente noch in Form chemischer Verbindungen). Sie sind in Kern-Reaktoren durch physikalische Vorgänge (Kern-Umwandlungen) hergestellt worden.

Als Aufbau-Prinzip des Periodensystems sind somit folgende Gesetzmäßigkeiten der Elektronen-Anordnung anzusehen:

– In ein und derselben Elektronenschale (mit Ausnahme der ersten Schale) nehmen die Elektronen Niveaus unterschiedlichen Energie-Inhalts (s, p, d, f) und unterschiedlicher Anzahl (eins, drei, fünf, sieben) ein.
– Jedes hinzukommende Elektron wird in das energieärmste, noch nicht vollständig mit Elektronen aufgefüllte Orbital aufgenommen.

Das Energieniveau-Schema der Orbitale gibt Aufschluß über die Reihenfolge, in der die Orbitale mit Elektronen besetzt werden.

4.5 Einteilung der Elemente in Gruppen

Bei den meisten Darstellungen des Periodensystems der Elemente ist es üblich, in der 4. bis 6. Periode jeweils 18 Elemente nebeneinander zu schreiben. Als abgeschlossene Periode umfaßt die 6. Periode jedoch insgesamt 32 Elemente. 14 Elemente besitzen in ihrer äußeren Schale Elektronen in f-Orbitalen. Durch Auffüllung der f-Orbitale wird die drittäußerste Elektronenschale aufgefüllt. Entsprechendes trifft auch auf 14 Elemente der 7. Periode zu.

Diese jeweils 14 Elemente weisen innerhalb ihrer Periode sehr ähnliche chemische Eigenschaften auf. Sie werden aus Platzgründen in zwei Reihen **gesondert** aufgeführt: Zur 6. Periode gehören die auf das Element Lanthan folgenden **Lanthanoide** (Metalle der seltenen Erden, Elemente der Lanthan-Reihe) mit den Ordnungszahlen 58 bis 71; zur 7. Periode gehören die auf das Element Actinium folgenden **Actinoide** (Elemente der Actinium-Reihe) mit den Ordnungszahlen 90 bis 103 (davon haben Thorium und Uran wegen ihrer natürlichen Radioaktivität die größte Bedeutung).

In der bisher üblichen Darstellung des Periodensystems (s. Farbtafel) werden die Elemente in Hauptgruppen- und Nebengruppen-Elemente eingeteilt. Die acht Hauptgruppen tragen einen eigenen Gruppennamen oder werden nach den wichtigsten Elementen der Gruppe benannt.

4.5 Einteilung der Elemente in Gruppen

Haupt-gruppe	Außen-elektronen	Gruppen-Name
1.	1	Alkalimetalle
2.	2	Erdalkalimetalle
3.	3	Aluminium-Gruppe
4.	4	Kohlenstoff/Silicium-Gruppe
5.	5	Stickstoff/Phosphor-Gruppe
6.	6	Sauerstoff/Schwefel-Gruppe (Chalkogene, „Erzbildner")
7.	7	Halogene („Salzbildner")
8.	8	Edelgase

Bei den Hauptgruppen-Elementen entspricht die Gruppen-Nummer der Anzahl der Elektronen in der äußersten Schale.

Die chemischen Eigenschaften der Hauptgruppen-Elemente werden ausschließlich durch die Anzahl der in den Atomen vorhandenen Elektronen der äußersten Elektronenschale bestimmt. Da nun die Atome aller zu einer bestimmten Hauptgruppe gehörenden Elemente dieselbe Elektronen-Konfiguration auf der Außenschale haben, sind sie sich in ihrem chemischen Verhalten sehr ähnlich. So haben z. B. die Atome aller Elemente der 1. Hauptgruppe (Alkalimetalle) ein Elektron auf der äußersten Schale. Dieses gemeinsame Merkmal (ein Außenelektron) ist die Ursache für das außerordentlich ähnliche chemische Verhalten der Alkalimetalle. Entsprechendes trifft auch für die Elemente der anderen Hauptgruppen des Periodensystems zu, z. B. für die Erdalkalimetalle und Halogene.

Die beiden Elemente der 1. Periode, Wasserstoff und Helium, weisen folgende Besonderheiten auf: **Wasserstoff**-Atome haben zwar, ebenso wie die Atome der Alkalimetalle, ein Außenelektron, die Eigenschaften von Wasserstoff und den Alkalimetallen unterscheiden sind jedoch sehr erheblich: Das Element Wasserstoff ist ein Gas, seine kleinsten Teilchen sind Moleküle, in denen zwei Wasserstoff-Atome miteinander verknüpft sind. Die Alkalimetalle sind dagegen feste Stoffe (sehr reaktionsfähige Metalle), ihre kleinsten Teilchen sind Atome.

Trotz dieser Unterschiede wird das Element Wasserstoff im Periodensystem meist oberhalb der 1. Hauptgruppe aufgeführt.

Helium gehört zu den Edelgasen, die die 8. Hauptgruppe des Periodensystems bilden. Während bei den Atomen aller anderen Hauptgruppen-Elemente die Zahl der Außenelektronen der Gruppen-Nummer entspricht, haben Helium-Atome nur zwei Elektronen. Alle anderen Edelgas-Atome haben dagegen ein Elektronen-Oktett (8 Elektronen auf der Außenschale).

Zur Aufstellung chemischer Formeln, zur Angabe der Ladung von Ionen und zur Verdeutlichung vieler Zusammenhänge ist es sehr nützlich, sich zumindest die Zusammengehörigkeit folgender Hauptgruppen-Elemente einzuprägen:

I	II	III	IV	V	VI	VII
Li		B	C	N	O	F
Na	Mg	Al	Si	P	S	Cl
K	Ca			As	Se	Br
			Sn			I
	Ba		Pb			

Nebengruppen-Elemente treten erstmals in der 4. Periode auf; es sind ausnahmslos Metalle. Typisch für die Nebengruppen-Elemente ist die Besetzung der d-Orbitale mit Elektronen. Da es fünf d-Orbitale gibt und jedes d-Orbital 2 Elektronen aufnehmen kann, stehen jeweils 5 · 2 = 10 Nebengruppen-Elemente nebeneinander. Die Nebengruppen-Elemente werden auch als **Übergangsmetalle** bezeichnet, weil ab der 4. Periode nach der Besetzung des s-Orbitals mit Elektronen erst die d-Orbitale der vorangehenden Hauptschale aufgefüllt werden, bevor die Besetzung der p-Orbitale erfolgt, z. B. 4s 3d 4p.

Die Chemie der Nebengruppen-Elemente (Übergangsmetalle) ist nicht einfach überschaubar, weil diese Metalle zahlreiche chemische Verbindungen bilden, in denen sie in unterschiedlichen Oxidationszahlen (Kap. 13) vorliegen. Die chemischen Reaktionen der Übergangsmetalle verlaufen unter Beteiligung von Elektronen der äußersten Elektronenschale, der zweitäußersten oder beider Elektronenschalen.

Im Periodensystem sind 8 Nebengruppen aufgeführt. In der 4. bis 6. Periode hat man bisher aufgrund von ähnlichen chemischen Eigenschaften je drei nebeneinander stehende Elemente zur 8. Nebengruppe zusammengefaßt. Bestimmte Nebengruppen-Elemente sind für den menschlichen Organismus als Spurenelemente von Bedeutung. Diese, sowie einige weitere Nebengruppen-Elemente, sind hier zusammengestellt:

Nebengruppe	wichtige Elemente
I.	Kupfer, Silber, Gold
II.	Zink, Cadmium, Quecksilber
V.	Vanadium
VI.	Chrom, Molybdän
VII.	Mangan
VIII.	Eisen, Cobalt, Nickel, Platin

4.6 Periodizität von Eigenschaften

Der Name **Periodensystem** beruht auf der **Periodizität von Eigenschaften** der Elemente: Periodisch, in ganz bestimmter Folge auf ein vorhergehendes Element (z. B. Natrium), schließt sich ein weiteres Element (z. B. Kalium) mit ähnlichen Eigenschaften an. Solche periodisch wiederkehrenden Eigenschaften sind Atomradius, Ionisierungsenergie, Ionenradius und Elektronegativität. Betrachten wir diese Eigenschaften bei den Hauptgruppen-Elementen: Die unterschiedliche Größe der Atome der verschiedenen Hauptgruppen-Elemente läßt sich durch den **Atomradius** beschreiben. In Abb. 4-2 sind die Atome durch Kreise unterschiedlicher Größe veranschaulicht und die Atomradien in pm angegeben. Aus Abb. 4-2 geht folgendes hervor:

– *Innerhalb einer Element-Gruppe nimmt der Atomradius von oben nach unten zu* (z. B. von Lithium zu Cäsium). Das Anwachsen des Atomradius ist leicht erklärbar, weil die Atome jedes in einer höheren Periode befindlichen Elements eine Elektronenschale mehr enthalten. Die Elektronenhülle erreicht somit eine größere Ausdehnung.

– *Innerhalb einer Periode nimmt der Atomradius von links nach rechts ab* (z. B. von Lithium zu Fluor). Solange wir innerhalb einer Periode vergleichen, kommt keine neue Elektronenschale hinzu, sondern die bereits vorhandene Elektronenschale wird von Element zu Element mit je einem Elektron mehr aufgefüllt. Zusammen mit je einem Elektron kommt aber auch je ein Proton hinzu, so daß die Kernladung zunimmt. Die Wirkung einer höheren Kernladung auf die in ein und derselben Außenschale befindlichen Elektronen führt zu einer „Zusammenziehung" der Elektronenhülle, was sich in dem kleineren Atomradius ausdrückt.

– Die Größe von Kationen und Anionen wird durch den **Ionenradius** angegeben (s. Abb. 4-2).

– Kationen (positiv geladene Teilchen) entstehen aus Atomen durch Abgabe der Valenzelektronen. Nach Abgabe der Elektronen ist die Außenschale des Atoms nicht mehr vorhanden. *Der Ionenradius ist bei Kationen erwartungsgemäß kleiner als der Atomradius.*

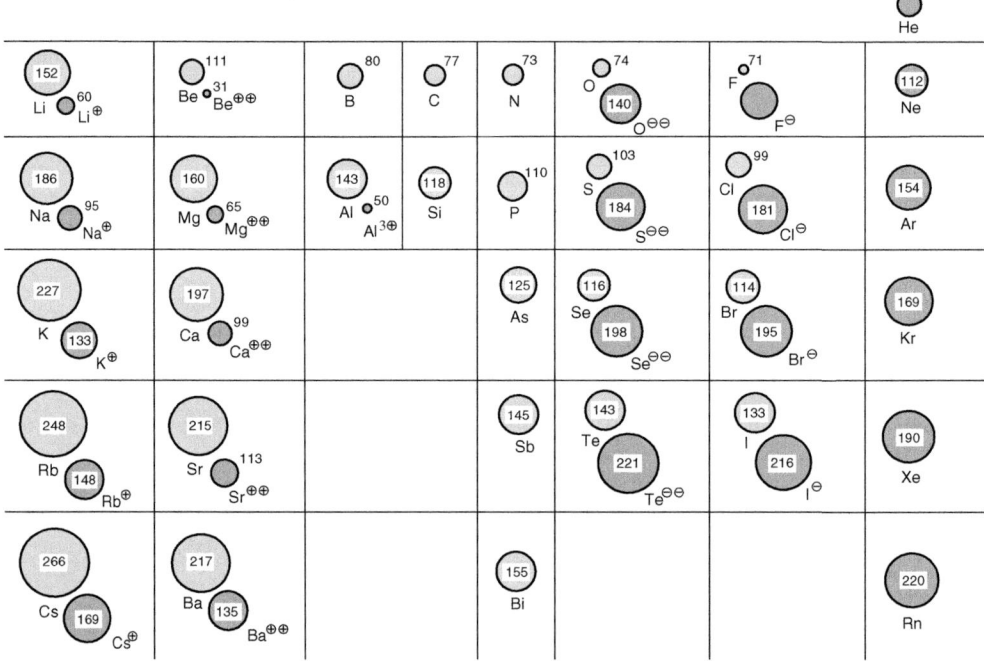

Abb. 4-2. Atom- und Ionenradien der Hauptgruppen-Elemente: Die Abbildung verdeutlicht die Zunahme des Atomradius innerhalb einer Element-Gruppe (z. B. Li-Atome 152 pm, Cs-Atome 266 pm) sowie seine Abnahme innerhalb einer Periode (z. B. Li-Atome 152 pm, F-Atome 71 pm), ferner die Abnahme des Radius beim Übergang von einem Metall-Atom in das betreffende Kation und die Zunahme des Radius beim Übergang eines Nichtmetall-Atoms in das betreffende Anion.

– Anionen (negativ geladene Teilchen) entstehen aus Atomen durch Aufnahme von Elektronen in die Außenschale. Hierdurch vergrößert sich die Ausdehnung der Elektronenwolke, der Radius von Anionen ist größer als der Atomradius.

Die Periodizität der Eigenschaften offenbart sich auch in den von Pauling angegebenen **Elektronegativitäts-Werten**. Diese Werte sind ein Maß für die Stärke, mit der jedes der Atome A und B einer Verbindung AB die zwischen ihnen befindlichen Bindungselektronen anzieht. Nur bei Molekülen aus zwei gleichen Atomen ist eine völlig gleichmäßige Elektronenverteilung möglich (allgemein formuliert: bei Molekülen des Typs A—A, z. B. H_2, Cl_2). Dagegen ist bei vielen Molekülen des Typs A—B eine unterschiedlich starke Anziehung der Bindungselektronen und damit eine **Polarisierung** der Bindung zu erwarten. Voraussagen, in welcher Weise die Elektronenpaar-Bindung polarisiert ist, sind durch Vergleich der Elektronegativitäts-Werte möglich (s. Kap. 5.4). Die Atome eines Elements sind um so stärker elektronegativ, je stärker sie Bindungselektronen zu sich heranziehen.

– *Innerhalb einer Periode nimmt die Elektronegativität von links nach rechts zu*, z. B. von Lithium zu Fluor.
– *Innerhalb einer Gruppe nimmt die Elektronegativität von unten nach oben zu*, z. B. von Iod über Brom und Chlor bis hin zu Fluor oder von Caesium bis hin zu Lithium.

Fluor hat also die größte, Caesium die geringste Elektronegativität.

Die Elektronegativität von Nichtmetallen ist bedeutend größer als die von Metallen.

Kontrollfragen

4-1 Welches Ordnungsprinzip bestimmt die Aufeinanderfolge der Elemente im Periodensystem?

4-2 Welche Übereinstimmung in ihrer Elektronen-Konfiguration weisen die Atome der zu derselben Gruppe des Periodensystems gehörenden Elemente auf?

4-3 Wodurch wird die unterschiedliche Länge der Perioden bestimmt?

4-4 Unter welcher Bezeichnung faßt man diejenigen Elemente zusammen, deren Atome durch Auffüllung innerer Elektronenschalen entstanden sind?

4-5 Welche der folgenden Elemente gehören zu derselben Element-Gruppe: I, Zn, K, P, Cu, Li, Hg, F, Ag, Ba, N, S, Mg, Se, Si, O, C?

4-6 Wieviele Außenelektronen enthalten die Atome aller Alkalimetalle, Erdalkalimetalle, Halogene?

4-7 Was versteht man unter Edelgas-Konfiguration?

4-8 Nennen Sie eine Gruppe von chemischen Elementen, die sich nicht an chemischen Reaktionen beteiligen. (Begründung)

4-9 Nennen Sie chemische Elemente, die ganz besonders reaktionsfähig sind. (Begründung)

4-10 Welche Ladungszahlen haben die Ionen folgender Metalle: Fe, Cu, Ag, Mn, Ca, Zn, Al?

4-11 Was drücken die Elektronegativitäts-Werte der chemischen Elemente aus?

4-12 Welche Elemente haben besonders hohe Elektronegativitäts-Werte (3 Beispiele)?

5 Entstehung chemischer Verbindungen

5.1 Übersicht

Atome bestehen aus einem Atomkern (Protonen und Neutronen), der von der Elektronenhülle umgeben ist. Atome sind die kleinsten Teilchen, die noch alle Eigenschaften von chemischen Elementen aufweisen, sie sind nach außen elektrisch neutral, weil einer bestimmten Anzahl positiver Ladungen (Protonen) in jedem Atom eine ebenso große Anzahl negativer Ladungen (Elektronen) gegenübersteht.

Ionen sind elektrisch geladene Teilchen. Positiv elektrisch geladene Teilchen (Kationen) entstehen aus Atomen durch Abgabe von Elektronen. Negativ elektrisch geladene Teilchen (Anionen) entstehen aus Atomen durch Aufnahme von Elektronen. Elektronen-Übertragungsreaktionen erfordern immer die Beteiligung von Atomen, die Elektronen abgeben, und von Atomen, die Elektronen aufnehmen.

Ionen sind die kleinsten Teilchen, aus denen heteropolare chemische Verbindungen bestehen.

Moleküle bestehen aus mindestens zwei Atomen, die durch zwischen ihnen befindliche Elektronenpaare (gemeinsame Bindungselektronen) miteinander verknüpft sind. Moleküle sind die kleinsten Teilchen, die noch alle Eigenschaften von chemischen Verbindungen aufweisen.

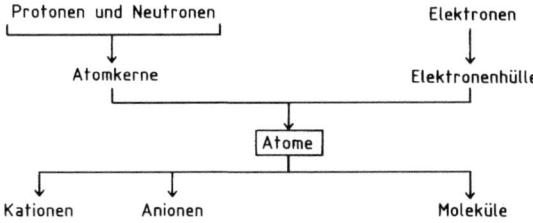

Abb. 5-1. Die kleinsten Materie-Bausteine sind die Elementarteilchen, aus denen die Atome bestehen. Durch chemische Reaktionen entstehen aus Atomen Ionen oder Moleküle.

Abb. 5-1 gibt eine Übersicht über den Aufbau der Materie.

Chemische Reaktionen führen stets zu einer Veränderung in der Elektronenhülle der beteiligten Atome. Bei den Elementen der Hauptgruppen des Periodensystems sind an chemischen Reaktionen ausschließlich die **Valenzelektronen** (Außenelektronen) beteiligt.

Bei den Atomen der Übergangsmetalle (Nebengruppen-Elemente) können auch Elektronen, die auf der zweitäußersten Elektronenschale angeordnet sind, an chemischen Reaktionen teilnehmen.

Das Verhalten der Hauptgruppen-Elemente bei chemischen Reaktionen ist bestimmt durch das Bestreben ihrer Atome, die besonders stabile **Edelgas-Konfiguration** (Elektronen-Oktett) zu erreichen. Dieses Bestreben, eine Außenschale mit 8 Elektronen aufzubauen, ermöglicht Vorhersagen über die Art der Reaktion zwischen bestimmten Atomen und die Zusammensetzung (chemische Formel) der dabei entstehenden Verbindungen.

Aus dem Periodensystem kann man direkt ablesen, wie die Atome der verschiedenen Elemente die angestrebte besonders stabile Edelgas-Konfiguration erreichen:

– Atome der Alkali- und Erdalkalimetalle: durch Abgabe von Elektronen,
– Atome der Halogene und Chalkogene: durch Aufnahme von Elektronen,
– Atome von Elementen aus den dazwischenliegenden Gruppen des Periodensystems: durch Aufbau von Molekül-Verbindungen, in denen die Außenschale der miteinander verknüpften Atome durch gemeinsame Elektronen aufgefüllt wird.

Chemische Reaktionen zwischen Atomen erfolgen somit entweder unter Elektronen-Übertragung oder unter Ausbildung von Bindungselektronen-Paaren. Eine **Elektronen-Übertragung** findet immer dann statt, wenn durch die miteinander gekoppelten Vorgänge Ionen mit dem besonders stabilen Elektronen-Oktett (Edelgas-Konfiguration) entstehen. Dies trifft

z. B. auf Reaktionen zwischen folgenden Metallen und Nichtmetallen zu (die entsprechenden Edelgas-Atome sind in der mittleren Spalte aufgeführt):

VI	VII	VIII	I	II	III
O	F	Ne	Na	Mg	Al
S	Cl	Ar	K	Ca	
	Br	Kr			
	I	Xe		Ba	
Aufnahme⟶		Edelgas	⟵ Abgabe von Elektronen		

Die folgende Tabelle zeigt, wie einfach die Atome mancher Element-Gruppen das stabile Elektronen-Oktett erreichen können:

Element-Gruppe	Elektronen-Übertragung
I Alkalimetalle	Abgabe von 1e$^\ominus$
II Erdalkalimetalle	Abgabe von 2e$^\ominus$
III Aluminium-Gruppe	Abgabe von 3e$^\ominus$
VI Sauerstoff-Schwefel-Gruppe	Aufnahme von 2e$^\ominus$
VII Halogene	Aufnahme von 1e$^\ominus$

Die in jeder Zeile der folgenden Tabelle aufgeführten Teilchen sind isoelektronisch, weil sie dieselbe Elektronen-Anordnung aufweisen.

Anionen		Edelgas-Atome	Kationen		
O$^{\ominus\ominus}$	F$^\ominus$	Ne	Na$^\oplus$	Mg$^\oplus$	Al$^{\oplus\oplus\oplus}$
S$^{\ominus\ominus}$	Cl$^\ominus$	Ar	K$^\oplus$	Ca$^\oplus$	
	Br$^\ominus$	Kr			
	I$^\ominus$	Xe		Ba$^{\oplus\oplus}$	

Kationen und Anionen unterscheiden sich durch das Vorzeichen ihrer elektrischen Ladung. Sie können zu binären (aus Ionen zweier Elemente gebildeten) Ionen-Verbindungen zusammentreten, wobei die positive Gesamtladung der Kationen durch die negative Gesamtladung der Anionen ausgeglichen sein muß (**Elektroneutralitäts-Prinzip**). Auf dieser Basis kann man die chemischen Formeln für die aus Ionen aufgebauten **Salze** aufstellen.

5.2 Ionen-Verbindungen

Natriumchlorid (Kochsalz) ist die bekannteste Ionen-Verbindung. Außer Kochsalz gibt es eine Vielzahl anderer Salze; nahezu alle, einschließlich der Metall-Hydroxide und Metall-Oxide (und der Mineralien und Erze), sind **Ionen-Verbindungen.**

Ionen-Verbindungen bestehen aus den einfach oder mehrfach positiv geladenen Kationen und den einfach oder mehrfach negativ geladenen Anionen.

Bei Natriumchlorid sind dies: Natrium-Ionen, Na$^\oplus$, und Chlorid-Ionen, Cl$^\ominus$.

So wie die Natrium- und Chlorid-Ionen werden auch andere Ionen durch die rechts oberhalb des Element-Symbols angegebene elektrische Ladung beschrieben, z. B.
- **Kationen:** K$^\oplus$, Ca$^{\oplus\oplus}$, Al$^{\oplus\oplus\oplus}$
- **Anionen:** Br$^\ominus$, O$^{\ominus\ominus}$.

Die Anzahl der Ladungen kann auch durch Ziffern kenntlich gemacht werden, z. B. Ca$^{2\oplus}$.

Zwischen Kationen und Anionen sind starke elektrostatische Anziehungskräfte wirksam.

Die Kristalle von Ionen-Verbindungen zeichnen sich durch einen regelmäßigen Aufbau aus: Kationen sind in bestimmten Abständen von Anionen, die Anionen ihrerseits sind wieder von Kationen umgeben, so daß sich ein **Ionen-Gitter** (Kristallgitter) in die drei Richtungen des Raumes erstreckt. So entstehen typische Kristallformen, z. B. würfelförmige Kristalle. Das Kristallgitter von Natriumchlorid ist in Abb. 5-2 (Farbtafel) wiedergegeben. Hier ist jedes Na$^\oplus$-Ion von 6Cl$^\ominus$-Ionen in oktaedrischer Anordnung und jedes Cl$^\ominus$-Ion seinerseits von 6 Na$^\oplus$-Ionen umgeben.

Die **Formeleinheit** der Ionen-Verbindungen ist die einfachste Formel-Schreibweise, mit der sich ihre Zusammensetzung darstellen läßt. Die Formeleinheit von Natriumchlorid ist Na$^\oplus$ Cl$^\ominus$. Bei der Wiedergabe von Formeleinheiten der Ionen-Verbindungen werden die Ladungen meist nicht angegeben, man schreibt also nur NaCl. Diese verkürzte Schreibweise darf aber nicht vergessen lassen, daß NaCl und zahlreiche andere Salze aus Ionen bestehen und nicht aus Atomen aufgebaut sind. Wichtig ist auch, daß z. B. NaCl-Kristalle (Natriumchlorid in fester Form) ausschließlich aus Ionen aufgebaut sind und daß Na$^\oplus$ und Cl$^\ominus$-Ionen nicht etwa erst in dem Augenblick entstehen, in dem man den NaCl-Kristall in Wasser auflöst. Ein Unterschied zwischen NaCl-Kristall und wäßriger NaCl-Lösung besteht lediglich hinsichtlich der Ionen-Beweglichkeit. Im NaCl-Kristall befinden sich die Ionen an bestimmten Stellen des Ionen-Gitters und werden dort durch elektrostatische Kräfte festgehalten, sie sind also nicht beweglich. Beim Auflösen des Kristalls in Wasser wird die ausgeprägte Ordnung des Ionen-Gitters aufgehoben. Die Ionen verlassen das Kristallgitter, werden von Wasser-Dipol-

Molekülen (Kap. 10) umgeben und sind in der wäßrigen Lösung beweglich. Diese **Ionen-Beweglichkeit** zeigt sich in der elektrischen **Leitfähigkeit** der wäßrigen NaCl-Lösung (die der NaCl-Kristall nicht aufweist). Dieses Verhalten ist charakteristisch für alle Ionen-Verbindungen.

5.2.1 Eigenschaften von Ionen-Verbindungen

Die elektrische Ladung der Ionen prägt die Eigenschaften der Ionen-Verbindungen in so charakteristischer Weise, daß große Unterschiede gegenüber den aus Molekülen aufgebauten chemischen Verbindungen bestehen.

Die Besonderheiten von Ionen-Verbindungen zeigen sich in folgenden Eigenschaften:
- Ionen-Verbindungen liegen bei Raumtemperatur in der Regel als Feststoffe vor. Die Ionen bilden dreidimensionale Ionen-Gitter, in denen **starke elektrostatische Kräfte** wirksam sind. Zur Überwindung dieser Kräfte ist die Zufuhr hoher Energie-Beträge erforderlich. Erst durch Erhitzen auf hohe Temperaturen werden die zwischen Ionen wirkenden Anziehungskräfte überwunden, und der Feststoff schmilzt (die Schmelztemperatur z. B. von NaCl beträgt 801 °C). Wird die Gitter-Ordnung zerstört, sind die Ionen in der so erhaltenen Schmelze beweglich. Salz-Schmelzen leiten daher den elektrischen Strom.
- Ionen-Verbindungen sind stark polare Verbindungen. Viele Ionen-Verbindungen sind in dem polaren Lösungsmittel Wasser gut löslich (entsprechend der Regel: *„Ähnliches löst sich in Ähnlichem."*).
- Ionen-Verbindungen leiten in geschmolzenem Zustand und in wäßrigen Lösungen den elektrischen Strom.

licht. Die chemische Reaktionsfähigkeit der Edelgas-Atome ist daher äußerst gering.

Unmittelbar vor und nach der Element-Gruppe Edelgase stehen im Periodensystem Gruppen besonders reaktionsfähiger Elemente: die Halogene sowie die Alkalimetalle und Erdalkalimetalle.

Halogen-Atome benötigen ein Elektron zur Auffüllung der Außenschale auf 8 Elektronen. Alkalimetall-Atome haben auf der Außenschale ein Elektron, Erdalkalimetall-Atome haben zwei Valenzelektronen.

Durch die **Elektronen-Übertragungsreaktionen**:
- Aufnahme eines Elektrons von einem Halogen-Atom,
- Abgabe eines Elektrons von einem Alkalimetall-Atom,
- Abgabe von zwei Elektronen von einem Erdalkalimetall-Atom

wird folgende Elektronen-Konfiguration herbeigeführt:

	Elektronen auf der Außenschale
Halogenid-Ionen	8 [(7) + 1]
Edelgas-Atome	8 (unverändert)
Alkalimetall-Ionen	8 [(8 +1)-1]
Erdalkalimetall-Ionen	8 [(8 + 2) - 2]

In runden Klammern ist die Elektronen-Konfiguration angegeben, die **vor** der Elektronen-Übertragung vorgelegen hat. Von größter Bedeutung ist, daß **nach** der Elektronen-Übertragung keine nach außen hin elektrisch neutralen Atome mehr vorliegen, sondern Anionen und Kationen.

Ein Cl-Atom kann natürlich nur dann ein Elektron aufnehmen, wenn dieses von einem Reaktionspartner abgegeben wird. Als Reaktionspartner ist z. B. ein Natrium-Atom besonders gut geeignet, weil es durch Abgabe eines Elektrons seinerseits ein **Elektronen-Oktett** erreicht.

Abb. 5-3 veranschaulicht diese Elektronenübertragung. Entsprechend verlaufen Elektronenübertragungen zwischen anderen Halogenen und Alkalimetallen.

5.2.2 Entstehung von Ionen und Ionen-Bindung

Wie schon erwähnt, ist in der mit 8 Elektronen besetzten Außenschale der Edelgas-Atome eine besonders stabile Elektronen-Konfiguration verwirk-

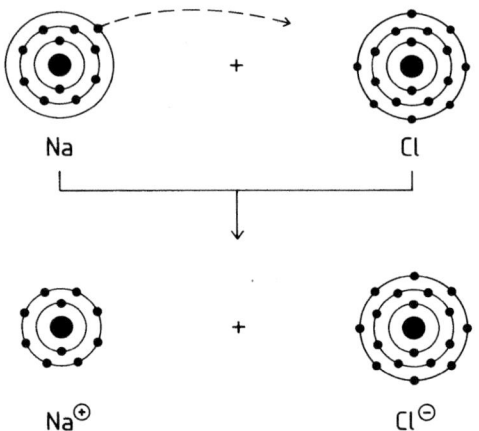

Anion	Name	Salze
O^{2-}	Oxid	Metall-oxide
S^{2-}	Sulfid	Metall-sulfide
F^{-}	Fluorid	Metall-fluoride
Cl^{-}	Chlorid	Metall-chloride
Br^{-}	Bromid	Metall-bromide
I^{-}	Iodid	Metall-iodide

Abb. 5-3. Entstehung von Ionen durch Elektronenübertragung: Durch Abgabe eines Elektrons entsteht aus einem Na-Atom ein Na^{+}-Ion (mit derselben Elektronen-Konfiguration wie Neon-Atome). Durch Aufnahme dieses Elektrons wird aus einem Cl-Atom ein Cl^{-}-Ion (mit derselben Elektronen-Konfiguration wie Argon-Atome).

Im Prinzip genauso verläuft die Elektronenübertragung zwischen Halogenen und Erdalkalimetallen. Allerdings gibt **ein** Erdalkalimetall-Atom zwei Elektronen ab, die von **zwei** Halogen-Atomen aufgenommen werden. So ergibt sich z. B. für Calciumfluorid die Formeleinheit CaF_2 für das aus Ca^{+} und F^{-} im Zahlenverhältnis 1:2 aufgebaute Ionen-Gitter.

Zwischen Kationen und Anionen sind starke elektrostatische Anziehungskräfte wirksam. Auf diese Weise entsteht eine chemische Bindung zwischen Ionen, die man als **Ionen-Bindung** oder **heteropolare Bindung** bezeichnet. Der Begriff „heteropolare" Bindung bezieht sich auf die ungleichartige (hetero) Ladung der entstandenen elektrisch geladenen (polaren) Teilchen.

Die zwischen den elektrisch geladenen Ionen wirksamen elektrostatischen Kräfte führen zur Bildung des Ionen-Gitters. Die geometrische Anordnung des Ionen-Gitters (Kristallform) hängt von der Größe der Ionen (Ionen-Radius) und der Anzahl der Ladungen der einzelnen Ionen ab.

5.2.3 Benennung von Ionen-Verbindungen

Zur Benennung von **binären** Salzen fügt man an die Bezeichnung des Metall-Ions (die ebenso lautet wie der Name des Metalls) die auf **„id"** endende Bezeichnung des Nichtmetall-Ions an:

Durch Ladungs-Ausgleich zwischen Kationen und Anionen ergeben sich Ionen-Verbindungen wie:
Na_2S Natriumsulfid (zwei einfach positiv geladene Na^{+}-Ionen gleichen die Ladung eines zweifach negativ geladenen Sulfid-Ions aus)
$BaCl_2$ Bariumchlorid
AlF_3, Aluminiumfluorid

Die Ladungen werden in den Formeln in der Regel nicht mitgeschrieben (z. B. statt $Na^{+} Cl^{-}$ nur NaCl).

Auch die Übergangsmetalle Cu, Ag, Zn, Sn, Pb, Cr, Mn, Fe, Co und Ni bilden mit den genannten Nichtmetall-Ionen Salze. Typisch für diese Metalle ist, daß aus ihnen *Kationen mit unterschiedlicher Ladungszahl* entstehen können.
Einfach positiv geladene Ionen:
Cu^{+}, Ag^{+}
Zweifach positiv geladene Ionen:
Cu^{2+}, Zn^{2+}, Sn^{2+}, Pb^{2+}, Mn^{2+}, Fe^{2+}, Co^{2+}, Ni^{2+},
Dreifach positiv geladene Ionen:
Cr^{3+}, Fe^{3+}

Falls sich von einem Metall-Atom Ionen unterschiedlicher Ladung ableiten, muß die Ladung nach dem Metall-Namen durch eine römische Ziffer in einer runden Klammer angegeben werden, z. B.
Eisen(III)chlorid, $FeCl_3$
Kupfer(II)oxid, CuO
Kupfer(I)oxid, Cu_2O.

Beim Aussprechen des Namens wird die Ladungszahl des Kations mitgenannt, z. B. Eisen-drei-chlorid.

5.3 Entstehung von Molekülen

5.3.1 Moleküle aus zwei gleichartigen Atomen

Unter Normbedingungen (0°C und 1,013 bar) liegen folgende Elemente im gasförmigen Aggregatzustand vor: Wasserstoff, Stickstoff, Sauerstoff,

5.3 Entstehung von Molekülen

Fluor, Chlor und die Edelgase. Während die kleinsten Teilchen der Edelgase Atome sind, bestehen die übrigen gasförmigen Elemente, ebenso wie die Halogene Brom (flüssig) und Iod (fest), aus zweiatomigen Molekülen. Die Bildung dieser Moleküle aus zwei Atomen läßt sich so verstehen: Wasserstoff (ein Elektron) und die Halogene (sieben Außenelektronen) stehen im Periodensystem unmittelbar vor dem Edelgas ihrer jeweiligen Periode, sie können also durch Aufnahme eines Elektrons die Edelgas-Konfiguration erreichen. Fügen sich nun z. B. zwei Wasserstoff-Atome zu einem Molekül zusammen, so entsteht ein beiden Atomen gemeinsames Elektronenpaar, das es jedem Atom erlaubt, Edelgas-Konfiguration zu erreichen.

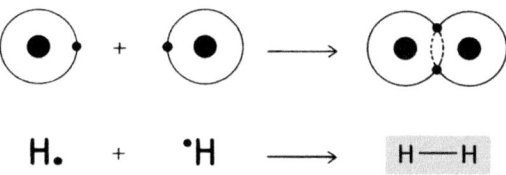

Abb. 5-4. Modell des Wasserstoff-Moleküls: In einem H_2-Molekül sind zwei H-Atome durch ein Bindungselektronenpaar miteinander verknüpft. Auf diese Weise erreicht jedes H-Atom die Elektronen-Konfiguration von Helium-Atomen.

Ein Elektronen-Übergang findet nicht statt, das **Bindungselektronenpaar** *wird gemeinsamer Besitz der beiden Atome* (s. Abb. 5-4).

Man nennt eine solche chemische Bindung **Elektronenpaar-Bindung, kovalente Bindung**, homöopolare Bindung (im Gegensatz zur heteropolaren Ionen-Bindung) oder Atombindung.

In Reaktions-Gleichungen kann man die Valenzelektronen und die Elektronenpaare durch Symbole wiedergeben, so bedeutet:

– ein Punkt: ein (Valenz-)Elektron
– ein Strich (oder zwei Punkte): ein Elektronenpaar

H• + •H ⟶ H—H (oder H∙∙H)

Auch die Halogen-Moleküle entstehen durch die Bildung einer Elektronenpaar-Bindung zwischen zwei Halogen-Atomen:

|F̲•| + |•F̲| ⟶ |F̲—F̲|
|C̲l•| + |•C̲l| ⟶ |C̲l—C̲l|
|B̲r•| + |•B̲r| ⟶ |B̲r—B̲r|
|I̲•| + |•I̲| ⟶ |I̲—I̲|

Abb. 5-5 veranschaulicht die Bildung eines Chlor-Moleküls aus zwei Chlor-Atomen. Dabei entsteht ein bindendes Elektronenpaar, das beiden Atomen angehört. Auf diese Weise ist jedes Chlor-Atom von acht Außenelektronen umgeben, das angestrebte Elektronen-Oktett ist erreicht.

Im Ethen-Molekül sind die Kohlenstoff-Atome durch zwei Elektronenpaare miteinander verknüpft. Man nennt eine solche Bindung eine **Doppelbindung**.

Zwischen zwei Stickstoff-Atomen ist zum Erreichen des Elektronen-Oktetts sogar eine **Dreifachbindung** (drei Bindungselektronenpaare) erforderlich.

$H_2C = CH_2$

|N̈•| + |•N̈| ⟶ |N≡N|

Um ein überschaubareres Formelbild zu erhalten, zeichnet man oft nur die Bindungselektronenpaare

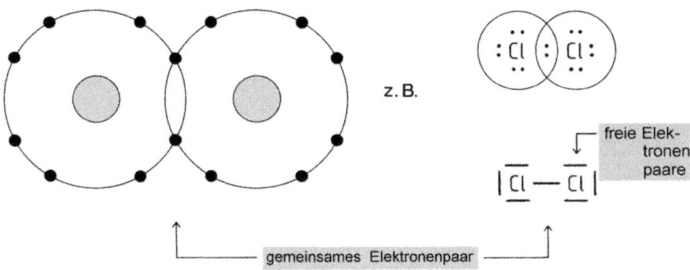

Abb. 5-5. Das Elektronen-Oktett in Halogen-Molekülen.

ein und läßt die anderen Außenelektronen weg, wie z. B. in folgender Tabelle.

Molekül-Zusammensetzung	Bindungs-Elektronenpaare	Struktur-Formel
H_2	1	H-H
F_2	1	F-F
Cl_2	1	Cl-Cl
Br_2	1	Br-Br
I_2	1	I-I
N_2	3	N≡N

5.3.2 Moleküle aus zwei verschiedenartigen Atomen

Auch aus verschiedenartigen Atomen können zweiatomige Moleküle entstehen. So werden aus den gasförmigen Elementen Wasserstoff (bestehend aus H_2-Molekülen) und Chlor (bestehend aus Cl_2-Molekülen) bei der sogenannten Chlorknallgas-Reaktion Chlorwasserstoff-Moleküle gebildet.

$$H_2 + Cl_2 \rightarrow 2\,HCl$$

$$\left. \begin{array}{l} H-H \\ Cl-Cl \end{array} \right\} \rightarrow \left\{ \begin{array}{l} H-Cl \\ H-Cl \end{array} \right.$$

Die chemische Verbindung Chlorwasserstoff (Hydrogenchlorid) ist bei Raumtemperatur ebenfalls ein Gas.

H – Cl   oder   H – $\overline{Cl}$|

Das Cl-Atom im HCl-Molekül zieht das Bindungselektronenpaar (und damit die negative Ladung) in stärkerem Maße zu sich hin als das H-Atom. Chlorwasserstoff-Moleküle sind daher **Dipol-Moleküle** mit einer negativen **Teilladung** am Chlor und einer positiven Teilladung am Wasserstoff. Diese für alle chemischen Reaktionen, an denen Chlorwasserstoff teilnimmt, wichtige Dipol-Eigenschaft kann man in der Molekül-Schreibweise durch

$\overset{\delta+}{H} - \overset{\delta-}{Cl}$ oder   H ◄ Cl   oder   H ◄ $\overline{Cl}$|

zum Ausdruck bringen. Die positive und negative Teilladung wird in der ersten Darstellung durch das entsprechende Vorzeichen und den griechischen Buchstaben δ bezeichnet. Besonders anschaulich ist die Wiedergabe des Bindungselektronenpaares durch einen Keil (2. Formelbild), dessen Lage sofort erkennen läßt, welches der beiden Atome das Bindungselektronenpaar zu sich hinzieht.

Derartige Elektronenpaar-Bindungen bezeichnet man als polarisiert. Beim Zusammentreffen von Molekülen, in denen **polarisierte kovalente Bindungen** vorliegen, mit Dipol-Molekülen anderer Verbindungen kann es leicht zum vollständigen „Aufbrechen" der bereits polarisierten Elektronenpaar-Bindung kommen, wobei Ionen entstehen.

Chemische Verbindungen mit polarisierten kovalenten Bindungen nehmen eine Zwischenstellung zwischen nicht polarisierten Verbindungen und Ionen-Verbindungen ein.

Auch die anderen Halogene reagieren mit Wasserstoff zu gasförmigen **Halogenwasserstoff**-Verbindungen, die als Fluorwasserstoff, Bromwasserstoff und Iodwasserstoff bezeichnet werden:

H – F   H – Br   H – I

5.3.3 Moleküle aus mehr als zwei Atomen

Die Verknüpfung von mehreren verschiedenartigen Atomen durch kovalente Bindungen führt zu einer großen Anzahl von Molekülen mit vielfältigen Strukturen. In den Molekülen der mehr als 15 Millionen organischen Verbindungen sind die Atome durch nicht-polarisierte und/oder polarisierte kovalente Bindungen miteinander verknüpft. Die überragende Bedeutung von Elektronenpaar-Bindungen für den Aufbau organischer Moleküle wird ab Kapitel 16 („Organische Chemie") dargestellt.

Wichtige anorganische Verbindungen sind aus mehratomigen Molekülen aufgebaut, so z. B. die Verbindungen aus Nichtmetallen und Wasserstoff und aus Nichtmetallen und Sauerstoff (Nichtmetalloxide).

Hierzu gehören die Verbindungen aus Wasserstoff und Sauerstoff, z. B. Wasser (H_2O), Wasserstoff und Schwefel, Schwefelwasserstoff (Hydrogensulfid, H_2S), Wasserstoff und Stickstoff, z. B. Ammoniak, NH_3.

In **Wasser**-Molekülen haben die Sauerstoff-Atome das angestrebte Elektronen-Oktett durch die Bindung von zwei Wasserstoff-Atomen erreicht. Das Sauerstoff-Atom ist mit den zwei Wasserstoff-Atomen durch je ein Bindungselektronenpaar verknüpft.

Darüber hinaus befinden sich am Sauerstoff-Atom zwei Elektronenpaare, die an der Bindung der beiden H-Atome nicht teilnehmen (**freie Elektronenpaare**).

Das Wassermolekül ist ein gewinkeltes Molekül die Atome H – O – H schließen einen Bindungswinkel von 104,5° ein.

Die H_2O-Strukturformel (A) und das Modell (B) des Wasser-Moleküls veranschaulichen diese Struktur.

(A) (B)

Die Bindungselektronen werden von Sauerstoff in stärkerem Maße angezogen als von Wasserstoff, daher befindet sich jedes Bindungselektronenpaar näher am Sauerstoff. Dies führt zu einer ungleichmäßigen Verteilung der Elektronen und zur Ausbildung einer negativen Teilladung δ^- am Sauerstoff. Die stärkere Anziehung der Bindungselektronen durch den Sauerstoff bedingt eine positive Teilladung δ^+ am Wasserstoff. Die Schwerpunkte der positiven und negativen Ladung fallen also beim Wasser-Molekül nicht zusammen: *Wasser besteht aus Dipol-Molekülen* der Strukturformel (C) bzw. (D).

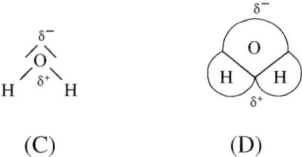

(C) (D)

Die gasförmige Verbindung **Schwefelwasserstoff** besteht aus H_2S-Molekülen mit einem Bindungswinkel von mehr als 90° zwischen den Atomen H – S – H. Ihre Dipol-Eigenschaften sind erheblich schwächer ausgeprägt als die von Wasser.

Entsprechendes gilt für die Dipol-Eigenschaften von **Ammoniak**. Die Moleküle der gasförmigen Verbindung NH_3 bestehen aus je einem N-Atom und drei H-Atomen.

Schwefelwasserstoff Ammoniak

Zu den Nichtmetall-Oxiden gehören die Verbindungen von Sauerstoff mit Halogenen, Schwefel, Stickstoff, Phosphor, Arsen und Kohlenstoff.

Die Wertigkeit dieser Nichtmetalle gegenüber Sauerstoff entspricht maximal der Zahl ihrer Außenelektronen. Schwefel und Sauerstoff bilden z. B. die Verbindung Schwefeltrioxid, SO_3, mit 6-wertigem Schwefel. Typisch für diese Nichtmetalle ist jedoch, daß sie mehrere unterschiedlich zusammengesetzte Oxide bilden, in denen sie auch in niedrigeren Wertigkeiten vorliegen. So geht aus der direkten Verbrennung von Schwefel die Verbindung Schwefeldioxid, SO_2, mit 4-wertigem Schwefel hervor.

Im Gegensatz zu den bisher besprochenen Dipol-Molekülen mit gewinkelter Struktur (H_2O, H_2S, NH_3, SO_2) liegen die Moleküle der Verbindung **Kohlenstoffdioxid** CO_2 (früher „Kohlendioxid") in gestreckter Form vor:

⟨O=C=O⟩

5.4 Elektronegativität

Die positiv geladenen Atomkerne üben auch in **Molekülen** Anziehungskräfte auf die Elektronen aus. So werden die Elektronen eines Bindungselektronenpaares zwischen gleichartigen Atomen (wie bei H_2, Cl_2, O_2) von diesen gleich stark angezogen, die Elektronen-Verteilung ist vollständig symmetrisch, die Elektronenpaar-Bindung ist in keiner Richtung polarisiert.

Die weitaus überwiegende Zahl chemischer Verbindungen besteht jedoch aus Molekülen, in denen **verschiedenartige** Atome durch kovalente Bindungen miteinander verknüpft sind. Verschiedenartige Atome haben in der Regel auch ein unterschiedlich starkes Bestreben, Bindungselektronen anzuziehen. Ein Maß für diese unterschiedliche Anziehung ist die **Elektronegativität** eines Elementes. Ihr Zahlenwert ist umso größer, je stärker die anziehende Wirkung auf die Bindungselektronen ist.

In der Skala der (auf den amerikanischen Chemiker Pauling zurückgehenden) Elektronegativitäts-Werte hat das am stärksten elektronegative Element Fluor den Wert 4,0 (dimensionslos) erhalten.

Die Elektronegativitäts-Werte für ausgewählte Elemente sind in folgender Aufstellung enthalten (Wasserstoff hat den Wert 2,1):

Li	Be	B	C	N	O	F
1,0	1,5	2,0	2,5	3,0	3,5	4,0
Na	Mg	Al	Si	P	S	Cl
0,9	1,2	1,5	1,8	2,1	2,5	3,0
K	Ca			As	Se	Br
0,8	1,0			2,0	2,4	2,8
Rb	Sr					I
0,8	1,0					2,5
Cs	Ba					
0,7	0,9					

Wie die aufgeführten Elektronegativitäts-Werte zeigen, nimmt die Elektronegativität innerhalb einer Gruppe des Periodensystems von oben nach unten ab. Innerhalb einer Periode nimmt sie von links nach rechts zu.

Mit Hilfe der Elektronegativitäts-Werte kann man das Ausmaß und die Richtung der Polarisierung einer kovalenten Bindung abschätzen. Dazu bildet man die **Differenz der Elektronegativitäts-Werte** der beiden an der Bindung beteiligten Atome. Je größer die Differenz der Elektronegativitäts-Werte ist, um so stärker polarisiert ist die Bindung zwischen Atomen dieser Elemente. Bei geringer Differenz der Elektronegativitäts-Werte ist praktisch keine Polarisierung der betreffenden Elektronenpaar-Bindung vorhanden. Dieser Fall trifft z. B. auf Bindungen zwischen Kohlenstoff und Wasserstoff zu:
Elektronegativitäts-Wert von C: 2,5
Elektronegativitäts-Wert von H: 2,1
Die Differenz von 0,4 ist so gering, daß die C – H-Bindung praktisch nicht polarisiert ist.

Auch für die Stoffgruppe der Halogenwasserstoffe läßt sich die Polarisierung der Elektronenpaar-Bindung zwischen Wasserstoff- und Halogen-Atom vorhersagen. Sie wird bei Fluorwasserstoff am größten und bei Iodwasserstoff am geringsten sein, da die Elektronegativität in der Gruppe der Halogene von Fluor zu Iod hin abnimmt.

5.5 Koordinationsverbindungen (Komplex-Verbindungen)

Bei der Reaktion **zweier** Elemente miteinander entstehen chemische Verbindungen, indem entweder
– die Atome eines Elements Elektronen abgeben und die Atome des anderen Elements Elektronen aufnehmen oder

– die Valenzelektronen der beteiligten Atome gemeinsam Bindungselektronenpaare bilden.

Durch Elektronen-Übertragung entstehen Kationen und Anionen, die durch starke elektrostatische Anziehungskräfte in binären Ionen-Verbindungen (Salzen) zusammengehalten werden.

Durch den zweiten Vorgang entstehen Moleküle. Jedes Atom trägt ein Elektron zum gemeinsamen Bindungselektronenpaar bei. Sofern durch Ionenbindung oder durch kovalente Bindung für die beteiligten Atome Edelgas-Konfiguration erreicht wird, bezeichnet man die entstehenden Verbindungen als Verbindung erster Ordnung. In den kleinsten Teilchen solcher Verbindungen erster Ordnung sind Elektronenpaare vorhanden, die einem Atom allein zugeordnet sind, die **freien Elektronenpaare**. Das Vorliegen freier Elektronenpaare ist die Grundlage dafür, daß Verbindungen erster Ordnung zu **Verbindungen höherer Ordnung** weiterreagieren können. Dies geschieht durch Ausbildung kovalenter Bindungen zum Reaktionspartner. Die zu Verbindungen höherer Ordnung führenden Reaktionen finden zwischen Teilchen mit mindestens einem freien Elektronenpaar und Teilchen mit einer „Elektronenlücke" (einer noch nicht aufgefüllten Elektronenschale) statt. Nach der Reaktion sind diese Teilchen durch (mindestens) eine Elektronenpaar-Bindung verknüpft, die zwar auf andere Weise (nach dem Schema 2 + 0 Elektronen) zustande gekommen ist als die bisher besprochenen Elektronenpaar-Bindungen (nach dem Schema 1 + 1 Elektron), jedoch **nach** ihrer Entstehung nicht mehr von entsprechenden kovalenten Bindungen zu unterscheiden ist, die schon in einer Ausgangsverbindung vorhanden waren. Ein Beispiel: **Ammoniak** ist eine Verbindung erster Ordnung mit drei kovalenten Bindungen zwischen Stickstoff und Wasserstoff und einem freien Elektronenpaar am Stickstoff. Wird auf ein Ammoniak-Molekül ein Proton ($H^{\oplus}$-Ion) übertragen (Kap. 11.2.2), so bindet das am Stickstoff befindliche Elektronenpaar das Proton. Hierbei entstehen als **Ammonium-Ionen** bezeichnete Teilchen, in denen alle vier Bindungen zwischen Stickstoff und Wasserstoff identisch sind.

$$H-\overset{H}{\underset{H}{N|}} + H^{\oplus} \longrightarrow H-\overset{H}{\underset{H}{\overset{|}{N}^{\oplus}}}-H$$

Diesen Typ einer chemischen Bindung bezeichnet man als **koordinative Bindung**, die so entstandenen Verbindungen höherer Ordnung als **Koordinationsverbindungen**.

5.5 Koordinationsverbindungen (Komplex-Verbindungen)

Die Tabelle 5-1 gibt einen Überblick über die verschiedenen Bindungstypen.

Zu den wichtigsten Koordinationsverbindungen gehören die **Oxosäuren** (Sauerstoffhaltige Säuren) und deren Anionen (Säurerest-Ionen), in denen z. B. an Chlor, Brom, Iod oder Schwefel Sauerstoff-Atome koordinativ gebunden sind. Ein Chlorid-Ion kann koordinativ bis zu vier Sauerstoff-Atome binden: das Chlorid-Ion hat vier Elektronenpaare auf der Außenschale; jedem O-Atom fehlen zwei Elektronen zu einem Elektronen-Oktett.

Unabhängig davon, ob ein Bindungselektronpaar nach dem Schema
1 + 1 = 2 (kovalente Bindung) oder
2 + 0 = 2 (koordinative Bindung)
entstanden ist, sind die beiden Bindungselektronen nunmehr zwischen den beiden Atomen angeordnet.

Tab. 5-1: Chemische Bindung

Ausgangsstoffe (kleinste Teilchen)		chemischer Vorgang	Reaktionsprodukte (kleinste Teilchen)	chemische Bindung
Metall-Atome	Nichtmetall-Atome	Elektronen-Übertragung	Kationen und Anionen (Ionen-Gitter)	Ionen-Bindung (heteropolare Bindung)
Nichtmetall-Atome	Nichtmetall-Atome	Verknüpfung durch gemeinsame Elektronenpaare ($1e^{\ominus} + 1e^{\ominus} \rightarrow 2e^{\ominus}$)	Moleküle	Elektronenpaar-Bindung (kovalente, homöopolare Bindung)
Nichtmetall-Atome, Protonen oder Metall-Ionen mit Elektronen-Bedarf	Ionen oder Moleküle mit „freiem" Elektronenpaar	Verknüpfung durch gemeinsame Elektronenpaare (kein $e^{\ominus} + 2e^{\ominus} \rightarrow 2e^{\ominus}$)	Ionen oder Komplex-Ionen	koordinative Bindung
Metall-Atome	Metall-Atome	Außenelektronen bilden „Elektronen-Gas"	Kationen und Elektronen-Gas (in Metallen und deren Legierungen)	metallische Bindung

5.5.1 Komplex-Verbindungen

Als Grundlage für das Verständnis der Struktur des roten Blutfarbstoffs und der biologischen Wirkung von Spurenelementen interessieren uns besonders die Komplex-Verbindungen, die zu den Koordinationsverbindungen gehören. Für die Struktur der Komplex-Verbindungen ist charakteristisch:
Ein zentrales Teilchen mit nicht vollständig aufgefüllter Elektronenschale, ein Zentralatom oder **Zentralion**, ist durch koordinative Bindungen mit einer bestimmten Anzahl (Koordinationszahl) koordinierter Teilchen (**Liganden**) verknüpft.

Die Bildung von Komplexen ist für Ionen der Übergangsmetalle besonders charakteristisch. Zahlreiche Komplexe enthalten die Dipol-Moleküle Wasser oder Ammoniak als Liganden. Die koordinative Bindung zum Zentralion geht von einem freien Elektronenpaar am Sauerstoff des Wasser-Moleküls oder am Stickstoff des Ammoniak-Moleküls aus. So sind in der Verbindung-Kupfersulfat-pentahydrat $CuSO_4 \cdot 5\,H_2O$ vier Wasser-Moleküle koordinativ an das $Cu^{\oplus\oplus}$-Ion gebunden. Für Kupfer-Komplexe ist die **Koordinationszahl** 4 typisch. Das Vorliegen von Komplexionen wird durch eckige Klammern kenntlich gemacht:

$$\left[\begin{array}{c} HH \\ \diagdown OO\diagup \\ H-\diagdown\diagup-H \\ Cu \\ H-\diagup\diagdown-H \\ \diagup OO\diagdown \\ HH \end{array}\right]^{\oplus\oplus} \quad \text{oder} \quad [Cu(H_2O)_4]^{\oplus\oplus}$$

Die koordinative Bindung kann durch einen Strich als Symbol für das Bindungselektronenpaar oder durch einen Pfeil veranschaulicht werden. Der Pfeil geht von dem Atom aus, das ein Elektronenpaar zur Ausbildung der Bindung zur Verfügung gestellt hat.

Außer den Dipol-Molekülen Wasser und Ammoniak können zahlreiche Anionen als Liganden der verschiedenen Zentralionen auftreten. Einige Beispiele wichtiger Zentralionen und Liganden sollen genannt werden:

Zentralion	Koordinationszahl
$Ag^{\oplus}$	2
$Cu^{\oplus}$ und $Cu^{\oplus\oplus}$	4
$Mg^{\oplus\oplus}$	4
$Fe^{\oplus\oplus}$ und $Fe^{\oplus\oplus\oplus}$	6
$Co^{\oplus\oplus}$ und $Co^{\oplus\oplus\oplus}$	6
$Al^{\oplus\oplus\oplus}$	4 oder 6

Ligand (Auswahl)	Name des Liganden	Bezeichnung im Komplex
H_2O	Wasser	-aqua-
NH_3	Ammoniak	-ammin-
$F^{\ominus}$	Fluorid	-fluoro-
$Cl^{\ominus}$	Chlorid	-chloro-
$OH^{\ominus}$	Hydroxid	-hydroxo-
$CN^{\ominus}$	Cyanid	-cyano-
$S_2O_3^{\ominus\ominus}$	Thiosulfat	-thiosulfato-

Die elektrische Ladung von Komplexionen ergibt sich als Summe der Ladung des Zentralions und der Ladung der Liganden. Sind die Liganden Moleküle (Wasser, Ammoniak), so entspricht die Ladung des Komplexions der Ladung des Zentralions, z. B.

$Cu^{\oplus\oplus} + 4 NH_3 \rightleftharpoons [Cu(NH_3)_4]^{\oplus\oplus}$

Sind die Liganden Anionen, so errechnet sich die Ladung des Komplexions aus ihrer Ladung, ihrer Anzahl und der Ladung des Zentralions, z. B.

$Ag^{\oplus} + 2 CN^{\ominus} \rightleftharpoons [Ag(CN)_2]^{\ominus}$

Bei der Namengebung von Komplexen muß unterschieden werden, ob das Zentralion Bestandteil eines komplexen Kations oder eines komplexen Anions ist. Die Anzahl der Liganden wird durch Vorsilben bezeichnet

Anzahl	Vorsilbe	Anzahl	Vorsilbe
1	mono-	4	tetra-
2	di- (oder bis)	5	penta-
3	tri- (oder tris)	6	hexa-

Die Benennung **komplexer Kationen** entspricht im wesentlichen der Nomenklatur einfacher Salze, z. B.
wie: Kupfersulfat für $CuSO_4$
so: Tetraamminkupfersulfat für $[Cu(NH_3)_4]SO_4$
Hexaaquaaluminium-Ion für $[Al(H_2O)_6]^{\oplus\oplus\oplus}$
Die Benennung **komplexer Anionen** leitet sich von den lateinischen Namen der Zentralteilchen ab und wird am Schluß des Gesamtnamens der Komplex-Verbindung angegeben.

Zentralatom	Name	Name des komplexen Anions endet mit:
Ag	argentum	-argentat
Cu	cuprum	-cuprat
Fe	ferrum	-ferrat
Co	cobalt	-cobaltat
Al	aluminium	-aluminat

5.5.2 Stabilität und Anwendung von Komplex-Verbindungen

Komplexsalze unterscheiden sich in ihren chemischen Eigenschaften von den einfachen Salzen, wie folgende Beispiele zeigen:
Salz: Silberfluorid, AgF
Ionen in wäßriger Lösung: $Ag^{\oplus}$ und $F^{\ominus}$.
Im elektrischen Feld wandern die Silber-Kationen zur Kathode.
Komplexsalz: Kalium-dicyanoargentat, $K[Ag(CN)_2]$
Ionen in wäßriger Lösung: $K^{\oplus}$ und $[Ag(CN)_2]^{\ominus}$. Im elektrischen Feld wandert das Silber-Zentralion zusammen mit den Liganden zur Anode, weil es Bestandteil eines stabilen, komplexen Anions ist.

Nach dem Auflösen von Salzen aus nicht komplex gebundenen Ionen liegen also sämtliche bereits im Ionengitter vorhandenen Kationen und Anionen als bewegliche Ionen vor und können z. B. durch Fällungsreaktionen oder Farbreaktionen nachgewiesen werden.

Nach dem Auflösen von **Komplexsalzen** in Wasser liegen die Komplexionen und ihre Gegenionen als bewegliche Ionen vor. Da die Komplex-Ionen bei *stabilen* Komplexen praktisch nicht dissoziieren, und daher die Konzentration des freien Zentralions in der wäßrigen Lösung sehr gering ist, können die Zentralionen nicht – z. B. durch Fällungsreaktionen – nachgewiesen werden. Man spricht davon, daß bestimmte Metallionen nach der Komplex-Bildung **in maskierter Form** vorliegen, weil für sie charakteristische Reaktionen ausbleiben.

Auf Unterschieden in der Löslichkeit zwischen nicht komplex-gebundenen Metallionen einerseits und komplex-gebundenen Metallionen andererseits beruhen zahlreiche Anwendungen der Komplex-

Chemie für technische und analytische Zwecke. Eine dieser Anwendungen ist der mit photographischem Material (Filme, Photopapiere) durchgeführte Vorgang des Fixierens. Hierbei wird das nach dem Belichten und Entwickeln in der photographischen Schicht noch vorhandene Silberbromid durch Komplex-Bildung herausgelöst: das schwerlösliche AgBr reagiert mit Natriumthiosulfat ($Na_2S_2O_3$)-Lösung zu wasserlöslichem Natrium-bis(thiosulfato)argentat. Läßt man die Gegenionen $Br^\ominus$ und $Na^\oplus$, die an der Entstehung des komplexen Anions nicht direkt beteiligt sind, unberücksichtigt, dann lautet die Ionen-Gleichung für den Fixier-Vorgang:

$Ag^\oplus + 2\ S_2O_3^{\ominus\ominus} \longrightarrow [Ag(S_2O_3)_2]^{\ominus\ominus\ominus}$

Auch untereinander unterscheiden sich die Komplexe sehr in ihrer Stabilität. So ist z. B. die Stabilität von Komplexen mit Wasser-Molekülen als Liganden (**Aqua-Komplexe**, früher „aquo-") meist gering. In wäßriger Lösung dissoziieren die Komplex-Ionen teilweise, so daß die freien Ionen (wie bei den einfachen Salzen) nachweisbar werden. Komplexe mit Ammoniak-Molekülen als Liganden, die **Ammin-Komplexe**, sind erheblich stabiler als die Aqua-Komplexe: Gibt man konzentrierte wäßrige Ammoniak-Lösung zur Lösung eines Aqua-Komplexes, so wird der Ligand Wasser durch Ammoniak ersetzt.

$[Cu(H_2O)_4]^{\oplus\oplus} + 4\ NH_3 \rightleftharpoons [Cu(NH_3)_4]^{\oplus\oplus} + 4\ H_2O$
hellblau   tiefblau

Die Entstehung des Kupfer-Ammin-Komplexes macht sich durch eine Farbvertiefung bemerkbar. (Übrigens weisen viele Komplexe eine für sie charakteristische Färbung auf.) In der wäßrigen Lösung des Ammin-Komplexes ist die Konzentration an nicht komplex gebundenen $Cu^{\oplus\oplus}$-Ionen sehr gering. Folglich ist die Dissoziation des Komplexes in Zentralion und Liganden sehr gering, seine Stabilität ist dementsprechend groß:

$[Cu(NH_3)_4]^{\oplus\oplus} \rightleftharpoons Cu^{\oplus\oplus} + 4\ NH_3$

Die geringe Konzentration der freien $Cu^{\oplus\oplus}$-Ionen reicht nicht aus, um z. B. einen Nachweis durch Fällungsreaktionen zu ermöglichen.
Die an die Liganden koordinativ gebundenen Zentralionen in stabilen Komplexen sind fester Bestandteil des Komplexions. Stabile Komplexionen haben ein andersartiges chemisches Verhalten als nicht komplex gebundene Ionen.
Die Stabilität von Komplexionen kann auch davon abhängen, ob das Zentralion seine Valenzelektronenschale durch Einbeziehung der von den Liganden als Bindungselektronenpaare eingebrachten Elektronen zu einer Edelgas-Konfiguration auffüllen kann.

5.5.3 Chelat-Komplexe

Bei den bisher erwähnten Liganden ist nur ein freies Elektronenpaar zur koordinativen Bindung an das Zentralion befähigt. In zahlreichen Molekülen und Ionen sind jedoch mehrere freie Elektronenpaare vorhanden. Hier besteht die Möglichkeit, daß von einem Liganden mehrere koordinative Bindungen zu einem Zentralion ausgehen; es entstehen Komplexe mit Ringstrukturen, in denen das Zentralion wie von „Krebsscheren" festgehalten wird. Diese als **Chelat-Komplexe** bezeichneten Koordinationsverbindungen zeichnen sich durch eine **sehr große Stabilität** aus (besonders stabile Ring-Strukturen enthalten je Ring-System fünf oder sechs Atome). Liganden, die Chelat-Komplexe bilden, nennt man mehrzähnige Liganden (Kap. 28.6).

Kontrollfragen

5-1 Welches sind die kleinsten Teilchen der Edelgase (A), der anderen gasförmigen Elemente (B), der Halogene Brom und Iod (C) sowie der Metalle (D)?

5-2 In der Anzahl welcher Elementarteilchen stimmen alle Ionen mit den Atomen, aus denen sie entstanden sind, überein?

5-3 Geben Sie für Kalium-, Sulfid-, Iodid-, Barium-, Aluminium- und Fluorid-Ionen an, wieviele Elektronen diese Ionen weniger oder mehr enthalten als die Atome, aus denen sie entstanden sind.

5-4 Welche Eigenschaft ist für die Unterteilung in Kationen und Anionen entscheidend?

5-5 Geben Sie die kleinsten Teilchen an, die in einem Natriumchlorid-Kristall (A), in einer Natriumchlorid-Schmelze (B) und in einer wäßrigen Natriumchlorid-Lösung (C) vorliegen.

5-6 Welche dieser Stoffe leiten den elektrischen Strom? (Begründung)

5-7 Zu welcher Elektrode wandern die Kationen, zu welcher die Anionen bei Durchführung einer Elektrolyse mit einer wäßrigen Salz-Lösung?

5-8 Welche chemische Bindung liegt in den meisten Salzen vor?

5-9 Mit welchen Ladungszahlen können Eisen- und Kupfer-Ionen vorkommen?

5-10 Wie heißt die chemische Bindung zwischen den Atomen A und B in den Molekülen A-B?

5-11 Worauf beruht der Unterschied in den Eigenschaften von Natriumchlorid und Hydrogenchlorid?

5-12 Wann bezeichnet man eine kovalente Bindung als polarisiert?

5-13 Welche Zahlenwerte ermöglichen die Beurteilung von Ausmaß und Richtung der Polarisierung einer chemischen Bindung?

5-14 Geben Sie an, welche Formel die folgenden Stoffe haben und aus welchen kleinsten Bausteinen sie aufgebaut sind: Kaliumiodid, Schwefelwasserstoff, Tetrachlorkohlenstoff, Aluminium, Kalium-aluminiumsulfat, Brom.

5-15 Geben Sie die Gleichung für die Reaktion der Elemente Wasserstoff und Brom miteinander an.

5-16 Wie heißt das Reaktions-Produkt?

5-17 Welche Art der chemischen Bindung liegt in dem Reaktions-Produkt vor?

5-18 Geben Sie die Formeln an für: Natriumhypochlorit, Natriumchlorat, Magnesiumbromid, Kaliumbromat, Kaliumperchlorat, Natriumsulfit.

5-19 Benennen Sie die Verbindungen: $SnCl_2$, $SnCl_4$, $FeSO_4$, CuS.

5-20 Aus wie vielen Elektronen besteht die Elektronenhülle von Eisen(II)-Ionen und Eisen(III)-Ionen?

5-21 Wie heißen die in einem Komplexion mit dem Zentralion verknüpften Teilchen?

5-22 Geben Sie Namen, Formel und Wirkungsweise von Fixiersalz an

6 Quantitative Angaben und optische Methoden in der Chemie

6.1 Die Notwendigkeit quantitativer Angaben

Durch **qualitative Analyse** (Nachweis-Reaktionen) kann man einzelne Stoffe und die Bestandteile von Stoff-Gemischen identifizieren. Man kann z. B. feststellen
- welche Ionen in einer wäßrigen Lösung von Salzen vorhanden sind,
- ob ein Nahrungsmittel Traubenzucker oder Fruchtzucker enthält,
- welche Stoffe in einer „Multivitamin"-Tablette enthalten sind.

Oft stellt sich dann die Frage, wieviel des nachgewiesenen Stoffes vorhanden ist. Man benötigt z. B. Angaben über die Konzentration der Ionen in einer wäßrigen Lösung oder über den Anteil einzelner Stoffe an einem Stoff-Gemisch. An die qualitative Prüfung muß sich somit eine **quantitative Analyse** (Bestimmung) anschließen, bei der wir durch Messen (Wägen, Zählen) zu zahlenmäßig gesicherten und mit Einheiten-Angaben versehenen **Meßwerten** gelangen.

Quantitative Ergebnisse klinisch-chemischer Analysen sind eine Grundlage der medizinischen Diagnostik. Die qualitative Aussage, daß das Kapillarblut eines nüchternen Patienten Glucose enthält, ist unzureichend, erst die quantitative Bestimmung läßt erkennen, ob das Ergebnis innerhalb des Normwertbereiches von 70 bis 100 mg/dL (3,89 bis 5,55 mmol/L) liegt oder ob ein erhöhter Blutzuckerspiegel vorliegt. Die qualitative Betrachtungsweise muß durch die quantitative Arbeitsweise (einschließlich der damit verbundenen Berechnungen) ergänzt werden, um ein vollständiges Bild zu erhalten.

Ein als **Stöchiometrie** bezeichnetes Fachgebiet der Chemie beschäftigt sich mit Masse-Berechnungen für chemische Verbindungen und bei chemischen Reaktionen. Die Grundlage für stöchiometrische Berechnungen sind die Atom-Massen (früher als „Atomgewichte" bezeichnet), die auch im Periodensystem der Elemente angegeben werden. Die dort zur Bezeichnung der chemischen Elemente verwendeten *Element-Symbole sind nicht nur als Abkürzungen der Element-Namen anzusehen*, sondern haben noch weitergehende Bedeutungen.

So kann z. B. das Element-Symbol S für Schwefel in dem entsprechenden Zusammenhang auch bedeuten:
- 1 Atom Schwefel
- 1 Mol Schwefel (Stoffmenge)
- $6{,}02 \cdot 10^{23}$ Schwefel-Atome (Teilchenanzahl).

Zusammen mit Element-Symbolen werden im Periodensystem, in chemischen Formeln und Reaktions-Gleichungen Ziffern angegeben, die folgende Bedeutung haben:

$_{11}$Na	Die Ziffer links unterhalb des Element-Symbols ist die Ordnungszahl (Kernladungszahl, Zahl der Protonen, Zahl der Elektronen).
^{23}Na	Die Ziffer links oberhalb des Element-Symbols ist die Nucleonenzahl (Summe der Protonen- und Neutronenzahl; früher als „Massenzahl" bezeichnet).
35,453	Dezimalbruch-Angaben bei dem Cl Element-Symbol bezeichnen die relative Atommasse des natürlichen Isotopen-Gemisches.
2 Na	Diese Ziffer vor dem Element-Symbol bedeutet 2 Na-Atome oder die Stoffmenge von 2 mol Natrium (s. Abschn. 6.4)

O₂
P₄
S₈ — Die Ziffer rechts unterhalb des Element-Symbols besagt, daß der betreffende Stoff aus Molekülen besteht, die aus der angegebenen Zahl an Atomen aufgebaut sind.

NaCl
H₂O
NH₃
CaBr₂
Al₂O₃
CH₄
HClO₄
C₆H₁₂O₆ — Bei chemischen Formeln geben die Ziffern rechts unterhalb des jeweiligen Element-Symbols (die „Eins" wird nicht geschrieben) an, wieviele Atome oder Ionen des betreffenden Elementes am Aufbau der Moleküle oder der Formeleinheit der Verbindung beteiligt sind.

Ca(OH)₂
Al(OH)₃ — Die Ziffer rechts unterhalb der runden Klammer gibt an, daß die durch Verknüpfung von O und H entstandene Atomgruppe (hier: OH-Ionen) zweimal bzw. dreimal vorliegt.

2 NH₃ — Die Ziffer vor der Formel der Verbindung bezeichnet: 2 Moleküle NH₃ oder die Stoffmenge von 2 mol Ammoniak.

Fe₃[Fe(CN)₆]₂ — Die eckige Klammer schließt eine zusammengehörende Struktur-Einheit ein, die hier zweimal vorliegt.

6.2 Relative Molekülmasse und Formelmasse

Die kleinsten Teilchen der meisten chemischen Verbindungen sind Moleküle. Die Masse von Molekülen beträgt ein bestimmtes Vielfaches der Masse von 1/12 eines Kohlenstoff-Atoms ^{12}C, sie wurde früher Molekulargewicht genannt und wird jetzt als relative Molekülmasse M, bezeichnet. Bei Verbindungen, die nicht aus Molekülen bestehen, sondern aus Ionen bestehen (Salze, Metalloxide, Hydroxide) ist die Bezeichnung relative Formelmasse angebracht. Zur Berechnung von relativen Molekül- oder Formelmassen muß man von der Art und der Anzahl der Atome oder Ionen ausgehen, aus denen ein Molekül oder eine Formeleinheit besteht, und die betreffenden relativen Atommassen A_r entsprechend multiplizieren, wie am Beispiel Schwefelsäure (Formel: H₂SO₄) gezeigt wird:

Atom	A_r des Atoms	Anzahl der Atome	relative Masse
H	1,0079	2	2,0158
S	32,06	1	32,06
O	15,9994	4	63,9976
Für H₂SO₄ als Summe:			98,073

$M_r(H_2SO_4) = 98,07$

Die Unterscheidung zwischen Atommassen, Molekülmassen und Formelmassen von aus Ionen aufgebauten Verbindungen verliert an Bedeutung, seitdem man den in Abschn. 6.5 definierten übergeordneten Begriff **molare Masse** (M) zugrunde legt. *Die Bezeichnung molar bedeutet auf die Stoffmenge bezogen.*

6.3 Das Internationale Einheiten-System

In der Bundesrepublik sind durch das „Gesetz über Einheiten im Meßwesen" die im „Systeme International d'Unites" festgelegten **SI-Einheiten** vorgeschrieben. Die Grundlage des SI-Systems bilden sieben Basisgrößen, jeder Basisgröße ist eine Basiseinheit zugeordnet:

Basisgröße		Basiseinheit	
Größe	Zeichen	Name	Zeichen
Länge	l	Meter	m
Masse	m	Kilogramm	kg
Zeit	t	Sekunde	s
Stromstärke	I	Ampere	A
Temperatur	T	Kelvin	K
Stoffmenge	n	Mol	mol
Lichtstärke	I_v	Candela	cd

Jeder Meßwert setzt sich aus einem Zahlenwert und einer SI-Einheit zusammen. So gehört zur Basisgröße „Masse" die Basiseinheit „Kilogramm". Wenn es zweckmäßig ist, kann man anstelle der Basiseinheit auch entsprechende dezimale Teile oder Vielfache angeben, z. B. statt ein Tausendstel Kilogramm (10^{-3} kg) 1 g, und statt ein Millionstel Kilogramm (10^{-6} kg) 1 mg.

Hierbei werden folgende Vorsilben verwendet:

Name und Abkürzung		Potenz	Potenz	Name und Abkürzung	
Deka	da	10^1	10^{-1}	d	Dezi
Hekto	h	10^2	10^{-2}	c	Zenti
Kilo	k	10^3	10^{-3}	m	Milli
Mega	M	10^6	10^{-6}	µ	Mikro
Giga	G	10^9	10^{-9}	n	Nano
Tera	T	10^{12}	10^{-12}	p	Piko
Peta	P	10^{15}	10^{-15}	f	Femto
Exa	E	10^{18}	10^{-18}	a	Atto

Anteile eines einzelnen Bestandteils an einer gegebenen *Masse* oder einem *Volumen* können durch die folgenden Angaben wiedergegeben werden:
--Prozent   (%; Hundertstel)
--Promille   (‰; Tausendstel)
--Parts per million   (ppm, Millionstel)
--Parts per billion   (ppb, Milliardstel!)

Ausgehend von den voneinander unabhängigen Basisgrößen (und den ihnen zugeordneten Basiseinheiten) legt das SI-System abgeleitete Größen (Produkte oder Quotienten der Basisgrößen) und Einheiten fest, z. B.:

Basisgröße	Basiseinheit
Elektrische Stromstärke	Ampere (A)

davon abgeleitete Größe	abgeleitete Einheit
Elektrische Ladung	Coulomb (C)
Elektrische Stromstärke · Zeit	$1C = 1A \cdot s$
(1 Coulomb = 1 Ampere · Sekunde)	

6.4 Das Mol – die Einheit der Stoffmenge

Im allgemeinen bezeichnet Menge eine bestimmte Quantität, die durch Abmessen oder Abzählen ermittelt werden kann. Die Begriffe Stoffportion und Stoffmenge müssen wegen ihrer unterschiedlichen Bedeutung streng auseinander gehalten werden.

Gemäß DIN 32629 ist die Stoffportion so definiert: „Eine **Stoffportion** ist ein abgegrenzter Materiebereich, der aus einem Stoff oder mehreren Stoffen oder definierten Bestandteilen von Stoffen bestehen kann."

Zur Kennzeichnung einer Stoffportion sind qualitative und quantitative Angaben erforderlich, man muß angeben:
– welche Stoffe oder Bestandteile von Stoff-Gemischen (z. B. Lösungen) vorliegen und
– in welcher Quantität diese Stoffe vorhanden sind.

Angaben wie „ein Haufen Kupferspäne, ein Stück Zucker, die Luft in einem verschlossenen Kolben" bezeichnen zunächst nur den vorliegenden Stoff. In der chemischen Praxis arbeitet man mit **abgemessenen** (somit auch hinsichtlich ihrer Quantität bestimmten) **Stoffportionen**.

Zur Angabe der Quantität von Stoffportionen sind vorgesehen:

Größe	Einheit
Masse m	kg, g oder mg
Volumen V	L, cm^3 oder mL
Stoffmenge n	mol, mmol
Teilchenanzahl N	– (dimensionslos)

Bei Angaben der Stoffmenge n oder der Teilchenanzahl N ist außerdem die **Art der Teilchen** zu bezeichnen.

Das folgende Beispiel soll veranschaulichen, daß zwei in derselben Quantität in eine chemische Reaktion eingesetzte Ausgangsstoffe nicht dieselbe Quantität desselben Reaktions-Produktes (hier: Wasserstoff) ergeben: Unedle Metalle, wie Magnesium und Zink, lösen sich in verdünnten Säuren unter Entstehung von Wasserstoff (Gas-Entwicklung). Aus je 20 g Magnesium bzw. Zink entstehen (unter Normbedingungen) folgende Volumina Wasserstoff:

m (Mg) = 20 g $V(H_2)$ = 18,466 L
m (Zn) = 20 g $V(H_2)$ = 6,857 L

Will man bei beiden Reaktionen dieselbe Stoffportion Wasserstoff erhalten (z. B. 22,414 L), so muß man von verschiedenen Mg- und Zn-Stoffportionen ausgehen:

m (Mg) = 24,305 g $V(H_2)$ = 22,414 L
m (Zn) = 65,38 g $V(H_2)$ = 22,414 L

Diese Stoffportionen unterschiedlicher Masse enthalten (im Gegensatz zum ersten Beispiel) **dieselbe Teilchenanzahl**, d.h. ebenso viele Mg- wie Zn-Atome. Chemische Reaktionen beruhen nämlich darauf, daß die kleinsten Teilchen (Atome, Moleküle, Ionen) der beteiligten Stoffe in ganz bestimmten Zahlenverhältnissen aufeinandertreffen. Daher muß zur quantitativen Beschreibung chemischer Reaktionen eine Größe gefunden werden, die eine Stoffportion mit einer ganz bestimmten Teilchenanzahl angibt. Diese Größe ist die Stoffmenge n, ihre SI-Basiseinheit ist das Mol, ihr Einheitenzeichen mol.

Die in DIN 32625 übernommene Definition lautet:
„Das Mol ist die Stoffmenge eines Systems, das aus ebensoviel Einzelteilchen besteht, wie Atome in 0,012 kg des Kohlenstoffnuklids ^{12}C enthalten sind, sein Einheitenzeichen ist mol.
Bei Benutzung des Mol müssen die Einzelteilchen spezifiziert sein und können Atome, Moleküle, Ionen, Elektronen sowie andere Teilchen oder Gruppen solcher Teilchen genau angegebener Zusammensetzung sein."

(Der Begriff „System" in dieser Definition hat die gleiche Bedeutung wie „Stoffportion".)

Neben den wirklich vorhandenen „Einzelteilchen", den Atomen, Molekülen, Ionen und Elektronen, gibt es auch „gedachte Teilchen", das sind Teilchen, die für sich allein nicht existieren. Ein Beispiel sind die Atomgruppen, die Teile von Molekülen sind. Vor allem Reaktionen organischer Verbindungen finden nur an bestimmten Atomgruppen statt, während der gesamte andere Molekülteil meist unverändert bleibt.

```
      H                  H
      |                  |
  H—C—O—H            H—C—            —O—H
      |                  |
      H                  H

stabiles Molekül      Atomgruppe    Atomgruppe
```

Für Teilchen der Zusammensetzung X gilt folgende Beziehung zwischen der Stoffmenge $n(X)$ der Teilchen X und der Teilchenanzahl $N(X)$:

$$n(X) = \frac{1}{N_A} \cdot N(X)$$

In dieser Gleichung bedeutet N_A die **Avogadro-Konstante** (SI-Einheit: mol^{-1}):

$N_A = 6{,}022045 \cdot 10^{23}\ mol^{-1}$

(deren Zahlenwert i. a. mit $6{,}022 \cdot 10^{23}$ angegeben wird).

Die der Mol-Definition zugrunde liegende ^{12}C-Stoffportion enthält $6{,}022 \cdot 10^{23}$ ^{12}C-Atome.

Bei allen anderen Stoffen ist 1 mol nun diejenige Stoffportion, die aus ebensovielen kleinsten Teilchen besteht, also aus $6{,}022 \cdot 10^{23}$ Atomen, Molekülen oder Ionen.

Wegen der geringen Größe der Teilchen und wegen ihrer unvorstellbar großen Anzahl kann man Stoffmengen (in mol) nicht unmittelbar abmessen, sondern muß sie durch Umrechnung aus einer der leicht zu bestimmenden Quantitäts-Größen Masse oder Volumen ermitteln.

6.4.1 Stoffmengen-Angaben

Stoffmengen werden vorzugsweise durch Größengleichungen angegeben. Dabei werden die Symbole der Teilchen (Atome, Moleküle, Ionen, Atomgruppen), die der Stoffmengen-Angabe zugrunde gelegt sind, in Klammern hinter die Größe n gesetzt, allgemein $n(X)$. Ein Beispiel:

Wenn es heißt: „Die Stoffmenge der Schwefel-Portion beträgt 3,5 mol S_8-Moleküle", so ist für „X" S_8 einzusetzen:

$n(S_8) = 3{,}5\ mol$

gesprochen: Stoffmenge von S_8-Molekülen gleich 3,5 mol.

Jetzt wollen wir *dieselbe* Stoffportion Schwefel betrachten, aber davon ausgehen, daß die kleinsten Teilchen S-Atome (nicht S_8-Moleküle) sind. Aus jedem S_8-Teilchen entstehen 8 S_1-Teilchen (S-Atome; die tiefgestellte „1" läßt man üblicherweise weg). Somit ergibt sich: „Die Stoffmenge der Schwefel-Portion beträgt 28 mol S-Atome" und als Größengleichung für dieselbe Schwefel-Portion:

$n(S) = 28\ mol$

gesprochen: Stoffmenge von S-Atomen gleich 28 mol.

Die Masse der Stoffportion beträgt in beiden Fällen 897,68 g. Dieses Beispiel zeigt deutlich, daß es bei jeder Stoffmengen-Angabe unbedingt erforderlich ist, die Art der Teilchen (hier: einmal S_8-Moleküle, zum anderen S-Atome) genau zu bezeichnen.

Bei ein und demselben Stoff werden immer dann gleiche Stoffportionen verschiedenen Stoffmengen entsprechen, wenn der Stoffmengen-Angabe verschiedenartige Teilchen zugrunde liegen.

Weitere Beispiele für Größengleichungen mit Stoffmengen-Angaben sind:

			gesprochen: Stoffmenge von ...
$n(Ca^{\oplus\oplus})$	=	2 mmol	$Ca^{\oplus\oplus}$-Ionen gleich 2 millimol
$n(H_2SO_4)$	=	0,5 mol	Schwefelsäure gleich 0,5 mol
$n(MnO_4^{\ominus})$	=	40 mmol	$MnO_4^{\ominus}$-Ionen gleich 40 millimol
$n(K_2Cr_2O_7)$	=	5 mmol	Kalium-dichromat gleich 5 millimol

6.5 Molare Masse

Die auf die Stoffmenge $n(X)$ bezogene Masse bezeichnet man als molare Masse $M(X)$. *Wie stets bei stoffmengenbezogenen Angaben, müssen die betreffenden Teilchen X genau bezeichnet werden.* Mit Hilfe der folgenden Definitionsgleichung für die molare Masse kann man aus einer vorgegebenen Masse die entsprechende Stoffmenge berechnen (und umgekehrt).

Von einem aus den Teilchen X bestehenden Stoff können Stoffportionen unterschiedlicher Quantität vorliegen, deren Masse man als m_1, m_2, allgemein m_i bezeichnen kann. Die Definition der molaren Masse lautet:

Die molare Masse (Zeichen M) eines Stoffes, bezogen auf seine Teilchen X (Atome, Moleküle, Ionen, Äquivalentteilchen) ist der Quotient aus
– der Masse m_i einer Stoffportion aus diesen Teilchen X und
– der Stoffmenge $n_i(X)$ dieser Stoffportion:

$$M(X) = \frac{m_i}{n_i(X)}$$

Die in der Chemie gebräuchliche Einheit der molaren Masse ist g/mol Bei Verwendung dieser Einheit sind die Zahlenwerte der relativen Atommassen (A_r), der in der atomaren Masseneinheit (u) angegebenen Atommassen (m_A) und der molaren Masse von Atomen identisch, wie das Beispiel Chlor-Atome zeigt:

$A_r(Cl)$ = 35,453
$m_A(Cl)$ = 35,453 u
$M(Cl)$ = 35,453 g/mol

Dies gilt auch für relative Molekülmassen (M_r) und auf Ionen oder Äquivalenttenchen basierende relative Massen:

$M_r(H_2O)$ = 18,015
$m_M(H_2O)$ = 18,015 u
$M(H_2O)$ = 18,015 g/mol

$M_r(NaCl)$ = 58,443
$m_M(NaCl)$ = 58,443 u
$M(NaCl)$ = 58,443 g/mol

Die relativen Atommassen (Molekülmassen, Formelmassen) und die molaren Massen der jeweiligen Stoffe haben stets den gleichen Zahlenwert.

Es soll hervorgehoben werden, daß die Begriffe Mol und molare Masse keineswegs beinhalten, daß die betrachteten Stoffe aus Molekülen als kleinsten Teilchen aufgebaut sind. Die Begriffe Mol und molare Masse haben eine über Molekül weit hinausreichende, der SI-Basiseinheit Stoffmenge zugeordnete Bedeutung.

In den folgenden Beispielen ist die molare Masse von Atomen (H), Molekülen (H_2), Ionen-Verbindungen ($KMnO_4$ und Kupfersulfat-pentahydrat), Äquivalentteilchen (1/5 $KMnO_4$) und Atomgruppen (eine Atomgruppe ist z. B. die in Essigsäure und anderen organischen Säuren enthaltene Gruppe -COOH) angegeben:

$M(H)$ = 1,008 g/mol
$M(H_2)$ = 2,016 g/mol
$M(KMnO_4)$ = 158,04 g/mol
$M(1/5\ KMnO_4)$ = 31,608 g/mol
$M(CuSO_4 \cdot 5\ H_2O)$ = 249,68 g/mol
$M(-COOH)$ = 45,018 g/mol

In Worten ausgedrückt:

Die molare Masse der Wasserstoff-Atome beträgt 1,008 g/mol.
Die molare Masse der Wasserstoff-Moleküle beträgt 2,016 g/mol.
Die molare Masse der Kaliumpermanganat-Teil-

chen beträgt 158,04 g/mol.
Die molare Masse der Äquivalente 1/5 KMnO$_4$ beträgt 31,608 g/mol.
Die molare Masse der Kupfersulfat-5-Hydrat-Teilchen beträgt 249,68 g/mol.
Die molare Masse der Carboxy-Gruppe beträgt 45,018 g/mol.

Die Zahlenwerte der molaren Massen der Atome kann man dem Periodensystem der Elemente entnehmen. Alle übrigen Zahlenwerte sind aus der chemischen Formel der Teilchen zu berechnen, indem man die Art und die Anzahl der in zusammengesetzten Teilchen enthaltenen Atome zugrunde legt (siehe: Berechnung der relativen Molekülmasse).
Für die Durchführung **stöchiometrischer Berechnungen** ist es nun von großer Bedeutung,
– die Masse einer Stoffportion in deren Stoffmege,
– die Stoffmenge einer Stoffportion in deren Masse umzurechnen. Hierbei gehen wir von der Definitionsgleichung aus:

$$\text{molare Masse} = \frac{\text{Masse}}{\text{Stoffmenge}} \qquad M = \frac{m}{n}$$

Dazu zwei Beispiele: Gegeben sei die Masse einer Eisen-Portion:

$m(\text{Fe}) = 80$ g

Die molare Masse von Eisen-Atomen ist:

$M(\text{Fe}) = 55,847$ g/mol

Wie groß ist die dem entsprechende Stoffmenge?
Zunächst formen wir die Definitionsgleichung um, da „n" gesucht ist:

$$n = \frac{m}{M}$$

Einsetzen der Masse der Eisen-Stoffportion und der molaren Masse von Eisen in die umgeformte Gleichung ergibt:

$$n(\text{Fe}) = \frac{m(\text{Fe})}{M(\text{Fe})} = \frac{80 \text{ g}}{55,847 \text{ g/mol}} = 1,432 \text{ mol}$$

Die Stoffmenge einer Eisen-Portion mit der Mase von 80 g beträgt 1,432 mol.
Zweites Beispiel: Die Stoffmenge einer Trauben-zucker-Portion sei gegeben (Glucose, Moleküle der Formel $C_6H_{12}O_6$):

$n(C_6H_{12}O_6) = 0,35$ mol

Gesucht ist die Masse dieser Stoffportion.
Diesmal formen wir die Definitionsgleichung so um, daß sich die Masse berechnen läßt:

$m = M \cdot n$

In einer vorausgehenden Rechnung muß zunächst die molare Masse von Glucose berechnet werden, ausgehend von der chemischen Formel $C_6H_{12}O_6$:

$M(C) = 12,011$ g/mol $M(6C) = 72,066$ g/mol
$M(H) = 1,0079$ g/mol $M(12H) = 12,0948$ g/mol
$M(O) = 15,9994$ g/mol $M(6O) = \underline{95,9964 \text{ g/mol}}$
$\phantom{M(O) = 15,9994 \text{ g/mol} \quad} M(C_6H_{12}O_6) = 180,16$ g/mol

Durch Einsetzen der Zahlenwerte ergibt sich:

$m(C_6H_{12}O_6) = 180,16$ g/mol $\cdot$ 0,35 mol
$m(C_6H_{12}O_6) = 63,06$ g

Die Masse einer Stoffmenge von 0,35 mol Glucose beträgt 63,06 g.

6.6 Das Dalton als Masseneinheit

Das Dalton (Da) ist eine nach dem englischen Naturforscher John Dalton benannte Masseneinheit, die insbesondere in der Biochemie gebräuchlich ist (1 Da = $1,66 \cdot 10^{-24}$ g).
Zur Bestimmung der Molekülmasse von Proteinen mittels SDS-Polyacrylamid-Gelelektrophorese (Kap. 27.7) werden im Handel erhältliche Referenz-Gemische aus Proteinen bekannter Molekülmasse neben dem zu kennzeichnenden Protein aufgetragen.

Protein	Molekülmasse
Carboanhydrase	29 000 Da
Ei-Albumin	45 000 Da
Rinderserum-Albumin	68 000 Da
Phosphorylase B	97 500 Da

6.7 Optische Methoden in der Chemie

6.7.1 Elektromagnetische Strahlung

Das Spektrum der elektromagnetischen Strahlung erstreckt sich über einen sehr weiten Bereich – von Radiowellen bis hin zur Röntgen- und γ-Strahlung.

Tab. 6-1: zeigt die für Anwendungen in der Chemie wichtigen Bereiche aus diesem Spektrum.

Spektral-Bereich	Wellenlänge (λ)	Wirkung auf Moleküle
nahes Infrarot (IR)	0,8 – 50 µm	Molekül-Schwingungen
Sichtbar (VIS)	400 – 800 nm	Elektronen-Anregung
nahes Ultraviolett (UV)	200 – 400 nm	Elektronen-Anregung
Röntgen-Strahlung	0,01 – 1 nm	Ionisierung-(Ionen-Bildung)

Elektromagnetische Strahlung hat sowohl Wellennatur als auch Teilchennatur – es liegt ein Wellen-/Teilchen-Dualismus vor. So sind bestimmte Eigenschaften des Lichtes, wie Reflexion, Brechung und Beugung, nur mit seiner *Wellennatur*, andere hingegen, wie der Photoeffekt, nur mit seiner *Teilchennatur* zu erklären Im *Vakuum* breiten sich elektromagnetische Wellen mit der als Lichtgeschwindigkeit bekannten Geschwindigkeit aus:

$c = 300\,000 \text{ km} \cdot \text{sec}^{-1}$

Die Licht-Teilchen werden *Photonen* genannt. Nach Max Planck besteht folgende Beziehung zwischen der Energie eines Lichtquants (allgemein: Strahlungsquants) und seiner Frequenz:

$E = h \cdot \nu$

(h ist ein als Plancksche Konstante bezeichneter Proportionalitätsfaktor).

Somit ist die betreffende Strahlung um so energiereicher, je höher ihre *Frequenz* ist. In dem Ausschnitt gemäß Tab. 6-1 ist Röntgenstrahlung die energiereichste Strahlung, Infrarot-Strahlung dagegen die energieärmste Strahlung.

Elektromagnetische Wellen unterscheiden sich in der Wellenlänge λ und in der Frequenz ν. Die Gleichung λ = c / ν zeigt, daß die Wellenlänge und die Frequenz einer elektromagnetischen Strahlung umgekehrt proportional zueinander sind. Die Frequenz gibt die Anzahl der Schwingungen des elektrischen (oder magnetischen) Feldes pro Sekunde an. Ihre Einheit ist s^{-1} oder Hertz (Hz).

Innerhalb des ausgedehnten Spektrums der elektromagnetischen Strahlung entfällt nur der enge Wellenlängen-Bereich von 400 – 800 nm auf für das menschliche Auge *sichtbares Licht*.

Weißes Licht (wie diffuses Tageslicht) enthält Strahlung sämtlicher Wellenlängen des angegebenen Bereichs.

Die meisten chemischen Verbindungen erscheinen farblos, weil sie weißes Licht entweder vollständig reflektieren oder durchlassen. Die übrigen chemischen Verbindungen sind farbig. Sie haben die Eigenschaft, aus auftreffendem weißem Licht einen definierten Wellenlängen-Bereich zu absorbieren und den anderen Anteil des eingestrahlten Lichtes durchzulassen oder zu reflektieren. Dieser nicht absorbierte Anteil ruft den Farbeindruck hervor, in dem die jeweilige Verbindung dem Betrachter erscheint. Die Farbe, die der Wellenlänge des absorbierten Lichtes entspricht, und die vom Betrachter wahrgenommene Farbe sind einander komplementär. In Tab. 6-2 sind diese Zusammenhänge wiedergegeben.

Tab. 6-2: Absorption von sichtbarem Licht

	Absorbiertes Licht	
Wellenlänge (nm)	entsprechende Farbe	wahrgenommene Farbe
400-440	violett	gelbgrün
440-480	blau	gelb
480-490	grünblau	orange
490-500	blaugrün	rot
500-560	grün	purpur
560-580	gelbgrün	violett
580-595	gelb	blau
595-605	orange	grünblau
605-750	rot	blaugrün
750-800	purpur	grün

Farbig sind nur diejenigen organischen Verbindungen, die eines der folgenden Struktur-Merkmale aufweisen:
– Ein ausgedehntes System von konjugierten C –

C-Doppelbindungen, wie es in den **Polyenen** vorliegt. So enthalten mehrere Carotinoide 11 konjugierte Doppelbindungen und erscheinen gelb-orange bis rot-orange. Hierzu gehören der Tomatenfarbstoff Lycopin, die Carotine (ß-Carotin, Kap. 32.1) als Karottenfarbstoffe und Xanthophyll (Blattgelb).
– Ein durchgehend konjugiertes Ring-System unter Beteiligung von insgesamt 9 C – C- und C – N-Doppelbindungen, wie es in den Porphyrinen vorliegt, von denen sich Häm und Chlorophyll ableiten.
– *Ein aromatisches oder heteroaromatisches Bindungssystem, das mit chromophoren Gruppen verknüpft ist.* Chromophore sind funktionelle Gruppen, welche aromatischen Verbindungen Farbigkeit verleihen, indem sie die Absorption sichtbaren Lichtes bewirken.

6.7.2 Spektrometrie

In der Chemie werden optische Methoden vielfach zur Lösung der folgenden Aufgaben angewendet:

Zielsetzung	Optisches Verfahren
Identifizierung von Stoffen sowie *Aufklärung der chemischen* Struktur *von Verbindungen*	Aufzeichnung von Absorptions-Spektren *über den gesamten UV-/VIS-Spektralbereich* oder den IR-Spektralbereich
Quantitative Bestimmung der *Konzentration* von in Lösung vorliegenden Stoffen	Photometrische Messung der Absorption von UV- oder sichtbarem Licht *bei einer vorgegebenen Wellenlänge*

Spektroskopische Methoden sind von großem Nutzen zur Aufklärung der Struktur neuer chemischer Verbindungen und zur Identifizierung bekannter Verbindungen durch Vergleich ihrer Spektren mit den in einem Spektren-Atlas oder in Datenbanken enthaltenen Spektren.

Die Moleküle chemischer Verbindungen können in einem *Absorptions-Spektralphotometer* in unterschiedlicher Weise angeregt werden:

1.) Durch Strahlung im *nahen Infrarot-Bereich* ($\lambda = 0,8 - 50\ \mu m$) zu Molekül-Schwingungen, die bei vielen organischen Verbindungen charakteristische *IR-Spektren* mit Absorptions-Maxima (Absorptions-Banden) bei typischen Wellenlängen ergeben.

2.) Durch Strahlung im *sichtbaren Bereich* ($\lambda = 400 - 800$ nm), wie auch im *nahen UV-Bereich* ($\lambda = 200 - 400$ nm) zu Elektronen-Übergängen. Bei charakteristischen Wellenlängen bewirkt die bei der **Absorption** von den Molekülen des jeweiligen Stoffes aufgenommene *Licht-Energie* den Übergang von Elektronen aus äußeren Bahnen in ein höheres Energie-Niveau (Elektronen-Anregung). Bereits nach sehr kurzer Zeit fallen die Elektronen bei den meisten Stoffen aus dem angeregten Zustand in den Ausgangszustand zurück. Dieser Vorgang erfolgt unter Abgabe von Wärme an die Umgebung.

Dem gegenüber zeichnen sich **Fluoreszenzfarbstoffe** (Fluorochrome), wie Fluorescein, durch eine besondere Eigenschaft aus: Auch bei ihnen werden Elektronen durch Absorption von Licht einer bestimmten Wellenlänge angeregt. Bei der Rückkehr in den Ausgangszustand wird hier jedoch eine (im Vergleich mit dem eingestrahlten Licht) **längerwellige Fluoreszenz-Strahlung** ausgestrahlt.

Verfahren, die auf Fluoreszenz beruhen, werden auf vielen Gebieten der Molekular- und Zellbiologie angewendet (Kap. 34.8, 34.9 und 35.5). Als diagnostisches Verfahren ist die *Immunofluoreszenz* von Bedeutung, die auf der kovalenten Verknüpfung von Fluoreszenzfarbstoffen mit *Antikörpern* beruht. Fluoreszenz läßt sich auch bei bestimmten farblosen Verbindungen beobachten, die im *nahen UV-Bereich* absorbieren, wenn sie mit UV-Licht bestrahlt werden. Die auftretende Fluoreszenz führt dann zur Aussendung von *sichtbarem*, meist blauem oder grünen Licht.

Zur Veranschaulichung des Absorptions-Verhaltens ist in Abb. 32-1 ein UV-Spektrum wiedergegeben.

6.7.3 Photometrische Bestimmungen

Photometrische Verfahren werden auf vielen Gebieten angewendet, um den Gehalt an Substanzen in den zu untersuchenden Lösungen zu bestimmen.

Die Grundlage dieser Bestimmungs-Methoden ist das *Gesetz von Bouguer, Lambert und Beer*, das als Lambert-Beersches Gesetz bekannt ist.

Die verwendeten Meßgeräte (Photometer) enthalten Bauteile zur
- Erzeugung von *monochromatischem Licht* (Licht einer bestimmten Wellenlänge) und
- zum Einbringen der zu untersuchenden Lösung in *Küvetten* mit vorgegebener Schichtdicke.

Wenn monochromatisches Licht *durch die Lösung hindurchtritt, erfolgt eine* **Absorption** *des Lichtes*, die durch die folgende Gleichung definiert ist:

$A = \lg I_0 / I$

Hierbei ist I_0 die Intensität des *eingestrahlten* Lichtes und I die Intensität des Lichtes *nach dem Durchtritt* durch die absorbierende Lösung. Die früher gebräuchliche Angabe „Extinktion (E)" sollte nicht mehr verwendet werden. Die Messung der Absorption erfolgt durch Vergleich der Intensität des einfallenden Lichtes mit der Intensität des durchgelassenen (somit nicht absorbierten) Lichtes.

Nach dem **Lambert-Beerschen-Gesetz**

$A = \varepsilon \cdot c \cdot d$

ist die Absorption der Stoffmengen-Konzentration des absorbierenden Stoffes und der Schichtdicke direkt proportional.

Hierin ist:
A : die Absorption (dimensionslos)
ε : der **molare Absorptionskoeffizient**. Die Dimension von ε ist L/ mol · cm.
c : die Stoffmengen-Konzentration (in mol/L)
d : die Schichtdicke der durchstrahlten Lösung (in cm)

A und ε hängen von der Wellenlänge λ des eingestrahlten Lichtes ab, die stets mit anzugeben ist.

Der molare Absorptionskoeffizient ε entspricht der Absorption einer Lösung des absorbierenden Stoffes der Konzentration $c = 1$ mol/L bei einer Schichtdicke von $d = 1$ cm. Für viele absorbierende Stoffe sind die molaren Absorptionskoeffizienten ε für das jeweilige *Absorptionsmaximum* (λ_{max}) gemessen worden. Sie sind als ε_{max}- Werte in Tabellenwerken angegeben und sind für jeden absorbierenden Stoff charakteristisch. Unter Heranziehung dieser Stoffkonstanten kann man die Konzentration des absorbierenden Stoffes berechnen, nachdem man den Wert der Absorption bei vorgegebener Schichtdicke durch Aufzeichnung des Absorptionsspektrums (graphische Auftragung der Absorption A gegen die Wellenlänge λ) gemessen hat.

Hierzu ist die obige Gleichung umzuformen in:

$$c = \frac{A}{\varepsilon \cdot d} \quad [mol/L]$$

Das Lambert-Beersche-Gesetz gilt jedoch streng *nur für verdünnte Lösungen*, in der Regel für Lösungen, in denen die Konzentration der absorbierenden Stoffe im Bereich von $c = 1$ mmol/L bis $c = 1\ \mu$ mol/L liegt.

Photometrische Messungen im UV- und im sichtbaren Bereich werden vielfach durchgeführt in:
- der Analytischen Chemie zur Bestimmung des Gehalts von Stoffen in Lösungen
- der Klinischen Chemie zur Bestimmung des Gehalts von Stoffwechsel-Produkten in Körperflüssigkeiten (Blut, Serum, Harn) wie auch zur *Bestimmung der Aktivität von Enzymen.*
- in der Pharmakologie und Toxikologie zur Bestimmung des Gehalts an Wirkstoffen und deren Metaboliten.

Vielfach ist es zweckmäßig oder notwendig, zu analysierende Stoff-Gemische *erst* durch chromatographische Verfahren in einzelne Fraktionen oder Stoffe aufzutrennen und hiermit *dann* photometrische Bestimmungen durchzuführen.

6.7.4 Polarimetrie

Viele *flüssige* organische Verbindungen, wie auch *Lösungen* fester Verbindungen in Wasser (oder in anderen Lösungsmitteln oder in Säuren oder in Laugen), haben die Eigenschaft, *die Schwingungsebene von monochromatischem,* **linear polarisiertem Licht** *um einen bestimmten Winkel* α *zu drehen*. Derartige Verbindungen bezeichnet man als **optisch aktiv** (Kap. 23.2).

Unter *Polarimetrie* versteht man die Bestimmung des Gehalts von Lösungen an optisch aktiven Verbindungen.

Als monochromatisches Licht dient hierbei meist das gelbe Licht einer Natrium-Dampflampe mit der Wellenlänge λ = *589 nm* (Natrium D-Linie).

Den jeweiligen **Drehwinkel** α (in Grad) bestimmt man mit einem *Polarimeter*, das auch Bauteile zur Erzeugung von linear polarisiertem Licht enthält. Hiernach schwingt der austretende Lichtstahl *nur noch in einer Ebene* senkrecht zur Ausbreitungsrichtung. Die zu untersuchende Lösung füllt man in ein Polarimeterrohr vorgegebener Länge. *Der Zahlenwert des abgelesenen Drehwinkels α ist der Länge der durchstrahlten Strecke l und der Konzentration c der gelösten optisch aktiven Verbindung direkt proportional.* Den Proportionalitätsfaktor bezeichnet man als **spezifische Drehung [α]**.

Die spezifische Drehung ist für jede optisch aktive Verbindung ein *charakteristischer Wert*. Angaben der spezifischen Drehung zur Kennzeichnung optisch aktiver Verbindungen, in Tabellen oder in Chemikalien-Katalogen, sind stets durch zusätzliche Angaben über die Bedingungen ergänzt, unter denen die Messung durchgeführt worden ist, und zwar über die Wellenlänge des Lichtes (meist: λ = 589 nm), die Temperatur (meist: ϑ = 20° C) sowie über das verwendete Lösungsmittel (wie Wasser oder Ethanol) und die zur Bestimmung der spezifischen Drehung gewählte Konzentration c des gelösten Stoffes.

Alle diese Angaben sind notwendig, damit Zahlenwerte über die spezifische Drehung *unter definierten Meßbedingungen* verglichen werden können. Die Gleichung

$$[\alpha]_\lambda^\vartheta = \frac{\alpha \cdot 100}{l \cdot c}$$

gibt den bestehenden Zusammenhang wieder. Die Länge l der durchstrahlten Strecke ist hier in Decimeter (*dm*) und die Konzentration in **g /100 mL Lösung** einzusetzen. Durch Umformen der Gleichung nach c kann man aus dem gemessenen Drehwinkel α, der bekannten spezifischen Drehung und der bekannten Länge des Polarimeterohrs den Gehalt einer Lösung an einer optisch aktiven Verbindung berechnen.

Kontrollfragen

6-1 Was drücken die Zahlenangaben bei $^{127}_{53}I_2$ aus?

6-2 Welchen Teil einer bestimmten Einheit (z. B. Liter) bezeichnen die Vorsilben Dezi-, Milli- und Mikro-?

6-3 Wie ist die SI-Basiseinheit Mol definiert?

6-4 Was bezeichnet die Avogadro-Konstante und welchen Zahlenwert hat sie?

6-5 Wie groß ist der Massen-Anteil (Kap. 10-3) der Chlorid-Ionen in Natriumchlorid und in Magnesiumchlorid?

6-6 Berechnen Sie die molare Masse von Harnstoff (Summenformel CH_4N_2O).

6-7 Welche Stoffmenge Harnstoff wird ausgeschieden, wenn man den 24 Stunden-Mittelwert 20,6 g zugrundelegt?

6-8 Geben Sie die Masse in g der Stoffportionen an, die aus jeweils $6{,}02 \cdot 10^{23}$ Teilchen bestehen: Kupfer-Atome, Brom-Moleküle, Kalium- und Iodid-Ionen, Citronensäure-Moleküle ($C_6H_8O_7$).

6-9 Welcher Masse in g entspricht die Stoffmenge von jeweils 0,2 mol Bariumhydroxid und Bariumhydroxid-octahydrat?

6-10 Bestimmte Hormone lösen im nmol-Bereich eine physiologische Wirkung aus. Der wievielte Teil eines Mol ist das?

6-11 Die Masse einer Stoffportion Iod beträgt m(Iod) = 25,381 g. Geben Sie an, welcher Stoffmenge Iod-Moleküle sowie Iod-Atome dies entspricht.

6-12 Welcher Stoffportion in g entspricht eine Stoffmenge an Na_2HPO_4, die 0,05 mol beträgt?

6-13 Gehen Sie davon aus, daß Sie stets dieselbe Stoffportion von 100 g der folgenden Stoffe vor sich haben: Silber, Stickstoff, Ethanol, Quecksilber(II)bromid, Coffein ($C_8H_{10}N_4O_2$). Geben Sie in Form von Größengleichungen an, welcher Stoffmenge in mol dies entspricht.

6-14 Eine Stoffportion reine Ameisensäure (HCOOH) beträgt 250 mL (ϱ = 1,22 bei 20°). Welcher Stoffmenge entspricht dies?

7 Gase

7.1 Die verschiedenen Aggregatzustände

Sowohl reine Stoffe als auch Stoff-Gemische können, je nach Temperatur und Druck, in den Zustandsformen gasförmig, flüssig oder fest vorliegen. Diese Zustandsformen unterscheiden sich durch den Grad der Ordnung, die zwischen den kleinsten Teilchen der Stoffe herrscht.

Im gasförmigen Aggregatzustand ist der Ordnungsgrad am geringsten. Die kleinsten Teilchen der Gase (Atome oder Moleküle) bewegen sich im Raum regellos und praktisch unabhängig voneinander mit hoher Geschwindigkeit. **Gase** haben keine eigene Form und kein bestimmtes Volumen, sie breiten sich in jedem ihnen zur Verfügung stehenden Raum (Behälter, Gefäß) aus. Diese Ausbreitung ist nur durch die Gefäßwand begrenzt.

Bei **Flüssigkeiten** ist der Abstand zwischen den kleinsten Teilchen erheblich geringer. Die Teilchen sind zwar innerhalb der Flüssigkeit auch frei beweglich, jedoch nur bis zur Grenze der flüssigen Phase, da zwischen ihnen stärkere Anziehungskräfte wirksam sind. Flüssigkeiten haben zwar keine eigene Form (was beim Umgießen einer Flüssigkeit in unterschiedlich geformte Gefäße deutlich wird), aber sie haben ein bestimmtes Volumen, das durch die Flüssigkeits-Oberfläche begrenzt wird.

In **Feststoffen** sind die kleinsten Teilchen (Atome, Ionen, Moleküle) praktisch nicht mehr beweglich. Feststoffe haben eine eigene Form und nehmen ein bestimmtes Volumen ein. Der hier vorliegende höchste Ordnungsgrad wird vor allem bei salzartigen Verbindungen, in denen sich die Teilchen in einem Ionen-Gitter an ganz bestimmten Plätzen befinden, in der Kristallform deutlich.

7.2 Physikalische Eigenschaften von Gasen

Bei den Temperatur- und Druck-Bedingungen, die als **Normzustand** definiert sind (273 K $\triangleq$ 0°C, 1,013 bar), liegen bestimmte chemische Elemente (Wasserstoff, Stickstoff, Sauerstoff, Fluor, Chlor und die Edelgase) und Verbindungen (z.B. die Oxide des Kohlenstoffs und Stickstoffs) als Gase vor.

Alle Gase zeigen ein übereinstimmendes physikalisches Verhalten, das von der chemischen Zusammensetzung des Gases und der Art seiner kleinsten Teilchen (Atome bei den Edelgasen, Moleküle bei den anderen Gasen) weitgehend unabhängig ist. Der Zustand eines Gases wird durch die **Zustandsgrößen Druck**, **Volumen** und **Temperatur** beschrieben.

Die Gasgesetze gelten nur für **ideale Gase** mit folgenden Eigenschaften:
– Die kleinsten Teilchen der Gase üben keine Anziehungskräfte aufeinander aus.
– Sie bewegen sich in dem ihnen zur Verfügung stehenden Raum regellos, mit hoher Geschwindigkeit und sind weit voneinander entfernt.
– Bei Zusammenstößen miteinander und beim Aufprall auf Gefäßwände verhalten sich die kleinsten Teilchen wie elastische Kugeln, deren Eigenvolumen als Null angesehen werden kann.

Bei niedrigen Drücken und Temperaturen deutlich oberhalb der Kondensations-Temperatur des Gases (Übergang in den flüssigen Zustand) verhalten sich alle Gase als ideale Gase.

Bei konstanter Temperatur sind Druck und Volumen eines Gases einander umgekehrt proportional (**Gasgesetz von Boyle-Mariotte**). (Volumen-Angaben können in L, mL oder cm^3 erfolgen. Druck-Angaben sind nach dem SI-System in Pascal oder bar (mbar) zu machen.)

Bei konstantem Druck ist das Gas-Volumen von der Temperatur abhängig. Wird ein Gas um 1 °C erwärmt, so beträgt die Volumen-Zunahme $\frac{1}{273,15}$ des (unter demselben Druck) bei °C eingenommenem Volumens.

7.2.1 Das molare Volumen idealer Gase

Nach Avogadro nimmt die gleiche Anzahl von Teilchen verschiedener Gase bei gleicher Temperatur und gleichem Druck das gleiche Volumen ein. Das von einem Mol eines Gases bei Normdruck (1,013 bar) und Normtemperatur (0°C) eingenommene Volumen bezeichnet man als **molares Volumen**.
Ein Mol eines beliebigen Gases enthält $6,022 \cdot 10^{23}$ kleinste Teilchen (Moleküle; bei Edelgasen Atome).
Für ideale Gase beträgt das molare Volumen im Normzustand:

$V_m = 22,414$ L/mol

Für reale Gase wurden hiervon mehr oder weniger stark abweichende Werte bestimmt. Das molare Volumen $V_m(X)$ eines Gases X, seine Dichte ϱ und seine molare Masse M(X) sind durch die Gleichung verknüpft:

$$V_m(X) = \frac{M(X)}{\varrho}$$

Die folgende Tabelle zeigt für ausgewählte Gase (im Normzustand) die Abweichung des molaren Volumens von dem eines idealen Gases:

Gas	Dichte ϱ in g/L	Molares Volumen V_m in L/mol
Wasserstoff H_2	0,0899	22,442
Helium He	0,178	22,43
Ammoniak NH_3	0,771	22,078
Stickstoff N_2	1,250	22,402
Luft (Stoff-Gemisch)	1,293	22,468
Sauerstoff O_2	1,429	22,393
Kohlendioxid	1,977	22,263
Chlor Cl_2	3,220	22,037

7.2.2 Gas-Gemische

Der **Gesamtdruck** p eines Gemisches von Gasen (die nicht miteinander reagieren) ist die **Summe der Partialdrücke** p_1, p_2, p_3 ... seiner Bestandteile (Dalton, 1801).

$p = p_1 + p_2 + p_3$

Der Partialdruck eines in einem Gas-Gemisch enthaltenen Gases entspricht dem Druck, den dieses Gas ausüben würde, wenn es in dem gegebenen Volumen allein vorhanden wäre.
Das wichtigste Gas-Gemisch ist Luft. Luft enthält außer Sauerstoff und Stickstoff die Edelgase und Kohlendioxid sowie wechselnde Anteile Wasserdampf, Ozon, Wasserstoff, Industrie-Abgase (Schwefeldioxid, Kohlenmonoxid, „Stickoxide"). Die **Zusammensetzung trockener, reiner Luft** entspricht folgenden Volumen-Anteilen und Partialdrücken (bezogen auf 1,013 bar):

Bestandteil	Volumen-Anteil (in %)	Partialdruck (in bar)
Stickstoff N_2	78,09	0,792
Sauerstoff O_2	20,95	0,2113
Edelgase (vorwiegend Argon Ar)	0,93	0,0093
Kohlendioxid CO_2	0,03	0,0003

In die obige Gleichung eingesetzt, ergibt sich der Gesamtdruck von Luft als Summe der Partialdrücke:

$p(\text{Luft}) = p(N_2) + p(O_2) + p(Ar) + p(CO_2)$

7.3 Gase in der Umwelt

Durch die Verbrennung von fossilen Brennstoffen (Kohle, Erdöl, Erdgas) und von Treibstoffen, durch vielfältige industrielle Verfahren und durch Zersetzung organischen Materials gelangen die Luft verunreinigende Stoffe (Emissionen) in die Atmosphäre. Zum einen sind dies kleine Partikel fester Stoffe (Stäube), wie Ruß, Schwermetalle und deren Verbindungen. Zum anderen sind es Gase und Dämpfe, insbesondere:

- Kohlenstoffdioxid (CO_2)
- Kohlenstoffmonoxid (CO)
- Stickstoffmonoxid (NO) und
- Stickstoffdioxid (NO_2), zusammenfassend als Stickstoffoxide (NO_x) bezeichnet,
- Schwefeldioxid (SO_2)
- Kohlenwasserstoffe, wie Methan (CH_4) und nicht verbrannte Anteile von Kraftstoffen, und Chlorkohlenwasserstoffe

Diese Schadstoffe werden durch Luftströmungen in der Atmosphäre verteilt und wirken oft noch weit entfernt von dem Ort der Emission auf Menschen und Umwelt ein. Mit empfindlichen analytischen Verfahren werden Emissionen gemessen und es wird ständig überprüft, ob festgelegte Grenzwerte (angegeben in mg/m^3) für die jeweiligen Schadstoffe, die durch Kraftwerke, Müllverbrennungsanlagen, Industrieanlagen, Verkehr, Gewerbe und Haushalte erzeugt werden, eingehalten werden.

Außerdem werden die nach der Verteilung der Schadstoffe an anderen Orten vorliegenden Konzentrationen, die man als Immissionen bezeichnet, gemessen und mit festgelegten Grenzwerten (in mg/m^3) für Immissionen verglichen. Die Immissionswerte geben die in Bodennähe vorliegenden Konzentrationen von Schadstoffen an.

Das in der Luft enthaltene **Kohlenstoffdioxid** ist für den Wärmehaushalt der Erde von großer Bedeutung. Die in den letzten Jahrzehnten durch die gewaltige Zunahme der Verbrennung fossiler Energierohstoffe und das Abbrennen tropischer Regenwälder ständig gestiegene Emission an CO_2 in die Atmosphäre hat wesentlichen Anteil an den auf den sog. Treibhauseffekt zurückgeführten klimatischen Veränderungen.

Zu dem Treibhauseffekt trägt auch Methan bei, das bei der Zersetzung organischen Materials in die Atmosphäre gelangt.

Kohlenstoffmonoxid entsteht als Reaktionsprodukt der unvollständigen Verbrennung von kohlenstoffhaltigen Materialien (Kap. 14.5), z. B. von Treibstoffen. Die mit dem Einatmen von CO oder CO-haltigen Gasen verbundene hohe Toxizität beruht auf seiner im Vergleich mit Sauerstoff höheren Affinität gegenüber den Eisen(II)-Zentralionen im Hämoglobin. Dies führt zu einer Verdrängung von Sauerstoff durch CO und damit zu unzureichendem Sauerstoff-Transport.

Stickstoffoxide (Kap. 14.7) bilden sich bei den auftretenden hohen Temperaturen als Nebenprodukte bei allen mit Luft ablaufenden Verbrennungsvorgängen. Dabei entsteht überwiegend NO neben geringen Mengen NO_2;. Eine Teilmenge des entstandenen Stickstoffmonoxids reagiert mit dem Sauerstoff der Luft weiter zu Stickstoffdioxid.

Neben Kohlenstoffmonoxid und Schwefeldioxid tragen Stickstoffoxide als Schadstoffe in großem Ausmaß zur Luft-Verschmutzung bei. NO und NO_2 sind auch im Zigarettenrauch enthalten.

Stickstoffdioxid ist ein starkes Atemgift.

Stickstoffoxide verursachen neben Schwefeldioxid den sauren Regen, der durch Umwandlung von Stickstoffoxiden zu Salpetersäure und von Schwefeldioxid zu Schwefelsäure-Tröpfchen oder Ammoniumsulfat-Aerosolen entsteht.

Die primär von NO ausgehende Bildung von Salpetersäure ist das Ergebnis einer Aufeinanderfolge von Einzelreaktionen, in denen NO durch Ozon oder durch freie Radikale von Peroxiden zunächst zu NO_2 oxidiert wird.

Freie Radikale sind kleinste Teilchen, die als charakteristisches Merkmal ein nicht-gepaartes Elektron besitzen. Derartige Atome oder Moleküle sind extrem reaktionsfähig, existieren daher in der Regel jeweils nur sehr kurze Zeit und können bei Kettenreaktionen gebildet oder weiter umgesetzt werden.

Durch Hydroxyl-Radikale (HO·) wird NO_2 dann seinerseits im Tageslicht zu Salpetersäure oxidiert.

Der wichtigste zu Hydroxyl-Radikalen, die überall in der Atmosphäre gebildet werden, führende Reaktionsweg ist die Einwirkung von Strahlung auf Ozon in Gegenwart von Wasserdampf (Photolyse).

Nicht-gepaarte Elektronen sind auch in den zweiatomigen Molekülen des Elementes **Sauerstoff** vorhanden. Molekularer Sauerstoff ist ein Diradikal, da die kleinsten Teilchen zwei nicht-gepaarte Elektronen aufweisen: $\cdot \overline{O} - \overline{O} \cdot$

In dieser Elektronen-Konfiguration sind auch der Paramagnetismus (Ausrichtung beim Einbringen in ein Magnetfeld, die nach dem Entfernen aus dem Magnetfeld jedoch nicht fortbesteht) von Sauerstoff und dessen blaue Farbe in flüssigem Zustand begründet. Durch photochemische Aktivierung (Anregung durch Energie-Zufuhr) geht molekularer Sauerstoff in als Oxidationsmittel wesentlich reaktionsfähigere Teilchen über.

Schwefeldioxid entsteht bei den Verbrennungsvorgängen durch Oxidation des in fossilen Brennstoffen in Form organischer Schwefel-Verbindungen enthaltenen Schwefels. Schwefeldioxid reizt die Schleimhäute und führt bei längerer Einwirkung zu Schädigungen der Atemwege.

Kontrollfragen

7-1 In welchem Volumen-Anteil liegen die beiden Hauptbestandteile des Gas-Gemisches Luft vor?

7-2 Wie ist der Normzustand von Gasen definiert?

7-3 Wie ist das molare Volumen von Gasen definiert?

7-4 Welchen Wert hat das molare Volumen idealer Gase im Normzustand?

7-5 Unter welcher Bezeichnung werden die in die Atmosphäre gelangenden Stoffe (Gase, Dämpfe, Stäube) unterschiedlicher Herkunft zusammengefaßt?

7-6 Wie bezeichnet man die in Bodennähe vorliegenden Konzentrationen an Schadstoffen?

7-7 Auf welchem biochemischen Vorgang beruht die mit dem Einatmen von Kohlenstoffmonoxid oder CO-haltigen Gasen verbundene hohe Toxizität?

7-8 Welche Gase bilden sich aus Stickstoff bei hohen Temperaturen bei allen mit Luft ablaufenden Verbrennungsvorgängen?

7-9 Welches Gas entsteht bei den Verbrennungsvorgängen durch Oxidation des in fossilen Brennstoffen (in Form organischer Schwefel-Verbindungen) enthaltenen Schwefels?

8 Gesetzmäßigkeiten chemischer Reaktionen

8.1 Übersicht

Chemische Vorgänge: werden durch Reaktions-Gleichungen beschrieben:
- Stoffe, die man in eine Reaktion einsetzt, bezeichnet man als **Ausgangsstoffe**.
- Die durch eine chemische Reaktion aus den Ausgangsstoffen entstehenden Stoffe sind die **Reaktions-Produkte**.
- Die Ausgangsstoffe werden auf der linken Seite der Reaktions-Gleichung aufgeführt. Durch einen Pfeil mit nach rechts gerichteter Spitze wird kenntlich gemacht, welche Reaktions-Produkte aus ihnen entstehen.
- Anstelle der Namen von Ausgangsstoffen und Reaktions-Produkten gibt man in Reaktions-Gleichungen meist deren Symbole oder chemischen Formeln an.

Chemische Reaktionen (Umsetzungen) beruhen auf Zusammenstößen der kleinsten Teilchen der Reaktions-Partner. Im molekularen Bereich, d.h. im Bereich der kleinsten Teilchen (Atome, Ionen, Moleküle) stößt jeweils ein Teilchen eines Reaktions-Partners mit einem oder mehreren Teilchen des anderen Reaktions-Partners zusammen. Die kleinsten Teilchen der Reaktions-Partner reagieren nur in **ganz bestimmten Zahlen-Verhältnissen** miteinander. Diese Zahlen-Verhältnisse müssen sich in der Reaktions-Gleichung widerspiegeln.

Aus der chemischen Gleichung

$N_2 + 3\,H_2 \longrightarrow 2\,NH_3$

läßt sich herauslesen:
- Beide Ausgangsstoffe liegen als Moleküle vor, von denen jedes aus 2 Atomen besteht. Dies geht aus dem Index 2 rechts unterhalb des Element-Symbols hervor (N_2, H_2).
- Ein Molekül N_2 reagiert mit 3 Molekülen H_2. Dies geht aus dem Faktor 3 vor H_2 hervor. (Der Faktor 1 vor N_2 wird nicht geschrieben).
- Bei der Reaktion entstehen 2 Moleküle NH_3.
- Jedes Molekül des Reaktions-Produktes Ammoniak (NH_3) enthält die Atome der Elemente
- Stickstoff und Wasserstoff im Zahlen-Verhältnis
- 1:3.

Zur genauen Beschreibung chemischer Reaktionen sind Angaben über die **Reaktions-Bedingungen** erforderlich:
- Die **Temperatur**
- Der übliche Bereich der Reaktionstemperaturen erstreckt sich von –70 °C bis zu mehreren Hundert °C.
- Viele chemische Reaktionen werden bei Raumtemperatur (20–25 °C) durchgeführt; im menschlichen Organismus finden die Stoffwechsel-Reaktionen bei Körpertemperatur (37 °C) statt.
- Der **Druck**
- Im allgemeinen werden chemische Reaktionen bei dem jeweiligen Luftdruck durchgeführt. In der chemischen Technologie werden zahlreiche Umsetzungen unter erhöhtem Druck (Hochdruck-Synthesen) durchgeführt.
- Die **Konzentration** der Reaktions-Teilnehmer
Die Stoffmengen-Konzentration ist ein Maß für die Anzahl der kleinsten Teilchen der Reaktions-Teilnehmer in einem bestimmten Volumen. Je größer die Teilchenanzahl in einer Volumen-Einheit (z. B. in einem Liter) ist, um so häufiger kommt es zu Zusammenstößen der Teilchen.
Chemische Reaktionen sind mit einer Änderung der Konzentrationen der Reaktions-Teilnehmer verbunden. Die Konzentration der Ausgangsstoffe vor der Reaktion wird Anfangskonzentration genannt. In dem Maße, wie zwei Ausgangsstoffe A und B miteinander reagieren, nimmt ihre Konzentration ab, weil sie durch die fortschreitende Reaktion „verbraucht" werden. Aus ihnen entstehen z. B. die beiden Reaktionsprodukte C und D, deren Konzentration mit fortschreitender Reaktion zunimmt, und zwar in dem Maße, wie sie aus den Ausgangsstoffen A und B „gebildet" werden.

- Das **Lösungsmittel**, in dem die Reaktion stattfindet.
- Die Grundvoraussetzung für das zu einer chemischen Umsetzung führende Zusammenstoßen von Teilchen der Ausgangsstoffe ist, daß diese Teilchen beweglich sind. In festem Zustand sind die Teilchen an bestimmte Aufenthaltsorte (z. B. in einem Kristallgitter) gebunden und folglich nicht beweglich. Daher finden Reaktionen zwischen festen Stoffen praktisch nicht statt.
- Löst man Feststoffe in einer Flüssigkeit (Lösungsmittel, auch Lösemittel genannt) auf, so werden die Teilchen (Ionen, Moleküle) beweglich und können miteinander reagieren. Reaktionen in Lösung sind von großer Bedeutung. Die Eigenschaften des Lösungsmittels können auf den Verlauf solcher Reaktionen erheblichen Einfluß haben. Als Lösungsmittel dienen Wasser und flüssige organische Verbindungen wie z. B. Alkohol, Ether, Chloroform und viele andere. *Das wichtigste Lösungsmittel ist Wasser.* Alle Stoffwechsel-Reaktionen im lebenden Organismus laufen in wäßriger Lösung ab.
- Die Verwendung von **Katalysatoren**
  Viele chemische Reaktionen laufen schneller ab, wenn man der Reaktions-Mischung einen „Katalysator" zugibt (Abschn. 8.5.7).

8.2 Masse und Volumen bei chemischen Reaktionen

8.2.1 Gesetz von der Erhaltung der Masse (Lavoisier, 1785)

Bei allen chemischen Reaktionen bleibt die Gesamtmasse der Reaktions-Partner erhalten.
So verringert sich z. B. beim Erhitzen von Calciumcarbonat die Masse der festen Reaktionsteilnehmer, die Gesamtmasse bleibt jedoch erhalten, weil die Masse des gasförmigen Reaktions-Produktes Kohlendioxid hinzukommt.

$CaCO_3 \longrightarrow CaO + CO_2$

Im Verlauf einer Reaktion werden chemische Bindungen geknüpft oder gelöst, was zu einer „Umgruppierung" der beteiligten Teilchen führt, bei der sich aber ihre Gesamtmasse nicht ändert, es geht keine Masse verloren.

Dies kommt auch in der Reaktions-Gleichung zum Ausdruck:
Die Anzahl der Atome eines bestimmten Elements ist bei den Ausgangsstoffen (auf der linken Seite der Gleichung) ebenso groß wie bei den Reaktions-Produkten. Die Gleichung für die Verbrennung von Propan zeigt dies:

$C_3H_8 + 5\,O_2 \longrightarrow 3\,CO_2 + 4\,H_2O$

$1 \cdot 3$ C-Atome in einem Propan-Molekül $\longrightarrow$
$\quad 3 \cdot 1$ C-Atom in drei Kohlendioxid-Molekülen,
$1 \cdot 8$ H-Atome in einem Propan-Molekül $\longrightarrow$
$\quad 4 \cdot 2$ H-Atome in vier Wasser-Molekülen,
$5 \cdot 2$ O-Atome in fünf Sauerstoff-Molekülen $\longrightarrow$
$\quad 3 \cdot 2 + 4 \cdot 1$ O-Atome in drei Kohlendioxid- und vier Wasser-Molekülen

8.2.2 Gesetz von den konstanten Proportionen (Proust, 1799)

Die am Aufbau einer chemischen Verbindung beteiligten Elemente liegen in einem konstanten Massen-Verhältnis vor.
Die Gültigkeit dieses Gesetzes erweist sich bei der Zerlegung (Analyse) von Verbindungen in die Elemente **ebenso wie** bei der Herstellung (Synthese) von Verbindungen aus den Elementen. So ergibt die Zerlegung von Wasser durch Einwirkung elektrischer Energie die Elemente Wasserstoff und Sauerstoff im Massen-Verhältnis 1 : 7,936. Bei der Synthese von Wasser vereinigen sich die Elemente Wasserstoff und Sauerstoff in demselben Massen-Verhältnis 1 : 7,936 (selbst dann, wenn sie vor der Reaktion in anderen Massen-Verhältnissen miteinander gemischt worden sind).
Verbindungen haben eine konstante chemische Zusammensetzung, unabhängig von den zu ihrer Herstellung oder zu ihrer Gewinnung aus natürlichen Vorkommen angewendeten Verfahren. So hat z. B. die Verbindung Chlorwasserstoff (HCl), hergestellt aus den Elementen Wasserstoff und Chlor:

$H_2 + Cl_2 \longrightarrow 2\,HCl$

dieselbe Zusammensetzung wie HCl, hergestellt aus Natriumchlorid und konzentrierter Schwefelsäure:

NaCl + H_2SO_4 ⟶ HCl + $NaHSO_4$

Die Massen-Verhältnisse in einigen Verbindungen sind nachstehend zusammengestellt:

Verbindung	Massen-Verhältnis	
Chlorwasserstoff	Wasserstoff: Chlor	= 1:35,175
Wasser	Wasserstoff: Sauerstoff	= 1:7,937
Ammoniak	Wasserstoff: Stickstoff	= 1:4,632

8.2.3 Gesetz von den multiplen Proportionen (Dalton, 1808)

Bestimmte chemische Elemente können mehrere Verbindungen miteinander bilden:

Elemente	Verbindungen
Wasserstoff und Sauerstoff	H_2O, H_2O_2,
Stickstoff und Sauerstoff	N_2O, NO, N_2O_3, NO_2, N_2O_5
Kupfer und Sauerstoff	Cu_2O, CuO
Quecksilber und Chlor	Hg_2Cl_2, $HgCl_2$

Für diese und zahlreiche andere Verbindungen gilt das **Gesetz der multiplen Proportionen:**
Bilden zwei Elemente mehrere Verbindungen miteinander, so stehen die Massen eines Elementes, die sich mit einer gegebenen Masse des anderen Elementes verbinden, im Verhältnis einfacher ganzer Zahlen.
So stehen z. B. bei den Verbindungen H_2O und H_2O_2 die Massen an Sauerstoff, der sich mit einer gegebenen Masse Wasserstoff verbunden hat, im Verhältnis 1: 2.

8.2.4 Volumen-Gesetz von Gay-Lussac (1808)

Durch Bestimmung der Volumina bei Reaktionen gasförmiger Elemente zu gasförmigen (oder dampfförmigen) Verbindungen gelangt man zu dem von Gay-Lussac formulierten Volumen-Gesetz:

Gase reagieren bei konstanter Temperatur und konstantem Druck stets in ganzzahligen Volumen-Verhältnissen miteinander.

Reaktionsprodukt	Volumen-Verhältnis der Ausgangsgase	
Chlorwasserstoff	Wasserstoff: Chlor	= 1:1
Wasser (Dampf)	Wasserstoff: Sauerstoff	= 2:1
Ammoniak	Wasserstoff: Stickstoff	= 3:1

8.2.5 Avogadrosche Hypothese (1811)

Von großer Bedeutung für die weitere Entwicklung der Chemie und Physik war die Hypothese, die Avogadro zur **Deutung** des für Reaktionen zwischen Gasen geltenden Gay-Lussacschen Volumen-Gesetzes aufstellte. Nach seinen Annahmen läßt sich z. B. die Reaktion:
Wasserstoff + Chlor ⟶ Chlorwasserstoff
1 Vol + 1 Vol ⟶ 2 Vol
(Vol sind Volumenteile, z. B. 1 L) auf folgender Grundlage deuten:
– *Gleiche Gas-Volumina enthalten bei gleichem Druck und gleicher Temperatur die gleiche Anzahl kleinster Teilchen.*
– Diese gasförmigen Elemente liegen als aus mehreren Atomen bestehende **Moleküle** vor. Wasserstoff- und Chlor-Moleküle, wie auch Stickstoff- und Sauerstoff-Moleküle, erwiesen sich als **zweiatomig** (H_2, Cl_2, N_2, O_2).

8.3 Chemische Gleichgewichte und Massenwirkungsgesetz

Chemische Umsetzungen lassen sich durch das Verhalten der kleinsten Teilchen der miteinander reagierenden Stoffe erklären. Zwischen Teilchen, die mit ausreichend hoher kinetischer Energie und in bestimmter geometrischer Anordnung aufeinanderprallen, finden chemische Reaktionen statt. Da eine **Temperatur-Erhöhung** die kinetische Energie der Teilchen erhöht, wächst die Zahl der „erfolgreichen" Zusammenstöße, die Reaktions-Geschwindigkeit steigt. So bewirkt (nach einer Faustregel) eine Temperatur-Erhöhung um 10 °C eine **Erhöhung der Reaktions-Geschwindigkeit** auf das 2- bis 3fache. Umgekehrt verringert eine Temperatur-Erniedrigung die Reaktions-Geschwindigkeit.

Die Ausgangsstoffe reagieren, wie vorangehend erläutert, in ganz bestimmten Massen-Verhältnissen miteinander. Zur Durchführung einer Reaktion kann man
– die Ausgangsstoffe im stöchiometrischen Zahlenverhältnis (das aus der Reaktions-Gleichung hervorgeht) einsetzen, oder
– von einem Ausgangsstoff (z. B. dem billigeren) eine größere Stoffportion, als die Reaktions-Gleichung erfordert (einen „Überschuß"), zugeben. In diesem Fall wird der im Überschuß zugegebene Reaktionspartner nicht vollständig umgesetzt.

Unabhängig von den eingesetzten Stoffportionen können chemische Reaktionen ganz verschieden ablaufen:
– Bestimmte Reaktionen verlaufen (unter gegebenen Reaktions-Bedingungen) nur in eine Richtung, sie sind nicht umkehrbar (**irreversibel**, nicht reversibel). Zu diesen Reaktionstypen gehören z. B. Verbrennungsvorgänge, explosionsartig ablaufende chemische Reaktionen und die vollständige Dissoziation beim Lösen sehr starker Säuren in Wasser (z. B. $HClO_4 \longrightarrow H^{\oplus} + ClO_4^{\ominus}$)
– Die meisten chemischen Reaktionen sind **reversibel** (umkehrbar). In einem **geschlossenen System** reagieren die Ausgangsstoffe zu den Reaktions-Produkten, aus denen unter denselben Reaktions-Bedingungen wieder die Ausgangsstoffe entstehen. Bei reversiblen Reaktionen stellt sich zwischen Ausgangsstoffen und Reaktions-Produkten ein **chemisches Gleichgewicht** ein. In Reaktions-Gleichungen macht man dies durch zwei Pfeile kenntlich:

z. B. $A + B \rightleftharpoons C + D$
oder $A + B \rightleftharpoons C$

Ein Beispiel für die Einstellung eines chemischen Gleichgewichts zwischen den Reaktions-Teilnehmern soll näher erläutert werden. Wir betrachten die beiden Teilreaktionen:
1. Die **Synthese** der Verbindung Iodwasserstoff aus den Elementen Wasserstoff und Iod.
2. Den **Zerfall** der Verbindung Iodwasserstoff in die Elemente Wasserstoff und Iod.

Wasserstoff und Iodwasserstoff sind Gase, der Feststoff Iod (tiefviolette Kristalle) geht beim Erhitzen direkt in den gasförmigen Zustand über (Sublimation).

Damit sich ein chemisches Gleichgewicht einstellen kann, müssen die Umsetzungen in einem geschlossenen System durchgeführt werden, z. B. in einem nach dem Einfüllen der Ausgangsstoffe zugeschmolzenen Glasrohr. Um die Einstellung des Gleichgewichts verfolgen zu können, muß man
– die Konzentrationen der Ausgangsstoffe vor der Reaktion kennen, und
– die Reaktionstemperatur festlegen und während der Reaktion beibehalten (z. B. 425 °C).

Die beiden Reaktionen verlaufen gemäß den folgenden Reaktions-Gleichungen:

1. $H_2 + I_2 \longrightarrow HI + HI$ und
2. $HI + HI \longrightarrow H_2 + I_2$

Beim Zusammenstoß von einem H_2-Molekül und einem I_2-Molekül entstehen zwei HI-Moleküle. Dabei werden die ursprünglichen Bindungen (H-H bzw. I-I) gelöst und neue Bindungen zwischen Wasserstoff- und Iod-Atomen geknüpft (2 H-I), es erfolgt eine **Umorientierung der Bindungselektronen**. Viele Molekül-Zusammenstöße dieser Art führen zunächst zu einer ständigen Abnahme der H_2- und I_2 Konzentration und zu einer Zunahme der HI-Konzentration. Wenn nach einer gewissen Zeit die Iodwasserstoff-Konzentration so hoch ist, daß HI-Moleküle miteinander zusammenstoßen, dann setzt die Rückreaktion ein: aus je zwei HI-Molekülen entstehen ein H_2-Molekül und ein I_2-Molekül. Schließlich wird ein Zustand erreicht, bei dem in der **Hinreaktion** genau soviel Iodwasserstoff entsteht, wie in der **Rückreaktion** zerfällt. *Die beiden Reaktionen laufen mit derselben Reaktions-Geschwindigkeit ab, ein dynamischer Gleichgewichts-Zustand hat sich eingestellt,* in dem sich die Konzentrationen der Ausgangsstoffe und der Reaktionsprodukte nicht mehr ändern. (Das bedeutet nicht, daß sich das System „in Ruhe" befindet, denn Molekül-Zusammenstöße finden ja weiterhin statt.)

Bemerkenswert ist, daß sich unter gleichen Reaktions-Bedingungen dasselbe Gleichgewicht einstellt, unabhängig davon, ob man von H_2 und I_2 (Reaktion 1), oder von Iodwasserstoff (Reaktion 2) ausgeht.

Ein System befindet sich dann im chemischen Gleichgewicht, wenn sich die Konzentrationen der Ausgangsstoffe und der Reaktions-Produkte mit fortschreitender Reaktionszeit nicht mehr ändern.

Die Reaktions-Geschwindigkeit R_{Hin} für die Entstehung von Iodwasserstoff ist der Konzentration der Ausgangsstoffe ($c(H_2)$ und $c(I_2)$) proportional, Proportionalitätsfaktor ist die Geschwindigkeits-Konstante k_{Hin}:

$R_{Hin} = k_{Hin} \cdot c(H_2) \cdot c(I_2)$

Für den Zerfall von Iodwasserstoff gilt entsprechend:

$R_{Rück} = k_{Rück} \cdot c(HI) \cdot c(HI) = k_{Rück} \cdot c^2(HI)$

Im Gleichgewichts-Zustand ist die Reaktions-Geschwindigkeit der Hinreaktion ebenso groß wie die der Rückreaktion:

$R_{Hin} = R_{Rück}$

oder

$k_{Hin} \cdot c(H_2) \cdot c(I_2) = k_{Rück} \cdot c^2(HI)$

Zur Ableitung des Massenwirkungsgesetzes wird diese Gleichung für das System

$H_2 + I_2 \rightleftharpoons 2\,HI$

so umgeformt, daß die jeweils miteinander zu multiplizierenden Konzentrationen der **Reaktions-Produkte** im **Zähler**, der **Ausgangsstoffe** im **Nenner** eines Bruches stehen. Auf der anderen Seite des Gleichheitszeichens steht der Quotient aus den beiden Geschwindigkeits-Konstanten $k_{Rück}$ und k_{Hin}, den man als **Gleichgewichts-Konstante** K bezeichnet:

$$\frac{c^2(HI)}{c(H_2) \cdot c(I_2)} = \frac{k_{Hin}}{k_{Ruck}} = K$$

Für jede Temperatur kann man die Gleichgewichts-Konstante für die Reaktion

$H_2 + I_2 \rightleftharpoons HI + HI$

berechnen, indem man die Konzentration aller Reaktions-Teilnehmer im chemischen Gleichgewicht ermittelt und in die (umgeformte) Gleichung einsetzt:

$$\frac{c(HI) \cdot c(HI)}{c(H_2) \cdot c(I_2)} = \frac{c^2(HI)}{c(H_2) \cdot c(I_2)} = K$$

Für die Bildung von Iodwasserstoff ergibt sich bei 425 °C eine Gleichgewichts-Konstante von 54,4. Bei anderen Temperaturen ergeben sich andere Zahlenwerte, da *die Gleichgewichts-Konstante von der Temperatur abhängt.*

Was hier für die Bildung und den Zerfall von Iodwasserstoff abgeleitet wurde, gilt für jedes im Gleichgewicht befindliche System. Verallgemeinert kann man die Teilreaktionen so formulieren:

1. $A + B \longrightarrow C + D$ (Hinreaktion)
2. $A + B \longleftarrow C + D$ (Rückreaktion)

Im Gleichgewichts-Zustand laufen beide Reaktionen mit gleicher Geschwindigkeit ab:

1. + 2. $A + B \rightleftharpoons C + D$

Derartige Umsetzungen werden durch das **Massenwirkungsgesetz** beschrieben:

Bei Gleichgewichts-Reaktionen hat das Produkt aus den Stoffmengen-Konzentrationen der Reaktions-Produkte, dividiert durch das Produkt aus den Stoffmengen-Konzentrationen der Ausgangsstoffe, einen (bei gegebenen Druck- und Temperatur-Bedingungen) konstanten Wert. Dieser Wert wird als **Gleichgewichts-Konstante** K *bezeichnet. Das Massenwirkungsgesetzt lautet für die obengenannte Reaktion:*

$$\frac{c(C) \cdot c(D)}{c(A) \cdot c(B)} = K$$

(Die im Gleichgewichts-Zustand vorliegenden Stoffmengen-Konzentrationen werden in mol/L angegeben.) Diese Gleichung gilt allerdmgs nur für Reaktionen, bei denen aus je 1 mol A und B je 1 mol C und D entstehen. Eine allgemeine Formulierung des Massenwirkungsgesetzes bezieht auch Reaktionen ein, bei denen n mol A mit m mol B zu p mol C und q mol D reagieren:

$nA + mB \rightleftharpoons pC + qD$

Die **stöchiometrischen Faktoren** sind hier als n, m, p und q bezeichnet worden; die Konzentrationen der Reaktions-Teilnehmer müssen entsprechend potenziert werden. Man erhält die **allgemeine Form des Massenwirkungsgesetzes**:

$$\frac{c^p(C) \cdot c^q(D)}{c^n(A) \cdot c^m(B)} = K$$

8.4 Prinzip des kleinsten Zwanges

Vor ca. 100 Jahren untersuchte der französische Chemiker Le Chatelier, welche Auswirkung es hat, wenn man *ein im chemischen Gleichgewicht befindliches System* durch Veränderung der Reaktions-Bedingungen (Änderung der Temperatur, des Drucks oder der Konzentration eines Ausgangsstoffes) „stört".

Mit solchen Änderungen übt man auf das im Gleichgewicht befindliche System einen Zwang aus. Die Reaktions-Teilnehmer reagieren dann so, daß der Zwang möglichst klein gehalten wird, ein neues chemisches Gleichgewicht stellt sich ein. Die Richtung, in die das im Gleichgewicht befindliche System bei bestimmten Störungen ausweichen wird, läßt sich nach dem Prinzip von Le Chatelier vorhersagen.

Einige Beispiele:
In einer exotherm verlaufenden Reaktion stellt sich ein chemisches Gleichgewicht zwischen den Ausgangsstoffen A und B und dem Reaktions-Produkt C ein:

$A + B \rightleftharpoons C +$ Wärme-Energie (exotherm).

– Auf dieses System üben wir durch **Temperatur-Erhöhung** (Wärme-Zufuhr) einen Zwang aus. Um diesem Zwang auszuweichen, läuft derjenige Vorgang ab, bei dem Wärme verbraucht wird, d. h. der Zerfall von C zu A und B. Dies geschieht so lange, bis sich wiederum ein chemisches Gleichgewicht eingestellt hat, in dem jedoch jetzt ein geringerer Anteil des Stoffes C (und folglich ein höherer Anteil der Stoffe A und B) vorhanden ist.

– In einem weiteren Versuch üben wir auf dasselbe System

$A + B \rightleftharpoons C +$ Wärme-Energie (exotherm)

einen Zwang durch Abkühlen (**Temperatur-Erniedrigung**, Wärme-Entzug) aus. Diesem andersartigen Zwang weicht das System in die entgegengesetzte Richtung aus: die Reaktion von A mit B zu C wird gefördert, weil nur durch diese Reaktion die dem System durch Abkühlen entzogene Wärme „nachgeliefert" wird.

Auch diesmal stellt sich ein Gleichgewichts-Zustand ein, in dem aber der Anteil des Stoffes C (die Ausbeute an C) größer ist im Vergleich mit dem Gleichgewichts-Zustand, von dem wir ausgegangen sind.

Von großer Bedeutung sind auch die Auswirkungen von **Konzentrations-Änderungen** auf die Lage chemischer Gleichgewichte. Durch Erhöhung der Konzentration eines der Ausgangsstoffe A oder B in der Gleichgewichts-Reaktion

$A + B \rightleftharpoons C + D$

bewirkt man eine **Verschiebung des Gleichgewichts** auf die Seite der Reaktions-Produkte und dadurch eine Erhöhung der Ausbeute an den Stoffen C und D.

8.5 Energetik chemischer Reaktionen

Bei der Betrachtung chemischer Vorgänge richtet sich das Interesse zunächst auf die Zusammensetzung, die Struktur und die Eigenschaften der daran beteiligten Stoffe. Bei jeder chemischen Reaktion findet jedoch gleichzeitig mit den stofflichen Veränderungen auch ein Umsatz von Energie statt in Form von

– Abgabe von Energie seitens des reagierenden Systems an seine Umgebung oder
– Aufnahme von Energie aus der Umgebung oder
– Kopplung einer energieliefernden Reaktion mit einer energieverbrauchenden Reaktion oder
– Umwandlung von einer Energie-Form in eine andere Energie-Form.

Das Fachgebiet **Thermodynamik** beschäftigt sich in seiner Anwendung auf die Chemie damit, den mit chemischen Reaktionen stets verbundenen *Energie-Umsatz* quantitativ zu bestimmen sowie zu berechnen. In jedem der Ausgangsstoffe einer chemischen Umsetzung ist ein bestimmter Energie-Betrag (chemische Bindungsenergie) gespeichert. Durch die jeweilige chemische Reaktion entstehen aus Ausgangsstoffen nun Reaktions-Produkte mit anderen Stoff-Eigenschaften und einem anderen (niedrigeren oder höheren) Energie-Inhalt. Hierbei werden bestehende chemische Bindungen gelöst und neue Bindungen innerhalb der kleinsten Teilchen oder zwischen den kleinsten Teilchen der reagierenden Stoffe geknüpft. Ein anschauliches

Beispiel ist die Synthese von Glucose (Traubenzucker) aus Kohlenstoffdioxid und Wasser in grünen Pflanzenzellen unter Energie-Zufuhr in Form von Sonnenstrahlung. Nach der Photosynthese liegt ein erheblicher Anteil der hierbei aufgenommenen Energie als Bindungsenergie in den Glucose-Molekülen vor.

In der Thermodynamik ist der Begriff „System" von grundlegender Bedeutung: Als **System** bezeichnet man einen gedanklich oder durch tatsächlich vorhandene Begrenzungen (z. B. Wände von Gefäßen, Zellwände oder Zellmembranen) gegenüber allem Anderen, der **Umgebung**, abgegrenzten Bereich.

Das Ausmaß, in dem ein Austausch zwischen System und Umgebung stattfindet, kann unterschiedlich groß sein. Man unterscheidet hier zwischen
- geschlossenen Systemen, die dadurch gekennzeichnet sind, daß nur Energie-Austausch, jedoch kein Stoff-Austausch mit der Umgebung stattfindet und
- offenen Systemen, bei denen sowohl Stoff-Austausch als auch Energie-Austausch mit der Umgebung erfolgt.

Als **exotherme** Reaktionen bezeichnet man solche chemischen Reaktionen, bei denen das System Wärme an seine Umgebung abgibt. Dagegen sind **endotherme** Reaktionen dadurch gekennzeichnet, daß sie erst ablaufen, wenn den im System vorliegenden Ausgangsstoffen Wärme-Energie zugeführt wird.

Die Wärme-Menge wird in Joule (J) oder Kilojoule (kJ) angegeben (Vor Einführung der SI-Einheiten erfolgten die Angaben in Kalorien, *der Umrechnungsfaktor von Kalorie in Joule beträgt 4,186.*) Die bei chemischen Reaktionen freiwerdende oder zuzuführende Wärme-Menge hängt von der Stoffmenge ab, so daß sich Angaben wie kJ/mol oder kJ · mol^{-1} (Kilojoule durch Mol) ergeben.

Die meisten chemischen Reaktionen laufen in offenen Systemen bei **konstantem Druck** ab. Bringen wir die Ausgangsstoffe im Reagenzglas, Becherglas, Erlenmeyer-Kolben oder einem anderen zur Atmosphäre hin offenen Reaktions-Gefäß miteinander zur Reaktion, so reagieren sie unter dem jeweils herrschenden atmosphärischen Druck (z.B. 1,013 bar), und die Endprodukte entstehen bei diesem Druck.

Falls bei einer im offenen System ablaufenden chemischen Reaktion gasförmige Reaktions-Produkte (Gase oder Dämpfe) entstehen, findet unter Konstanthaltung des Drucks eine Volumen-Vergrößerung (Ausdehnung) statt.

Der mit chemischen Umsetzungen einhergehende Energie-Umsatz umfaßt zwei Anteile:

- Wärme-Energie und die
- Freie Enthalpie (für unter konstantem Druck verlaufende Reaktionen) bzw. die
- Freie Energie (für bei gleichbleibendem Volumen verlaufende Reaktionen)

Als Freie Enthalpie bzw. **Freie Energie** bezeichnet man den maximal nutzbaren Energie-Anteil, der Arbeit verrichten oder in andere Energie-Formen umgewandelt werden kann.

Chemische Reaktionen in lebenden Zellen finden in wäßrigen Lösungen bei konstantem Druck und gleichbleibender Temperatur statt. Die hierbei erfolgende Änderung des Volumens ist so geringfügig, daß man sie (begrifflich) vernachlässigen kann.

Die für jede chemische Reaktion charakteristische Änderung der Freien Energie (ΔG) wird auf Standard-Bedingungen bezogen und dann als **Freie Standardenergie** mit dem Symbol ΔG^0 bezeichnet.

Als Standard-Bedingungen wurden, wie schon erwähnt, Temperatur (25 °C) und Druck (1,013 bar) festgelegt und außerdem, daß
- sämtliche in dem System vorhandenen Reaktions-Teilnehmer **vor** dem Einsetzen der betrachteten Reaktion in der Stoffmengen-Konzentration 1 mol/L vorliegen. Ihre Anfangskonzentration wird somit als c = 1 mol/L vorgegeben.

Beim Vergleich der in Tabellen angegebenen ΔG^0-Werte bestimmter chemischer Reaktionen sind sowohl deren Größe als auch das Vorzeichen von Bedeutung. Falls bei ΔG^0 ein negatives Vorzeichen angegeben ist, bedeutet das, daß die Reaktions-Produkte weniger Freie Energie enthalten als die Ausgangsstoffe. Aufgrund dessen verläuft die betrachtete Reaktion unter Standard-Bedingungen in Richtung auf die Bildung der Reaktions-Produkte. Allgemein gilt, daß chemische Reaktionen freiwillig nur in diejenige Richtung verlaufen, in der eine Abnahme der Freien Energie des Systems erfolgt.

8.5.1 Aktivierungs-Energie und Katalyse

Häufig ist es notwendig, eine exotherm verlaufende Reaktion erst einmal „in Gang zu bringen". Obwohl die Reaktion, nachdem sie eingesetzt hat, unter Abgabe von Wärme-Energie verläuft, muß zunächst ein bestimmter Energie-Betrag als **Aktivierungs-Energie** aufgewendet werden. Dadurch werden die kleinsten Teilchen der Ausgangsstoffe in einen aktivierten und somit reaktionsbereiten Zustand überge–

8 Gesetzmäßigkeiten chemischer Reaktionen

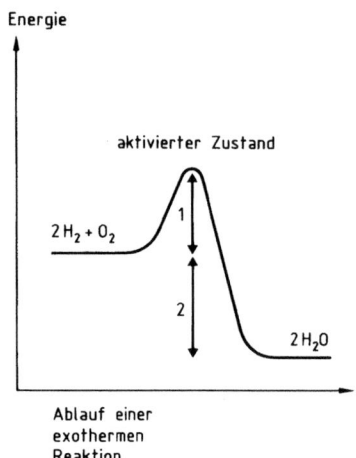

Abb. 8-1. Ein Energieberg verhindert das spontane Ablaufen der Reaktion: $2H_2 + O_2 \longrightarrow 2H_2O$ + Energie. Erst nach Zuführung der erforderlichen Aktivierungsenergie 1↕ können die Ausgangsstoffe $H_2 + O_2$ zu dem energieärmeren Reaktionsprodukt H_2O in exothermer Reaktion unter Abgabe von Energie 2↕ reagieren (nach: H. Freyschlag).

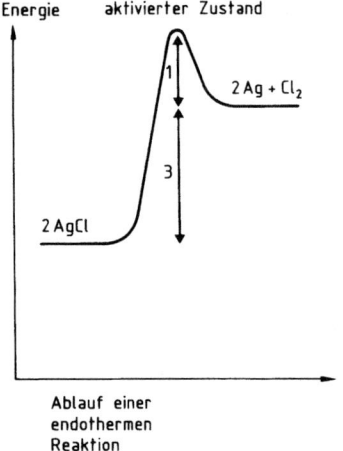

Abb. 8-2. Bei der Zersetzung von Silberchlorid, $2AgCl$ + Energie $\longrightarrow 2Ag + Cl_2$, muß dem Ausgangsstoff außer der Energie 1↕ zur Überwindung des Energiebergs noch zusätzlich die Energie 3↕ zugeführt werden, die erforderlich ist, um aus AgCl die beiden energiereichen Reaktionsprodukte Ag und Cl_2 zu erhalten (nach: H. Freyschlag).

führt, in dem sie dann miteinander reagieren.

Aktivierungs-Energie wird meist durch Erhitzen des Reaktions-Gemisches zugeführt. Auch durch Bestrahlung mit Sonnenlicht oder der Strahlung einer Ultraviolett-Lampe kann Aktivierungs-Energie zugeführt werden.

Bei der Energie-Bilanz für die betreffende chemische Reaktion ist die aufgewendete Aktivierungs-Energie rechnerisch zu berücksichtigen. In den Abb. 8-1 und 8-2 ist der Ablauf einer exothermen und einer endothermen Reaktion schematisch dargestellt. Als Ordinate ist Energie angegeben. Der auf der Abszisse dargestellte Reaktions-Verlauf führt von den Ausgangsstoffen über den aktivierten Zustand zu den Reaktionsprodukten.

Die unterschiedliche Energie-Bilanz bei exothermen und endothermen Reaktionen ist aus dem typischen Kurvenverlauf ersichtlich:

Exotherme Reaktion: Der Energie-Inhalt der Reaktions-Produkte ist geringer als der Energieinhalt der Ausgangsstoffe (Abb. 8-1). Auch bei Berücksichtigung der zunächst zugeführten Aktivierungs-Energie bleibt ein Energie-Betrag, der an die Umgebung abgegeben wird.

Endotherme Reaktion: Der Energie-Inhalt der Reaktions-Produkte ist größer als der Energie-Inhalt der Ausgangsstoffe (Abb. 8-2), eine Energie-Zufuhr ist erforderlich.

Die **Höhe der Aktivierungs-Energie** läßt Rückschlüsse auf die Reaktions-Geschwindigkeit unter bestimmten Reaktions-Bedingungen zu. Es gibt Reaktionen, die außerordentlich rasch ablaufen, z. B. Protonen-Übertragungsreaktionen (Säure-Base-Reaktionen) und Reaktionen zwischen Ionen (Entstehung schwerlöslicher Salze bei Fällungs-Reaktionen). Dagegen verlaufen Reaktionen, die eine hohe Aktivierungs-Energie erfordern, so langsam, daß man auch bei längerer Beobachtung kaum eine Veränderung wahrnimmt. Aussagen über Reaktions-Geschwindigkeiten lassen sich durch **Messung von Konzentrations-Änderungen** in bestimmten Zeit-Abständen machen.

Die Geschwindigkeiten vieler Reaktionen lassen sich dadurch erhöhen, daß man zu den in stöchiometrischen Stoffportionen eingesetzten Ausgangsstoffen eine demgegenüber sehr geringe Quantität eines **Katalysators** zugibt. *Katalysatoren beschleunigen den Ablauf bestimmter Reaktionen, indem sie die Aktivierungs-Energie herabsetzen.*

Sollen z. B. zwei Stoffe A und B miteinander reagieren, so müssen ihre kleinsten Teilchen durch Zuführen von Aktivierungs-Energie erst in einen aktivierten Zustand („Übergangszustand") gebracht werden, aus dem heraus die Teilchen dann zu den Reaktions-Produkten reagieren. Ein Katalysator setzt die Aktivierungs-Energie der Reaktion herab (Abb. 8-3), indem er mit einem der Ausgangsstoffe ein reaktionsfähiges Zwischenprodukt bildet, das rasch mit dem Reaktions-Partner zum Endprodukt weiterreagiert. Der Katalysator wird nach der Reaktion unverändert zurückerhalten.

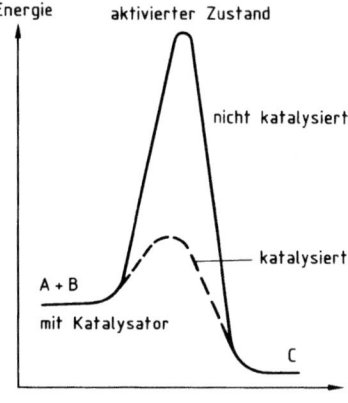

Abb. 8-3. Die Herabsetzung der Aktivierungsenergie für die Reaktion der Ausgangsstoffe A und B zu dem Reaktionsprodukt C durch einen Katalysator führt zu einer Erhöhung der Reaktions-Geschwindigkeit (im Vergleich mit der nicht katalysierten Reaktion).

Von größter Bedeutung für den Ablauf nahezu aller Stoffwechsel-Reaktionen und damit für die Lebensvorgänge sind bestimmte, als **Enzyme** (früher: Fermente) bezeichnete Proteine (Eiweißstoffe). Diese Biokatalysatoren zeichnen sich durch sehr hohe Spezifität aus: Sie katalysieren jeweils nur die Umsetzung ganz bestimmter Stoffwechsel- Produkte, die sie als ihr **Substrat** in einem **Enzym-Substrat-Komplex** binden. Hieraus entsteht das Reaktions-Produkt, der Biokatalysator ist für die folgende Umsetzung wieder verfügbar (Enzym-Katalyse):

Enzym (E) + Substrat (S) ⟶ Enzym-Substrat-Komplex

(E)-(S)-Komplex ⟶ Enzym (E) + Produkt (P)

Allgemein gilt, daß Katalysatoren die Geschwindigkeit der Hinreaktion und die der Rückreaktion erhöhen. Damit beschleunigen sie die Einstellung chemischer Gleichgewichte unter vorgegebenen Bedingungen. Dagegen können Katalysatoren die Lage chemischer Gleichgewichte nicht verändern.

Kontrollfragen

8-1 Welche Wasserstoffoxide werden nach dem Gesetz der multiplen Proportionen gebildet?
8-2 Welche Gase liegen (im Normzustand) als zweiatomige Moleküle vor?
8-3 Vervollständigen Sie die Reaktionsgleichungen:
$N_2 + H_2 \rightleftharpoons NH_3$
$C_4H_{10} + O_2 \longrightarrow CO_2 + H_2O$
8-4 Die Umsetzung von Natriumchlorid mit konzentrierter Schwefelsäure verläuft gemäß:
$2\ NaCl + H_2SO_4 \longrightarrow Na_2SO_4 + 2\ HCl$.
Welche Stoffportion von NaCl (in g) muß umgesetzt werden, um eine Stoffportion Chlorwasserstoff, deren Masse 102 g beträgt, zu erhalten?
8-5 Welches Volumen nimmt diese HCl-Stoffportion bei Normbedingungen ein?
8-6 Weshalb bezeichnet man ein chemisches Gleichgewicht als dynamisches Gleichgewicht?
8-7 Unter gegebenen Bedingungen reagieren die Ausgangsstoffe A und B in einer Gleichgewichts-Reaktion zu den Reaktions-Produkten C und D. Sind Konzentrations-Änderungen meßbar, nachdem sich der Gleichgewichts-Zustand eingestellt hat? (Begründung)
8-8 Welches Fachgebiet untersucht den Energie-Umsatz, der mit jeder chemischen Reaktion einhergeht?
8-9 Unter welchen äußeren Gegebenheiten laufen die meisten chemischen Reaktionen ab?
8-10 Was bewirkt ein Katalysator?
8-11 Welchen Einfluß hat ein Katalysator auf die Lage eines chemischen Gleichgewichts?
8-12 Wie heißen die bei Stoffwechsel-Reaktionen umgesetzten Stoffe und die daran beteiligten Katalysatoren?
8-13 Unter welchen Reaktions-Bedingungen laufen chemische Reaktionen im menschlichen Blutplasma ab?

9 Wasser

9.1 Wasser als Grundlage der Lebensvorgänge

Ohne Wasser und seine vielseitigen Eigenschaften, die es befähigen, als **Milieu der lebenden Zelle**, als **Transport-System** und als **wichtigstes Lösungsmittel** zu dienen, wäre Leben auf der Erde nicht möglich.

So weist z. B. das menschliche Blutplasma einen Wasser-Gehalt von 90-91 Masse-Anteilen auf. Bezogen auf ein Körpergewicht von 70 kg ergeben sich für die drei großen Flüssigkeitsräume des menschlichen Körpers folgende Volumina (abgerundet):
3,5 L Blutplasma
10 L Interstitielle Flüssigkeit (im Zwischenzellraum)
30 L Intrazelluläre Flüssigkeit.

Durch Stoffwechselvorgänge auf der Basis der Nahrungsbestandteile Kohlenhydrate, Fette und Proteine entstehen beim Erwachsenen täglich ca. 300 mL Wasser. Die „Verbrennung" des von organischen Verbindungen bereitgestellten Wasserstoffs mit dem aus der Atemluft aufgenommenen Sauerstoff erfolgt in der Atmungskette und ist als energieliefernder Vorgang von großer Bedeutung.

in gelöster Form enthalten. Auch das als Trinkwasser verwendete Leitungs- oder Quellwasser enthält solche gelösten Stoffe.

Durch Verdampfen dieses Wassers und Kondensieren des Wasserdampfes in Destillations-Apparaturen kann man destilliertes Wasser (aqua destillata) herstellen.

Reines Wasser ist eine chemische Verbindung der Summenformel H_2O. Wie jede chemische Verbindung läßt sich auch Wasser in chemische Elemente zerlegen. Durch Einwirkung des elektrischen Stromes entstehen aus Wasser die gasförmigen Elemente Wasserstoff und Sauerstoff im Volumen-Verhältnis 2 : 1.

$$2 H_2O + \text{Energie} \longrightarrow 2 H_2 + O_2$$

Mischt man Wasserstoff und Sauerstoff im Volumen-Verhältnis 2 : 1, so erhält man eine als Knallgas bezeichnete Gas-Mischung, die bei Zündung explosionsartig zu Wasser reagiert. Bei dieser **Knallgas-Reaktion** wird ein erheblicher Energie-Betrag frei.

$$2 H_{2(g)} + O_{2(g)} \longrightarrow 2 H_2O_{(g)} + \text{Energie}.$$

(Die Angabe „g" in Klammern hinter den Formeln der Reaktions-Teilnehmer bedeutet, daß alle Stoffe hierbei gasförmig vorliegen.)

9.2 Chemische Zusammensetzung

Bei dem in der Natur vorkommenden Wasser (Regenwasser, Grundwasser, Oberflächenwasser, Meerwasser) handelt es sich um Stoff-Gemische. In der Flüssigkeit Wasser sind verschiedene Gase (Regenwasser) und zahlreiche Salze (Meerwasser)

9.3 Wasserstoffbrücken-Bindungen zwischen Wasser-Molekülen

Die Strukturen von Eis und von flüssigem Wasser zeigen eine bemerkenswerte Ordnung. Diese Ord-

nung entsteht dadurch, daß jeweils mehrere Wasser-Moleküle **Wasserstoffbrücken – Bindungen** untereinander ausbilden und so zu Molekül-Verbänden (Schwärmen, Aggregaten, Clustern) miteinander verknüpft werden. Im festen Aggregatzustand (Eis) kann ein Wasser-Molekül Wasserstoff-Brücken zu insgesamt vier Nachbar-Wasser-Molekülen ausbilden:
- Jedes der beiden **freien** Elektronenpaare am O-Atom des zentralen Wasser-Moleküls geht eine **lockere** Wasserstoffbrücken-Bindung zu je einem Nachbar-Wasser-Molekül ein.
- Zu jedem der an das O-Atom durch eine **feste** Elektronenpaar-Bindung gebundenen H-Atome werden von je einem freien Elektronenpaar von Nachbar-Wasser-Molekülen Wasserstoff-Brücken gebildet.

Wie aus Abb. 9-1 hervorgeht, sind auf diese Weise zunächst 1 + 2 + 2, somit 5 Wasser-Moleküle miteinander verknüpft. Die Wasserstoffbrücken-Bindungen sind im Modell durch gestrichelte, relativ lange Linien wiedergegeben. Abb. 9-1 muß man sich nun nach allen angegebenen Richtungen durch weitere Wasserstoffbrücken-Bindungen ergänzt denken. Auf diese Weise ergibt sich die Eis-Struktur.

Um Eis zum Schmelzen zu bringen, ist nur ein verhältnismäßig geringer Energie-Betrag aufzuwenden, da die Wasserstoffbrücken-Bindungen auch im flüssigen Zustand erhalten bleiben. Erst dann, wenn Wasser verdampfen soll, muß der durch die Wasserstoffbrücken-Bindungen bedingte Zusammenhalt „aufgebrochen" werden, was erhebliche Energie-Beträge erfordert.

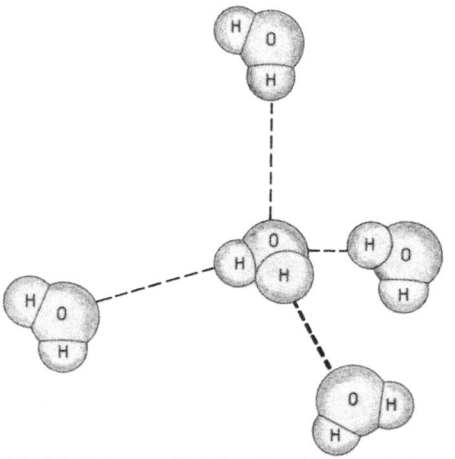

Abb. 9-1. Wasserstoffbrücken-Bindungen zwischen Wasser-Molekülen im festen Aggregatzustand (Eis).

9.4 Wasser als Lösungsmittel

Wasser ist das wichtigste Lösungsmittel überhaupt. Das aus **Dipol-Molekülen**

bestehende Wasser besitzt ein sehr gutes Lösungsvermögen für viele Stoffe,
- die selbst auch Dipol-Eigenschaften haben, wie z. B. die Gase Ammoniak und Chlorwasserstoff, oder
- die aus positiv und negativ elektrisch geladenen Teilchen (Ionen) aufgebaut sind, wie eine Vielzahl an anorganischen und organischen Salzen, oder
- die durch chemische Reaktion mit den Wasser-Molekülen in elektrisch geladene Teilchen zerfallen (dissoziieren), wie Essigsäure, oder
- deren Moleküle den Wasser-Molekülen insoweit ähnlich sind, als sie ein gemeinsames Struktur-Merkmal in Form der O – H-Gruppe enthalten, wie Alkohole und Zucker. Schließlich sind in Wasser auch
- Biopolymere löslich, die eine ausreichende Zahl an polaren Gruppen enthalten, z. B. Albumine und Globuline.

In Wasser gut lösliche Stoffe bezeichnet man als **hydrophil**. Stoffe mit Wasser abweisenden Eigenschaften, z. B. die Fette, bezeichnet man als **hydrophob**.

Das gute Lösungsvermögen von Wasser macht man sich auch bei der Herstellung von Extrakten (wäßrigen Lösungen) aus pflanzlichen und tierischen Materialien zunutze. Viele Pflanzen-Inhaltsstoffe sind in Wasser gut löslich und werden als wäßrige Extrakte direkt verwendet oder zu Arzneistoffen weiterverarbeitet.

9.5 Ionenprodukt des Wassers

Reines Wasser, das weder Salze noch Gase in gelöster Form enthält, weist eine – allerdings nur geringe – **elektrische Leitfähigkeit** auf. Selbst in reinem Wasser müssen also Kationen und Anionen als

9.5 Ionenprodukt des Wassers

Träger elektrischer Ladungen vorliegen, es können nicht ausschließlich Wasser-Moleküle vorhanden sein. Die Konzentration dieser Ionen ist jedoch sehr niedrig.

Die Ionen entstehen durch Übertragung eines Protons zwischen jeweils zwei Wasser-Molekülen: In einem Wasser-Molekül löst sich eine O – H-Bindung in der Weise, daß das Elektronenpaar am Sauerstoff verbleibt, der hierdurch Träger einer negativen Ladung wird; das resultierende, positiv geladene Wasserstoffion (Proton) wird auf das an-\dere Wasser-Molekül übertragen und durch ein (bis dahin) freies Elektronenpaar gebunden. Hierdurch ergibt sich eine positive Ladung am Sauerstoff (s. auch Abb. 9-2).

$$H_2O + H_2O \rightleftharpoons H_3O^\oplus + OH^\ominus$$

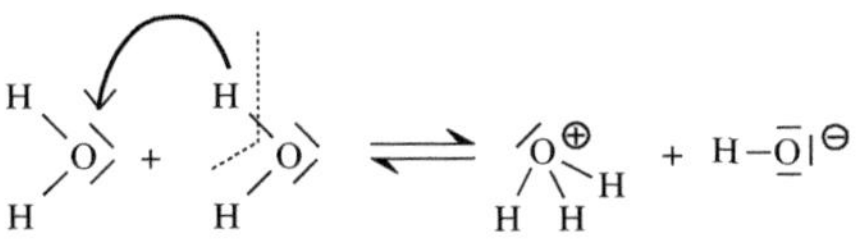

Protonen-abgebende Stoffe nennt man Protonen-Donatoren, Protonen-aufnehmende Stoffe Protonen-Acceptoren. Wasser kann sowohl als Protonen-Donator als auch als Protonen-Acceptor reagieren: Es verhält sich **amphoter**. Die Protonenübertragung bezeichnet man als Protolyse; da an der beschriebenen Protolyse ausschließlich Wasser-Moleküle beteiligt sind, spricht man von **Autoprotolyse** des Wassers. Die dabei entstehenden Ionen heißen:

Oxonium-Ionen, $H_3O^\oplus$

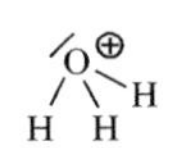

Hydroxid-Ionen, $OH^\ominus$

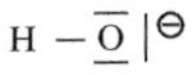

Die Namen dieser Ionen ergeben sich aus: Oxygenium für Sauerstoff, Hydrogenium für Wasserstoff, der Endung -onium, die eine positive Ladung bezeichnet (Oxonium-Ionen, $H_3O^\oplus$), und der für Anionen typischen Endung -id (Hydroxid-Ionen, $OH^\ominus$).

Das Vorhandensein von Oxonium-Ionen und Hydroxid-Ionen in reinem Wasser ist die Ursache für dessen elektrische Leitfähigkeit. Von jedem H-Atom eines Oxonium-Ions kann eine Wasserstoffbrücken-Bindung zu einem Wasser-Molekül gebildet werden, was zu **Hydronium-Ionen** führt, das sind mit Wasser-Molekülen durch Wasserstoffbrücken-Bindungen verknüpfte Oxonium-Ionen. Wird von jedem der drei untereinander vollkommen gleichartigen H-Atome des Oxonium-Ions je eine Wasserstoffbrücken-Bindung zu einem Wasser-Molekül ausgebildet, so entstehen $H_9O_4^\oplus$-Ionen:

$$H_3O^\oplus + 3\,H_2O \rightleftharpoons H_9O_4^\oplus$$

Der räumliche Aufbau dieser Ionen ist in Abb. 9-3 wiedergegeben.

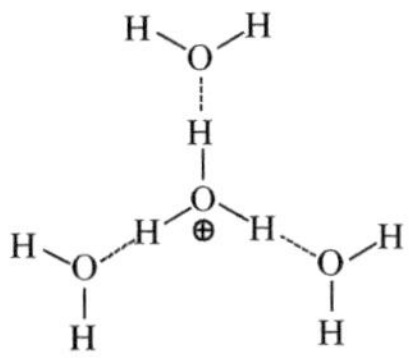

Abb. 9-3. Durch Wasserstoffbrücken-Bindungen zu drei Wasser-Molekülen entstehen aus Oxonium-Ionen $H_3O^\oplus$ die Ionen $H_9O_4^\oplus$.

Vereinfachend bezeichnet man die in Wasser neben den Hydroxid-Ionen vorliegenden Kationen oft als **Wasserstoffionen** (Protonen, $H^\oplus$-Ionen). Dabei muß man sich aber der Tatsache bewußt sein, daß in Wirklichkeit in Wasser keine freien Protonen (Wasserstoff-Kerne) vorhanden sind! Ebenso vereinfachend kann man die Reaktions-Gleichung für die Autoprotolyse des Wassers:

$$H_2O + H_2O \rightleftharpoons H_3O^\oplus + OH^\ominus$$

auch so schreiben:

$$H_2O \rightleftharpoons H^\oplus + OH^\ominus$$

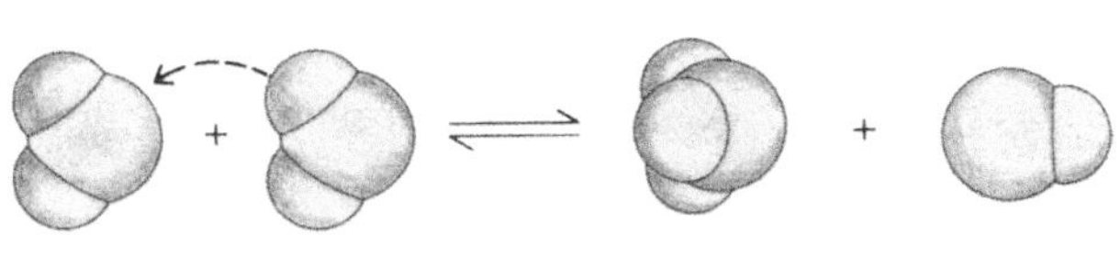

Abb. 9-2. Protonen-Übertragungsreaktion zwischen Wasser-Molekülen (Kalotten-Modelle) (s.a. Farbtafel).

Jede dieser beiden Gleichungen zeigt, daß in **reinem** Wasser stets ebensoviele Oxonium-Ionen bzw. Wasserstoffionen wie Hydroxid-Ionen vorhanden sind. Für reines Wasser und für alle neutralen wäßrigen Lösungen gilt: Die Teilchenanzahl an $H_3O^{\oplus}$-Ionen bzw. an $H^{\oplus}$-Ionen ist gleich der Teilchenanzahl an $OH^{\ominus}$-Ionen. Durch die Stoffmengen-Konzentration (mol/L) ausgedrückt, ergibt sich als **Neutralitätsbedingung**:

$c(H_3O^{\oplus}) = c(OH^{\ominus})$

bzw.

$c(H^{\oplus}) = c(OH^{\ominus})$

Betrachtet man die **Dissoziation von Wasser**

$H_2O \rightleftharpoons H^{\oplus} + OH^{\ominus}$

unter Anwendung des Massenwirkungsgesetzes

$$K = \frac{c(H^{\oplus}) \cdot c(OH^{\ominus})}{c(H_2O)}$$

quantitativ, so ergeben sich zwei Fragen:
1. Wie groß ist die Stoffmengen-Konzentration an Wasser in einem Volumen von 1 L bei 25 °C?
2. Wie ändert sich diese Konzentration durch die Dissoziation von Wasser-Molekülen in $H^{\oplus}$- und $OH^{\ominus}$-Ionen?

Aus dem Volumen des Wassers $V(H_2O) = 1$ L kann man die Stoffmenge und die Konzentration berechnen:

Wasser-Volumen: $V(H_2O) = 1000$ mL
Dichte von Wasser
bei 25°C: $\rho(H_2O) = 0{,}99704$ g/mL
daraus ergibt sich
die Masse von
1000 mL Wasser: $m(H_2O) = 997{,}04$ g
Molare Masse von
Wasser: $M(H_2O) = 18{,}015$ g/mol
daraus ergibt sich
die Stoffmenge des
Wassers: $n(H_2O) = 55{,}34$ mol
und die Stoffmengen-
Konzentration: $c(H_2O) = 55{,}34$ mol/L

Die Konzentration an Wasserstoffionen und Hydroxid-Ionen bei einer gegebenen Temperatur (hier: 25 °C) kann man durch **Messung der elektrischen Leitfähigkeit** experimentell ermitteln, sie ist sehr niedrig und liegt in der Größenordnung von jeweils 10^{-7} mol/L. Da nur sehr wenig Wasser dissoziiert, verringert sich die H_2O-Konzentration praktisch nicht; man kann sie als konstant ansehen und durch Umformen der Gleichung

$$K = \frac{c(H^{\oplus}) \cdot c(OH^{\ominus})}{c(H_2O)}$$

in

$K \cdot c(H_2O) = c(H^{\oplus}) \cdot c(OH^{\ominus})$

mit der Gleichgewichts-Konstante K (durch Multiplikation) zu einer weiteren Konstante K_W zusammenfassen, die man als **Ionenprodukt des Wassers** („W" als Abkürzung für Wasser) bezeichnet. So ergibt sich die Gleichung:

$K \cdot c(H_2O) = K_W = c(H^{\oplus}) \cdot c(OH^{\ominus})$

Die Dissoziation des Wassers ist ein von der Temperatur abhängiges chemisches Gleichgewicht, daher ist auch die Größe des Ionenprodukts temperaturabhängig. Einige Zahlenwerte für das Ionenprodukt des Wassers bei verschiedenen Temperaturen und die entsprechenden pH-Werte sind in folgender Tabelle angegeben:

Temperatur in °C	Ionenprodukt des Wassers K_W in mol^2/L^2	pH-Wert
10	$0{,}292 \cdot 10^{-14}$	7,267
20	$0{,}681 \cdot 10^{-14}$	7,084
22	$\mathbf{1{,}000 \cdot 10^{-14}}$	**7,000**
25	$1{,}008 \cdot 10^{-14}$	6,998
37	$2{,}398 \cdot 10^{-14}$	6,810
40	$2{,}919 \cdot 10^{-14}$	6,767

Die K_W-Werte sind um so größer, je höher die Temperatur ist. Dies zeigt, daß die *Dissoziation des Wassers in Ionen und demzufolge auch das Ionenprodukt mit steigender Temperatur zunimmt*. Bei 25°C, der Temperatur, die den Angaben über die Dissoziation von Säuren in Tabellenwerken meist zugrundeliegt, hat das Ionenprodukt des Wassers abgerundet folgenden Wert:

$K_W = 1{,}00 \cdot 10^{-14}$ mol^2/L^2

Aus diesem Wert kann man die Wasserstoffionen-Konzentration und die genau gleich große

Hydroxid-Ionen-Konzentration berechnen.

Bei 25 ° gilt:

$1{,}00 \cdot 10^{-14} = c(H^{\oplus}) \cdot c(OH^{\ominus})$

sowie

$c(H^{\oplus}) \cdot c(OH^{\ominus})$

Wenn man für die $H^{\oplus}$**-Ionen-Konzentration** x mol/L einsetzt, dann ergibt sich aufgrund der gleich großen $OH^{\ominus}$-Ionen-Konzentration

$x \cdot x = x^2 = 1{,}00 \cdot 10^{-14}$ mol²/L²

$x = \sqrt{K_W} = \sqrt{1{,}00} \cdot \sqrt{10^{-14}} = 1{,}0 \cdot 10^{-7}$ mol/L

Bei 25 ° ist demnach in reinem Wasser:

$c(H^{\oplus}) = c(OH^{\ominus}) = 1{,}0 \cdot 10^{-7}$ mol/L

Somit beträgt die Wasserstoffionen-Konzentration und die Hydroxid-Ionen-Konzentration ein Zehnmillionstel mol/L

$c(H^{\oplus}) = c(OH^{\ominus}) = 10^{-7}$ mol/L $=$

$= \dfrac{1}{10\,000\,000}$ mol/L

Bei **37 °C** ergibt sich aus dem größeren Ionenprodukt in reinem Wasser:

$x^2 = 2{,}398 \cdot 10^{-14}$ mol²/L²

$x = \sqrt{2{,}398 \cdot 10^{-14}}$ mol/L

$c(H^{\oplus}) = c(OH^{\ominus}) = 1{,}55 \cdot 10^{-7}$ mol/L

$c(H^{\oplus}) = \dfrac{1{,}55}{10\,000\,000}$ mol/L

Da derartige Angaben (Potenzen mit negativem Exponenten) wenig übersichtlich sind, hat man den **pH-Wert** definiert:

Der pH-Wert ist der negative dekadische Logarithmus der Wasserstoffionen-Konzentration (die Einheit mol/L läßt man dabei weg).

$pH = -\lg c(H^{\oplus})$

In reinem Wasser und in neutral reagierenden wäßrigen Lösungen gilt stets:

$c(H^{\oplus}) = c(OH^{\ominus})$

$c(H^{\oplus}) \cdot c(OH^{\ominus}) = K_W$

Nur bei 25°C (genauer bei 22°C) haben reines Wasser und neutral reagierende wäßrige Lösungen den pH-Wert 7,0. Für andere Temperaturen ergeben sich dagegen andere pH-Werte:

Temperatur in °C	$c(H^{\oplus})$ in mol/L	pH-Wert
10	$0{,}54 \cdot 10^{-7}$	7,27
25	$1{,}0 \cdot 10^{-7}$	7,00
37	$1{,}55 \cdot 10^{-7}$	6,81

Entsprechend wie den pH-Wert kann man auch einen pOH-Wert definieren:

$pOH = -\lg c(OH^{\ominus})$

Auch der Zahlenwert des Ionenproduktes des Wassers kann als negativer dekadischer Logarithmus dargestellt werden

$pK_W = -\lg K_W$

Für Wasser und alle wäßrigen Lösungen gilt die Beziehung

$pH + pOH = pK_W$

Bei 25 ° ist $pK_W = 14$, so daß jede pH-Angabe leicht in die entsprechende pOH-Angabe umgerechnet werden kann nach der Gleichung:

$pH + pOH = 14$

9.6 Die Härte des Wassers

Wasser enthält je nach Herkunft, z. B. bedingt durch die regional verschiedenartige Beschaffenheit der Bodenschichten, unterschiedliche Anteile an gelösten Salzen. Den Gehalt an Calcium- und Magnesium-Ionen bezeichnet man als **Gesamthärte** des Wassers. International wird die Gesamthärte des Wassers in Millimol pro Liter (mmol/L) angegeben. In Deutschland ist es noch gebräuchlich, die Wasser-Härte in Deutschen Härtegraden (°d) anzugeben. Ein Deutscher Grad (1°d) entspricht einem Gehalt an 10 mg Calciumoxid in einem Liter Wasser. (CaO liegt in wäßriger Lösung nicht vor; es war nur üblich, das Ergebnis der Härte-Bestimmung in dieser Form auszudrücken.)

Da 10 mg Calciumoxid aufgerundet 0,18 mmol CaO entsprechen, ergeben sich für die Konzentration an Ca- und Mg-Ionen in mmol/L (Gesamthärte) folgende Entsprechungen:

0,18 mmol/L $\stackrel{\wedge}{=}$ 1 °d
1 mmol/L $\stackrel{\wedge}{=}$ 5,6 °d

Nach dem Waschmittelgesetz werden folgende Härtebereiche unterschieden:

Härtebereich	$c(Ca^{\oplus\oplus}$ und $Mg^{\oplus\oplus})$ mmol/L	°d
1 (weich)	bis 1,3	bis 7
2 (mittelhart)	1,3–2,5	7–14
3 (hart)	2,5–3,8	14–21
4 (sehr hart)	>3,8	>21

Die Härte des Wassers wird überwiegend durch den Gehalt an Calcium-hydrogencarbonat bestimmt. Für die Unterteilung in temporäre und permanente Härte ist der Gehalt an Ca- und Mg-Hydrogencarbonat bzw. an Ca- und Mg-Sulfat maßgebend.

Durch Erhitzen von hartem Wasser wird das Gleichgewicht zwischen Hydrogencarbonat- und Carbonat-Ionen zur rechten Seite hin verschoben, weil gasförmiges CO_2 entweicht:

$$2HCO_3^{\ominus} \rightleftharpoons CO_3^{\ominus\ominus} + H_2O + CO_2\uparrow$$

Infolgedessen fallen die schwerlöslichen Carbonate $CaCO_3$ und $MgCO_3$ (als Kesselstein) aus.

Beim Waschen mit Seifen in hartem Wasser fallen die Calcium- und Magnesium-Salze der langkettigen Fettsäuren (z. B. Calcium-stearat) aus.

Es werden verschiedene Verfahren zur Herabsetzung der Wasser-Härte angewendet, die entweder darauf beruhen, Ca- und Mg-Ionen an Ionenaustauscher zu binden oder durch Zusatz von Komplexbildnern wie Pentanatrium-triphosphat oder Trinatrium-nitrilotriacetat $[N(CH_2-COO^{\ominus} Na^{\oplus})_3]$ in Lösung zu halten.

Kontrollfragen

9-1 Welches sind die drei großen Flüssigkeitsräume des menschlichen Körpers?

9-2 Formulieren Sie die Reaktions-Gleichung für die Entstehung von 2 mol Wasser aus den Elementen.

9-3 Welche Energie-Bilanz (nach Aufwenden der Aktivierungs-Energie) ergibt sich für die Reaktion gemäß 9-2?

9-4 Durch welchen Vorgang kann man den Zerfall von Wasser in die Elemente erzwingen?

9-5 Welche Eigenschaft der Wasser-Moleküle resultiert aus dem Bindungswinkel sowie der hohen Elektronegativität der Sauerstoff-Atome?

9-6 Wie erklärt sich die in Relation zur molaren Masse außergewöhnlich hohe Siedetemperatur von Wasser?

9-7 Für welche Art von Lösungsmittel ist Wasser das wichtigste Beispiel?

9-8 Welche Stoffklassen sind in Wasser in der Regel löslich?

9-9 Was sind Hydrate?

9-10 Was bedeuten die Begriffe hygroskopisch, hydrophil und hydrophob?

9-11 Formulieren Sie die Reaktions-Gleichung für die Autoprotolyse von Wasser.

9-12 Welche Ionen entstehen hierbei?

9-13 Worauf ist die auch bei reinem Wasser vorhandene elektrische Leitfähigkeit zurückzuführen?

9-14 Was besagt der Begriff amphoter?

9-15 Aus welchem Grunde reagiert Wasser „neutral"?

9-16 Welche Aussage gilt für alle neutral reagierenden wäßrigen Lösungen?

9-17 In welcher Weise hängt das Ionenprodukt des Wassers von der Temperatur ab?

9-18 Welchen Wert hat das Ionenprodukt des Wassers bei 22 °C?

9-19 Welcher Wasserstoffionen- und Hydroxidionen-Konzentration entspricht dies?

9-20 Geben Sie die pH-Definition in Worten und als Gleichung wieder.

10 Lösungen

10.1 Übersicht

Im lebenden Organismus werden zahlreiche Stoffe in gelöster Form mit den Körperflüssigkeiten transportiert, und die Stoffwechsel-Vorgänge finden in wäßriger Lösung statt. Im chemischen Labor und in der Technik werden außerdem auch organische Lösungsmittel (flüssige organische Verbindungen) verwendet. Eine **Lösung** ist stets eine Stoff-Mischung (Stoff-Gemisch), bestehend aus:
- einem in der Regel mengenmäßig überwiegenden flüssigen Stoff, dem **Lösungsmittel** (Solvens, Lösemittel), und
- dem oder den darin **gelösten Stoff(en)**.

Der gelöste Stoff liegt vor dem Auflösen in einem der drei Aggregatzustände (fest, flüssig oder gasförmig) vor. Nach dem Auflösen sind seine kleinsten Teilchen durch *Diffusion* in dem Lösungsmittel fein verteilt. Bei gelösten Feststoffen unterscheidet man in Abhängigkeit von der Teilchengröße des gelösten Stoffes in Wasser zwischen
- echten Lösungen (Teilchengröße kleiner als 10^{-7} cm) und
- kolloidalen Dispersionen (Teilchengröße von 10^{-5} bis 10^{-7} cm).

Kolloidale Dispersionen entstehen durch Auflösen makromolekularer Stoffe, deren Teilchen Moleküle mit sehr großer molarer Masse sind (z. B. wasserlösliche Proteine, Polysaccharide, Nucleinsäuren). Echte Lösungen kann man durch Betrachten nicht von dem reinen Lösungsmittel unterscheiden (es sei denn, der gelöste Stoff ist farbig). Sie bilden ein homogenes Mehrkomponenten-System, eine homogene Mischphase. Dagegen ist es eine Besonderheit der in **kolloidalen Dispersionen** vorliegenden Teilchen, seitlich eingestrahltes Licht zu streuen (Tyndall-Effekt).

Zur Herstellung von Lösungen muß man die Eigenschaften der zu lösenden Stoffe und der Lösungsmittel kennen. Die zu lösenden Stoffe kann man unterteilen in:
- Polare Stoffe, aufgebaut aus Ionen oder Molekülen mit stark polarisierten Elektronenpaar-Bindungen (Molekülen mit hydrophilen Atomgruppen).
- Unpolare (nicht polare, schwach polare) Stoffe, aufgebaut aus Molekülen mit nicht oder nur in geringem Maße polarisierten kovalenten Bindungen.

Polare Stoffe (hydrophil)	Unpolare Stoffe (hydrophob, lipophil)
Salze, Oxide, Hydroxide	Kohlenwasserstoffe
anorganische Säuren	(z. B. Paraffine)
Carbonsäuren, Sulfonsäuren	Ester und Wachse
anorganische Basen	Fette
Amine	Cholesterin
bestimmte Aminocarbonsäuren	Aminocarbonsäuren
Alkohole und Zucker	langkettige Alkohole
Wasserlösliche Vitamine	fettlösliche Vitamine

Auch die Lösungsmittel lassen sich in polare und unpolare Solventien einteilen. Nach der Regel:

„Ähnliches löst sich in Ähnlichem"

lösen sich polare Stoffe in polaren Lösungsmitteln, unpolare Stoffe in unpolaren Lösungsmitteln.

Lösungsmittel

Lösungsmittel (auch Lösemittel genannt) sind Flüssigkeiten, die man dazu verwendet, feste Stoffe, andere flüssige oder ölige Stoffe oder gasförmige Stoffe in Lösung zu bringen und sie hierbei in dem betreffenden Lösungsmittel *gleichmäßig zu verteilen*. Hiernach sind die erhaltenen **Lösungen** *homogen*. Das wichtigste Lösungsmittel ist Wasser.

Es gibt jedoch viele Stoffe, die sich *wasserabweisend (hydrophob)* verhalten und daher in Wasser nur in geringem Maße oder praktisch nicht löslich (unlöslich) sind, wie z. B. Fette und Öle sowie fettähnliche Verbindungen (*Lipide*). Um Stoffe mit *lipohilen* Eigenschaften in Lösung zu bringen, verwendet man *unpolare* flüssige organische Verbindungen als Lösungsmittel.

Für viele Anwendungen, wie Extraktionen und Auftrennungen von Stoff-Gemischen, verwendet man Mischungen aus zwei oder drei Lösungsmitteln in bestimmten Volumen-Anteilen, z. B. aus Wasser und Alkoholen.

Von der vorgesehenen Verwendung hängt es auch ab, welchen *Reinheitsgrad* die eingesetzten Lösungsmittel haben müssen.

Lösungsmittel verwendet man z. B., um Extrakte aus pflanzlichen Materialien (Wurzeln, Rinde, Blättern oder Blüten) herzustellen. Dabei hängt es von den Eigenschaften des eingesetzten Lösungsmittels ab, welche Bestandteile der aufzutrennenden Stoff-Gemische in Lösung gehen und welche ungelöst bleiben.

In Tab. 10-1 sind oft verwendete Lösungsmittel nach ihrer **Polarität** (Kap. 9.4) geordnet. Unpolare und schwach polare Lösungsmittel stehen in der Tabelle oben, stark polare in der unteren Hälfte.

Lösungsmittel mit *zunehmender Polarität* bilden **Eluotrope Reihen**. Die Reihenfolge von Lösungsmitteln in solchen nach ihrer Polarität aufgestellten Reihen ist von mehreren Kriterien abhängig. Sie gibt nützliche Hinweise für die Auswahl von Lösungsmitteln als *Elutionsmittel bei der Adsorptions-Chromatographie* (Kap. 2.5.4). Die durch einen * hervorgehobenen Lösungsmittel sind *mit Wasser unbegrenzt mischbar*.

Tab. 10-1: Nach ihrer **Polarität** geordnete Lösungsmittel (Die Abkürzung „KW" steht für Kohlenwasserstoffe)

Lösungsmittel	Verbindungsklasse	Sdp. (°C)	Dichte (g/mL bei 20°C)
n-Pentan	KW	36	0,626
2-Methyl-pentan	KW	60	0,653
n-Hexan	KW	69	0,659
Cyclohexan	cyclische KW	81	0,779
Toluol	aromatische KW	111	0,867
Diethylether	Ether	35	0,719
Chloroform	Chlor-KW	61	1,489
1,2-Dichlor-ethan	Chlor-KW	83,5	1,25
Dichlormethan	Chlor-KW	40	1,325
1-Butanol	Alkohole	117	0,810
Acetonitril*	Nitrile	82	0,782
Pyridin*	N-Heterocyclen	116	0,983
2-Propanol*	Alkohole	82	0,785
1-Propanol*	Alkohole	97	0,804
Ethylacetat	Ester	77	0,901
Aceton*	Ketone	56	0,791
Ethanol*	Alkohole	78	0,789
1,4-Dioxan*	cyclische Ether	101	1,034
Methanol*	Alkohole	65	0,792
Dimethylformamid*	Carbonamide	152	0,950
Formamid*	Carbonamide	211	1,134
Wasser		100	0,998

Wenn ein (fester)Stoff in Lösung geht, so werden seine kleinsten Teilchen (Ionen oder Moleküle) von den Lösungsmittel-Molekülen umgeben. Um die gelösten Teilchen herum bildet sich eine Lösungsmittel-Hülle. Zur Beschreibung dieses Vorgangs verwendet man folgende Begriffe:

allgemein:	für Wasser als Lösungsmittel
Solvat-Hülle	Hydrat-Hülle
Solvatation	Hydratation
Solvat(e)	Hydrat(e)
solvatisieren	hydratisieren

Die überragende Bedeutung von Wasser als Lösungsmittel rechtfertigt eigene Begriffe (s.o.).

Es geschieht häufig, daß ein fester Stoff beim Kristallisieren aus einer Lösung Lösungsmittel-Moleküle in sein Kristallgitter „einbaut". Er kristallisiert dann als Solvat, aus wäßriger Lösung als Hydrat.

10.2 Wäßrige Lösungen

Da die Lebensvorgänge in wäßrigen Lösungen ablaufen, werden wir uns nun ausschließlich mit Lösungen fester, flüssiger und gasförmiger Stoffe in Wasser beschäftigen.

In dem polaren, aus Dipol-Molekülen bestehenden Lösungsmittel Wasser lösen sich zahlreiche polare Stoffe:

– **Salze**, die sich von anorganischen und organischen Säuren und Basen ableiten und die bereits in festem Zustand aus Ionen aufgebaut sind.

– **Potentielle Elektrolyte**, das sind Verbindungen (Säuren und Basen), die aus Molekülen aufgebaut sind, beim Auflösen in Wasser aber zu Ionen dissoziieren.

– **Hydrophile Stoffe**, die aus Molekülen mit hydrophilen Atomgruppen (-OH, -NH$_2$) aufgebaut sind, wie Alkohole, Zucker (Monosaccharide) und Aminosäuren.

Polysaccharide (Stärke) und Eiweißstoffe müssen durch Verdauungsvorgänge bis zu ihren kleinsten wasserlöslichen Bausteinen abgebaut werden, da nur diese Moleküle resorbiert und in wäßriger Lösung transportiert werden. Auch Verbindungen, die der Organismus mit dem Harn ausscheidet, sind wasserlöslich, z. B. Harnstoff.

Das unterschiedliche Verhalten der zu lösenden Stoffe gegenüber Wasser drückt sich in ihrer **Löslichkeit** aus. *Die Löslichkeit gibt an, wieviel Gramm reiner Stoff von 100 g Lösungsmittel (z. B. Wasser) bei einer bestimmten Temperatur maximal gelöst werden.*

$$\text{Löslichkeit} = \frac{\text{Masse reiner Stoff in g}}{100 \text{ g Lösungsmittel}}$$

In der Regel nimmt die Löslichkeit eines festen Stoffes in Wasser mit der Temperatur erheblich zu. Ausnahmen von dieser Regel sind Salze wie Natriumchlorid, deren Löslichkeit bei Temperatur-Erhöhung nur in geringem Maße zunimmt, oder Natriumsulfat und Lithiumcarbonat, deren Löslichkeit bei Temperatur-Erhöhung sogar abnimmt. In der folgenden Zusammenstellung sind Löslichkeits-Angaben für einige anorganische Salze bei unterschiedlichen Temperaturen aufgeführt.

	Löslichkeit in g/100 g Wasser			
Gelöster Stoff bei	10°C	20°C	40°C	80°C
$AgNO_3$	159,4	215,5	334,8	651,9
$BaCl_2$	33,3	35,1	40,8	52,0
$Ba(OH)_2$	2,56	4,06	8,58	115,0
$CuSO_4$	16,8	20,3	28,5	56,0
$K_2Cr_2O_7$	7,87	12,4	26,6	72,4
KNO_3	21,2	31,6	64,7	166,7
$PbCl_2$	0,75	0,98	1,44	2,62
NaCl	35,8	36,05	36,6	37,9
Li_2CO_3	1,435	1,34	1,16	0,847

Abbildung 10–1 zeigt die Abhängigkeit der Löslichkeit von der Temperatur: Je steiler der Kurven-Verlauf ist, umso stärker nimmt die Löslichkeit des betreffenden Salzes mit der Temperatur zu.

Bei der Zusammenstellung der Löslichkeits-Angaben wurden bis auf Bleichlorid, Lithiumcarbonat und Bariumhydroxid, gut wasserlösliche Salze ausgewählt. Es gibt bei Salzen, Oxiden, Hydroxiden und Sulfiden jedoch sehr erhebliche **Löslichkeits-Unterschiede.** Zu den wenig wasserlöslichen Salzen gehört Kaliumperchlorat $KClO_4$, zu den praktisch unlöslichen Bariumsulfat, $BaSO_4$. In der Analytischen Chemie sind unslösliche Salze oft von Bedeutung, weil man bestimmte Ionen im Rahmen eines „Trennungsganges" in Form ihrer unlöslichen Salze aus der wäßrigen Lösung ausfällen kann.

Die Löslichkeits-Angaben sind nur eine von mehreren Möglichkeiten, den Gehalt an gelöstem Stoff in einer Lösung quantitativ anzugeben. Häufig wählt man die Stoffmengen-Konzentration mol/L (mol gelöster Stoff in 1 L Lösung), um den Gehalt einer wäßrigen Lösung an einem gelösten Stoff auszudrücken.

Folgende Einteilung der in Wasser zu lösenden Stoffe hat sich (trotz der Ausnahmen von den Regeln) als nützliche **Orientierung** erwiesen:

löslich	mindestens 10 g/L
mäßig löslich	1 g/L bis 10 g/L
unlöslich	weniger als 1 g/L

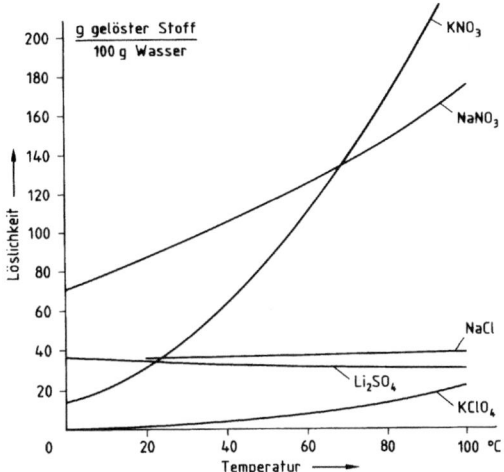

Abb. 10-1. Salze weisen große Unterschiede in ihrer Wasser-Löslichkeit auf. Die Löslichkeits-Kurve zeigt die Abhängigkeit der Löslichkeit eines reinen wasserfreien Salzes von der Temperatur (nach: F. Merten: *Der Chemielaborant.* Teil 1. Schroedel Verlag, Hannover, 8. Aufl. 1978).

Wasser-**löslich** sind:

Nitrate	$NO_3^\ominus$
Nitrite	$NO_2^\ominus$
Chlorate	$ClO_3^\ominus$
Acetate	$H_3C-COO^\ominus$
Chloride	$Cl^\ominus$
Bromide	$Br^\ominus$
Iodide	$I^\ominus$
Thiocyanate (Rhodanide)	$SCN^\ominus$
Sulfate	$SO_4^{\ominus\ominus}$

Ausnahmen sind die folgenden **unlöslichen** oder

nur **mäßig löslichen** Silber-, Kupfer(I)-, Quecksilber(I)- und Bleisalze:

AgCl, AgBr, AgI, AgSCN, CuCl, CuBr, CuI,
Hg_2Cl_2, Hg_2Br_2, Hg_2I_2
$PbCl_2$, $PbBr_2$, PbI_2, $Pb(SCN)_2$
und die Sulfate:

$SrSO_4$, $BaSO_4$, $PbSO_4$ (unlöslich)
$CaSO_4$, Ag_2SO_4 (mäßig löslich).

Den wasser-löslichen Salzen stehen zahlreiche wasser-unlösliche Ionen-Verbindungen gegenüber. Wasser-unlöslich sind (mit Ausnahme der entsprechenden Alkalimetall- und Ammonium-Verbindungen, die wasser-löslich sind):

Sulfide	S^{2-}
Sulfite	SO_3^{2-}
Carbonate	CO_3^{2-}
Oxalate	$^-OOC-COO^-$
Phosphate	PO_4^{3-}
Hydroxide	OH^-

Ca-, Sr- und Ba-Hydroxid sind mäßig löslich.

Der Vorgang des Auflösens („in-Lösung-Gehens") von Ionen-Verbindungen in Wasser läßt sich anschaulich beschreiben. In einem aus Ionen bestehenden Kristall sind die Ionen an feste Plätze gebunden. Auf im Inneren des Ionen-Gitters befindliche Kationen wirken allseitig Anziehungskräfte der räumlich benachbarten Anionen und umgekehrt. Dagegen sind die Anziehungskräfte auf die an den Außenflächen des Kristalls befindlichen Ionen nicht so stark. Hier setzt beim Auflösen von Ionen-Verbindungen in Wasser die Hydratation ein: Die Ionen treten aus dem Kristallgitter in das Lösungsmittel Wasser über. Es entsteht eine wäßrige, bewegliche Ionen enthaltende Lösung. Die Ionen werden von den Dipol-Molekülen des Lösungsmittels Wasser umgeben (Hydrat-Hülle).
Abb. 10-2 (Farbtafel) zeigt in wäßriger Lösung vorliegende **hydratisierte Kationen und Anionen**.
Metall-Kationen sind in wäßriger Lösung meist von einer ganz bestimmten Anzahl Wasser-Moleküle (meist sechs oder vier) umgeben. Die Bindung der Wasser-Moleküle an die Ionen kann so stark sein, daß Wasser-Moleküle mit in das Ionen-Gitter eingebaut werden, wenn Salze aus wäßrigen Lösungen kristallisieren. So kommt es, daß zahlreiche Verbindungen aus wäßrigen Lösungen mit einem **Kristallwasser**-Gehalt kristallisieren, der gesondert angegeben wird, z. B.
Oxalsäure-dihydrat, $H_2C_2O_4 \cdot 2 H_2O$

Kupfersulfat-pentahydrat, $CuSO_4 \cdot 5 H_2O$
Zinksulfat-heptahydrat, $ZnSO_4 \cdot 7 H_2O$.

10.3 Gehalts-Angaben von Lösungen

Lösungen sind Mischphasen, die aus dem Lösungsmittel und, im einfachsten Fall, einem gelösten Stoff bestehen. Zur vollständigen Beschreibung einer Lösung müssen qualitative Angaben über die Art des Lösungsmittels (Wasser) und des gelösten Stoffes (z. B. NaCl) durch quantitative Angaben über den „Gehalt" der Lösung an gelöstem Stoff ergänzt werden.
Gemäß DIN 1310 vom Februar 1984 ist **Gehalt** ein Oberbegriff, der alle Angaben über die Zusammensetzung von Lösungen (Mischphasen) einschließt.
Der Gehalt von Mischphasen an gelösten Stoffen und Lösungsmittel kann auf unterschiedliche Weise quantitativ ausgedrückt werden. Für jeden einzelnen Stoff kann man Masse, Volumen oder Stoffmenge angeben. Jede dieser Angaben kann man in Beziehung setzen zur Masse, dem Volumen oder der Stoffmenge der Lösung **insgesamt**. Hieraus ergeben sich Quotienten (Brüche), die man entweder als **Anteil** oder als **Konzentration** bezeichnet. *Anteile sind stets Quotienten aus gleichen Größen*, so daß anstelle einer Dimensions-Angabe (wie g/g) auch Angaben in %, Promille (‰) oder Teile pro Millionen (ppm) üblich sind. Konzentrationen sind stets auf ein bestimmtes Volumen bezogene Größen. Die Teilchen des gelösten Stoffes bezeichnet man mit X. Sie müssen genau angegeben werden und können Ionen, Äquivalentteilchen oder Moleküle sein. Die wichtigsten Gehalts-Angaben sind:

Gehalts-Angabe	Symbol	Alte Bezeichnung
Stoffmengen-Konzentration	c	(Molarität, M) molar
Äquivalent-Konzentration	c(eq)	(Normalität, normal. N)
Molalität	b	
Massen-Anteil	w	(Massen-Prozent)
Massen-Konzentration	ß	
Volumen-Konzentration	σ	(Volumen-Prozent)

10.3.1 Stoffmengen-Konzentration

Symbol c   Übliche Einheit: mol/L

Die **Stoffmengen-Konzentration** (DIN 32625) eines gelösten Stoffes mit den Teilchen X, Formelzeichen c(X), ist der Quotient aus der Stoffmenge n(X) der gelösten Stoffportion und dem Volumen V der Lösung:

$$c(X) = \frac{n(X)}{V}$$

Die Stoffmengen-Konzentration c gibt somit an, wieviel mol eines gelösten Stoffes in 1 L Lösung enthalten sind. Sie wird häufig kurz als Konzentration bezeichnet und ist die Grundlage für Berechnungen von Gleichgewichts-Konstanten bei chemischen Gleichgewichten und von pH-Werten. Zu beachten ist, daß sich die Stoffmengen-Konzentration auf das Volumen der Lösung (gelöster Stoff + Lösungsmittel) insgesamt und nicht auf das Volumen des Lösungsmittels allein bezieht.

Die *Herstellung von Lösungen mit einer bestimmten Stoffmengen-Konzentration* wollen wir uns am Beispiel der Herstellung einer wäßrigen Lösung von Kaliumhydrogencarbonat (Urtitersubstanz) verdeutlichen. Die Stoffmengen-Konzentration soll 0,1 mol/L betragen:

$c(KHCO_3) = 0,1$ mol/L

Die **molare Masse** von $KHCO_3$ entnehmen wir z. B. einer der im Literaturverzeichnis aufgeführten Tabellen:

$M(KHCO_3) = 100,1$ g/mol

Aus der vorgegebenen Stoffmenge läßt sich mit Hilfe folgender Gleichung die abzuwiegende Masse berechnen:

Molare Masse = $\dfrac{\text{Masse}}{\text{Stoffmenge}}$ $M(X) = \dfrac{m(X)}{n(X)}$

umgeformt:

Masse = molare Masse · Stoffmenge

$m(X) = M(X) \cdot n(X)$

$ = 100,1$ g/mol · 0,1 mol = 10,01 g

Die Einwaage an $KHCO_3$ beträgt 10,01 g

Diese Stoffportion wird in einen **geeichten Meßkolben** gegeben und mit reinem Wasser bis zur Eichmarke aufgefüllt.

Die übliche Einheit der Stoffmengen Konzentration ist mol/L. Da die Stoffmenge n (X) auch in

millimol   mmol (ein Tausendstel mol)
mikromol   µmol (ein Millionstel mol)
nanomol   nmol (ein Milliardstel mol)

und das Volumen auch in mL oder µL angegeben werden kann, ergeben sich Einheiten wie mmol/L oder mmol/mL.

Der Gebrauch der früher üblichen Angabe „Molarität" wird nicht mehr empfohlen, an ihre Stelle tritt die Konzentrations-Angabe mol/L. So sollen bisherige Angaben wie „0,05 molare Schwefel-.säure" oder „Schwefelsäure 0.05M" ersetzt werden durch:

Schwefelsäure, $c(H_2SO_4) = 0,05$ mol/L

oder durch die Kurzbezeichnung

H_2SO_4, 0,05 mol/L

Ein weiteres Beispiel:

Natronlauge, $c(NaOH) = 0,2$ mol/L

Die Stoffmengen-Konzentration an NaOH beträgt 0,2 mol/L.

10.3.2 Äquivalent-Konzentration

Aus der Stoffmengen-Konzentration c(X) ergibt sich die **Äquivalent-Konzentration** c (eq) mit denselben Einheiten mol/L, mmol/L oder mmol/mL, wenn anstelle der Teilchen X die betreffenden **Äquivalentteilchen** eingesetzt werden, z. B. anstelle von $KMnO_4$ die Äquivalentteilchen 1/5 $KMnO_4$ (s. Kap. 13). „Äquivalent" bedeutet: einem ganz bestimmten Reaktions-Typ angemessen, hier der Verwendung von Kaliumpermanganat als Oxidationsmittel in saurer Lösung. Dabei werden pro mol Permanganat 5 Elektronen aufgenommen. Die Äquivalent-Zahl z^* ist 5. Aus den Gleichungen für die Äquivalent-Stoffmenge

$n(eq) = n(1/z^*X)$

und die Stoffmengen-Konzentration

$$c(X) = \frac{n(X)}{V}$$

ergibt sich als Äquivalent-Konzentration

$$c(\text{eq}) = \frac{n(1/z*X)}{V}$$

Die Äquivalent-Konzentration c (eq) eines gelösten Stoffes X ist demnach der Quotient aus seiner Äquivalent-Stoffmenge $n(1/z*X)$ und dem Volumen V der Lösung. Die Bezeichnung **Maßlösung** tritt an die Stelle der nicht mehr zu verwendenden Bezeichnung Normallösung.

Dazu ein Beispiel: Kaliumpermanganat-Lösung, $c(1/5\ KMnO_4) = 0{,}1$ mol/L.

Die Äquivalent-Konzentration der Kaliumpermanganat-Lösung beträgt 0,1 mol/L, wenn 1/5 $KMnO_4$ zugrunde gelegt wird. Dem entspricht die Stoffmengen-Konzentration c ($KMnO_4$) = 0,02 mol/L.

Das Beispiel $c(H_2SO_4) = 0{,}05$ mol/L soll den Zusammenhang zwischen Stoffmengen-Konzentration und Äquivalent-Konzentration verdeutlichen. Bei der Neutralisation gibt jedes H_2SO_4-Teilchen $2H^{\oplus}$ ab. Somit beträgt die Äquivalent-Konzentration:

$c(1/2\ H_2SO_4) = 0{,}1$ mol/L

10.3.3 Molalität

Symbol b — Übliche Einheit: mol/kg

Für Untersuchungen der osmotischen Eigenschaften von Lösungen ist es zweckmäßig, Lösungen bestimmter **Molalität** zu verwenden. Die Molalität b ergibt sich als Quotient aus

der Stoffmenge n (X) des gelösten Stoffes X

und der Masse m des Lösungsmittels:

$$b(X) = \frac{n(X)}{m(\text{Lösungsmittel})}$$

Während bei der Stoffmengen-Konzentration c (X) im Nenner des Bruches üblicherweise „Liter" als Volumen der Lösung insgesamt angegeben wird, *ist zur Berechnung der Molalität b (X) nur die Masse des Lösungsmittels in kg einzusetzen.*

Bei der Molalität ist also das Endvolumen der erhaltenen Lösung unerheblich. *Lösungen mit gleicher Molalität können unterschiedliche Endvolumina haben*, in Abhängigkeit davon, wieviel Volumen der gelöste Stoff zum Gesamtvolumen der Lösung beiträgt. Eine Abhängigkeit von der Temperatur besteht im Gegensatz zur Stoffmengen-Konzentration hier nicht, weil molale Lösungen (mol/kg) ausschließlich auf Basis der Masse von gelöstem Stoff und Lösungsmittel hergestellt werden.

10.3.4 Massen-Anteil

Symbol w Übliche Einheiten: g/g oder g/100 g $\stackrel{\wedge}{=}$ %

Der **Massen-Anteil** w eines Stoffes X in einer Mischung ist der Quotient aus der Masse m (X) des Stoffes X und der Masse m der Mischung:

$$w(X) = \frac{m(X)}{m}$$

In den folgenden Beispielen wird der Gehalt wäßriger Lösungen als Massen-Anteil angegeben (die bisherige Schreibweise ist in Klammern aufgeführt):

Natronlauge $w(NaOH) = 0{,}32$
In Worten: Der Massen-Anteil an NaOH beträgt 0,32. (Natronlauge 32%)

Schwefelsäure $w(H_2SO_4) = 0{,}96$
Der Massen-Anteil an H_2SO_4 beträgt 0,96 (Schwefelsäure, konz.)

Ammoniak-Lösung $w(NH_3) = 0{,}10$ oder $w(NH_3)$ in % = 10
Der Massen-Anteil an NH_3 beträgt 0,10 oder der Massen-Anteil an NH_3 in Prozent beträgt 10.(Ammoniak-Lösung 10%)

Beispiele für weitere Berechnungen sind in speziellen Einführungen in das Chemische Rechnen angegeben (→ Literatur-Verzeichnis).

10.3.5 Massen-Konzentration

Symbol β Übliche Einheiten: g/L oder mg/mL

Die Massen-Konzentration β eines Stoffes X in einer Lösung ist der Quotient aus der Masse $m(X)$ der gelösten Stoffportion und dem Volumen V der Lösung:

$$\beta(X) = \frac{m(X)}{V}$$

Die Massen-Konzentration β soll in Form einer Größengleichung angegeben werden, z. B:

Natriumchlorid-Lösung β (NaCl) = 9,0 g/L
In Worten: Die Massen-Konzentration an NaCl beträgt 9,0 g/L.

Eisen(II)-sulfat-Lösung ß($Fe^{\oplus\oplus}$) = 4,83 mg/mL Die Massen-Konzentration an $Fe^{\oplus\oplus}$-Ionen beträgt 4,83 mg/mL.

10.3.6 Volumen-Konzentration

Symbol σ Übliche Einheiten: L/L oder mL/mL

Wasser ist mit bestimmten Alkoholen, wie Methanol und Ethanol (Ethylalkohol) in jedem Verhältnis mischbar. Wäßriger Alkohol wird häufig als Lösungsmittel verwendet. Beide Mischungs-Bestandteile, Wasser und Alkohol, sind der Volumen-Messung leicht zugängliche Flüssigkeiten. Für solche Mischungen bietet es sich an, Konzentrations-Angaben auf der Grundlage der Volumina zu machen.

Die **Volumen-Konzentration** σ eines Stoffes X in einer Mischung ist der Quotient aus dem Volumen $V(X)$ dieses Stoffes und dem Volumen V der Mischung:

$$\sigma(X) = \frac{V(X)}{V}$$

Als Beispiel betrachten wir wäßriges Ethanol:

$\sigma(C_2H_5OH) = 0,85$

Die Volumen-Konzentration an C_2H_5OH beträgt 0,85. (Die bisherige Schreibweise war: Äthanol-Lösung 85 Vol-%.)

10.3.7 Formel-Übersicht

Die Mol-Definition erfordert, daß bei allen die Stoffmenge betreffenden Angaben die Art der Teilchen, aus denen der gelöste Stoff X besteht, anzugeben ist. In Tab. 10-2 sind die besprochenen Größen, die Größengleichungen (Formeln) und die üblichen Einheiten aufgeführt:

Tab. 10-2: Formel-Übersicht

Gehalts-Angabe	Symbol	Einheit	Größengleichung
Stoffmengen-Konzentration	c	mol/L mmol/L µmol/L	$c(X) = \dfrac{n(X)}{V}$
Äquivalent-Konzentration	$c(eq)$	mol/L	$c(eq) = \dfrac{n(1/z * X)}{V}$
Molalität	b	mol/Kg	$b(X) = \dfrac{n(X)}{m(\text{Lösungsmittel})}$
Massen-Anteil	w	g/g g/100 g ($\hat{=}$ %)	$w(X) = \dfrac{m(X)}{m}$
Massen-Konzentration	β	g/L mg/mL	$\beta(X) = \dfrac{m(X)}{V}$
Volumen-Konzentration	σ	L/L mL/mL	$\sigma(X) = \dfrac{V(X)}{V}$

10.4 Von der Teilchenanzahl abhängige Lösungs-Eigenschaften

Lösungen nichtflüchtiger Stoffe haben einen niedrigeren Dampfdruck, eine höhere Siedetemperatur und eine tiefere Gefriertemperatur als das jeweilige reine Lösungsmittel, d. h. man beobachtet bei den Lösungen eine **Dampfdruck-Erniedrigung**, eine **Siedetemperatur-Erhöhung**, eine **Gefriertemperatur-Erniedrigung** und außerdem einen **osmotischen Druck**. Diese physikalischen Eigenschaften von Lösungen lassen sich in gesetzmäßiger Weise durch mathematische Gleichungen beschreiben; *sie* *sind allein von der Anzahl, aber nicht von der Art der in Lösung vorliegenden Teilchen abhängig.*

Nach dem Auflösen von Nicht-Elektrolyten, z. B. von Rohrzucker oder von Harnstoff, in Wasser liegen Moleküle als gelöste Teilchen vor. Die Teilchenanzahl entspricht genau der in Lösung gebrachten Stoffmenge, weil beim Auflösen keine Dissoziation erfolgt. Wäßrige Lösungen von Rohrzucker und Harnstoff derselben Molalität (z. B. 1 mol/kg) enthalten also dieselbe Anzahl gelöster Teilchen, sie haben daher trotz der verschiedenen chemischen Zusammensetzung von Rohrzucker-Molekülen und Harnstoff-Molekülen auch denselben osmotischen Druck und zeigen z. B. dieselbe Gefriertemperatur-Erniedrigung.

Nach dem Auflösen von **Ionen-Verbindungen** (z. B. Salzen) oder von **potentiellen Elektrolyten** (z. B. Citronensäure) in Wasser ist durch die Dissoziation in Kationen und Anionen in der wäßrigen Lösung eine **größere Teilchenanzahl** vorhanden als der Stoffmenge des in Lösung gebrachten Stoffes entspricht.

Folgende Aufstellung zeigt an einigen Beispielen, wieviel mol Ionen aus 1 mol einer Ionen-Verbindung entstehen:

Formeleinheit 1 mol	Ionen in wäßriger Lösung	
NaCl	$Na^{\oplus} + Cl^{\ominus}$	2 mol
MgBr$_2$	$Mg^{\oplus\oplus} + 2\,Br^{\ominus}$	3 mol
K$_2$SO$_4$	$2\,K^{\oplus} + SO_4^{\ominus\ominus}$	3 mol
AlF$_3$	$Al^{\oplus\oplus\oplus} + 3\,F^{\ominus}$	4 mol
K$_4$[Fe(CN)$_6$]	$4\,K^{\oplus} + [Fe(CN)_6]^{4\ominus}$	5 mol

Lösungen aus gleichen Stoffmengen verschiedener Ionen-Verbindungen können daher beispielsweise unterschiedlich großen osmotischen Druck haben.

Diese Lösungs-Eigenschaften sollen nun näher betrachtet werden: Beim Verdampfen von Wasser oder eines organischen Lösungsmittels treten die Moleküle von der Flüssigkeits-Oberfläche in den darüber befindlichen Gasraum über und üben dort einen Druck, den Dampfdruck, aus, der mit steigender Temperatur ansteigt.

An der Oberfläche einer Lösung befinden sich nicht nur flüchtige Lösungsmittel-Moleküle, sondern auch Teilchen des gelösten nichtflüchtigen Stoffes, daher ist der Dampfdruck einer Lösung bei einer bestimmten Temperatur kleiner als der des reinen Lösungsmittels. Diese **Dampfdruck-Erniedrigung** bei Lösungen hat eine **Siedetemperatur-Erhöhung** sowie eine **Gefriertemperatur-Erniedrigung** zur Folge. *Die Größe der Siedetemperatur-Erhöhung, der Gefriertemperatur-Erniedrigung und auch des osmotischen Druckes ist in verdünnten Lösungen direkt proportional der Gesamtzahl der in der jeweiligen Lösung vorliegenden gelösten Teilchen* (Moleküle und/oder Ionen).

Wenn z. B. in 1 kg Wasser 1 mol gelöste Teilchen vorhanden sind, ist die Siedetemperatur gegenüber reinem Wasser um 0,512°C erhöht, die Gefriertemperatur um 1,86°C erniedrigt.

In der Praxis wird vor allem die Gefriertemperatur-Erniedrigung gemessen und auf diese Weise die Molalität von wäßrigen Lösungen bestimmt. So kann man im klinisch-chemischen Labor mit einem Kryoskop die Gefriertemperatur-Erniedrigung von Blutplasma oder Serum bestimmen, die normalerweise 0,56 °C beträgt (dies entspricht der Molalität $b \approx 0{,}33$ mol/kg H$_2$O). Die Gefriertemperatur-Erniedrigung wird durch die in den Körperflüssigkeiten vorliegenden gelösten Teilchen insgesamt hervorgerufen, so z. B. durch sämtliche anorganischen Serum-Elektrolyte, die Anionen von Proteinen und organischen Säuren und durch Nicht-Elektrolyte, wie Glucose und Harnstoff. Abweichungen von dem Normal-Wert der Gefriertemperatur-Erniedrigung zeigen Störungen im Elektrolyt-Haushalt an.

Bei konzentrierten Lösungen, vor allem bei starken Elektrolyten (Ionen-Verbindungen), treten erhebliche Abweichungen zwischen gemessenen und aus der eingesetzten Stoffmenge berechneten Werten für die Gefrierpunkts-Erniedrigung auf.

Vergleicht man Lösungen einer bestimmten Molalität, z. B. $b(X) = 0{,}1$ mol/kg, von Glucose, Harnstoff, Natriumchlorid und Kaliumsulfat, so erwartet man in der **Ionen** enthaltenden NaCl-Lösung das Doppelte, in der K$_2$SO$_4$-Lösung das Dreifache der sich für die **Moleküle** enthaltende Glucose-Lösung und Harnstoff-Lösung ergebenden Gefriertemperatur-Erniedrigung.

Gelöster Stoff	Teilchen in der Lösung	Teilchenanzahl $6{,}02 \cdot 10^{23}$	Gefriertemp.-Erniedrigung um
Glucose	Moleküle	0,1 mal	0,186°C
Harnstoff	Moleküle	0,1 mal	0,186°C
NaCl	Ionen $Na^{\oplus}\,Cl^{\ominus}$	0,2 mal	0,372°C
K$_2$SO$_4$	Ionen $2\,K^{\oplus}\,SO_4^{\ominus\ominus}$	0,3 mal	0,558°C

Die gemessenen Werte liegen aber bei Lösungen von Salzen dieser (und höherer) Molalität unterhalb der berechneten Werte und betragen z. B. für eine NaCl-Lösung nicht das zweifache, sondern nur das 1,85fache des Wertes, der für Lösungen von Nicht-Elektrolyten gleicher Molalität erhalten wird. Die Abweichungen zwischen den berechneten und den gemessenen Werten sind umso größer, je **konzen-**

trierter die Salz-Lösungen sind. Mit zunehmender raumlicher Nähe der Ionen führen die elektrostatischen Anziehungskräfte zur Bildung von Ionen-Schwärmen, was zu einer scheinbaren Verringerung der Teilchenanzahl in der Salzlösung führt. Die Eigenschaften konzentrierter Lösungen starker Elektrolyte ergeben sich daher nicht hinreichend genau aus der erwarteten Ionen-Konzentration, man geht hier besser von der **Aktivität** der Ionen aus, die man aus der Konzentration durch Multiplizieren mit einem Aktivitäts-Koeffizienten (einer Zahl kleiner als eins) berechnen kann.

Beim Arbeiten mit verdünnten Lösungen tritt diese Problematik nicht auf. Die Teilchen des gelösten Stoffes sind in einem so großen Lösungsmittel-Volumen verteilt, daß sich Wechselwirkungskräfte hierbei praktisch nicht auswirken.

Unter den von der Teilchenanzahl abhängigen Eigenschaften von Lösungen kommt dem **osmotischen Druck** von Körperflüssigkeiten der Tiere und Zellsäften der Pflanzen die größte Bedeutung zu. Die Abb. 10-3 zeigt eine Versuchsanordnung zur Veranschaulichung des osmotischen Druckes von Lösungen:

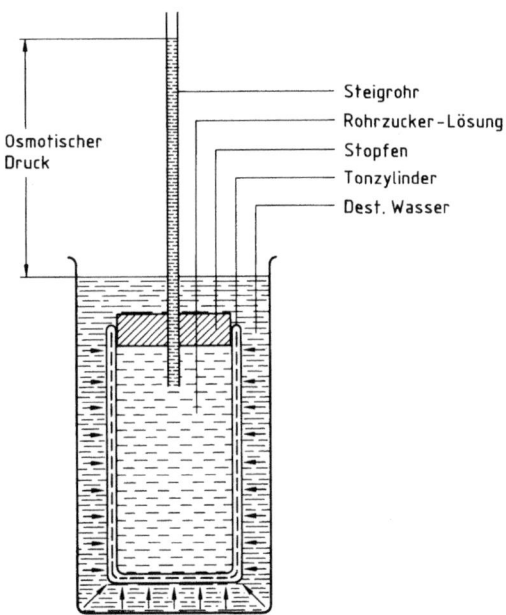

Abb. 10-3. Osmose Wasser/Rohrzucker-Lösung: Als semipermeable Membran dient hier die Wandung eines Tonzylinders, in dem sich eine Lösung von Rohrzucker in Wasser befindet (nach: F. Merten).

In einem äußeren Gefäß befindet sich das reine Lösungsmittel (z. B. Wasser), in einem inneren Gefäß (mit Steigrohr) eine Lösung (z. B. wäßrige Rohrzucker-Lösung). Die beiden Gefäße sind durch eine Membran voneinander getrennt, deren Poren gerade so groß sind, daß nur Wasser-Moleküle, nicht aber die Teilchen des gelösten Stoffes hindurchgelangen können (**semipermeable Membran**). Ebenso wie die kleinsten Teilchen anderer Stoffe haben auch Wasser-Moleküle das Bestreben, sich durch Diffusion gleichmäßig in einem verfügbaren Raum zu verteilen. Bei der gezeigten Versuchsanordnung dringen daher Wasser-Moleküle durch die Membran in die Rohrzucker-Lösung ein. Die Lösung verdünnt sich, ihr Volumen vergrößert sich, der Flüssigkeitsspiegel im Steigrohr steigt an. Je größer aber der hydrostatische Druck im Steigrohr wird, um so mehr Wasser-Moleküle passieren die Membran nun auch in der umgekehrten Richtung. Schließlich wird sich ein Gleichgewichts-Zustand einstellen, in dem ebenso viele Wasser-Moleküle aus dem reinen Lösungsmittel in die Lösung übergehen wie umgekehrt.

Der in diesem Gleichgewichts-Zustand meßbare hydrostatische Druck ist gleich dem osmotischen Druck der wäßrigen Lösung. Je größer die Teilchenanzahl des gelösten Stoffes in einer wäßrigen Lösung ist, umso höher ist der osmotische Druck. Man kann die beschriebene Versuchsanordnung auch abwandeln, daß eine verdünnte Lösung und eine konzentrierte Lösung (Lösungen unterschiedlicher Molalität) durch die semipermeable Membran voneinander getrennt sind. In diesem Fall diffundieren Wasser-Moleküle aus der verdünnten Lösung in die konzentrierte Lösung, bis der **Konzentrations-Ausgleich** hergestellt ist. Auf dem Verdünnungsbestreben der konzentrierteren Lösungen beruhen die osmotischen Vorgänge in lebenden Organismen, wobei zu beachten ist, daß die Plasma-Membranen der tierischen und pflanzlichen Zellen nicht nur für Wasser-Moleküle durchlässig sind, sondern auch für bestimmte gelöste Teilchen.

Die Gesamtzahl der Teilchen der in menschlichem Blut und in den anderen Körperflüssigkeiten gelösten Stoffe (Elektrolyte, niedermolekulare organische Verbindungen, Proteine) bewirkt einen osmotischen Druck von ca. 7,5 bar (bei 37 °C). Dem entspricht eine *Konzentration an osmotisch wirksamen Teilchen* von **insgesamt** ca. 0,3 mol/L.

Je größer die molare Masse der gelösten Teilchen ist, um so geringer ist – bei gleicher Einwaage – die Teilchenanzahl und dementsprechend der osmotische Druck. Lösungen von Makromolekülen (z. B. von Proteinen) haben daher nur einen geringen osmotischen Druck. Vergleicht man den für wäßrige Lösungen von globulären Proteinen zu erwartenden osmotischen Druck mit den experimentell bestimmten Werten, so stellt man fest, daß diese etwa doppelt so hoch wie berechnet sein können (z. B. bei Lösungen von Albuminen). Der Grund hierfür ist, daß zu dem Verdünnungsbestreben solcher Protein-Lösungen noch der Wasser-Anteil hinzukommt, den die zahlreiche hydrophile Atomgruppen enthaltenden Proteine an sich binden (hydratisierte Proteine). Der bei Proteinen auftretende osmotische Druck wird als kolloidosmotischer Druck bezeichnet; von dem osmotischen Druck des Blutes (7,5 bar) entfallen 33-40 mbar auf den kolloidosmotischen Druck der Plasmaproteine.

Die Begriffe isotonisch, hypotonisch und hypertonisch dienen zur Kennzeichnung von Lösungen, deren osmotischer Druck ebenso groß (iso), kleiner als (hypo) oder größer als (hyper) der osmotische Druck einer Bezugslösung ist. Isotonisch im Vergleich zu menschlichem Blut sind z. B. eine Glucose-Lösung mit $c(C_6H_{12}O_6) = 0,3$ mol/L und eine Kochsalz-Lösung mit $c(Na^\oplus) = c(Cl^\ominus)$ 0,15 mol/L, deren Massen-Anteil an NaCl 0,9% beträgt (**physiologische Kochsalz-Lösung**).

Im Innern lebender Zellen, die durch die semipermeable Zellmembran von ihrer Umgebung getrennt sind, herrscht ein in bestimmten Grenzen geregelter osmotischer Druck. Da Wasser-Moleküle von jeder Seite durch die Zellmembran hindurchdiffundieren können, kommt es zu einer Veränderung des osmotischen Druckes der Zellen, sobald diese in hypotonische (im Extremfall in reines Wasser) oder in hypertonische Lösungen gebracht werden. Auf lebende Zellen, wie Erythrocyten, hat dies folgende Auswirkungen:

Umgebende Lösung	Auswirkung
hypotonisch (z. B. reines Wasser)	Eindringen von Wasser in die Zelle, Anschwellen, u.U. bis zum Platzen (**Hämolyse**, Plasmolyse)
hypertonisch	Austreten von Wasser aus der Zelle, Zusammenschrumpfen
isotonisch	gleichbleibender osmotischer Druck

10.5 Lösungen von Gasen in Wasser

Sowohl reine Gase (wie Sauerstoff) als auch Gas-Gemische (wie Luft) lösen sich in Wasser. Bei gegebener Temperatur hängt die Löslichkeit von reinen Gasen von ihrem Druck ab. Liegt ein Gas lediglich als Bestandteil eines Gas-Gemisches vor, so hängt seine Löslichkeit in Wasser von seinem **Partialdruck**, dem anteiligen Druck dieses Gases am Gesamtdruck des Gemisches, ab. Für verdünnte Lösungen von Gasen (und nicht zu hohe Drucke) gilt das **Henrysche Gesetz**:

Die Quantität eines Gases, die sich in einem gegebenen Flüssigkeits-Volumen bei konstanter Temperatur löst, ist direkt proportional dem Partialdruck des über der Flüssigkeit befindlichen Gases. Erhöht man den Druck des betreffenden Gases, so löst sich eine größere Gasmenge. Dagegen nimmt die Löslichkeit von Gasen in Wasser mit steigender Temperatur ab.

So führt z. B. das Erwärmen einer Lösung von CO_2 in Wasser dazu, daß CO_2 in Form von Gas-Blasen entweicht.

Wenn sich Gase sehr gut in Wasser lösen, ist dies vielfach nicht durch ihre physikalische Löslichkeit bedingt, sondern durch eine chemische Reaktion zwischen dem gelösten Gas und dem Lösungsmittel Wasser. So reagiert CO_2 mit Wasser unter Entstehung von Kohlensäure und Hydrogencarbonat (Bicarbonat)-Ionen:

$$H_2O + CO_2 \rightleftharpoons (H_2CO_3) \rightleftharpoons H^\oplus + HCO_3^\ominus$$

Auch beim Einleiten von Chlorwasserstoff-Gas und von Ammoniak-Gas in Wasser finden chemische Reaktionen statt, die die Ursache für die hohe Löslichkeit dieser Gase in Wasser sind.

Aus Chlorwasserstoff entsteht Salzsäure:

$$HCl + H_2O \rightarrow H_3O^\oplus + Cl^\ominus$$

Aus gasförmigem Ammoniak entsteht die alkalisch reagierende Lösung „wäßriges Ammoniak":

$$NH_3 + H_2O \rightleftharpoons NH_4^\oplus + OH^\ominus$$

Das Gas Schwefeldioxid ergibt eine als „schweflige Säure" bezeichnete wäßrige Lösung:

$$H_2O + SO_2 \rightleftharpoons (H_2SO_3) \rightleftharpoons H^\oplus + HSO_3^\ominus$$

Der bedeutsamste Unterschied zwischen physikalischer Löslichkeit und chemischer Bindung wird aus folgenden Zahlenwerten deutlich:

Blutplasma allein (ohne Erythrocyten) vermag nur ca. 0,3 mL Sauerstoff pro 100 mL physikalisch zu lösen. Dagegen kann Blut, wenn das in den Erythrocyten vorliegende **Hämoglobin** vollständig mit Sauerstoff beladen (oxygeniert) ist, ca. 21 mL Sauerstoff pro 100 mL transportieren.

Kontrollfragen

10-1 Welche Eigenschaft ist für die Unterscheidung zwischen echten Lösungen und kolloid dispersen Systemen maßgebend?
10-2 Was bedeutet elektrolytische Dissoziation?
10-3 Aus welchen Gründen sind viele Salze sowie potentielle Elektrolyte in Wasser gut löslich?
10-4 Worauf sind die hydrophilen Eigenschaften von Alkoholen und Zuckern zurückzuführen?
10-5 Wie bezeichnet man eine wäßrige Lösung eines Salzes bei gegebener Temperatur, z. B. 20 °C, in der die Ionen des gelösten Stoffes im Gleichgewicht mit dem „Bodenkörper" vorliegen?
10-6 Wie ändert sich die Löslichkeit der meisten Salze bei Temperatur-Erhöhung?
10-7 Was beobachtet man beim Einleiten von Chlorwasserstoff-Gas in eine gesättigte Kochsalz-Lösung? (Begründung)
10-8 Welche Salze der meisten Kationen sind bei Raumtemperatur gut löslich?
10-9 Welche Salze vieler Kationen sind in Wasser nur wenig löslich?
10-10 Nennen Sie einige wenig lösliche Chloride, Bromide, Iodide und Sulfate.
10-11 Ordnen Sie Hydroxide nach ihrer Löslichkeit.
10-12 Welches sind die wichtigsten Angaben zur Kennzeichnung des Gehalts von Lösungen?
10-13 Worauf sind alle Konzentrations-Angaben bezogen?
10-14 Welches ist die wichtigste Konzentrations-Angabe?
10-15 Welche Einheiten sind hierfür gebräuchlich?
10-16 Welche Stoffportion an Silbernitrat enthält eine Lösung, deren Stoffmengen-Konzentration 0,1 mol/L beträgt?
10-17 Für chelatometrische Titrationen stellt man aus dem als Dihydrat käuflichen Dinatrium-Salz der Ethylendiamintetraessigsäure (EDTA, Kap. 26) wäßrige Lösungen der Stoffmengen-Konzentration 0.02 mol/L her. Welche Einwaage dieses Dihydrats ist hierfür einzusetzen?
10-18 Zur Fällung von Ca-Ionen sind eine Natriumfluorid- und eine Natriumoxalat-Lösung herzustellen, deren Äquivalent-Konzentration jeweils 0.3 mol/L betragen soll. Welche Stoffportionen dieser Salze sind zur Einwaage zu bringen?
10-19 Der Massen-Anteil einer wäßrigen Lösung an Natriumhydroxid beträgt $w(NaOH) = 32{,}10\%$, ihre Dichte $\varrho = 1{,}350$ (bei 20°). Wie groß ist $c(NaOH)$ dieser Lösung?
10-20 Zu 250 mL einer wäßrigen Kalium-iodid-Lösung ($\varrho = 1{,}0456$) mit einem Massen-Anteil $w(KI) = 6{,}227\%$ wird eine Stoffportion an kristallinem KI von $m(KI) = 15$ g zugegeben. Welcher Massen-Anteil an KI in % liegt vor, nachdem das feste KI in Lösung gegangen ist?
10-21 Die Massen-Konzentration an Eisen(II)-Ionen in einer Eisen(II)-sulfat-Lösung beträgt $\beta(Fe^{\oplus\oplus}) = 4{,}83$ mg/mL. Welcher Stoffmengen-Konzentration entspricht dies?
10-22 Berechnen Sie, mit welchem Umrechnungsfaktor Harnsäure-Werte multipliziert werden müssen, um sie von der alten Einheit mg/dL in die SI-Einheit µmol/L umzurechnen.
$M(Harnsäure) = 168{,}11$ g/mol.
10-23 Welche Eigenschaften von Lösungen hängen von der Teilchenanzahl (ungeachtet der Art der Teilchen) ab?
10-24 Welchen Massen-Anteil NaCl weist eine physiologische Kochsalz-Lösung auf?
10-25 In welchem Zahlenverhältnis steht die Größe des osmotischen Druckes einer Natriumchlorid- und einer Glucose-Lösung, deren Molalität jeweils 0,1 mol/kg beträgt?

11 Säure-Base-Reaktionen

11.1 Übersicht

Eine charakteristische Eigenschaft des Zell-Milieus und der Körperflüssigkeiten ist ihre **Wasserstoffionen-Konzentration** bzw. ihr **pH-Wert**. Veränderungen der Wasserstoffionen-Konzentration von Körperflüssigkeiten und Zellsäften haben erhebliche Auswirkungen auf die Lebensvorgänge.

Wäßrige Lösungen reagieren entweder neutral, sauer oder alkalisch. *Wäßrige Lösungen reagieren dann **neutral**, wenn die Wasserstoffionen-Konzentration **gleich** der Hydroxid-Ionen-Konzentration ist*, d.h. wenn die Bedingung

$$c(H^\oplus) = c(OH^\ominus)$$

erfüllt ist. In reinem Wasser bei 25 °C beträgt jede dieser Konzentrationen 10^{-7} mol/L.

$$c(H^\oplus) = c(OH^\ominus) = 10^{-7} \text{ mol/L}$$

Alle neutralen wäßrigen Lösungen haben daher bei 25 °C den pH-Wert 7:

$$c(H^\oplus) = 10^{-7} \text{ mol/L}$$
$$\text{pH} = -\lg c(H^\oplus)$$
$$\text{pH} = -\lg(10^{-7}) = 7$$

Wäßrige Lösungen reagieren dann **sauer**, wenn die Wasserstoffionen-Konzentration **größer als** die Hydroxid-Ionen-Konzentration ist:

$$c(H^\oplus) > c(OH^\ominus)$$

So können in einer wäßrigen Lösung z. B. vorliegen:

$$c(H^\oplus) = 10^{-5} = \frac{1}{100\,000} \text{ mol/L}$$
$$c(OH^\ominus) = 10^{-9} = \frac{1}{1\,000\,000\,000} \text{ mol/L}$$

Die Schreibweise dieser Konzentrations-Angaben als Bruch zeigt deutlich, daß 10^{-5} größer als 10^{-9} ist. Damit ist die Bedingung

$$c(H^\oplus) > c(OH^\ominus)$$

erfüllt. Für dieses Beispiel ergibt sich der pH-Wert 5, somit ein Wert, der kleiner als 7 ist. Ist die Wasserstoffionen-Konzentration größer als die Hydroxid-Ionen-Konzentration, so entspricht dies einem pH-Wert unterhalb 7.

Das Beispiel läßt sich wie folgt zusammenfassen:

$$c(H^\oplus) = 10^{-5} \text{ mol/L} \qquad c(OH^\ominus) = 10^{-9} \text{ mol/L}$$

Ionenprodukt des Wassers bei 25 °C:

$$K_W = c(H^\oplus) \cdot c(OH^\ominus) = 10^{-5} \cdot 10^{-9}$$
$$= 10^{-14} \text{ mol}^2/\text{L}^2$$

$$\text{pH} = 5 \qquad \text{pOH} = 9$$

$$\text{pH} + \text{pOH} = 14$$

Schließlich können wäßrige Lösungen vorliegen, in denen die Wasserstoffionen-Konzentration **kleiner als** die Hydroxid-Ionen-Konzentration ist:

$$c(H^\oplus) < c(OH^\ominus)$$

Diese Lösungen reagieren **basisch** (alkalisch). Die pH-Werte solcher Lösungen sind größer als 7.

Zunehmenden $H^\oplus$-Ionen-Konzentrationen entsprechen abnehmende pH-Werte:

$$c(H^\oplus) \quad 10^{-7} \rightarrow 10^{-4} \rightarrow 10^{-1} \text{ (zunehmend)}$$

$$\text{pH} \quad 7 \rightarrow 4 \rightarrow 1 \text{ (abnehmend)}$$

Je kleiner der pH-Wert einer wäßrigen Lösung ist, um so größer ist also ihre $H^\oplus$-Ionen-Konzentration (um so „stärker sauer" ist sie).

Es ist zweckmäßig, sich die pH-Skala einzuprägen, damit man pH-Werte jederzeit richtig zuordnen kann:

pH 0 ---- 3 ------- 7 ------ 9 -------- 14
   stark schwach neutral schwach stark
   sauer sauer   alkalisch alkalisch.

Da der pH-Wert als negativer dekadischer **Logarithmus** der Wasserstoffionen-Konzentration definiert ist, muß beim Vergleich von pH-Werten stets die **Größenordnung** beachtet werden. Wenn eine saure Lösung den pH-Wert 2, eine andere den pH-Wert 5 hat, so unterscheiden sich ihre Wasserstoffionen-Konzentrationen um den Faktor 1000.

pH = 2 (stark sauer)

$$c(H^\oplus) = 10^{-2} = \frac{1}{100} \text{ mol/L}$$

pH = 5 (schwach sauer)

$$c(H^\oplus) = 10^{-5} = \frac{1}{100\,000} \text{ mol/L}$$

In der folgenden Tabelle sind die pH-Bereiche von Körperflüssigkeiten angegeben:

Körperflüssigkeit	pH-Bereich
Magensaft	1,0-2,0
Speichel	5,0-6,8
Galle	5,8-8,5
Darmsaft	6,2-7,5
Liquor cerebrospinalis	7,35 ± 0,10
Erythrocyten	7,36 ± 0,05
Blutplasma	7,39 ± 0,05
Pankreassaft	7,5-8,3
Harn	5,0-8,0

Die Tabelle zeigt, daß der pH-Wert von Blutplasma und Erythrocyten nur **innerhalb sehr enger Grenzen** variieren kann. Physiologische pH-Werte werden durch Regel-Vorgänge unter Mitwirkung von Puffer-Systemen konstant gehalten (s. Kap. 12.6). Die Aufrechterhaltung der angegebenen pH-Bereiche ist für den Organismus lebensnotwendig, weil die physiologische Wirksamkeit von Proteinen von der Wasserstoffionen-Konzentration abhängt. So sind z. B. die an nahezu allen Stoffwechsel-Vorgängen beteiligten Enzyme (als Biokatalysatoren wirksame Proteine) nur bei bestimmten pH-Werten optimal wirksam (**pH-Optimum von Enzymen**). Aus diesem Grund werden in der Klinischen Chemie bei Bestimmungen der Aktivität von Enzymen und bei den enzymatischen Methoden zur Bestimmung des Gehaltes von Körperflüssigkeiten an bestimmten Stoffwechsel-Produkten (z. B. Glucose, Harnsäure) stets Puffer-Systeme verwendet (s. Kap. 12), um damit das pH-Optimum der beteiligten Enzyme einzustellen und aufrechtzuerhalten.

Der weite pH-Bereich von Harn ergibt sich aus der unterschiedlichen Zusammensetzung der Nahrung. Mit der Nahrung in größerer Menge aufgenommene Säuren pflanzlicher Herkunft werden mit dem Harn ausgeschieden.

11.2 Protonen-Übertragungsreaktionen (Protolysen)

11.2.1 Protolyse von Säuren

Bei allen Reaktionen zwischen Säuren und Basen werden Protonen übertragen.
Nach der Definition von Brønsted und Lowry gilt:

Säuren sind Protonen-Donatoren,
Basen sind Protonen-Acceptoren.

Der als Protonen-Donator (Säure) bezeichnete Reaktions-Partner gibt Protonen ab, der als Protonen-Acceptor (Base) bezeichnete Reaktions-Partner nimmt Protonen auf. Die beiden Vorgänge, die Abgabe von Protonen durch die Säure und die Aufnahme von Protonen durch die Base, müssen zwangsläufig **gekoppelt miteinander** ablaufen, denn Protonen können nur abgegeben werden, wenn der Reaktions-Partner diese Protonen aufnimmt und umgekehrt.

Bestimmte Verbindungen haben sowohl Säure als auch Base-Eigenschaften. Sie verhalten sich als amphotere Stoffe. Der wichtigste amphotere Stoff ist Wasser, dessen Moleküle Protonen aufnehmen oder Protonen abgeben können.

11.2 Protonen-Übertragungsreaktionen (Protolysen)

Durch die chemische Zusammensetzung der Säuren ist vorgegeben, wie viele Protonen von jedem Säure-Teilchen maximal abgegeben werden können: Es gibt **einprotonige** („einbasige") und **mehrprotonige** („mehrbasige") Säuren.
Einige Beispiele:
Einprotonige (einbasige) Säuren:
Salzsäure, Salpetersäure, Essigsäure
Zweiprotonige (zweibasige) Säuren:
Schwefelsäure, Kohlensäure, Oxalsäure
Dreiprotonige (dreibasige) Säuren:
Phosphorsäure, Borsäure, Citronensäure.

Einprotonige Säuren sind die in Tab. 11-1 genannten anorganischen Säuren sowie alle Monocarbonsäuren (z. B. Ameisensäure, Essigsäure, Milchsäure, Brenztraubensäure, Benzoesäure und die Fettsäuren Palmitinsäure, Stearinsäure, Ölsäure). Eine wichtige Gruppe einprotoniger Säuren sind die Halogenwasserstoffsäuren, die Lösungen der Gase HF, HCl, HBr und HI in Wasser.

Die Anionen zahlreicher einprotoniger Säuren enthalten Sauerstoff; derartige Säuren kann man als **Oxosäuren** bezeichnen. Die aus jeder Säure durch Übertragung des Protons hervorgehenden **Anionen** haben eigene Namen, die man sich zusammen mit dem Namen der Säure einprägen sollte (Benennung von Salzen!).

Die umfassende Bedeutung von Säure-Base-Reaktionen erfordert ihre Darstellung in allgemein gültiger Form. Dazu gehen wir von einer beliebigen Säure aus, die als HA bezeichnet wird. Die Protolyse mit Wasser-Molekülen als Protonen-Acceptor verläuft gemäß:

$$H_2O + HA \rightleftharpoons H_3O^{\oplus} + A^{\ominus}$$

Die aus der Säure HA entstehenden Anionen $A^{\ominus}$ sind die Säurerest-Ionen. Betrachten wir zunächst die Salzsäure, eine Lösung des Gases Chlorwasserstoff (Hydrogenchlorid, HCl) in Wasser. Die kleinsten Teilchen des gasförmigen HCl sind Dipol-Moleküle, die Bindung zwischen H und Cl ist polarisiert, so daß der Wasserstoff als Proton leicht auf Wasser-Moleküle übertragen werden kann.
Die Reaktionsgleichung lautet:

$$H_2O + HCl \rightleftharpoons H_3O^{\oplus} + Cl^{\ominus}$$

Tab. 11-1: Einprotonige Säuren

Säure	Name	Anion	Name
HF	Fluorwasserstoffsäure (Flußsäure)	$F^{\ominus}$	Fluorid
HCl	Chlorwasserstoffsäure (Salzsäure)	$Cl^{\ominus}$	Chlorid
HBr	Bromwasserstoffsäure	$Br^{\ominus}$	Bromid
HI	Iodwasserstoffsäure	$I^{\ominus}$	Iodid
HClO	hypochlorige Säure	$ClO^{\ominus}$	**Hypochlorit**
$HClO_2$	chlorige Säure	$ClO_2^{\ominus}$	Chlorit
$HClO_3$	Chlorsäure	$ClO_3^{\ominus}$	Chlorat
$HClO_4$	Perchlorsäure	$ClO_4^{\ominus}$	**Perchlorat**
$HBrO_3$	Bromsäure	$BrO_3^{\ominus}$	Bromat
HIO_3	Iodsäure	$IO_3^{\ominus}$	Iodat
HNO_2	salpetrige Säure	$NO_2^{\ominus}$	Nitrit
HNO_3	Salpetersäure	$NO_3^{\ominus}$	Nitrat
HCN	Cyanwasserstoffsäure (Blausäure)	$CN^{\ominus}$	Cyanid
HSCN	Rhodanwasserstoffsäure	$SCN^{\ominus}$	Rhodanid

Chlorwasserstoff gehört zur Gruppe der **potentiellen Elektrolyte**, das sind Verbindungen, die zwar – im Gegensatz zu den aus Ionen bestehenden primären Elektrolyten: Salzen, Metall-Hydroxiden, Metall-Oxiden – aus Molekülen aufgebaut sind, in

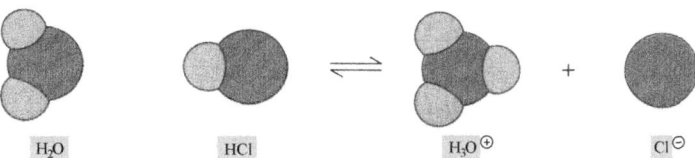

Abb. 11-1. Protonen-Übertragungsreaktion zwischen Chlorwasserstoff- und Wasser-Molekülen (Kalotten-Modelle) (s.a. Farbtafel).

wäßriger Lösung aber **in Ionen dissoziieren.** Dabei wird eine stark polarisierte kovalente Bindung gelöst:

H — |Cl| ⟶ H$^⊕$ + |Cl|$^⊖$

Die Entstehung elektrisch geladener Teilchen hat zur Folge, daß solche wäßrigen Lösungen den elektrischen Strom leiten. Es gibt Tausende von potentiellen Elektrolyten, die als Säuren oder Basen mit Wasser unter Entstehung von Ionen reagieren. Das Ausmaß der Dissoziation kann sehr verschieden sein. Bei starken Säuren verläuft die Protolyse so weitgehend, daß in der wäßrigen Lösung praktisch keine Säure-Moleküle mehr vorliegen: **Starke Säuren** sind (nahezu) vollständig dissoziiert. Bei schwachen Säuren verläuft die Protolyse in so geringem Ausmaß, daß selbst in der wäßrigen Lösung eine große Zahl an Säure-Molekülen einer kleinen Zahl an Ionen gegenüber steht: **Schwache Säuren** sind nur zu einem geringen Anteil dissoziiert.

Die Stärke von Säuren kann durch Zahlenwerte genau angegeben werden. Wie man diese Werte erhält, soll nun erläutert werden.

Protonen-Übertragungsreaktionen sind Gleichgewichts-Reaktionen. Bei Zusammenstößen zwischen Protonen-Donator-Teilchen und Wasser-Molekülen entstehen H$_3$O$^⊕$-Ionen und Säurerest-Ionen (Hinreaktion):

HA + H$_2$O ⟶ H$_3$O$^⊕$ + A$^⊖$

Die entstandenen Ionen können miteinander zusammenstoßen. Derartige Zusammenstöße führen zurück zu HA und Wasser-Molekülen (Rückreaktion):

HA + H$_2$O ⟵ H$_3$O$^⊕$ + A$^⊖$

Als Zusammenfassung beider Reaktionen ergibt sich das chemische Gleichgewicht:

HA + H$_2$O ⇌ H$_3$O$^⊕$ + A$^⊖$

Für Gleichgewichts-Reaktionen gilt das Massenwirkungsgesetz, wobei der Zahlenwert der Gleichgewichts-Konstante (bei gegebener Temperatur) erkennen läßt, in welche Richtung die Umsetzung vorwiegend verläuft. Für Protonen-Übertragungsreaktionen ergibt sich:

$$\frac{c(H_3O^⊕) \cdot c(A^⊖)}{c(HA) \cdot c(H_2O)} = K$$

(c ist die Stoffmengen-Konzentration (in mol/L) des jeweiligen Reaktions-Teilnehmers).

In **verdünnten** wäßrigen Lösungen beträgt die Wasser-Konzentration (aufgerundet): $c(H_2O)$ = 55 mol/L (s. Kap. 9.5). Bei der Protonen-Übertragung bleibt die Konzentration des in so großem Überschuß vorhandenen Wassers praktisch konstant. Daher wird die Wasser-Konzentration durch Multiplikation in die Gleichgewichtskonstante einbezogen, man erhält die **Säurekonstante** K_S, (das tiefgestellte „S" steht für „Säure"). Die Gleichung nimmt folgende Form an:

$$\frac{c(H_3O^⊕) \cdot c(A^⊖)}{c(HA)} = K_S$$

Die K_S-Werte zahlreicher Säuren sind in Tabellen-Werken zusammengestellt. Wir betrachten zunächst nur einprotonige Säuren:

Säure	Formel	K_S (Säurekonstante)
Perchlorsäure	HClO$_4$	10^9
Chlorwasserstoffsäure	HCl	10^6
Iodsäure	HIO$_3$	$1,69 \cdot 10^{-1}$
Fluorwasserstoffsäure	HF	$3,53 \cdot 10^{-4}$
Essigsäure	H$_3$C-COOH	$1,76 \cdot 10^{-5}$
Cyanwasserstoffsäure	HCN	$4,93 \cdot 10^{-10}$

In dieser Aufstellung sind die *Säuren nach* **abnehmender** *Säurestärke* geordnet. Für Perchlorsäure (die stärkste Säure) ist:

$$K_S = \frac{c(H_3O^⊕) \cdot c(ClO_4^⊖)}{(HClO_4)} = 10^9$$

Große Zahlenwerte von K_S bedeuten, daß das im Zähler des Bruches stehende Produkt aus den Konzentrationen der Ionen viel größer ist als die im Nenner des Bruches stehende Konzentration an undissoziierter Säure. Die hohe Säurekonstante von Perchlorsäure zeigt, daß die Protolyse dieser Säure vollständig abläuft.

HClO$_4$ + H$_2$O ⟶ H$_3$O$^⊕$ + ClO$_4^⊖$

Das andere Extrem in dieser Aufstellung ist Cyanwasserstoffsäure (Blausäure), die nur zu einem äußerst geringen Anteil dissoziiert und daher eine sehr schwache Säure ist. Für Säuren, bei denen die Konzentration an undissoziierter Säure viel höher

11.2 Protonen-Übertragungsreaktionen (Protolysen)

ist als das Produkt der Ionen-Konzentrationen, ergeben sich für K_S sehr kleine Zahlenwerte, die als Potenzen mit negativen Exponenten geschrieben werden. Für Blausäure gilt:

$$K_S = \frac{c(H_3O^\oplus) \cdot c(CN^\ominus)}{c(HCN)} = \frac{4{,}93}{10\,000\,000\,000}$$

Das Protolyse-Gleichgewicht liegt also nahezu vollständig auf der linken Seite:

$$HCN + H_2O \rightleftharpoons H_3O^\oplus + CN^\ominus$$

Da sehr kleine K_S-Werte, geschrieben als Potenzen mit negativen Exponenten, schlecht überschaubar sind, definiert man, ähnlich dem pH-Wert, einen pK_S-Wert:

$$pK_S = -\lg K_S$$

Je größer der pK_S-Wert einer Säure ist, desto geringer ist ihre Dissoziation, desto schwächer ist die Säure.

Die Säurestärke kann also entweder durch die Säurekonstante K_S oder durch den pK_S-Wert quantitativ wiedergegeben werden. In unserer Aufstellung behalten wir die Reihenfolge **abnehmender** Säurestärke bei:

Säure	K_S (Säurekonstante)	pK_S-Wert
HClO$_4$	10^9	-9
HCl	10^6	-6
HIO$_3$	$1{,}69 \cdot 10^{-1}$	$0{,}77$
HF	$3{,}53 \cdot 10^{-4}$	$3{,}45$
H$_3$C-COOH	$1{,}76 \cdot 10^{-5}$	$4{,}75$
HCN	$4{,}93 \cdot 10^{-10}$	$9{,}31$

Ein Beispiel soll die Umrechnung eines K_S-Wertes in den pK_S-Wert zeigen:

Für Essigsäure ist $K_S = 1{,}76 \cdot 10^{-5}$.

Zur Berechnung des entsprechenden pK_S-Wertes werden in den Taschenrechner eingegeben:
1,76 ... (der vor der Potenz angegebene Faktor),
EXP ... (zur Vorbereitung der Eingabe des Exponenten),
5 ..., dann Umkehrung des Vorzeichens (da ein Exponent mit negativem Vorzeichen gegeben ist),
Log ... (da die Definitions-Gleichung für pK_S „Logarithmieren" erfordert)

Umkehrung des Vorzeichens ... (da pK_S als „negativer" Logarithmus von K_S definiert ist).

Ablesen des Zahlenwertes und Auf- oder Abrunden auf zwei Stellen hinter dem Komma ergibt für das Beispiel Essigsäure: p$K_S = 4{,}75$.

Die Umrechnung von K_S-Werten in pK_S-Werte ist von erheblicher Bedeutung für die Beschreibung der Eigenschaften von Puffer-Mischungen (s. Kap. 12.3).

Jedem Protolyse-Gleichgewicht liegen Hinreaktion und Rückreaktion zugrunde. Bei der Hinreaktion werden Protonen von der Säure, dem Protonen-Donator, auf Wasser-Moleküle übertragen.

$$HA + H_2O \longrightarrow H_3O^\oplus + A^\ominus$$

Bei der Rückreaktion sind die Oxonium-Ionen Protonen-Donator und die aus der Säure HA entstandenen Anionen $A^\ominus$ Protonen-Acceptor.

$$HA + H_2O \longleftarrow H_3O^\oplus + A^\ominus$$

Die Anionen verhalten sich somit als Base. Eine Säure und die durch Übertragung eines Protons aus ihr hervorgehende Base, z.B. Salzsäure und Chlorid-Ionen, werden als **korrespondierendes Säure-Base-Paar** bezeichnet.

Bei Protonen-Acceptoren wird zwischen starken und schwachen Basen unterschieden. Für jedes korrespondierende Säure-Base-Paar gilt:
– Bei einer starken Säure ist die Hinreaktion vorherrschend, die Rückreaktion findet nur in geringem Maße statt. *Aus einer starken Säure entsteht eine schwache korrespondierende Base.*
– *Aus einer schwachen Säure entsteht eine starke korrespondierende Base.*

In der folgenden Aufstellung nimmt die Säurestärke von oben nach unten ab, *die Stärke der korrespondierenden Basen von oben nach unten zu.*

Säure (HA)	korrespondierende Base ($A^\ominus$)	
HClO$_4$	ClO$_4^\ominus$	Perchlorat-Ion
HCl	Cl$^\ominus$	Chlorid-Ion
HIO$_3$	IO$_3^\ominus$	Iodat-Ion
HF	F$^\ominus$	Fluorid-Ion
H$_3$C-COOH	H$_3$C-COO$^\ominus$	Acetat-Ion
HCN	CN$^\ominus$	Cyanid-Ion

Mehrprotonige Säuren können mehrere Protonen übertragen, ihre **Dissoziation** erfolgt **stufenweise**. Bei zweiprotonigen Säuren sind zwei Dissoziations-Stufen, bei dreiprotonigen Säuren sogar drei Dissoziations-Stufen deutlich voneinander abgegrenzt. Für jede Dissoziations-Stufe läßt sich eine eigene Säurekonstante ermitteln: K_{S_1} und K_{S_2} oder K_{S_1}, K_{S_2} und K_{S_3}. *Die Dissoziation in der ersten Stufe ist stets am stärksten ausgeprägt.* In der zweiten und dritten Dissoziations-Stufe beträgt der K_S-Wert in der Regel jeweils nur ein Hunderttausendstel des K_S-Wertes der vorhergehenden Stufe (Faktor 10^{-5}).

Zu den mehrprotonigen Säuren gehören die in Tab. 11-2 angegebenen anorganischen Säuren, ferner Di- und Tricarbonsäuren als mehrprotonige organische Säuren, z. B. Oxalsäure, Bernsteinsäure, Äpfelsäure, Weinsäure, Citronensäure.

Die stufenweise erfolgende Dissoziation (Protolyse) mehrprotoniger Säuren betrachten wir näher an den Beispielen Schwefelsäure und Phosphorsäure.

Schwefelsäure, H_2SO_4, ist eine starke Säure. Die Reaktion

$$H_2SO_4 + H_2O \rightleftharpoons H_3O^+ + HSO_4^-$$

verläuft nahezu vollständig von links nach rechts, es entstehen Hydrogensulfat-Ionen.

Tab. 11-2: Mehrprotonige Säuren und die bei ihrer stufenweisen Dissoziation entstehenden Anionen

Säure	Name	Anionen	Name
H_2CO_3	Kohlensäure	HCO_3^-	Hydrogencarbonat
		CO_3^{2-}	Carbonat
H_3PO_4	Phosphorsäure	$H_2PO_4^-$	Dihydrogenphosphat
		HPO_4^{2-}	Hydrogenphosphat
		PO_4^{3-}	Phosphat
H_2S	Schwefelwasserstoff (in wäßriger Lösung)	HS^-	Hydrogensulfid
		S^{2-}	Sulfid
H_2SO_3	schweflige Säure	HSO_3^-	Hydrogensulfit
		SO_3^{2-}	Sulfit
H_2SO_4	Schwefelsäure	HSO_4^-	Hydrogensulfat
		SO_4^{2-}	Sulfat

Die Namen von Anionen, die aus mehrprotonigen Säuren hervorgegangen sind und noch Wasserstoff enthalten, tragen die Vorsilbe **Hydrogen-** (vgl. Hydrogensulfat) oder Dihydrogen- (z. B. Dihydrogenphosphat).

Die in der ersten Dissoziations-Stufe der Schwefelsäure entstandenen Hydrogensulfat-Ionen verhalten sich gegenüber Wasser-Molekülen ebenfalls als Protonen-Donator, d.h. als Säure:

$$HSO_4^- + H_2O \rightleftharpoons H_3O^+ + SO_4^{2-}$$

Säuren, die (wie HSO_4^-) negativ geladen sind, kann man als **Anion-Säuren** bezeichnen. Durch Übertragung des Protons entstehen in der zweiten Dissoziations-Stufe aus Hydrogensulfat-Ionen Sulfat-Ionen. Für die Dissoziation der zweiten Stufe ergibt sich bei 25 °C:

$K_{S_2} = 1{,}20 \cdot 10^{-2}$

$pK_{S_2} = 1{,}92$

Als dreiprotonige Säure dissoziiert Phosphorsäure in drei Stufen:

$$H_3PO_4 + H_2O \rightleftharpoons H_3O^+ + H_2PO_4^-$$
$$H_2PO_4^- + H_2O \rightleftharpoons H_3O^+ + HPO_4^{2-}$$
$$HPO_4^{2-} + H_2O \rightleftharpoons H_3O^+ + PO_4^{3-}$$

Säure (HA)	korrespondierende Base (A^-)	K_S	pK_S
H_3PO_4	$H_2PO_4^-$	$7{,}52 \cdot 10^{-3}$	2,12
$H_2PO_4^-$	HPO_4^{2-}	$6{,}23 \cdot 10^{-8}$	7,21
HPO_4^{2-}	PO_4^{3-}	$2{,}2 \cdot 10^{-13}$	12,67

Die Phosphorsäure-Moleküle geben ein Proton ab (erste Gleichung), die entstehenden Dihydrogenphosphat-Ionen tragen eine negative Ladung. Die Abgabe eines Protons aus einem Anion (hier: $H_2PO_4^-$) wird durch die Anziehungskräfte, die das negativ geladene Ion auf das entgegengesetzt geladene Proton ausübt, sehr erschwert. Daher werden die Säurekonstanten mehrprotoniger Säuren von Stufe zu Stufe (zweite bzw. dritte Gleichung) um mehrere Größenordnungen geringer.

11.2.2 Protolyse von Basen

In der von Brønsted definierten Bedeutung ist jede Base ein Protonen-Acceptor. Gegenüber den Molekülen von Basen verhalten sich Wasser-Moleküle als Protonen-Donator. Wichtige Basen sind Ammoniak und die Amine (s. Kap. 26.1).

In Lösungen des Gases **Ammoniak** in Wasser stellt sich ein Protolyse-Gleichgewicht ein:

$$H_3N| + H_2O \rightleftharpoons NH_4^{\oplus} + OH^{\ominus}$$

Das freie Elektronenpaar am Stickstoff-Atom des Ammoniak-Moleküls ist hierbei der eigentliche Protonen-Acceptor. In den gebildeten **Ammonium-Ionen** sind die vier H-Atome vollkommen gleichartig durch je eine Elektronenpaar-Bindung an das N-Atom gebunden.

An der Protolyse von Basen sind stets eine Base und die damit korrespondierende Säure beteiligt. So entstehen aus den Molekülen der Base Ammoniak durch Aufnahme je eines Protons Ammonium-Ionen als korrespondierende Säure. In allgemeiner Form gilt für die Protolyse einer beliebigen Base „B":

$$B + H_2O \rightleftharpoons BH^{\oplus} + OH^{\ominus}$$

$$\frac{c(BH^{\oplus}) \cdot c(OH^{\ominus})}{c(B) \cdot c(H_2O)} = K$$

$$\frac{c(BH^{\oplus}) \cdot c(OH^{\ominus})}{c(B)} = K \cdot c(H_2O) = K_B$$

Die Basenkonstante K_B beträgt für Ammoniak bei 25°:

$$K_{NH_3} = 1{,}77 \cdot 10^{-5}$$

Auch hier werden die Zahlenwerte durch die logarithmische Darstellung besser überschaubar, so daß man einen pK_B-Wert definiert:

$$pK_B = -\lg K_B$$

Der aus obigem K_B-Wert berechnete pK_B-Wert von Ammoniak beträgt 4,75. Ammoniak ist demnach nur eine schwache Base, die korrespondierende Säure $NH_4^{\oplus}$ muß daher eine relativ starke Säure sein.

11.3 Korrespondierende Säure-Base-Paare

Je stärker eine Säure (Base) ist, um so schwächer ist die korrespondierende Base (Säure).

Dieser Sachverhalt läßt sich für **wäßrige Lösungen** als einfache rechnerische Beziehung zwischen dem pK_S einer Säure und dem pK_B der **korrespondierenden** Base formulieren.

Gehen wir von der Säure HA als Protonen-Donator aus, so ergibt sich

$$HA + H_2O \rightleftharpoons H_3O^{\oplus} + A^{\ominus}$$

und hieraus die Säurekonstante K_S

$$\frac{c(H_3O^{\oplus}) \cdot c(A^{\ominus})}{c(HA)} = K_S$$

Gehen wir von der korrespondierenden Base $A^{\ominus}$ aus, so ergibt sich

$$A^{\ominus} + H_2O \rightleftharpoons HA + OH^{\ominus}$$

und hieraus die Basenkonstante K_B

$$\frac{c(HA) \cdot c(OH^{\ominus})}{c(A^{\ominus})} = K_B$$

Die Multiplikation dieser beiden Gleichungen ergibt für jedes korrespondierende Säure-Base-Paar:

$$\frac{c(H_3O^{\oplus}) \cdot c(A^{\ominus})}{c(HA)} \cdot \frac{c(HA) \cdot c(OH^{\ominus})}{c(A^{\ominus})} = K_S \cdot K_B$$

$$K_S \cdot K_B = c(H_3O^{\oplus}) \cdot c(OH^{\ominus})$$

Nach dieser Umformung steht rechts das Ionenprodukt des Wassers, 10^{-14} mol²/L² (bei 25°). Durch Einführen der pK_S- und pK_B-Werte ergibt sich für korrespondierende Säure-Base-Paare in wäßrigen Lösungen:

$$pK_S + pK_B = 14$$

Bei Kenntnis des pK_S-Wertes einer beliebigen Säure kann man also den pK_B-Wert der korrespondierenden Base als Differenz zu 14 ausrechnen.

Ein Beispiel: Aus dem für Essigsäure angegebenen $pK_S = 4{,}75$ ergibt sich für die korrespondierende Base, die Acetat-Ionen:

$$pK_B = 14 - 4{,}75 = 9{,}25$$

11.4 pH-Wert wäßriger Lösungen starker Säuren und Basen

In verdünnten wäßrigen Lösungen sind starke Säuren und starke Basen vollständig dissoziiert. Bei der Dissoziation einer **ein**protonigen starken Säure ergibt sich daher eine Wasserstoffionen-Konzentration, die **gleich groß** ist wie die Stoffmengen-Konzentration der eingesetzten Säure. Aus der Wasserstoffionen-Konzentration kann man nach

$$pH = -\lg c(H^{\oplus})$$

den pH-Wert der Lösung errechnen.

Dazu ein Beispiel: Salzsäure der Konzentration:

$c(HCl) = 0{,}1$ mol/L

Bei vollständiger Dissoziation nach:

$HCl \longrightarrow H^{\oplus} + Cl^{\ominus}$

erhält man:

$c(H^{\oplus}) = 0{,}1$ mol/L
$pH = -\lg 0{,}1 = -\lg 10^{-1}$
$pH = 1$

Auch den pH-Wert von verdünnten wäßrigen Lösungen starker Basen kann man berechnen: Natronlauge der Konzentration:

$c(NaOH) = 0{,}05$ mol/L

Bei vollständiger Dissoziation nach:

$NaOH \longrightarrow Na^{\oplus} + OH^{\ominus}$

erhält man:

$c(OH^{\ominus}) = 0{,}05$ mol/L

Aus der $OH^{\ominus}$ Ionen-Konzentration kann man den pOH-Wert errechnen:

$pOH = -\lg c(OH^{\ominus})$
$pOH = -\lg 0{,}05$
$pOH = 1{,}3$

Da man üblicherweise den pH-Wert angibt, rechnet man um mit Hilfe der Gleichung:

$pH + pOH = 14$
$pH = 14 - pOH$
$pH = 14 - 1{,}3 = 12{,}7$

Die Berechnung des pH-Wertes **schwacher** Säuren und Basen ist erheblich schwieriger, weil diese schwachen Elektrolyte nicht vollständig dissoziiert sind. Bei schwachen Säuren muß man von dem K_S-Wert (aus Tabellen entnommen) ausgehen:

$$K_S = \frac{c(H_3O^{\oplus}) \cdot c(A^{\ominus})}{c(HA)}$$

Oft berechnet man solche pH-Werte nur näherungsweise, indem man Vereinfachungen einführt.

11.5 Die Neutralisations-Reaktion

Jede wäßrige Lösung (sauer, neutral oder alkalisch reagierend) hat einen bestimmten pH-Wert. Dieser pH-Wert ändert sich, sobald zu der ursprünglich vorhandenen Lösung eine Säure oder eine Base zugegeben wird. Die pH-Änderung kann gering oder (sehr) erheblich sein. Dies hängt ab:
– von der Art und der Quantität der in der eingesetzten Lösung vorhandenen gelösten Stoffe und
– von der Art und der Quantität der zugegebenen Säure oder Base.

Durch Zugeben von Base zu einer sauer reagierenden wäßrigen Lösung kann man eine neutral reagierende Lösung herstellen. Anderseits kann man eine alkalisch reagierende Lösung durch Zugeben von Säure in eine neutrale Lösung überführen. Die stattfindenden **Neutralisations-Reaktionen** verlaufen nach der allgemeinen Gleichung:

Säure + Base $\longrightarrow$ Salz + Wasser

Bei jeder Neutralisation wird Wärme-Energie, die Neutralisationswärme, frei. Das Reaktions-Geschehen ist besonders gut überschaubar, wenn eine starke Säure, z. B. Salzsäure, und eine starke Base, z.B. Natronlauge, zusammengegeben werden. Beide Elektrolyte sind vollständig dissoziiert:

$$HCl \longrightarrow H^\oplus + Cl^\ominus$$
$$NaOH \longrightarrow Na^\oplus + OH^\ominus$$

Die Reaktions-Gleichung für die Neutralisation lautet hier:

$$H^\oplus + Cl^\ominus + Na^\oplus + OH^\ominus \longrightarrow H_2O + Na^\oplus + Cl^\ominus$$

Diese Gleichung wird übersichtlicher, wenn die *$Na^\oplus$- und $Cl^\ominus$-Ionen, die an der Neutralisation nicht unmittelbar beteiligt sind, weggelassen werden.* Bei jeder Neutralisation werden durch die Reaktion von $H^\oplus$-Ionen mit $OH^\ominus$-Ionen Wasser-Moleküle gebildet. Die eigentliche Neutralisations-Gleichung lautet daher:

$$H^\oplus + OH^\ominus \longrightarrow H_2O \quad \Delta H = -57{,}4 \text{ kJ/mol}$$

Diese Vereinigung von Wasserstoffionen mit Hydroxid-Ionen zu Wasser-Molekülen findet immer dann statt, wenn eine beliebige Säure und eine beliebige Base miteinander in wäßriger Lösung zur Reaktion gebracht werden. (Die hierbei freiwerdende Wärme-Energie ist auf 1 mol Wasser bezogen.)

Die Entstehung des betreffenden **Salzes** aus den von der Säure stammenden Säurerest-Ionen (Anionen) und den von der Base stammenden Kationen kann man bei vielen Neutralisationsvorgängen nicht direkt beobachten, weil viele Salze in Wasser gut löslich sind. Diese Salze gewinnt man durch Eindampfen der Lösungen. Beim Zusammengeben mancher Säuren und Basen ist die Salz-Bildung daran erkennbar, daß das Salz als unlöslicher Niederschlag ausfällt, wie z.B. bei der Reaktion verdünnter wäßriger Lösungen von Bariumhydroxid und Schwefelsäure.
Die $Ba(OH)_2$-Lösung enthält:

$Ba^\oplus$ und $OH^\ominus$

In der Schwefelsäure liegen vor:

$H^\oplus$, $HSO_4^\ominus$ und $SO_4^{\ominus\ominus}$

Beim Zusammengeben beider Lösungen laufen folgende Reaktionen ab:
Neutralisations-Reaktion:

$$H^\oplus + OH^\ominus \rightleftharpoons H_2O$$

(einschl. der $H^\oplus$-Ionen aus:

$$HSO_4^\ominus \longrightarrow H^\oplus + SO_4^{\ominus\ominus})$$

Fällungs-Reaktion:

$$Ba^{\oplus\oplus} + SO_4^{\ominus\ominus} \longrightarrow BaSO_4\downarrow$$

Als Ionen-Gleichung zusammengefaßt:

$$2\,H^\oplus + SO_4^{\ominus\ominus} + Ba^{\oplus\oplus} + 2\,OH^\ominus \longrightarrow BaSO_4\downarrow + 2\,H_2O$$

In wäßrigen Lösungen hat das Produkt aus der Konzentration der $H^\oplus$-Ionen und der Konzentration der $OH^\ominus$-Ionen einen **konstanten** Wert. Dieser als Ionen-Produkt des Wassers (K_W) bezeichnete Wert hängt von der Temperatur ab und beträgt bei 25 °C:

$$K_W = c(H^\oplus) \cdot c(OH^\ominus) = 10^{-14} \text{ mol}^2/\text{L}^2$$

Je größer die $H^\oplus$-Ionen-Konzentration einer wäßrigen Lösung ist, umso kleiner ist ihre $OH^\ominus$-Ionen-Konzentration. Stark saure Lösungen sind durch hohe $H^\oplus$-Ionen-Konzentrationen und äußerst geringe $OH^\ominus$-Ionen-Konzentrationen gekennzeichnet, z.B. Salzsäure:

c(HCl) (mol/L)	c($H^\oplus$) (mol/L)	c($OH^\ominus$) (mol/L)	Ionen-Produkt (mol²/L²)
0,01	10^{-2}	10^{-12}	10^{-14}
0,1	10^{-1}	10^{-13}	10^{-14}
1	10^0 (=1)	10^{-14}	10^{-14}

In Natronlauge oder Kalilauge dieser Stoffmengen-Konzentrationen ist dagegen $c(OH^\ominus)$ sehr groß und $c(H^\oplus)$ infolgedessen sehr klein.
Daraus ergibt sich, daß der pH-Wert **verdünnter** wäßriger Lösungen im Bereich von 0 bis 14 liegt.
Verfolgen wir nun den Verlauf einer Neutralisation, bei der zu Salzsäure Natronlauge zugetropft wird.
Ausgangskonzentration der Salzsäure:

c(HCl) = 0,1 mol/L

Daher:

$c(H^\oplus) = 10^{-1}$ mol/L

$c(OH^\ominus) = 10^{-13}$ mol/L

Das Ionenprodukt hat den bekannten Wert:

$K_W = c(H^{\oplus}) \cdot c(OH^{\ominus}) = 10^{-1} \cdot 10^{-13}$

$= 10^{-14}$ mol^2/L^2

Sobald Natronlauge zugegeben wird, kommen OH$^{\ominus}$-Ionen in erheblicher Anzahl hinzu. Dennoch bleibt das Ionenprodukt des Wassers konstant, weil die zugegebenen OH$^{\ominus}$-Ionen sehr rasch durch die in der Salzsäure im Überschuß vorhandenen H$^{\oplus}$-Ionen neutralisiert werden. Die ursprünglich in der Salzsäure vorhandene Teilchenanzahl H$^{\oplus}$-Ionen wird durch die Neutralisations-Reaktion verringert. Wird weiterhin Natronlauge zugegeben, so kommt es durch die auf diese Weise zugefügten OH$^{\ominus}$-Ionen zum Verbrauch weiterer H$^{\oplus}$-Ionen. Die Folge hiervon ist, daß die **H$^{\oplus}$-Ionen-Konzentration** immer geringer und die **OH$^{\ominus}$-Ionen-Konzentration** immer größer wird. *Ihr Produkt hat jedoch stets denselben, konstanten Wert.* Schließlich wird der Punkt erreicht, an dem

$c(H^{\oplus}) = c(OH^{\ominus})$

ist. Die wäßrige Lösung befindet sich jetzt am Neutralpunkt, ihr pH-Wert beträgt genau 7. Wenn weiterhin Natronlauge zugegeben wird, erhält man schließlich eine alkalisch reagierende Lösung.

Eine pH-Änderung bewirkt bei manchen Farbstoffen einen **Farbumschlag**. Man bezeichnet solche Farbstoffe als **Indikatoren** (Abschn. 11.6).

Die Neutralisation bildet die Grundlage zahlreicher quantitativer Analysen mit dem Ziel,
– den nicht bekannten Gehalt einer wäßrigen Base-Lösung dadurch zu ermitteln, daß man diese mit einer Säure genau bekannter Konzentration neutralisiert (**acidimetrische Titration**) oder
– den nicht bekannten Gehalt einer Säure dadurch zu ermitteln, daß man diese mit einer Base genau bekannter Konzentration neutralisiert (**alkalimetrische Titration**).

Lösungen genau bekannter Konzentration werden als **Maßlösungen** bezeichnet und bei der Maßanalyse zur Durchführung der Titrationen verwendet.

Bei Titrationen benutzt man Indikatoren, die in einem bestimmten pH-Bereich ihre Farbe ändern und so den Endpunkt der Titration anzeigen. So ändert z. B. Methylrot im pH-Bereich von 4,4-6,2 seine Farbe von rot (sauer) nach gelb (alkalisch). Will man z. B. den Gehalt einer Kalilauge bestimmen, gibt man Methylrot zu und tropft solange eine Schwefelsäure-Maßlösung zu, bis die Farbe des Indikators von gelb nach rot umschlägt. Aus dem verbrauchten Volumen der Schwefelsäure bekannter Konzentration kann man dann den Gehalt der

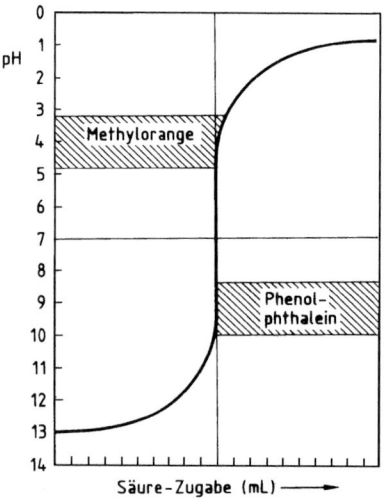
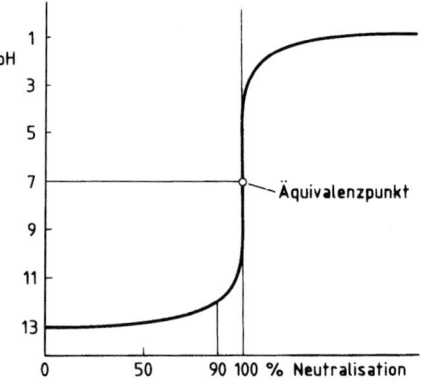

Abb. 11-2. Der Kurvenverlauf zeigt die Änderung der Wasserstoffionen-Konzentration, ausgedrückt durch den pH-Wert, bei der Titration einer starken Base mit einer starken Säure. Das Zugeben der äquivalenten Säuremenge bewirkt den Farbumschlag des Indikators (nach: U. R. Kunze).

Lauge an Kaliumhydroxid bzw. $OH^\ominus$-Ionen bestimmen.

Jede Titration kann man durch eine **Titrations-Kurve** darstellen, bei der die pH-Änderung in Abhängigkeit vom Volumen der zugegebenen Säure oder Base aufgetragen wird (Abb. 11-2).

Bei der Berechnung des Gehalts der KOH-Lösung muß man beachten, daß Schwefelsäure bei der Neutralisation als **zwei**protonige Säure reagiert:

$$H_2SO_4 \longrightarrow 2\,H^\oplus + SO_4^{\ominus\ominus}$$

Dagegen enthält jede Formeleinheit KOH nur ein Hydroxid-Ion:

$$KOH \longrightarrow K^\oplus + OH^\ominus$$

Äquivalenz bei der Neutralisation besteht also zwischen folgenden Teilchenanzahlen:

$H^\oplus$, enthalten in 1 mol H_2SO_4, und $OH^\ominus$, enthalten in 2 mol KOH,

oder

$H^\oplus$, enthalten in 1/2 mol H_2SO_4, und $OH^\ominus$, enthalten in 1 mol KOH.

Diesen Sachverhalt kann man von Anfang an berücksichtigen, indem man bei der Herstellung der Schwefelsäure-Maßlösung von einem (gedachten) Neutralisations-Äquivalent ausgeht. Dieses Neutralisations-Äquivalent ist der Bruchteil $1/z^*$ eines Schwefelsäure-Moleküls (allgemein: der Teilchen X des zur Neutralisation eingesetzten Reaktionspartners).

Die Äquivalent-Zahl z^* ist für Schwefelsäure 2. Ist z. B. in 1 L der für die obige Titration eingesetzten Schwefelsäure-Maßlösung die Stoffmenge

$$n(H_2SO_4) = 0{,}05 \text{ mol}$$

dann ergibt sich als Größengleichung der Äquivalent-Stoffmenge

$$n\left(\frac{1}{2}H_2SO_4\right) = 0{,}1\,\text{mol}$$

Welchen Vorteil bringt es, für die Maßanalyse auf der Basis **Neutralisations-Äquivalent** hergestellte Lösungen zu verwenden? Da man sich **vor** Durchführung der Titrationen über die zugrunde liegende Reaktions-Gleichung und die darin vorkommenden stöchiometrischen Faktoren klarwerden muß, kann man nach der Titration von einfachen Volumen-Vergleichen ausgehen.
Ganz allgemein gilt:

Beim Neutralisations-Äquivalent ist die **Äquivalent-Zahl** z^*, die als Bruchteil $1/z^*$ vor dem jeweiligen Teilchen (Molekül, Ion) aufgeführt wird, *gleich der Anzahl der $H^\oplus$-Ionen oder $OH^\ominus$-Ionen die das Teilchen bei einer bestimmten Neutralisations-Reaktion bindet oder abgibt.*

Bei der acidimetrischen oder alkalimetrischen Maßanalyse werden folgende Titrationen jeweils wie angegeben (oder umgekehrt) durchgeführt.
Man titriert:
Eine starke Base mit einer starken Säure,
eine starke Base mit einer schwachen Säure,
eine schwache Base mit einer starken Säure.

Nur bei der Titration starker Säuren mit starken Basen (oder umgekehrt) liegt der Äquivalenzpunkt genau bei pH 7. Bei den anderen Titrationen fällt er nicht mit dem Neutralpunkt zusammen (Abschn. 11.7).

11.6 Indikatoren

Die Wasserstoffionen-Konzentration wäßriger Lösungen wird auf folgende Weise bestimmt:
- mit Hilfe von **Farb-Indikatoren,**
- durch Verwendung von **pH-Metern,** deren Elektroden selbst geringe Änderungen der $H^\oplus$-Ionen-Konzentration genau erfassen (potentiometrische Methode),
- durch Messung der elektrischen Leitfähigkeit.

Die zur Bestimmung des Äquivalenzpunktes bei Titrationen eingesetzten Indikatoren sind organische Farbstoffe, deren Farbe sich in Abhängigkeit von der $H^\oplus$-Ionen-Konzentration wäßriger Lösungen ändert.

Indikatoren sind selbst schwache Säuren (oder schwache Basen) und somit in geringem Maße zur Dissoziation befähigt. So entsteht aus einer Indikator-Säure (abgekürzt HIn) die korrespondierende Indikator-Base und umgekehrt:

$$HIn \rightleftharpoons H^\oplus + In^\ominus$$

Enscheidend für die Eignung als Indikator für Säure-Base-Reaktionen ist nun, daß der Farbstoff in nicht-dissoziierter Form (HIn) eine andere Farbe hat als in dissoziierter Form (In$^\ominus$) und die Farbänderung (der Farbumschlag) innerhalb eines engen pH-Bereiches erfolgt (in der Regel sind dies zwei pH-Einheiten).

Die Farbänderung ist reversibel (umkehrbar). In folgender Tabelle sind einige gebräuchliche Indikatoren zusammengestellt. Thymolblau ist zweimal aufgeführt, weil dieser Indikator zwei Umschlags-Bereiche aufweist.

pH-Indikator	Farbe	pH-Umschlags-Bereich	Farbe
Thymolblau	rot	1,2 ... 2,8	gelb
Methylorange	rot	3,1 ... 4,4	gelborange
Bromkresolgrün	gelb	3,8 ... 5,4	blau
Methylrot	rot	4,4 ... 6,2	gelborange
Lackmus	rot	5,0 ... 8,0	blau
Bromthymolblau	gelb	6,0 ... 7,6	blau
Thymolblau	gelb	8,0 ... 9,6	blau
Phenolphthalein	farblos	8,2 ... 9,8	rotviolett
Thymolphthalein	farblos	9,3 ... 10,5	blau

11.7 Protolyse von Salzen

Aus reinen kristallinen Salzen und reinem Wasser hergestellte wäßrige Lösungen reagieren oft nicht – wie man erwarten könnte – neutral, sondern sauer oder alkalisch, was von der chemischen Zusammensetzung des in Lösung gebrachten Salzes abhängt.

Jedes der Kationen und Anionen von Salzen läßt sich von einer bestimmten Base bzw. einer bestimmten Säure ableiten, z. B. gilt für NaCl: Kation: Na$^\oplus$, abgeleitet von der Base NaOH, Anion: Cl$^\ominus$, abgeleitet von der Säure HCl.

Unter diesem Gesichtspunkt lassen sich die Salze einem bestimmten Typ (A, B, C oder D) zuordnen (Tab. 11-3).

Die in bestimmten Salz-Lösungen (C, B, D) festzustellende saure oder alkalische Reaktion ist die Auswirkung von **Protonen-Übertragungsreaktionen** zwischen Kationen oder Anionen der Salze und Wasser-Molekülen.

Als Beispiel betrachten wir zunächst ein Salz des Typs C (saure Reaktion der wäßrigen Lösung), das Ammoniumchlorid. Es leitet sich von einer schwachen Base (Ammoniak) und einer starken Säure (HCl) ab. Da Ammoniak eine schwache Base ist, muß die korrespondierende Säure, das Ammonium-Ion, eine relativ starke Säure sein, die mit Wasser reagiert:

$$NH_4^\oplus + H_2O \rightleftharpoons H_3O^\oplus + NH_3$$

Diese Reaktion führt zu einer Erhöhung der Wasserstoffionen-Konzentration:

$$c(H_3O^\oplus) > c(OH^\ominus)$$

Tab. 11-3: Salze und ihre Reaktion in wäßriger Lösung

Salz-Typ *	Kation abgeleitet von	Anion abgeleitet von	Reaktion der wäßrigen Lösung	an der Salz-Protolyse beteiligt
A	starker Base	starker Säure	neutral	weder Kationen noch Anionen
B	starker Base	schwacher Säure	alkalisch	nur Anionen
C	schwacher Base	starker Säure	sauer	nur Kationen
D	schwacher Base	schwacher Säure	neutral, sauer oder alkalisch (muß im Einzelfall durch pH-Messung oder -Berechnung ermittelt werden)	sowohl Kationen als auch Anionen

* Typ A: z.B. LiF, NaCl, KBr, K$_2$SO$_4$, Mg(NO$_3$)$_2$
  Typ B: z.B. Natriumacetat, Natriumpalmitat (Seifen), Na$_2$CO$_3$, K$_2$CO$_3$, KCN
  Typ C: z.B. NH$_4$Cl, (NH$_4$)$_2$SO$_4$, NH$_4$NO$_3$
  Typ D: z.B. Ammoniumacetat, (NH$_4$)$_2$CO$_3$

die wäßrige Salzlösung reagiert **sauer**. Die in der Lösung ebenfalls vorliegenden $Cl^\ominus$-Ionen leiten sich von der starken Säure HCl ab, sind daher wenig basisch und reagieren nicht mit Wasser.

Bei Ammonium-Salzen, die sich von anderen **starken** Säuren ableiten, sind die Anionen (z. B. $Cl^\ominus$, $NO_3^\ominus$, $SO_4^{\ominus\ominus}$) ebenfalls nicht an der Salz-Protolyse beteiligt, sondern jeweils nur die Kationen $NH_4^\oplus$.

Genau entgegengesetzt verhalten sich Salze des Typs B, die sich von schwachen Säuren und starken Basen ableiten. Ein typisches Beispiel ist Natriumacetat, das Na-Salz der Essigsäure (Kap. 22.2). Essigsäure („HAc") ist eine schwache Säure, die aus Essigsäure-Molekülen hervorgehenden Säurerestionen (Acetat-Ionen, abgekürzt „Ac") verhalten sich somit als relativ starke Base gegenüber H_2O-Molekülen:

$$Ac^\ominus + H_2O \rightleftharpoons HAc + OH^\ominus$$

Diese Protolyse führt zu einer im Vergleich zu reinem Wasser erhöhten Hydroxid-Ionen-Konzentration:

$$c(H_3O^\oplus) < c(OH^\ominus)$$

die wäßrige Lösung reagiert **alkalisch**.

Bei den Salzen des Typs B sind lediglich die Säurerest-Ionen (Anionen, $A^\ominus$) an der Salz-Protolyse beteiligt, die Kationen dagegen nicht.

Schwer vorherzusagen ist das Ergebnis der Protolyse von Salzen des Typs D, deren Kationen sich von einer **schwachen** Base und deren Anionen sich von einer **schwachen** Säure ableiten. Hier sind sowohl Kationen als auch Anionen an der Protolyse beteiligt. Entscheidend dafür, ob insgesamt eine neutral, sauer oder alkalisch reagierende wäßrige Lösung resultiert, ist die Größe der K_S- und K_B-Werte der korrespondierenden Säure-Base-Paare.

Bei Natriumchlorid und vielen anderen Salzen, deren Kationen sich von einer **starken** Base und deren Anionen sich von einer **starken** Säure ableiten, finden keine Protonen-Übertragungen mit Wasser-Molekülen statt. In wäßrigen Lösungen von Salzen des Typs A sind also $H^\oplus$-Ionen und $OH^\ominus$-Ionen in gleicher Anzahl vorhanden, die Lösungen dieser Salze reagieren neutral. Nachstehend sind die pH-Werte einiger Lösungen von Salzen in Wasser angegeben (c = 0,1 mol/L).

gelöstes Salz	pH	Protolyse-Reaktion
$2Na^\oplus\ S^{\ominus\ominus}$	12,96	$S^{\ominus\ominus} + H_2O \rightleftharpoons SH^\ominus + OH^\ominus$
$2Na^\oplus\ CO_3^{\ominus\ominus}$	11,7	$CO_3^{\ominus\ominus} + H_2O \rightleftharpoons HCO_3^\ominus + OH^\ominus$
$Na^\oplus\ CN^\ominus$	11,2	$CN^\ominus + H_2O \rightleftharpoons HCN + OH^\ominus$
$Na^\oplus\ Ac^\ominus$	8,9	$Ac^\ominus + H_2O \rightleftharpoons HAc + OH^\ominus$
$NH_4^\oplus\ Cl^\ominus$	5,1	$NH_4^\oplus + H_2O \rightleftharpoons H_3O^\oplus + NH_3$

Die *Titration einer starken Base mit einer starken Säure* (oder umgekehrt) führt dazu, daß die am Äquivalenzpunkt vorliegende wäßrige Lösung nur Ionen von Salzen des Typs A enthält. Zwischen diesen Ionen und Wasser-Molekülen findet **keine Protolyse** statt. Am **Äquivalenzpunkt** (hier identisch mit dem Neutralpunkt) hat die wäßrige Lösung den pH-Wert 7. Zur Erkennung des Endpunktes der Titration kann man einen von zahlreichen Indikatoren auswählen, deren Umschlagsbereich zwischen pH 4 und pH 10 liegt.

Bei der *Titration schwacher Säuren mit starken Basen* liegt der Äquivalenzpunkt im alkalischen Bereich, da die aus der schwachen Säure entstandenen Anionen $A^\ominus$ eine Protolyse-Reaktion eingehen:

$$A^\ominus + H_2O \rightleftharpoons HA + OH^\ominus$$

Zur Erkennung des Äquivalenzpunktes sind daher nur solche Indikatoren geeignet, die im schwach alkalischen Gebiet umschlagen.

Der Äquivalenzpunkt bei der *Titration schwacher Basen mit starken Säuren* liegt im sauren Bereich, und hierfür sind nur Indikatoren geeignet, die im schwach sauren Gebiet umschlagen.

Die von mehrprotonigen Säuren abgeleiteten „Hydrogensalze" (Hydrogensulfate, Hydrogenphosphate) sollen hier gesondert betrachtet werden.

Durch Auflösen von Hydrogensulfaten, z.B. $NaHSO_4$ oder $KHSO_4$, in Wasser entstehen ausgeprägt saure Lösungen, weil Hydrogensulfat-Ionen als „Anion-Säure" (Protonen-Donator mit negativer Ladung) ihr Proton abdissoziieren:

$$HSO_4^\ominus \rightleftharpoons H^\oplus + SO_4^{\ominus\ominus}$$

$$HSO_4^\ominus + H_2O \rightleftharpoons H_3O^\oplus + SO_4^{\ominus\ominus}$$

Nach dem Auflösen von Natriumdihydrogenphosphat in Wasser können $H_2PO_4^\ominus$-Ionen wie Teilchen mit **amphoteren** Eigenschaften (amphoterer Elektrolyt, kurz: **Ampholyt**) reagieren:

– als Protonen-Donator (entsprechend der 2. Dissoziations-Stufe von Phosphorsäure)

$$H_2PO_4^{\ominus} \rightleftharpoons H^{\oplus} + HPO_4^{\ominus\ominus}$$

oder

– als Protonen-Acceptor (Rückbildung von Phosphorsäure-Molekülen)

$$H_2PO_4^{\ominus} + H^{\oplus} \rightleftharpoons H_3PO_4$$

Vorherrschend ist die Reaktion als Protonen-Donator, so daß die wäßrige Lösung schwach sauer reagiert. Der pH-Wert einer wäßrigen Lösung mit der Konzentration $c(H_2PO_4^{\ominus}) = 0,1$ mol/L beträgt 4,58.

Die nach dem Auflösen von Dinatrium(mono)-hydrogenphosphat vorliegenden $HPO_4^{\ominus\ominus}$-Ionen reagieren überwiegend als Protonen-Acceptor gemäß

$$HPO_4^{\ominus\ominus} + H_2O \rightleftharpoons H_2PO_4^{\ominus} + OH^{\ominus}$$

Die wäßrige Lösung reagiert somit alkalisch. Der pH-Wert einer wäßrigen Lösung mit der Konzentration $c(HPO_4^{\ominus\ominus}) = 0,1$ mol/L beträgt 9,76.

Kontrollfragen

11-1 Aus welchen kleinsten Teilchen bestehen primäre Elektrolyte sowie potentielle Elektrolyte?
11-2 In welche drei großen Stoffklassen unterteilt man Elektrolyte?
11-3 Von welchen Begriffen leitet sich die Bezeichnung Ampholyt ab?
11-4 Weshalb gehört Wasser zu den Ampholyten?
11-5 Welches ist nach der von Brønsted gegebenen Definition die gemeinsame Eigenschaft aller Säuren bzw. aller Basen?
11-6 Welche chemische Reaktion findet beim Einleiten des Gases Bromwasserstoff in Wasser statt?
11-7 Welche chemische Reaktion findet beim Einleiten des Gases Ammoniak in Wasser statt?
11-8 Wie nennt man wäßrige Lösungen von Chlorwasserstoff, Kohlen(stoff)dioxid, Calciumhydroxid, Bariumhydroxid?
11-9 Zur Beschreibung von Protolyse-Reaktionen wird jeder Säure (HA) eine korrespondierende Base ($A^{\ominus}$) zugeordnet.
a) Welches ist die korrespondierende Base von: H_3PO_4, $HS^{\ominus}$, $NH_4^{\oplus}$, $H_2PO_4^{\ominus}$
b) Welches ist die korrespondierende Säure von: $F^{\ominus}$, $OH^{\ominus}$, NH_3, $PO_4^{\ominus\ominus\ominus}$
11-10 Nennen Sie je 2 einprotonige, zweiprotonige und dreiprotonige anorganische Säuren.
11-11 Wie erfolgt die Dissoziation mehrprotoniger Säuren?
11-12 Welche Zahlenwerte ermöglichen die Unterscheidung zwischen starken und schwachen Säuren?
11-13 Geben Sie die Definitions-Gleichungen für die Säurekonstante und ihren negativen dekadischen Logarithmus für eine beliebige Säure HA an.
11-14 Eine wäßrige Lösung hat den pH-Wert 1,0, eine andere den pH-Wert 5,0. Um welchen Faktor unterscheiden sich ihre Wasserstoffionen-Konzentrationen?
11-15 Wie lautet die Gleichung für die Neutralisations-Reaktion zwischen Säuren und Basen?
11-16 Welche Stoffportion Kaliumhydroxid benötigt man zur Herstellung von einem Liter Kalilauge mit einem pH-Wert von 12,4?
11-17 Was versteht man unter Äquivalenzpunkt?
11-18 Bei welchen Säure-Base-Titrationen fällt der Äquivalenzpunkt mit dem Neutralpunkt zusammen?
11-19 Welche Formeleinheit haben folgende Salze und welche Ionen liegen im Kristallgitter vor: (A) Natriumsulfid, (B) Ammoniumchlorid, (C) Kaliumsulfat, (D) Kaliumhydrogensulfat, (E) Natriumcarbonat, (F) Magnesiumhydrogencarbonat, (G) Calciumhydrogenphosphat?
11-20 Wie reagieren die Salze (B) bis (E) mit Wasser? (Reaktions-Gleichungen)
11-21 Welche Reaktion der jeweiligen wäßrigen Lösung läßt sich demzufolge mit Farbindikatoren feststellen?

12 Puffer-Systeme

12.1 Übersicht

Der Ablauf der Lebensvorgänge ist auf das engste damit verknüpft, daß die Wasserstoffionen-Konzentration in dem Zellmilieu **innerhalb eines bestimmten pH-Bereiches** liegt.

Mikroorganismen können nur in Nährlösungen, die ganz bestimmte pH-Werte aufweisen, optimal wachsen. Das Pflanzenwachstum erfordert bestimmte pH-Werte im Boden und in den Zellsäften. Auch die Lebensfunktionen im menschlichen und tierischen Organismus sind in starkem Maße vom pH-Wert der Körperflüssigkeiten abhängig. Abschn. 11.1 enthält Angaben über pH-Bereiche, in denen biologische Vorgänge ablaufen.

Zur Aufrechterhaltung der optimalen Wasserstoffionen-Konzentration in Körperflüssigkeiten dienen leistungsfähige **Regel-Mechanismen**, durch die stärkere pH-Schwankungen vermieden werden, die sich sonst durch Aufnahme von Nahrung sehr unterschiedlicher Zusammensetzung oder unterschiedliche Stoffwechsel-Lage (z.B. bei starker körperlicher Aktivität) ergeben würden. Beim Arbeiten mit biologischem Material im Laboratorium ist es daher erforderlich, die jeweiligen Wasserstoffionen-Konzentrationen einzustellen und aufrechtzuerhalten.

Bestimmte, als **Puffer-Systeme** bezeichnete Stoff-Mischungen sind dazu geeignet, den pH-Wert wäßriger Lösungen innerhalb enger Grenzen konstant zu halten. Wenn in eine nicht-gepufferte wäßrige Lösung mit bestimmtem pH-Wert Säuren oder Basen hineingelangen, führt dies meist zu einer starken Änderung der ursprünglichen Wasserstoffionen-Konzentration. Versetzt man z. B. einen Liter Wasser (pH = 7 bei 22 °C) mit nur einem Milliliter einer starken Säure, z. B. Perchlorsäure der Konzentration $c(HClO_4) = 1$ mol/L, so entspricht dies der Zugabe von einem mmol $H^{\oplus}$-Ionen, die $H^{\oplus}$-Ionen-Konzentration erhöht sich auf das Zehntausendfache, d.h. von 10^{-7} mol/L auf 10^{-3} mol/L, und der pH-Wert ändert sich von 7 nach 3.

Um nun pH-Verschiebungen möglichst gering zu halten, verwendet man Puffer-Substanzen, meist in Form von Puffer-Mischungen, die so zusammengesetzt sind, daß sowohl Säuren als auch Basen, die in eine gepufferte Lösung hineingelangen, durch Neutralisation abgefangen werden. Dieser Funktion entsprechend enthalten Puffer-Lösungen entweder:
– eine schwache Säure und eines ihrer Salze mit einer starken Base

oder
– eine schwache Base und eines ihrer Salze mit einer starken Säure.

Tab. 12-1 enthält einige Beispiele für im Laboratorium eingesetzte Puffer-Systeme.

12.2 Qualitative Zusammensetzung von Puffer-Lösungen

In einer wäßrigen Lösung von Essigsäure stellt sich ein **Protolyse-Gleichgewicht** ein:

$$HAc + H_2O \rightleftharpoons H_3O^{\oplus} + Ac^{\ominus}$$

Abhängig von der Konzentration der Essigsäure-Lösung ergibt sich eine ganz bestimmte Wasserstoffionen-Konzentration. Gibt man nun ein Salz der Essigsäure, z. B. Natriumacetat, zu, so wird die Konzentration der Acetat-Ionen größer, und die Rückreaktion findet in erhöhtem Maß statt:

$$HAc + H_2O \rightleftharpoons H_3O^{\oplus} + Ac^{\ominus}$$

Dabei werden Wasserstoffionen verbraucht, die *Wasserstoffionen-Konzentration* sinkt, der pH-

Tab. 12-1: Einige wichtige Puffer-Systeme

Puffer-Systeme	in wäßriger Lösung	wirksame Bestandteile
Essigsäure	$H_3C-C\overset{O}{\underset{O-H}{}} \rightleftharpoons H_3C-C\overset{O}{\underset{O^\ominus}{}} + H_3O^\oplus$	Essigsäure-Moleküle
Natriumacetat	$H_3C-COONa \longrightarrow H_3C-C\overset{O}{\underset{O^\ominus}{}} + Na^\oplus$	Acetat-Ionen
Kohlensäure	$CO_2 + H_2O \rightleftharpoons (H_2CO_3) \rightleftharpoons H^\oplus + HCO_3^\ominus$	CO_2- bzw. H_2CO_3-Moleküle
Natrium-hydrogencarbonat	$NaHCO_3 \longrightarrow Na^\oplus + HCO_3^\ominus$	Hydrogencarbonat-Ionen
Kalium-dihydrogenphosphat	$KH_2PO_4 \longrightarrow K^\oplus + H_2PO_4^\ominus$	Dihydrogenphosphat-Ionen
Dinatrium-hydrogenphosphat	$Na_2HPO_4 \longrightarrow 2Na^\oplus + HPO_4^{\ominus\ominus}$	Hydrogenphosphat-Ionen
Ammoniak	$NH_3 + H_2O \rightleftharpoons NH_4^\oplus + OH^\ominus$	Ammoniak-Moleküle
Ammonium-Chlorid	$NH_4Cl \longrightarrow NH_4^\oplus + Cl^\ominus$	Ammonium-Ionen

Wert wird größer. Diese Wirkung beim Zugeben eines **gleichionigen Salzes** zu einer schwachen Säure wird als „Abstumpfen" bezeichnet.

In analoger Weise wird die Protolyse einer schwachen Base, z.B. Ammoniak:

$$NH_3 + H_2O \rightleftharpoons OH^\ominus + NH_4^\oplus$$

durch Zugeben der korrespondierenden Säure (hier: $NH_4^\oplus$) in Form eines gleichionigen Salzes, z.B. NH_4Cl, zurückgedrängt:

$$NH_3 + H_2O \rightleftharpoons OH^\ominus + NH_4^\oplus$$

Das Ergebnis ist eine Verringerung der $OH^\ominus$-Ionen-Konzentration in der wäßrigen-Lösung.

Auf diese Weise kann man also in wäßrigen Lösungen ganz bestimmte pH-Werte einstellen. Da derartige Mischungen Puffer-Wirkung haben, sind sie von großer praktischer Bedeutung. Es hängt nun entscheidend von dem Verhältnis der Stoffmengen der Bestandteile ab, welcher pH-Wert sich in der Mischung einstellen wird.

12.3 Quantitative Zusammensetzung von Puffer-Mischungen

Zur Herstellung von Puffer-Mischungen sind für viele Anwendungen geeignete Säuren, Basen und Salze als reine Stoffe im Handel erhältlich. Um das für die jeweilige Aufgabenstellung (Chemie, Klinische Chemie, Mikrobiologie, Histologie, Arbeiten mit Zell- und Gewebekulturen) am besten geeignete Puffer-System auswählen zu können, muß man zunächst aus einer Arbeitsvorschrift oder durch eigene Versuche wissen, welcher pH-Wert eingestellt und aufrechterhalten werden soll. Kennt man den **einzustellenden** pH-Wert, kann man die im folgenden abgeleitete Puffer-Gleichung anwenden. Jede Säure HA hat eine charakteristische Säurekonstante K_S

$$\frac{c(H_3O^\oplus) \cdot c(A^\ominus)}{c(HA)} = K_S$$

Umgeformt ist:

$$c(H_3O^\oplus) = K_S \cdot \frac{c(HA)}{c(A^\ominus)}$$

Um anstelle von $c(H_3O^\oplus)$, für das wieder vereinfachend $c(H^\oplus)$ geschrieben wird, den pH-Wert und anstelle von K_S, den pK_S-Wert einführen zu können, muß logarithmiert

$$\lg c(H^\oplus) = \lg K_S + \lg \frac{c(HA)}{c(A^\ominus)}$$

und hiernach noch mit −1 multipliziert werden:

$$\lg c(H^\oplus) = -\lg K_S + \lg \frac{(A^\ominus)}{c(HA)}$$

12.3 Quantitative Zusammensetzung von Puffer-Mischungen

Nun ist nur noch die vorgesehene Einführung von pH und pK_S vorzunehmen:

$$\mathrm{pH} = pK_S + \lg \frac{c(A^\ominus)}{c(HA)}$$

Diese Gleichung wurde von Henderson und Hasselbalch für das wichtigste Puffer-System des Blutes (Kohlendioxid/Hydrogencarbonat) abgeleitet und wird als **Henderson-Hasselbalchsche Gleichung** oder **Puffer-Gleichung** bezeichnet.

Mit Hilfe dieser Gleichung läßt sich der Bereich festlegen, innerhalb dessen die Puffer-Mischung wirksam ist. Wir betrachten zunächst drei Mischungsverhältnisse Säure zu korrespondierende Base:

Verhältnis von $c(A^\ominus)$ $c(HA)$	$\lg \frac{c(A^\ominus)}{c(HA)}$	Zahlenwert
a) 1:1	$\lg \frac{1}{1}$	0
b) 10:1	$\lg \frac{10}{1}$	1
c) 1:10	$\lg \frac{1}{10}$	−1

Die dem logarithmischen Ausdruck entsprechenden Zahlenwerte setzen wir in die Puffer-Gleichung ein. Es ergibt sich:

a) Für das Verhältnis $c(A^\ominus) : c(HA) = 1:1$:

$$\mathrm{pH} = pK_S$$

Immer dann, wenn der *pH-Wert der wäßrigen Lösung mit dem pK_S-Wert der schwachen Säure übereinstimmt*, hat die Lösung die **maximale Puffer-Wirkung**. Solche Puffer-Lösungen enthalten gleiche Konzentrationen an Säure HA und korrespondierender Base $A^\ominus$.

b) Für das Verhältnis $c(A^\ominus) : c(HA) = 10:1$, bei dem die Konzentration der korrespondierenden Base das Zehnfache der Konzentration der Säure beträgt:
$$\mathrm{pH} = pK_S + 1$$

c) Für das Verhältnis $c(A^\ominus) : c(HA) = 1:10$:
$$\mathrm{pH} = pK_S - 1$$

Den um eine logarithmische Einheit vom pK-Wert nach oben und unten abweichenden pH-Bereich nennt man Pufferungs-Bereich. Durch Einsetzen des pK_S-Wertes der verwendeten Säure läßt sich der Pufferungs-Bereich aus der Gleichung:

$$\mathrm{pH} = pK_S \pm 1$$

errechnen.

Wenn nun z. B. ein pH-Wert von 4,8 eingestellt und durch Pufferung aufrechterhalten werden soll, dann muß man aus der Vielzahl schwacher Säuren gerade eine solche Säure auswählen, deren pK_S-Wert in der Nähe von 4,8 liegt.

Da Essigsäure einen pK_S-Wert von 4,75 hat, ist eine Puffer-Mischung aus Essigsäure und einem Acetat für die genannte Verwendung geeignet. Zu ihrer Herstellung kann man wäßrige Lösungen von Essigsäure und Natriumacetat (jeweils bekannter Konzentration) miteinander mischen. Die Kationen (hier: $Na^\oplus$) tragen zur Puffer-Wirkung nichts bei.

Aus der Gleichung:

$$\mathrm{pH} = pK_S \pm 1$$

ergibt sich als Pufferungs-Bereich für das System **Essigsäure/Acetat**-Ionen:

$$\mathrm{pH} = 4{,}75 \pm 1 \quad (3{,}75 \text{ bis } 5{,}75)$$

Die Puffer-Gleichung kann zur Beantwortung folgender Fragen dienen:
– In welchem Verhältnis müssen die Konzentrationen an schwacher Säure HA und der korrespondierenden Base $A^\ominus$ vorliegen, um einen ganz bestimmten pH-Wert einzustellen?
– Welchen pH-Wert hat eine wäßrige Lösung, in der die Konzentrationen an einer schwachen Säure (mit bekanntem pK_S-Wert) und der korrespondierenden Base in einem ganz bestimmten Verhältnis vorliegen?

Als Beispiel zur ersten Frage bleiben wir bei dem **Essigsäure/Acetat**-Puffer, mit dem wir den pH-Wert 5,4 einstellen wollen.

Das nicht bekannte Verhältnis der Konzentrationen $c(A^\ominus) : c(HAc)$ ist x : 1.

Puffer-Gleichung (allgemein):

$$\mathrm{pH} = pK_S + \lg \frac{c(A^\ominus)}{c(HA)}$$

Puffer-Gleichung für das gegebene Beispiel:

$5{,}4 = 4{,}75 + \lg x$

$\lg x = 5{,}4 - 4{,}75 = 0{,}65$

Durch Entlogarithmieren mit dem Taschenrechner erhält man:

$x = 4{,}47$

oder

$$\frac{c(A^\ominus)}{c(HA)} = \frac{4{,}47}{1}$$

Als Beispiel zur zweiten Frage wollen wir den pH-Wert y berechnen, der sich in einer wäßrigen Lösung einstellt, in der sich die Konzentrationen von Acetat-Ionen und Essigsäure wie 1 : 6 verhalten.
Puffer-Gleichung für das gegebene Beispiel:

$$pH = pK_S + \lg \frac{c(A^\ominus)}{c(HA)}$$

$y = 4{,}75 + \lg \dfrac{1}{6}$

$y = 4{,}75 - 0{,}78 = 3{,}97$

Es stellt sich der pH-Wert 3,97 ein.
Die in Tab. 12-1 aufgeführten Puffer-Systeme haben ihre größte Puffer-Wirkung bei folgenden pH-Werten:

Puffer-System	pH = pK_S
Essigsäure/Acetat	4,75
Kohlensäure/Hydrogencarbonat	6,52
Dihydrogenphosphat/Hydrogenphosphat	7,21
Ammoniumchlorid/Ammoniak	9,25

12.4 Wirkungsweise von Puffer-Systemen

Puffer-Lösungen haben die Eigenschaft, den pH-Wert wäßriger Lösungen **innerhalb enger Grenzen** (konstant) zu halten, selbst dann, wenn zu der gepufferten Lösung relativ große Quantitäten an Säuren oder Basen hinzukommen.
In dem Puffer-System dienen die aus der Dissoziation der betreffenden schwachen Säure HA hervorgehenden Oxonium- bzw. Wasserstoffionen ($H^\oplus$-Ionen) dazu, hinzukommende Hydroxidionen oder Basen durch Neutralisations-Reaktionen abzufangen, wie die Beispiele aus Tab. 12-1 zeigen sollen:

Schwache Säure	Protolyse ergibt
Essigsäure	$Ac^\ominus + H_3O^\oplus$
Kohlensäure	$HCO_3^\ominus + H_3O^\oplus$
Dihydrogenphosphat	$HPO_4^{\ominus\ominus} + H_3O^\oplus$
Ammonium-Ion	$NH_3 + H_3O^\oplus$

Andererseits dienen die mit der jeweiligen korrespondierenden Base im Protolyse-Gleichgewicht vorliegenden Hydroxid-Ionen dazu, hinzukommende Säuren durch Neutralisation abzufangen.

Korrespondierende Base	Protolyse ergibt
Acetat-Ionen	$HAc + OH^\ominus$
Hydrogencarbonat-Ionen	$H_2CO_3 + OH^\ominus$
Hydrogenphosphat-Ionen	$H_2PO_4^\ominus + OH^\ominus$
Ammoniak	$NH_4^\oplus + OH^\ominus$

Den Beitrag der schwachen Säure (HA) und ihrer korrespondierenden Base ($A^\ominus$) zur Pufferwirkung kann man wie folgt zusammenfassen:
Protolyse-Gleichgewicht von HA:

$HA + H_2O \rightleftharpoons A^\ominus + H_3O^\oplus$

Abfangen von $OH^\ominus$-Ionen durch Neutralisation:

$OH^\ominus + H_3O^\oplus \rightleftharpoons 2\,H_2O$

Nachdissoziieren von HA (Nachliefern von $H_3O^\oplus$-Ionen, bis der Anteil an Protonen-Donator in dem Puffer-System verbraucht ist):

$HA + H_2O \longrightarrow A^\ominus + H_3O^\oplus$

Protolyse-Gleichgewicht von $A^\ominus$:

$A^\ominus + H_2O \rightleftharpoons HA + OH^\ominus$

Abfangen von $H_3O^\oplus$-Ionen durch Neutralisation:

$$H_3O^\oplus + OH^\ominus \rightleftharpoons 2\,H_2O$$

Erneute Einstellung des Protolyse-Gleichgewichts der korrespondierenden Base, bis der Anteil an Protonen-Acceptor in dem Puffer-System verbraucht ist:

$$A^\ominus + H_2O \rightleftharpoons HA + OH^\ominus$$

Zur Veranschaulichung der Puffer-Wirkung soll das **Phosphat-Puffer-System** dienen, das auch im Blut vorhanden ist und aus Dihydrogenphosphat-Ionen ($H_2PO_4^\ominus$, entsprechend der schwachen Säure HA) und Hydrogenphosphat-Ionen ($HPO_4^{\ominus\ominus}$, entsprechend der relativ starken korrespondierenden Base $A^\ominus$) besteht.

Durch das Nachdissoziieren (langer Reaktionspfeil) nach dem Abfangen von Hydroxid-Ionen nimmt die Konzentration an Dihydrogenphosphat-Ionen ab:

$$H_2PO_4^\ominus + H_2O \rightleftharpoons HPO_4^{\ominus\ominus} + H_3O^\oplus$$

$$OH^\ominus + H_3O^\oplus \rightleftharpoons 2\,H_2O$$

Dies führt zu einem Ansteigen des pH-Wertes der Lösung. Diese pH-Verschiebung ist jedoch um Größenordnungen geringer als sie in einer nicht gepufferten Lösung zu erwarten wäre. Fortgesetztes Zugeben von Hydroxid-Ionen führt schließlich dazu, daß der gesamte Anteil der ursprünglich vorhandenen Säure $H_2PO_4^\ominus$ durch Neutralisation verbraucht wird und sich die Puffer-Kapazität gegenüber $OH^\ominus$-Ionen erschöpft. Bei weiterem Zugeben von Hydroxid-Ionen verhält sich die Lösung nun wie eine nicht gepufferte Lösung.

Entsprechendes gilt für das Abfangen von Wasserstoffionen durch den Puffer-Bestandteil Hydrogenphosphat:

$$HPO_4^{\ominus\ominus} + H_2O \rightleftharpoons H_2PO_4^\ominus + OH^\ominus$$

$$H_3O^\oplus + OH^\ominus \rightleftharpoons 2\,H_2O$$

Diese Reaktionen führen zu einem Absinken des pH-Wertes, d.h. zu einem Ansteigen der Acidität der Lösung, bis schließlich die Puffer-Wirkung in dieser Richtung erschöpft ist.

Die folgende Berechnung soll am Beispiel des Phosphat-Puffer-Systems zeigen, wie groß die pH-Änderungen sind, die durch das Abfangen von $OH^\ominus$-Ionen oder von $H^\oplus$-Ionen hervorgerufen werden. Der pH-Wert, den die wäßrige Lösung vor dem Ablauf der beschriebenen Pufferungs-Reaktionen aufweist, läßt sich mit Hilfe der Puffer-Gleichung – wie im Abschnitt 12.3 gezeigt wurde – aus den Ausgangskonzentrationen an HA und $A^\ominus$ berechnen.

a) Ausgangskonzentrationen:

$c(H_2PO_4^\ominus) = 0{,}35$ mol/L $pK_S = 7{,}21$

$c(HPO_4^{\ominus\ominus}) = 0{,}20$ mol/L

$$pH = pK_S + \lg\frac{0{,}20}{0{,}35} = 6{,}97$$

b) Durch Abfangen von 0,1 mol $OH^\ominus$-Ionen werden 0,1 mol HA verbraucht. Die Stoffmenge an HA wird um 0,1 mol geringer, die an $A^\ominus$ um 0,1 mol größer. Durch Einsetzen der sich so ergebenden Konzentrationen in die Puffer-Gleichung erhält man den *pH-Wert nach dem Abfangen von 0,1 mol $OH^\ominus$-Ionen.*

$c(H_2PO_4^\ominus) = 0{,}25$ mol/L

$c(HPO_4^{\ominus\ominus}) = 0{,}30$ mol/L

$$pH = pK_S + \lg\frac{0{,}30}{0{,}25} = 7{,}29$$

c) Durch Abfangen von 0,1 mol $H^\oplus$-Ionen werden 0,1 mol $A^\ominus$-Ionen verbraucht. Die Stoffmenge an $A^\ominus$ wird um 0,1 mol geringer, die an HA um 0,1 mol größer. Der *pH-Wert nach dem Abfangen von 0,1 mol $H^\oplus$-Ionen* läßt sich ebenfalls mit Hilfe der Puffer-Gleichung berechnen.

$c(H_2PO_4^\ominus) = 0{,}45$ mol/L

$c(HPO_4^{\ominus\ominus}) = 0{,}10$ mol/L

$$pH = pK_S + \lg\frac{0{,}10}{0{,}45} = 6{,}56$$

Man kann auch eine als **Pufferungs-Kurve** (Abb. 12-1) bezeichnete graphische Darstellung benutzen, um die Änderung des pH-Wertes abzuschätzen.

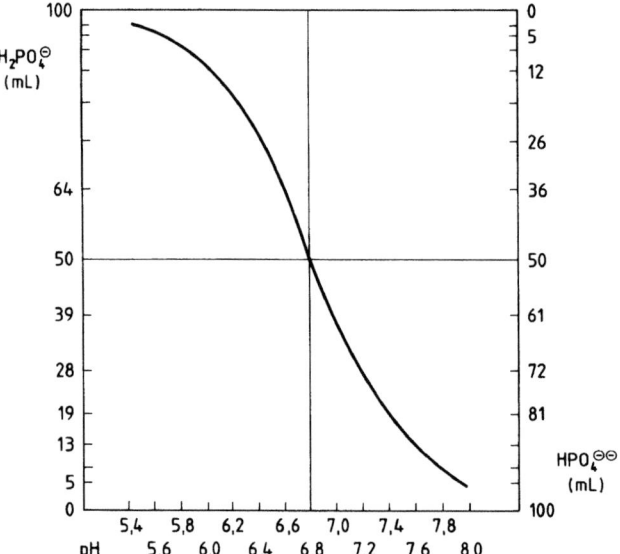

Abb. 12-1. Durch Mischen der angegebenen Volumina (in mL) einer aus Kaliumdihydrogenphosphat hergestellten Pufferstammlösung mit einer aus Dinatriumhydrogenphosphat hergestellten Pufferstammlösung der Konzentration $c(KH_2PO_4)$ = 1/15 mol/L und $c(Na_2HPO_4)$ = 1/15 mol/L kann man jeden gewünschten pH-Wert zwischen 5,4 und 8,0 einstellen.

12.5 Anwendung von Puffer-Systemen

Die Wasserstoffionen-Konzentration in wäßrigen Lösungen kann die Geschwindigkeit chemischer Reaktionen und die Entstehung bestimmter Reaktions-Produkte stark beeinflussen. Vielfach läßt sich der Reaktions-Verlauf durch Umsetzung der Reaktions-Partner bei einem bestimmten pH-Wert oder in einem bestimmten pH-Bereich steuern. Zu diesem Zweck muß man die anfangs und bei fortschreitender Reaktion vorliegenden $H^{\oplus}$-Ionen-Konzentrationen berücksichtigen (pH-Messung) und die optimale $H^{\oplus}$-Ionen-Konzentration aufrechterhalten (pH-Regelung). Für das Arbeiten im chemischen Laboratorium ist nahezu der gesamte pH-Bereich von Bedeutung. Dementsprechend werden von Reagenzien-Firmen Puffer-Lösungen zur Einstellung von ganzzahligen pH-Werten in konzentrierter Form hergestellt und angeboten, die nur noch mit reinem Wasser auf ein bestimmtes Volumen aufgefüllt werden müssen.

An die Reinheit der Bestandteile von Puffer-Systemen werden hohe Anforderungen gestellt. Bei der Einwaage muß man auch beachten, daß manche Bestandteile von Puffern als **Hydrate** im festen Zustand einen gewissen **Kristallwasser-Gehalt** aufweisen, den man berücksichtigen muß. Beispiele dafür sind:

Mit 1 mol Kristallwasser: Citronensäure-monohydrat ($C_6H_8O_7, \cdot H_2O$).

Mit 2 mol Kristallwasser: Dinatrium-hydrogenphosphat-dihydrat ($Na_2HPO_4 \cdot 2\,H_2O$).

Ein häufig verwendeter Bestandteil von Puffer-Systemen ist auch die einfachste Aminosäure **Glycin** (auch Glykokoll genannt), die aus Zwitterionen besteht (Kap. 28):

$$H_3\overset{\oplus}{N} - CH_2 - COO^{\ominus}$$

Die Puffer-Wirkung ergibt sich daraus, daß die als Kation vorliegende Atomgruppe $-\overset{\oplus}{N}H_3$ als Protonen-Donator und die als Anion vorliegende Atomgruppe $-COO^{\ominus}$ als Protonen-Acceptor reagiert.

Man kann das zur Pufferung erforderliche Salz auch direkt in der Lösung herstellen, indem man eine bestimmte Stoffportion der insgesamt eingesetzten schwachen Säure durch Zugeben einer Lauge, z. B. Natronlauge, zu dem gewünschten Salz umsetzt. So werden **Citrat-Puffer** hergestellt, deren unterschiedliche pH-Werte sich aus den eingesetzten Citronensäure- und Natriumhydroxid-Stoffportionen ergeben:

Citronensäure-monohydrat	Natriumhydroxid	pH
20,256 g	7,840 g	5,0
12,526 g	6,320 g	6,0

In entsprechender Weise wird in wäßrigen Lösungen von Borsäure (H_3BO_3) durch Zugeben von Natriumhydroxid eine bestimmte Konzentration an Natriumborat (Na-Salz der Borsäure) eingestellt. Auf diese Weise erhält man **Borsäure/Borat-Puffer** zur Verwendung in dem pH-Bereich von 8 bis 11.

Sörensen hat eine Reihe von Puffer-Mischungen zusammengestellt, mit denen nach Zugabe von Salzsäure oder Natronlauge zu den erwähnten Puffer-Komponenten ein weiter pH-Bereich „überdeckt" werden kann:

Puffer-Wirkung durch	in Kombination mit	für pH-Bereich
Glycin	Salzsäure	1,1– 3,5
Glycin	Natronlauge	8,6–12,9
Citrat	Salzsäure	1,1– 4,9
Citrat	Natronlauge	5,0– 6,6
Borat	Salzsäure	7,8– 8,9
Borat	Natronlauge	9,3–11,0

Bei vielen Untersuchungen mit biologischem Material hat man **Bicarbonat-Puffer** (Kohlendioxid/Hydrogencarbonat), **Phosphat-Puffer** und **TRIS-Puffer** (Kap. 26) verwendet, deren pK-Werte (6,3 bis 8,3) in den physiologischen pH-Bereich „hineinpassen". Mit der Verwendung jedes dieser drei Puffer-Systeme sind jedoch gewisse Nachteile verbunden, wie sich insbesondere beim Arbeiten mit Zell- und Gewebekulturen zeigte. Im physiologischen pH-Bereich, in dem Zellwachstum und Zellstoffwechsel stattfinden, sind zwitterionische Puffer-Substanzen (Kap. 25) oft besser geeignet.

12.6 Puffer-Systeme des Blutes

Bei einem ausgeglichenen Säure-Basen-Haushalt werden im arterialisierten Kapillarblut des Menschen folgende **Normalwerte** (Mittelwerte) gemessen:

pH-Wert: 7,40
CO_2-Partialdruck: p_{CO_2} = 40 mm Hg (5,3 kPa)
Bicarbonat-Konzentration im Plasma:
$c(HCO_3^\ominus)$ = 24 mmol/L

Der **Säure-Basen-Haushalt des Organismus** wird durch folgende Vorgänge bestimmt:
a) Beim Abbau von Nahrungsbestandteilen und durch Zellstoffwechsel-Vorgänge entstehen Säuren. Dies bedeutet eine Zufuhr von $H^\oplus$-Ionen:
 – Mit der Nahrung werden Ester der Phosphorsäure aufgenommen. Durch enzymatische Hydrolyse solcher Phosphorsäureester entstehen sauer reagierende $H_2PO_4^\ominus$-Ionen.
 – Mit der Nahrung werden Ester der Schwefelsäure aufgenommen. Durch enzymatische Hydrolyse entstehen hieraus sauer reagierende $HSO_4^\ominus$-Ionen.
 – Durch Stoffwechsel-Vorgänge entstehen zahlreiche Carbonsäuren. Eine Erhöhung der $H^\oplus$-Ionen-Konzentration wird vor allem durch Milchsäure und Brenztraubensäure (aber auch durch andere Hydroxy- und Keto-Carbonsäuren, siehe Kap. 20.6) bewirkt.
b) Durch Ausscheidung von $H^\oplus$-Ionen über die Niere wird die Wasserstoffionen-Konzentration verringert.
c) Die Entstehung von Bicarbonat-Ionen führt zu einer Erhöhung der $HCO_3^\ominus$-Konzentration: Bei überwiegend auf pflanzliche Produkte abgestellter Ernährungsweise werden Salze schwacher Säuren aufgenommen, die infolge einer Salz-Protolyse (Kap. 11.7) alkalisch reagieren:

$$A^\ominus + H_2O \rightleftharpoons HA + OH^\ominus$$

Die Hydroxid-Ionen werden durch Reaktion mit CO_2 abgefangen, es bildet sich $HCO_3^\ominus$:

$$CO_2 + OH^\ominus \rightleftharpoons HCO_3^\ominus$$

d) Mit dem Urin werden Bicarbonat-Ionen ausgeschieden.

e) CO_2 wird im Stoffwechsel aus zahlreichen Carbonsäuren nach dem Schema

$$R{-}COOH \longrightarrow R{-}H + CO_2$$

abgespalten (Decarboxylierungs-Reaktionen).

f) Über die Lunge (Atmung) wird CO_2 ausgeschieden.

Bemerkenswert ist nun, daß der pH-Wert von Blutplasma des Menschen trotz der ständig wechselnden Abgabe sauer oder basisch reagierender Stoffwechsel-Produkte an das Blut innerhalb sehr enger Grenzen (von 7,37 bis 7,43) **konstant** gehalten wird. Stärkere pH-Schwankungen würden die Aktivität von Enzymen in erheblichem Maße verringern und die von diesen Enzymen katalysierten Stoffwechsel-Vorgänge beeinträchtigen.

Auch für diejenigen Proteine, die keine Enzym-Wirkung haben, sondern eine der anderen vielfältigen biologischen Protein-Funktionen wahrnehmen (Transport-Proteine, Blutgerinnungs-Faktoren, Immun-System, Zellwandbestandteile), ist die Aufrechterhaltung des „pH-Milieus" entscheidend. pH-Änderungen größeren Ausmaßes würden nämlich durch Protonen-Übertragungsreaktionen die Ladung und damit die Raumstruktur der Proteine verändern und die biologische Funktion aufheben.

Die Konstanthaltung des pH-Wertes des Blutes wird durch mehrere **Regelkreise** bewirkt:
– Durch die Puffer-Eigenschaften des Blutes,
– durch den Gasaustausch in der Lunge und
– durch die Ausscheidung von Stoffwechsel-Produkten über die Niere.

Die Puffer-Eigenschaften des Blutes ergeben sich aus dem **Zusammenwirken mehrerer Puffer-Systeme**:

a) Das **Bicarbonat/Kohlendioxid**-Puffersystem

$$CO_2 + H_2O \rightleftharpoons H_2CO_3 \rightleftharpoons H^{\oplus} + HCO_3^{\ominus}$$

(„Bicarbonat" bedeutet Hydrogencarbonat). Es ist das leistungsfähigste Puffer-System des Blutes und der interstitiellen Flüssigkeit, weil der durch die Atmung geregelte CO_2-Partialdruck zu der hohen $HCO_3^{\ominus}$-Konzentration von 24 mmol/L führt. Zusätzlich zu der erwarteten Puffer-Wirkung weist dieses System zwei Besonderheiten auf:

– Die Konzentrationen der beiden Puffer-Bestandteile können weitgehend unabhängig voneinander verändert werden:
Die CO_2-Konzentration durch die Atmung, die $HCO_3^{\ominus}$-Konzentration durch die Nierenfunktion.

– Es liegt ein **offenes System** vor, weil der CO_2-Partialdruck und somit die CO_2-Konzentration des Plasmas durch die Atmung geregelt wird. Mit Hilfe der Henderson-Hasselbalchschen Gleichung kann man berechnen, in welchem Konzentrations-Verhältnis $HCO_3^{\ominus}$ und CO_2 vorliegen müssen, um im pH-Bereich des Blutes (um pH = 7,4) ausreichend zu puffern (Kohlensäure hat einen pK_S-Wert von 6,1).

$$pH = pK_S + \lg \frac{c(HCO_3^{\ominus})}{c(CO_2)}$$

$7,4 = 6,1 + \lg x$

$\lg x = 1,3$

$x = 20 : 1$

Das Konzentrations-Verhältnis $HCO_3^{\ominus} : CO_2$ muß 20 : 1 betragen.
Bei dem für die Bicarbonat-Konzentration im Plasma angegebenen Normalwert von 24 mmol/L bedeutet dies:
$c(CO_2) = 1,2$ mmol/L.

b) Das **Phosphat**-Puffer-System

$$H_2PO_4^{\ominus} + H_2O \rightleftharpoons HPO_4^{\ominus\ominus} + H_3O^{\oplus}$$

Die Konzentration der beteiligten Phosphationen im Blut ist so niedrig, daß auch die Puffer-Wirkung gering ist.

c) **Plasma-Proteine** als Puffer-System:
Besonders gute Puffer-Wirkung haben Proteine, an deren Aufbau die Aminosäure Histidin beteiligt ist. Die Puffer-Wirkung geht hauptsächlich auf den in den Histidin-Bausteinen der Proteine enthaltenen Imidazol-Ring zurück (Kap. 27.4).

d) **Hämoglobin** als Puffer-System:
Das Hämoglobin in den Erythrocyten ist nach dem Bicarbonat/CO_2-Puffer das wichtigste Puffer-System. In ihrer Puffer-Wirkung unterscheiden sich oxygeniertes und reduziertes Hämoglobin erheblich voneinander.

Kontrollfragen

12-1 Zu welchem Zweck werden Puffer-Lösungen verwendet?

12-2 Geben Sie einige Anwendungs-Gebiete für Puffer-Lösungen an.

12-3 Aus welchen Bestandteilen ganz allgemein ist ein Puffer-System aufgebaut?

12-4 Nennen Sie zwei Puffer-Systeme.

12-5 Wie lautet die Henderson-Hasselbalchsche Gleichung?

12-6 Bei welchem Konzentrations-Verhältnis des korrespondierenden Säure-Base-Paares ist das Pufferungs-Vermögen (nach beiden Seiten) am größten?

12-7 Vorrats-Lösungen enthalten NaH_2PO_4 (I) und Na_2HPO_4 (II) in gleicher Stoffmengen-Konzentration. Welche Volumina müssen zur Herstellung von 1000 mL einer Phosphatpuffer-Lösung gemischt werden, deren pH-Wert 6,80 betragen soll?
$H_2PO_4^{\ominus}$ = 7,22

12-8 Wie stellt man Citrat- und Borat-Pufferlösungen her?

12-9 Worauf beruht die Puffer-Wirkung von Glycin-Lösungen?

13 Oxidations und Reduktions-Vorgänge (Redox-Reaktionen)

13.1 Oxidation und Reduktion unter Beteiligung von Sauerstoff

Der Begriff **Oxidation** leitet sich von Oxygenium ab, der lateinischen Bezeichnung für Sauerstoff.

Früher bezeichnete man nur solche chemischen Vorgänge als Oxidation, bei denen eine **Aufnahme von Sauerstoff** erfolgt. So reagieren z. B. zahlreiche Metalle mit dem in der Luft in einem Volumen-Anteil von 21% enthaltenen Sauerstoff; die hierbei entstehenden Verbindungen sind Metalloxide. Auch reiner, in Stahlflaschen erhältlicher Sauerstoff wird zur Durchführung von Oxidationen und für Verbrennungsreaktionen verwendet; die Oxidations-Vorgänge verlaufen in reinem Sauerstoff viel heftiger als mit Luft.

Weitere Beispiele für Oxidations-Vorgänge sind:
- Die Reaktionen von Nichtmetallen, wie Wasserstoff, Kohlenstoff, Stickstoff, Phosphor und Schwefel zu Nichtmetalloxiden, z. B. die Oxidation von Wasserstoff zu Wasser.
- Die **Verbrennung** von Kohle, Erdöl, Erdgas, Benzin und anderen Brennstoffen. Verbrennungsvorgänge verlaufen meist schnell (mitunter explosionsartig) und unter Freisetzung großer Wärmeenergie-Beträge.
- Die im Zellstoffwechsel stattfindenden langsamen Verbrennungsvorgänge, bei denen der mit der Atemluft aufgenommene Sauerstoff in mehreren aufeinanderfolgenden Reaktionen auf Wasserstoff (gebunden an organische Verbindungen) übertragen wird. Durch diese in den Mitochondrien ablaufende Atmungskette wird Energie kaskadenartig als Summe kleiner Energie-Beträge freigesetzt.

Bei allen genannten Reaktionen ist Sauerstoff das Oxidationsmittel, d. h. der Stoff, welcher den Reaktionspartner oxidiert.

Den unter Aufnahme von Sauerstoff verlaufenden Oxidations-Vorgängen stehen die unter Abgabe von Sauerstoff verlaufenden Reduktions-Vorgänge gegenüber.

Unter **Reduktion** verstand man ursprünglich nur den Entzug von Sauerstoff. Viele Metalle, z. B. Eisen und Kupfer, kommen in der Natur als Oxide (oxidische Erze) vor. Um aus diesen Oxiden die Metalle herzustellen, muß man ihnen Sauerstoff entziehen: man muß sie reduzieren. Bei der Reduktion von Eisenoxid zu Eisen oder Kupferoxid zu Kupfer muß der im Oxid enthaltene Sauerstoff von einem Reduktionsmittel gebunden werden, damit das Metall entstehen kann. Auch eine Verringerung des Sauerstoff-Anteils ist eine Reduktion, z. B. der Übergang von CuO in Cu_2O:

CuO enthält 20,11 % O (Cu:O = 1:1)

Cu_2O enthält 11,18% O (Cu:O = 2:1)

13.2 Oxidation und Reduktion als Elektronen-Übertragung

Die Einführung der Elektronentheorie der chemischen Bindung (s. Kap. 5) hat zu einer allgemein anwendbaren Definition der Begriffe Oxidation und Reduktion geführt, die weitaus mehr Reaktionen umfaßt als nur die unter Aufnahme bzw. Abgabe von Sauerstoff verlaufenden chemischen Vorgänge. Auf dieser Grundlage bedeutet:
- *Oxidation: Abgabe von Elektronen*
- *Reduktion: Aufnahme von Elektronen.*

Beispiele hierfür sind:
– die Reaktion unedler Metalle mit Säuren und
– Elektrochemische Redox-Reaktionen

Unedle Metalle, wie Mg, Al, Zn, Cr, Fe, Sn und Pb, lösen sich in verdünnten Säuren (z. B. Salzsäure, Schwefelsäure und Salpetersäure) unter **Wasserstoff-Entwicklung** auf. Die beim Auflösen unedler Metalle in Säuren stattfindenden Reaktionen sind Redox-Reaktionen und verlaufen alle nach demselben Prinzip:

unedles Metall + Säure → Salz + Wasserstoff

Bei dieser Reaktion gibt jedes Metall-Atom Valenzelektronen ab und wird zu dem betreffenden Metall-Kation oxidiert. Bezeichnen wir das Metall mit „M" und die Anzahl der abgegebenen Elektronen ($e^\ominus$) mit „n", so ergibt sich als Gleichung für diesen Oxidations-Vorgang:

$M \rightarrow M^{n\oplus} + n\, e^\ominus$

Gekoppelt hiermit nimmt jedes aus der Dissoziation der eingesetzten Säure HA hervorgegangene Wasserstoffion $H^\oplus$ ein Elektron auf und wird zu einem H-Atom reduziert:

$n\, H^\oplus + n\, e^\ominus \rightarrow n\, H$

Beim Auflösen unedler Metalle in Säuren ist es für die Entstehung von elementarem Wasserstoff nicht von Bedeutung, welche verdünnte Säure auf das **unedle Metall** einwirkt. Entscheidend ist vielmehr die allen Säuren gemeinsame Eigenschaft, in wäßriger Lösung unter Abgabe von Wasserstoffionen zu dissoziieren. Die Zusammenfassung der beiden Teilreaktionen ergibt:

$M + n\, H^\oplus \rightarrow M^{n\oplus} + n\, H$

Das Gas Wasserstoff entsteht zunächst (in statu nascendi, d. h. dem Entstehungszustand) in Form von Wasserstoff-Atomen. Dann reagieren jeweils zwei H-Atome zu einem H_2-Molekül:

$n\, H \rightarrow \dfrac{n}{2} H_2$

In diese allgemeinen Gleichungen ist für „n" 1, 2 oder 3 einzusetzen in Abhängigkeit davon, welche Ladung die aus den Metall-Atomen entstehenden Kationen aufweisen, z. B. ist n gleich 2 für die Reaktion von metallischem Zink:

$Zn + 2\, H^\oplus \rightarrow Zn^{\oplus\oplus} + 2\, H$

Entsprechend reagieren Mg, Fe, Sn und Pb zu zweifach geladenen, Al und Cr dagegen zu dreifach geladenen Kationen.

Die Einwirkung des elektrischen Stromes auf in einer wäßrigen Salz-Lösung oder in einer Salz-Schmelze vorhandene Ionen ruft zunächst Wanderung der Ionen zu den Elektroden (Abb. 13-1) hervor. Kationen wandern zur Kathode, dem negativen Pol. Anionen wandern zur Anode, dem positiven Pol. An den Elektroden erfolgt eine als **Elektrolyse** bezeichnete chemische Reaktion: Die Ionen werden entladen. An der Anode geben Anionen Elektronen ab. Es erfolgt eine **anodische Oxidation**, z. B.

$2\, Cl^\ominus \rightarrow 2\, Cl + 2\, e^\ominus$

$(2\, Cl \rightarrow Cl_2)$

An der Kathode nehmen Kationen Elektronen auf. Es erfolgt eine **kathodische Reduktion**, z. B.

$Na^\oplus + e^\ominus \rightarrow Na$

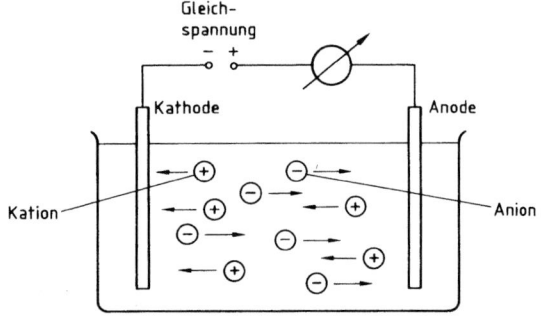

Abb. 13-1. Das Eintauchen von zwei mit einer Gleichspannungsquelle verbundenen Metallplatten in eine Ionen enthaltende wäßrige Lösung bewirkt einen Stromtransport durch die Ionen. Als Träger elektrischer Ladungen wandern diese zu der betreffenden Elektrode, wo chemische Reaktionen (Elektronen-Übertragung) stattfinden (nach: F. Merten).

13.3 Oxidationszahlen

Viele Elemente können in ihren Verbindungen in verschiedenen Oxidationsstufen vorliegen, z. B. Kupfer in seinen Oxiden CuO und Cu_2O. Zur Unterscheidung höherer und niedrigerer Oxidationsstufen wurde die **Oxidationszahl** eingeführt. Die Oxidationszahl wird rechts über dem Element-Symbol angegeben, z. B. Cu^I, Cu^{II}.

In den Elementen haben die Atome die Oxidationszahl Null. Die höchste Oxidationszahl, welche die Hauptgruppen-Elemente in ihren Verbindungen erreichen können, stimmt mit ihrer Gruppen-Nummer überein. So kommt z. B. Chlor in folgenden Oxidationsstufen vor:

HCl	−I	$HClO_2$	+III
Cl_2	±0	$HClO_3$	+V
HClO	+I	$HClO_4$	+VII

Bei einatomigen Ionen, d.h. Ionen, die aus **einem** Atom durch Abgabe oder Aufnahme von Elektronen entstanden sind, ist die Oxidationszahl gleich der **Ladungszahl**, so daß man sie direkt ablesen kann, z. B.:

einatomiges Ion	Symbol mit Ladungszahl	Oxidationszahl
Eisen(III)-Ion	$Fe^{\oplus\oplus\oplus}$	III
Kupfer(II)-Ion	$Cu^{\oplus}$	II
Bromid-Ion	$Br^{\ominus}$	−I
Sulfid-Ion	$S^{\ominus\ominus}$	−II

In der Regel ist
− die Oxidationszahl von Wasserstoff **+I** und
− die Oxidationszahl von Sauerstoff **−II**
Die wichtigste Ausnahme von dieser Regel ist die Oxidationszahl −I von Sauerstoff in der Verbindung Wasserstoffperoxid (H_2O_2).

13.4 Redox-Begriffe in der Übersicht

13.4.1 Die chemischen Vorgänge

Oxidation (Teilreaktion):
− Abgabe von Elektronen, daher Zunahme der Oxidationszahl
− Aufnahme von Sauerstoff
− Abgabe von Wasserstoff (Dehydrierung)
Reduktion (Teilreaktion):
− Aufnahme von Elektronen, daher Abnahme der Oxidationszahl
− Abgabe von Sauerstoff
− Aufnahme von Wasserstoff (Hydrierung)
Hydrierungs- und Dehydrierungs-Reaktionen sind in der Organischen Chemie und im Zellstoffwechsel von großer Bedeutung.
Redox-Reaktion (Gesamtreaktion):
Redox-Reaktionen sind Elektronen-Übertragungsreaktionen.

Aufnahme von Elektronen durch den einen Reaktions-Partner kann nur in dem Maße erfolgen, wie der andere Reaktions-Partner (der Elektronen-Donator) Elektronen abgibt. Infolgedessen läuft jeder Reduktions-Vorgang **gekoppelt** mit einem entsprechenden Oxidations-Vorgang als Redox-Reaktion ab.

Die Elektronen-Übertragung erfolgt von dem Elektronen-Donator (dem Reduktionsmittel) auf den Elektronen-Acceptor (das Oxidationsmittel).

13.4.2 Oxidationsmittel

Als Oxidationsmittel verhalten sich alle Stoffe, die bei Elektronen-Übertragungsreaktionen **Elektronen aufnehmen.** Dabei wird das Oxidationsmittel selbst reduziert.

Ein Beispiel ist die bei Verwendung von Kaliumpermanganat als Oxidationsmittel auftretende Reduktion der Permanganat-Ionen zu Mangandioxid oder zu Mangan(II)-Ionen

VII	+IV	+II
$MnO_4^{\ominus}$	MnO_2	$Mn^{\oplus\oplus}$

Die folgende Zusammenstellung enthält die wichtigsten Oxidationsmittel. Außerdem reagieren unter Aufnahme von Elektronen:
- $H^{\oplus}$-Ionen zu H-Atomen (elementarem Wasserstoff),
- Kationen bei ihrer Entladung an der Kathode.

Name	Formel	oxidierend wirken	Oxidationszahl
Kaliumpermanganat	$KMnO_4$	$MnO_4^{\ominus}$	Mn +VII
Kaliumdichromat	$K_2Cr_2O_7$	$Cr_2O_7^{\ominus\ominus}$	Cr +VI
Kaliumbromat	$KBrO_3$	$BrO_3^{\ominus}$	Br +V
Kaliumhexacyanoferrat(III)	$K_3[Fe(CN)_6]$	$[Fe(CN)_6]^{\ominus\ominus\ominus}$	Fe +III
Kupfersulfat	$CuSO_4$	$Cu^{\oplus\oplus}$	Cu +II
Sauerstoff	O_2	Moleküle	O null
Chlor	Cl_2	Moleküle	Cl null
Iod	I_2	Moleküle	I null
Wasserstoffperoxid	H_2O_2	Moleküle	O -I

Name	Formel	reduzierend wirken	Oxidationszahl
Kaliumiodid	KI	$I^{\ominus}$	I –I
Wasserstoffperoxid	H_2O_2	Moleküle	O –I
Eisen(II)-sulfat	$FeSO_4$	$Fe^{\oplus\oplus}$	Fe +II
Natriumthiosulfat	$Na_2S_2O_3$	$S_2O_3^{\ominus\ominus}$	S +II
Oxalsäure	COOH | COOH	$COO^{\ominus}$ | $COO^{\ominus}$	C +III
Schwefeldioxid	SO_2	Moleküle	S +IV
Natriumhydrogensulfit	$NaHSO_3$	$HSO_3^{\ominus}$	S +IV
Natriumsulfit	Na_2SO_3	$SO_3^{\ominus\ominus}$	S +IV

Es ist durchaus möglich, daß ein und derselbe Stoff (z. B. Wasserstoffperoxid, s. Kap. 14.8) bei bestimmten Reaktionen Oxidationsmittel, bei anderen dagegen Reduktionsmittel ist. Dies hängt von dem Oxidations-Potential des jeweiligen Reaktions-Partners ab.

13.4.3 Reduktionsmittel

Als Reduktionsmittel verhalten sich alle Stoffe, die bei Elektronen-Übertragungsreaktionen **Elektronen abgeben**. Dabei wird das Reduktionsmittel oxidiert.

Beispiele sind die bei Verwendung von Schwefelverbindungen als Reduktionsmittel stattfindenden Oxidations-Vorgänge, die bis zur Oxidationszahl +VI für Schwefel führen können:

–II	±0	+IV	+IV
H_2S	S	$SO_2 (H_2SO_3)$	$SO_3 (H_2SO_4)$

Als Reduktionsmittel werden häufig unedle Metalle, wie Mg, Zn, Fe, Al, Sn und elementarer Wasserstoff (H_2) verwendet, außerdem folgende Verbindungen:

13.5 Aufstellen von Redox-Gleichungen

Jeder Redox-Vorgang findet zwischen einem Oxidationsmittel und einem Reduktionsmittel statt.

Die miteinander gekoppelten Vorgänge Elektronen-Abgabe und Elektronen-Aufnahme ergeben insgesamt eine Elektronen-Übertragung. Freie Elektronen treten hierbei nicht auf und werden daher in Redox-Gleichungen auch nicht aufgeführt (wohl aber in den Teilgleichungen). Die Anzahl der aufgenommenen Elektronen muß stets mit der Anzahl der abgegebenen Elektronen übereinstimmen. Für die Aufstellung von Redox-Gleichungen ist diese Grundregel von entscheidender Bedeutung.

Für die Ableitung von Redox-Gleichungen ist Voraussetzung zu wissen, welche **Reaktionsprodukte** aus dem eingesetzten Oxidationsmittel und Reduktionsmittel entstehen. So muß man z. B. wissen, daß Permanganat-Ionen in saurer Lösung zu Mangan(II)-Ionen reduziert oder daß Oxalat-Ionen zu Kohlenstoffdioxid oxidiert werden. In Kenntnis, welche Reaktionsprodukte bei dem Reduktions-Vorgang und dem Oxidations-Vorgang entstehen, kann man für jede Teilreaktion eine Reaktions-Gleichung aufstellen. Dabei muß man beachten, ob die Reaktion in saurer, alkalischer oder neutraler wäßriger Lösung abläuft, weil $H^{\oplus}$, $OH^{\ominus}$ und H_2O-Moleküle oft an der Reaktion beteiligt sind. Die Gleichung für den **Red**uktions-Vorgang und die Gleichung für den **Ox**idations-Vorgang müssen später zu der die Gesamtreaktion beschreibenden Redox-Gleichung zusammengefaßt werden.

Ein Beispiel für das Aufstellen von Redox-Gleichungen: Eine gut überschaubare Redox-Reaktion findet in wäßriger Lösung zwischen den Verbindungen Eisen(II)-sulfat und Kaliumpermanganat nach dem Zugeben von verdünnter Schwefelsäure statt.

In wäßriger Lösung liegen die Verbindungen als Ionen vor. (Die an der Redox-Reaktion unmittelbar beteiligten Ionen sind hervorgehoben, die übrigen Ionen sind nur Begleitionen.)

$FeSO_4 \xrightarrow{aq.} \mathbf{Fe^{\oplus\oplus}} + SO_4^{\ominus\ominus}$

$KMnO_4 \xrightarrow{aq.} K^{\oplus} + \mathbf{MnO_4^{\ominus}}$

$H_2SO_4 \xrightarrow{aq.} \mathbf{H^{\oplus}} + HSO_4^{\ominus}$

Die Zugabe von verdünnter Schwefelsäure erfolgt, um eine **saure** Lösung herzustellen.
Oxidations-Vorgang:

a) $Fe^{\oplus\oplus} \rightarrow Fe^{\oplus\oplus\oplus} + e^{\ominus}$

(Zunahme der Oxidationszahl des Eisens von +II auf +III durch Abgabe eines Elektrons)
Reduktions-Vorgang:
In **saurer** Lösung werden Permanganat-Ionen zu Mangan(II)-Ionen reduziert.

b) $MnO_4^{\ominus} + 8H^{\oplus} + 5 e^{\ominus} \rightarrow Mn^{\oplus\oplus} + 4 H_2O$

(Abnahme der Oxidationszahl des Mangans von +VII auf +II erfordert Aufnahme von 5 $e^{\ominus}$.)
Abstimmung der Gleichungen:
Damit die für den Reduktions-Vorgang b) benötigten fünf Elektronen übertragen werden können, muß die Teilreaktion a) fünfmal ablaufen (Multiplikation von Gleichung a) mit 5).

a') $5 Fe^{\oplus\oplus} \rightarrow 5 Fe^{\oplus\oplus\oplus} + 5 e^{\ominus}$

Durch Addition der Teilgleichungen b) und a') ergibt sich die vollständige **Redox-Gleichung:**

$MnO_4^{\ominus} + 5 Fe^{\oplus\oplus} + 8H^{\oplus} \rightarrow$
$\qquad Mn^{\oplus\oplus} + 5 Fe^{\oplus\oplus\oplus} + 4 H_2O$

13.6 Redox-Titrationen

Die quantitative Bestimmung des Gehalts an reduzierend wirkenden Stoffen in wäßrigen Lösungen kann durch Titration mit der Maßlösung eines Oxidationsmittels erfolgen und umgekehrt. Die *Maßanalyse unter Verwendung von Oxidations- oder Reduktionsmitteln* (z. B. als Manganometrie oder Iodometrie) hat große praktische Bedeutung. Jeder Redox-Titration liegt eine bestimmte Redox-Gleichung zugrunde, z. B. der Titration von Fe(II)-Ionen mit einer Kaliumpermanganat-Maßlösung in saurer Lösung die Ionen-Gleichung

$5 Fe^{\oplus\oplus} + MnO_4^{\ominus} + 8H^{\oplus} \rightarrow$
$\qquad 5 Fe^{\oplus\oplus\oplus} + Mn^{\oplus\oplus} + 4 H_2O$

abgeleitet aus den Teilreaktionen:

$Fe^{\oplus\oplus} \rightarrow Fe^{\oplus\oplus\oplus} + e^{\ominus}$

$MnO_4^{\ominus} + 8H^{\oplus} + 5 e^{\ominus} \rightarrow Mn^{\oplus\oplus} + 4 H_2O$

Der Vergleich der Gleichungen für die beiden Teilreaktionen zeigt, daß die Stoffmengen von Permanganat- und Eisen(II)-Ionen nicht äquivalent sind, denn 1 mol Permanganat-Ionen oxidiert 5 mol Eisen(II)-Ionen. Welche Stoffmenge an Kaliumpermanganat ist nun erforderlich, um in saurer Lösung 1 mol Eisen(II)-Ionen zu einem mol Eisen(III)-Ionen zu oxidieren? Aus den stöchiometrischen Faktoren ergibt sich:

1/5 mol $MnO_4^{\ominus}$-Ionen oxidiert 1 mol $Fe^{\oplus\oplus}$-Ionen.

Die angegebenen Stoffmengen sind einander **äquivalent**. Kaliumpermanganat-Maßlösungen stellt man daher oft in der **Äquivalent-Konzentration** her:

$c(KMnO_4) = 1/5$ mol/L

Äquivalenz besteht nun bei der Titration in saurer Lösung gegenüber **allen** Reduktionsmitteln (Red), die beim Übergang in die höhere Oxidationsstufe (Ox) 1 mol Elektronen abgeben:

Red $\rightarrow$ Ox $+ e^{\ominus}$

Da ein Teilchen der hier betrachteten Reduktionsmittel ein Elektron abgibt, besteht Äquivalenz unmittelbar nur zu einem Teilchen des Oxidationsmittels, das ein Elektron aufnimmt, also nicht zu einem $MnO_4^{\ominus}$-Ion, das bei seiner Reduktion in saurer Lösung ja fünf Elektronen aufnimmt. Man kann sich nun aber anstelle der in der Lösung vorhandenen $MnO_4^\ominus$-Teilchen Äquivalent-Teilchen (kurz: ein Äquivalent, abgekürzt eq) denken, von denen jedes nur ein Elektron aufnimmt. Aus einem $MnO_4^\ominus$-Teilchen gehen fünf gedachte **Äquivalent-Teilchen** hervor, d. h. ein Permanganat-Äquivalent ist 1/5 des $MnO_4^\ominus$-Teilchens.

Infolgedessen sind folgende Angaben gleichbedeutend:
- Die Stoffmengen-Konzentration an Permanganat-Ionen beträgt 1/5 mol/L, als Gleichung:

$c(MnO_4^\ominus) = 1/5$ mol/L

- Die Stoffmengen-Konzentration an Permanganat-Äquivalentteilchen beträgt 1 mol/L; als Gleichung:

$c(1/5\ MnO_4^\ominus) = 1$ mol/L

Entsprechende Angaben kann man auch für die Stoffmenge machen. Beträgt z. B. die vorliegende Stoffmenge an $MnO_4^\ominus$-Ionen 40 mmol, so gilt:

$n(MnO_4^\ominus) = 40$ mmol

Die Äquivalent-Stoffmenge ist dann:

$n(1/5\ MnO_4^\ominus) = 200$ mmol

In dem ausführlich besprochenen Beispiel ergibt sich die Äquivalent-Zahl 5 daraus, daß 1 mol Permanganat-Ionen bei der Reduktion in saurer Lösung 5 mol Elektronen aufnimmt und hierdurch 1 mol Mangan(II)-Ionen entsteht:

$MnO_4^\ominus + 8\ H^\oplus + 5\ e^\ominus \rightarrow Mn^{\oplus\oplus} + 4\ H_2O$

Die Herstellung von Maßlösungen nach vorangegangener Berechnung der **Äquivalent-Stoffmenge** bringt bei der Verwendung den Vorteil, daß der genau bekannte Gehalt in dem verbrauchten Volumen der Maßlösung dem Gehalt der zu titrierenden Lösung an reduzierendem (oder oxidierendem) Stoff **direkt** entspricht.

Aufgabe: Durch Titration mit $KMnO_4$ in saurer Lösung ist zu bestimmen, wieviel mg an Eisen(II)-Ionen eine Probe-Lösung enthält.

Die zu verwendende Maßlösung soll eine Äquivalent-Konzentration von 0,1 mol/L haben. Welche Einwaage an $KMnO_4$ ist zur Herstellung dieser Maßlösung erforderlich?

Äquivalent-Konzentration $c(eq) = 0,1$ mol/L:

Äquivalent-Zahl $z^* = 5$
Äquivalentteilchen: $1/5\ KMnO_4$
molare Masse: $M(KMnO_4) = 158,03$ g/mol
$M(1/5\ KMnO_4) = 31,61$ g/mol
Einwaage: $m(KMnO_4) = 3,161$ g

Die Äquivalent-Konzentration dieser Maßlösung beträgt:

$c(1/5\ KMnO_4) = 0,1$ mol/L $= 0,1$ mmol/mL

Nach Durchführung der Titration:
Verbrauch an Maßlösung: 24 mL.

In 24 mL dieser Maßlösung war die Stoffmenge $n(1/5\ KMnO_4) = 2,4$ mmol enthalten.

Somit muß die Probe-Lösung 2,4 mmol Eisen(II)-Ionen enthalten haben. Dies entspricht 134 mg Eisen(II)-Ionen.

In der folgenden Zusammenstellung bedeutet die Angabe 1/1 vor Äquivalent, daß das gedachte **Äquivalentteilchen** identisch ist mit dem jeweiligen Teilchen X.

Teilchen X	Äquivalent-Zahl z^*	Äquivalent $\frac{1}{z^*}$ X
$KMnO_4$	5	$\frac{1}{5} KMnO_4$
$Fe^{\oplus\oplus}$	1	$\frac{1}{1} Fe^{\oplus\oplus}$
$K_2Cr_2O_7$	6	$\frac{1}{6} K_2Cr_2O_7$
$KBrO_3$	6	$\frac{1}{6} KBrO_3$
$I^\ominus$	1	$\frac{1}{1} I^\ominus$
$C_2O_4^{\ominus\ominus}$	2 (Oxalat)	$\frac{1}{2} C_2O_4^{\ominus\ominus}$
$H_2C_2O_4$	2 (Oxalsäure)	$\frac{1}{2} H_2C_2O_4$
KIO_3	6	$\frac{1}{6} KIO_3$

Redox-Titrationen gehören zu den *quantitativen Bestimmungs-Methoden*, die man unter der Bezeichnung **Volumetrische Bestimmungen** zusammenfaßt. Hierbei wird ein genau abzulesendes *Volumen einer Lösung eines analysenreinen Stoffes* (**A**) *mit bekannter Konzentration* zu einer Lösung zugetropft wird, welche den quantitativ zu bestimmenden Stoff (**B**) enthält.

Die Grundlage für derartige **Titrationen** bilden schnell und quantitativ verlaufende chemische Reaktionen zwischen den kleinsten Teilchen (meist *Ionen*) der Reaktions-Teilnehmer **A** und **B**. Außerdem muß der *Endpunkt der Titration* scharf zu erkennen sein. Die Erfassung des jeweiligen Endpunktes erfolgt entweder
- *visuell* unter Hinzugeben von *Indikatoren*, die

ihre *Farbe* unter genau definierten Bedingungen ändern oder
- durch *Messung* des Verlaufs der Änderung charakteristischer Stoff-Eigenschaften, wie der elektrischen Leitfähigkeit oder des elektrischen Potentials oder der Licht-Absorption.

Die zugrunde liegenden Reaktionen zwischen **A** und **B** lassen sich als *Reaktions-Typen* zusammenfassen:
- **Säure-Base-Titrationen**, bei denen entweder eine *Säure* nicht bekannter Konzentration (**B**) mit einer *Base* (Lauge) bekannter Konzentration (**A**) **oder aber** eine *Base* nicht bekannter Konzentration (**B**) mit einer *Säure* bekannter Konzentration (**A**) titriert wird – meist unter Verwendung eines ausgewählten *Farb-Indikators* (Kap. 11-6).
- **Fällungs-Titrationen**, bei denen in der Lösung des quantitativ zu bestimmenden Stoffes (**B**) infolge der Reaktion mit **A** ein *Niederschlag* (eine Fällung, ein unlösliches oder schwer lösliches Reaktions-Produkt) entsteht, z. B. Silberchlorid.
- **Komplexometrische Titrationen** (Komplexometrie), bei denen Komplex-Verbindungen (Kap. 5.5.1) als Titrations-Produkte entstehen. Bei Verwendung von Ethylendiamin-tetraessigsäure zur Titration von Lösungen zweifach positiv geladener Metall-Ionen entstehen die entsprechenden *Chelat-Komplexe* (Kap. 26.1.1).

Kontrollfragen

13-1 Welche Elementarteilchen werden bei (stets miteinander gekoppelten) Reduktions-/Oxidations-Vorgängen übertragen?

13-2 Welcher Reaktionsteilnehmer gibt Elektronen ab und ist somit Elektronen-Donator?

13-3 Geben Sie Namen, Summenformel und die eigentlich reduzierend wirkenden Teilchen wichtiger Reduktionsmittel an.

13-4 Welcher Reaktionsteilnehmer nimmt Elektronen auf und ist somit Elektronen-Acceptor?

13-5 Geben Sie Namen, Summenformel und die oxidierend wirkenden Teilchen wichtiger Oxidationsmittel an.

13-6 Welcher Reaktions-Partner wird bei einer Redox-Reaktion reduziert?

13-7 Welchen Begriff hat man eigens deshalb definiert, um den jeweiligen Oxidationszustand (die Oxidationsstufe) eines Stoffes anzugeben und Redox-Gleichungen aufstellen zu können?

13-8 Welche Reaktion (Gleichung) findet beim Einleiten von elementarem Chlor in eine wäßrige Lösung von Kaliumiodid statt?

13-9 Berechnen Sie die Oxidationszahl von Mangan in Mangandioxid, Mangansulfat und Kaliumpermanganat.

13-10 Auf welcher Eigenschaft der Oxalsäure beruht deren Verwendung als Urtiter-Substanz in der Manganometrie?

13-11 Stellen Sie die Redox-Gleichung auf für die in schwefelsaurer Lösung ablaufende Oxidation von Oxalat-**Ionen** zu Kohlendioxid durch Permanganat-**Ionen**.

13-12 Begründen Sie, weshalb man die Entladung von Ionen an den betreffenden Elektroden als kathodische Reduktion sowie anodische Oxidation bezeichnet.

14 Eigenschaften und Reaktionen bestimmter Elemente und Verbindungen

14.1 Metalle

14.1.1 Eigenschaften von Metallen

Die überwiegende Zahl der chemischen Elemente bilden die in Hauptgruppen und in den Nebengruppen des Periodensystems der Elemente eingeordneten Metalle.

Typische Eigenschaften vieler Metalle sind ihr Oberflächenglanz (metallischer Glanz), ihre hohe elektrische Leitfähigkeit, ihre Wärmeleitfähigkeit und ihre Verformbarkeit. Mit Ausnahme von Quecksilber sind die Metalle bei Raumtemperatur feste Stoffe. Viele Metalle bilden Kristall-Gitter mit ganz bestimmter geometrischer Struktur. Die kleinsten Teilchen in diesen Kristall-Gittern sind zum einen positiv geladene Metall-Ionen, die an durch die Gitter-Struktur vorgegebenen Plätzen angeordnet sind, zum anderen die jeweiligen Valenzelektronen, die gemeinsam ein Elektronengas bilden und somit den Zusammenhalt innerhalb des Metalls bewirken. Man bezeichnet diese Bindungsverhältnisse als **metallische Bindung** (Tab. 5-1).

Mit Hilfe dieses Elektronengas-Modells läßt sich die hohe elektrische Leitfähigkeit der Metalle so erklären, daß sich der regellosen Bewegung der Valenzelektronen beim Anlegen einer Spannung eine gerichtete Bewegung zum positiven Pol überlagert und ein Stromfluß erfolgt.

Die Unterteilung der Metalle kann nach unterschiedlichen Gesichtspunkten vorgenommen werden. Zum einen unterscheidet man die **Leichtmetalle** der ersten und zweiten Gruppe des Periodensystems der Elemente und Aluminium mit einer Dichte bis zu 5g/cm³ von den **Schwermetallen**, d. h. von allen übrigen Metallen, deren Dichte bei 20 °C > 5g/cm³ ist.

Zum anderen unterscheidet man zwischen unedlen und edlen Metallen (Edelmetallen).

Die am häufigsten auftretenden Oxidationszahlen wichtiger Metalle sind in Tab. 14-1 zusammengestellt.

Tab. 14-1: Oxidationszahlen einiger Metalle in Verbindungen und Komplexen

Metall	Symbol	Oxidationszahl	
Aluminium	Al	+III	
Thallium	Tl	+I	+III
Zinn	Sn	+II	+IV
Blei	Pb	+II	+IV
Kupfer	Cu	+I	+II
Silber	Ag	+I	
Gold	Au	+I	+III
Zink	Zn	+II	
Cadmium	Cd	+II	
Quecksilber	Hg	+I	+II
Molybdän	Mo	+V	+VI
Chrom	Cr	+III	+VI
Mangan	Mn	+II	+IV +VII
Eisen	Fe	+II	+III
Cobalt	Co	+II	+III
Platin	Pt	+II	+IV

Zur Herstellung von Industrie-Erzeugnissen aller Art werden vielfach zwei oder mehrere Metalle in der Schmelze zu **Legierungen** verarbeitet, um für spezielle Anwendungen besonders vorteilhafte Eigenschaften zu erzielen, die ein einzelnes Metall nicht besitzt. In Tab. 14-2 sind Beispiele für Legierungen angegeben. Außer den dort genannten Metallen werden auch Blei, Molybdän, Chrom und Cobalt vielfach in Legierungen eingesetzt.

Tab. 14-2: Einige Legierungen

Hauptbestandteil	Legierungszusatz	Name der Legierungen
Al	Cu, Mg, Mn, Si	Duraluminium
Cu	Sn (25%)	Bronze
Cu	Zn (20-30%)	Messing
Cu	Zn (25%) + Ni (25%)	Neusilber
Ag	Cu (7,5%)	Sterling-Silber
Au	Pt (10%) + Pd (9%)	z. B. Degudent
Hg	verschiedene Metalle	Amalgame
Fe	verschiedene Metalle	Edelstähle

14.1.2 Ursachen für die toxische Wirkung von Metallen

Metalle und ihre Verbindungen sind in der Erdkruste in sehr unterschiedlichen Anteilen enthalten. Hier kommen Schwermetalle in der Regel (mit Ausnahme einiger Edelmetalle) nicht als Elemente vor, sondern als chemische Verbindungen in Erzen, Mineralien und Gesteinen. In dieser Form werden Schwermetalle bereits auf natürliche Weise durch Witterungseinflüsse wie Wind und Regen, durch fließende Gewässer oder durch Vulkantätigkeit ständig über die Erdoberfläche verbreitet. Diese Vorgänge führen dazu, daß alle natürlich vorkommenden Elemente allgegenwärtig sind, mit der Einschränkung, daß sich die jeweiligen Anteile an bestimmten Elementen um viele Größenordnungen unterscheiden.

Über Mikroorganismen, Pflanzen und Tiere gelangen somit auch Schwermetalle in pflanzliche und tierische Lebensmittel. Hinzu kommt jedoch, daß durch Tätigkeiten des Menschen wie Bergbau, Verhüttung von Erzen, industrielle Verarbeitung von Metallen, Lagerung und Beseitigung von Abfall, Verbrennung fossiler Brennstoffe, zusätzlich weitere Schwermetall-Mengen in der Umwelt verbreitet werden.

In Zusammenhang mit der *toxischen Wirkung von Schwermetallen* sei daran erinnert, daß die Funktionsfähigkeit von Proteinen an das Vorliegen einer ganz bestimmten Tertiär-Struktur (Kap. 27.7) des jeweiligen Proteins geknüpft ist. Nur wenn ein Protein in seiner unter physiologischen Bedingungen nativen Konformation vorliegt, entfaltet es uneingeschränkt seine biologische Aktivität.

Zahlreiche Proteine gehen Komplexbindungen mit Metall-Ionen ein. Derartige **Metalloproteine** (Kap. 28.1) dienen im Organismus dem Transport von Metallen, Sauerstoff oder Elektronen oder der Speicherung von Metallen oder besitzen katalytische Aktivität (Metalloenzyme). Nachstehende Aufstellung ergänzt die in Kap. 15.1 angeführten Beispiele:

Metalloprotein	gebundenes Metall	biologische Funktion
Cytochrome	Fe(II)/Fe(III)	Elektronen-Transport
Ferritin	Fe(III)	Eisen-Speicherung
Transferrin	Fe(III)	Eisen-Transport
Coeruloplasmin	Cu	Kupfer-Speicherung
Aminopeptidase	Mg, Zn	Peptid-Hydrolyse
Phosphatase	Mg, Zn	Phosphat-Hydrolyse
Oxidoreduktasen	Fe, Cu, Mo	Redox-Reaktionen

Die Toxizität bestimmter Schwermetall-Ionen ist nun darauf zurückzuführen, daß diese Ionen die physiologischerweise im aktiven Zentrum von Enzymen gebundenen Ionen essentieller Elemente verdrängen. Damit wird die biologische Aktivität beeinträchtigt oder aufgehoben. Beispielsweise wird nach Aufnahme toxischer Konzentrationen an Cadmium-Ionen das Spurenelement Zink aus dem aktiven Zentrum des Enzyms Carboxypeptidase verdrängt, was zum Verlust der enzymatischen Aktivität führt.

Eine weitere Ursache für die toxische Wirkung von Schwermetallen besteht darin, daß deren Ionen eine hohe Affinität zu solchen funktionellen Gruppen haben, die in den Seitenketten der Proteine vorliegen und deren native Konformation stabilisieren. So sind in Lösung vorliegende Quecksilber(II)-, Blei(II)- und Cadmium-Ionen durch ihre sehr hohe Affinität zu **Thiol-Gruppen** (– SH) gekennzeichnet, die in den Seitenketten cysteinhaltiger Peptide und Proteine vorliegen. Die Bindung dieser Schwermetall-Ionen über Schwefel-Atome an Peptide und Proteine führt gleichfalls zum Verlust der biologischen Aktivität.

14.2 Alkalimetalle

Zu den **Alkalimetallen** gehören die reaktionsfähigsten Metalle. Ihre Atome gehen durch Abgabe des einzigen Außenelektrons sehr leicht in einfach positiv geladene Ionen über, bei denen dieselbe stabile Elektronen-Konfiguration vorliegt wie bei den Atomen der Edelgase mit um 1 niedrigerer Ordnungszahl.

Aufgrund ihrer sehr großen Reaktionsfähigkeit kommen Alkalimetalle in der Natur nicht als Elemente, sondern ausschließlich in Form von Ionen-Verbindungen vor (Salze, Silicate). In den Salzlagerstätten finden sich besonders **Chloride, Bromide, Sulfate** und **Nitrate** der Alkalimetalle.

Wichtige Alkalimetall-Verbindungen sind:
– Die **Hydroxide** NaOH und KOH (zur Herstellung von Natronlauge und Kalilauge)
– Die **Chloride**, z. B. NaCl (Speisesalz, wichtig für den Mineral-Haushalt des Menschen) und KCl
– Die **Hydrogencarbonate** $NaHCO_3$ und $KHCO_3$
– Die **Carbonate** Na_2CO_3 (Soda) und K_2CO_3 (Pottasche)
– Die **Nitrate** $NaNO_3$ (Chilesalpeter) und KNO_3 (Kalisalpeter).

Alle genannten Ionen-Verbindungen sind farblos und gut wasserlöslich.

14.3 Erdalkalimetalle

Erdalkalimetalle sind Metalle mit stark ausgeprägter chemischer Reaktionsfähigkeit. Ihre Atome gehen durch Abgabe der beiden Außenelektronen leicht in zweifach positiv geladene Ionen über. In den Erdalkalimetall-Kationen liegt dieselbe stabile Elektronen-Konfiguration vor wie in den Atomen der Edelgase mit um 2 niedrigerer Ordnungszahl.

Auch Erdalkalimetalle kommen in der Natur nicht als Elemente, sondern ausschließlich in Ionen-Verbindungen vor. Magnesium- und Calcium-Ionen haben einen erheblichen Massen-Anteil an den in der Erdkruste vorhandenen Mineralien und Gesteinen. Außer Mg- und Ca-Silicaten sind besonders zu erwähnen:

$MgCO_3$	Magnesit
$CaMg(CO_3)_2$	Dolomit
$CaCO_3$	Kalkstein, Kreide, Marmor, Calcit
$CaSO_4 \cdot 2\,H_2O$	Gips, Alabaster
CaF_2	Flußspat
$3\,Ca_3(PO_4)_2 \cdot CaF_2$	Apatit
$BaSO_4$	Schwerspat

Hinzu kommen Chloride und Sulfate in Salzlagerstätten. Kalkstein hat große wirtschaftliche Bedeutung, weil hieraus durch Erhitzen auf 900-1000°C („Kalkbrennen") Calciumoxid („gebrannter Kalk") hergestellt wird:

$$CaCO_3 \rightarrow CaO + CO_2$$

Aus Calciumoxid und Wasser wird Calciumhydroxid („**gelöschter Kalk**") hergestellt:

$$CaO + H_2O \rightarrow Ca(OH)_2$$

Eine wäßrige Lösung von Calciumhydroxid nennt man „**Kalkwasser**". Sie reagiert stark alkalisch:

$$Ca(OH)_2 \rightarrow Ca^{\oplus\oplus} + 2\,OH^{\ominus}$$

Suspensionen (Aufschlämmungen) von festem Calciumhydroxid in Wasser bezeichnet man als **Kalkmilch**.

Calciumsulfat erhält man aus wäßriger Lösung in Abhängigkeit von der Kristallisations-Temperatur entweder mit 2 mol Kristallwasser (als Dihydrat) oder ohne Kristallwasser (in wasserfreier Form):

$CaSO_4 \cdot 2\,H_2O$	Gips
$CaSO_4$	Anhydrit

Durch Erhitzen von Gips auf 100 °C erhält man einen „gebrannten Gips", der pro Formeleinheit $CaSO_4$ noch 1/2 mol Wasser enthält. Dieser gebrannte **Gips** $CaSO_4 \cdot 1/2\,H_2O$ ergibt beim Verrühren mit Wasser ein plastisches Material, das rasch erhärtet, dabei kristallisiert wiederum das Dihydrat.

Wasserfreies Calciumchlorid verwendet man als Trockenmittel für Gase und bestimmte, Wasser enthaltende organische Lösungsmittel. Es nimmt Wasser unter Bildung des Hexahydrates $CaCl_2 \cdot 6\,H_2O$ auf.

Die als **Barytwasser** bezeichnete, alkalisch reagierende wäßrige Lösung von Bariumhydroxid reagiert beim Einleiten des Gases Kohlenstoffdioxid unter Ausfällung von schwer löslichem Bariumcarbonat. Das praktisch unlösliche Bariumsulfat $BaSO_4$ findet Verwendung als Röntgenkontrastmittel. Die Unlöslichkeit von Bariumsulfat in Wasser ist für diese Verwendung entscheidend, weil $Ba^{\oplus\oplus}$-Ionen (die in wäßrigen Lösungen anderer Barium-Salze vorliegen) toxisch wirken.

14.4 Bor und Aluminium als Elemente der 3. Gruppe

Trotz ihrer Zugehörigkeit zu derselben Gruppe des Periodensystems unterscheiden sich die Eigenschaften von **Bor** (Nichtmetall) und **Aluminium** (Metall) und ihrer Verbindungen erheblich voneinander. Als wichtige, auch in der Natur vorkommende Bor-Verbindungen sind zu nennen: **Borsäure**, genauer Orthoborsäure, da es auch Salze gibt, die sich von anderen Borsäuren ableiten. In wäßriger Lösung verhält sich Borsäure (H_3BO_3) als schwache dreiprotonige Säure. Wäßrige Lösungen von Borsäure werden als Antiseptikum sowie zu Augen-Spülungen nach Verätzung mit alkalischen Lösungen verwendet.

Aluminiumhydroxid ist in reinem Wasser unlöslich, löst sich aber sowohl beim Zugeben einer starken Säure, wie Schwefelsäure, als auch beim Zugeben von Natron- oder Kalilauge. Die wäßrige Lösung enthält dann entweder Aluminium-Kationen oder Tetrahydroxoaluminat-Anionen:

$$Al(OH)_3 + 3\,H^{\oplus} \rightarrow Al^{\oplus\oplus\oplus} + 3\,H_2O$$

$$Al(OH)_3 + OH^{\ominus} \rightarrow [Al(OH)_4]^{\ominus}$$

In Form von Mineralien ist **Aluminium** das in der Erdkruste am häufigsten vorkommende Metall. Aluminium wird als Werkstoff zur Herstellung einer Vielzahl von Industrie-Erzeugnissen verwendet, außerdem als Verpackungsmaterial (Folien) und als Reduktionsmittel.

14.5 Kohlenstoff-Silicium-Gruppe

Die wichtigsten Elemente der 4. Hauptgruppe des Periodensystems sind:
- Kohlenstoff, ein Nichtmetall,
- Silicium, ein Halbmetall,
- Zinn und Blei, Metalle.

Nur Kohlenstoff kommt in der Natur in elementarer Form vor, und zwar in den kristallinen Modifikationen Diamant und Graphit sowie in den Kohle-Vorkommen, von denen Anthrazit und Steinkohle den höchsten Kohlenstoff-Gehalt aufweisen. Hinzu kommen anorganische und organische Kohlenstoff-Verbindungen in außerordentlicher Vielfalt:
- Kohlenstoffdioxid (CO_2) als Bestandteil der Luft (Atmosphäre), ferner im Meerwasser und im Tier- und Pflanzenreich.
- Carbonate (Salze der Kohlensäure) als Bestandteil der Erdkruste, vor allem mit den Kationen Magnesium, Calcium, Eisen, Mangan (II) und Zink.
- Hydrogencarbonate, vor allem Calciumhydrogencarbonat, das durch Reaktion von Calcium-carbonat mit CO_2 und Wasser entsteht:

$$CaCO_3 + CO_2 + H_2O \rightarrow Ca(HCO_3)_2$$

- Kohlenstoffmonoxid CO, das bei der unvollständigen Verbrennung von Kohle, Heizöl und Kraftstoffen entsteht.
- Organische Verbindungen von den einfachsten Stoffen (wie Methan, Sumpfgas) bis hin zu den kompliziertesten Verbindungen (Nucleinsäuren, Proteinen), die in der Organischen Chemie als „Chemie der Kohlenstoff-Verbindungen" näher beschrieben werden.

Diamant ist der härteste aller in der Natur vorkommenden Stoffe. Jedes C-Atom im Kristall-Gitter von Diamant ist durch vier kovalente Bindungen mit vier anderen C-Atomen verknüpft. Dadurch entsteht eine völlig regelmäßige (in den drei Richtungen des Raumes angeordnete) **Tetraeder-Struktur**. Auf die sehr festen Elektronenpaar-Bindungen zwischen den C-Atomen sind die außergewöhnliche Härte und chemische Beständigkeit von Diamant zurückzuführen. Das Kristall-Gitter von **Graphit** hat den ganz andersartigen Aufbau eines Schichtgitters. In diesem ist jedes C-Atom kovalent nur mit drei anderen C-Atomen verknüpft. Auf diese Weise entstehen ausgedehnte Sechseck-Strukturen, die übereinander liegende Schichtebenen bilden. Das vierte Valenzelektron eines jeden C-Atoms ist nicht zwischen jeweils zwei C-Atomen lokalisiert, diese Elektronen bilden ein in der Schicht bewegliches **Elektronengas**. Daher hat Graphit einen metallischen Glanz und eine gute elektrische Leitfähigkeit.

Weitere Modifikationen von Kohlenstoff sind in Form von Ruß und **Aktivkohle** erhältlich. Ruß erhält man aus gasförmigen oder flüssigen Kohlenwasserstoffen durch Verbrennung unter unzureichender Luft-Zufuhr.

Feste organische Substanzen, vor allem Holz und Rohrzucker, ergeben beim Erhitzen unter Luftabschluß (Verkohlung) eine amorphe Form von Kohlenstoff mit besonders großer Oberfläche: Aktivkohle. An dieser großen Oberfläche werden gasförmige, flüssige und feste Stoffe mehr oder weniger stark adsorbiert. Aufgrund ihres Adsorptionsvermögens verwendet man Aktivkohle bei vielen Reinigungsverfahren und zur Adsorption toxischer Stoffe (in Filtereinsätzen von Gasmasken, bei Vergiftungen).

Kohlenstoffmonoxid hat reduzierende Eigenschaften, da es mit Sauerstoff zu CO_2 weiterreagieren kann: als Reaktionsprodukt der unvollständigen Verbrennung geht CO bei einer „Nachverbrennung" in stark exothermer Reaktion in CO_2 über:

$$CO + \frac{1}{2} O_2 \rightarrow CO_2$$

Das Einatmen von CO kann zu schweren Vergiftungserscheinungen und zum Tode führen, weil CO anstelle von O_2 komplex an das im Hämoglobin vorliegende Eisen-Zentralion gebunden wird.

Kohlenstoffdioxid als Produkt der vollständigen Verbrennung unterhält eine weitere Verbrennung erwartungsgemäß nicht. Der Dichte-Vergleich

$\varrho(CO_2) = 1{,}9769$ g/L $\qquad \varrho(Luft) = 1{,}29$ g/L

zeigt, daß sich CO_2 am Boden solcher Räume an–

sammelt, in denen es durch Gärungsvorgänge entsteht oder ausströmt (Erstickungsgefahr). Kohlenstoffdioxid ist nicht nur als Gas in Stahlflaschen im Handel erhältlich, sondern auch in fester Form. Festes CO_2 wird als „Trockeneis" bezeichnet und in Kälte-Mischungen zur Erzeugung tiefer Temperaturen (bis −78 °C) verwendet.

Cyanwasserstoffsäure (Blausäure) nennt man die Lösung der gasförmigen Verbindung Cyanwasserstoff (HCN) in Wasser. Die Salze dieser sehr schwachen Säure heißen Cyanide, z. B. Natriumcyanid und Kaliumcyanid („Cyankali"). Cyanwasserstoff und die Cyanide sind sehr toxisch. Die tödliche Dosis (dosis letalis) für den Menschen liegt bei ca. 50 mg HCN sowie 150–200 mg Kaliumcyanid (KCN). Die Toxizität beruht darauf, daß lebensnotwendige eisenhaltige Atmungs-Enzyme durch Cyanid-Ionen blockiert werden, was auf die stark ausgeprägte Neigung der Cyanid-Ionen zur Komplex-Bildung mit Schwermetall-Ionen zurückzuführen ist. So erhält man z. B. aus Eisen(II)-Ionen und Cyanid-Ionen die sehr stabilen Hexacyanoferrat(II)-Komplexionen:

$Fe^{\oplus\oplus} + 6\ CN^{\ominus} \rightarrow [Fe(CN)_6]^{4\ominus}$

Silicium-Atome gehen mit Sauerstoff-Atomen sehr stabile Elektronenpaar-Bindungen ein. Die wichtigsten der in der Natur weit verbreiteten Silicium-Sauerstoff-Verbindungen sind **Siliciumdioxid** (SiO_2) und die Silicate (Salze von Kieselsäuren).

Siliciumdioxid kommt in mehreren kristallinen Modifikationen (z. B. Quarz: Bergkristall, Rauchquarz, Amethyst) und amorph (z. B. Opal, Kieselgur) vor. „SiO_2" bezeichnet nur die Formeleinheit, Siliciumdioxid bildet – ebenso wie die Silicate – eine vielfach „vernetzte" Struktur aus miteinander verknüpften Silicium- und Sauerstoff-Atomen.

Die Gesteine der Erdkruste bestehen überwiegend aus Quarz und aus Silicaten. Silicate sind Ionen-Verbindungen, in denen als Gegenionen zu den unterschiedlich zusammengesetzten Silicat-Anionen insbesondere $Na^{\oplus}$-, $K^{\oplus}$-, $Mg^{\oplus\oplus}$-, $Ca^{\oplus\oplus}$- und $Al^{\oplus\oplus\oplus}$-Ionen vorliegen.

Eine Kieselsäure mit großer Oberfläche ist das **Kieselgel** (Silicagel), das wegen seines hohen Adsorptionsvermögens zur Trocknung und Reinigung von Gasen und Flüssigkeiten sowie als Adsorbens für die Dünnschicht- und Säulenchromatographie verwendet wird.

Über einige Eigenschaften der Metalle **Zinn** und **Blei** (4. Hauptgruppe des Periodensystems) gibt die folgende Zusammenstellung einen Überblick:

Eigenschaften	Zinn	Blei
Schmelzpunkt in °C	232	327
Dichte in g/cm³	7,30	11,34
Protonenzahl	50	82
bevorzugte Oxidationsstufe	+IV	+II
häufigstes natürliches Vorkommen	SnO_2	PbS

14.6 Metalle aus den Nebengruppen des Periodensystems der Elemente

Von den Übergangselementen (Kap. 5.4), den Elementen der Nebengruppen, sind folgende von allgemeinem Interesse:

Silber zeichnet sich durch eine sehr hohe elektrische Leitfähigkeit aus. Es wird in der Elektrotechnik und zur Herstellung chirurgischer Instrumente verwendet.

In seinen Verbindungen hat Silber meist die Oxidationszahl +I. Die lichtempfindlichen Silberhalogenide dienen zur Herstellung photographischer Materialien. Silbernitrat ist in Wasser gut löslich, es besitzt bakterizide Wirkung.

Gold liegt in seinen Verbindungen mit den Oxidationszahlen +I und +III vor. Die technisch wichtigste Verbindung ist Tetrachlorogold(III)-säure, $H[AuCl_4]$.

Gold-Komplexe mit organischen Liganden werden zur Behandlung von rheumatoider Arthritis eingesetzt, z. B. bei der oralen Applikation von Auranofin.

Quecksilber ist das einzige bei Raumtemperatur flüssige Metall (Schmp. -39°C). Da sein Siedepunkt bei 357 °C liegt, hat Quecksilber bei Raumtemperatur bereits einen beträchtlichen Dampfdruck, so daß erhebliche Anteile verdunsten und die Gefahr des Einatmens von Quecksilber-Dampf bestehen kann.

Quecksilber wird in physikalischen Meßinstrumenten und zur Herstellung von Amalgamen verwendet. *Amalgame sind Quecksilber enthaltende Legierungen.*

Chrom ist ein zur Herstellung von Legierungen, insbesondere von Edelstahlen, vielfach verwendetes Metall. Durch Verchromung werden Metallgegenstände mit einer Chrom-Schicht überzogen und auf diese Weise gegen Korrosion geschützt.

In seinen Verbindungen hat Chrom die Oxidationzahl +III und +VI.

Chromate leiten sich von der Chromsäure ab. Durch Ansäuern ihrer Lösungen gehen Chromat-Ionen (unter Beibehaltung der Oxidationszahl +VI des Chroms) in Dichromat-Ionen über:

$$2\,CrO_4^{2-} + 2\,H^+ \rightleftharpoons Cr_2O_7^{2-} + H_2O$$

Kalium-dichromat ($K_2Cr_2O_7$) ist ein starkes Oxidationsmittel.

Platin wird in erheblichem Umfang zur Herstellung von Katalysatoren für großtechnische Verfahren in der chemischen Industrie und für die Nachverbrennung von Abgasen verwendet, des weiteren als Elektroden-Material.
Das Edelmetall Platin ist gegen Säuren beständig.

14.7 Stickstoff-Phosphor-Gruppe

Bei den Elementen der 5., 6. und 7. Hauptgruppe ist bemerkenswert, daß sie in zahlreichen unterschiedlichen Oxidationsstufen auftreten können. Die (in den Verbindungen mit Wasserstoff auftretende) niedrigste Oxidationsstufe ergibt sich nach der Regel: Gruppennummer minus 8.

Die in bestimmten Verbindungen mit Sauerstoff auftretende höchste Oxidationsstufe entspricht der Gruppennummer. Auf die Elemente der 5. Hauptgruppe angewendet, bedeutet dies:
– III als niedrigste Oxidationszahl,
+V als höchste Oxidationszahl.

Darüber hinaus sind Verbindungen mit Oxidationsstufen zwischen diesen Grenzwerten bekannt, z. B.:

Oxidationszahl	Verbindung
-III	NH_3 (Ammoniak)
±0	N, P, As, Sb, Bi elementar
+ I	N_2O (Distickstoffoxid)
+ II	NO (Stickstoffoxid)
+ III	HNO_2 (salpetrige Säure)
	As_2O_3 (Arsentrioxid)
+ IV	NO_2 (Stickstoffdioxid)
+ V	HNO_3 (Salpetersäure)
	P_2O_5 (Diphosphorpentoxid)
	H_3PO_4 (Phosphorsäure)

Stickstoff, der Hauptbestandteil der Luft (s. Kap. 6), ist ein sehr reaktionsträges Element, weil die Dreifachbindung zwischen den N-Atomen der N_2-Moleküle sehr stabil ist. Aufgrund dieser Reaktionsträgheit verhält sich der Stickstoff-Anteil der Luft inert, d. h. Stickstoff nimmt an chemischen Reaktionen meist nicht teil. Bei Energie-Zufuhr reagieren die beiden in der Luft enthaltenen Elemente Stickstoff und Sauerstoff jedoch miteinander zu **Stickstoffmonoxid**, einem farblosen toxischen Gas:

$$N_{2(g)} + O_{2(g)} \rightarrow 2\,NO_{(g)}$$

Diese Reaktion findet in der Atmosphäre bei elektrischen Entladungen (Gewittern) statt. Außerdem entsteht NO bei den in Verbrennungsmotoren herrschenden hohen Temperaturen und ist somit in Auspuffgasen enthalten. Das durch endotherme Reaktion entstandene NO reagiert sehr leicht mit Sauerstoff zu Stickstoffdioxid:

$$2\,NO + O_2 \rightarrow 2\,NO_2$$

Daher entsteht aus dem farblosen Stickstoffmonoxid an der Luft das braune **Stickstoffdioxid**. Gemische dieser „Stickoxide" bezeichnet man als „nitrose Gase".

Vor allem die Stickstoffoxide NO und NO_2 stellen eine Umweltbelastung dar. Aus Stickstoffdioxid entsteht in einer exotherm verlaufenden chemischen Gleichgewichts-Reaktion das farblose Gas Distickstofftetroxid:

$$2\,NO_2 \rightleftharpoons N_2O_4$$

Verdünnte **Salpetersäure** HNO_3 weist die typischen Eigenschaften starker Säuren auf (praktisch vollständige Dissoziation in wäßriger Lösung), hoch konzentrierte Salpetersäure reagiert als starkes Oxidationsmittel:

$$NO_3^- + 3\,e^- + 4\,H^+ \rightarrow NO + 2\,H_2O$$

Hierbei entstehen aus Salpetersäure zunächst NO, dann die braun gefärbten nitrosen Gase.

Die **salpetrige Säure** HNO_2, in der Stickstoff die Oxidationszahl + III hat, ist nur in verdünnten wäßrigen Lösungen beständig. Bei Einwirkung von salpetriger Säure auf bestimmte organische Verbindungen (Amine mit NH-Gruppen in den Molekülen, Kap. 26) entstehen Nitrosamine, die krebserregende (cancerogene) Wirkung haben können. Von den Salzen der salpetrigen Säure, den Nitriten, findet vor allem Natriumnitrit ($NaNO_2$) Verwendung.

Die gasförmige Verbindung **Ammoniak** wird in einer großtechnischen Hochdruck-Synthese aus den Elementen hergestellt:

$$N_2 + 3\,H_2 \rightleftharpoons 2\,NH_3$$

Ammoniak ist Ausgangsprodukt für die Herstellung von Ammoniumsalzen, die in Düngemitteln verwendet werden.

Aus der Base Ammoniak (s. Kap. 11.2.2) entstehen **Ammoniumsalze** durch Reaktion mit zahlreichen Säuren (in der Reaktionsgleichung allgemein als HA formuliert):

$$H_3N| + H - A \rightarrow NH_4^{\oplus} + A^{\ominus}$$

So erhält man z. B. aus Ammoniak und Salpetersäure Ammoniumnitrat (NH_4NO_3).

Calcium- und Eisenphosphate sind die wichtigsten **Phosphor**-Vorkommen in der Natur.

Das wichtigste Oxid des Phosphors ist Diphosphorpentoxid, kurz **Phosphorpentoxid** genannt. Die Formeleinheit ist P_4O_{10}, meist schreibt man vereinfachend P_2O_5. Phosphorpentoxid, ein farbloses Pulver, ist stark hygroskopisch. Wegen seiner ausgeprägten Neigung, Wasser aufzunehmen und durch chemische Reaktion zu binden, ist P_2O_5 ein sehr wirksames Trockenmittel. Bei der Wasseraufnahme entstehen aus P_2O_5, dem Anhydrid der Phosphorsäuren, in Abhängigkeit von dem Mol-Verhältnis P_2O_5 zu H_2O: Metaphosphorsäure (HPO_3), Diphosphorsäure ($H_4P_2O_7$) oder Orthophosphorsäure (H_3PO_4).

$$P_2O_5 \xrightarrow{H_2O} 2HPO_3 \xrightarrow{H_2O} H_4P_2O_7 \xrightarrow{H_2O} 2H_3PO_4$$

Diphosphorsäure nennt man auch Pyrophosphorsäure. Als Pyrophosphate werden sowohl die Salze der Pyrophosphorsäure als auch die im Zellstoffwechsel auftretenden Ionen bezeichnet.

Von größter Bedeutung ist jedoch die Orthophosphorsäure, die allgemein als **Phosphorsäure** bezeichnet wird. Von ihr leiten sich drei Reihen von Salzen ab:

Dihydrogenphosphate (primäre Phosphate) $H_2PO_4^{\ominus}$
Hydrogenphosphate (sekundäre Phosphate) $HPO_4^{\ominus\ominus}$
Phosphate (tertiäre Phosphate) $PO_4^{\ominus\ominus\ominus}$.

Phosphor ist in der höchsten Oxidationsstufe + V sehr beständig. Phosphorsäure ist daher kein Oxidationsmittel.

Die Herstellung von Phosphorsäure ist ein Beispiel für eine doppelte Umsetzung:

Salz der Säure A + Säure B →
  Säure A + Salz der Säure B

$$Ca_3(PO_4)_2 + 3\ H_2SO_4 \rightarrow 2\ H_3PO_4 + 3\ CaSO_4$$

In den Handel kommt Phosphorsäure als farblose, sirupöse wäßrige Lösung mit einem Massen-Anteil an H_3PO_4 von 85–90%. Von ihren verschiedenen Salzen sind die Dihydrogenphosphate (primären Phosphate) durchwegs gut wasserlöslich. Mit Ausnahme der Alkaliphosphate sind die übrigen sekundären und tertiären Phosphate nur wenig löslich oder in Wasser unlöslich.

Die Bedeutung der Phosphat-Ionen als Puffer-System ist in Kap. 12.4, ihre Funktion im Mineralhaushalt des Menschen in Kap. 15 erläutert.

Von den übrigen Elementen der 5. Hauptgruppe soll nur **Arsen** erwähnt werden.

14.8 Sauerstoff-Schwefel-Gruppe

Von den Elementen der 6. Hauptgruppe des Periodensystems hat **Sauerstoff** die größte Bedeutung. In seinen chemischen Verbindungen hat Sauerstoff fast ausschließlich die Oxidationszahl – II.

Sauerstoff als Bestandteil der Luft (s. Kap. 6) ist für die Lebensvorgänge (Atmung, Energiestoffwechsel) unentbehrlich. Elementarer Sauerstoff ist ein aus zweiatomigen Molekülen (O_2, Disauerstoff) bestehendes farbloses und geruchloses Gas. Reiner Sauerstoff wird durch Verflüssigung von Luft und Abtrennen des Stickstoffs durch fraktionierende Destillation (Sdp. von O_2: –183 °C) gewonnen und in Stahlflaschen in den Handel gebracht.

Um den Zerfall von O_2-Molekülen in O-Atome herbeizuführen, muß Energie aufgewendet werden, z. B. in Form von elektrischer Energie oder Strahlungsenergie:

$$O_2 \rightleftharpoons 2\ O$$

Der bei elektrischen Entladungen oder unter der Einwirkung energiereicher Ultraviolett-Strahlung (UV-Lampen, künstliche Höhensonnen; ferner in der Stratosphäre) entstehende atomare Sauerstoff (O; Monosauerstoff) reagiert mit molekularem Sauerstoff nach der Gleichung

$$O_2 + O \rightleftharpoons O_3$$

zu **Ozon** (O_3; Trisauerstoff), einem Gas mit charakteristischem Geruch, der selbst bei sehr geringen Ozon-Anteilen in der Luft noch wahrnehmbar ist.

Ozon zerfällt leicht (Umkehrung der Bildungs-Reaktion); der hierbei entstehende atomare Sauerstoff wirkt stark oxidierend und keimtötend gegenüber Mikroorganismen. Hierauf beruht die Verwendung von Ozon zum Entkeimen von Trinkwasser und in Schwimmbädern sowie zur Sterilisation von Luft.

Anorganische und organische Sauerstoff-Verbindungen sind im Mineral-, Pflanzen- und Tierreich so stark verbreitet, daß Sauerstoff den größten Massen-Anteil von allen in der Lithosphäre, Hydrosphäre, Atmosphäre und Biosphäre vorkommenden Elementen hat.

Als wichtigste Sauerstoff-Verbindungen sind zu nennen:
– Oxide von Nichtmetallen, z. B. Wasser, Kohlenstoffoxide (CO_2, CO), Siliciumdioxid (SiO_2), Stickstoffoxide (NO, NO_2), Schwefeldioxid (SO_2),
– Oxide von Metallen, z. B. Aluminiumoxid, Eisenoxide,
– Salze von sauerstoffhaltigen Säuren, z. B. Carbonate, Silicate, Nitrate, Phosphate, Sulfate,
– Organische Verbindungen mit sauerstoffhaltigen funktionellen Gruppen, z. B. Alkohole, Carbonsäuren, Kohlenhydrate (Zucker), Polysaccharide (Cellulose, Stärke).

Wasser wird in Kapitel 9, die übrigen genannten Sauerstoff-Verbindungen werden jeweils bei den Elementen beschrieben, die an Sauerstoff gebunden sind.

Die Verbindung, in der Wasserstoff- und Sauerstoff-Atome im Teilchenverhältnis 1 : 1 miteinander verknüpft sind, heißt **Wasserstoffperoxid** (H_2O_2), auch Wasserstoffsuperoxid genannt.

Wasserstoffperoxid ist in folgenden Formen im Handel:
– als 3%ige wäßrige Lösung zur Desinfektion,
– als 3%ige wäßrige Lösung (Perhydrol),
– in fester Form als Einschlußverbindung von
– H_2O_2 in das Kristallgitter von Harnstoff (Ortizon) zur Desinfektion.

Reines H_2O_2 zerfällt bei Raumtemperatur mit sehr geringer Reaktions-Geschwindigkeit, so daß man H_2O_2 zu den metastabilen Verbindungen zählt. Durch Licht-Einwirkung oder durch Verunreinigungen (bestimmte Metalle und Metall-Ionen, Staubteilchen) sowie durch das Enzym Katalase wird der Zerfall jedoch stark (bis zur explosionsartigen Reaktion) beschleunigt. Um die Haltbarkeit von H_2O_2-Lösungen zu erhöhen, bewahrt man sie daher in braunen Flaschen auf und gibt zur Stabilisierung Phosphate zu, die Metall-Ionen binden.

Beim Zerfall von H_2O_2 entsteht atomarer Sauerstoff. Auf dessen im Vergleich mit molekularem Sauerstoff höherer Reaktivität beruht die keimtötende Wirkung von Wasserstoffperoxid

$H_2O_2 \rightarrow H_2O + O$

Außer zur Desinfektion finden wäßrige H_2O_2-Lösungen auch zum Bleichen von Haaren und Leder Verwendung. Man kann auch bestimmte, in ihrer Wirkung dem H_2O_2 entsprechende Persäuren und deren Salze herstellen, z. B. das in Waschmitteln als Bleichmittel enthaltene Natriumperborat.

In den H_2O_2-Molekülen hat Sauerstoff die Oxidationsstufe – I. H_2O_2 hat eine stark oxidierende Wirkung, es reagiert unter Aufnahme von Elektronen gemäß:

$H_2O_2 + 2\,e^{\ominus} + 2\,H^{\oplus} \rightarrow 2\,H_2O$

Dagegen verhält sich H_2O_2 gegenüber Verbindungen, die ein stärkeres Oxidations-Vermögen besitzen, als Reduktionsmittel. Hierbei wird das stärkere Oxidationsmittel (z. B. $MnO_4^{\ominus}$-Ionen) durch H_2O_2 reduziert und der Sauerstoff des Wasserstoffperoxids zu elementarem Sauerstoff oxidiert:

$H_2O_2 \rightarrow O_2 + 2\,H^{\oplus} + 2\,e^{\ominus}$

Die Elektronen werden von dem stärkeren Oxidationsmittel aufgenommen.

Für das in der 6. Hauptgruppe auf Sauerstoff folgende Element **Schwefel** ist das Auftreten in unterschiedlichen Oxidationsstufen, vor allem – II, + IV und + VI typisch.

Verbindung	Formel	Salze	Anionen
Schwefelwasserstoff	H_2S	Oxidationszahl -II	
		Hydrogensulfide	$HS^{\ominus}$
		Sulfide	$S^{\ominus\ominus}$
Schwefeldioxid schweflige Säure	SO_2 (H_2SO_3)	Oxidationszahl + IV	
		Hydrogensulfite	$HSO_3^{\ominus}$
		Sulfite	$SO_3^{\ominus\ominus}$
Schwefeltrioxid Schwefelsäure	SO_3 H_2SO_4	Oxidationszahl + VI	
		Hydrogensulfate	$HSO_4^{\ominus}$
		Sulfate	$SO_4^{\ominus\ominus}$

Als Schwefel-Vorkommen in der Natur sind zu nennen:
– Elementarer Schwefel,
– Sulfide (Schwermetallsalze des Schwefelwasserstoffs),
– Sulfate (Alkalimetall- und Erdalkalimetallsalze der Schwefelsäure),

- Schwefelwasserstoff (in Erdgasen und heißen Quellen),
- Schwefel in fossilen Brennstoffen (Erdöl, Kohle) und das bei der Verbrennung schwefelhaltiger Brennstoffe entstehende Schwefeldioxid,
- Schwefel in organischen Verbindungen (z. B. in
- Cystein, Cystin, Methionin, Proteinen, Mucopolysacchariden).

Das bei der Verbrennung von Schwefel entstehende **Schwefeldioxid** (SO_2; ein farbloses, stechend riechendes Gas) wird in einem großtechnischen Verfahren unter Verwendung von Katalysatoren zu **Schwefeltrioxid** weiteroxidiert:

$SO_2 + 1/2\ O_2 \rightarrow SO_3$

Aus Schwefeltrioxid wird industriell **konzentrierte Schwefelsäure** hergestellt, deren Eigenschaften sich von denen verdünnter Schwefelsäure erheblich unterscheiden:
- Konzentrierte Schwefelsäure ist ein starkes Oxidationsmittel. In der mit der Gruppennummer übereinstimmenden Oxidationsstufe + VI ist Schwefel in der Regel stabil, oxidierende Eigenschaften treten nur bei der konzentrierten, aus H_2SO_4-Molekülen bestehenden Schwefelsäure hervor, nicht dagegen bei Sulfat-Ionen in den Lösungen ihrer Salze.
- Konzentrierte Schwefelsäure ist stark hygroskopisch. Man verwendet sie daher als Trockenmittel sowie zur Wasser-Abspaltung aus organischen Verbindungen. Feste organische Verbindungen, wie Traubenzucker, reagieren mit konzentrierter Schwefelsäure unter Verkohlung:

$C_6H_{12}O_6 + \text{konz.}\ H_2SO_4 \rightarrow 6C + 6\ H_2O$

(an H_2SO_4 gebunden)

Schwefelwasserstoff (H_2S), ein farbloses Gas, entsteht bei der Zersetzung (Fäulnis) von schwefelhaltigen organischen Verbindungen, insbesondere von Eiweiß. Sein Geruch wird mit dem „von faulen Eiern" verglichen. Die **Giftigkeit** von Schwefelwasserstoff übertrifft die von Cyanwasserstoff (Blausäure). H_2S wird durch doppelte Umsetzung von Eisen(II)-sulfid mit Salzsäure im Laboratorium hergestellt. H_2S ist ein wichtiges Reagenz in der Analytischen Chemie. Bei der Durchführung des Sulfid-Trennungsganges werden Schwermetall-Ionen bei unterschiedlichen pH-Werten als Sulfide ausgefällt, z. B. PbS und HgS.

Verbindungen, die Schwefel in einer niedrigeren Oxidationsstufe enthalten, haben reduzierende Eigenschaften. Dabei werden sie selbst oxidiert (in Klammern angegeben: Änderung der Oxidationszahl):
- Sulfide (S^{2-}) zu Schwefel ($-II \rightarrow \pm 0$)
- **schweflige Säure** und deren Salze zu Sulfat ($+IV \rightarrow +VI$)
- Thiosulfat-Ionen zu Tetrathionat-Ionen.

In den **Thiosulfat**-Ionen $S_2O_3^{2-}$ liegt Schwefel in zwei verschiedenen Oxidationsstufen vor, mit den Oxidationszahlen $-II$ und $+VI$. Zur Formulierung von Redox-Gleichungen genügt es jedoch, von der als Mittelwert errechneten Oxidationszahl $+II$ auszugehen:

$2\ S_2O_3^{2-} \rightarrow S_4O_6^{2-} + 2\ e^-$

Dieser Oxidations-Vorgang ist die Grundlage der Iodometrie:

$2\ S_2O_3^{2-} + I_2 \rightarrow S_4O_6^{2-} + 2\ I^-$

Als weiteres Element der 6. Hauptgruppe ist Selen zu erwähnen, das als Spurenelement für den menschlichen Organismus von Bedeutung ist.

14.9 Halogene

Die **Halogene** sind Nichtmetalle. Fluor, Chlor und Brom gehören zu den reaktionsfähigsten Elementen; ihre Atome gehen durch Aufnahme eines Elektrons sehr leicht in einfach negativ geladene Ionen über. In den Halogenid-Anionen liegt dieselbe stabile Elektronen-Konfiguration vor wie in den Atomen der Edelgase mit um eins höherer Ordnungszahl.

Der Name „Halogene" bedeutet „Salzbildner". Salze, vorwiegend Alkalimetall- und Erdalkalimetall-Halogenide, bilden die natürlichen Vorkommen der Halogene. In den Salzlagerstätten finden sich außer Natriumchlorid (Steinsalz) auch andere Alkalimetall-Halogenide (z. B. KBr). Meerwasser enthält Halogenid-Ionen; bestimmte Lebewesen (Seetang, Algen) reichern Iodid an, so daß man daraus Iod gewinnen kann. Die wichtigsten Fluorid-Ionen-haltigen Mineralien sind CaF_2 (Flußspat) und Kryolith.

Folgende Tabelle zeigt die charakteristischen Eigenschaften der Halogene:

14 Eigenschaften und Reaktionen bestimmter Elemente und Verbindungen

Eigenschaften	F	Cl	Br	I
Farbe und Aggregatzustand	farbloses Gas	gelbgrünes Gas	rotbraune Flüssigkeit	grauschwarzer Feststoff
Siedetemperatur in °C	–188	–34	58	
Sublimationstemperatur in °C				114
Protonenzahl	9	17	35	53
Außenelektronen	7	7	7	7
Atom-Radius in pm	71	99	114	133
Ionen-Radius in pm	136	181	195	216
Elektronen-Anordnung	$F^\ominus$ wie Ne	$Cl^\ominus$ wie Ar	$Br^\ominus$ wie Kr	$I^\ominus$ wie Xe
Elektronegativität	4,0	3,0	2,8	2,5

Fluor hat den höchsten Wert der Elektronegativität und ist das reaktionsfähigste Nichtmetall.

Die Bedeutung von Fluorid-Ionen für den Aufbau der anorganischen Zahnsubstanz und für die Karies-Prophylaxe ist in Kap. 15.2 beschrieben.

Chlor ist ein gelbgrünes, sehr giftiges Gas, das die Schleimhäute reizt und die Atemwege stark angreift. Es wird für viele chemische Reaktionen benötigt und kommt in Stahlflaschen in den Handel. Großtechnisch wird Chlor durch die Elektrolyse von Kochsalz hergestellt (Entladung von Chlorid-Ionen an der Anode).

Chlor hat eine erheblich höhere Dichte als Luft:

ϱ (Chlor) = 3,214 g/cm^3 ϱ (Luft) = 1,29 g/cm^3

es sammelt sich daher am Boden von Gefäßen an.

Chlor hat keimtötende Eigenschaften und ist ein starkes Oxidationsmittel. Es wird daher zur Sterilisation von Wasser, zum Desinfizieren und zum Bleichen von Fasern und Geweben verwendet.

Maßnahmen zur **Desinfektion** zielen darauf ab, den Bestand pathogener Bakterien, Pilze, Viren und Protozoen weitgehendst zu verringern, diese zu inaktivieren oder abzutöten.

Von den Halogenen wirken Chlor und Iod mikrobizid und sporizid. Vor allem elementares Chlor sowie Verbindungen, die Chlor in einer leicht abspaltbaren Form (aktives Chlor) enthalten, wie Hypochlorite (Calcium- und Lithiumhypochlorit) und Chloramine (mit einer Stickstoff-Chlor-Bindung), werden zu Desinfektionszwecken verwendet, des weiteren Chlordioxid (ClO_2).

Chlor ist in Wasser gut löslich. In der wäßrigen, als „Chlorwasser" bezeichneten Lösung stellt sich ein chemisches Gleichgewicht ein zwischen Chlor und Wasser und Chlorwasserstoff und hypochloriger Säure:

$Cl_2 + H_2O \rightleftharpoons HCl + HClO$

Einen solchen Redox-Vorgang, bei dem ein Stoff aus einer mittleren Oxidationsstufe in eine niedrigere und eine höhere Oxidationsstufe übergeht, bezeichnet man als **Disproportionierung**. Die Disproportionierung besteht bei dieser Reaktion darin, daß Chlor aus der Oxidationsstufe ± 0 in die Oxidationsstufe -I (HCl) und +I (HClO) übergeht.

Für Chlor, Brom und Iod ist das Auftreten in mehreren Oxidationsstufen typisch, die von der niedrigsten Oxidationszahl – I (Gruppennummer minus 8) bis zur höchsten Oxidationszahl +VII (entsprechend der Gruppennummer) reichen:

- I   sämtliche Halogenide: $F^\ominus$, $Cl^\ominus$, $Br^\ominus$, $I^\ominus$
± 0   sämtliche Halogene: F_2, Cl_2, Br_2, I_2
+ I   hypochlorige Säure (HClO)
       Hypochlorite ($ClO^\ominus$)
+ III chlorige Säure ($HClO_2$)
       Chlorite ($ClO_2^\ominus$)
+ V   Chlorsäure und Chlorate ($HClO_3$ und $ClO_3^\ominus$)
       Bromsäure und Bromate ($HBrO_3$ und $BrO_3^\ominus$)
       Iodsäure und Iodate (HIO_3, und $IO_3^\ominus$)
+ VII Perchlorsäure ($HClO_4$)
       Perchlorate ($ClO_4^\ominus$)

Chlor disproportioniert nicht nur beim Einleiten in Wasser, sondern reagiert entsprechend mit Laugen, wie Natronlauge, Kalilauge und „Kalkmilch" (einer Aufschlämmung von Calcium-hydroxid in Wasser). Hierbei entstehen wäßrige Lösungen von Na-, K- oder Ca-chloriden und -hypochloriten, die aufgrund ihres Hypochlorit-Gehaltes als Bleichlösungen für Zellstoff und als Desinfektionsmittel verwendet werden. Aus der aus Chlor und Kalkmilch hergestellten Lösung erhält man „**Chlorkalk**", der als billiges technisches Desinfektionsmittel bei Seuchengefahr eingesetzt wird. Den $Ca^{\oplus\oplus}$-Ionen stehen zwei verschiedene Gegenionen, $Cl^\ominus$ und $ClO^\ominus$, gegenüber, so daß sich als Formeleinheit CaCl(ClO) ergibt.

Als Salze der Chlorsäure sind zu erwähnen: Natriumchlorat $NaClO_3$ (zur Unkrautbekämpfung), **Kaliumchlorat** $KClO_3$, das als Antiseptikum, vor allem jedoch als Oxidationsmittel in der Sprengstoff-Industrie und bei der Herstellung von Zündhölzern verwendet wird.

Durch doppelte Umsetzung von Kaliumperchlorat mit konzentrierter Schwefelsäure erhält man konzentrierte **Perchlorsäure**:

2 KClO$_4$ + H$_2$SO$_4$ → 2 HClO$_4$ + K$_2$SO$_4$

Auch bei dieser Verbindung beobachtet man die schon mehrfach beschriebenen (HNO$_3$, H$_2$SO$_4$) Unterschiede in den Eigenschaften von konzentrierten und verdünnten Säuren. Konzentrierte Perchlorsäure oxidiert brennbare organische Materialien in explosionsartig verlaufenden Reaktionen, so daß man vermeiden muß, sie in Kontakt mit z. B. Holz und Papier zu bringen. Dagegen verhält sich verdünnte wäßrige Perchlorsäure als Protonen-Donator und gehört zu den stärksten Säuren überhaupt.

Bei den Halogenen Chlor, Brom, Iod nimmt das Oxidationsvermögen in dieser Reihenfolge ab. Chlor ist also ein stärkeres Oxidationsmittel als Brom, elementares Chlor oxidiert daher Bromid-Ionen zu elementarem Brom. Hierauf beruht ein Herstellungsverfahren für Brom, bei dem man Brom aus einer Kaliumbromid-Lösung durch Einleiten von Chlor „freisetzt":

2 Br$^\ominus$ + Cl$_2$ → Br$_2$ + 2 Cl$^\ominus$

Brom ist eine tiefbraune Flüssigkeit, von deren Oberfläche infolge des hohen Dampfdruckes rotbraune Dämpfe von stechendem Geruch aufsteigen, die die Atemwege sehr stark reizen. Auf der Haut verursacht Brom tiefe schmerzhafte Verätzungen. Die Dichte von flüssigem Brom beträgt 3,14 g/cm^3. Die durch Auflösen von Brom in Wasser erhältliche Lösung heißt Bromwasser.

Brom wird zur Herstellung zahlreicher bromhaltiger Verbindungen benötigt, unter denen auch Substanzen mit pharmakologischer Wirkung sind (Schlafmittel, Sedativa).

Elementares **Iod** kristallisiert in grauschwarzen Blättchen mit glänzender Oberfläche. Es hat die charakteristische Eigenschaft zu sublimieren und bildet beim Erwärmen violette Dämpfe. Die Löslichkeit von Iod in Wasser ist gering, dagegen ist Iod in wäßrigen Kaliumiodid-Lösungen gut löslich, weil Iod-Moleküle sich an Iodid-Ionen unter Bildung von I$_3^\ominus$-Ionen anlagern.

I$_2$ + I$^\ominus$ ⇌ I$_3^\ominus$

Da elementares Iod bakterizid und fungizid wirksam ist, werden Lösungen von Iod in Ethanol oder in Kaliumiodid enthaltenden Ethanol-Wasser-Mischungen (**Iod-Tinktur**) als Antiseptikum auf die Haut aufgebracht sowie zur Sterilisierung eines Operationsfeldes verwendet.

Abhängig davon, ob organische Lösungsmittel eine sauerstoffhaltige funktionelle Gruppe aufweisen oder nicht, erhält man braune oder violette Iod-Lösungen. In den braunen Lösungen liegen Iod-Solvate, in den violetten freie Iod-Moleküle (I$_2$) vor.

Lösungsmittel	Farbe der Iod-Lösung
Alkohol, Ether, Aceton	braun
Chloroform	violett

Das Auftreten einer Blaufärbung bei der **Iod-Stärke-Reaktion** dient als empfindlicher Iod-Nachweis. Das Polysaccharid Stärke besteht aus Makromolekülen, in deren Hohlräume sich Iod-Moleküle einfügen können, es entstehen tiefblau gefärbte Iod-Stärke-Einschlußverbindungen.

Iod ist nur ein schwaches Oxidationsmittel. Die iodometrischen Titrationen beruhen auf dem Elektronen-Übergang:

I$_2$ + 2 e$^\ominus$ ⇌ 2 I$^\ominus$

Kontrollfragen

14-1 Nennen Sie einige typische Eigenschaften vieler Metalle.
14-2 Welche kleinsten Teilchen liegen in den Kristall-Gittern von Metallen vor?
14-3 Welche Formeln haben die Hydroxide, die man zur Herstellung von Natronlauge, Kalilauge, Kalkwasser und Barytwasser benötigt?
14-4 Auf welchem Vorgang beruht das Erhärten von Gips?
14-5 Geben Sie die Reaktions-Gleichung für eine CO$_2$-Nachweisreaktion an.
14-6 Welches Erdalkalimetallsalz wird als Röntgenkontrastmittel verwendet?
14-7 Welche Reaktion erfolgt beim Erhitzen von Calciumhydrogencarbonat? (Gleichung)
14-8 Benennen Sie folgende Verbindungen: LiBr, K$_2$SO$_4$, HgS, Cu$_2$O, CuO, SO$_2$, N$_2$O$_5$, Fe$_2$O$_3$.
14-9 Geben Sie die Formeln an für: Magnesiumchlorid, Eisen(III)bromid, Kohlenstoffmonoxid, Bariumcarbonat, Natriumdihydrogenphosphat, Dikalium-

hydrogenphosphat. Ammoniummagnesiumphosphat.

14-10 Welche Formeln haben Natriumcyanid, Tetraamminkupfer(II)-sulfat, Kalium-hexacyanoferrat(II)?

14-11 In welche Ionen dissoziieren diese Salze in Wasser?

14-12 Welches sind die beiden kristallinen Modifikationen von Kohlenstoff?

14-13 Erläutern Sie, worauf die großen Unterschiede in den Eigenschaften dieser Kohlenstoff-Modifikationen zurückzuführen sind.

14-14 Worauf beruht im Prinzip die hohe Toxizität von Kohlenmonoxid und Cyanid-Ionen?

14-15 Welche Säure entsteht aus wäßrigen Lösungen von Nitriten durch Einwirkung starker Säuren?

14-16 Wie nennt man Oxide von Nichtmetallen, deren Reaktion mit Wasser Säuren ergibt?

14-17 Wie heißen die aus CO_2, N_2O_5 oder SO_2 und Wasser entstehenden Säuren?

14-18 Geben Sie die Namen an für die Anionen S^{2-}, HS^-, HSO_3^-, SO_3^{2-}, HSO_4^- und SO_4^{2-}.

14-19 Geben Sie die Namen an für die Anionen Cl^-, ClO^-, ClO_2^-, ClO_3^-, ClO_4^-, BrO_3^- und IO_3^-.

14-20 Geben Sie die Formel und die wichtigsten Eigenschaften von Wasserstoffperoxid an.

15 Elektrolyte im menschlichen Organismus

Zahlreiche chemische Verbindungen sind Salze, sie bilden Kristalle, in denen die Kationen und Anionen in bestimmter Regelmäßigkeit angeordnet und nicht frei beweglich sind (Ionen-Gitter). Nach dem Auflösen dieser Elektrolyte in Wasser liegen Kationen und Anionen als bewegliche Teilchen vor.

Unabhängig davon, ob dem Organismus **Elektrolyte** (Mineralstoffe) im Gemisch mit andersartigen Nahrungsbestandteilen, in Lösung mit anderen Elektrolyten (z. B. als Trinkwasser, Mineralwasser, Meerwasser) oder in reiner Form zugeführt werden, stets werden Kationen und Anionen (Gegenionen, Begleitionen) aufgenommen, z. B. $Na^\oplus$-Ionen **zusammen mit** $Cl^\ominus$-Ionen bei der Aufnahme von Kochsalz (Natriumchlorid). Meist enthält die Nahrung Elektrolyte in Form von verschiedenen Ionen in unterschiedlichen Konzentrationen und mit unterschiedlichen Ladungszahlen (einfach oder mehrfach positiv oder negativ geladen). Die Gesamtzahl der positiven Ladungen ist jedoch stets gleich der Gesamtzahl der negativen Ladungen. Dieses **Elektroneutralitätsprinzip** gilt auch für alle **Körperflüssigkeiten**. Aus diesem Grund werden z. B. mit dem Urin nicht nur Kationen, sondern gleichzeitig Anionen in entsprechender Anzahl ausgeschieden.

Für den Elektrolyt-Haushalt des Organismus sind folgende Ionen von Bedeutung:
Kationen:
$Na^\oplus$, $K^\oplus$, $Mg^{\oplus\oplus}$, $Ca^{\oplus\oplus}$,
ferner Ionen der **Spurenelemente** Fe, Co, Zn, Mn, Cu, Mo;
Anionen:
$Cl^\ominus$, $HPO_4^{\ominus\ominus}$ (Phosphat), $HCO_3^\ominus$ (Bicarbonat), $SO_4^{\ominus\ominus}$, $F^\ominus$, $I^\ominus$.

Zum Ladungsausgleich zwischen Kationen und Anionen tragen ferner Anionen bei, die bei physiologischem pH-Wert aus Carbonsäuren und Proteinen entstehen. Im Gegensatz zu den Salzen sind Carbonsäuren lediglich potentielle Elektrolyte. Sie sind nicht aus Ionen, sondern aus Molekülen aufgebaut, Ionen entstehen aus ihnen erst durch Protonen-Übertragung. Ihre Säurerest-Ionen heißen allgemein Carboxylat-Ionen, im speziellen Fall sind sie nach der betreffenden organischen Säure benannt. Bei physiologischem pH-Wert (ca. 7,4) liegen die zahlreichen, an Stoffwechsel-Reaktionen beteiligten organischen Säuren als einfach oder mehrfach negativ geladene Ionen vor, z.B.

Name des Anions	entstanden aus
Lactat	Milchsäure
Pyruvat	Brenztraubensäure
Citrat	Citronensäure

Schließlich enthalten die Makromoleküle der Eiweißstoffe (Proteine) eine Anzahl von Atomgruppen, die man als ionisierbar bezeichnet. Aus ihnen können durch Abgabe von Protonen negativ geladene Atomgruppen entstehen, die in den **Proteinat**-Anionen vorliegen. Die Begriffe „Carboxylat" und „Proteinat" bezeichnen also allgemein aus Carbonsäuren bzw. Proteinen hervorgegangene Anionen.

Vergleicht man die Elektrolyt-Konzentrationen der drei großen Flüssigkeitsräume des Organismus
– Blutplasma
– interstitielle Flüssigkeit
– intrazelluläre Flüssigkeit,
so stimmen die Konzentrationen in Blutplasma und interstitieller Flüssigkeit (extrazelluläre Flüssigkeiten) weitgehend überein. Dagegen bestehen erhebliche Unterschiede zwischen den Elektrolyt-Konzentrationen der extrazellulären Flüssigkeit einerseits und denen der intrazellulären Flüssigkeit andererseits.

Die Elektrolyt-Konzentrationen in mmol/L sind (nach Jungermann/Möhler „Biochemie"):

15 Elektrolyte im menschlichen Organismus

Elektrolyt	Plasma	intrazelluläre Flüssigkeit
$Na^{\oplus}$	142	10
$K^{\oplus}$	4	160
$Mg^{\oplus\oplus}$	1,5	13
$Ca^{\oplus\oplus}$	2,5	1
Summe der Kationen	150	184
$Cl^{\ominus}$	103	3
$HPO_4^{\ominus\ominus}$	1	50
$SO_4^{\ominus\ominus}$	0,5	10
$HCO_3^{\ominus}$	27	10
Carboxylat$^{\ominus}$	5	25
Proteinat $^{8\ominus}$ bzw. $^{6\ominus}$	2	6,5
Summe der Anionen	138,5	104,5

Die Bestätigung, daß die Elektroneutralität zwischen Kationen und Anionen gewahrt ist, erhält man nach **Umrechnung** der für die mehrfach geladenen Ionen angegebenen Konzentrations-Werte in Konzentrationen ihrer Äquivalentteilchen. Für Kationen ergibt sich im Plasma als Summe 154 m(eq)/L, in der intrazellulären Flüssigkeit 198 m(eq)/L; der jeweilige Ladungsausgleich erfolgt durch die Summe der Anionen (die für Proteinat-Ionen angegebenen Ladungen sind Mittelwerte). Aus dieser Gegenüberstellung seien hervorgehoben:
– Die für extrazelluläre Flüssigkeiten typischen hohen Konzentrationen des Kations $Na^{\oplus}$ und der Anionen Chlorid und Bicarbonat,
– die für intrazelluläre Flüssigkeiten typischen hohen Konzentrationen der Kationen $K^{\oplus}$ und $Mg^{\oplus\oplus}$ und der Anionen Phosphat ($HPO_4^{\ominus\ominus}$) und Proteinat.

Aus Bequemlichkeit wird die Bezeichnung „Ionen" im täglichen Sprachgebrauch oft weggelassen und nur der Name des Metalls selbst genannt. So spricht man von der Bestimmung von „Natrium" und „Kalium" im Serum, von „Kupfer" als Spurenelement, von „Eisen"-Mangel, obwohl niemals die durch diese Vereinfachung bezeichneten chemischen Elemente, sondern ihre frei beweglichen oder komplex gebundenen Ionen vorliegen.

Die erwähnte Bestimmung von „Kalium" im Serum ist also in Wirklichkeit eine Bestimmung des Gehalts an Kalium-**Ionen**, deren chemische Eigenschaften grundverschieden von denen der Kalium-Atome sind. Wenn der Organismus „Kalium" mit der Nahrung aufnimmt, dann in Form von Kalium-Ionen enthaltenden Salzen.

15.1 Kationen im Elektrolyt-Haushalt

Der menschliche Organismus enthält außer den Ionen der Alkalimetalle $Na^{\oplus}$ und $K^{\oplus}$ und der Erdalkalimetalle $Mg^{\oplus\oplus}$ und $Ca^{\oplus\oplus}$ auch Ionen der Übergangsmetalle (Ionen von Nebengruppen-Elementen), die in diesem Zusammenhang als Spurenelemente bezeichnet werden, weil sie im Organismus nur in sehr geringen Konzentrationen vorliegen.

Name	Symbol	Oxidationsstufe
Mangan	Mn	+II
Zink	Zn	+II
Kupfer	Cu	+I und +II
Eisen	Fe	+II und +III
Cobalt	Co	+II und +III
Molybdän	Mo	+V und +VI

Die Funktion dieser **Übergangsmetalle** im Organismus beruht auf zwei ihrer typischen Eigenschaften:
– der stark ausgeprägten Neigung zur Komplex-Bildung, so daß diese Ionen vorwiegend an Protein-Liganden gebunden sind und
– dem Vorkommen in unterschiedlichen Oxidationsstufen, so daß mit Cu-, Fe-, Co- und Mo-Komplexen Redox-Reaktionen stattfinden können.

Die Neigung zur Komplex-Bildung ist bei Magnesium- und Calcium-Ionen wesentlich geringer, bei Natrium- und Kalium-Ionen nicht vorhanden. Aufgrund dieser Unterschiede in ihren chemischen Eigenschaften nutzt der Organismus die Metall-Ionen für sehr verschiedenartige biologische Aufgaben. Darüber hinaus tragen alle Ionen zum osmotischen Druck der Körperflüssigkeiten bei.

Die biologischen Aufgaben der einzelnen Elektrolyte (Kationen und Anionen) sollen nun skizziert und dann in einer Tabelle zusammengefaßt werden. Mit dem **Elektrolyt-Haushalt** des Organismus beschäftigen sich auch die Physiologie, die Klinische Chemie und verschiedene Fachgebiete der Medizin. Dort werden auch folgende Themen besprochen:
– Gehalt der verschiedenen Nahrungsmittel an Mineralien und Spurenelementen,
– Resorption der Elektrolyte,
– Transport und Speicherung der Elektrolyte,

- Konstanthaltung der Ionen-Konzentrationen in den verschiedenen Flüssigkeitsräumen,
- Rückresorption und Ausscheidung von Elektrolyten,
- Mangelerscheinungen bei unzureichender Aufnahme von Mineralien und Spurenelementen,
- Störungen des Elektrolyt-Haushaltes, die oftmals mit Störungen des Säure-Basen-Haushaltes und des Wasser-Haushaltes einhergehen.

Die im Organismus in den höchsten Konzentrationen vorliegenden Kationen sind: $Na^{\oplus}$ im extrazellulären Raum, $K^{\oplus}$ im intrazellulären Raum. $Na^{\oplus}$-Ionen außerhalb und **$K^{\oplus}$-Ionen** innerhalb der Zellen sind besonders wichtig zur Aufrechterhaltung des osmotischen Druckes (für die Osmoregulation).

Auch bei den Zellen des Nervengewebes besteht ein erheblicher Unterschied zwischen den $Na^{\oplus}$- und $K^{\oplus}$-Konzentrationen:

extrazellulär: $Na^{\oplus}$ hoch, $K^{\oplus}$ niedrig
intrazellulär: $Na^{\oplus}$ niedrig, $K^{\oplus}$ hoch

Diese Konzentrationsunterschiede haben hier noch eine weitere Funktion: Das **Konzentrations-Gefälle** wird durch einen Regel-Mechanismus aufrechterhalten und erzeugt das Ruhe-Potential der Nervenfasern. Potential-Differenzen (s. Kap. 13.2.2) treten stets auf, wenn dieselben Ionen (z. B. $Na^{\oplus}$) in aneinander grenzenden Räumen **in unterschiedlicher Konzentration** vorliegen. Bei der Erregung von Nervenfasern ändert sich die Durchlässigkeit (Permeabilität) der Zellmembran, $Na^{\oplus}$-Ionen strömen in die Zelle ein, während die entsprechende Teilchenanzahl $K^{\oplus}$-Ionen nach außen wandert. Durch diesen Vorgang kehrt sich das elektrische Potential um (Aktions-Potential), ein elektrischer Strom fließt, der auf den der Zellmembran benachbarten Bereich als Reiz wirkt. $Na^{\oplus}$- und $K^{\oplus}$-Ionen sind also für den Aufbau des Membran-Potentials und für die Erregungsleitung unentbehrlich.

Calcium-Ionen bilden mit Anionen, wie tertiären Phosphat-, Fluorid- und Carbonat-Ionen, unlösliche Salze. In den als **Apatit** bezeichneten Knochen- und Zahnmineralien (tertiären Calcium-phosphaten) sind nahezu der gesamte Calcium-Gehalt (99%) und über 80% des Phosphat-Gehalts gebunden. Bei den anorganischen Verbindungen in der Knochen- und Zahnsubstanz ist vor allem der hohe Gewichtsanteil an Hydroxyapatit (90%) hervorzuheben. Folgende Mineralien sind am Aufbau von **Knochen** und **Zähnen** beteiligt:

Hydroxyapatit	$Ca_{10}(PO_4)_6(OH)_2$
Fluorapatit	$Ca_{10}(PO_4)_6(F)_2$
Carbonatapatit	$Ca_{10}(PO_4)_6(CO_3)$
Calciumcarbonat	$CaCO_3$
Magnesiumcarbonat	$MgCO_3$

Die für die Apatite angegebenen Formel-Einheiten ergeben sich aus dem Zahlenverhältnis der Ionen

$$Ca^{\oplus\oplus}/PO_4^{\ominus\ominus\ominus} \text{ und } F^{\ominus}, OH^{\ominus} \text{ oder } CO_3^{\ominus\ominus}$$

im Kristallgitter.

Die Knochenmineralien nehmen an einem ständigen Abbau und Wiederaufbau teil. Somit hat das Skelettsystem nicht nur die Funktion als Stützgewebe, sondern ist auch Reservoir für den Calcium- und Phosphat-Stoffwechsel. Bei Bedarf können aus dem im Knochen enthaltenen Apatit Calcium- und Phosphat-Ionen mobilisiert und an das Blut abgegeben werden. Andererseits können diese Ionen bei einem Überangebot aus dem Blut aufgenommen und im Skelettsystem abgelagert werden. Der Calcium- und Phosphat-Gehalt des Blutes und der Knochenmineral-Stoffwechsel sind also eng miteinander gekoppelt. Im Blut ist die Konzentration an tertiären Phosphat-Ionen nur deshalb so gering, weil diese bei der Wasserstoffionen-Konzentration des Blutes zu sekundären Phophat-Ionen (Hydrogenphosphat) protoniert werden:

$$PO_4^{\ominus\ominus\ominus} + H^{\oplus} \rightleftharpoons HPO_4^{\ominus\ominus}$$

Calcium-Ionen werden im Blut in unterschiedlicher Form transportiert: als frei bewegliche $Ca^{\oplus\oplus}$-Ionen (40%) und als an Proteine gebundene $Ca^{\oplus\oplus}$-Ionen (60%).

Weitere biologische Funktionen von Calcium-Ionen sind:
- Einfluß auf die Blutgerinnung,
- als intrazelluläre Signalsubstanz: Auslösen der Muskel-Kontraktion und des Abbaus des Reserve-Kohlenhydrates Glykogen (Glykogenolyse),
- Stabilisierung von Zellmembranen durch Reaktion mit Phosphat-Gruppen, die in der Phospholipid-Doppelschicht der Membranen enthalten sind.

Da Ca-Ionen (im Gegensatz zu Na- und K-Ionen) mit relativ vielen Anionen schwerlösliche oder unlösliche Salze bilden, ist ihre Resorption begrenzt, denn eine Voraussetzung für eine hohe Resorptionsquote (Verhältnis von resorbiertem Anteil zu zugeführter Menge) ist eine gute Wasser-Löslichkeit. Calcium-oxalat (aus den in pflanzlicher Nahrung reichlich enthaltenen Oxalsäure-Anionen) und die Calcium-Salze von Fettsäuren (aus den Fettsäure-Anionen bei gestörter Fettsäure-Resorption) werden wegen ihrer geringen Löslichkeit nicht resorbiert.

Magnesium-Ionen sind – ebenso wie Kalium-Ionen – typische intrazelluläre Kationen. $Mg^{\oplus\oplus}$-Ionen sind die spezifischen Gegenionen für die in organischen Verbindungen enthaltenen Phosphat-Gruppen. Hier ist vor allem Adenosin-triphosphat (ATP) hervorzuheben, ein als „Energiewährung" des Organismus bezeichnetes energiereiches Phosphat (Kap. 34.4.1), von dessen Struktur hier nur die Phosphat-Gruppen wiedergegeben sind („R" steht anstelle des organischen Molekülteils):

$$R-O-\underset{O^{\ominus}}{\underset{|}{\overset{O}{\overset{\|}{P}}}}-O-\underset{O^{\ominus}}{\underset{|}{\overset{O}{\overset{\|}{P}}}}-O-\underset{O^{\ominus}}{\underset{|}{\overset{O}{\overset{\|}{P}}}}-O^{\ominus}$$

$$Mg^{\oplus\oplus}$$

Die bisher genannten biologischen Funktionen der Alkalimetall- und Erdalkalimetall-Ionen sind:

Kation	Funktion
$Na^{\oplus}$	Aufrechterhaltung des osmotischen Druckes (extrazellulär)
	Erregungsleitung durch Membran-Potential
$K^{\oplus}$	Aufrechterhaltung des osmotischen Druckes (intrazellulär)
	Erregungsleitung durch Membran-Potential
$Ca^{\oplus\oplus}$	Kation in Knochen- und Zahnmineralien
	Einfluß auf die Blutgerinnung
	Auslösung der Muskel-Kontraktion und der Glykogenolyse
	Wechselwirkung mit Membran-Phospholipiden
$Mg^{\oplus\oplus}$	Gegenion von Phosphat-Gruppen in zahlreichen organischen Verbindungen
	Komplex-Bildung mit ATP

Die biologische Bedeutung der **Spurenelemente** beruht auf ihrer ausgeprägten Neigung zur Komplex-Bildung und ihrer Fähigkeit, in unterschiedlichen Oxidationsstufen vorzukommen.
Bei allen Redox-Reaktionen geht das betreffende Übergangsmetall durch Aufnahme je eines Elektrons von der höheren in die niedrigere Oxidationsstufe (Reduktion) oder durch Abgabe eines Elektrons aus der niedrigeren in die höhere Oxidationsstufe (Oxidation) über. Mit den an das jeweilige

Spurenelement	Vorkommen
Fe als Fe(II)	als Protoporphyrin-Chelat-Komplexe (Häm)
Co als Co(III)	als Chelat-Komplex in Vitamin B_{12}
Mn als $Mn^{\oplus\oplus}$	an Enzyme gebunden (zur Enzym-Aktivierung)
Zn als $Zn^{\oplus\oplus}$	als Zink-Insulin und an Enzyme gebunden
Cu als Cu(II)/Cu(I)	in Redox-Enzymen
Mo als Mo(VI)/Mo (V)	in Redox-Enzymen (Xanthin-Oxidase)
Fe als Fe(III)/Fe(II)	in Redox-Enzymen

Enzym gebundenen Metall-Ionen laufen so z. B. folgende Redox-Vorgänge ab:

$$Cu^{\oplus\oplus} + e^{\ominus} \rightleftharpoons Cu^{\oplus}$$

$$Fe^{\oplus\oplus\oplus} + e^{\ominus} \rightleftharpoons Fe^{\oplus\oplus}$$

Zink-Ionen bewirken eine Erhöhung der Aktivität bestimmter Enzyme. Die folgende Zusammenstellung enthält einige Beispiele solcher Enzyme und der durch sie katalysierten Stoffwechsel-Reaktionen:

Kation	Enzym	katalysierte Reaktion
$Zn^{\oplus\oplus}$	Carboanhydrase	$CO_2 + H_2O \rightleftharpoons HCO_3^{\ominus} + H^{\oplus}$
	Carboxypeptidase	hydrolytische Abspaltung einer Aminosäure aus einer Peptid-Kette (C-terminal, Kap. 27.6)
Cu(II)/ Cu(I)	Alkohol-Dehydrogenase	Ethanol → Acetaldehyd
	Cytochrom-Oxidase	Atmungskette
	Katalase	$2 H_2O_2 \rightarrow 2 H_2O + O_2$
	Monoamin-Oxidase	Inaktivierung von Noradrenalin

Zink-Ionen erfüllen außerdem eine wesentliche biologische Aufgabe durch Stabilisierung bestimmter Protein-Strukturen; so z. B. bei einer Speicherform des Pankreas-Hormons Insulin.

Eisen(II)-Ionen bilden mit Porphyrinen stabile, als Häm bezeichnete Chelat-Komplexe (Kap. 26.6). Durch koordinative Bindung des Häm-Eisens an Proteine entstehen die Häm-Proteine:
– Hämoglobin zum Sauerstoff-Transport,
– Myoglobin zur Sauerstoff-Speicherung im Muskel,
– Cytochrome zur Elektronen-Übertragung in der Atmungskette.

Bei der reversiblen Bindung des Sauerstoffs an das Häm von Hämoglobin und Myoglobin ändert sich die Oxidationsstufe +II des Eisens nicht.

Dagegen beruht die biologische Wirkung der in den Mitochondrien jeder Zelle vorhandenen Cytochrome bei der Zellatmung auf der Änderung der Oxidationsstufe des Eisens. Außer den eben erwähnten Chelat-Komplexen, an deren Aufbau Eisen-Ionen, ein Porphyrin und ein Protein beteiligt sind, gibt es auch biologisch wichtige Eisen-Verbindungen, die kein Porphyrin-Ringsystem enthalten. In ihnen ist Eisen direkt an Protein-Moleküle gebunden.

So erfolgen Eisen-Transport und Eisen-Speicherung durch Bindung des Eisens an Proteine. Das in Darm-Mucosazellen vorhandene Protein Apoferritin bindet zur Eisen-Speicherung Fe(III)-Ionen komplex. Der so entstehende Protein-Eisen(III)-Komplex ist Ferritin. Der Eisen(III)-Gehalt dieses Speicher-Proteins kann bis zu 25% betragen. Eisen(III) liegt hierbei überwiegend als „Einschluß-Verbindung" von Eisenhydroxid und Eisenphosphat vor, ist aber auch an Schwefel-Atome des Proteins gebunden (die aus dem Aminosäure-Baustein Cystein stammen, Kap. 27).

Eisen wird in der Oxidationsstufe +II resorbiert. Aus der Mucosazelle in das Blutplasma übergehende Fe(II)-Ionen werden dort zu Fe(III)-Ionen oxidiert, die dann durch komplexe Bindung an das Protein Transferrin transportiert werden.

15.2 Anionen im Elektrolyt-Haushalt

Chlorid-Ionen sind vor allem als Gegenionen von Natrium- und Kalium-Ionen von Bedeutung. Durch eine entsprechende Cl^--Ionen-Konzentration in den Körperflüssigkeiten und im Urin wird die Elektroneutralität gegenüber den Kationen (Na^+, K^+) gewahrt.

Weitaus vielfältiger sind die biologischen Funktionen von Anionen der Phosphorsäure und zahlreicher organischer Zellbestandteile und Stoffwechsel-Produkte, die Phosphat-Gruppen als Bausteine enthalten.

Im Blutplasma liegen **Hydrogenphosphat-Ionen** (sekundäre Phosphat-Ionen, HPO_4^{2-}) vor, ihr Gehalt im Serum wird in der Klinischen Chemie als anorganischer Phosphor angegeben. Zusammen mit ihrer korrespondierenden Säure, den Dihydrogenphosphat-Ionen, bilden Hydrogenphosphat-Ionen das wichtigste intracelluläre Puffer-System $H_2PO_4^-/HPO_4^{2-}$. Die Anionen der Knochen- und Zahnmineralien sind überwiegend tertiäre Phosphat-Ionen (PO_4^{3-} in den Apatiten). Phosphat-Gruppen enthaltende Zellbestandteile und Stoffwechsel-Produkte sind:

- Nucleinsäuren (DNA und RNA)
- Phosphoproteine
- Phospholipide
- Nucleotide (Adenosinmonophosphat)
- Zucker-Phosphate (Phosphorsäureester von Zuckern)
- „Energiereiche Phosphate" (Adenosintriphosphat, Phosphoenolpyruvat, Phosphocreatin)

Sulfat-Ionen werden nur zum geringen Teil mit der Nahrung aufgenommen, überwiegend entstehen sie als Stoffwechsel-Endprodukt der schwefelhaltigen Aminosäuren Cystein, Cystin und Methionin (Kap. 27), deren funktionelle Gruppen (-S-H, -S-S- und $-S-CH_3$) zu SO_4^{2-}-Ionen oxidiert werden. Der Organismus verwendet Sulfat-Ionen zur Ausscheidung unlöslicher Stoffe (z. B. von Arzneimittel-Metaboliten). Durch **Sulfatierung** („Konjugation mit Sulfat") entstehen erheblich besser wasserlösliche Schwefelsäure-monoester mit der Atomgruppe $-O-SO_3^-$, die mit dem Urin ausgeschieden werden, ebenso wie nicht benötigte Sulfat-Ionen. Sulfat-Ionen werden auch bei der Biosynthese von Mucopolysacchariden benötigt, wo sie mit Hydroxy- und Amino-Gruppen von Zuckern (Kap. 24) verknüpft werden.

Die in der Physiologischen Chemie als **Bicarbonat** (korrekte chemische Bezeichnung: Hydrogencarbonat) bezeichneten Ionen HCO_3^- bilden zusammen mit Kohlensäure (als korrespondierende Säure) das wichtigste extrazelluläre Puffersystem (Kap. 12).

Fluorid-Ionen (F^-) sind in Form des Minerals Fluorapatit am Aufbau der anorganischen Knochen- und Zahnsubstanz beteiligt. Durch Ersatz von Hydroxid-Ionen im Hydroxyapatit durch F^--Ionen nehmen die Härte des Zahnminerals und die Widerstandsfähigkeit gegen Karies zu. Daher versucht man durch Zuführ von Fluorid-Ionen mit dem Trinkwasser oder durch Verwendung von Zahnpflegemitteln, die Fluor-Verbindungen (keinesfalls „Fluor" selbst) enthalten, eine Karies-Prophylaxe zu betreiben.

Mit dem Trinkwasser oder mit der Nahrung zugeführte **Iodid-Ionen** ($I^\ominus$) werden aus dem Blut praktisch nur in die Epithelzellen der Schilddrüse aufgenommen. Dort werden die Iodid-Ionen zu elementarem Iod oxidiert (mit Wasserstoffperoxid als Oxidationsmittel, katalysiert durch das Enzym Peroxidase). Durch Austausch (Substitution) von Wasserstoff-Atomen durch Iod-Atome (Iodierung) werden am Aufbau des Proteins Thyreoglobulin beteiligte Bausteine der Aminosäure Tyrosin (Kap. 27) iodiert. Durch weitere Synthese- und Abbau-Vorgänge (unter Mitwirkung von Proteasen) entstehen die beiden Schilddrüsen-Hormone Tetraiodthyronin (**Thyroxin**, T4) und Triiod-thyronin (T_3).

Diese Schilddrüsen-Hormone steuern den Grundumsatz, eine Überfunktion (Hyperthyreose) oder Unterfunktion (Hypothyreose) der Schilddrüse hat daher erhebliche Auswirkungen auf die Stoffwechsel-Lage.

Neben den zur Aufrechterhaltung der Lebensvorgänge erforderlichen Mineralien (essentiellen Elektrolyten) gelangen – vorwiegend durch Umwelt-Belastung – auch Ionen und Verbindungen mit toxischer Wirkung in den Organismus, z. B. von Blei, Cadmium und Quecksilber.

Kontrollfragen

15-1 Welche Alkalimetall- und Erdalkalimetall-Ionen sind am Mineralhaushalt des Menschen beteiligt?

15-2 Geben Sie die Ionen an, deren Konzentration in der extrazellulären bzw. in der intrazellulären Flüssigkeit besonders hoch ist.

15-3 Nennen Sie für den menschlichen Organismus wichtige Spurenelemente.

16 Organische Chemie - Einführung und Übersicht

16.1 Entwicklung und Bedeutung der Organischen Chemie

In der zweiten Hälfte des 18. Jahrhunderts wurden in zunehmendem Maße Stoffe untersucht, die in pflanzlichen und tierischen **Organismen** entstanden waren. Dabei gelang es, bestimmte chemische Verbindungen zu isolieren, wie die folgenden Beispiele zeigen:

Verbindung	Gewinnung aus
Oxalsäure	Sauerklee
Milchsäure	saurer Milch
Weinsäure	Weinstein
Citronensäure	Zitronen
Äpfelsäure	Äpfeln
Glycerin	Fetten
Harnsäure	Blasensteinen
Harnstoff	menschlichem Urin

Man bezeichnete diejenigen Stoffe als „organisch", die in der belebten Natur, im Tier- und Pflanzenreich, vorkommen und aus tierischen oder pflanzlichen Materialien erhalten worden waren.

Diesen organischen Stoffen stellte man die in der unbelebten Natur, im Mineralreich vorkommenden „anorganischen" Stoffe gegenüber.

Für die Entwicklung der Chemie ist ein 1828 von Friedrich Wöhler durchgeführtes Experiment von großer Bedeutung. Er beschrieb, daß aus dem anorganischen Salz Ammoniumcyanat durch Erhitzen die organische Verbindung **Harnstoff** entsteht:

$$NH_4^{\oplus} + OCN^{\ominus} \longrightarrow O=C \begin{array}{c} N-H \\ | \\ H \\ N-H \\ | \\ H \end{array}$$

Die Deutsche Bundespost hat zum Gedenken an Friedrich Wöhler anläßlich seines 100. Todestages eine Sondermarke herausgegeben (Abb. 16-1).

Abb. 16-1. Zum Gedenken an Friedrich Wöhler anläßlich seines 100. Todestages herausgegebene Sondermarke mit Darstellung des Harnstoff-Moleküls (Kugel-Stab-Modell) und der Harnstoff-Synthese.

Harnstoff ist das wichtigste Endprodukt des Stickstoff-Stoffwechsels der Eiweißstoffe und wird in einer Menge von bis zu 30 g täglich mit dem Urin ausgeschieden.

Um 1850 gelangte man zu der noch heute gültigen Definition der Organischen Chemie: *Die Organische Chemie ist die Lehre von der Chemie der Kohlenstoff-Verbindungen.* Von der Einordnung als organische Verbindungen sind nur wenige Kohlenstoff-Verbindungen **ausgenommen**, die man wegen ihrer andersartigen chemischen Zusammensetzung und Eigenschaften zu den anorganischen Verbindungen rechnet. Dies sind:
- Die Kohlenstoffoxide CO_2 und CO
- Kohlensäure und deren Salze, die Carbonate und Hydrogencarbonate (Bicarbonate)
- Cyanwasserstoff und dessen Salze, die Cyanide

- Die Cyanate (wie z. B. das von Wöhler eingesetzte Ammoniumcyanat)
- Die Rhodanide (z. B. Kaliumrhodanid KSCN)

Auch Naturstoffe kann man im Laboratorium durch Partial- oder Totalsynthese herstellen, wenn dies gegenüber der Isolierung aus natürlichen Vorkommen vorteilhaft ist. So wird z. B. Vitamin A synthetisch hergestellt; das so erhaltene Vitamin A ist von hoher Reinheit, chemische Zusammensetzung und physiologische Wirkungen sind identisch mit denen von Vitamin A aus natürlichen Vorkommen.

Die **Wirkstoffe** der heutigen Arzneimittel sind nahezu ausschließlich organische Verbindungen. Dazu gehören zahlreiche Antibiotika, Alkaloide (von Pflanzen gebildete, stickstoffhaltige, basisch reagierende Verbindungen), Hormone, Vitamine; außerdem eine Vielzahl partialsynthetisch (z. B. die Breitspektrum-Penicilline) und totalsynthetisch hergestellter Pharmaka.

Naturstoffe als Wirkstoffe	synthetische Wirkstoffe
Chinin	Aspirin
Morphin	Sulfonamide
Coffein	Barbiturate
Penicillin G	Novocain
Digitalis-Glycoside	orale Antidiabetika

16.2 Der Aufbau organischer Verbindungen

Am Aufbau organischer Verbindungen können außer Kohlenstoff folgende Elemente beteiligt sein: Wasserstoff, Sauerstoff, Stickstoff, Schwefel, Phosphor, Halogene (Brom und Iod in Naturstoffen, Fluor und Chlor vor allem in synthetisch hergestellten organischen Verbindungen).

Da die kleinsten Teilchen der meisten organischen Verbindungen Moleküle sind, während die Mehrzahl der anorganischen Verbindungen aus Ionen aufgebaut sind, unterscheiden sich die typischen Eigenschaften organischer und anorganischer Stoffe erheblich:

Anorganische Verbindungen	Organische Verbindungen
starke Anziehungskräfte zwischen ungleichartig geladenen Ionen	schwache Anziehungskräfte **zwischen** Molekülen
aus Ionen aufgebaute Verbindungen sind feste Stoffe (bei Raumtemperatur)	aus Molekülen aufgebaute Verbindungen sind feste, flüssige oder gasförmige Stoffe
Schmelztemperaturen sind hoch	Schmelztemperaturen sind niedrig
Schmelzen von Elektrolyten leiten den elektrischen Strom	keine Leitfähigkeit
polare Eigenschaften	unpolare Eigenschaften
meist in Wasser löslich	überwiegend in Wasser unlöslich
hydrophil	überwiegend hydrophob (wasserabweisend)
wäßrige Lösungen leiten den elektrischen Strom	keine Leitfähigkeit der wäßrigen Lösungen
stabil beim Erhitzen	meist nicht hitzestabil (beim Erhitzen vieler organischer Verbindungen erfolgt Zersetzung unter Verkohlung)
meist nicht brennbar	brennbar

Zur Identifizierung organischer Verbindungen dient die **Struktur-Ermittlung**, die Informationen liefert über:
- die Elemente, die in der betreffenden Verbindung enthalten sind (Ergebnis der qualitativen Analyse);
- den Massen-Anteil der einzelnen Elemente an der Verbindung (Ergebnis der quantitativen Analyse in Prozent);
- die molare Masse der Verbindung (Ergebnis der Bestimmung der molaren Masse, früher als Molekulargewichts-Bestimmung bezeichnet);
- die **Summenformel** (Bruttoformel) der Verbindung, die lediglich angibt, welche Atome in welcher Anzahl am Aufbau der Moleküle beteiligt sind;
- die **Konstitutionsformel** (oft auch als Strukturformel bezeichnet), die genau erkennen läßt, in welcher Weise die am Aufbau eines Moleküls beteiligten Atome miteinander verknüpft sind;
- die Konfiguration, d.h. den dreidimensionalen Aufbau der kleinsten Teilchen organischer Verbindungen.

In der folgenden Zusammenstellung sind die Ergebnisse der Konstitutions-Ermittlung für Propan (farbloses Gas), Ethanol (farblose Flüssigkeit) und Harnstoff (farblose Kristalle) aufgeführt.

16.2 Der Aufbau organischer Verbindungen

	Propan	Ethanol	Harnstoff
qualitative Zusammensetzung	C, H	C, H, O	C, H, N, O
quantitative Zusammensetzung	81,72%C 18,28%H	52,14%C 13,13%H 34,73%O	20,00%C 6,71%H 26,64%O 46,65%N
molare Masse (g/mol)	44,09	46,07	60,06
Summenformel	C_3H_8	C_2H_6O	CH_4N_2O
Konstitutionsformel	H H H | | | H−C−C−C−H | | | H H H Propan	H H | | H−C−C−O−H | | H H Ethanol	O=C mit NH_2 Gruppen Harnstoff

In den Konstitutionsformeln ist jeder Strich (senkrecht, waagrecht oder schräg) das Symbol für ein Bindungselektronenpaar. Von den Atomen jedes Elementes geht eine feststehende Anzahl Bindungen aus In organischen Verbindungen sind:

einbindig : H, F, Cl, Br, I
zweibindig : O, S
dreibindig : N
vierbindig : C
fünfbindig : N, P
sechsbindig : S

Angesichts ihrer Vielzahl ist es unumgänglich, die organischen Verbindungen in **Verbindungsklassen** (Stoffklassen) einzuteilen und auf diese Weise Verbindungen mit ähnlicher chemischer Struktur zusammenzufassen. Solche Verbindungsklassen sind z. B. die Kohlenwasserstoffe, die Alkohole, die Ether und die Zucker.

Für die Einteilung organischer Verbindungen in Verbindungsklassen sind folgende **Struktur-Merkmale** maßgebend:
– Die kettenförmige oder ringförmige Verknüpfung der Kohlenstoff-Atome miteinander, d. h. die Beschaffenheit des **Kohlenstoff-Gerüstes** und
– die an das vorliegende Kohlenstoff-Gerüst gebundenen anderen Atome oder Atomgruppen.

Eine Atomgruppe ist ein für sich allein nicht stabiler Teil des Gesamtmoleküls. So enthalten z. B. Ethanol-Moleküle die Atomgruppe − O−H, die Hydroxy-Gruppe. Die wichtigsten Eigenschaften des Stoffes Ethanol sind auf die in den Ethanol-Molekülen vorhandene Hydroxy-Gruppe zu-

rückzuführen. Die meisten organischen Moleküle enthalten bestimmte Atomgruppen, die für die Eigenschaften des ganzen Moleküls bestimmend sind und die man deshalb als **funktionelle Gruppen** bezeichnet. Diese funktionellen Gruppen bilden die Grundlage der Einordnung organischer Verbindungen in Verbindungsklassen. In folgender Tabelle sind einige wichtige organische Verbindungsklassen und die für sie charakteristischen funktionellen Gruppen aufgeführt:

Verbindungsklasse	funktionelle Gruppe(n)
Alkohole	− OH
Carbonsäuren	− COOH
Amine	− NH_2
Thioalkohole	− SH
Sulfonsäuren	− SO_3H
Monosaccharide, z. B. Traubenzucker	− OH sowie $-C{\overset{=O}{\underset{\backslash H}{}}}$
Fruchtzucker	− OH sowie − CO −

Ausgehend von ihrer molaren Masse kann man die organischen Verbindungen in **niedermolekulare** und **hochmolekulare** Verbindungen einteilen. Zu den hochmolekularen Verbindungen (**Polymere**) gehören die wichtigsten Naturstoffe (**Biopolymere**) sowie sämtliche Kunststoffe. Polymere sind aus Makromolekülen (Riesenmolekülen) aufgebaut, die aus bestimmten niedermolekularen Verbindungen (**Monomere**) entstehen. In einer Vielzahl aufeinander folgender Reaktionsschritte reagieren die Monomer-Bausteine miteinander und ergeben Polymere mit ganz anderen Eigenschaften. Beispiele sind:

Biopolymere	Kunststoffe
Nucleinsäuren	Polyethylen
Proteine	Polystyrol (Styropor)
Polysaccharide	Teflon
(Stärke, Cellulose)	Polyester (Trevira)
Naturkautschuk	Polyamide (Nylon, Perlon)

Alle kompliziert gebauten organischen Moleküle sind aus einfacheren Bausteinen entstanden. Durch Abbau-Reaktionen kann man diese molekularen Bausteine erhalten und durch Analysen-Methoden identifizieren.

Naturstoffe	molekulare Bausteine
Ester (z. B. Aromastoffe)	Carbonsäuren + Alkohole
Fette	Fettsäuren + Glycerin
Polysaccharide (z. B. Stärke)	Monosaccharide
Glycoside (Pflanzeninhaltsstoffe)	Monosaccharide + Phenole oder Alkohole
Proteine und Peptide	Aminosäuren
Nucleinsäuren (Polynucleotide)	Mononucleotide, zusammengesetzt aus H_3PO_4 sowie Purin- und Pyrimidin-Basen + Ribose oder Desoxyribose

Die Eigenschaften höhermolekularer Verbindungen ergeben sich nicht allein aus der Struktur ihrer Bausteine, sondern auch aus dem chemischen Verhalten der charakteristischen Atomgruppen, die erst bei der **Verknüpfung** der Bausteine entstehen. Dazu ein Beispiel: Aus Buttersäure (Geruch ranziger Butter) und Ethanol entsteht ein **Ester** (s. Kap. 22) mit Ananas-Aroma. Entsprechende Ester sind Neutralstoffe, sie haben keine Säure-Eigenschaften. Der entstandene Buttersäureethylester enthält den **Baustein** Buttersäure ($H_3C - CH_2 - CH_2 - COOH$) **nicht unverändert**, sondern nur noch in Form der bei der Reaktion mit Ethanol entstandenen Atomgruppe

$$H_3C - CH_2 - CH_2 - \underset{\underset{O}{\parallel}}{C} -$$

Auch die Eigenschaften von Biopolymeren unterscheiden sich sehr erheblich von denen ihrer molekularen Bausteine (Tab. 16-1).

Tab. 16-1: Der Aufbau von Biopolymeren (Makromolekülen) aus ihren molekularen Bausteinen

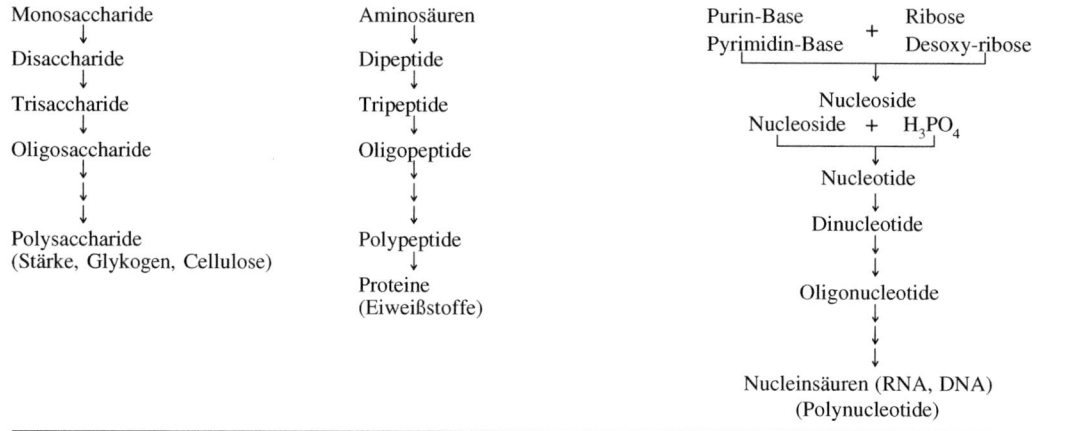

16.3 Die Vielfalt organischer Verbindungen

Einer verhältnismäßig geringen Anzahl anorganischer Verbindungen stehen mehrere Millionen **organischer Verbindungen** (derzeit mehr als 15 Millionen) gegenüber. Diese Mannigfaltigkeit ist auf bestimmte Eigenschaften der Kohlenstoff-Atome zurückzuführen.

Mit dem Element **Kohlenstoff** beginnt die 4. Hauptgruppe des Periodensystems. Jedes C-Atom hat vier Valenzelektronen; um die Elektronen-Konfiguration von Helium zu erreichen, müßte Kohlenstoff vier Elektronen abgeben, während vier Elektronen aufgenommen werden müßten, um die

16.3 Die Vielfalt organischer Verbindungen

Elektronen-Konfiguration von Neon zu erreichen. Da die Bildung vierfach positiv bzw. negativ geladener Kohlenstoff-Ionen einen zu großen Energie-Aufwand erfordern würde, bauen C-Atome durch Beteiligung an Elektronenpaar-Bindungen ein Elektronen-Oktett auf. Jedes C-Atom ist dabei an vier Bindungselektronenpaaren beteiligt: Kohlenstoff ist **vierbindig**. Hieraus ergibt sich die Besonderheit der Kohlenstoff-Atome, durch kovalente Bindungen **mit anderen C-Atomen** kettenförmige Strukturen auszubilden:

– Mindestens zwei C-Atome bis zu vielen Tausenden C-Atomen sind durch je eine kovalente Bindung miteinander verknüpft und in **kettenförmigen** Verbindungen aneinandergereiht. Hieraus ergeben sich Kohlenstoff-Gerüste wie:

$$C-C-C-C \qquad C-C-C-C-C-C-C$$

– Derartige aus Kohlenstoff-Atomen gebildete Ketten können sowohl **nicht verzweigt** (linear, geradkettig) als auch verzweigt sein. Verzweigte Kohlenstoff-Gerüste sind z. B.:

– Kohlenstoff-Atome können zu **ringförmigen** Strukturen miteinander verknüpft sein, wie

– Organische Verbindungen können aus ringförmigen Strukturen aufgebaut sein, die mit kettenförmigen Strukturen verknüpft sind, z. B.:

– Jeweils zwei Kohlenstoff-Atome können durch **zwei** Bindungselektronenpaare (eine Doppelbindung) miteinander verknüpft sein, z. B.

$$C = C \qquad C = C - C = C$$

– Jeweils zwei Kohlenstoff-Atome können durch **drei** Bindungselektronenpaare (eine Dreifachbindung) miteinander verknüpft sein, z. B.:

$$C \equiv C \qquad C-C \equiv C-C$$

– Am Aufbau von ringförmigen Strukturen können außer C-Atomen auch andersartige Atome, vor allem N- und O-Atome, beteiligt sein. Ringförmige Verbindungen, die ausschließlich aus C-Atomen aufgebaut sind, bezeichnet man als **carbocyclische** Verbindungen (Carbocyclen), solche, die andersartige Atome (Hetero-Atome) enthalten, als **heterocyclische** Verbindungen. Heterocyclische Strukturen sind z. B.:

– Ringförmige Strukturen können eine oder mehrere Doppelbindungen enthalten.

Berücksichtigt man die vielfältigen Möglichkeiten, diese **Struktur-Merkmale** miteinander zu kombinieren, so wird verständlich, daß die Zahl organischer Verbindungen in die Millionen geht. Es sei betont, daß in diesem Überblick über Struktur-Merkmale organischer Verbindungen bisher nur das Kohlenstoff-Gerüst betrachtet worden ist. Vollständige Strukturen erhält man erst dann, wenn man die weiteren Atome (z. B. Wasserstoff-Atome) oder Atomgruppen einbezieht, die (bis zum Erreichen der Vierbindigkeit) noch mit den C-Atomen verknüpft sind. So ergeben sich vollständige Konstitutionsformeln wie:

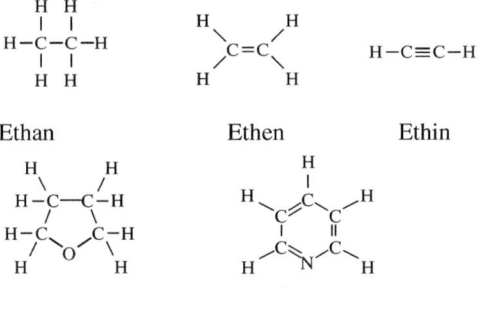

Ethan   Ethen   Ethin

Tetrahydrofuran   Pyridin

Zur Aufstellung einer *Systematik der organischen Verbindungen* gehen wir zunächst von Kohlenwasserstoffen und von Ring-Systemen aus, die nicht mit funktionellen Gruppen verknüpft sind. Hieraus ergibt sich die Unterteilung in:
– **Acyclische** (nicht-cyclische) Verbindungen, deren Kohlenstoff-Gerüst ausschließlich kettenförmig ist.
– **Cyclische** Verbindungen, die ein ringförmiges Kohlenstoff-Gerüst enthalten. Die das Ring-System bildenden Atome können entweder nur mit H-Atomen oder daneben noch mit kettenförmigen Strukturen verknüpft sein.

Cyclische Verbindungen werden unterteilt in:
- Carbocyclische Verbindungen (kurz: Carbocyclen), bei denen das Ring-System ausschließlich aus C-Atomen besteht.
- Heterocyclische Verbindungen (kurz: Heterocyclen), bei denen das Ring-System außer C-Atomen mindestens ein Atom eines anderen Elementes enthält. Die wichtigsten Hetero-Atome in cyclischen organischen Verbindungen sind Stickstoff-, Sauerstoff- und Schwefel-Atome.

Weiterhin kann man acyclische und cyclische Verbindungen unterteilen in:
- **gesättigte** Verbindungen und
- **ungesättigte** Verbindungen.

Das Kohlenstoff-Gerüst gesättigter Verbindungen enthält ausschließlich Einfachbindungen **zwischen den C-Atomen**, die C-Atome sind durch je ein Bindungselektronenpaar miteinander verknüpft. Gesättigte Verbindungen enthalten eine größere Anzahl an H-Atomen als die entsprechenden ungesättigten Verbindungen.

Ungesättigte Verbindungen enthalten Doppel- und/oder Dreifachbindungen. In bestimmten ungesättigten cyclischen Verbindungen liegt ein besonders stabiler Bindungszustand vor, der als **aromatischer Bindungszustand** bezeichnet wird. Am wichtigsten sind Ring-Systeme, in denen sechs in einer Ring-Ebene liegende Atome (sechs C-Atome oder fünf C-Atome und ein N-Atom oder vier C-Atome und zwei N-Atome) durch je ein Bindungselektronenpaar und außerdem durch eine aus sechs Elektronen bestehende Elektronenwolke verknüpft sind, die symmetrisch über das sechsgliedrige Ring-System verteilt ist. Diese aromatischen Verbindungen gehören deshalb zu den ungesättigten Verbindungen, weil sie (allerdings nur bei Aufwendung eines erheblichen Energie-Betrages) pro Molekül sechs H-Atome aufnehmen können.

Die Tabelle 16-2 faßt die Systematik organischer Verbindungen zusammen.

Tab. 16-2: Struktur-Merkmale organischer Verbindungen

kettenförmig (acyclisch, aliphatisch)		ringförmig (cyclisch)			
gesättigt C – C	ungesättigt C = C	carbocyclisch (nur C-Atome im Ring)		heterocyclisch (außer C-Atomen auch O-, N- oder/und S-Atome im Ring)	
Alkane Halogen-alkane Alkohole Aldehyde Ketone Carbonsäuren Amine	Alkene Diene Polyene Halogen-alkene einfach und mehrfach ungesättigte Carbonsäuren	nicht-aromatisch (alicyclisch)	aromatisch	gesättigt	ungesättigt
		Cycloalkane Cycloalkene	Benzol und aromatische Kohlenwasserstoffe Phenole Sulfonsäuren Amine Halogen-, Nitro- und Azo-Verbindungen	Tetrahydrofuran Furanosen Pyrrolidin Piperidin Morpholin	Pyrrol Indol Imidazol Pyrimidin Purin
	C ≡ C Alkine				

16.4 Isomerie und Molekül-Modelle

Die im Vergleich mit allen anderen chemischen Elementen einzigartige Eigenschaft der Kohlenstoff-Atome, miteinander beliebig lange kettenförmige sowie ringförmige Strukturen zu bilden, ist nur eine Erklärung für die Vielzahl an organischen Verbindungen. Den zweiten Schlüssel zum Verständnis der Mannigfaltigkeit organischer Verbindungen liefert das Auftreten der **Isomerie**. Isomerie liegt immer dann vor, wenn chemische Verbindungen zwar dieselbe Summenformel (somit auch dieselbe prozentuale Zusammensetzung und dieselbe molare Masse), aber unterschiedliche Strukturen haben.

Die Bezeichnung **Struktur** ist ein umfassender Begriff, der die Begriffe Konstitution und Konfiguration einschließt.
- **Konstitution** bezeichnet die Art und Weise, in der die Atome innerhalb eines Moleküls miteinander verknüpft sind, ohne den räumlichen Aufbau zu berücksichtigen. Die Konstitution wird

durch Konstitutionsformeln wiedergegeben. (Oft wird der Unterschied zwischen den Begriffen Struktur und Konstitution vernachlässigt und von Strukturformeln gesprochen.)
– *Konfiguration bezeichnet den räumlichen Aufbau* von organischen Verbindungen, deren Isomerie – bei übereinstimmender Konstitution – auf einer stabilen unterschiedlichen räumlichen Struktur beruht.

Verbindungen, die zueinander isomer sind, werden als Isomere bezeichnet. Isomere Verbindungen haben verschiedene Strukturen, d. h. unterschiedliche Konstitution oder unterschiedliche Konfiguration (s.a. Kap. 21, Stereochemie).

Die Struktur von Molekülen läßt sich am besten mit Hilfe von **Molekül-Modellen** anschaulich machen.

Bei den einfachen Kugel-Stab-Modellen werden Atome durch Kugeln und die zwischen ihnen bestehenden kovalenten Bindungen durch Stäbe dargestellt (Vergrößerung etwa 1 : 100 000 000). Abb. 16-2 zeigt ein Kugel-Stab-Modell von Ethanol.

Molekül-Modelle sind von großem Wert, weil sie eine Vorstellung vermitteln können über:
– Die Größe und die Form (Gestalt) von Molekülen.
– Die Raumbeanspruchung (Raumerfüllung) einzelner zum Molekül gehörender Atomgruppen.
– Das Ausmaß gegenseitiger Behinderung von benachbarten, viel Raum beanspruchenden Atomgruppen.
– Bindungslängen, d.h. Abstände zwischen je zwei miteinander verknüpften Atomen.
– Bindungswinkel, d. h. die Winkel zwischen je drei miteinander verknüpften Atomen.
– Die Drehbarkeit von Atomgruppen um bestehende Bindungen (freie, behinderte oder keine Drehbarkeit).
– Die Unterschiede zwischen Konstitutions-Isomeren: Molekül-Modelle von Gerüst-Isomeren, Stellungs-Isomeren und Funktions-Isomeren können leicht aufgebaut und miteinander verglichen werden.
– Die Unterschiede zwischen Stereo-Isomeren, deren Konstitution übereinstimmt, die sich jedoch durch ihren räumlichen Aufbau voneinander unterscheiden (z. B. wie Bild und Spiegelbild).

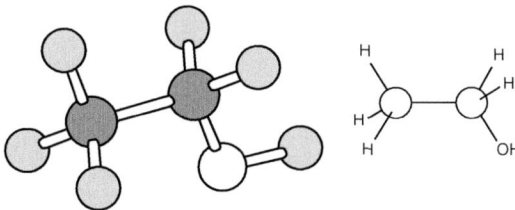

16.5 Organische Polymere

Abb. 16-2. Kugel-Stab-Modell von Ethanol (links): Die Kohlenstoff-Atome sind durch dunkle, die Wasserstoff-Atome durch schraffierte Kugeln, das Sauerstoff-Atom ist als helle Kugel wiedergegeben.

Bei den **Kalotten-Modellen** (Abb. 16-3: Kalotten-Modell von Ethanol) werden die Atome durch „Kugelhauben" (Kalotten) dargestellt, die die gesamte Wirkungssphäre der Atome einschließlich Bindungselektronen berücksichtigen.

Abb. 16-3. In der Organischen Chemie und Biochemie sind Kalotten-Modelle zur Veranschaulichung der räumlichen Gestalt der Moleküle von großem Wert. Unterschiedliche Atome werden durch verschiedene Farben dargestellt, z. B. C schwarz, H weiß, O rot.

Polymere (hochmolekulare Verbindungen) sind aus Makromolekülen bestehende Stoffe. Physikalische und chemische Eigenschaften der Polymere sind erheblich verschieden von denen ihrer niedermolekularen Bausteine (Monomere). Große Unterschiede bestehen z. B. in der Löslichkeit: Viele Polymere sind in Wasser unlöslich, andere Polymere, wie globuläre Proteine, lösen sich und bilden kolloidale Lösungen, in denen Teilchen mit Durchmessern von 10^{-5} bis 10^{-7} cm vorliegen.

Die polymeren organischen Verbindungen kann man einteilen in: **Biopolymere**.

Dies sind die als Naturstoffe in allen Organismen gebildeten
– Nucleinsäuren (DNA und RNA),
– Proteine (Eiweißstoffe) und
– Polysaccharide (Stärke, Glycogen und Cellulose).

Fette und Lipide sind selbst keine Polymere. Erst dann, wenn sie mit hochmolekularen Verbindungen, wie Proteinen oder Polysacchariden, verknüpft sind, liegen Polymere (Lipoproteine und Lipopolysaccharide) vor.

Strukturell abgewandelte Biopolymere

Durch chemische Reaktionen kann man die Struktur und infolgedessen auch die Eigenschaften von Biopolymeren, wie Cellulose, Stärke, Casein, modifizieren, um sie dann für bestimmte Verwendungen einsetzen zu können.

Aus Cellulose kann man durch Veresterung von alkoholischen OH-Gruppen jedes β-D-Glucose-Bausteins mit Essigsäure Acetylcellulose (Celluloseacetat) herstellen und diese zu dünnen Folien verarbeiten.

Man kann auch OH-Gruppen des Makromoleküls Cellulose zu substituierten Ether-Gruppen umsetzen und so die im biochemischen Labor vielfach verwendeten Cellulose-Ionentauscher herstellen.

Synthetisch hergestellte Polymere (Kunststoffe)

Aus den Rohstoffen Erdöl und Erdgas wird eine Vielzahl an Polymeren hergestellt und zu Kunststoffen weiterverarbeitet.

Die Verwendung von Kunststoffen reicht in nahezu alle Bereiche hinein und erstreckt sich vom Haushalt über viele Industriezweige (als Werkstoffe, die Metalle an vielen Stellen verdrängt haben) bis hin zu zahlreichen Anwendungen in der Medizin.

Tab. 16-3: Die Bezeichnung der **Anzahl** an Atomen, Ionen, Bindungen, Atomgruppen, molekularen Bausteinen oder Molekülen durch Vorsilben

Vorsilbe	Anzahl	Beispiel	Erläuterung
mono	1	Monocarbonsäure	Säure mit einer COOH-Gruppe
di	2	Oxalsäure-dihydrat	Oxalsäure mit 2 mol Kristallwasser
tri	3	Triglycerid	Ester aus Glycerin und 3 mol Fettsäuren
tetra	4	Tetrachlormethan	4 Chlor-Atome als Substituenten (CCl_4)
penta	5	Pentaen	Kohlenwasserstoff mit 5 Doppelbindungen
hexa	6	Hexamethylbenzol	6 Methylgruppen als Substituenten
hepta	7	Heptafluorbuttersäure	7 Fluor-Atome als Substituenten
octa	8	Octan	das Alkan mit 8 C-Atomen
nona	9	Nonapeptid	Peptid aus 9 Aminosäure-Bausteinen
deca	10	Decansäure	Carbonsäure mit insgesamt 10 C-Atomen
oligo	einige	Oligonucleotid	Verbindung aus einigen Nucleotid-Bausteinen
poly	viele	Polysaccharid	Biopolymer aus vielen Monosaccharid-Bausteinen

Tab. 16-4: Die Bedeutung von Vorsilben

Vorsilbe	Bedeutung	Beispiel	Erläuterung
a	nicht	acyclisch	nicht cyclisch
carbo	C enthaltend	carbocyclisch	nur C-Atome enthaltendes Ring-System
cis	diesseits	cis-ständig	auf derselben Seite
co	mit	Coenzyme	mit Enzymen zusammenwirkende niedermolekulare Stoffe
cyclo	ringförmig	Cycloalkane	ringförmige Kohlenwasserstoffe
de	Hinweis auf Abspaltung	Decarboxylierung	Abspaltung von CO_2
des	Nichtvorhandensein	2-Desoxy-ribose	mit dem C-Atom 2 ist kein O-Atom verknüpft
hetero	verschieden(artig)	Heteroatome	andere Atome als C und H, vor allem O-, N- und S-Atome
hydro	Wasser	Hydrolyse	Reaktion mit Wasser
inter	zwischen	intermolekular	zwischen Molekülen
intra	in(nerhalb)	intracellulär	in der Zelle
iso	gleich	Isomere	Verbindungen mit gleicher Summenformel
lipo	Fette oder fettähnliche Stoffe betreffend	Lipoproteine	Verbindungen mit Fett- und Protein-Struktur
makro	groß	Makromoleküle	Moleküle von Polymeren, z. B. Proteinen
meta	1,3-Stellung	m-Dinitro-benzol	zur Unterscheidung von stellungsisomeren Disubstitutionsprodukten des Benzols
ortho	1,2-Stellung	o-Chlor-phenol	
para	1,4-Stellung	p-Amino-benzoesäure	
trans	jenseits	trans-ständig	auf verschiedenen Seiten

Für die Einteilung der synthetisch hergestellten Polymere sind zwei Gesichtspunkte entscheidend:
- Die chemische Struktur der als Monomere bezeichneten Ausgangsstoffe für die Polymer-Herstellung und
- der Reaktions-Typ, durch den die Monomer-Bausteine miteinander zum Polymer verknüpft werden (Polymerisation, Polykondensation).

16.6 Benennung und Klassifizierung organischer Verbindungen

Das Angebot an chemischen Verbindungen, Lösungsmitteln, Reagenzien und Hilfsmitteln zur Durchführung von Analysen, Synthesen und Stofftrennungsverfahren im Laboratorium ist äußerst vielfältig, wie die Durchsicht von Katalogen und Firmenschriften bestätigt.

Zur Benennung der Stoffe hat die systematische Nomenklatur breite Anwendung gefunden, die es ermöglicht, *aus dem systematischen Namen einer organischen Verbindung ihre Zugehörigkeit zu einer bestimmten Verbindungsklasse und ihre Strukturformel abzuleiten.*

Für das Verständnis der Fachausdrücke ist es wesentlich, sich die Bedeutung der wichtigsten aus Fremdsprachen stammenden Wortbestandteile einzuprägen. Durch Vorsilben wird z. B. angegeben, **wieviele Atome oder Atomgruppen** einer bestimmten Art in einem Molekül vorhanden sind oder aus wievielen Bausteinen ein größeres Molekül aufgebaut ist (Tab. 16-3).

Tab.16-6: Funktionelle Gruppen und Verbindungsklassen

Funktionelle Gruppen, Art und Anzahl	Bezeichnung der Gruppen und der Verbindungsklassen	Endung
$\diagdown$C=C$\diagup$	C – C-Doppelbindung	-en
1	**Alkene, Cycloalkene,**	
2	**Diene**	
zahlreiche	**Polyene**	
– C ≡ C –	C – C-Dreifachbindung	-in
1	**Alkine**	
– O – H	Hydroxy-Gruppe	-ol
1	**Alkohole/Phenole**	
2	**Diole/zweiwertige Phenole**	
3	**Triole/dreiwertige Phenole**	
–C(=O)H	Aldehyd-Gruppe	-al
1	**Aldehyde**	
2	**Dialdehyde**	
–C(=O)–	Keto-Gruppe	-on
	Ketone	
–C(=O)O–H	Carboxy-Gruppe	-säure
1	**Mono**carbonsäuren	
2	**Dicarbonsäuren**	
3	**Tricarbonsäuren**	
– SO$_3$H	Sulfonsäure-Gruppe	-sulfon-
	Sulfonsäuren	säure
– SH	Thiol-Gruppe	-thiol
	Thiole	
– NH$_2$	Amino-Gruppe	-amin
1	primäre **Amine** (Monoamine)	
2	**Diamine**	

Tab. 16-5: Bezeichnung von Atomen und funktionellen Gruppen durch Vorsilben

Vorsilbe	Bedeutung	Beispiel
amino	– NH$_2$	Amino-benzol
azo	– N = N –	Azobenzol
carboxy	– COOH	Carboxymethylcellulose
hydroxy	– OH	β-Hydroxybuttersäure
keto	– CO –	α-Ketocarbonsäure
nitro	– NO$_2$	p-Nitrophenol
oxo	= O	2-Oxoglutarsäure
sulfo	Schwefel	Methansulfonsäure
thio	Schwefel	Thioethanol

Andere Vorsilben zeigen z. B. an, ob ring- oder kettenförmige Verbindungen vorliegen, ob Reaktionen zwischen mehreren Molekülen stattfinden und in welcher Stellung zueinander Substituenten angeordnet sind (Tab. 16-4).

Schließlich bezeichnen Vorsilben auch das Vorliegen bestimmter Atome in Molekülen oder Ionen oder sie dienen der Benennung von funktionellen Gruppen (Tab. 16-5).

Ebenso wie Vorsilben dienen auch Endsilben (Endungen) zur Kennzeichnung organischer Stoffe. Tab. 16-6 zeigt die Einordnung organischer Verbindungen mit einer und mit **mehreren gleichartigen** funktionellen Gruppen in Verbindungsklassen (mit Angabe der Endung der systematischen Bezeichnung).

Abweichungen von der international vereinbarten Verwendung bestimmter Endsilben liegen dann vor, wenn Stoffe schon lange bekannt sind und Trivialnamen haben. So gehören Benzol, Toluol und Xylol weder zu den Alkoholen noch zu den Phenolen (wie die Endung „ol" bei korrekter Anwendung ausdrückt), sondern sind aromatische Kohlenwasserstoffe.

Vor allem in der Biochemie sind organische Verbindungen mit *mehreren, unterschiedlichen funktionellen Gruppen* als Stoffwechsel-Produkte und als Bausteine körpereigener, hochmolekularer Stoffe von großer Bedeutung.

Verbindungsklasse	funktionelle Gruppen
ungesättigte Carbonsäuren z. B. Ölsäure, essentielle Fettsäuren, Fumarsäure	$\diagdown C = C \diagdown$ und $-COOH$
Hydroxy-carbonsäuren z. B. Milchsäure, β-Hydroxybuttersäure, Apfelsäure, Citronensäure	$-OH$ und $-COOH$
Keto-carbonsäuren z. B. Brenztraubensäure, Acetessigsäure, Oxalessigsäure, α-Keto-glutarsäure	$-CO-$ und $-COOH$
Aminosäuren z. B. Alanin, Asparaginsäure, Glutaminsäure, Lysin	$-NH_2$ und $-COOH$
Aldosen (Aldehydzucker) z. B. Glycerinaldehyd, Glucose, Galactose	$-OH$ und $-C\diagup^O_H$
Ketosen (Ketozucker) z. B. Dihydroxy-aceton, Fructose	$-OH$ und $-CO-$
Amino-alkohole z. B. Amino-ethanol	$-OH$ und $-NH_2$

16.7 Chemische Konstitution und physikalische Eigenschaften

Die **Konstitutionsformeln** organischer Verbindungen geben Aufschluß über deren Zugehörigkeit zu bestimmten Verbindungsklassen und über ihr chemisches Verhalten.

Sie sind auch die Grundlage zur qualitativen Beurteilung der Löslichkeits-Eigenschaften der Stoffe und der Stärke zwischenmolekularer Anziehungskräfte, von der die Schmelztemperatur fester Stoffe (Kap. 27.1) sowie der Dampfdruck, und damit die Siedetemperatur, flüssiger Stoffe (Kap. 18.2.1) abhängt.

Insgesamt bestimmen folgende Konstitutions-Merkmale die **Löslichkeit** organischer Verbindungen:
– die Art der funktionellen Gruppe (elektrisch geladen/nicht geladen, polar/unpolar),
– die Anzahl der funktionellen Gruppen,
– die Anzahl der C-Atome des Kohlenstoff-Gerüstes,
– die Konstitution des C-Gerüstes (nicht verzweigt/verzweigt).

An den folgenden Beispielen soll gezeigt werden, welche Löslichkeits-Eigenschaften zu erwarten sind:

Glycerin
Kohlenwasserstoff-Rest: $H_2C-CH-CH_2$
funktionelle Gruppe: $OH-$ (dreimal)
Gesamt-Molekül:
$$H_2C-CH-CH_2$$
$$\;\;|\;\;\;\;\;|\;\;\;\;\;|$$
$$OH\;\;OH\;\;OH$$

Palmitinsäure
Kohlenwasserstoff-Rest: $H_3C-(CH_2)_{14}-$
funktionelle Gruppe: $-COOH$
Gesamt-Molekül: $H_3C-(CH_2)_{14}-COOH$

Der kurzkettige Kohlenwasserstoff-Rest in den Glycerin-Molekülen beeinträchtigt die Wasser-Löslichkeit nicht, die durch das Vorliegen von drei **hydrophilen** Gruppen gegeben ist. Glycerin ist in Wasser unbegrenzt löslich, d.h. mit Wasser in jedem Verhältnis mischbar.

Dagegen ist Palmitinsäure in Wasser unlöslich. Der Einfluß der polaren Carboxy-Gruppe auf die Löslichkeit ist hier nur gering, da die Löslichkeits-Eigenschaften durch den langkettigen **hydrophoben** Kohlenwasserstoff-Rest bestimmt werden.

Zur Vorhersage des Löslichkeits-Verhaltens ist die Regel „Ähnliches löst sich in Ähnlichem" von Nut–

16.7 Chemische Konstitution und physikalische Eigenschaften

zen. In einem polaren Lösungsmittel lösen sich demnach polare Stoffe. *Das wichtigste polare Lösungsmittel ist Wasser*, das aus Dipol-Molekülen besteht. Falls der jeweilige Kohlenwasserstoff-Rest nicht zu ausgeprägt hydrophob ist, lösen sich aus Molekülen bestehende organische Säuren und Basen sowie innere Salze in Wasser. Die betreffenden Verbindungen gehören zu folgenden Verbindungsklassen:

Verbindungsklasse	funktionelle Gruppe(n)
Phenole	$-OH$
Carbonsäuren	$-COOH$
Sulfonsäuren	$-SO_3H$
Ester der Schwefelsäure	$-O-SO_3H$
Ester der Phosphorsäure	$-O-PO(OH)_2$
Amine	$-NH_2$
Aminocarbonsäuren (innere Salze)	$-COO^\ominus$ und $-NH_3^\oplus$
Aminosulfonsäuren (innere Salze)	$-SO_3^\ominus$ und $-NH_3^\oplus$

Im Vergleich mit der entsprechenden organischen Säure oder Base zeigen aus Ionen bestehende **Salze** meist eine beträchtlich höhere Löslichkeit in Wasser.

Verbindungsklasse	funktionelle Gruppe	Gegenionen
Salze von Carbonsäuren	$-COO^\ominus$	$Na^\oplus, K^\oplus, NH_4^\oplus, Mg^{\oplus\oplus}$
Salze von Sulfonsäuren	$-SO_3^\ominus$	$Na^\oplus$
Salze von Schwefelsäureestern	$-O-SO_3H$	$Na^\oplus$
Salze von Aminen	$-NH_3^\oplus$	$Cl^\ominus, SO_4^{\ominus\ominus}$
Salze aus Carbonsäuren und Aminen	$-COO^\ominus$	$R-NH_3^\oplus$

Selbst dann, wenn *ein ausgeprägt hydrophober Kohlenwasserstoff-Rest mit einer **geladenen** Atomgruppe verknüpft ist*, sind diese Salze gut wasserlöslich und zudem oberflächenaktiv. So ist das typische Struktur-Merkmal der **Aniontenside** die Verknüpfung eines langkettigen Kohlenwasserstoff-Restes mit einer negativ geladenen funktionellen Gruppe. Die folgende Tabelle zeigt einige Beispiele (im Vergleich mit Palmitinsäure):

Verbindung	in Wasser	Stoffklasse
$C_{15}H_{31}-COOH$	unlöslich	Fettsäuren
$C_{15}H_{31}-COO^\ominus Na^\oplus$	löslich	Seifen
$C_{16}H_{33}-SO_3^\ominus Na^\oplus$	löslich	Alkansulfonate
$C_{16}H_{33}-O-SO_3^\ominus Na^\oplus$	löslich	Fettalkoholsulfate

Wesentlich ist auch die Stärke der Wechselwirkung zwischen dem gelösten Stoff und dem Lösungsmittel. Aus der Anorganischen Chemie ist bekannt, daß Ionen in wäßriger Lösung von einer Wasser-Hülle umgeben (hydratisiert) sind. Folglich ist eine gute Wasser-Löslichkeit von solchen organischen Verbindungen zu erwarten, deren gelöste Teilchen entweder (wie die Wasser-Moleküle selbst) Wasserstoffbrücken-Bindungen zu Wasser-Molekülen eingehen können oder um die sich eine **Hydrat-Hülle** bildet.

Die Anzahl der Wasser-Moleküle, die sich um ein einzelnes Ion herumgruppieren, hängt von dessen Größe und Ladung ab.

Von herausragender Bedeutung für das Verhalten von Stoffen, z. B. für die Ausbildung der Sekundär-Struktur der Proteine und für die Basen-Paarung der Nucleinsäuren, wie auch für das Löslichkeits-Verhalten sind **Wasserstoffbrücken-Bindungen**, die sich innerhalb organischer Moleküle (intramolekular), zwischen organischen Molekülen (intermolekular) und zwischen organischen Molekülen und Wasser ausbilden können.

Wasserstoffbrücken-Bindungen entstehen zwischen den an Sauerstoff-Atome und an Stickstoff-Atome gebundenen Wasserstoff-Atomen und den an Sauerstoff-Atomen **und** an Stickstoff-Atomen vorhandenen freien Elektronenpaaren.

An Wasserstoffbrücken-Bindungen sind folgende funktionelle Gruppen beteiligt:

Wasserstoffbrücken-Bindungen liegen nicht nur zwischen Wasser-Molekülen untereinander vor, sondern auch zwischen den Molekülen von Wasser und z. B. Alkoholen, Phenolen, Carbonsäuren, Carbonamiden und Mono- und Disacchariden (Zuckern). Viele dieser Verbindungen sind gut wasserlöslich, andere hingegen, wie Ether und Ketone, sind nur in geringem Maße in Wasser löslich. Zwar kommt es auch hier zur Ausbildung von Wasserstoffbrücken-Bindungen, es überwiegen jedoch die hydrophoben Eigenschaften der in den Ether- und Keton-Molekülen enthaltenen Kohlenwasserstoff-Reste.

16.8 Reaktions-Typen in der Organischen Chemie

Die wichtigsten Reaktions-Typen in der Organischen Chemie sind:
- Substitutions-Reaktionen (Substitutionen)
- Additions-Reaktionen (Anlagerungs-Reaktionen)
- Eliminierungs-Reaktionen (intramolekular verlaufende Abspaltungs-Reaktionen)
- Kondensations-Reaktionen (meist intermolekular verlaufende Abspaltungs-Reaktionen)
- Hydrolyse-Reaktionen (hydrolytische Spaltung)
- Polymerisations-Reaktionen (Polymerisationen)
- Umlagerungs-Reaktionen (Isomerisierungen)
- Säure-Base-Reaktionen
- Oxidations-Reaktionen

Substitutions-Reaktionen (Austausch-Reaktionen) sind für alle Moleküle typisch, deren Kohlenstoff-Gerüst keine Mehrfachbindungen enthält (gesättigte Verbindungen). Dabei wird ein Atom oder eine Atomgruppe im Molekül durch ein anderes Atom oder eine andere Atomgruppe ersetzt (substituiert).

Substitutions-Reaktionen sind auch für Benzol und andere aromatische Verbindungen typisch. Das besondere Struktur-Merkmal dieser Verbindungen ist der aromatische Bindungszustand. Seine Aufhebung ist nur durch zusätzlichen Energie-Aufwand möglich. Bei den meisten Reaktionen wird dieser Energie-Betrag nicht zugeführt, so daß sie als Substitutions-Reaktionen unter Erhaltung des aromatischen Ring-Systems verlaufen, wie z. B. die Substitution von Benzol zu Brombenzol:

Die durch Substitutions-Reaktionen an gesättigten oder aromatischen Kohlenstoff-Gerüsten eingeführten Atome oder Atom-Gruppen nennt man Substituenten. Es handelt sich häufig um Halogen-Atome (F,Cl,Br,I), Nitro-Gruppen (– NO_2) oder Sulfonsäure-Gruppen (– SO_3H).
Viele aromatische Verbindungen sind Substitutions-Produkte des Grundkörpers Benzol.
Durch Substitution von H-Atomen ergeben sich z. B. folgende Stoffklassen aromatischer Verbindungen:

Verbindungsklasse	Substituent X	einfachste Verbindung
Phenole	–OH	Phenol
aromatische Aldehyde	–CHO	Benzaldehyd
aromatische Carbonsäuren	–COOH	Benzoesäure
aromatische Sulfonsäuren	–SO_3H	Benzolsulfonsäure
aromatische Amine	–NH_2	Anilin
aromatische Nitroverbindungen	–NO_2	Nitrobenzol

Additions-Reaktionen (Anlagerungs-Reaktionen) sind für alle (nicht-aromatischen) Moleküle typisch, die *Mehrfachbindungen* enthalten. Solche Mehrfachbindungen sind Doppel- und Dreifachbindungen zwischen Kohlenstoff-Atomen in kettenförmigen oder ringförmigen Molekülen ungesättigter Verbindungen sowie Doppelbindungen zwischen Kohlenstoff-Atomen einerseits und Sauerstoff- oder Stickstoff-Atomen andererseits.

Typische Ausgangsstoffe bei Anlagerungs-Reaktionen sind:

Struktur-Merkmal	Verbindungsklasse
C=C	Alkene, Cycloalkene, Diene, ungesättigte Fettsäuren
–C≡C–	Alkine
–CHO	Aldehyde
C=O	Ketone, Keto-carbonsäuren
–C=N–	Stickstoff-Heterocyclen

16.8 Reaktions-Typen in der Organischen Chemie

Reaktions-Partner für Additions-Reaktionen sind z. B. Wasserstoff und Wasser. Die Addition von Wasserstoff heißt **Hydrierung**, durch die Aufnahme von Wasserstoff werden die Moleküle der Ausgangsstoffe reduziert.

Die Addition von Wasser heißt **Hydratisierung**. Folgende Tabelle nennt einige typische Additions-Reaktionen und ihre Reaktions-Produkte.

Ausgangsstoff	Anlagerung von	Reaktions-Produkt
Alken	Wasserstoff	Alkan
Alkin	Wasserstoff	Alken oder Alkan
ungesättigte Fettsäure	Wasserstoff	gesättigte Fettsäure
Aldehyd	Wasserstoff	primärer Alkohol
Keton	Wasserstoff	sekundärer Alkohol
Keto-carbonsäure	Wasserstoff	Hydroxy-carbonsäure
Alken	Wasser	Alkanol
ungesättigte Carbonsäure	Wasser	Hydroxy-carbonsäure
Aldehyd	Wasser	Aldehyd-hydrat
Aldehyd	Alkohol	Halbacetal
Alken	Halogenen (Chlor, Brom, Iod)	Dihalogen-alkane
Alken	Halogenwasserstoff	Halogen-alkan

In entgegengesetzter Weise wie die erwähnten Additions-Reaktionen verlaufen **Eliminierungs-Reaktionen**. Wichtige Eliminierungs-Reaktionen sind die **Dehydrierung** (Abspaltung von Wasserstoff) und die **Dehydratisierung** (Abspaltung von Wasser).

Im Stoffwechsel finden z. B. folgende Dehydrierungen

$$-\overset{|}{\underset{H}{C}}-\overset{|}{\underset{H}{C}}- \longrightarrow -\overset{|}{C}=\overset{|}{C}-$$

$$\overset{\diagdown}{\underset{\diagup}{C}}\overset{OH}{\underset{H}{{}}} \longrightarrow \overset{\diagdown}{\underset{\diagup}{C}}=O$$

und Dehydratisierungen nach folgendem Schema statt:

$$-\overset{|}{\underset{H}{C}}-\overset{|}{\underset{OH}{C}}- \longrightarrow -\overset{|}{C}=\overset{|}{C}-$$

Die Tabelle nennt einige Eliminierungs-Reaktionen:

Ausgangsstoff	Abspaltung von	Reaktions-Produkt
gesättigte Carbonsäure	Wasserstoff	ungesättigte Carbonsäure
primärer Alkohol	Wasserstoff	Aldehyd
sekundärer Alkohol	Wasserstoff	Keton
Hydroxy-carbonsäure	Wasserstoff	Keto-carbonsäure
Hydroxy-carbonsäure	Wasser	ungesättigte Carbonsäure

Die meisten **Kondensations-Reaktionen** verlaufen zwischen zwei funktionellen Gruppen unter *Abspaltung von Wasser*.

In der folgenden Zusammenstellung wichtiger Kondensations-Reaktionen wird durch einen Kasten angezeigt, aus welchen funktionellen Gruppen das jeweils entstehende Wasser-Molekül gebildet wird.

Ausgangsstoff(e)	Reaktions-Produkt
Alkohol (Phenol) + Alkohol	Ether (Phenol - ether)
$R^1-O\!-\!H + H\!-\!O\!-\!R^2 \longrightarrow R^1-O-R^2$	
Carbonsäure + Alkohol (Phenol)	Ester (Phenol - ester)
$R^1-C\overset{\nearrow O}{\underset{\searrow O-H + H-O-R^2}{}} \longrightarrow R^1-C\overset{\nearrow O}{\underset{\searrow O-R^2}{}}$	

Nicht bei jeder Kondensations-Reaktion wird Wasser abgespalten, z. B. reagieren als reaktionsfähige Derivate der Carbonsäuren Ester mit Aminen und Ammoniak leicht unter Abspaltung des betreffenden Alkohols. Die Reaktions-Produkte sind die entsprechenden Amide.

Ester + Amine (Ammoniak) → Amide + Alkohol

$$R^1-C\overset{\nearrow O}{\underset{\searrow O-R^2 + H-NH-R^3}{}} \longrightarrow R^1-C\overset{\nearrow O}{\underset{\searrow NH-R^3}{}} + R^2-OH$$

Polymerisations-Reaktionen führen von niedermolekularen organischen Verbindungen (Monomeren) zu hochmolekularen Verbindungen (Polymeren).

Die zu Polymeren führenden chemischen Reaktionen (Polymerisationen) verlaufen entweder als *Polyaddition* oder *Polykondensation*. Ausgangsstoffe für Polyadditions-Reaktionen sind bestimmte Monomere, die eine C – C-Doppelbindung enthalten, das Monomer mit der einfachsten Struktur ist Ethylen (Ethen, $H_2C=CH_2$). Bei Polyadditionen lagern sich die Monomer-Moleküle an „ihresgleichen" an. Dieser Reaktionsschritt wiederholt sich sehr oft, so daß Polymere mit langen Kohlenstoff-Ketten entstehen. Beispiele für durch Polyadditions-Reaktionen hergestellte Kunststoffe sind (s. Abschn. 17.6.1):

Monomer	Polymer
Ethylen	Polyethylen
Tetrafluor-ethylen	Teflon
Vinylchlorid	Polyvinylchlorid (PVC)
Methacrylsäure-ester	Plexiglas

Hydrolyse-*Reaktionen* (hydrolytische Spaltung): Im Gegensatz zu Kondensations-Reaktionen ist eine **hydrolytische Spaltung** stets eine Abbau-Reaktion (von Ring-Öffnungen abgesehen). Durch Reaktion mit Wasser entstehen aus einem Ausgangsstoff unter Spaltung kovalenter Bindungen Reaktions-Produkte (Hydrolyse-Produkte), deren Moleküle eine kleinere molare Masse haben. Durch Hydrolyse werden im Organismus größere Moleküle – vor allem der Nahrungsbestandteile – wie Fette, Kohlenhydrate und Proteine, in ihre molekularen Bausteine zerlegt, die durch die Darmwand resorbiert werden können.

Jede Hydrolyse verläuft nach dem Schema:

Ausgangsstoff $+H_2O \rightarrow$ Reaktions-Produkt(e)

Zur Beschleunigung der hydrolytischen Spaltung werden meist Katalysatoren zugegeben, häufig Säuren (zur $H^\oplus$-Ionen-Katalyse) oder Laugen, wie Natronlauge oder Kalilauge (zur $OH^\ominus$-Ionen-Katalyse). Bei den Verdauungs-Vorgängen sind dies Enzyme, die zusammenfassend als **Hydrolasen** bezeichnet werden.

Ist der Ausgangsstoff ein Biopolymer, z. B. ein Protein oder ein Polysaccharid, so muß nacheinander eine Vielzahl hydrolytischer Spaltungs-Reaktionen stattfinden, bis schließlich die Monomer-Bausteine (Aminosäuren oder Glucose) vorliegen.

Bei allen Hydrolyse-Reaktionen sind Wasser-Moleküle (als einer der Ausgangsstoffe) in den Reaktions-Gleichungen aufzuführen, z. B.:

1 mol Triglycerid (Fett) + 3 Mol $H_2O \rightarrow$

1 mol Glycerin + 3 mol Fettsäure

Durch hydrolytische Spaltung werden diejenigen funktionellen Gruppen wiederhergestellt, die bei der entsprechenden Kondensation der Moleküle miteinander reagiert haben.

So entstehen durch zahlreiche aufeinanderfolgende Hydrolyse-Reaktionen, z. B.:
Dipeptide aus Proteinen,
Maltose aus Stärke.

Die folgende Tabelle enthält Beispiele für die **Hydrolyse** unter Enzym-Katalyse:

Ausgangsstoffe	Enzym	Reaktions-Produkte
Harnstoff	Urease	$CO_2 + 2\ NH_3$
Dipeptide	Peptidasen	Aminosäuren
Maltose	Maltase	Glucose + Glucose
Lactose	Lactase	Galactose + Glucose
Saccharose	Saccharase	Glucose + Fructose
Ester	Esterasen	Alkohol + Säure
Fette	Lipasen	Glycerin + Fettsäuren

Enzymkatalysierte Hydrolysen sind wichtige Stoffwechsel-Reaktionen.

Typisch für **Isomerisierungen** (Umlagerungs-Reaktionen) ist, daß *Ausgangsstoff und Reaktions-Produkt dieselbe Summenformel* haben. Die kleinsten Teilchen dieser Stoffe unterscheiden sich jedoch durch die Verknüpfung der Atome oder durch ihren räumlichen Aufbau. Chemische Verbindungen mit derselben Summenformel, jedoch unterschiedlicher Struktur heißen Isomere: So erklärt sich die Bezeichnung Isomerisierung für eine **Umlagerungs-Reaktion**.

Umlagerungs-Reaktionen können durch Erhitzen (thermische Isomerisierung) oder durch Bestrahlen (photochemische Isomerisierung) des Ausgangsstoffes herbeigeführt werden. Auch katalytische Isomerisierungen sind von großer Bedeutung. Die Katalysatoren können einfache chemische Verbindungen oder Enzyme (Isomerasen) sein. Eine Umlagerungs-Reaktion von historischer Bedeutung ist die Wöhlersche Harnstoff-Synthese aus Ammoniumcyanat. Aus den Ionen des anorganischen Salzes der Zusammensetzung CH_4N_2O entstehen durch Erhitzen Harnstoff-Moleküle mit derselben Summenformel. Beispiele für **Isomerisierungen** sind:

Ausgangsstoff	Reaktions-Produkt	übereinstimmende Summenformel
Ammoniumcyanat	Harnstoff	CH_4N_2O
Maleinsäure	Fumarsäure	$C_4H_4O_4$
Glucose	Fructose	$C_6H_{12}O_6$

Die folgenden Reaktions-Gleichungen zeigen die andersartige Verknüpfung der Atome nach erfolgter

16.8 Reaktions-Typen in der Organischen Chemie

Umlagerung (von den Glucose-Molekülen sind nur die an der Isomerisierung beteiligten beiden C-Atome gesondert aufgeführt).

$$NH_4^\oplus \; CNO^\ominus \longrightarrow O=C\begin{array}{c}NH_2\\NH_2\end{array}$$

$$\begin{array}{c}H\\HOOC\end{array}C=C\begin{array}{c}H\\COOH\end{array} \longrightarrow \begin{array}{c}H\\HOOC\end{array}C=C\begin{array}{c}COOH\\H\end{array}$$

$$\begin{array}{c}H\\\|\\C\!=\!O\\|\\H-C-O-H\\|\\R\end{array} \longrightarrow \begin{array}{c}H\\|\\H-C-O-H\\|\\C=O\\|\\R\end{array}$$

Säure-Base-Reaktionen verlaufen analog zu den aus der Anorganischen Chemie bekannten Protonen-Übertragungen auch zwischen:
organischen Säuren und anorganischen Basen,
organischen Säuren und organischen Basen,
anorganischen Säuren und organischen Basen.

Organische Protonen-Donatoren (Säuren)	Organische Protonen-Acceptoren (Basen)
Carbonsäuren	Amine
Phenole	Stickstoff-enthaltende
Phosphorsäure-ester	Ring-Verbindungen
Sulfonsäuren	(N-Heterocyclen)

Bei bestimmten organischen Verbindungen sind sowohl eine Protonendonator-Gruppe als auch eine Amino-Gruppe mit demselben Kohlenstoff-Gerüst verknüpft, so daß die Protonen-Übertragung zu **Zwitterionen** führt. Das einfachste Beispiel sind die Zwitterionen der Aminosäure Glycin:

$$\begin{array}{c}H_2C-C\\|\\H_2N\end{array}\begin{array}{c}\|O\\O-H\end{array} \longrightarrow \begin{array}{c}H_2C-C\\|\\H_3N^\oplus\end{array}\begin{array}{c}\|O\\O^\ominus\end{array}$$

Weitere Beispiele nennt folgende Tabelle:

Verbindungen	Protonen-Donator	Protonen-Acceptor
Aminocarbonsäuren	Carboxy-Gruppe	Amino-Gruppe
Phosphatide (Kephaline)	Phosphorsäure-ester-Gruppe	Amino-Gruppe
Aminosulfonsäuren	Sulfonsäure-Gruppe	Amino-Gruppe

Protonen-Übertragungen finden auch in allen Körperflüssigkeiten statt und führen dazu, daß im Stoffwechsel auftretende Säuren bei physiologischen pH-Werten nicht undissoziiert vorliegen, sondern in Form ihrer **Anionen** (Säurerest-Ionen).
Die wichtigsten dieser Anionen leiten sich von folgenden Säuren und Stoffwechsel-Zwischenprodukten ab:

Säuren	bei physiologischen pH-Werten vorliegende **Anionen**
Carbonsäuren	Acetat, Succinat, Fumarat
Hydroxy-carbonsäuren	Lactat, Malat, Citrat
Keto-carbonsäuren	Pyruvat, Oxalacetat
Amino-dicarbonsäuren	Aspartat, Glutamat
Glucuronide	Phenol-glucuronid
Phosphate (Monoester der Phosphorsäure)	Glucose-6-phosphat Glycerin-phosphat
Nucleotide	ATP als Tetra-anion
Sulfate (Monoester der Schwefelsäure)	Heparin als Poly-anion

Auch dann, wenn Stoffwechsel-Produkte mit dem Namen der freien Säure (z. B. Brenztraubensäure) bezeichnet werden, sind darunter die bei physiologischen pH-Werten vorliegenden Anionen (z. B. Pyruvat) zu verstehen.

Oxidations-Reaktionen sind entweder direkt mit der Aufnahme von Sauerstoff verbunden oder sie verlaufen als Abgabe von Wasserstoff (Dehydrierung), so daß das Reaktions-Produkt einen höheren Sauerstoff-Gehalt (bzw. einen geringeren Wasserstoff-Gehalt) aufweist als der Ausgangsstoff. Der abzuspaltende Wasserstoff wird durch Zugeben von Oxidationsmitteln (z. B. von Luftsauerstoff oder Kaliumdichromat) gebunden:

Ausgangsstoff	Vorgang	Oxidations-Produkt
Aldehyd	+[O]	Carbonsäure
Glucose	+[O]	Gluconsäure
prim. Alkohol	−[2H]	Aldehyd
sek. Alkohol	−[2H]	Keton

Kontrollfragen

16-1 Welchen organischen Stoff hat Wöhler durch Erhitzen von Ammonium-cyanat erhalten?

16-2 Woraus entsteht dieser Stoff im menschlichen Organismus?

16-3 Welche Kohlenstoff-Verbindungen rechnet man nicht zu den organischen Verbindungen?

16-4 Welches sind die kleinsten Teilchen der meisten organischen Verbindungen?

16-5 Wie viele kovalente Bindungen gehen von den Atomen C, H, N, O, P und S in organischen Verbindungen aus?

16-6 Welche Verbindungen sind zueinander isomer?

16-7 Welche Verknüpfungen von C-Atomen liegen in organischen Verbindungen vor?

16-8 Welche Formeln geben die Verknüpfung der Atome in organischen Molekülen wieder?

16-9 Was bedeutet der Begriff Konfiguration?

16-10 Welches sind die wichtigsten Verbindungsklassen der Biopolymere?

16-11 Mit welchem allgemeinen Begriff werden die Baustein-Moleküle von Kunststoffen (Polymeren) bezeichnet?

16-12 Wie nennt man solche Reaktionen
a) bei denen ein Ringschluß stattfindet,
b) bei denen Austausch eines H-Atoms durch ein Cl-Atom erfolgt,
c) bei denen Abspaltung von Wasserstoff erfolgt,
d) bei denen eine Anlagerung von Wasser stattfindet,
e) bei denen ein Reaktionsprodukt mit derselben Summenformel wie der Ausgangsstoff entsteht,
f) die zwischen Molekülen stattfinden,
g) bei denen Wärme frei (an die Umgebung abgegeben) wird,
h) die innerhalb eines Moleküls verlaufen,
i) bei denen Wasser abgespalten wird,
j) bei denen ein gesättigter aus einem ungesättigten Kohlenwasserstoff entsteht,

16-13 Zu welchem Reaktions-Typ gehören die Fettspaltung, die Spaltung von Peptid-Bindungen und die Spaltung von Glycosid-Bindungen.

16-14 Welches gemeinsame Struktur-Merkmal haben Aniontenside?

17 Kohlenwasserstoffe

17.1 Einführung

Unter der Bezeichnung **Kohlenwasserstoffe** faßt man alle organischen Verbindungen zusammen, *deren Moleküle ausschließlich aus Kohlenstoff-Atomen und Wasserstoff-Atomen aufgebaut sind.*

Kohlenwasserstoffe haben eine große wirtschaftliche Bedeutung. Beispiele hierfür sind Erdgas, Erdöl und aus Kohlenwasserstoffen hergestellte Kunststoffe (wie Polyethylen und Polystyrol).

Gesättigte Kohlenwasserstoffe mit kettenförmigem Kohlenstoff-Gerüst bilden die Stoffklasse der **Alkane**. Zu ihnen gehören die Gase Methan (im Stadt- und Erdgas), Propan und Butan. Die bei ihrer Verbrennung freiwerdende Wärme-Energie (Verbrennungswärme) wird vielfältig genutzt.

Bei der vollständigen Umsetzung von Kohlenwasserstoff-Molekülen mit Luft-Sauerstoff entstehen die anorganischen Verbindungen Kohlenstoffdioxid und Wasser und ein bestimmter Energie-Betrag, z. B. bei der Verbrennung von Methan:

$$CH_4 + 2O_2 \rightarrow CO_2 + 2H_2O$$

Die hierbei freiwerdende Energie beträgt 890 kJ. Wenn Verbrennungs-Reaktionen nur unvollständig ablaufen, dann wird ein gewisser Anteil des in den Kohlenwasserstoffen vorliegenden Kohlenstoffs nur zu Kohlenmonoxid verbrannt.

Insgesamt sind viele tausend Kohlenwasserstoffe mit unterschiedlichen Eigenschaften bekannt. Obwohl ihre Moleküle nur aus C- und H-Atomen aufgebaut sind, ergibt sich diese Vielfalt durch:

- **Kettenförmige Strukturen**: Die Länge dieser aus C-Atomen aufgebauten Ketten kann von zwei C-Atomen bis zu einigen tausend C-Atomen (wie im Polyethylen) reichen.
- **Ketten-Verzweigung**: Die unterschiedliche Verknüpfung von C-Atomen ergibt einmal nichtverzweigte, zum anderen verzweigte Kohlenstoff-Ketten (Gerüst-Isomerie bei Kohlenwasserstoffen derselben Summenformel).
- **Ringförmige Strukturen**: Bei den wichtigsten cyclischen Verbindungen bilden fünf oder sechs C-Atome ein Ringsystem.
- **Mehrfachbindungen**: Je nach Anzahl der Bindungselektronenpaare (ein, zwei oder drei Elektronenpaare) zwischen zwei C-Atomen unterscheidet man zwischen Einfach-, Doppel- und Dreifachbindungen.

Auf diesen verschiedenen Struktur-Merkmalen beruht die Einteilung der Kohlenwasserstoffe in Verbindungsklassen und ihre **systematische Benennung** (Namengebung durch Wortstamm sowie Vorsilben und Endsilben s. Tab. 17-1). So unterscheidet man zwischen kettenförmigen (acyclischen, aliphatischen) und cyclischen (ringförmigen, Vorsilbe: cyclo) Kohlenwasserstoffen, außerdem zwischen gesättigten und ungesättigten Kohlenwasserstoffen.

Gesättigte Kohlenwasserstoffe (Endung: **-an**) enthalten nur Einfachbindungen und daher die größtmögliche Anzahl Wasserstoff-Atome (sie sind an Wasserstoff „gesättigt"). Ungesättigte Kohlenwasserstoffe enthalten mindestens eine Mehrfachbindung, d. h. eine Doppelbindung (Endung: **-en**) oder eine Dreifachbindung (Endung: **-in**).

Die Summenformeln aller Kohlenwasserstoffe, die zu derselben Verbindungsklasse gehören, lassen sich in einer allgemeinen Formel zusammenfassen, in der n die Anzahl der C-Atome bezeichnet. Zu derselben Verbindungsklasse gehörende Kohlenwasserstoffe bilden eine homologe Reihe (Übersicht in Tab. 17-1).

Tab. 17-1: Verbindungsklassen von Kohlenwasserstoffen

Homologe Reihe	allg. Formel	typische Struktur-Merkmale
Alkane	C_nH_{2n+2}	nur Einfachbindungen (kettenförmig, gesättigt)
Cycloalkane	C_nH_{2n}	nur Einfachbindungen (ringförmig, gesättigt)
Alkene	C_nH_{2n}	eine Doppelbindung (kettenförmig, ungesättigt)
Cycloalkene	C_nH_{2n-2}	eine Doppelbindung (ringförmig, ungesättigt)
Alkine	C_nH_{2n-2}	eine Dreifachbindung (kettenförmig, ungesättigt)
Diene		zwei Doppelbindungen (ketten- oder ringförmig)
Polyene		zahlreiche Doppelbindungen (ketten- oder ringförmig)
aromatische Kohlenwasserstoffe		aromatischer Bindungszustand (cyclisch)

Darüber hinaus gibt es zahlreiche Kohlenwasserstoffe, in denen ein Ring-System mit einer kettenförmigen Struktur (einer Seitenkette) verknüpft ist, z. B. bei den Polyenen und den aromatischen Kohlenwasserstoffen.

In allen Kohlenwasserstoff-Molekülen sind die C- und H-Atome durch Elektronenpaar-Bindungen miteinander verknüpft. Die Differenz der Elektronegativität von Kohlenstoff und Wasserstoff (2,5 bzw. 2,1) ist so gering, daß die Bindungselektronen jedem der beiden an der Bindung beteiligten Atome in gleichem Maße zuzuordnen sind, daher sind die *C – H-Bindungen in den Kohlenwasserstoff-Molekülen unpolar.*

Während die gesättigten Kohlenwasserstoffe reaktionsträge und nur zu Substitutions-Reaktionen befähigt sind, zeichnen sich Alkene und Alkine durch ausgeprägte Reaktionsfähigkeit aus. Typisch für diese Verbindungsklassen sind Additions-Reaktionen, bei denen eine Anlagerung an die C – C-Doppelbindung oder -Dreifachbindung stattfindet.

17.2 Die homologe Reihe der Alkane (Paraffine)

Der einfachste Kohlenwasserstoff ist Methan (Sumpfgas) mit der Zusammensetzung CH_4. In einem Methan-Molekül ist ein Kohlenstoff-Atom mit vier Wasserstoff-Atomen durch kovalente Bindungen verknüpft.

Die vier Bindungselektronenpaare des Methan-Moleküls ordnen sich, bedingt durch die gegenseitige Abstoßung, in größtmöglicher Entfernung zueinander an, so daß *die kovalenten Bindungen in ganz bestimmte Richtungen des Raumes weisen.*

Abb. 17-1 gibt die räumliche Struktur des Methan-Moleküls wieder. Das C-Atom befindet sich im Zentrum eines **Tetraeders**, die H-Atome sind an den vier Ecken angeordnet.

Methan ist die erste Verbindung aus der Stoffklasse der kettenförmigen, gesättigten Kohlenwasserstoffe – der Alkane (Paraffine). Die ersten vier Alkane sind bei Raumtemperatur gasförmige Verbindungen, die mit den Trivialnamen Methan, Ethan, Propan und Butan bezeichnet werden.

In Ethan-Molekülen sind zwei, in Propan-Molekülen drei C-Atome miteinander verknüpft.

Ein Ethan-Molekül enthält ein C-Atom und zwei H-Atome (eine CH_2-Gruppe) mehr als ein Methan-Molekül, ein Propan-Molekül enthält eine CH_2-Gruppe mehr als ein Ethan-Molekül. Diese Regelmäßigkeit setzt sich bei den längerkettigen Alkanen fort: die Alkane bilden eine **homologe Reihe**. Jede Verbindung aus einer homologen Reihe enthält eine CH_2-Gruppe (**Methylen-Gruppe**) mehr als die vor ihr stehende Verbindung.

Wie die Alkane bilden auch ringförmige und ungesättigte Kohlenwasserstoffe mit ihren Struktur-Merkmalen entsprechende **homologe Reihen** (außerdem viele weitere Verbindungsklassen wie Alkohole, Ether, Carbonsäuren, Amine).

Alle Verbindungen einer homologen Reihe haben eine gemeinsame allgemeine Formel. So haben z. B. die Alkane die Summenformel C_nH_{2n+2}.

Mit Hilfe dieser allgemeinen Formel kann man die Summenformel jedes Alkans berechnen, wenn man die Zahl der C-Atome in der Kette kennt. So ergibt sich z. B. für Octadecan mit 18 C-Atomen die Formel

$C_{18}H_{(2mal\ 18)+2}$, somit $C_{18}H_{38}$.

Um deutlich zu machen, daß die Kohlenstoff-Ketten **nicht verzweigt** sind, kann man die allgemeine Formel schreiben als H – (CH$_2$)$_n$ – H.

In Tab. 17-2 sind für nicht verzweigte Alkane einige physikalische Kennzahlen (Siedetemperatur und Schmelztemperatur) angegeben.

Die Alkane mit ein bis vier C-Atomen sind bei Raumtemperatur gasförmig, die mit fünf bis 16 C-Atomen flüssig, und Alkane mit 17 und mehr C-Atomen sind fest.

Während die ersten vier Alkane Trivialnamen tragen, werden die Alkane mit fünf und mehr C-Atomen durch systematische Namen benannt. Durch den Wortstamm ist die Zahl der C-Atome, durch die Endsilbe **-an** die Zugehörigkeit zur Stoffklasse der gesättigten Kohlenwasserstoffe festgelegt.

Auf die Bedeutung der gasförmigen und flüssigen Alkane als Energie-Quelle wurde eingangs hingewiesen. **Benzin** ist ein Gemisch flüssiger Kohlenwasserstoffe mit fünf bis zehn C-Atomen. Bestimmte Benzin-Fraktionen werden als lipophile Lösungsmittel verwendet (Waschbenzin, Petrolether), ebenso wie reine flüssige Alkane (Pentan und vor allem Hexan).

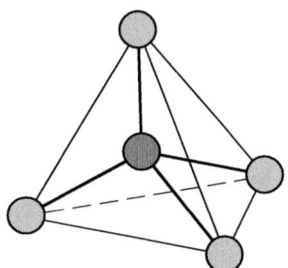 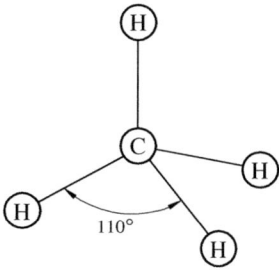

Abb. 17-1. Räumliche Struktur des Methan-Moleküls. Im Zentrum des Tetraeders (links) befindet sich das C-Atom, die H-Atome sind an den Ecken angeordnet. Der Bindungswinkel von jedem H zum C und einem weiteren H beträgt ca. 110°.

Tab. 17-2: Physikalische Kennzahlen nichtverzweigter Alkane. H – (CH$_2$)$_n$ – H

n	Name	Sdp. (°C)	Schmp. (°C)	Aggregatzustand (bei 20°C)
1	Methan	–164		
2	Ethan	–89		
3	Propan	–42		gasförmig
4	n-Butan	–0,5		
5	n-Pentan	+36		
6	n-Hexan	69		
7	n-Heptan	98		
8	n-Octan	126		
9	n-Nonan	151		flüssig
10	n-Decan	174		
12	n-Dodecan	216		
14	n-Tetradecan	254		
16	n-Hexadecan	287	+18	
17	n-Heptadecan	302	22	fest
18	n-Octadecan	316	28	

Unterschiedliche Formel-Schreibweisen: Die **Summenformel** (Bruttoformel), wie z. B. C$_3$H$_8$ für Propan, gibt nur an, aus welchen Atomen sich ein Molekül aufbaut und wieviele der betreffenden Atome im Molekül verknüpft sind (im Beispiel: drei C-Atome und acht H-Atome). Zur vollständigen Beschreibung organischer Moleküle gehört außerdem die Angabe, wie die Atome miteinander verknüpft sind. Aufschluß hierüber geben die **Konstitutionsformeln** (auch Strukturformeln genannt). So gibt es z. B. bei Alkanen mit vier und mehr C-Atomen mehrere Verbindungen mit derselben Summenformel, aber verschiedenartiger Verknüpfung der C-Atome, die nur in der Konstitutionsformel sichtbar wird. Man sollte es sich daher zur Gewohnheit machen, den Aufbau organischer Moleküle möglichst durch Strukturformeln wiederzugeben. Die unterschiedlichen Formel-Schreibweisen sollen am Beispiel Propan dargestellt werden. Abb. 17-2 zeigt ein Kugel-Stab-Modell dieser Verbindung,

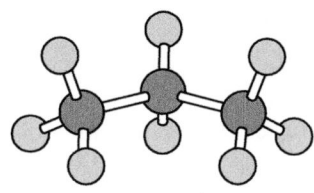

Abb. 17-2. Das Propan-Molekül (C$_3$H$_8$) im Kugel-Stab-Modell.

diesem entsprechen die Konstitutionsformeln:

- unter Berücksichtigung des Bindungswinkels

```
      H
      |
   H  C  H
   |  |  |
 H-C     C-H
   |  |  |
   H  H  H
      (H)
```

- ohne Berücksichtigung des Bindungswinkels

```
   H H H
   | | |
 H-C-C-C-H
   | | |
   H H H
```

- rationelle Formel (Atome in einer Zeile)

$H_3C-CH_2-CH_3$

Eine genaue Formel-Wiedergabe muß den **Bindungswinkel** (ca. 110°) zwischen den C-Atomen berücksichtigen, eine C-Kette müßte also in Zick-Zack-Form gezeichnet werden. Zur Vereinfachung schreibt man die Formeln üblicherweise aber mit auf einer Linie liegenden C-Atomen. Außerdem ist es bei längeren Ketten üblich, die CH_2-Gruppen zwischen dem ersten und dem letzten C-Atom der Kette in einer Klammer zusammenzufassen. So erhält man eine **rationelle Formel**, am Beispiel von Hexadecan:

$H_3C-(CH_2)_{14}-CH_3$

(Dabei darf nicht vergessen werden, daß H-Atome in Wirklichkeit nicht zwischen den C-Atomen stehen, die C-Atome sind **unmittelbar miteinander** verknüpft.)

17.3 Die Gerüst-Isomerie der Alkane

Die Kohlenstoff-Ketten der in Tab. 17-1 aufgeführten Alkane sind **nicht verzweigt** (unverzweigt), man bezeichnet solche Kohlenwasserstoffe als *n*-Alkane („n" als Abkürzung von „normal"). Daneben gibt es jedoch auch viele Kohlenwasserstoffe mit **verzweigten** Ketten. In der homologen Reihe der Alkane beobachtet man erstmals bei Butan, daß es zwei Kohlenwasserstoffe mit der Summenformel C_4H_{10} gibt. Die Moleküle der beiden Butane unterscheiden sich durch die Verknüpfung der Atome, so

daß **Konstitutions-Isomerie** vorliegt.

Der Unterschied in der Konstitution besteht darin, daß das Kohlenstoff-Gerüst von n-Butan nicht verzweigt, das von *Iso*butan (*i*-Butan) dagegen verzweigt ist (Abb. 17-3). Diese Art von Isomerie wird als **Gerüst-Isomerie** bezeichnet.

n-Butan
Sdp. – 0,5 °C

Isobutan
– 12°C

Zwischen n-Alkanen (nicht verzweigt) und Isoalkanen (verzweigt) bestehen mehr oder weniger stark ausgeprägte Unterschiede in den chemischen, vor allem aber in den physikalischen Eigenschaften. Je mehr C-Atome ein Alkan enthält, um so mehr Möglichkeiten der Ketten-Verzweigung gibt es, um so größer wird damit die Zahl der möglichen Isomeren. Von Pentan (C_5H_{12}) gibt es insgesamt drei Isomere:

n - Pentan
Sdp. 36 °C

2 - Methyl - butan
Sdp. 28 °C

2,2 - Dimethyl - propan
Sdp. 9,5 °C

Während bei Butan die Vorsilbe „Iso" zur Unterscheidung zwischen n-Butan und dem (einzigen) Isomer ausreicht, ist die Angabe „Isopentan" nicht eindeutig, weil außer n-Pentan zwei Pentane mit verzweigten Ketten bekannt sind.

Bei der Beschreibung von Kohlenstoff-Ketten unterscheidet man zwischen primären, sekundären, tertiären und quartären Kohlenstoff-Atomen:

– *Ein* **primäres C-Atom** *ist mit nur einem anderen C-Atom direkt verknüpft.* Primäre C-Atome stehen am Anfang und am Ende von C-Ketten.
– *Ein* **sekundäres C-Atom** *ist mit zwei anderen C-*

17.3 Die Gerüst-Isomerie der Alkane

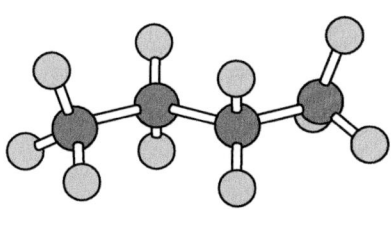
n- Butan

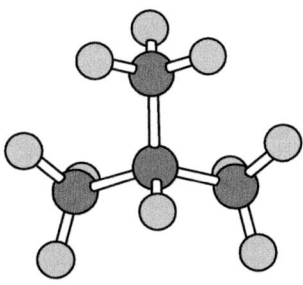
Isobutan

Abb. 17-3. Kugel-Stab-Modell der gerüstisomeren Butane, n-Butan und Isobutan (Summenformel C_4H_{10}). Die Ketten-Verzweigung führt zu der unterschiedlichen Zuordnung der H-Atome (3+2+2+3 gegenüber 3+1+3+3).

Atomen direkt verknüpft. Sekundäre C-Atome sind das zweite bis vorletzte C-Atom in nichtverzweigten Ketten.
- Ein **tertiäres C-Atom** ist mit drei anderen C-Atomen direkt verknüpft. Von tertiären C-Atomen geht eine Ketten-Verzweigung aus.
- Ein quartäres C-Atom ist mit vier C-Atomen direkt verknüpft. Von quartären C-Atomen gehen zwei Ketten-Verzweigungen aus.

Die gerüstisomeren Pentane (C_5H_{12}) enthalten:

Verbindung	Art der C-Atome			
	prim.	sek.	tert.	quartär
nicht verzweigt	2	3	–	–
einmal verzweigt	3	1	1	–
zweimal verzeigt	4	–	–	1

Diese Unterscheidung zwischen primären, sekundären und tertiären C-Atomen ist auch bei anderen Verbindungsklassen üblich, z. B. bei den Alkoholen (Kap. 18). Zur Benennung eines verzweigtkettigen Alkans wendet man die (international vereinbarten) Regeln der **systematischen Nomenklatur** an. Dazu einige Erläuterungen: Man bezeichnet den ein H-Atom weniger enthaltenden Rest eines Alkan-Moleküls als **Alkyl**-Rest oder **Alkyl**-Gruppe. Zur Bezeichnung der jeweiligen Alkyl-Gruppe wird die Endsilbe -an des betreffenden Alkans durch -yl ersetzt (z. B. Pentan, Pentyl).

Häufig vorkommende Alkyl-Gruppen zeigt folgende Tabelle:

Alkyl-Gruppe	Konstitution
Methyl	H_3C-
Ethyl	H_3C-CH_2-
n-Propyl	$H_3C-CH_2-CH_2-$
n-Butyl	$H_3C-CH_2-CH_2-CH_2-$
Isopropyl	H_3C-CH- $\quad\quad\ \|$ $\quad\quad CH_3$
Isobutyl	$H_3C-CH-CH_2-$ $\quad\quad\ \|$ $\quad\quad CH_3$
sek.-Butyl	H_3C-CH_2-CH- $\quad\quad\quad\quad\ \|$ $\quad\quad\quad\quad CH_3$
tert.-Butyl	$\quad\quad CH_3$ $\quad\quad\ \|$ H_3C-C- $\quad\quad\ \|$ $\quad\quad CH_3$

Zur systematischen Benennung „zerlegt" man das Kohlenstoff-Gerüst des Alkans in **Hauptkette** und **Seitenkette(n)**. Als Hauptkette bezeichnet man *die längste unverzweigte Kohlenstoff-Kette* im Molekül.

Als Beispiel soll folgende Verbindung systematisch benannt werden:

$$\begin{array}{c} CH_3 \\ | \\ H_3C-C-CH_2-CH_3 \\ | \\ H \end{array}$$

Man betrachtet zunächst nur das Kohlenstoff-Gerüst:

```
    C
    |
C—C—C—C
```

und stellt fest, daß es aus einer Hauptkette mit vier C-Atomen und einer Seitenkette mit einem C-Atom besteht. Der Kohlenwasserstoff mit vier C-Atomen heißt Butan, der Alkyl-Rest mit einem C-Atom heißt Methyl-Rest: die Verbindung ist also ein Methylbutan. Um die **Verzweigungsstelle** festzulegen, wird die Hauptkette so numeriert, daß die Verzweigungsstelle *eine möglichst niedrige Ziffer* erhält:

```
      C
      |2
C¹—C²—C³—C⁴
```

Die Ziffer der Verzweigungsstelle wird dem Namen der Seitenkette vorangestellt, die gezeigte Verbindung heißt also:

2-Methyl-butan.

Ein anderes Pentan-Isomer enthält zwei Seitenketten (beides Methyl-Gruppen), die beide mit dem C-Atom 2 der Hauptkette verknüpft sind:

```
      C
      |
C¹—C²—C³
      |
      C
```

Die Verbindung ist daher 2-Methyl-2-methyl-propan. Dieser und ähnliche Namen lassen sich jedoch kürzer fassen, wenn man die Anzahl **gleicher** Seitenketten durch eine Vorsilbe (Mono-, Di-, Tri-, Tetra-, Penta-) angibt und dem Namen der Seitenkette voranstellt. Dabei muß aber die Verzweigungsstelle jeder Seitenkette durch eine Ziffer bezeichnet sein. Statt 2-Methyl-2-methyl-propan ergibt sich auf diese Weise 2,2-Dimethyl-propan.

Zusammenfassend noch einmal die Regeln zur systematischen Benennung verzweigtkettiger Alkane:
- Ermittlung der **längsten** unverzweigten Kette (Hauptkette).
- Bezifferung der Hauptkette in der Weise, daß Verzweigungsstellen eine **möglichst niedrige Ziffer** erhalten.
- Angabe der Anzahl gleicher Seitenketten durch Vorsilben (die Vorsilbe „Mono" wird meist weggelassen).
- Alphabetische Reihenfolge bei der Aufzählung unterschiedlicher Seitenketten.

Zwei weitere Beispiele sollen die Anwendung dieser Regeln zeigen:

```
    H  CH₃ H  CH₃ H
    |¹  |² |³  |⁴ |⁵
H—C—C—C—C—C—H
    |   |  |   |  |
    H  CH₃ H  H  H
```

Dieses Alkan (Summenformel C_8H_{18}) erhält den Namen 2,2,4-Trimethyl-pentan. Die Verbindung (auch „Isooctan" genannt) ist eines von 18 Isomeren von Octan und dient als Bezugssubstanz beim Vergleich von Benzin-Qualitäten (Octanzahl).

Die genannten Nomenklatur-Regeln gelten auch für die Benennung anderer Verbindungsklassen der Organischen Chemie, sie werden jeweils durch Regeln **ergänzt**, die auf die betreffende Verbindungsklasse abgestimmt sind.

17.4 Cycloalkane

Die **Cycloalkane** bilden eine weitere homologe Reihe **gesättigter** Kohlenwasserstoffe. In ihren Molekülen sind die C-Atome jedoch nicht kettenförmig (wie bei den Alkanen), sondern **ringförmig** (cyclisch) miteinander verknüpft. Das wichtigste Cycloalkan ist Cyclohexan (Sdp. 81 °C) das als lipophiles Lösungsmittel verwendet wird.

Die Nomenklatur der einzelnen Cycloalkane entspricht der Benennung der Alkane, wobei die Vorsilbe **„Cyclo"** hinzukommt.

17.5 Substitutions-Reaktionen mit gesättigten Kohlenwasserstoffen

Der für die wenig reaktionsfähigen **gesättigten** Kohlenwasserstoffe charakteristische Reaktions-Typ ist die **Substitution**. Dabei werden Wasserstoff-Atome durch andere Atome, z. B. Halogen-Atome wie Chlor oder Brom, ersetzt.

Aus einem gesättigten Kohlenwasserstoff entsteht auf diese Weise ein gesättigter **Halogenkohlenwasserstoff**. Ohne darauf einzugehen, wie eine solche Substitution im einzelnen verläuft sei auf folgendes hingewiesen:

- Die Substitutions-Reaktion muß erst in Gang gebracht werden (z. B. durch Bestrahlen mit UV-Licht), kann dann aber sehr heftig (unter Umständen explosionsartig) verlaufen.
- Substitutions-Reaktionen führen oft zu Gemischen aus dem Monosubstitutionsprodukt und mehrfach substituierten Verbindungen.

17.5.1 Chlorkohlenwasserstoffe

Bei der Reaktion von Methan mit elementarem Chlor erhält man *Mono-, Di-, Tri- und Tetrachlormethan* sowie jeweils Chlorwasserstoff.
Aufgrund der Unterschiede in den Siedetemperaturen (Tab. 17-3) ist eine Trennung dieses Reaktions-Gemisches durch fraktionierende Destillation möglich. Dichlormethan und Trichlormethan sind unter ihren Trivialnamen **Methylenchlorid** und **Chloroform** bekannt. Beides sind wichtige Lösungsmittel für lipophile Stoffe; sie sind mit Wasser nicht mischbar und haben – ebenso wie die anderen flüssigen Halogenkohlenwasserstoffe – eine höhere Dichte als Wasser. Tetrachlorkohlenstoff wird wegen seiner hohen Toxizität (Leberschäden) als Lösungsmittel nur noch selten verwendet.

$$H_3C-H + Cl-Cl \longrightarrow H_3C-Cl + H-Cl$$

$$H_2ClC-H + Cl-Cl \longrightarrow H_2C Cl_2 + H-Cl$$

$$HCl_2C-H + Cl-Cl \longrightarrow HCCl_3 + H-Cl$$

$$Cl_3C-H + Cl-Cl \longrightarrow CCl_4 + H-Cl$$

Die einfachsten Chlorkohlenwasserstoffe (CKW) sind die in Tab. 17-3 aufgeführten Chloralkane mit ein und zwei Kohlenstoff-Atomen.
Organische Chlor-Verbindungen sind Zwischenprodukte zur Herstellung von Pestiziden. Diese Bezeichnung umfaßt Schädlingsbekämpfungsmittel allgemein, in einzelnen kann es sich dabei z. B. um Mittel gegen Insekten (Insektizide) oder gegen Unkräuter (Herbizide) handeln.

Tab. 17-3: Ausgewählte Halogenkohlenwasserstoffe

Formel	Systematischer Name (Trivialname)	Sdp. (°C)
H_3CCl	Monochlormethan (Methylchlorid)	−24
H_2CCl_2	Dichlormethan (Methylenchlorid)	40
$HCCl_3$	Trichlormethan (Chloroform)	61
CCl_4	Tetrachlormethan (Tetrachlorkohlenstoff)	76,5
H_3C-CH_2Cl	Monochlorethan (Ethylchlorid)	12
$H_3C-CHCl_2$	1,1-Dichlor-ethan	57
ClH_2C-CH_2Cl	1,2-Dichlor-ethan	83,5
$ClH_2C-CHCl_2$	1,1,2-Trichlor-ethan	114
$Cl_2HC-CHCl_2$	1,1,2,2-Tetrachlor-ethan	146

Aufgrund ihres *guten Lösungsvermögenss für lipophile Stoffe* werden Chlorkohlenwasserstoffe in großem Umfang als Lösungsmittel für Fette, bei der chemischen Reinigung und zur Entfettung von Metallteilen eingesetzt, insbesondere:

Dichlormethan	H_2CCl_2
1,1,1-Trichlorethan	H_3C-CCl_3
Trichlorethylen	$ClHC=CCl_2$
Tetrachlorethylen	$Cl_2C=CCl_2$

Tetrachlorethylen ist ein für die genannten Verwendungen großtechnisch hergestellter chlorierter Kohlenwasserstoff (Sdp. 121 °C; Dichte ϱ = 1,62g/cm^3 bei 20 °C).

17.6 Alkene

Gemeinsames Merkmal der Verbindungsklasse der Alkene ist die *C – C-Doppelbindung* in ihren Molekülen. Die Doppelbindung kann am Anfang oder im Inneren einer C-Kette liegen, so daß in dieser Stoffklasse nicht nur Gerüst-Isomere (nichtverzweigte oder verzweigte C-Ketten), sondern auch Stellungs-Isomere (bedingt durch die unterschiedliche Lage der Doppelbindung) auftreten.
Die Namen der Alkene bestehen aus dem schon von den Alkanen bekannten Wortstamm und der Endung -en, z. B. Propen, Buten.
Am Anfang der homologen Reihe der Alkene mit

der allgemeinen Formel C_nH_{2n} steht **Ethen (Ethylen)**, das Ausgangsstoff für zahlreiche in der chemischen Industrie durchgeführte Synthesen ist.

Von großer wirtschaftlicher Bedeutung ist auch **Propen (Propylen)**, das z. B. zu Polypropylen polymerisiert wird.

Von **Buten** sind Isomere unterschiedlicher Art bekannt. Gerüst-Isomere sind 1-Buten und Isobuten.

$$\underset{\text{1-Buten}}{\underset{\text{Sdp. -6,3 °C}}{H_2C=CH-CH_2-CH_3}} \qquad \underset{\text{Isobuten}}{\underset{\text{Sdp. -6,9°C}}{H_2C=C(CH_3)-CH_3}}$$

Stellungs-Isomere sind 1-Buten und 2-Buten. (Die Ziffern bezeichnen nur dasjenige C-Atom, von dem die Doppelbindung ausgeht.)

$$\underset{\text{1-Buten}}{\overset{1\ \ \ 2\ \ \ \ 3\ \ \ \ 4}{H_2C=CH-CH_2-CH_3}} \qquad \underset{\text{2-Buten}}{\overset{1\ \ \ \ 2\ \ \ \ 3\ \ \ \ 4}{H_3C-CH=CH-CH_3}}$$

Bemerkenswert ist nun, daß es zwei Verbindungen mit unterschiedlichen (physikalischen) Eigenschaften gibt, die wir als 2-Buten bezeichnen müssen, weil die Doppelbindung bei beiden von dem C-Atom 2 ausgeht. Da beide Verbindungen dieselbe Konstitution haben (dieselbe Verknüpfung der Atome und Lage der Doppelbindung), kann das Auftreten dieser weiteren Art von Isomerie nur im unterschiedlichen räumlichen Aufbau der Moleküle, ihrer Konfiguration, begründet sein.

Sind C-Atome durch eine Einfachbindung miteinander verknüpft, so besteht freie Drehbarkeit um diese Bindung. Diese freie Drehbarkeit führt z. B. bei 1,2-Dichlorethan dazu, daß die Umwandlung von

$$\underset{H\ \ \ H}{\overset{Cl\ \ Cl}{H-C-C-H}} \quad \text{in} \quad \underset{H\ \ \ Cl}{\overset{Cl\ \ H}{H-C-C-H}}$$

leicht möglich ist; solche Moleküle werden überwiegend die räumliche Anordnung einnehmen, bei der sich die raumbeanspruchenden Cl-Atome gegenseitig möglichst wenig behindern. Somit gibt es nur eine als 1,2-Dichlorethan zu bezeichnende chemische Verbindung (Sdp. 83,5 °C).

Sind zwei C-Atome jedoch durch eine **Doppelbindung** miteinander verknüpft, so besteht *keine freie Drehbarkeit mehr*. Die Substituenten können entweder auf derselben oder auf verschiedenen Seiten einer Bezugsebene senkrecht zur Ebene der C-Atome angeordnet sein. So können sich z. B. im 2-Buten die Methyl-Gruppen auf derselben Seite (cisständig) oder auf verschiedenen Seiten (transständig) befinden.

$$\underset{\text{cis-2-Buten}}{\underset{\text{Sdp. 3,7 °C}}{}} \qquad \underset{\text{trans-2-Buten}}{\underset{\text{Sdp. 0,9 °C}}{}}$$

Diese als **cis-trans-Isomerie** (geometrische Isomerie) bezeichnete Art der Isomerie tritt stets auf, wenn ein Paar gleicher Atome oder Atomgruppen an die durch die Doppelbindung verknüpften C-Atome gebunden ist.

Ein größerer Unterschied in den Siedetemperaturen besteht bei den cis-trans-isomeren **1,2-Dichlorethenen** (Dichlor-ethylenen), deren Kalotten-Modelle Abb. 17-4 wiedergibt.

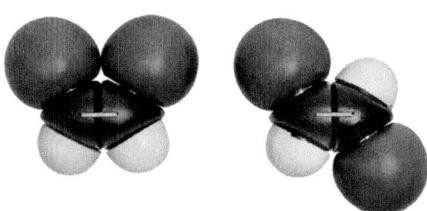

Abb. 17-4. Kalotten-Modell von cis- und trans-1,2-Dichlor-ethen (s.a. Farbtafel).

$$\underset{\text{cis-1,2-Dichlorethen}}{\underset{\text{(Sdp. 60,3 °C)}}{}} \qquad \underset{\text{trans-1,2-Dichlorethen}}{\underset{\text{(Sdp. 47,5 °C)}}{}}$$

In folgender Tabelle sind einige nicht-verzweigte Alkene mit der Doppelbindung in **1-Stellung** zusammengestellt:

Name	Formel	Sdp. (°C)
Ethen	$H_2C = CH_2$	−104
Propen	$H_2C = CH - CH_3$	−47
1-Buten	$H_2C = CH - CH_2 - CH_3$	−6
1-Penten	$H_2C = CH - CH_2 - CH_2 - CH_3$	+30
1-Hexen	$H_2C = CH - CH_2 - CH_2 - CH_2 - CH_3$	63

Diene (Alkadiene): Die Verbindungen dieser Stoffklasse enthalten **zwei** C – C-Doppelbindungen. Bei der Anordnung der Doppelbindungen gibt es drei Möglichkeiten.

Anordnung der C – C-Doppelbindungen	Name des Doppelbindungs-Systems	Beispiel
unmittelbar aufeinanderfolgend	kumuliert	$H_2C=C=CH-CH_2-CH_3$
durch eine Einfachbindung voneinander getrennt	konjugiert	$H_2C=CH-CH=CH-CH_3$
durch mindestens zwei Einfachbindungen voneinander getrennt	isoliert	$H_2C=CH-CH_2-CH=CH_2$

Die *konjugierten Diene* **Butadien** und **Isopren** (Methyl-butadien) sind die Monomere, aus denen synthetischer Kautschuk (Buna) bzw. Naturkautschuk entsteht.

Butadien: $H_2C=CH-CH=CH_2$

Isopren: $H_2C=C(CH_3)-CH=CH_2$

Polyene: Wie bei den Dienen, haben auch innerhalb dieser Stoffklasse diejenigen Verbindungen die größte Bedeutung, in denen ein *konjugiertes Doppelbindungs-System* vorliegt. Hierbei können ringförmige mit kettenförmigen Strukturen verknüpft sein, wie z. B. bei den Carotinoiden (Karotten-, Tomaten- und Paprika-Farbstoffen) und bei Vitamin A.

17.6.1 Polymerisation

Monomere mit mindestens einer *C – C-Doppelbindung* können miteinander zu Polymeren reagieren, deren C-Atome durch Einfachbindungen zu langen Ketten verknüpft sind.

Führt man eine solche, als **Polymerisation** bezeichnete Reaktion mit dem Gas **Ethylen** (Ethen) durch, so entsteht der Feststoff **Polyethylen**.

An der Polymerisation beteiligen sich nicht nur die wenigen, hier wiedergegebenen Ethylen-Moleküle, sondern jeweils einige hundert oder tausend Monomer-Moleküle. Entlang der gepunkteten Linie müssen wir uns demnach die C-Kette nach beiden Seiten fortgesetzt vorstellen.

Das Ziel besteht darin, Polymere mit ganz bestimmten Eigenschaften zu erzeugen. Aus demselben Monomer lassen sich durch Polymerisation unter unterschiedlichen Reaktions-Bedingungen Polymere mit unterschiedlichen Eigenschaften herstellen.

176   17 Kohlenwasserstoffe

$$\begin{array}{c}H\\H\end{array}\!\!>\!\!C\!=\!C\!\!<\!\!\begin{array}{c}H\\H\end{array} + \begin{array}{c}H\\H\end{array}\!\!>\!\!C\!=\!C\!\!<\!\!\begin{array}{c}H\\H\end{array} + \begin{array}{c}H\\H\end{array}\!\!>\!\!C\!=\!C\!\!<\!\!\begin{array}{c}H\\H\end{array} + \begin{array}{c}H\\H\end{array}\!\!>\!\!C\!=\!C\!\!<\!\!\begin{array}{c}H\\H\end{array} + \begin{array}{c}H\\H\end{array}\!\!>\!\!C\!=\!C\!\!<\!\!\begin{array}{c}H\\H\end{array} + \begin{array}{c}H\\H\end{array}\!\!>\!\!C\!=\!C\!\!<\!\!\begin{array}{c}H\\H\end{array} + \begin{array}{c}H\\H\end{array}\!\!>\!\!C\!=\!C\!\!<\!\!\begin{array}{c}H\\H\end{array} + \ldots$$

↓

$$\ldots-\underset{|}{\overset{|}{C}}-\underset{|}{\overset{|}{C}}-\underset{|}{\overset{|}{C}}-\underset{|}{\overset{|}{C}}-\underset{|}{\overset{|}{C}}-\underset{|}{\overset{|}{C}}-\underset{|}{\overset{|}{C}}-\underset{|}{\overset{|}{C}}-\underset{|}{\overset{|}{C}}-\underset{|}{\overset{|}{C}}-\underset{|}{\overset{|}{C}}-\underset{|}{\overset{|}{C}}-\underset{|}{\overset{|}{C}}-\underset{|}{\overset{|}{C}}-\ldots$$

Tab. 17-4: Polymerisation

R	Monomer	Polymer
Cl—	Vinylchlorid	Polyvinylchlorid
H_3C—	Prop(yl)en	Polypropylen
C_6H_5— (Phenyl)	Styrol	Polystyrol
$H_3CO\!-\!\underset{\|\!\!O}{C}-$	Acrylsäureester	Polyacrylsäureester
$H_2N\!-\!\underset{\|\!\!O}{C}-$	Acrylamid	Polyacrylamid
N≡C—	Acrylnitril	Polyacrylnitril

In folgendes Reaktionsschema ist der in Tab. 17-4 für R angegebene Substituent einzusetzen, n hat Zahlenwerte von 100 und mehr.

Auch die in Tab. 17-4 aufgeführten Monomere mit C – C-Doppelbindung reagieren wie Ethylen zu Polymeren. Ihre Eigenschaften hängen – außer von der Kettenlänge – stark von der funktionellen Gruppe R ab.

17.7 Aromatische Kohlenwasserstoffe

Benzol als Grundkörper: Das Eigenschaftswort „aromatisch" dient hier zur Beschreibung eines besonderen **Bindungssystems**, das im Benzol, dem „Grundkörper" aller aromatischen Verbindungen, vorliegt.

Benzol hat die Summenformel C_6H_6. Es ist eine farblose Flüssigkeit, die bei 80 °C siedet. Bei der Analyse von Benzol ergibt sich ein außergewöhnlich niedriger Wasserstoff-Gehalt, wie der Vergleich der Summenformeln von Kohlenwasserstoffen mit jeweils 6 C-Atomen zeigt.

Hexan	C_6H_{14}
Cyclohexan	C_6H_{12}
Hexen	C_6H_{12}
Hexin	C_6H_{10}
Cyclohexen	C_6H_{10}
Benzol	C_6H_6

Erst durch eine geniale Idee des Chemikers Kekule im Jahre 1865 gelangte man zu einer Vorstellung über die Strukturformel von Benzol, in der die

17.7 Aromatische Kohlenwasserstoffe

sechs C-Atome zu einem Ring-System verknüpft sind.

(A)   (B)

Die sechs C-Atome von Benzol bilden ein regelmäßiges Sechseck. Sie sind jedoch nicht, wie dies die Formel-Schreibweise (A) und (B) unterstellt, abwechselnd durch Einfach- und Doppelbindungen miteinander verknüpft, sondern zu dem durch Einfachbindungen zusammengehaltenen Kohlenstoff-Gerüst kommen *sechs Bindungselektronen hinzu, die völlig gleichmäßig über das Ring-System verteilt* sind. Somit geben die Formeln (A) und (B) diesen sogenannten *aromatischen Bindungszustand* nicht zutreffend wieder, sondern stellen nur Grenzstrukturen dar. Als Grenzstrukturen bezeichnet man Formel-Schreibweisen, in denen Elektronenpaare ganz bestimmten Atomen zugeordnet sind, obwohl man weiß, daß sie in Wirklichkeit *nicht dort lokalisiert sind*, sondern in einem **zwischen** den Grenzstrukturen liegenden Bindungssystem angeordnet sind (Mesomerie).

Vereinfacht kann man diese Grenzstrukturen von Benzol so darstellen:

(A)   (B)   (C)

Nur die Formel-Schreibweise (C) bringt zum Ausdruck, daß sechs Bindungselektronen, gemeinsam durch das Symbol des in das Sechseck hineingezeichneten Kreises dargestellt, gleichmäßig über das Ring-System verteilt sind.

Für das chemische Verhalten von Benzol sind *Substitutions-Reaktionen typisch*, nicht dagegen Additions-Reaktionen (wie bei Alkenen). Eine solche Substitution ist die Reaktion von Benzol mit Brom zu Monobrombenzol (kurz: Brombenzol):

Benzol hat als unpolarer Kohlenwasserstoff ein gutes Lösungsvermögen für lipophile Stoffe. Wegen seiner Toxizität wird es jedoch nur noch selten als Lösungsmittel verwendet. Die große Bedeutung von Benzol besteht darin, daß aus diesem Kohlenwasserstoff eine Vielzahl anderer **aromatischer Verbindungen** hergestellt werden können, zu denen Phenole, aromatische Carbonsäuren und deren Ester gehören.

Alkylbenzole: Die Substitution eines H-Atoms am aromatischen Ring-System durch eine Methyl-Gruppe führt von Benzol zu Monomethylbenzol (**Toluol**). Durch weitere Substitution erhält man verschiedene Dimethylbenzole (**Xylole**) (Tab. 17-5). *Bei Disubstitutions-Produkten des Benzols tritt stets eine Stellungs-Isomerie auf.* Die beiden Substituenten können sich in **ortho-**, **meta-** oder **para-**Stellung zueinander befinden (abgekürzt o-,m- oder p-Stellung).

Tab. 17-5: Physikalische Konstanten einiger aromatischer Kohlenwasserstoffe

Name	Formel	Sdp. (°C)	Schmp.
Benzol		80	+5,5
Toluol		111	–95
o-Xylol (ortho-Stellung)		144	–25
m-Xylol (meta-Stellung)		139	–48
p-Xylol (para-Stellung)		138	+13
Ethylbenzol		136	–95
Styrol		145	–31

Die Namen Benzol, Toluol und Xylol sind historisch bedingt. In der systematischen Nomenklatur ist die Endung -ol für die Hydroxy-Gruppe (OH-Gruppe) vorgesehen; Benzol, Toluol und Xylol sind aber Kohlenwasserstoffe. Die Trivialnamen wurden jedoch beibehalten, da sie allgemein gebräuchlich waren.

Ausgehend von dem Namen „Benzol" kann man die systematische Nomenklatur anwenden und die stellungsisomeren Xylole unter Bezifferung der C-Atome des Ring-Systems als 1,2-(ortho-), 1,3- (meta-) bzw. 1,4- (para-) Dimethyl-benzol bezeichnen.

Von wirtschaftlicher Bedeutung ist auch **Ethylbenzol**. Die Dehydrierung von Ethylbenzol führt zu **Styrol**, dessen Polymerisation den wichtigen Kunststoff Polystyrol ergibt.

Miteinander verknüpfte Ring-Systeme: Zu den aromatischen Kohlenwasserstoffen gehören auch Verbindungen wie Naphthalin, Anthracen und Benzpyren, in deren Molekülen mehrere Ring-Systeme miteinander verknüpft sind und bestimmte C-Atome mehreren Ringen angehören (kondensierte Ring-Systeme). Es liegen polycyclische Verbindungen vor. Die einfachste Struktur in dieser Stoffklasse hat **Naphthalin** ($C_{10}H_8$), ein farbloser, in Schuppen kristallisierender Feststoff mit dem Schmp. 80 °C und folgender Strukturformel:

Kontrollfragen

17-1 Geben Sie den Namen der Verbindung an: $H_3C - CH_2 - CH_2 - CH_2 - CH_2 - CH_3$

17-2 Zu welcher Verbindungsklasse im *weitesten* Sinne gehört diese Verbindung?

17-3 Zu welcher *speziellen* Verbindungsklasse gehört diese Verbindung?

17-4 Welche allgemeine Summenformel haben alle zu 17-3 gehörenden Verbindungen?

17-5 Wie heißt das der Verbindung 17-1 vorangehende Homologe?

17-6 Welche Formel stimmt bei isomeren Alkanen überein? (Beispiel)

17-7 Welche Art der Isomerie liegt bei isomeren Alkanen vor?

17-8 Zu welchen Stoffklassen der Kohlenwasserstoffe kann die Verbindung mit der Summenformel C_6H_{12} gehören?

17-9 Zu welcher Verbindungsklasse gehören Benzol, Toluol, Xylol und Styrol?

17-10 Welcher Typ einer chemischen Reaktion findet statt, wenn Methan mit Chlor unter Lichteinwirkung reagiert?

17-11 Welche Reaktions-Produkte entstehen hierbei?

17-12 Geben Sie Strukturformeln und Namen aller Isomere der Formel $C_2H_2Cl_2$ an.

17-13 Durch welchen Reaktions-Typ entsteht Polyethylen?

18 Alkohole
Ether
Phenole

18.1 Einführung

Der bekannteste Stoff aus der *Verbindungsklasse der Alkohole* ist das Ethanol (Ethylalkohol, umgangssprachlich als „Alkohol" bezeichnet):

C_2H_6O

```
    H H
    | |
H - C-C - O - H
    | |
    H H
```

Charakteristisches Merkmal der Alkohole ist die mit einem Kohlenwasserstoff-Rest verknüpfte **OH-Gruppe** (**Hydroxy**-Gruppe). Die physikalischen und chemischen Eigenschaften der Alkohole werden durch diese *funktionelle Gruppe* geprägt, sie unterscheiden sich grundlegend von den Eigenschaften der entsprechenden Kohlenwasserstoffe. Um einen Überblick über die große Stoffklasse der Alkohole zu gewinnen, unterteilt man die Alkohole:
- nach der *Anzahl der OH-Gruppen* in ihren Molekülen in **einwertige** Alkohole (mit einer OH-Gruppe) und **mehrwertige** Alkohole (z. B. zwei- bis sechswertige Alkohole mit zwei bis sechs OH-Gruppen). In den Molekülen der mehrwertigen Alkohole ist jede Hydroxy-Gruppe mit einem eigenen C-Atom verknüpft (so enthält z. B. der einfachste dreiwertige Alkohol Glycerin (Kap. 18.4) drei C-Atome).
- nach der *Art des C-Atoms, mit dem eine OH-Gruppe verknüpft ist*, in **primäre**, **sekundäre** und **tertiäre** Alkohole. In der folgenden Tabelle sind die typischen Struktur-Merkmale der Alkohole denen der Enole und Phenole gegenübergestellt.

Wie die Kohlenwasserstoffe bilden Alkohole **homologe Reihen** von Verbindungen, z. B. unterscheidet man die **Alkanole** von den **Cycloalkanolen**, bei denen die Hydroxy-Gruppe mit einem C-Atom eines gesättigten Ring-Systems verknüpft ist.

Art des C-Atoms	Struktur-Merkmal	Stoffklasse
primär	C–CH$_2$–OH	primäre Alkohole
sekundär	C–CH(OH)–C	sekundäre Alkohole
tertiär	C–C(C)(OH)–C	tertiäre Alkohole
ungesättigt	C=C–OH	Enole
aromatisch	C$_6$H$_5$–OH	Phenole

Ethylalkohol und zahlreiche andere Alkohole verwendet man als Lösungsmittel, als Treibstoffe sowie als Ausgangsstoffe zur Herstellung von Ethern, Aldehyden, Ketonen, Carbonsäuren und Estern.

Zur Benennung von Alkoholen bestehen mehrere Möglichkeiten:
- die Benennung durch Trivialnamen, z. B. Amylalkohol, Glycerin, Cholesterin, Menthol, Salicylalkohol;
- das Anfügen der Endsilbe „*ol*" an den Namen des entsprechenden Kohlenwasserstoffes, z. B. Methan/Methanol;
- das Voranstellen des Namens des Kohlenwasserstoff-Restes, mit welchem die Hydroxy-Gruppe verknüpft ist, und Anfügen von „alkohol", z. B. Propylalkohol, Ethylalkohol.

18.2 Alkanole

Die erste Verbindung in der homologen Reihe der Alkanole ist **Methanol** (Methylalkohol), das in einem großtechnischen Synthese-Verfahren aus Kohlenstoffmonoxid und Wasserstoff hergestellt werden kann:

$$CO + 2\,H_2 \longrightarrow H-\underset{\underset{H}{|}}{\overset{\overset{H}{|}}{C}}-O-H$$

Das in den Methanol-Molekülen enthaltene C-Atom ist zwar kein primäres C-Atom (weil es nicht mit einem anderen C-Atom verknüpft ist), dennoch rechnet man Methanol zu den primären Alkoholen, weil bei seiner Dehydrierung ein Aldehyd (nämlich Formaldehyd, Kap. 19) entsteht. Methanol ist eine farblose, leicht brennbare Flüssigkeit und ein viel verwendetes polares Lösungsmittel. Die **Toxizität** von Methanol ist bedeutend höher als die von Ethanol (tödliche Vergiftungen durch methanolhaltige alkoholische Getränke).

Im Organismus werden beide Alkohole unter der katalytischen Wirkung des Enzyms **Alkohol-Dehydrogenase** (ADH) durch Nicotinamid-adenin-dinucleotid ($NAD^\oplus$) als Wasserstoff-Acceptor dehydriert: Ethanol zu Acetaldehyd, Methanol zu dem hoch toxischen Formaldehyd, der seinerseits zu Ameisensäure oxidiert wird. Durch diese Stoffwechsel-Produkte werden die bei Methanol-Vergiftungen auftretenden Symptome (schwere Acidose, Sehstörungen bis zur Erblindung) hervorgerufen.

Ethanol, eine farblose brennbare Flüssigkeit, wird großtechnisch hergestellt durch:
– Addition von Wasser an die Doppelbindung von Ethen unter $H^\oplus$-Ionen-Katalyse:

$$H_2C = CH_2 + H_2O \rightarrow H_3C - CH_2OH$$

– alkoholische Gärung durch anaeroben Abbau von Glucose nach der Bruttogleichung:

$$C_6H_{12}O_6 \rightarrow 2\,C_2H_5OH + 2\,CO_2$$

Bei der **Alkohol-Gärung** entsteht unter Mitwirkung von Enzymen der Hefe das Gärungsprodukt Ethanol, das sich in der Gärlösung bis auf einen Anteil von 14–18% anreichert und daraus durch Destillation in einem Volumen-Anteil von ca. 96% (mit 4% Wasser) erhalten werden kann. Während für bestimmte Anwendungen, z. B. in der Medizin und Pharmazie, reines (wasserhaltiges) Ethanol oder absolutes (d.h. wasserfreies) Ethanol erforderlich ist, reicht für andere Verwendungszwecke (z. B. als Brennspiritus) vergälltes (mit Pyridin, Petrolether u.a. ungenießbar gemachtes) Ethanol aus.

Bei **Propanol** treten in der homologen Reihe der Alkanole erstmals isomere Verbindungen auf, die sich voneinander durch die Stellung der Hydroxy-Gruppe an der C-Kette unterscheiden (**Stellungs-Isomere**):

$$H-\underset{\underset{H}{|}}{\overset{\overset{H}{|}}{C}}-\underset{\underset{H}{|}}{\overset{\overset{H}{|}}{C}}-\underset{\underset{OH}{|}}{\overset{\overset{H}{|}}{C}}-H \qquad H-\underset{\underset{H}{|}}{\overset{\overset{H}{|}}{C}}-\underset{\underset{OH}{|}}{\overset{\overset{H}{|}}{C}}-\underset{\underset{H}{|}}{\overset{\overset{H}{|}}{C}}-H$$

1 - Propanol   2 - Propanol
(n - Propanol)   (Isopropanol)
Sdp. 97 °C   Sdp. 82 °C

Die Alkohole **Ethanol** und **Isopropanol** gehören zu den rasch wirkenden Desinfektionsmitteln mittlerer Stärke. Ethanol ist zur Desinfektion nur mit einem Gehalt von 70–80% Alkohol geeignet.

Da das Kohlenstoff-Gerüst längerkettiger Alkohole verzweigt sein kann, tritt auch Gerüst-Isomerie auf. Die einfachsten Alkanole mit verzweigtem Kohlenstoff-Gerüst sind:

$$H_3C-\underset{\underset{H}{|}}{\overset{\overset{H_3C}{|}}{C}}-\underset{\underset{H}{|}}{\overset{\overset{H}{|}}{C}}-OH \qquad \text{und} \qquad H_3C-\underset{\underset{OH}{|}}{\overset{\overset{CH_3}{|}}{C}}-CH_3$$

Isobutanol   tert. - Butanol
Sdp. 108 °C   Sdp. 82 °C

Außer den beiden gerüstisomeren **Butanolen** gibt es noch zwei stellungsisomere Butanole, die man unter Numerierung der C-Atome der Kette benennt:

$$H-\overset{\overset{H}{|}}{\underset{\underset{H}{|}}{C^4}}-\overset{\overset{H}{|}}{\underset{\underset{H}{|}}{C^3}}-\overset{\overset{H}{|}}{\underset{\underset{H}{|}}{C^2}}-\overset{\overset{H}{|}}{\underset{\underset{OH}{|}}{C^1}}-H \qquad H-\overset{\overset{H}{|}}{\underset{\underset{H}{|}}{C^4}}-\overset{\overset{H}{|}}{\underset{\underset{H}{|}}{C^3}}-\overset{\overset{H}{|}}{\underset{\underset{OH}{|}}{C^2}}-\overset{\overset{H}{|}}{\underset{\underset{H}{|}}{C^1}}-H$$

1 - Butanol   2 - Butanol (sek. - Butanol)
Sdp. 117 °C   Sdp. 99,5 °C

Von den isomeren Butanolen sind zwei als primäre Alkohole einzuordnen:

$$H-\underset{\underset{H}{|}}{\overset{\overset{H}{|}}{C}}-\underset{\underset{H}{|}}{\overset{\overset{H}{|}}{C}}-\underset{\underset{H}{|}}{\overset{\overset{H}{|}}{C}}-\underset{\underset{H}{|}}{\overset{\overset{H}{|}}{C}}-O-H \qquad H_3\overset{\overset{}{}}{C}-\underset{\underset{H}{|}}{\overset{\overset{H}{|}}{C^2}}-\underset{\underset{H}{|}}{\overset{\overset{H}{|}}{C}}-OH$$

1 - Butanol   Isobutanol
(n - Butanol)   2 - Methyl - propanol

(Da die anderen isomeren Butanole eindeutige Namen haben, ist hier die Vorsilbe „Iso" zur Unterscheidung ausreichend.)
Der einfachste sekundäre Alkohol ist **Isopropanol**. Der einfachste tertiäre Alkohol ist **tert.-Butanol** (tert.-Butylalkohol).

```
    H  H  H                    CH₃
    |  |  |                    |
H − C− C − C − H          H₃C − C − CH₃
    |  |  |                    |
    H  OH H                    OH

Isopropanol               tert. - Butanol
(2 - Propanol)            (2 - Methyl - 2 - propanol)
```

Die isomeren Pentylalkohole (Amylalkohole) entstehen bei der alkoholischen Gärung als Nebenprodukte.

18.2.1 Physikalische Eigenschaften der Alkanole

Alkanole haben die allgemeine Formel

R − OH oder $C_nH_{2n+1}OH$

In der Formel R − OH bedeutet R eine Alkyl-Gruppe, mit der die polare Hydroxy-Gruppe verknüpft ist. Das Gesamtmolekül eines Alkanols setzt sich also aus einem unpolaren Molekül-Teil und aus einem polaren Molekül-Teil zusammen. Die Hydroxy-Gruppe (− O − H) ist deshalb polar, weil Sauerstoff (als das Element mit der größeren Elektronegativität) das Bindungselektronenpaar zwischen O und H zu sich heranzieht, was man durch die Schreibweise − O ► H veranschaulichen kann (**polarisierte Bindung**).
In den Molekülen der Alkohole Methanol, Ethanol, 1-Propanol, 2-Propanol und tert.-Butanol ist die polare, hydrophile OH-Gruppe mit einer nur wenige C-Atome (n = 1 bis 4) enthaltenden Alkyl-Gruppe verknüpft. Daher sind diese Alkohole gute Lösungsmittel für hydrophile Stoffe. In dem Maße, in dem die Anzahl der C-Atome größer wird, wird der Einfluß der hydrophilen Hydroxy-Gruppe auf die Eigenschaften der Alkohol-Moleküle geringer und der Einfluß der hydrophoben (lipophilen) Alkyl-Gruppe größer:

Die ersten drei Alkohole sind sehr „wasserähnlich" und mit Wasser in jedem beliebigen Massen- oder Volumen-Anteil mischbar. Die „Wasser-Ähnlichkeit" wird mit länger werdender Kette immer geringer; langkettige Alkohole zeigen ähnliche Löslichkeits-Eigenschaften wie Fette: sie sind in Wasser unlöslich und lösen sich, ebenso wie Fette, in unpolaren organischen Lösungsmitteln.

Die **Löslichkeit** einiger Alkohole in Wasser bei 20 °C ist in Tab. 18-1 angegeben. Eine in jedem beliebigen Verhältnis gegebene Mischbarkeit (unbegrenzte Löslichkeit) wird durch das Symbol ∞ ausgedrückt.

Tab. 18-1: Physikalische Konstanten nicht-verzweigter Alkanole der Formel H—$(CH_2)_n$ − OH.

n	Name	Sdp. (°C)	Schmp. (°C)	Löslichkeit in H_2O (g/100 g bei 20°)
1	Methanol	65		∞
2	Ethanol	78		∞
3	1-Propanol	97		∞
4	1-Butanol	117		7,9
5	1-Pentanol	137		2,3
6	1-Hexanol	158		0,6
8	1-Octanol	194		0,05
10	1-Decanol	229	+7	
12	1-Dodecanol		26	
14	1-Tetradecanol		39–40	
16	1-Hexadecanol		50	
18	1-Octadecanol		59–60	

In den bisher genannten Alkoholen ist jeweils nur eine OH-Gruppe mit dem entsprechenden C-Gerüst verknüpft. Die Löslichkeits-Eigenschaften ändern sich jedoch entscheidend, wenn **jedes** C-Atom mit einer „eigenen" OH-Gruppe verknüpft ist, wie dies die Formel eines sechswertigen Alkohols zeigt:

```
    H   H   H   H   H   H
    |   |   |   |   |   |
H − C − C − C − C − C − C − H
    |   |   |   |   |   |
    OH  OH  OH  OH  OH  OH
```

H − O − H
H₃C − O − H
H₃C − CH₂ − O − H
H₃C − CH₂ − CH₂ − O − H
H₃C − CH₂ − CH₂ − CH₂ − O − H
H₃C − CH₂ − CH₂ − CH₂ − CH₂ − CH₂ − CH₂ − CH₂ − CH₂ − CH₂ − O − H

Solche Alkohole (die, wie Sorbit, als Zuckeraustauschstoffe von Bedeutung sind) sind in Wasser erwartungsgemäß sehr gut löslich, sie verhalten sich ausgeprägt hydrophil. Durch den Einfluß der vielen polaren OH-Gruppen im Molekül kann sich der hydrophobe Charakter des C-Gerüstes nicht auswirken. Auch die Zucker (Traubenzucker, Fruchtzucker, Rohrzucker) enthalten zahlreiche alkoholische OH-Gruppen und sind daher ausgeprägt hydrophil.

Wasserstoffbrücken-Bindungen und Siedetemperatur: Die **Siedetemperatur** von n-Alkanolen (s. Tab. 18-1) steigt mit der Kettenlänge an. Auch innerhalb anderer homologer Reihen, z. B. bei den Di-(n-alkyl)-ethern und den n-Alkanen, ist die Siedetemperatur einer bestimmten Verbindung um so höher, je größer ihre molare Masse ist. Folgende Tabelle zeigt diese *Abhängigkeit der Siedetemperatur von der molaren Masse*:

Verbindung	molare Masse (g/mol)	Siedetemperatur (°C)
n-Pentan	72,2	36
n-Hexan	86,2	69
n-Butanol	74,1	117
n-Pentanol	88,1	137

Diese Tabelle macht auch deutlich, daß Alkanole bei erheblich höheren Temperaturen sieden als Alkane mit annähernd gleicher molarer Masse.

Die auffallend hohen Siedetemperaturen der Alkohole allgemein (nicht nur der n-Alkanole) sind darauf zurückzuführen, daß Alkohol-Moleküle über **Wasserstoffbrücken-Bindungen** miteinander assoziiert sind. Die strukturellen Voraussetzungen für das Auftreten von Wasserstoffbrücken-Bindungen sind hier:
– das Vorliegen der *polarisierten Bindung zwischen dem O-Atom und dem H-Atom der Hydroxy-Gruppe* (mit einer positiven Teilladung am Wasserstoff) **und**
– *ein freies Elektronenpaar am Sauerstoff-Atom*.

Die Wasserstoffbrücken-Bindungen führen zu Bildung von Molekül-Assoziaten (Molekül-Verbänden).

Für solche Molekül-Assoziate ergeben sich (je nach Ausmaß der Assoziation) höhere Werte der molaren Massen als für nicht-assoziierte Moleküle. Bei Berücksichtigung dieser Assoziation werden die vergleichsweise sehr hohen Siedetemperaturen der Alkohole verständlich.

Bei Kohlenwasserstoffen und Ethern können sich keine Wasserstoffbrücken-Bindungen zwischen den Molekülen bilden, da die genannten strukturellen Voraussetzungen fehlen.

Die folgende Zusammenstellung macht die großen Unterschiede in den Siedetemperaturen von Verbindungen mit annähernd gleicher molarer Masse, jedoch *aus unterschiedlichen Stoffklassen* (Kohlenwasserstoffe, Ether, Alkohole) deutlich.

Verbindung	molare Masse (g/mol)	Sdp. (°C)
Ethan	30,1	–88,5
Methanol	32,0	+64,6
Propan	44,1	–42,2
Dimethylether	46,1	–24,9
Ethanol	46,1	+78,4
Pentan	72,2	36,0
Diethylether	74,1	34,6
n-Butanol	74,1	117,8

18.2.2 Chemische Reaktionen

Wasser-Abspaltung (Dehydratisierung): Beim Erhitzen auf höhere Temperaturen und nach Zugabe wasserbindender Reagenzien reagieren Alkanol-Moleküle unter Wasser-Abspaltung (Dehydratisierung). Abhängig von den Reaktions-Bedingungen verläuft die Dehydratisierung entweder so, daß
– aus je einem Alkohol-Molekül ein Molekül Wasser abgespalten wird (**intra**molekular) oder daß
– aus jeweils zwei Alkohol-Molekülen ein Molekül Wasser abgespalten wird (**inter**molekular).

Die intramolekulare Dehydratisierung von Alkanoien ergibt die entsprechenden Alkene. Auf diese Weise entsteht z. B. aus Ethanol Ethen:

Das abzuspaltende Wasser-Molekül entsteht aus der alkoholischen OH-Gruppe und einem an das *Nachbarkohlenstoff-Atom* gebundenen H-Atom.

Die **inter**molekulare Dehydratisierung von Alkoholen ergibt Ether. Auf diese Weise entsteht aus Ethanol der bekannteste Ether, Diethylether:

```
  H H              H H
  | |              | |
H-C-C-O-H  +  H-O-C-C-H   ⟶
  | |              | |
  H H              H H

  H H   H H
  | |   | |
H-C-C-O-C-C-H  +  H₂O
  | |   | |
  H H   H H
```

Charakteristisch für die Struktur der Ether ist das Sauerstoff-Atom zwischen zwei Kohlenwasserstoff-Resten (z. B. zwischen zwei Ethyl-Gruppen). Bei dieser als **Veretherung** bezeichneten Reaktion entsteht das Wasser-Molekül aus der Reaktion zweier alkoholischer OH-Gruppen.

Wasserstoff-Abspaltung (Dehydrierung): Die **Dehydrierung** organischer Verbindungen mit alkoholischen OH-Gruppen wird im chemischen und klinisch-chemischen Labor häufig durchgeführt und spielt auch im Stoffwechsel eine wichtige Rolle.

Die Dehydrierung erfordert einen Wasserstoff-Acceptor als Reaktions-Partner.

Aus Methanol und primären Alkoholen, wie Ethanol, 1-Propanol, 1-Butanol und Isobutanol erhält man Aldehyde (sie entstehen aus **Alk**oholen durch **Dehyd**rierung). Aldehyde (Kap. 19) sind eine eigene Stoffklasse der organischen Verbindungen. Man kann sie durch Trivialnamen bezeichnen oder durch Anhängen der Endsilbe -al an den Namen des entsprechenden Alkans. So entsteht z. B. durch Dehydrierung von Ethanol der Aldehyd Ethanal:

```
  H H                H
  | |                |    ⁄O
H-C-C-O-H   ⟶   H-C-C      + [2 H]
  | |                |    \H
  H H                H
```

Aus sekundären Alkoholen, wie 2-Propanol und 2-Butanol, erhält man durch Dehydrierung Verbindungen aus der Stoffklasse der Ketone (Kap. 19).

```
  H H H              H H H
  | | |              | | |
H-C-C—C-H   ⟶   H-C-C-C-H  + [2 H]
  | | |              | ‖ |
  H OH H             H O H
```

Der abgespaltene Wasserstoff stammt aus dem H-Atom der OH-Gruppe und einem an **dasselbe** C-Atom gebundenen H-Atom. Eine derartige Dehydrierung ist nur bei den primären und sekundären Alkoholen möglich, bei den tertiären Alkoholen dagegen nicht.

Gemeinsames typisches Struktur-Merkmal der Aldehyde und der Ketone ist die C – O-Doppelbindung.

Reaktion mit Carbonsäuren: Eine *intermolekulare Wasser-Abspaltung* kann nicht nur zwischen zwei Alkohol-Molekülen stattfinden (Entstehung eines Ethers), sondern auch zwischen einem Alkohol-Molekül und einem Carbonsäure- (z. B. Essigsäure-) Molekül. Hierbei erhält man Verbindungen aus der Stoffklasse der **Ester** (Kap. 22).

18.3 Mehrwertige Alkohole

Bei den mehrwertigen Alkoholen ist jede Hydroxy-Gruppe mit einem eigenen C-Atom verknüpft:

Alkohole	OH-Gruppen	Stoffklasse
zweiwertige	2	Diole (Glycole, z. B. Glycol)
dreiwertige	3	Triole (z. B. Glycerin)
sechswertige	6	Hexite (Zuckeralkohole)

Der einfachste zweiwertige Alkohol ist Ethylenglycol, kurz Glycol. Die Bezeichnung **Glycole** wird für die homologe Reihe der zweiwertigen Alkohole insgesamt benutzt. Glycol hat einen niedrigen Gefrierpunkt (– 15,6°C). Da Mischungen aus Wasser und Glycol je nach Glycol-Gehalt bei Temperaturen weit unterhalb 0° erstarren, wird Glycol als Frostschutzmittel in Kühlwasser verwendet.

```
    H                  H
    |                  |
  H-C-OH             H-C-OH
    |                  |
  H-C-OH             H-C-OH
    |                  |
    H                H-C-OH
                       |
                       H

  Glycol              Glycerin
  Sdp. 198 °C         Sdp. 290 °C
```

Der einfachste dreiwertige Alkohol, **Glycerin** (Glycerol), ist Baustein der tierischen und pflanzlichen Fette (Kap. 23).

Fünf- und sechswertige Alkohole werden als Zuckeraustauschstoffe zum Süßen von Getränken und Lebensmitteln verwendet.

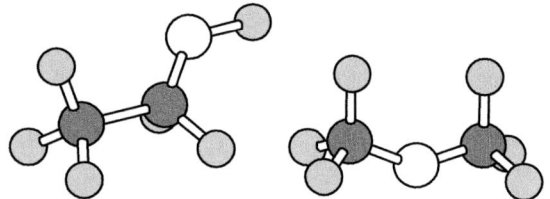

Abb. 18-1. Kugel-Stab-Modelle der beiden funktionsisomeren Verbindungen C₂H₆O: Ethanol (links) mit der Hydroxy-Gruppe (OH, O-Atom als helle Kugel) und Dimethylether mit dem O-Atom zwischen zwei C-Atomen (nach: Solomons: Organic Chemistry) (s.a. Farbtafel).

18.4 Ether

Die chemische Bezeichnung für den als Inhalationsnarkotikum bekannten Ether (bisherige Schreibweise: Äther) lautet **Diethylether**. Diethylether wird aus Ethanol durch intermolekulare Wasser-Abspaltung hergestellt; er ist eine farblose Flüssigkeit, die bereits bei 35 °C siedet. Dieser niedrige Siedepunkt ist darauf zurückzuführen, daß zwischen Ether-Molekülen nur schwache Anziehungskräfte wirksam sind. Ether-Moleküle enthalten zwar ein O-Atom mit freien Elektronenpaaren, jedoch keine polarisierten Bindungen zu H-Atomen, so daß sich (anders als bei Alkohol-Molekülen mit ihrer OH-Gruppe) keine Wasserstoffbrücken-Bindungen ausbilden können.

```
    H  H                    H  H    H  H
    |  |                    |  |    |  |
H — C— C— O►H           H — C— C— O— C— C— H
    |  |                    |  |    |  |
    H  H                    H  H    H  H
Ethanol                 Diethylether
Sdp. 78 °C              Sdp. 35 °C
```

Die Moleküle von Ethern und Alkoholen mit derselben Summenformel sind isomer, sie unterscheiden sich dadurch, daß sie *verschiedenartige funktionelle Gruppen* enthalten. Nachstehend sind die Konstitutionsformeln von je zwei Isomeren (C₂H₆O und C₄H₁₀O) wiedergegeben. Abb. 18-1 zeigt das Kugel-Stab-Modell von Dimethylether und Ethanol.

```
    H  H                         H     H
    |  |                         |     |
H — C— C— O— H               H — C— O— C— H
    |  |                         |     |
    H  H                         H     H
Ethanol       C₂H₆O          Dimethylether

    H  H  H  H                    H  H    H  H
    |  |  |  |                    |  |    |  |
H — C— C— C— C— O— H          H — C— C— O— C— C— H
    |  |  |  |                    |  |    |  |
    H  H  H  H                    H  H    H  H
1 - Butanol   C₄H₁₀O         Diethylether
```

Ether-Dämpfe haben einen charakteristischen Geruch, das Einatmen ruft Bewußtlosigkeit hervor. (Die Entwicklung besserer Inhalationsnarkotika hat die Bedeutung von Ether als Narkosemittel gemindert). Ether-Dämpfe bilden mit Luft explosive Gemische, so daß beim Arbeiten mit Diethylether, wie mit Ethern ganz allgemein, strenge Sicherheitsvorschriften zu beachten sind (Rauchverbot; beim Erhitzen keine Flamme, nur solche elektrischen Geräte, die keine Funken bilden).

Diethylether ist ein häufig eingesetztes **Lösungsmittel** für lipophile Stoffe. Diethylether ist hydrophob, bald nach dem Durchmischen wäßriger Lösungen mit Diethylether kommt es zur Trennung in zwei Schichten (Phasen). Mit diesem als „Ausäthern" bekannten Verfahren isoliert man lipophile Inhaltsstoffe pflanzlicher und tierischer Zellen in Form „ätherischer Lösungen". Diethylether hat somit erhebliche Bedeutung als Extraktionsmittel.

18.4.1 Ether als Verbindungsklasse

Das Anfangsglied der homologen Reihe der Dialkylether ist der Dimethylether, eine bei Raumtemperatur gasförmige Verbindung.

Neben den symmetrischen Ethern sind auch Ether bekannt, bei deren Herstellung die intermolekulare Wasser-Abspaltung *zwischen Molekülen unterschiedlicher Alkohole* erfolgt ist. So läßt sich aus Methanol und Ethanol der nicht-symmetrische Ethyl-methyl-ether herstellen.

```
    H     H                       H     H  H
    |     |                       |     |  |
H — C— O— C— H               H — C— O— C— C— H
    |     |                       |     |  |
    H     H                       H     H  H
Dimethylether                Ethyl - methyl - ether
```

Der Benennung der Ether liegen die Namen der Alkyl-Gruppe(n) und der Stoffklasse (Ether) zugrunde.

Auch aus sekundären und tertiären Alkoholen sind Ether erhältlich. Der aus Isopropanol (2-Propanol) hergestellte **Diisopropylether** ist ebenfalls ein wichtiges Lösungsmittel.

In Tab. 18-2 sind einige Ether zusammengestellt. Die Ether gehören, ebenso wie Alkane und Cycloalkane, zu den wenig reaktionsfähigen (reaktionsträgen) organischen Verbindungen.

Tab. 18-2: Einige Dialkyl-ether und ihre Siedetemperaturen.

Name	Formel	Sdp. (°C)
Dimethyl-ether	$H_3C-O-CH_3$	−25
Ethyl-methyl-ether	$H_3C-O-C_2H_5$	+8
Diethyl-ether	$H_5C_2-O-C_2H_5$	35
Di-(n-propyl)-ether	$H_7C_3-O-C_3H_7$	91

Diisopropyl-ether	$H_3C-CH-O-CH-CH_3$
	   $\quad\ \ \|\qquad\quad\ \|$
	   $\quad CH_3\qquad CH_3$
		68

Di-(n-butyl)-ether	$H_9C_4-O-C_4H_9$	141

18.5 Phenole

18.5.1 Einwertige Phenole

Alkohole und Phenole haben ein gemeinsames Struktur-Merkmal: die **Hydroxy-Gruppe**. Daher verlaufen bestimmte Reaktionen bei Alkoholen und Phenolen **gleichartig**, z. B. die Umwandlung in Ether, in Ester (Phenolester s. Kap. 22) und in Glycoside (Kap. 24).

Unterschiede bestehen in der Art des C-Atoms, an das die OH-Gruppe gebunden ist. Bei den Alkoholen ist diese funktionelle Gruppe mit einem C-Atom verknüpft, von dem drei weitere Einfachbindungen zu anderen C-Atomen oder zu H-Atomen ausgehen. Dagegen ist die OH-Gruppe bei den Phenolen **direkt** *mit einem C-Atom verknüpft, das zu einem aromatischen Ring-System gehört.* Dieser Konstitutions-Unterschied ist die Ursache für die *Unterschiede in den Eigenschaften* von Alkoholen und Phenolen und der Grund für ihre Einordnung in getrennte Verbindungsklassen. Unterschiedlich verlaufen vor allem die Reaktionen mit Protonen-Acceptoren (Wasser, Basen), denn wäßrige Lösungen von Alkoholen reagieren neutral, von Phenolen dagegen sauer.

Der Grundkörper der Verbindungsklasse der Phenole ist das Phenol:

Von Phenol leiten sich zahlreiche substituierte Phenole ab, bei denen eines oder mehrere (maximal fünf) der an die C-Atome des aromatischen Ring-Systems gebundenen H-Atome durch andere Atome oder Atomgruppen (z. B. Chlor-, Brom-Atome, Nitro-Gruppen) ersetzt sind.

2,4-Dibrom-   2,4,6-Trinitro-   Pentachlor-
phenol   phenol   phenol

Ebenso wie Phenol selbst sind diese Substitutions-Produkte **einwertige** Phenole: Die Moleküle enthalten nur eine OH-Gruppe. Der Grundkörper Phenol ist ein farbloser Feststoff mit einem charakteristischen Geruch. Seine Löslichkeit in Wasser beträgt bei 20 °C 8,4 g/100 g H_2O. Phenol wird auch als Karbolsäure bezeichnet und findet in Desinfektionsmitteln Verwendung wie auch die stellungsisomeren Methylphenole (Kresole). Phenol und substituierte Phenole reagieren **sauer:** In einer Gleichgewichts-Reaktion zwischen Phenol und Wasser entstehen $H_3O^\oplus$-Ionen und Phenolat-Ionen (die Säurerest-Ionen des Phenols):

Die Phenole sind in der Regel schwache Säuren (Phenol $pK_S = 9{,}98$). Einige Substituenten beeinflussen jedoch die Dissoziation in wäßriger Lösung derart, daß die betreffenden Phenole stark sauer reagieren. So ist das intensiv gelb gefärbte 2,4,6-Trinitrophenol eine unter dem Trivialnamen **Pikrinsäure** bekannte, starke organische Säure ($pK_S = 0{,}20$).

Wie aufgrund ihrer Säure-Eigenschaft zu erwarten ist, lösen sich viele Phenole leicht in wäßriger Natron- oder Kalilauge, dabei entsteht das betreffende Alkaliphenolat, z. B. aus Phenol Natrium-phenolat:

C$_6$H$_5$–OH + OH$^\ominus$ + Na$^\oplus$ ⟶ C$_6$H$_5$–O$^\ominus$ + H$_2$O + Na$^\oplus$

18.5.2 Mehrwertige Phenole

Phenol ist nach der systematischen Nomenklatur als Monohydroxy-benzol zu bezeichnen. Daneben sind auch **mehrwertige** Phenole bekannt, die mehrere OH-Gruppen enthalten.
Die einfachsten *zweiwertigen* Phenole sind die stellungsisomeren Dihydroxy-benzole mit der Summenformel C$_6$H$_6$O$_2$:

1,2-Dihydroxy-benzol (Brenzcatechin)
1,3-Dihydroxy-benzol (Resorcin)
1,4-Dihydroxy-benzol (Hydrochinon)

Ihre Konstitutionsformeln und Schmelztemperaturen finden sich in Tab. 18-3.

Hydrochinon verdient besonderes Interesse, weil es sich unter Abgabe von zwei Elektronen und zwei Protonen leicht zu p-Chinon oxidieren läßt:

Hydrochinon ⇌ p-Chinon + 2 e$^\ominus$ + 2 H$^\oplus$

Bei dieser Oxidation wird der aromatische Bindungszustand aufgehoben, es entsteht ein „chinoides" Bindungssystem. Derartige chinoide Strukturen entstehen häufig, wenn Ausgangsstoffe zwei phenolische OH-Gruppen in para-Stellung zueinander enthalten. Solche Hydrochinon/Chinon-Redox-Gleichgewichte spielen auch als Stoffwechsel-Vorgänge eine Rolle.
Bei den **dreiwertigen** Phenolen können die drei OH-Gruppen entweder mit direkt benachbarten C-Atomen verknüpft sein oder regelmäßig oder unregelmäßig am Ring-System angeordnet sein. So ergeben sich die Verbindungen (Tab. 18-3):

Tab. 18-3: Wichtige Phenole und ihre Schmelztemperaturen

Name	Formel	Schmp. (°C)
Phenol (Karbolsäure)	C$_6$H$_5$–OH	43
o-Kresol (2-Methyl-phenol)	2-CH$_3$-C$_6$H$_4$-OH	31
m-Kresol (3-Methyl-phenol)	3-CH$_3$-C$_6$H$_4$-OH	11
p-Kresol (4-Methyl-phenol)	4-CH$_3$-C$_6$H$_4$-OH	35
p-Nitro-phenol	O$_2$N-C$_6$H$_4$-OH	114–116
Brenzcatechin	1,2-(HO)$_2$C$_6$H$_4$	105
Resorcin	1,3-(HO)$_2$C$_6$H$_4$	111
Hydrochinon	1,4-(HO)$_2$C$_6$H$_4$	173–174
Pyrogallol	1,2,3-(HO)$_3$C$_6$H$_3$	133–134
Phloroglucin	1,3,5-(HO)$_3$C$_6$H$_3$	218–219
1,2,4-Trihydroxy-benzol	1,2,4-(HO)$_3$C$_6$H$_3$	140–141

1,2,3-Trihydroxy-benzol (Pyrogallol),
1,3,5-Trihydroxy-benzol (Phloroglucin),
1,2,4-Trihydroxy-benzol (Hydroxy-hydrochinon).

Phenolether und Phenolester: Chemische Umsetzungen der Phenole an ihrer funktionellen Gruppe führen zu Phenol-Derivaten, von denen Phenolether, Phenolglycoside (Kap. 24) und Phenolester in der belebten Natur weit verbreitet sind. Als einfachste Beispiele für **Phenolether** seien genannt:

Das Schilddrüsenhormon **Thyroxin** enthält eine Diphenyl-ether-Struktur.

Phenolester entstehen durch Reaktion von Phenolen mit Carbonsäuren unter Wasser-Abspaltung (Beispiele s. Kap. 22). Die größte Bedeutung haben Ester aus Phenolen und Essigsäure sowie aromatischen Carbonsäuren.

Kontrollfragen

18-1 Welche gemeinsame Summenformel haben die Isomere

$$H-\underset{\underset{H}{|}}{\overset{\overset{H}{|}}{C}}-\underset{\underset{H}{|}}{\overset{\overset{H}{|}}{C}}-\underset{\underset{H}{|}}{\overset{\overset{OH}{|}}{C}}-H \quad (A) \qquad H-\underset{\underset{H}{|}}{\overset{\overset{H}{|}}{C}}-\underset{\underset{H}{|}}{\overset{\overset{OH}{|}}{C}}-\underset{\underset{H}{|}}{\overset{\overset{H}{|}}{C}}-H \quad (B)$$

18-2 Zu welcher homologen Reihe gehören (A) und (B)?

18-3 Welche funktionelle Gruppe enthalten diese Moleküle?

18-4 Benennen Sie die Verbindungen (A) und (B).

18-5 Welche Art der Isomerie liegt hier vor?

18-6 Benennen Sie die folgende Verbindung:

$$H_3C-\underset{\underset{H}{|}}{\overset{\overset{CH_3}{|}}{C}}-\underset{\underset{H}{|}}{\overset{\overset{H}{|}}{C}}-O-H$$

18-7 Geben Sie Namen und rationelle Formel des zur Narkose verwendeten „Äthers" an.

18-8 Aus welchem Alkohol stellt man diesen Ether her?

18-9 Wie reagiert eine wäßrige Lösung von Phenol bei der Prüfung des pH-Wertes? (Begründung)

18-10 Geben Sie die Konstitutionsformeln an für: (A) Kaliumphenolat, (B) p-Chlorphenol, (C) m-Kresol, (D) o-Bromphenol und (E) 2,4,6-Trinitrophenol.

19 Carbonyl-Verbindungen

19.1 Einführung

Unter der Bezeichnung **Carbonyl-Verbindungen** werden die beiden Verbindungsklassen **Aldehyde und Ketone** zusammengefaßt, weil ihr gemeinsames Struktur-Merkmal die Carbonyl-Gruppe ist. In dieser funktionellen Gruppe ist ein C-Atom durch eine Doppelbindung mit einem O-Atom verknüpft. Bei den Aldehyden geht diese Doppelbindung von einem primären C-Atom (Aldehyd-Gruppe), bei den Ketonen dagegen von einem sekundären C-Atom aus (Keto-Gruppe).

Carbonyl - Gruppe   Aldehyd - Gruppe   Keto - Gruppe

Carbonyl-Verbindungen entstehen durch Dehydrierung der entsprechenden Hydroxy-Verbindungen (Alkohole): *die Dehydrierung primärer Alkohole ergibt Aldehyde, die Dehydrierung sekundärer Alkohole ergibt Ketone.*

Aufgrund der C–O-Doppelbindung sind Carbonyl-Verbindungen zu zahlreichen Additions-Reaktionen befähigt. In der Carbonyl-Gruppe ist der Sauerstoff das Atom mit der höheren Elektronegativität, die C—O-Doppelbindung ist daher polarisiert. Die Elektronen-Anordnung in der Carbonyl-Gruppe läßt sich durch folgende Grenzstrukturen beschreiben:

Carbonyl-Verbindungen sind an zahlreichen Stoffwechsel-Vorgängen beteiligt. Hierbei sind vor allem solche Verbindungen von Bedeutung, die außer der Carbonyl-Gruppe noch weitere funktionelle Gruppen, wie Hydroxy- oder Carboxy-Gruppen, enthalten.

19.2 Aldehyde

19.2.1 Aldehyde als Verbindungsklasse

Der Name Aldehyd wurde aus den Worten „**al**cohol **dehyd**rogenatum" zusammengefügt, weil Aldehyde durch Dehydrierung von Alkoholen, genauer: von primären Alkoholen, entstehen.

Der abzuspaltende Wasserstoff muß von einem Wasserstoff-Acceptor gebunden werden, z. B. von Luft-Sauerstoff oder dem in einem Oxidationsmittel, wie Dichromat-Ionen $Cr_2O_7^{2-}$, enthaltenen Sauerstoff (hier kurz als [O] bezeichnet):

primärer Alkohol   Aldehyd

In diesen Formeln steht R anstelle eines Kohlenwasserstoff-Restes (oder, bei dem einfachsten Aldehyd, anstelle eines H-Atoms). Von der Konstitution des jeweiligen Kohlenwasserstoff-Restes geht die Unterteilung in Alkanale (R ist eine Alkyl-Gruppe), ungesättigte Aldehyde (R enthält eine C–C-Doppelbindung) und aromatische Aldehyde (R ist z. B. eine substituierte Phenylgruppe) aus.

Primäre Alkohole können zu Aldehyden oxidiert (dehydriert) werden; die Aldehyde wiederum werden leicht zu Carbonsäuren oxidiert.

prim. Alkohol   Aldehyd   Carbonsäure

Zahlreiche Aldehyde haben Trivialnamen, die sich von den Namen der Carbonsäuren, die aus ihnen durch Oxidation entstehen, ableiten.

R	lat. Name der Carbonsäure	Aldehyd
H–	acidum **form**icicum	**Form**aldehyd
H_3C–	acidum **acet**icum	**Acet**aldehyd
C$_6$H$_5$–	acidum **benz**oicum	**Benz**aldehyd

Aldehyde gehören zu den reaktionsfähigsten organischen Verbindungen. Ihre reduzierenden Eigenschaften können so stark ausgeprägt sein, daß sie schon beim Stehen an der Luft zu der entsprechenden Carbonsäure oxidiert werden (Autoxidation).

Auf der für Aldehyde typischen **reduzierenden** Wirkung beruhen Nachweis-Reaktionen für Aldehyde und ihre analytische Unterscheidung von den Ketonen, die keine reduzierenden Eigenschaften haben.

19.2.2 Alkanale

Die systematischen Namen der Aldehyde werden gebildet, indem man dem Namen des Kohlenwasserstoffes mit demselben C-Gerüst die Endung „al" anfügt. So heißt der vom Propan abgeleitete Aldehyd Propanal (Trivialname: Propionaldehyd):

$H_3C-CH_2-CH_3$ $H_3C-CH_2-C(=O)H$

Propan   Propanal

Oft sind allerdings die Trivialnamen gebräuchlicher.

Die **Alkanale** bilden eine homologe Reihe (Tab. 19-1). Zwei wichtige Aldehyde aus dieser Reihe sollen ausführlicher besprochen werden.

$H-CH(H)-OH + [O] \longrightarrow H-C(=O)H + H_2O$

Formaldehyd ist ein farbloses, stechend riechendes, die Augen und die Schleimhäute der Atem-

Tab. 19-1: Einige Alkanale und ihre Siedetemperaturen

$$R-C\underset{H}{\overset{\displaystyle O}{\diagup\!\!\!\diagdown}}$$

Name	R	Sdp. (°C)
Formaldehyd (Methanal)	H–	–21
Acetaldehyd (Ethanal)	H_3C–	+21
Propionaldehyd (Propanal)	H_3C-CH_2–	49
n-Butyraldehyd (n-Butanal)	$H_3C-CH_2-CH_2$–	76

wege reizendes Gas, das man durch Dehydrierung (Oxidation) aus Methanol herstellt.

Formaldehyd ist in Wasser sehr gut löslich, im Handel sind **wäßrige Lösungen** mit unterschiedlichen Massen-Anteilen Formaldehyd, z. B. **Formalin-Lösungen** (Formaldehyd-Gehalt 35 bis 37%) und Konzentrate für Desinfektionszwecke (Formaldehyd-Gehalt 6 bis 10%), die vor der Verwendung verdünnt werden. Formaldehyd ist sehr reaktionsfähig und reagiert an der C – O-Doppelbindung unter Addition. So reagieren z. B. **Proteine** an ihren Amino-Gruppen mit Formaldehyd; dies führt zur **Vernetzung** der Proteine und somit zur Eiweiß-Denaturierung. Nucleinsäuren (Kap. 32) reagieren entsprechend, vor allem an der Amino-Gruppe der Purin-Base Adenin (cytotoxische Wirkung von Formaldehyd). Derartige Reaktionen führen bei Mikroorganismen und Viren zur Abtötung oder Inaktivierung (Anwendung von Formaldehyd-Lösungen zur Desinfektion und Sterilisation). Außerdem werden Formaldehyd-Lösungen in der Anatomie und Histopathologie zur Konservierung von Geweben verwendet.

Formaldehyd gilt als Stoff mit begründetem Verdacht auf krebserregendes Potential (Gruppe III B, MAK-Werte Liste 1996).

In der chemischen Industrie wird Formaldehyd in großen Mengen zur Herstellung von Kunstharzen und von Polyacetal-Kunststoffen verwendet.

Wegen der hohen Reaktivität von Formaldehyd ist bei der Flächendesinfektion mit Formaldehyd-Lösungen für gute Belüftung der Räume zu sorgen und die Raumdesinfektion mit gasförmigem Formaldehyd auf seuchenhygienische Ausnahmefälle zu beschränken.

Außer Formaldehyd haben sich folgende Verbindungen aus der homologen Reihe der gesättigten **Dialdehyde** als hochwirksame Desinfektionsmittel erwiesen. Ihre Konstitutionsformeln ergeben sich durch Einsetzen des jeweiligen Wertes von n in die allgemeine Formel

$$\underset{O}{H}{>}C-(CH_2)_n-C{<}\underset{O}{H}$$

In den Glyoxal-Molekülen sind zwei Aldehyd-Gruppen direkt miteinander verknüpft.

Dialdehyd	n	C-Atome insges.
Glyoxal	0	2
Malondialdehyd	1	3
Succindialdehyd	2	4
Glutardialdehyd	3	5

Acetaldehyd ist (ebenso wie Formaldehyd) ein wichtiger Ausgangsstoff zur Herstellung organischer Verbindungen.

19.2.3 Aldehyde aus anderen homologen Reihen

Der einfachste *ungesättigte Aldehyd* ist Propenal (**Acrolein**), eine farblose Flüssigkeit:

$$\underset{H}{H}{>}C=C-C{<}\underset{H}{O} \quad (\text{mit } H \text{ an mittlerem C})$$

Das stechend riechende Acrolein entsteht beim starken Erhitzen von Fetten.

Der einfachste *aromatische Aldehyd* ist **Benzaldehyd**, eine Flüssigkeit (Sdp. 178 °C) mit bittermandelähnlichem Geruch:

$$\text{C}_6\text{H}_5-C{<}\underset{H}{O}$$

Glutardialdehyd (kurz Glutaraldehyd) ist eine Verbindung mit zwei Aldehyd-Gruppen:

$$\underset{O}{>}C-CH_2-CH_2-CH_2-C{<}\underset{O}{}$$

Glutardialdehyd-Moleküle können *mit beiden Aldehyd-Gruppen* Reaktionen eingehen. Die Reaktion von Eiweißstoffen mit Glutardialdehyd führt daher zu einer Vernetzung der Eiweißmoleküle. Diese Vernetzungsmethode wird in der Histologie bei der Herstellung von Gewebeschnitten angewandt.

19.3 Ketone

Die Ketone haben mit den Aldehyden die $C-O$-*Doppelbindung* gemeinsam. Folglich gehen auch Ketone Additions-Reaktionen ein, sie haben aber im Gegensatz zu den Aldehyden keine reduzierenden Eigenschaften und sind insgesamt weniger reaktionsfähig als Aldehyde.

Die Herstellung von Ketonen erfolgt durch Dehydrierung (Oxidation) sekundärer Alkohole. Als Wasserstoff-Acceptor dient z. B. Sauerstoff.

Zur Benennung von Ketonen wird dem Namen des Kohlenwasserstoffes mit demselben Kohlenstoff-Gerüst die Endung „on" angefügt, z. B. Propan/**Propanon**. Außerdem kann man Namen von Ketonen bilden durch:
– Aneinanderreihen der Kohlenwasserstoff-Reste, die mit der Keto-Gruppe verknüpft sind, in alphabetischer Reihenfolge und
– Anfügen des Namens der Stoffklasse „keton".

So ergibt sich für **Butanon**, der weitere Name Ethyl-methyl-keton:

$$H_3C-\underset{\underset{O}{\|}}{C}-C_2H_5 \qquad H-\underset{\underset{H}{|}}{\overset{\overset{H}{|}}{C}}-\underset{\underset{O}{\|}}{C}-\underset{\underset{H}{|}}{\overset{\overset{H}{|}}{C}}-\underset{\underset{H}{|}}{\overset{\overset{H}{|}}{C}}-H$$

Rationelle Formel Konstitutionsformel

Bei symmetrischen Ketonen kann dem Namen des Kohlenwasserstoff-Restes die Vorsilbe **Di-** vorangestellt werden, z. B.: Dimethyl-keton (Propanon. Trivialname: Aceton).

19.3.1 Alkanone

Alkanone sind **gesättigte Ketone**, in denen ausschließlich Alkyl-Gruppen mit der Keto-Gruppe verknüpft sind. In Tab. 19-2 sind einige Alkanone aufgeführt.

Das unter dem Trivialnamen **Aceton** bekannte Propanon ist das Anfangsglied der homologen Reihe der Alkanone.

$$H_3C-\underset{\underset{O}{\|}}{C}-CH_3 \qquad H-\underset{\underset{H}{|}}{\overset{\overset{H}{|}}{C}}-\underset{\underset{O}{\|}}{C}-\underset{\underset{H}{|}}{\overset{\overset{H}{|}}{C}}-H$$

Tab. 19-2: Einige Alkanone und ihre Siedetemperaturen

$$R^1-\underset{\underset{O}{\|}}{C}-R^2$$

Name	R^1	R^2	Sdp. (°C)
Aceton (Dimethyl-keton)	H_3C-	$-CH_3$	56
Butanon (Ethyl-methyl-keton)	H_3C-	$-C_2H_5$	80
2-Pentanon [Methyl-(n-propyl)-keton]	H_3C-	$-C_3H_7$	102
3-Pentanon (Diethyl-keton)	H_5C_2-	$-C_2H_5$	102
4-Heptanon [Di-(n-propyl)-keton]	H_7C_3-	$-C_3H_7$	144

Aceton ist eine farblose Flüssigkeit (Sdp. 56 °C) mit charakteristischem Geruch. Aufgrund der polaren Carbonyl-Gruppe ist Aceton mit Wasser in jedem Verhältnis mischbar.

Aceton und Ethyl-methyl-keton sind wichtige Lösungsmittel, beispielsweise für Lacke (Aceton in Nagellack-Entferner).

19.4 Reaktionen von Carbonyl-Verbindungen

19.4.1 Anlagerung von Wasserstoff (Hydrierung)

Wie schon erwähnt, kann man durch **Dehydrierung** von primären Alkoholen Aldehyde, von sekundären Alkoholen Ketone herstellen. Umgekehrt kann man durch **Hydrierung** (Reduktion) eines Aldehyds oder Ketons den entsprechenden Alkohol gewinnen. Dabei wird Wasserstoff an die Carbonyl-Gruppe angelagert:

$$R-\overset{O}{\underset{H}{C}}\hspace{-0.3em}{\scriptstyle \diagup\!\!\!\diagdown} \qquad \text{oder} \qquad \underset{R^2}{\overset{R^1}{}}\!\!C=O$$

$$\downarrow [2\,H] \qquad\qquad\qquad \downarrow [2\,H]$$

$$R-\underset{\underset{H}{|}}{\overset{\overset{H}{|}}{C}}-OH \qquad\qquad R^1-\underset{\underset{OH}{|}}{\overset{\overset{H}{|}}{C}}-R^2$$

Auch im Stoffwechsel laufen beide Reaktionswege ab:
– Hydroxy-Verbindungen werden zu Keto-Verbindungen dehydriert (z. B. bei der β-Oxidation von Fettsäuren),
– Keto-Verbindungen werden zu Hydroxy-Verbindungen hydriert (z. B. Brenztraubensäure zu Milchsäure).

19.4.2 Anlagerung von Wasser/ Aldehyd-Hydrate

Die Anlagerung von Wasser an Aldehyde verläuft als Gleichgewichts-Reaktion und ergibt **Aldehydhydrate**:

$$R-\overset{O}{\underset{H}{C}}\hspace{-0.3em}{\scriptstyle \diagup\!\!\!\diagdown} + H-OH \rightleftharpoons R-\underset{\underset{H}{|}}{\overset{\overset{OH}{|}}{C}}-OH$$

Bei den meisten Aldehyden liegt dieses chemische Gleichgewicht auf der Seite der Ausgangsstoffe. Eine Ausnahme von dieser Regel bildet Trichlor-acetaldehyd (Trivialname: **Chloral**). Dieser Aldehyd reagiert mit Wasser praktisch vollständig zu **Chloral-Hydrat**, das eine pharmakologische Wirkung als Beruhigungsmittel hat.

$$\underset{\underset{Cl}{|}}{\overset{\overset{Cl}{|}}{Cl-C}}-\overset{OH}{\underset{H}{C}}\hspace{-0.3em}{\scriptstyle \diagup\!\!\!\diagdown}OH \qquad \text{Schmp. 51 °C (unter Zersetzung)}$$

19.4.3 Anlagerung von Alkoholen/ Halbacetale und Acetale

Ebenso wie Wasser-Moleküle werden Alkohol-Moleküle an die Carbonyl-Gruppe angelagert. Dabei entstehen **Halbacetale**:

$$R^1-C{\overset{O}{\underset{H}{\diagdown}}} + H-O-R^2 \rightleftharpoons R^1-C{\overset{O-H}{\underset{H}{\diagdown}}}-O-R^2$$

Aldehyd + Alkohol   Halbacetal

Reagiert z. B. Acetaldehyd (R^1 = Methyl-) mit Ethanol (R^2 = Ethyl-), so entsteht das Halbacetal:

$$H_3C-C{\overset{O}{\underset{H}{\diagdown}}} + H-OC_2H_5 \rightleftharpoons H_3C-C{\overset{OH}{\underset{H}{\diagdown}}}-OC_2H_5$$

Hierbei handelt es sich um eine zwischenmolekulare (intermolekulare) Reaktion. Eine entsprechende, jedoch intramolekular verlaufende Reaktion zwischen der Aldehyd- oder Keto-Gruppe und einer alkoholischen OH-Gruppe ist für die Monosaccharide typisch (Kap. 24). Dabei entstehen cyclische Halbacetale.

Halbacetale können mit einem zweiten Mol Alkohol zu einem Vollacetal, kurz **Acetal** genannt, reagieren. Hierbei handelt es sich um eine *Kondensations-Reaktion*, da außer dem Acetal Wasser entsteht:

$$R^1-C{\overset{O-R^2}{\underset{H}{\diagdown}}}-O-H + H-OR^2 \xrightarrow{-H_2O} R^1-C{\overset{O-R^2}{\underset{H}{\diagdown}}}-O-R^2$$

In unserem Beispiel erhält man aus dem aus Acetaldehyd und Ethanol entstandenen Halbacetal das Acetaldehyd-diethylacetal ($R^1 = H_3C/R^2 = C_2H_5$).

In folgender Übersicht sollen die besprochenen Reaktionen der Aldehyde zusammengefaßt werden:

Oxidation:
- Oxidation zu der betreffenden Carbonsäure
  Aldehyd + Oxidationsmittel ⟶ Carbonsäure
- Autoxidation durch Luft-Einwirkung
  Aldehyd + Luft-Sauerstoff ⟶ Carbonsäure

Reaktionen an der C – O-Doppelbindung:
- Addition von Wasserstoff (Hydrierung)
  Aldehyd + H_2 ⟶ primärer Alkohol
- Anlagerung von Wasser (Hydratisierung)
  Aldehyd + H_2O ⇌ Aldehyd-hydrat
- Anlagerung von Alkohol
  Aldehyd + Alkohol ⇌ Halbacetal

Kontrollfragen

19-1 Was bezeichnet der Begriff Aldehyd und von welchem chemischen Vorgang leitet er sich ab?
19-2 Auf welcher chemischen Eigenschaft der Aldehyde beruhen Reaktionen zu ihrem Nachweis und zu ihrer Unterscheidung von Ketonen?
19-3 Wie nennt man die Reaktion von Aldehyden mit Luft-Sauerstoff und welche stabilen Reaktionsprodukte entstehen dabei?
19-4 Aus welchen isomeren Butanolen lassen sich welche Aldehyde herstellen?
19-5 Welche Verbindung entsteht bei der Dehydrierung von Glycerin an einem primären C-Atom?

20 Carbonsäuren

20.1 Einführung

Säuren sind Protonen-Donatoren, d. h. sie können ein oder mehrere Protonen abgeben.
In der anorganischen Chemie unterscheidet man
– einprotonige und mehrprotonige Säuren sowie
– starke und schwache Säuren.
Die Säurestärke hängt von der Lage des Protolyse-Gleichgewichtes:

$$HA + H_2O \rightleftharpoons H_3O^{\oplus} + A^{\ominus}$$

ab und drückt sich in der Säurekonstanten K_S bzw. im pK_S-Wert aus.
Die genannten Unterscheidungsmerkmale gelten auch für organische Säuren. Darüber hinaus kann man organische Säuren verschiedenen Verbindungsklassen zuordnen, je nachdem, welche *funktionelle Gruppe* bei der Säure-Dissoziation als **Protonen-Donator** reagiert.

Verbindungsklasse	funktionelle Gruppe(n)
Phenole	– OH
Carbonsäuren	– COOH
Sulfonsäuren	– SO$_3$H
Monoester der Phosphorsäure	– O – PO(OH)$_2$
Monoester der Schwefelsäure	– O – SO$_3$H

Die meisten Phenole und Carbonsäuren sind schwache Säuren, Sulfonsäuren und Monoester der Schwefelsäure sind starke Säuren.
Die allgemeine Formel der Carbonsäuren lautet:

$$R-C\begin{matrix}\nearrow O \\ \searrow O-H\end{matrix}$$

Nach der Anzahl der **Carboxy**-Gruppen (–COOH) unterscheidet man:

Carbonsäure	– COOH	bei der Protonenübertragung
Monocarbonsäuren	1	einprotonig
Dicarbonsäuren	2	zweiprotonig
Tricarbonsäuren	3	dreiprotonig

Nach der *Konstitution des Kohlenstoff-Gerüstes* R unterscheidet man:

Struktur-Merkmale von R	Carbonsäure
nur C-C-Einfachbindungen	gesättigt
eine C-C-Doppelbindung	einfach ungesättigt
mehrere C-C-Doppelbindungen	mehrfach ungesättigt
ein aromatisches Ring-System	aromatisch
ein heterocyclisches System	heterocyclisch

Viele Carbonsäuren tragen Trivialnamen, die gebräuchlicher als ihre systematischen Namen sind.
Zur systematischen Benennung von Carbonsäuren gibt es zwei Möglichkeiten:
– Man legt den Namen des Kohlenwasserstoffs mit demselben C-Gerüst (somit auch *derselben Anzahl an C-Atomen*) wie die zu benennende Carbonsäure zugrunde und fügt das Wort „säure" an.
– Man legt den Namen der Verbindung zugrunde, die *ein C-Atom weniger* enthält als die zu benennende Carbonsäure, und fügt an diesen Namen „carbonsäure" an.

Trivialname	...säure	...carbonsäure
Essigsäure	Ethansäure	Methancarbonsäure
Acrylsäure	Propensäure	Ethencarbonsäure
Benzoesäure	–	Benzolcarbonsäure
Nicotinsäure	–	Pyridincarbonsäure

Die bei der Protonen-Abgabe aus den Carbonsäure-Molekülen entstehenden Säurerest-Ionen heißen **Carboxylat**-Ionen.
Die Protolyse (Dissoziation) der Carbonsäuren in Wasser ist eine Gleichgewichts-Reaktion. Die

196 20 Carbonsäuren

Lage des Gleichgewichts und somit die **Säurekonstante** (der K_S-Wert) hängt von der Struktur des Molekül-Teiles ab, mit dem die Carboxy-Gruppe verknüpft ist.

$$R-C\underset{O-H}{\overset{O}{\diagup}} + \underset{H}{\overset{H}{\diagdown}}O \rightleftharpoons R-C\underset{O^\ominus}{\overset{O}{\diagup}} + H_3O^\oplus$$

(Die gestrichelte Linie zeigt die Stelle, an der die polarisierte O-H-Bindung der Carbonsäure gelöst wird.)

In dem entstandenen Carboxylat-Ion sind – was bei der oben gezeigten Formel nicht zum Ausdruck kommt – die beiden Sauerstoff-Atome gleichwertig, die negative Ladung ist also nicht an einem bestimmten O-Atom lokalisiert, sondern gleichmäßig über die Carboxylat-Gruppe verteilt. Diese Delokalisation kann (ähnlich wie bei den aromatischen Verbindungen, s. Kap. 17.8) durch zwei mesomere Grenzstrukturen (A und B) oder durch eine symmetrische Struktur (C) beschrieben werden:

$$R-C\underset{O^\ominus}{\overset{O}{\diagup}} \longleftrightarrow R-C\underset{O}{\overset{O^\ominus}{\diagup}} \qquad R-C\underset{O}{\overset{O}{\cdots}}{}^\ominus$$
(A)   (B)   (C)

Vereinfachend benutzt man jedoch meist eine der Formeln mit lokalisierter negativer Ladung (A oder B).

Wie aufgrund ihrer Säure-Eigenschaften zu erwarten ist, reagieren Carbonsäuren mit Basen zu Salzen.

20.2 Gesättigte Monocarbonsäuren

Gesättigte Monocarbonsäuren werden nach der systematischen Nomenklatur als **Alkansäuren** bezeichnet (R = H oder Alkyl-Gruppe). Tab. 20-1 enthält einige Angaben über die wichtigsten Alkansäuren.

Das Anfangsglied der homologen Reihe der Alkansäuren, Methansäure, bekannt unter dem Trivialnamen **Ameisensäure** (acidum formicicum), kommt u. a. im Sekret von Ameisen und in Brennnesseln vor. Mit einem pK_S-Wert von 3,8 ist Ameisensäure die stärkste Säure in dieser homologen

Tab. 20-1: Physikalische Konstanten von gesättigten, nicht-verzweigten Monocarbonsäuren der Formel

$$H-(CH_2)_m-C\underset{O-H}{\overset{O}{\diagup}}$$

C-Atome insgesamt	m	Trivialname	Sdp.(°C)	Schmp.(°C)
1	0	Ameisensäure	101	
2	1	Essigsäure	118	16,6
3	2	Propionsäure	141	
4	3	Buttersäure	166	
5	4	Valeriansäure	187	
6	5	Capronsäure	205	
8	7	Caprylsäure	239	16,5
10	9	Caprinsäure	269	31,5
12	11	Laurinsäure		44
14	13	Myristinsäure		58
16	15	Palmitinsäure		63
18	17	Stearinsäure		71
20	19	Arachinsäure		77

Reihe. Ihre Salze heißen **Formiate**. Als einzige Alkansäure wirkt Ameisensäure reduzierend, diese Eigenschaft hat sie mit den Aldehyden gemeinsam. In der Konstitutionsformel der Ameisensäure kann man – je nach Betrachtungsweise – zwei Struktur-Merkmale erkennen: Eine Aldehyd-Gruppe und eine Carboxy-Gruppe.

Aldehyd-Gruppe $H-C\underset{O-H}{\overset{O}{\diagup}}$ Carboxy-Gruppe

Die Oxidation der häufig als Reduktionsmittel verwendeten Ameisensäure führt zu Kohlenstoffdioxid:

$$HO-C\underset{H}{\overset{O}{\diagup}} + [O] \longrightarrow CO_2 + H_2O$$

Essigsäure (acidum aceticum) wird industriell auf zwei Wegen hergestellt:
– Durch Oxidation von Ethanol mit Luft-Sauerstoff mit Hilfe von Acetobacter-Stämmen (Essigbakterien) und
– durch Oxidation von Acetaldehyd.

Essigsäure ist eine schwächere Säure als Ameisensäure. In der Lebensmittel-Industrie wird Essigsäure zur Erzeugung des sauren Geschmacks eingesetzt; verdünnte wäßrige Lösungen von Essigsäure werden als Speiseessig verwendet. Im Labor sind Essigsäure und ihr Natrium-Salz, Natrium-**acetat**, als Bestandteile von Puffer-Systemen von großer Bedeutung. Das Protolyse-Gleichgewicht der Essigsäure liegt weitgehend auf der Seite der Moleküle:

$$H_3C-C\begin{matrix}O\\\\O-H\end{matrix} + H_2O \rightleftharpoons H_3C-C\begin{matrix}O\\\\O^\ominus\end{matrix} + H_3O^\oplus$$

$$\frac{c(H_3C-COO^\ominus) \cdot c(H^\oplus)}{c(H_3C-COOH)} = K_S$$

$K_S = 1,8 \cdot 10^{-5}$ $pK_S = 4,75$

Propionsäure ist antimikrobiell wirksam. Sie wird als Konservierungsstoff zur Erhöhung der Haltbarkeit von Lebensmitteln verwendet.
Buttersäure und diejenigen längerkettigen Carbonsäuren, deren Gesamtzahl an C-Atomen durch zwei teilbar ist, werden als **Fettsäuren** bezeichnet. Den Fettsäuren kommt als Bausteinen der Fette sowie fettähnlicher Naturstoffe große Bedeutung zu (Kap. 23).

Die Siedetemperaturen der Monocarbonsäuren (Tab. 20-1) sind erheblich höher als aufgrund der molaren Masse zu erwarten ist. Dies ist darauf zurückzuführen, daß flüssige Monocarbonsäuren als Dimere vorliegen: Jeweils zwei Carbonsäure-Moleküle sind durch Wasserstoffbrücken-Bindungen (gestrichelte Linien) miteinander verknüpft:

$$R-C\begin{matrix}O \cdots H-O\\\\O-H \cdots O\end{matrix}C-R$$

Im Vergleich mit den entsprechenden monomeren Molekülen haben Dimere eine doppelt so große molare Masse, was sich in den hohen Siedetemperaturen der Carbonsäuren auswirkt.

Die **Löslichkeit** der Carbonsäuren wird dadurch bestimmt, daß in den Carbonsäure-Molekülen die polare Carboxy-Gruppe mit einer nicht-polaren Alkyl-Gruppe verknüpft ist. Mit zunehmender Länge der Kohlenstoff-Kette wird der Einfluß der hydrophoben Alkyl-Gruppe auf die Löslichkeit vorherrschend.

Während Ameisenäure, Essigsäure und Propionsäure mit Wasser in jedem Verhältnis mischbar sind, nimmt die Wasser-Löslichkeit von Buttersäure hin zu längerkettigen Monocarbonsäuren stetig ab.

20.3 Ungesättigte Monocarbonsäuren

Die einfachste ungesättigte Monocarbonsäure ist die unter dem Trivialnamen **Acrylsäure** bekannte Propensäure:

$$\begin{matrix}H\\\\H\end{matrix}C=C\begin{matrix}H\\\\\end{matrix}-C\begin{matrix}O\\\\OH\end{matrix}$$

Acrylsäure (Sdp. 141 °C, Schmp. 13°C) ist als Ausgangsstoff zur Herstellung von Kunststoffen von großer wirtschaftlicher Bedeutung.

In Kap. 23 sind **Ölsäure** und diejenigen mehrfach ungesättigten Fettsäuren zusammengefaßt, die als Bausteine der Fette und für den Stoffwechsel des Menschen als essentielle Fettsäuren von Bedeutung sind.

20.4 Gesättigte und ungesättigte Dicarbonsäuren

Ebenso wie die gesättigten Monocarbonsäuren bilden auch die gesättigten Dicarbonsäuren eine homologe Reihe (Tab. 20-2).

Tab. 20-2: Einige gesättigte Dicarbonsäuren und ihre Schmelztemperaturen.

$$HO\begin{matrix}O\\\\\end{matrix}C-(CH_2)_m-C\begin{matrix}O\\\\OH\end{matrix}$$

C-Atome insgesamt	m	Trivialname	Schmp. (°C)
2	0	Oxalsäure (Dihydrat)	101,5
3	1	Malonsäure	135
4	2	Bernsteinsäure	188
5	3	Glutarsäure	99
6	4	Adipinsäure	153

Die **Oxalsäure** (Salze: Oxalate), das Anfangsglied der homologen Reihe, weist einige Besonderheiten auf (vgl. Ameisensäure): Sie hat reduzierende Eigenschaften und ist die stärkste Säure der Reihe.

In der quantitativen Analyse wird Oxalsäure (als Dihydrat oder in wasserfreier Form) häufig als **Urtiter-Substanz** verwendet, um den Gehalt bestimmter Reagenz-Lösungen (Laugen; Oxidationsmittel) genau zu ermitteln. Die Teilgleichung für den **Oxidations-Vorgang** lautet:

Als Dicarbonsäure ist *Oxalsäure eine zweiprotonige Säure*, die Dissoziation erfolgt in zwei aufeinanderfolgenden Dissoziations-Stufen:

Die **Hydrogenoxalat**-Ionen dissoziieren ihrerseits zu **Oxalat**-Ionen

Die pK_S-Werte betragen:

$pK_{S_1} = 1{,}23$ $\qquad pK_{S_2} = 4{,}19$

Auf Oxalsäure folgt in der homologen Reihe der Dicarbonsäuren **Malonsäure**, die beim Erhitzen Kohlenstoffdioxid abspaltet:

Die Abspaltung von CO_2 aus einer Carbonsäure heißt **Decarboxylierung**. Decarboxylierungs-Reaktionen finden auch im Stoffwechsel statt.

Die gesättigte Dicarbonsäure mit insgesamt 4 C-Atomen heißt **Bernsteinsäure** (Salze: **Succinate**). Succinat-Ionen sind ein wichtiges Zwischenprodukt des Zellstoffwechsels, ebenso wie die mit der **Glutarsäure** strukturell verwandten Dicarbonsäuren α-Keto-glutarsäure und Glutaminsäure.

Durch Dehydrierung von Succinat entsteht im Stoffwechsel **Fumarat** (der Wasserstoff wird von dem Wasserstoff-Acceptor Flavin-adenin-dinucleotid gebunden):

Fumarsäure (Schmp. 287 °C) ist eine trans-Verbindung, die Carboxy-Gruppen bzw. die Wasserstoff-Atome sind jeweils auf verschiedenen Seiten einer Bezugsebene angeordnet (s. Kap. 21).

Benzoesäure (Benzol-carbonsäure, Schmp. 122 °C) ist die einfachste aromatische Carbonsäure. Sie und ihre Salze, wie Kalium-**benzoat**, werden in Puffer-Systemen verwendet.

20.5 Percarbonsäuren

Als organische Derivate von Wasserstoffperoxid besitzen die Persäuren ebenfalls stark desinfizierende Wirkung. Percarbonsäuren haben die allgemeine Formel

Setzt man für R eine Methyl-Gruppe ein, so ergibt sich die Formel von **Peressigsäure**, die in wäßriger Lösung in einem chemischen Gleichgewicht mit Essigsäure und Wasserstoffperoxid vorliegt:

Bei der Desinfektion im klinischen Bereich und in Wäschereien werden vielfach auf Peressigsäure basierende Desinfektionsmittel verwendet.

20.6 Substituierte Carbonsäuren

Bei den bisher besprochenen Carbonsäuren sind eine oder mehrere Carboxy-Gruppen mit einem unsubstituierten Kohlenwasserstoff-Rest verknüpft.

Durch chemische Reaktionen kann man aus diesen Säuren Derivate herstellen: Reaktionen am Kohlenwasserstoff-Rest führen zu *substituierten Carbonsäuren*, Reaktionen an der Carboxy-Gruppe zu *funktionellen Carbonsäure-Derivaten*.

Substituierte Carbonsäuren entstehen durch Austausch von Wasserstoff-Atomen im Kohlenwasserstoff-Rest durch andere Atome (z. B. Halogen-Atome) oder Atomgruppen. Da die Carboxy-Gruppe hierbei unverändert bleibt, haben substituierte Carbonsäuren ebenfalls Säure-Eigenschaften.

Substituierte Carbonsäuren, die weitere funktionelle Gruppen, wie Hydroxy-, Keto- oder Amino-Gruppen enthalten, kommen in lebenden Organismen in großer Vielfalt vor:

Substituierte Carbonsäuren	funktionelle Gruppen
Hydroxy-carbonsäuren (Milchsäure, β-Hydroxy-buttersäure, Äpfelsäure, Citronensäure)	– OH und – COOH
Keto-carbonsäuren (Brenztraubensäure, Acetessigsäure, Oxalessigsäure, α-Keto-glutarsäure)	– CO- und – COOH
Amino-carbonsäuren	– NH$_2$ und – COOH

Bei der Bildung von **Funktionellen Carbonsäure-Derivaten** (Kap. 22) wird die Carboxy-Gruppe verändert; die Reaktionsprodukte, z. B. Salze, Ester, Anhydride, Amide haben keine Säure-Eigenschaften mehr. Den Unterschied zwischen einer substituierten Carbonsäure und einem funktionellen Carbonsäure-Derivat veranschaulicht folgendes Beispiel: In der Formel R – COOH sei „R" Methyl H$_3$C – COOH, Essigsäure).
– Substitution eines H-Atoms von R (d. h. hier der Methyl-Gruppe) durch ein Chlor-Atom führt zu Chloressigsäure. Die Carboxy-Gruppe bleibt bei dieser Substitution unverändert.
– Durch Neutralisations-Reaktion mit Natronlauge geht Essigsäure unter Veränderung der Carboxy-Gruppe in eines ihrer Salze, Natrium-acetat, über. Salze sind die einfachsten funktionellen Carbonsäure-Derivate. Die Methyl-Gruppe bleibt bei der Reaktion unverändert.

20.6.1 Halogen-carbonsäuren

Die Substitution von Essigsäure durch Reaktion mit elementarem Chlor unter Bestrahlung führt in aufeinanderfolgenden Reaktionsschritten zum Austausch aller H-Atome des Methyl-Restes *(Mono-, Di- und Trichloressigsäure, s. Tab. 20-3)*.

Tab. 20-3: Kennzahlen von Halogen-essigsäuren der Formeln

(X: Halogen – Atom)

Säure	Schmp.(°C)	Sdp.(°C)	pK_S
Essigsäure	17	118	4,76
Fluor-essigsaure	35	165	2,66
Chlor-essigsaure	63	188	2,9
Brom-essigsaure	50	208	2,69
Iod-essigsäure	83	Zers.	3,12
Dichlor-essigsäure	13	194	1,48
Trifluor-essigsäure	–15	72	0,23
Trichlor-essigsäure	58	197	0,7

Trichloressigsäure ist eine starke Säure, sie wird u.a. zum Ausfällen von Eiweißstoffen im Serum verwendet (Enteiweißung).

20.6.2 Hydroxy-carbonsäuren

Zu den Hydroxy-carbonsäuren gehören seit langem bekannte Verbindungen, die Trivialnamen nach ihrem Vorkommen tragen, z. B. Milchsäure, Äpfelsäure, Citronensäure, Weinsäure. Die Hydroxycarbonsäuren können eine oder mehrere Carboxy-Gruppen und eine oder mehrere Hydroxy-Gruppen enthalten:

Anzahl der – COOH-Gruppen	Anzahl der – OH-Gruppen	Hydroxy-carbonsäuren
1	1	Glycolsäure, Milchsäure, β-Hydroxybuttersäure
2	1	Äpfelsäure
3	1	Citronensäure
1	2	Glycerinsäure
1	5	Gluconsäure
2	2	Weinsäure

Glycolsäure (Hydroxy-essigsäure) ist die einfachste Monohydroxy-monocarbonsäure.

$$\begin{array}{c} H \\ | \\ H-C-C \\ | \quad \diagdown \\ OH \quad O-H \end{array}\begin{array}{c} \diagup O \\ \end{array}$$

Milchsäure ist eine Hydroxy-propionsäure. Zur Unterscheidung von der stellungsisomeren Verbindung kann man entweder
– die C-Atome numerieren, wobei das C-Atom der Carboxy-Gruppe die Ziffer 1 erhält, oder
– die auf das C-Atom der Carboxy-Gruppe folgenden C-Atome mit kleinen Buchstaben des griechischen Alphabets versehen. Dann ergibt sich
α-Hydroxy-propionsäure oder 2-Hydroxy-propionsäure (Milchsäure) und
β-Hydroxy-propionsäure oder 3-Hydroxy-propionsäure.
Diese Nomenklatur-Regeln werden bei allen substituierten (Hydroxy-, Keto-, Amino-) Carbonsäuren angewendet (in der Biochemie sind die Bezeichnungen mit griechischen Buchstaben üblich).

β-Hydroxy-propionsäure   Milchsäure

Mit dem gemeinsamen Namen Milchsäure werden mehrere α-Hydroxy-propionsäuren bezeichnet, die sich durch den räumlichen Aufbau der Moleküle voneinander unterscheiden. Die in der sauren Milch vorhandene *Gärungsmilchsäure* entsteht durch Gärungsvorgänge aus Milchzucker (Lactose). Im Muskelsaft und in verschiedenen tierischen Organen kommt Fleischmilchsäure vor. Diese als Stoffwechsel-Produkt aus Brenztraubensäure entstehende Milchsäure ist optisch aktiv, d. h. ihre wäßrigen Lösungen drehen die Ebene linear polarisierten Lichtes um einen bestimmten Winkel. Die optische Aktivität und ihr Zusammenhang mit dem räumlichen Aufbau der Moleküle werden in Kap. 21 ausführlich besprochen.

Die Säurerest-Ionen der Milchsäure heißen Lactat-Ionen, ihre Salze **Lactate**.

β-Hydroxy-buttersäure ist ein Zwischenprodukt des Fettsäure-Stoffwechsels

Aus der stellungsisomeren **γ-Hydroxy-buttersäure** erhält man durch intramolekular verlaufende Wasser-Abspaltung ein in die Verbindungsklasse der Lactone gehörendes Reaktionsprodukt, γ-Butyro-lacton:

γ-Butyro-lacton ist eine heterocyclische Verbindung (der Ring enthält das Heteroatom Sauerstoff) mit einem fünfgliedrigen Ring-System (4 C-Atome und 1 O-Atom). Fünf- und sechsgliedrige Ring-Systeme weisen eine hohe Stabilität auf und entstehen daher bei *Ringschluß-Reaktionen* (chemischen Umsetzungen, die von kettenförmigen zu ringförmigen Verbindungen führen) vorzugsweise. Drei- und viergliedrige Ringe sind dagegen merklich weniger stabil. Diese Unterschiede in der Ring-Stabilität machen verständlich, daß die intramolekulare Wasser-Abspaltung bei den γ- und δ-Hydroxycarbonsäuren leicht erfolgt und für diese Stoffklassen typisch ist (im Gegensatz zu den α- und β-Hydroxy-carbonsäuren).

kettenförmiger Ausgangsstoff	heterocyclisches Reaktionsprodukt	Ringgröße
γ-Hydroxy-carbonsäure	γ-Lacton ferner Ascorbinsäure (Vitamin C)	5-gliedrig
δ-Hydroxy-carbonsäure	δ-Lacton z. B. Gluconsäure-lacton	6-gliedrig

Äpfelsäure (Salze: **Malate**) ist ein Zwischenprodukt, **Citronensäure** (Salze: **Citrate**) das Schlüsselprodukt des als Citronensäure-Cyclus bezeichneten Stoffwechselweges.

```
   COOH              H
    |                |
HO—C—H           H—C—COOH
    |                |
 H—C—H           HO—C—COOH
    |                |
   COOH           H—C—COOH
                     |
                     H
```

Äpfelsäure wird auch als Hydroxy-bernsteinsäure bezeichnet, die optisch aktive, die Ebene polarisierten Lichtes nach links drehende Verbindung kommt in Früchten (unreife Äpfel, Stachelbeeren) vor.

Citronensäure findet sich außer in Zitronen noch in Orangen, Ananas und verschiedenen Beeren (Erdbeeren, Johannisbeeren).

Glycerinsäure (Salze: **Glycerate**) ist ebenfalls optisch aktiv. Im Kohlenhydrat-Stoffwechsel steht sie in enger Beziehung zu Glycerin-aldehyd, aus dem sie durch Oxidation entsteht.

Gluconsäure (Salze: **Gluconate**) wird bei den Kohlenhydraten eingehender besprochen, da sie durch Oxidation von Glucose (Traubenzucker) entsteht.

```
                    COOH
                     |
                  H—C—OH
                     |
   COOH           HO—C—H           COOH
    |                |               |
 H—C—OH           H—C—OH          H—C—OH
    |                |               |
 H—C—OH           H—C—OH          HO—C—H
    |                |               |
    H             H—C—OH           COOH
                     |
                     H
```

An der **Weinsäure** wurde von Louis Pasteur (1848) erstmals die optische Aktivität beobachtet. Die rechtsdrehende Weinsäure findet sich in vielen Früchten. Von der zweiprotonigen Weinsäure leiten sich zwei Reihen von Salzen ab: Hydrogen-tartrate, z. B. Kalium-hydrogen-tartrat („Weinstein") und **Tartrate**, z. B. Kalium-natrium-tartrat (Seignette-Salz, ein Bestandteil der Fehlingschen Lösung, die zum Nachweis von Aldehyden und reduzierenden Zuckern benutzt wird).

20.6.3 Keto-carbonsäuren

Im Organismus finden zahlreiche Stoffwechsel-Vorgänge statt, bei denen das jeweilige Kohlenstoff-Gerüst unverändert bleibt, funktionelle Gruppen dagegen umgewandelt werden. So entstehen Keto-carbonsäuren *aus Amino-carbonsäuren durch oxidative Desaminierung*

α-Amino-carbonsäure ⟶ α-Keto-carbonsäure

oder *aus Hydroxy-carbonsäuren durch Dehydrierung*:

α-Hydroxy-carbonsäure ⟶ α-Keto-carbonsäure

β-Hydroxy-carbonsäure ⟶ β-Keto-carbonsäure

An diesen Stoffwechsel-Vorgängen sind folgende Monoketo-carbonsäuren **als Ionen** beteiligt:
α-Ketosäuren:
Brenztraubensäure mit einer COOH-Gruppe, Ketobernsteinsäure mit zwei COOH-Gruppen, α-Ketoglutarsäure mit zwei COOH-Gruppen sowie β-Ketobuttersäure (und längerkettige β-Ketofettsäuren) mit einer COOH-Gruppe.

Brenztraubensäure (Salze: **Pyruvate**) ist das Endprodukt des Glucose-Abbaus im Organismus, der Glycolyse. Durch Wasserstoff-Übertragung (Hydrierung) geht Brenztraubensäure in Fleischmilchsäure über, die sich bei unzureichender Sauerstoff-Versorgung in den Muskelzellen ansammelt („Muskelkater"). Bei ausreichender Sauerstoff-Versorgung erfolgt dagegen der aerobe Abbau zu „aktivierter Essigsäure".

In Keto-carbonsäuren und ihren Estern bewirkt die Keto-Gruppe eine gewisse Beweglichkeit der an das Nachbar-C-Atom gebundenen H-Atome.

Bei Brenztraubensäure stellt sich ein chemisches Gleichgewicht zwischen folgenden Strukturen ein:

20 Carbonsäuren

Brenztraubensäure
Keto-Struktur   Enol-Struktur

PEP

Man unterscheidet solche Strukturen durch die Bezeichnung „Keto" und „Enol". Typisch für die Keto-Verbindungen ist die Doppelbindung zwischen sekundärem C-Atom und O-Atom. **Enole** nennt man organische Verbindungen, in denen eine Hydroxy-Gruppe (Endung „ol") an ein C-Atom gebunden ist, von dem eine C−C-Doppelbindung ausgeht („en").

Von der Enol-Struktur der Brenztraubensäure leitet sich ein energiereiches Stoffwechsel-Produkt ab: **Phospho-enol-pyruvat** (PEP). Die enolische OH-Gruppe ist hier mit Phosphorsäure verestert.

Verbindungen, die sich durch die Stellung eines „beweglichen" Wasserstoff-Atoms unterscheiden, bezeichnet man als **Tautomere**, diese besondere Art der Isomerie als **Tautomerie**.

β-Keto-buttersäure (Acetessigsäure) entsteht im Stoffwechsel durch Dehydrierung von β-Hydroxybuttersäure, einem Zwischenprodukt des Abbaus langkettiger Fettsäuren durch β-Oxidation.

α-Keto-glutarsäure steht in engster Stoffwechsel-Beziehung zu Glutaminsäure, der α-Aminodicarbonsäure mit demselben Kohlenstoff-Gerüst (Kap. 27.3).

Kontrollfragen

20-1 Welche Substitutions-Produkte erhält man aus Essigsäure durch Umsetzung mit Chlor unter Lichteinwirkung?
20-2 Welche rationelle Formel hat Trifluoressigsäure?
20-3 Geben Sie Namen und rationelle Formel der einfachsten ungesättigten Monocarbonsäure an.
20-4 Welches sind die stellungsisomeren Hydroxybuttersäuren?
20-5 Aus einem dieser Stellungs-Isomere entsteht ein *stabiles* Lacton. Formulieren Sie die Reaktionsgleichung für diese intramolekulare Reaktion.
20-6 Welche Verbindungen entstehen bei der Decarboxylierung von (A)? Bitte vervollständigen Sie die Reaktionsgleichung und benennen Sie die Reaktionsteilnehmer.
(A) $H_3C - CO - CH_2 - COOH \longrightarrow$
20-7 Geben Sie die Art der Isomerie und die Namen der Monohydroxy-benzoesäuren an. Welche Verbindung ist Salicylsäure?
20-8 Ergänzen Sie folgende Zusammenstellung:

Carbonsäure (Trivialname)	zugehöriges Anion	rationelle Formel
a)	Acetat	
b) Palmitinsäure		
c)		$HOOC - (CH_2)_2 - COOH$
d)	Lactat	
e) Äpfelsäure		
f)		$HOOC - (CH_2)_3 - COOH$
g)	Pyruvat	
h)	Fumarat	

20-9 Welche Stoffwechsel Reaktion katalysiert das Enzym Succinat-Dehydrogenase?
20-10 Geben Sie die Dissoziationsstufen von Oxalsäure an und benennen Sie die Ionen.
20-11 Oxalsäure-Dihydrat ist als Urtitersubstanz im Handel. Hieraus ist eine wäßrige Oxalsäure-Lösung, deren Äquivalent-Konzentration 0,05 mol/L beträgt, zu bereiten. Wieviel Gramm dieses Dihydrats sind einzuwiegen?
20-12 Ausgehend von der maximal übertragbaren Anzahl Protonen sind folgende Säuren als einprotonig, zweiprotonig, dreiprotonig oder vierprotonig einzustufen:
(A) Oxalsäure, (B) Phosphorsäure, (C) Essigsäure, (D) Adenosintriphosphat, ATP, (E) Salpetersäure, (F) Phenol-o-sulfonsäure, (G) Ethylendiamintetraessigsäure, EDTA, (H) Citronensäure, (I) Milchsäure, (J) Bernsteinsäure, (K) Palmitinsäure, (L) Fumarsäure.

21 Stereochemie

21.1 Einführung

Die biologische Wirkung organischer Verbindungen hängt auf das engste mit dem räumlichen Aufbau der kleinsten Bausteine (Moleküle und Molekül-Ionen) dieser Verbindungen zusammen.

Die pharmakologische Wirkung von Arzneimitteln beruht häufig darauf, daß der Wirkstoff an bestimmte körpereigene Strukturen, die Rezeptoren, gebunden wird.

Der Wirkstoff kann aber *nur dann* an den Rezeptor gebunden werden, wenn die Wirkstoff-Moleküle die richtige Konfiguration haben, d. h. einen solchen räumlichen Aufbau, daß sie in einen bestimmten Bereich der Raumstruktur des Rezeptors hineinpassen.

Enzyme und insbesondere das „aktive Zentrum" der Enzyme, an dem die von ihnen katalysierte chemische Reaktion stattfindet, haben ebenfalls eine charakteristische räumliche Beschaffenheit. Aus dem vielfältigen Angebot an Substraten werden nur die Substrate umgesetzt, deren räumlicher Aufbau zu den räumlichen Gegebenheiten am Wirkort des Enzyms paßt. Nur dann entsteht ein Enzym-Substrat-Komplex.

Der deutsche Chemiker Emil Fischer führte als anschaulichen Vergleich das Schlüssel-Schloß-Prinzip an: Nur wenn Schlüssel und Schloß (Substrat bzw. Enzym) zueinander passen, läuft die enzymkatalysierte Reaktion ab.

Dazu ein Beispiel: **Abb. 21-1 (Farbtafel)** zeigt zwei Moleküle, die sich zueinander wie Bild zu Spiegelbild verhalten. Zur räumlichen Beschaffenheit am aktiven Zentrum des Enzyms paßt aber nur das links abgebildete Substrat, so daß nur dieses zu einem Enzym-Substrat-Komplex gebunden wird.

21.2 Optische Aktivität

21.2.1 Historische Entwicklung und Grundbegriffe

Beobachtungen, daß Naturstoffe wie Terpentinöl und Lösungen von Campher, Zucker und Weinsäure die Ebene des polarisierten Lichtes drehen, wurden bereits anfangs des 19. Jahrhunderts gemacht. Die Eigenschaft einer Substanz, die Schwingungs-Ebene des polarisierten Lichtes um einen bestimmten Drehwinkel α in Richtung mit dem (+) oder gegen den Uhrzeigersinn (–) zu drehen, wird als **optische Aktivität** bezeichnet.

Bei den klassischen Untersuchungen über optische Aktivität spielte **Weinsäure** eine besondere Rolle: Aus Traubensaft kristallisiert ein Salz der Weinsäure aus: Kalium-hydrogen-tartrat („Weinstein"). Die aus diesem Salz erhältliche Weinsäure ist optisch aktiv und dreht in wäßriger Lösung die Ebene des polarisierten Lichtes um einen bestimmten Winkel im Uhrzeigersinn. Man bezeichnet sie daher als (+)-Weinsäure.

Aus Traubensaft kann eine weitere Säure isoliert werden, die dieselbe Summenformel wie Weinsäure hat ($C_4H_6O_6$), aber optisch inaktiv ist; diese Säure nennt man Traubensäure.

Als Louis Pasteur mit seinen Untersuchungen über Kristallformen begann, waren die optischen Eigenschaften von Weinsäure und Traubensäure schon bekannt.

Pasteur gelang es 1848, das Natrium-ammoniumsalz der Traubensäure in zwei Kristallformen zu erhalten, von denen *eine Kristallform das Spiegelbild der anderen* war. Mit Hilfe von Lupe und Pinzette sortierte er die beiden spiegelbildlich beschaffenen Kristallformen, löste dann jedes der Salze für sich in Wasser und untersuchte das Verhalten gegenüber polarisiertem Licht. Ergebnis:

Die Lösung des einen Natrium-ammonium-salzes drehte die Ebene des polarisierten Lichtes um einen bestimmten Winkel **nach rechts**, die Lösung der spiegelbildlich beschaffenen Kristalle drehte die Schwingungs-Ebene *um denselben Winkel, jedoch in die entgegengesetzte Richtung*, somit nach links. Eine aus gleichen Stoffportionen des optisch aktiven (+)-Salzes und des optisch aktiven (–)-Salzes hergestellte Lösung drehte die Schwingungs-Ebene nicht, erwies sich also als optisch inaktiv.

Aus dem (+)-Salz ließ sich die damals schon bekannte (+)-Weinsäure, aus dem (–)-Salz die bis dahin noch unbekannte (–)-Weinsäure herstellen.

Pasteur hatte damit eine Methode gefunden, um eine optisch inaktive Ausgangssubstanz in optisch aktive Komponenten zu trennen.

Die Traubensäure ist also ein Gemisch aus gleichen Stoffportionen (+)- und (–)-Weinsäure, das man als **racemisches Gemisch** oder kurz als **Racemat** der spiegelbildlich isomeren Weinsäuren bezeichnet hat (der Name ist von lat. acidum racemicum = Traubensäure abgeleitet). Heute werden diese Begriffe ganz allgemein zur Kennzeichnung von Stoff-Gemischen aus gleichen Teilen rechts- und linksdrehender Verbindungen gebraucht.

Racemate sind deshalb optisch inaktiv, weil der eine Bestandteil des Gemisches die Schwingungs-Ebene des polarisierten Lichtes um denselben Winkel nach rechts, wie der andere Bestandteil nach links dreht, an der Ablese-Skala des Polarimeters wird daher keine Drehung festgestellt.

Verbindungen wie rechtsdrehende und linksdrehende Weinsäure bezeichnet man als **Spiegelbild-Isomere, optische Antipoden** oder **Enantiomere**.

Die ein **Enantiomeren-Paar** bildenden Stoffe drehen die Ebene des polarisierten Lichtes unter den gleichen Meßbedingungen um denselben Winkel, jedoch in die entgegengesetzte Richtung (gr. enantios = entgegengesetzt). *In allen sonstigen physikalischen Eigenschaften stimmen Enantiomere überein.*

So sind z. B. bei den enantiomeren Weinsäuren die Schmelztemperatur, die Löslichkeit und die pK_S-Werte für die 1. und 2. Dissoziationsstufe identisch.

Neben der rechts- und linksdrehenden Weinsäure und dem Racemat gibt es eine weitere Weinsäure, die nicht optisch aktiv ist und die, im Gegensatz zu dem Racemat Traubensäure, auch nicht in optische Antipoden getrennt werden kann: die **meso-Weinsäure**.

Anders als Traubensäure ist meso-Weinsäure kein Stoff-Gemisch, sondern ein einziger reiner Stoff. Die meso-Weinsäure-Moleküle drehen die Schwingungs-Ebene des polarisierten Lichtes deshalb nicht, weil die von der einen Molekül-Hälfte hervorgerufene Rechtsdrehung durch die von der anderen Molekül-Hälfte hervorgerufene Linksdrehung **innerhalb** des Moleküls kompensiert wird.

Auch von einigen anderen optisch aktiven Stoffen sind solche meso-Verbindungen bekannt.

Die folgenden Projektionsformeln geben die Strukturen der Weinsäure wieder. Die Spiegelebene hat man sich zwischen den Enantiomeren, deren Gemisch zu gleichen Teilen das Racemat (hier Traubensäure genannt) ist, bzw. bei meso-Weinsäure zwischen den beiden Molekül-Hälften vorzustellen.

```
    COOH              COOH              COOH
     |                 |                 |
  H—C—OH           HO—C—H             H—C—OH
     |                 |                 |
  HO—C—H            H—C—OH             H—C—OH
     |                 |                 |
    COOH              COOH              COOH

 (+)-Weinsäure    (–)-Weinsäure     meso-Weinsäure
```

Optische Aktivität von Milchsäuren: Die gegen Ende des 18. Jahrhunderts in saurer Milch entdeckte Milchsäure erwies sich als optisch inaktiv. In der ersten Hälfte des 19. Jahrhunderts wurde aus Muskelgewebe eine als Fleischmilchsäure bezeichnete gut wasserlösliche Verbindung extrahiert, die rechtsdrehend und somit als (+)-**Milchsäure** zu bezeichnen ist.

Schließlich stellte man fest, daß bestimmte Bakterien-Stämme die Eigenschaft haben, Milchzucker (Lactose) zu einer linksdrehenden Gärungsmilchsäure abzubauen.

Arbeiten des deutschen Chemikers Wislicenus ergaben, daß sowohl Gärungsmilchsäure als auch Fleischmilchsäure die Konstitution von α-Hydroxypropionsäure

```
     H  H    O
     |  |α  //
  H—C—C—C
     |  |   \
     H  O—H  O—H
```

hat. Auch hier liegt also eine spezielle Form der Stereo-Isomerie, die **optische Isomerie** vor.

Bis auf die entgegengesetzte Drehrichtung stimmen die weiteren physikalischen Eigenschaften auch bei den optisch aktiven Milchsäuren überein. Ob Gärungsmilchsäure als Racemat oder als linksdrehende Verbindung erhalten wird, hängt von dem **Enzym-System** der die Gärung bewirkenden Milchsäurebakterien-Stämme ab. Außer dem Enzym Lactat-Dehydrogenase können diese auch das Enzym Lactat-Racemase enthalten, das die Bildung des Milchsäure-Racemats aus der bei der Gärung zunächst überwiegend entstehenden (–)-Milchsäure katalysiert.

21.2.2 Ursache der optischen Aktivität

Durch ihr unterschiedliches Verhalten gegenüber linear polarisiertem Licht lassen viele organische Verbindungen (Hydroxy-carbonsäuren, Aminosäuren, Kohlenhydrate) eine **A**symmetrie erkennen. Durch die 1874 mitgeteilten theoretischen Überlegungen von van't Hoff und Le Bei sind folgende Zusammenhänge zwischen optischer Aktivität und Molekül-Bau erschlossen worden:
– Von einem gesättigten C-Atom gehen vier Bindungen aus, die in die Ecken eines Tetraeders gerichtet sind.
– Sind die vier mit einem C-Atom verknüpften Atome oder Atomgruppen verschieden, so sind zwei unterschiedliche Molekül-Anordnungen möglich (Abb. 21-2), die sich zueinander wie Bild und Spiegelbild verhalten (A, B, D und E symbolisieren die verschiedenen Substituenten):

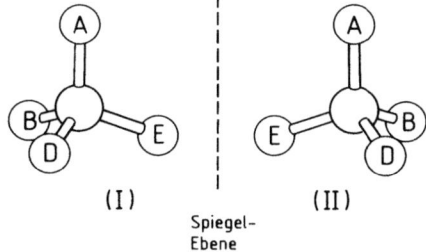

Spiegel-Ebene

Abb. 21-2. Die Moleküle der stereoisomeren Verbindungen (I) und (II) verhalten sich wie Bild zu Spiegelbild, sie lassen sich nicht zur Deckung bringen.

Ein C-Atom mit vier verschiedenen Substituenten wird als *asymmetrisch substituiertes C-Atom* oder kurz als *asymmetrisches C-Atom* bezeichnet.

Die spiegelbildisomeren Moleküle I und II lassen sich nicht miteinander zur Deckung bringen. Solche Moleküle werden als **chiral** bezeichnet, das asymmetrische C-Atom auch als **Chiralitätszentrum.** Diesen Begriffen liegt das griechische Wort cheir = Hand zugrunde; die Hände sind anschauliche Beispiele für Chiralität: sie verhalten sich wie Bild und Spiegelbild und lassen sich nicht miteinander zur Deckung bringen.

Folgende Aufstellung zeigt einige optisch aktive Verbindungen mit jeweils **einem asymmetrischen C-Atom**; die Buchstaben A, B, D und E in Abb. 21-2 wurden durch die jeweiligen Substituenten ersetzt:

A	B	Substituent D	E	Verbindung
H	OH	CH_3	C_2H_5	2-Butanol
H	OH	CH_3	COOH	Milchsäure
H	NH_2	CH_3	COOH	Alanin
H	NH_2	CH_2SH	COOH	Cystein
H	OH	CH_2OH	CHO	Glycerinaldehyd

Da die Darstellung optisch aktiver Verbindungen durch Tetraeder-Modelle oder durch Formeln, welche die räumliche Anordnung in chiralen Molekülen perspektivisch wiedergeben, mühsam ist, arbeitet man häufig mit *Projektionsformeln*. Damit solche lediglich zweidimensionalen Projektionsformeln (in der Papier- oder Wandtafel-Ebene) den als **Konfiguration** bezeichneten dreidimensionalen Bau der Moleküle in übereinstimmender Weise wiedergeben, wurden international Regeln vereinbart. Bei den *Fischer-Projektionsformeln* müssen zur Übertragung der Konfiguration in die Ebene folgende Regeln beachtet werden:
– die C-Kette wird senkrecht untereinander geschrieben,
– oben wird das C-Atom mit der höchsten Oxidationsstufe angegeben.

So ergeben sich z. B. für **Glycerinaldehyd** die spiegelbildisomeren Projektionsformeln (der Stern kennzeichnet das asymmetrische C-Atom):

$$\begin{array}{cc}
\text{H}\diagdown\!\!\diagup\text{O} & \text{O}\diagdown\!\!\diagup\text{H} \\
\text{C} & \text{C} \\
| & | \\
\text{H}-\text{O}-\overset{*}{\text{C}}-\text{H} & \text{H}-\overset{*}{\text{C}}-\text{O}-\text{H} \\
| & | \\
\text{H}-\text{O}-\text{C}-\text{H} & \text{H}-\text{C}-\text{O}-\text{H} \\
| & | \\
\text{H} \quad (\text{III}) & \text{H} \quad (\text{IV}) \\
\text{L - Glycerinaldehyd} & \text{D - Glycerinaldehyd}
\end{array}$$

Fischer nahm an, daß der im Stoffwechsel auftretende Glycerinaldehyd die Formel (IV) hat (was sich als richtig erwiesen hat). Glycerinaldehyd mit der Konfiguration III kommt in der Natur nicht vor. Die

Hydroxy-Gruppe (OH) am asymmetrischen C-Atom ist in der Formel (III) links, in der dem natürlichen Glycerinaldehyd entsprechenden Projektionsformel (IV) dagegen rechts angeordnet. Diese unterschiedliche Konfiguration beschreibt man durch die großen Buchstaben **L** und **D**. Der natürliche Glycerinaldehyd (IV) hat D-Konfiguration, das Enantiomer (III) hat L-Konfiguration.

Diese Zuordnung zur D- oder L-Konfiguration ist bei den Kohlenhydraten und Aminosäuren üblich.

Die für den Stoffwechsel wichtigen Zucker haben D-Konfiguration (Kap. 24). Bei den proteinogenen Aminosäuren ist die Amino-Gruppe ($- NH_2$) am α-C-Atom nach links orientiert. Die natürlichen Aminosäuren haben also L-Konfiguration, sie gehören, wie man auch sagt, der L-Reihe an.

Als Beispiel ist die Projektionsformel für L-Alanin (Kap. 27) angegeben:

$$\begin{array}{c} HO \quad\quad O \\ \diagdown\;\;\diagup \\ C \\ | \\ H_2N-C-H \\ | \\ CH_3 \end{array}$$

Die Kenntnis der Konfiguration der Moleküle optisch aktiver Verbindungen und damit ihrer Zugehörigkeit zur D-Reihe oder L-Reihe ermöglicht *keine* Vorhersage über die Drehrichtung. Die **Drehrichtung** muß daher eigens durch das Vorzeichen (+) oder (−) bezeichnet werden. Der Drehwinkel α (in Grad) wird im Polarimeter meist bei 20 °C mit Licht der Wellenlänge λ = 589 nm bestimmt (Kap. 6.7.4). Feste optisch aktive organische Verbindungen müssen zur Bestimmung des **Drehwinkels** in Lösung gebracht werden.

21.3 Optisch aktive Verbindungen mit mehreren asymmetrischen C-Atomen

Außer den Weinsäuren gibt es zahlreiche stereoisomere Verbindungen aus unterschiedlichen Stoffklassen, deren Moleküle *zwei oder mehr asymmetrische C-Atome* enthalten. Außer D-Glucose sind 15 weitere Aldohexosen (Kap. 24) der Summenformel $C_6H_{12}O_6$ bekannt. Nur eine dieser Verbindungen ist das Enantiomer, die L-Glucose. Da die übrigen Isomere dieselben funktionellen Gruppen wie Glucose, dasselbe Kohlenstoff-Gerüst und dieselbe Verknüpfung der Atome innerhalb der Moleküle aufweisen, kann der Unterschied zwischen diesen Aldohexosen nur in dem räumlichen Bau (der Konfiguration) ihrer Moleküle begründet sein.

Nicht-spiegelbildliche Stereo-Isomere mit mehreren asymmetrischen C-Atomen bezeichnet man als **Diastereomere**. Von Verbindungen mit n (2, 3, 4, 5) asymmetrischen C-Atomen in den Molekülen gibt es in der Regel insgesamt 2^n Stereo-Isomere. Aldohexosen der Summenformel $C_6H_{12}O_6$ enthalten vier asymmetrische C-Atome, daher ergeben sich 2^4 = 16 Stereo-Isomere oder acht Enantiomeren-Paare, von denen D- und L-Glucose eines ist.

Diastereomere unterscheiden sich in physikalischen und chemischen Eigenschaften (erheblich) voneinander. Von praktischer Bedeutung sind (die bei Enantiomeren nicht vorhandenen) *Unterschiede in der Löslichkeit, die eine Trennung von Diastereomeren-Gemischen durch fraktionierende Kristallisation* ermöglichen.

Auf die Stereo-Isomerie der Kohlenhydrate wird in Kap. 24 noch näher eingegangen.

21.4 Cis-trans-Isomerie (Geometrische Isomerie)

Um eine C – C-Doppelbindung besteht keine freie Drehbarkeit. Bei ungesättigten Verbindungen der allgemeinen Formeln $C_2a_2b_2$ und C_2a_2bc (C ist das Symbol für C-Atome; a,b,c sind Symbole für andere Atome oder Atomgruppen) treten Stereo-Isomere auf, die man als *cis-trans-Isomere* oder geometrische Isomere bezeichnet.

Bei den **cis-** oder **Z-Verbindungen** („Z" von zusammen) liegt ein Paar identischer Substituenten (a + a) auf derselben Seite einer Bezugsebene, die man sich senkrecht zur Ebene der durch die Doppelbindung verknüpften C-Atome vorzustellen hat. Die übrigen Substituenten (b + b oder b + c) liegen auf der anderen Seite.

$$\begin{array}{cc} a\;\;\;\;\;\;\;\;a & a\;\;\;\;\;\;\;\;a \\ \diagdown\;\diagup & \diagdown\;\diagup \\ C=C & C=C \\ \diagup\;\diagdown & \diagup\;\diagdown \\ b\;\;\;\;\;\;\;\;b & b\;\;\;\;\;\;\;\;c \end{array}$$

21.4 Cis-trans-Isomerie (Geometrische Isomerie)

Bei den **trans-** oder **E-Verbindungen** („E" von entgegengesetzt) liegt ein Paar identischer Substituenten (a + a) auf verschiedenen Seiten.

$$\begin{array}{c} a \\ \diagdown \\ C=C \\ \diagup\diagdown \\ b a \end{array} \qquad \begin{array}{c} a \\ \diagdown \\ C=C \\ \diagup\diagdown \\ b a \end{array}$$

Durch Einsetzen der in folgender Tabelle angegebenen Substituenten-Bedeutungen ergeben sich aus diesen allgemeinen Formeln die Strukturformeln für bestimmte, an anderer Stelle des Buches erwähnte cis-trans-Isomere:

Verbindung	Substituenten		
	a	b	c
cis- und trans-2-Buten	H	CH_3	–
cis- und trans-1,2-Dichloreth(yl)en	H	Cl	–
Maleinsäre/Fumarsäure	H	COOH	–
Ölsäure/Elaidinsäure	H	H_3C- $(CH_2)_7-$	$-(CH_2)_7$ $-(COOH$

Geometrische Isomere können sich in ihren physikalischen und chemischen Eigenschaften erheblich unterscheiden. So finden *bei cis-Verbindungen intramolekular verlaufende Reaktionen unter Ringschluß* statt (Maleinsäure ⟶ Maleinsäure-anhydrid), bei trans-Isomeren dagegen nicht. Die folgende Tabelle zeigt Unterschiede in den Eigenschaften von Maleinsäure und Fumarsäure:

Eigenschaft	Maleinsäure (cis)	Fumarsäure (trans)
Schmp (°C)	137	287
Löslichkeit in Wasser (g/100 mL bei 25°)	78,8	0,7
pK_{S1}	1,9	3,0
pK_{S2}	6,5	4,5

Eine zusammenfassende Begriffserklärung gibt eine Übersicht über die besprochenen Arten der Isomerie:
Konstitutions-Isomerie: unterschiedliche Verknüpfung von Atomen in Molekülen
Gerüst-Isomere: Kohlenstoff-Gerüst unverzweigt/verzweigt
Beispiel: n-Butan/Isobutan
Stellungs-Isomere: Substituenten in unterschiedlicher Stellung am Kohlenstoff-Gerüst
Beispiel: 1-Propanol/2-Propanol
ortho-, meta-, para-Dichlorbenzol
Funktions-Isomere: unterschiedliche funktionelle Gruppen
Beispiel: 1-Butanol/Diethylether

Tautomere: (mindestens) ein bewegliches H-Atom
Beispiel: Barbiturate

Stereo-Isomerie: unterschiedlicher räumlicher Bau von Molekülen (unterschiedliche Konfiguration bei gleicher Konstitution)
optische Isomere mit *einem* asymmetrischen C-Atom: Enantiomere/Spiegelbild-Isomere/optische Antipoden
Beispiel: D- und L-Glycerinaldyhd
optische Isomere mit *mehreren* asymmetrischen C-Atomen: Diastereomere
Beispiel: D-Glucose/D-Galactose
geometrische Isomere: **cis-trans-Isomere** (Z/E-Isomere) Beispiel: Maleinsäure/Fumarsäure

Kontrollfragen

21-1 Benennen Sie die beiden Verbindungen:

$$\begin{array}{c} Cl Cl \\ \diagdown\diagup \\ C=C \\ \diagup\diagdown \\ H H \end{array} \qquad \begin{array}{c} Cl H \\ \diagdown\diagup \\ C=C \\ \diagup\diagdown \\ H Cl \end{array}$$

21-2 Warum sind die beiden Verbindungen nicht identisch?
21-3 Welche Art der Stereoisomerie tritt bei Ethen-1,2-dicarbonsäure auf? Geben Sie Trivialnamen und Konfiguration der Isomere an.
21-4 Wie bezeichnet man ein C-Atom, das mit 4 verschiedenen Atomen oder Atomgruppen verknüpft ist?
21-5 Wie nennt man Verbindungen, die die Ebene des polarisierten Lichtes (unter denselben Bedingungen) um denselben Winkel, jedoch in entgegengesetzte Richtungen drehen?
21-6 Verdeutlichen Sie sich mit Hilfe von Formeln, welche der folgenden Verbindungen optisch aktiv sind (Hervorhebung asymmetrischer C-Atome durch *):
Glycin (A), Glycerin (B), Glycerinaldehyd (C), Alanin (D), Bernsteinsäure (E), Äpfelsäure (F), Glucose (G).

21-7 Geben Sie an (in beliebiger Reihenfolge), welche Atome oder Atomgruppen mit dem asymmetrischen C-Atom in den Verbindungen der Tabelle verknüpft sind.

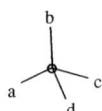

21-8 Erläutern Sie die Konfigurations-Unterschiede an je einem Beispiel bei a) Enantiomeren, b) Diastereomeren, c) Anomeren, d) Epimeren.

	a	b	c	d
Glycerinaldehyd				
2-Butanol				
Milchsäure				

22 Funktionelle Carbonsäure-Derivate

22.1 Einführung

Funktionelle Carbonsäure-Derivate entstehen aus Carbonsäuren durch chemische Reaktionen an der Carboxy-Gruppe. Die einfachsten Derivate der Carbonsäuren sind ihre Salze.
Es können jedoch auch weitergehende chemische Reaktionen an der Carboxy-Gruppe stattfinden. Die entstehenden Derivate enthalten dann nur noch den Acyl-Rest (B) der eingesetzten Carbonsäure (A):

$$R-C\overset{O}{\underset{O-H}{\diagdown}} \quad R-C\overset{O}{\underset{}{\diagdown}}$$
(A) (B)

„**Acyl**" ist ein allgemeiner Begriff für einen beliebigen Carbonsäure-Rest. Im Einzelfall richtet sich die Namengebung nach der Carbonsäure, von der sich der Acyl-Rest ableitet:

Carbonsäure (A)	Acyl-Rest (B)
Ameisensäure	Formyl
Essigsäure	Acetyl
Palmitinsäure	Palmitoyl
Stearinsäure	Stearoyl
Alkansäure (allg.)	Alkanoyl (allg.)
Decansäure (Bsp.)	Decanoyl (Bsp.)
Oxalsäure	Oxalyl

Folgende Aufstellung zeigt einige Reaktionen, die zu funktionellen Carbonsäure-Derivaten führen:
– Elektrolytische Dissoziation in wäßriger Lösung (Protonen-Übertragung)
  Carbonsäure ⇌ H$^\oplus$ + Carboxylat-Ionen
– Salz-Bildung mit anorganischen und organischen Basen
  Carbonsäure + Base ⟶ Salz
– Kondensations-Reaktionen unter Abspaltung von Wasser:

Carbonsäure + Alkohol ⇌ Ester
Carbonsäure + Phenol ⇌ Phenol-ester
Carbonsäure + Carbonsäure ⇌ Anhydrid
Carbonsäure + Ammoniak oder Amin ⟶
Ammoniumsalz ⟶ Carbonsäure-amid (Amid)

22.2 Salze von Carbonsäuren

Die direkte Methode zur Herstellung von Salzen ist die Umsetzung der Carbonsäuren mit anorganischen oder mit organischen Basen (Aminen, Kap. 26). Carbonsäuren sind bei Raumtemperatur entweder flüssig oder fest und stets aus Molekülen aufgebaut, dagegen sind ihre Salze in der Regel bei Raumtemperatur fest und aus Ionen aufgebaut. Gegenionen der Carboxylat-Ionen können alle Metall-Kationen sein, ferner Ammonium-Ionen und auch die aus organischen Basen (Kap. 26) bei Protonen-Übertragung entstehenden Kationen. Von praktischer Bedeutung sind vor allem Carboxylate mit Na-, K-, Ammonium-, Mg-, Ca-, Ba-, Al-, Fe(II)-, Fe(III)-, Cu(II)-, Co(II)- oder Ag-Ionen.
Ein Beispiel: Bei der Umsetzung von Carbonsäuren mit wäßriger Kalilauge erhält man Kalium-Salze:

$$R-C\overset{O}{\underset{O-H}{\diagdown}} + OH^\ominus + K^\oplus \longrightarrow R-C\overset{O}{\underset{O^\ominus K^\oplus}{\diagdown}} + H_2O$$

Bei der *Benennung der Salze* wird der Name des Kations vorangestellt, dann folgt der stets auf die Silbe „at" endende Name des Säurerest-Ions, z. B. Calcium-formiat, Aluminium-acetat. Die Namen der wichtigsten Säurerest-Ionen muß man sich einprägen, sie sind auch in der Biochemie von Bedeutung.

Carbonsäure	Carboxylat
Alkansäuren (allg.)	Alkanoat (allg.)
Ameisensäure	Formiat
Essigsäure	Acetat
Propionsäure	Propionat
Buttersäure	Butyrat
Pentansäure	Pentanoat
Palmitinsäure	Palmitat
Stearinsäure	Stearat
Ölsäure	Oleat
Oxalsäure	Oxalat
Bernsteinsäure	Succinat
Glutarsäure	Glutarat
Fumarsäure	Fumarat
Benzoesäure	Benzoat
Salicylsäure	Salicylat
Trichloressigsäure	Trichloracetat
Milchsäure	Lactat
Äpfelsäure	Malat
Citronensäure	Citrat
Gluconsäure	Gluconat
Weinsäure	Tartrat
Brenztraubensäure	Pyruvat
β-Keto-buttersäure	β-Keto-butyrat
Oxalessigsäure	Oxalacetat
α-Keto-glutarsäure	α-Keto-glutarat

In der Biochemie werden häufig nur die Namen der Carbonsäure-Anionen angegeben, weil bei physiologischen pH-Werten nicht die freien Carbonsäuren, sondern eben deren **Anionen** vorliegen. Man kann zum Beispiel die Aussage, daß (im Citronensäure-Cyclus) Bernsteinsäure zu Fumarsäure dehydriert wird, auch so formulieren:
Succinat wird zu Fumarat dehydriert.

22.2.1 Seifen

Seifen sind Natrium- oder Kaliumsalze von Fettsäuren mit 12, 14, 16 oder 18 C-Atomen.

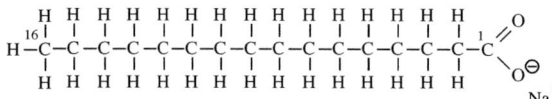

Organische Verbindungen, in denen eine elektrisch geladene funktionelle Gruppe mit einem langkettigen Kohlenstoff-Gerüst verknüpft ist, zeigen ein besonderes Löslichkeits-Verhalten.

Obwohl der langkettige Kohlenwasserstoff-Rest ausgeprägt hydrophobe (wasserabweisende) Eigenschaften hat, sind die Alkalisalze langkettiger Fettsäuren, z. B. Na-palmitat, wasserlöslich. Die Wasserlöslichkeit wird durch die hydrophile Carboxylat-Gruppe bewirkt, die wegen ihrer negativen Ladung erheblich stärker polar ist als die nicht-dissoziierte Carboxy-Gruppe oder die Hydroxy-Gruppe (langkettige Carbonsäuren und Alkohole sind nicht wasserlöslich). Bedingt durch die wasserabweisenden Kohlenwasserstoff-Reste ordnen sich die Carboxylat-Ionen jedoch in ganz bestimmter Weise an:
- An der Wasseroberfläche derart, daß die hydrophoben C-Ketten aus dem Wasser herausragen, während die polare Seite mit der –COO$^\ominus$-Gruppe in das Wasser hineintaucht.
- Im Inneren der wäßrigen Lösung derart, daß sich die hydrophoben C-Ketten zueinander hin orientieren und die polaren –COO$^\ominus$-Gruppen dem Wasser zugewendet sind.

Durch dieses typische Verhalten wird die Oberflächenspannung (Tension) des Wassers herabgesetzt. Stoffe, die dies bewirken, werden daher auch allgemein als **Tenside** bezeichnet. Ferner werden hydrophobe Schmutzteilchen (Fette und fette Öle, Mineralöle, teerähnliche Stoffe) umhüllt und auf diese Weise von Textilfasern und von der Haut durch feine Verteilung (Emulgieren) entfernt.

Kernseifen sind Stoff-Gemische mit Na-palmitat, Na-stearat und Na-oleat als Hauptbestandteilen. Entsprechende Stoff-Gemische aus Kalium-Salzen sind Schmierseifen. Zur Seifen-Herstellung erhitzt man für die menschliche Ernährung weniger geeignete pflanzliche oder tierische Fette mit Natronlauge oder Kalilauge. Die so herbeigeführte alkalische Fett-Spaltung wird als **Verseifung** bezeichnet (Kap. 23).

Anstelle dieses alten Verseifungsverfahrens werden in zunehmendem Maße moderne Verfahren durchgeführt:

Fette werden mit Wasserdampf (nicht mehr mit Natronlauge) erhitzt. Durch **Fettspaltung (Ester-Hydrolyse)** werden die freien Fettsäuren (nicht deren Na-Salze) erhalten, die z. B. mit Natronlauge zu ihren Na-Salzen (Kernseifen) umgesetzt werden können. (Reaktions-Gleichung s. Kap. 23).

22.2.2 Komplex-Salze

Bestimmte Hydroxy-carbonsäuren, wie Weinsäure und Citronensäure, reagieren mit Metall-Ionen zu **Komplex-Salzen**.

Wenn man „einfache Salze", wie sie aus den meisten Carbonsäuren und Kationen gebildet werden, in Wasser löst, umgeben sich die Carboxylat-Ionen und Kationen mit Wasser-Molekülen. Um jedes Ion entsteht eine Hydrat-Hülle. Die im festen Salz bereits vorhandenen, jedoch nicht beweglichen Ionen werden durch den Vorgang des Auflösens in Wasser beweglich. Die Kationen lassen sich in der wäßrigen Lösung mit Analyse-Reagenzien nachweisen. Dagegen werden bei manchen Komplex-Salzen die Kationen von den Säurerest-Ionen wie von einer Krebsschere umfaßt (man spricht dann von **Chelat-Komplexen** oder kurz **Chelaten**). Solche Komplexe können sehr stabil sein, mit dem Resultat, daß in der wäßrigen Lösung der Gehalt an freien Kationen so gering ist, daß sie durch eine Fällungs-Reaktion nicht erfaßt werden. Man bezeichnet diese Kationen dann als „maskiert". So werden Calcium-Ionen beim Vermischen von Blut mit *Natriumcitrat als Antikoagulans* durch die Citrat-Ionen komplex gebunden; das erhaltene Plasma wird dann für die Bestimmung der Gerinnungsfaktoren verwendet.

In der Fehlingschen Lösung werden die Cu(II)-Ionen durch Komplex-Bildung mit **Weinsäure** (daher die Zugabe von Seignette-Salz) maskiert. So wird in der stark alkalischen Lösung die Fällungs-Reaktion zwischen Cu(II)-Ionen und OH$^\ominus$ Ionen vermieden.

22.3 Carbonsäure-ester

Carbonsäure-ester, (kurz **Ester**), gehören zu den wichtigsten funktionellen Carbonsäure-Derivaten. Zahlreiche Ester kommen in der Natur vor, manche zeichnen sich durch angenehmen Geruch aus (Fruchtessenzen).

Ester werden als Aromastoffe in der Lebensmittel- und Getränke-Industrie verwendet oder in Parfüm-Zubereitungen eingesetzt.

Auch die in Kap. 23 besprochenen **Fette** gehören in die Verbindungsklasse der Ester.

Ester entstehen in einer unter Wasser-Abspaltung verlaufenden Gleichgewichts-Reaktion aus Carbonsäuren und Alkoholen (oder Phenolen). Die als Veresterungs-Reaktion, kurz **Veresterung**, bezeichnete Umsetzung von Carbonsäuren mit Alkoholen (Phenolen) wird zur Erhöhung der Reaktions-Geschwindigkeit häufig unter Zugabe einer *katalytischen Menge* einer starken Säure, wie Schwefelsäure durchgeführt. Folgende Gleichung zeigt die Veresterung einer beliebigen Carbonsäure mit einem beliebigen Alkohol:

$$R^1-C\overset{\displaystyle\nearrow O}{\underset{\displaystyle\searrow \boxed{O-H \;+\; H}-O-R^2}{}}$$

$$\Updownarrow \overset{\oplus}{H}\text{-Katalyse}$$

$$R^1-C\overset{\displaystyle\nearrow O}{\underset{\displaystyle\searrow O-R^2}{}} \;+\; H_2O$$

(Umrahmung: OH aus der Carboxy-Gruppe und H aus der Hydroxy-Gruppe ergeben Wasser).

Zur Benennung der Ester fügt man an den vollständigen Namen der eingesetzten Carbonsäure den Namen des aus dem Alkohol stammenden Kohlenwasserstoff-Restes an und nennt am Schluß die Verbindungsklasse „Ester", vgl. Tab. 22-1.

Eine andere Benennung von Estern wird hier nur deshalb erwähnt, weil sie in manchen Chemikalien-Katalogen und auf den Etiketten von Lösungsmittel-Behältern verwendet wird. So bezeichnet man Essigsäure-ethylester noch als „Ethylacetat" (andere Ester der Tab. 22-1 entsprechend). Diese Bezeichnung ist irreführend, da Acetate aus Ionen aufgebaute Salze der Essigsäure sind, das sogenannte „Ethylacetat" aber eine aus Molekülen aufgebaute Flüssigkeit ist.

Tab. 22-1: Ester

Veresterung von	mit	ergibt	Sdp. (°C)	Verwendung bzw. Vorkommen
Ameisensäure	Ethanol	Ameisensäure-ethylester	54,5	Rum-, Arrak-Aroma
Essigsäure	Ethanol	Essigsäure-ethylester	77	Lösungsmittel
Essigsäure	Isobutanol	Essigsäure-isobutylester	118	Bananen-Aroma
Buttersäure	Methanol	Buttersäure-methylester	102	Apfel-Aroma
Fettsäuren	Cholesterin	Cholesterin-ester	(fest)	Stoffwechsel-Produkte
Malonsäure	Ethanol (2 mol)	Malonsäure-diethylester	198	Herstellung von Barbituraten

Ein als Lösungsmittel häufig verwendeter Ester ist **Essigsäure-ethylester** (kurz Essigester genannt), eine farblose Flüssigkeit mit dem Sdp. 77 °C. Er wird durch Veresterung von Essigsäure mit Ethanol hergestellt:

$$H_3C-C\overset{O}{\underset{O-H}{\diagdown}} + H-O-CH_2-CH_3 \xrightarrow{H^\oplus} H_3C-C\overset{O}{\underset{O-CH_2-CH_3}{\diagdown}} + H_2O$$

Essigsäure-ethylester ist, wie auch die anderen **Monocarbonsäure-ester**, ein *Neutralstoff* (Säure-Eigenschaften sind nicht mehr vorhanden, da in den Ester-Molekülen keine Carboxy-Gruppe vorliegt).
Essigsäure-ethylester ist mit Wasser nicht mischbar; bei der Extraktion von Naturstoffen aus wäßriger Lösung bildet Essigsäure-ethylester ($\rho = 0{,}901$ g/mL) die obere Schicht.
Anders als Essigsäure-Moleküle (die als Dimere vorliegen) und Ethanol-Moleküle sind Essigsäureethylester-Moleküle nicht über Wasserstoffbrücken-Bindungen miteinander verknüpft.
Ester des Cholesterins sind in der Klinischen Chemie von Interesse, weil sich der Gesamt-Cholesterin-Gehalt als Summe aus verestertem und freiem Cholesterin ergibt.

Salicylsäure

Als aromatische Hydroxy-carbonsäure läßt sich **Salicylsäure** (o-Hydroxy-benzoesäure) an beiden funktionellen Gruppen verestern:
– Bei der Umsetzung mit Methanol reagiert sie an der Carboxy-Gruppe (verhält sich somit als Carbonsäure) und ergibt Salicylsäure-methylester.
– Bei der Umsetzung mit Essigsäure reagiert sie an der phenolischen Hydroxy-Gruppe und ergibt **Acetyl-salicylsäure** (Aspirin).

22.4 Carbonsäure-anhydride

Anhydride sind besonders reaktionsfähige Carbonsäure-Derivate. Zu ihrer Herstellung spaltet man ein Wasser-Molekül (durch Zugeben eines wasserbindenden Reagenz, wie Phosphorpentoxid) aus je zwei Carbonsäure-Molekülen ab.

Carbonsäure (2 mol)   Carbonsäure-anhydrid

Essigsäure-anhydrid ($R = CH_3$), auch als **Acetanhydrid** bezeichnet, ist eine farblose Flüssigkeit (Sdp. 136°). Acetanhydrid wird bei Reaktionen, bei denen eine Acetyl-Gruppe als Substituent für H-Atome eingeführt werden soll (Acetylierungen), als Reaktionspartner verwendet, so z. B. bei der Herstellung von Acetyl-salicylsäure:

Aus nahezu allen Carbonsäuren lassen sich Carbonsäure-anhydride herstellen und entsprechend wie Essigsäure-anhydrid verwenden.

22.5 Carbonsäure-amide

Carbonsäure-amide, kurz Carbonamide, leiten sich zum einen von Ammoniak durch Substitution eines Wasserstoff-Atoms durch eine Acyl-Gruppe ab und haben dann die allgemeine Formel:

$$R-C\begin{smallmatrix}O\\NH_2\end{smallmatrix}$$

Als typische funktionelle Gruppe enthalten ihre Moleküle die Carbonamid-Gruppe – $CONH_2$.

Im Gegensatz zu dem Protonen-Acceptor Ammoniak ($\overline{N}H_3$) und zu vielen Aminen ($R - \overline{N}H_2$) ist ein freies Elektronenpaar am Stickstoff-Atom der Carbonamid-Gruppe nicht lokalisiert, sondern es wird durch die $C-O$-Gruppe „mitbeansprucht". Dies läßt sich durch folgende Grenzstrukturen wiedergeben:

$$R-C\begin{smallmatrix}O\\\overline{N}H_2\end{smallmatrix} \longleftrightarrow R-C\begin{smallmatrix}\overline{|O|}^{\ominus}\\ \oplus NH_2\end{smallmatrix}$$

Infolge dieser Elektronen-Verteilung hat die *N – C-Bindung* Doppelbindungscharakter. Die Carbonamide haben daher nicht die basischen Eigenschaften von Ammoniak und von Aminen und verhalten sich in wäßriger Lösung wie Neutralstoffe.

Zum anderen leiten sich Carbonamide nicht nur von Ammoniak, sondern auch von primären Aminen und sekundären Aminen (wie Dimethylamin) durch Austausch eines H-Atoms durch eine Acyl-Gruppe ab.

Beispiele für wichtige Carbonamide, ihre Konstitutionsformeln und ihre Verwendung sind nachstehend aufgeführt:

Formamid

$$H-C\begin{smallmatrix}O\\NH_2\end{smallmatrix}$$

Verwendung als polares Lösungsmittel (Sdp. 211 °C)

Acrylamid

$$H_2C=CH-C\begin{smallmatrix}O\\NH_2\end{smallmatrix}$$

Verwendung zur Herstellung von Polyacrylamid

Nicotinamid

Vitamin der B_2-Gruppe, Baustein von Nicotinamid-adenin-dinucleotid ($NAD^{\oplus}$)

Dimethylformamid

$$H-C\begin{smallmatrix}O\\N(CH_3)_2\end{smallmatrix}$$

Verwendung als polares Lösungsmittel (DMF, Sdp. 152 °C)

Kontrollfragen

22-1 Welche Trivialnamen haben folgende Salze?
$H_3C - CH(OH) - COO^{\ominus} Na^{\oplus}$ / $H-COO^{\ominus} NH_4^{\oplus}$?

22-2 Welcher aus organischen Ausgangsstoffen entstandene Ester hat die niedrigste molare Masse? (Formel und Name)

22-3 Welches funktionelle Carbonsäure-Derivat entsteht aus Essigsäure durch Veresterung mit n-Pentanol? (Reaktions-Gleichung)

22-4 Berechnen Sie die molare Masse von Essigsäure (Sdp. 118,5 °C) und Essigsäure-isobutylester (Sdp. 118,0 °C) und erklären Sie, wieso diese Stoffe trotz des erheblichen Unterschiedes ihrer molaren Masse die gleiche Siedetemperatur haben.

22-5 Welche Reaktionsprodukte entstehen bei der Veresterung von a) p-Hydroxy-benzoesäure mit Ethanol und b) o-Hydroxy-benzoesäure mit Essigsäure?

23 Fette und Lipide

23.1 Einteilung der Fette

Fette werden nach ihrem **Vorkommen** in tierische und pflanzliche Fette eingeteilt.

Tierische Fette	Pflanzliche Fette
Butterfett	Kokosfett
Schweineschmalz	Olivenöl
Rindertalg	Leinöl
Gänsefett	Sojaöl
Dorschleberöl	Sonnenblumenöl
	Weizenkeimöl

Daneben kann man Fette auch nach dem Aggregatzustand einteilen, in dem sie bei Raumtemperatur vorliegen: es gibt *feste und flüssige Fette*. Die flüssigen Fette werden als Öle bezeichnet oder – zur Unterscheidung von den Mineralölen – als „fette Öle" oder Speiseöle.

Weil die natürlichen Fette Stoff-Gemische sind, schmelzen feste Fette nicht bei einer ganz bestimmten Temperatur, sondern innerhalb eines Temperaturbereiches, der hier für einige Fette angegeben ist:

feste Fette	Schmelzbereich (°C)
Rindertalg	40 – 50
Schweineschmalz	30 – 40
Gänsefett	25 – 35
Kokosfett	20 – 28

23.2 Chemische Struktur der Fette

Die Fette gehören in die Verbindungsklasse der Ester (Kap. 22.3). Sie entstehen aus dem dreiwertigen Alkohol **Glycerin** und bestimmten, als **Fettsäuren** bezeichneten Monocarbonsäuren. Die wichtigsten Fettsäuren weisen folgende Struktur-Merkmale auf:
– eine nicht verzweigte Kohlenstoff-Kette,
– eine durch zwei teilbare Gesamtzahl der C-Atome (einschließlich des in der Carboxy-Gruppe enthaltenen C-Atoms).

Am weitesten verbreitet sind Fettsäuren mit 16 und 18 C-Atomen. Je nachdem, ob das Kohlenstoff-Gerüst der Fettsäuren Doppelbindungen enthält, wird zwischen gesättigten und ungesättigten Fettsäuren unterschieden.

Fettsäuren	im Kohlenstoff-Gerüst
gesättigte	nur Einfachbindungen
einfach ungesättigte	eine Doppelbindung; cis-Konfiguration
mehrfach ungesättigte	2, 3 oder 4 Doppelbindungen, nicht konjugiert; cis-Konfiguration

Die wichtigsten Fettsäuren sind in den folgenden Zusammenstellungen aufgeführt. Zu ihrer Benennung sind Trivialnamen gebräuchlicher als die systematischen Namen. Die Gesamtzahl der C-Atome und die Anzahl der C–C-Doppelbindungen in Fettsäuren lassen sich in einer *Kurzschreibweise* angeben. So bedeutet 18:2, daß das Fettsäure-Molekül insgesamt 18 C-Atome und zwei C–C-Doppelbindungen enthält. Zur vollständigen Bezeichnung gehört noch die Angabe darüber, von welchem C-Atom eine Doppelbindung ausgeht.

Gesättigte Fettsäuren:

Trivialname	C-Anzahl	typischer Baustein von
Buttersäure	4	Milchfett
Capronsäure	6	Milchfett
Caprylsäure	8	Milchfett
Caprinsäure	10	Milchfett
Laurinsäure	12	Kokosfett
Myristinsäure	14	Milchfett, Kokosfett
Palmitinsäure	16	Schweineschmalz
Stearinsäure	18	Rindertalg
Arachinsäure	20	Erdnußöl

Ungesättigte Fettsäuren:

Trivialname	C-Anzahl und Doppelbindungen (ausgehend von den angegebenen C-Atomen)	überwiegender oder typischer molekularer Baustein von
Ölsäure	18:1 (9)	Olivenöl
Linolsäure	18:2 (9, 12)	Sojaöl, Sonnenblumenöl
Linolensäure	18:3 (9, 12, 15)	Leinöl
Arachidonsäure	20:4 (5, 8, 11, 14)	Fischölen

Die *mehrfach ungesättigten Fettsäuren* **Linolsäure, Linolensäure** und **Arachidonsäure** können vom menschlichen Organismus nicht aufgebaut werden. Man bezeichnet sie als *essentielle Fettsäuren*; sie müssen in Form entsprechend zusammengesetzter Fette mit der Nahrung aufgenommen werden.

Die Bausteine, Glycerin und Fettsäuren, sind in den Fetten über Ester-Bindungen miteinander verknüpft. Glycerin kann als dreiwertiger Alkohol durch aufeinanderfolgende Veresterung mit derselben oder mit unterschiedlichen Fettsäuren Monoester, Diester und Triester bilden. Diese Ester des Glycerins bezeichnet man als Glyceride. Die Fette sind **Triglyceride** (Triacylglycerine). Mono- und Diglyceride entstehen als Zwischenprodukte bei der Biosynthese der Fette.

In pflanzlichen und tierischen Zellen liegen stets Fettsäuren unterschiedlicher Struktur nebeneinander vor, die in statistischer Reihenfolge mit Glycerin verestert werden. Selten entstehen hierbei Triglyceride, in denen alle drei OH-Gruppen des Glycerins mit ein und derselben Fettsäure verestert sind.

Fette sind somit Stoff-Gemische, bestehend aus Triglyceriden der allgemeinen Formel:

$$\begin{array}{c} H \quad\quad O \\ | \quad\quad\quad || \\ H-C-O-C-R^1 \\ | \quad\quad\quad O \\ | \quad\quad\quad || \\ H-C-O-C-R^2 \\ | \quad\quad\quad O \\ | \quad\quad\quad || \\ H-C-O-C-R^3 \\ | \\ H \end{array}$$

In dieser Formel drücken die Ziffern oberhalb von „R" aus, daß sich die in den Fett-Molekülen an den Glycerin-Rest gebundenen Acyl-Reste (– CO – R) von verschiedenen Fettsäuren ableiten, z. B.

Acyl-Rest der		R
– CO – R^1	Palmitinsäure	–(CH$_2$)$_{14}$–CH$_3$
– CO – R^2	Ölsäure	–(CH$_2$)$_7$–CH=CH–(CH$_2$)$_7$–CH$_3$
– CO – R^3	Stearinsäure	–(CH$_2$)$_{16}$–CH$_3$

Von größter wirtschaftlicher Bedeutung sind Fette, in denen Laurinsäure, Myristinsäure, Palmitinsäure, Stearinsäure, Ölsäure, Linolsäure und Linolensäure mit OH-Gruppen des Glycerins verestert sind.

23.3 Chemische Eigenschaften der Fette

Fette haben die chemischen Eigenschaften von Monocarbonsäure-estern. Sie gehören zu den Neutralstoffen, was durch die Bezeichnung **„Neutralfette"** ausgedrückt wird.

Chemische Reaktionen der Fette können entweder unter Erhaltung der Triglycerid-Struktur oder unter Spaltung der Ester-Bindungen verlaufen. Bei *Anlagerungs-Reaktionen an Doppelbindungen* in ungesättigten Fettsäure-Resten bleibt die Triglycerid-Struktur erhalten.

Durch Anlagerung von Iod an natürliche Fette kann man den Anteil ungesättigter Fettsäuren an der Zusammensetzung von Fetten quantitativ bestimmen. Die Iod-Addition verläuft nach dem Schema:

$$\begin{matrix} \diagdown \\ / \end{matrix} C=C \begin{matrix} \diagup \\ \diagdown \end{matrix} + I-I \longrightarrow \begin{matrix} | & | \\ -C-C- \\ | & | \\ I & I \end{matrix}$$

Den Iod-Verbrauch drückt man als Iodzahl in g Iod/100 g Fett aus. Je höher der Anteil ungesättigter Fettsäure-Reste in natürlichen Fetten ist, um so höher ist ihre **Iodzahl**.

pflanzliches oder tierisches Fett	Iodzahl
Kokosfett	7– 10
Butter	30– 35
Schweineschmalz	60– 68
Olivenöl	80– 95
Sonnenblumenöl	125–136
Leinöl	175–200

Bei solchen Fetten, die einen hohen Anteil an ungesättigten Fettsäure-Resten enthalten, führt die Anlagerung von Wasserstoff zu einer Verringerung der Zahl der C – C-Doppelbindungen. Aus Ölen kann man durch **Hydrierung** halbfeste oder feste Fette herstellen, so daß man die Fett-Hydrierung auch als **Fetthärtung** bezeichnet. Die Fetthärtung ist bei der Herstellung von Margarine von Bedeutung.

Für die Verarbeitung zu Nahrungsfetten ungeeignete natürliche Fette werden industriell als Rohstoffe zur Fett-Spaltung eingesetzt. Die Spaltung der in den Triglyceriden vorliegenden Ester-Bindungen erfolgt durch Reaktion mit Wasser (Ester-Hydrolyse):

Fett + Wasser ⟶ Glycerin + Fettsäuren
1 mol   3 mol   1 mol   3 mol

Industriell führt man die **Fett-Spaltung** mit überhitztem Wasserdampf durch, d. h. bei Temperaturen über 100 °C in druckfesten Reaktionsgefäßen. Man erhält Glycerin und, je nach Art des eingesetzten Fettes, verschiedene Fettsäuren in unterschiedlichen Anteilen.

In folgendem Beispiel ergibt die Ester-Spaltung Glycerin, Palmitinsäure, Ölsäure und Stearinsäure:

$$\begin{array}{l} H \\ | \\ H-C-O-C(=O)-(CH_2)_{14}-CH_3 \\ | \\ H-C-O-C(=O)-(CH_2)_7-CH=CH-(CH_2)_7-CH_3 \quad + \ 3\ H_2O \\ | \\ H-C-O-C(=O)-(CH_2)_{16}-CH_3 \\ | \\ H \end{array}$$

$$\downarrow$$

$$\begin{array}{l} H \\ | \\ H-C-O-H \quad HOOC-(CH_2)_{14}-CH_3 \\ | \\ H-C-O-H \ + \ HOOC-(CH_2)_7-CH=CH-(CH_2)_7-CH_3 \\ | \\ H-C-O-H \quad HOOC-(CH_2)_{16}-CH_3 \\ | \\ H \end{array}$$

In großem Ausmaß wird die Fett-Spaltung auch zur Herstellung von Seifen, als Verseifung, durchgeführt. Seifen sind Natrium- oder Kaliumsalze langkettiger Fettsäuren (Kap. 22.2.1). Sie entstehen bei der Fett-Spaltung mit Natronlauge (oder Kalilauge):

Fett + NaOH + H$_2$O ⟶
1 mol   3 mol

   Glycerin + Natriumsalze von Fettsäuren
   1 mol   3 mol

Der Begriff **Verseifung** bezeichnete ursprünglich nur die Umsetzung von Fetten mit Alkalilaugen, d. h. eine Ester-Spaltung, die auch tatsächlich Seifen ergibt. Er wird jetzt aber allgemein zur Bezeichnung der hydrolytischen Spaltung von funktionellen Säure-Derivaten gebraucht.

23.4 Physikalische Eigenschaften der Fette

Die Moleküle der Triglyceride enthalten lange C-Ketten in Form der Alkyl- und Alkenyl-Gruppen R^1, R^2 und R^3 (die gemeinsam mit der CO-Gruppe den Acylrest bilden). Die Struktur dieser C-Ketten bestimmt die Eigenschaften der Triglyceride, vor allem Aggregatzustand und Löslichkeit.

Die langen C-Ketten sind unpolar und bewirken, daß sich Fette in dem polaren Lösungsmittel Wasser nicht lösen. Die Fette gehören zu den ausgeprägt **hydrophoben** (wasserabweisenden) Stoffen, sie lösen sich in unpolaren Lösungsmitteln, wie Kohlenwasserstoffen (Hexan, Waschbenzin), Halogenkohlenwasserstoffen (Chloroform, Trichlor-ethylen) und Ethern (Diethylether).

23.5 Biologische Bedeutung der Fette

Fette sind wichtige Nahrungsbestandteile. Sie werden vom menschlichen Organismus verwertet als:
– Betriebsstoffe bei der *Deckung des Energiebedarfs*. Die Verbrennungsenergie von 1 g Fett ist mehr als doppelt so groß (38,9 kJ/g) wie die von 1 g der anderen Nahrungshauptbestandteile (Kohlenhydrate und Proteine).
– Reservestoffe, die nach Speicherung im Fettgewebe (in Fett-Depots) im Bedarfsfall als mengenmäßig wichtigster **Energiespeicher** zur Verfügung stehen.

In Form von pflanzlichen Fetten und von Margarine werden solche Fettsäuren aufgenommen, die nicht durch Stoffwechsel-Vorgänge synthetisiert werden können. Es sind dies als essentielle Fettsäuren (Vitamin F) bezeichnete mehrfach ungesättigte Fettsäuren. Außerdem werden mit den Fetten fettlösliche Vitamine, wie Vitamin D und E, aufgenommen.

Der Abbau der Nahrungs-Fette erfolgt durch Verdauungsvorgänge unter Beteiligung von Lipasen nach dem Schema:

Triglyceride → Diglyceride → Monoglyceride → Glycerin und Fettsäuren.

Die Fettspaltung findet vorwiegend im Dünndarm statt unter Mitwirkung von **Pankreas-Lipase** und der **Salze von Gallensäuren**. Letztere haben Emulgator-Eigenschaften und bewirken eine sehr feine Verteilung von Fett-Tröpfchen in dem wäßrigen Milieu. Außer freien Fettsäuren können auch Monoglyceride resorbiert werden. Die in den Organismus aufgenommenen Fettsäuren dienen:
– zum Aufbau der Triglyceride in den Fett-Depots,
– als Bausteine zum Aufbau von Phospholipiden und Glycolipiden (Bestandteilen biologischer Membranen),
– dem Gewinn von Stoffwechsel-Energie durch Abbau zu „aktivierter Essigsäure" auf dem Wege der β-Oxidation.

Fettsäuren sind die für den Energie-Stoffwechsel ergiebigsten „Brennstoff-Moleküle". Da alle C-Atome der Fettsäuren (bis auf das der Carboxy-Gruppe) in weitgehendst reduzierter Form vorliegen, wird bei ihrem **Abbau durch β-Oxidation** ein sehr großer Energie-Betrag gewonnen.

Bevor Fettsäuren im Energie-Stoffwechsel „verbrannt" werden können, müssen sie erst in „**aktivierte Fettsäuren**" übergeführt werden. Dies geschieht durch Reaktion der jeweiligen Fettsäure mit Coenzym A unter Verbrauch von ATP. Hierbei entstehen energiereiche Thioester der Fettsäuren.

Abb. 23-1 zeigt den Abbau einer aktivierten Fettsäure, deren Acyl-Gruppe sich von einer längerkettigen gesättigten Fettsäure ableitet. Hierbei laufen die vier Reaktionen ab (jeweils gesättigte Fettsäure in aktivierter Form —①→ α,β-ungesättigte Fettsäure —②→ β-Hydroxy-fettsäure —③→ β-Keto-fettsäure —④→ kürzerkettige gesättigte Fettsäure + aktivierte Essigsäure), die letztlich dazu führen, daß die Kohlenstoff-Kette um 2 C-Atome verkürzt wird.

① Dehydrierung (Oxidation) unter Entstehung einer Doppelbindung zwischen dem α- und β-C-Atom. Der Wasserstoff wird auf FAD übertragen.

② Wasser-Anlagerung an die C–C-Doppelbindung.

③ Dehydrierung (Oxidation am β-C-Atom). Der Wasserstoff wird bei diesem Vorgang, bei dem eine C = O-Doppelbindung entsteht, auf $NAD^{\oplus}$ übertragen.

④ Zerfall (Thiolyse). Die Bindung zwischen α- und β-C-Atom wird durch Reaktion mit der Thiol-Gruppe von Coenzym A gespalten. Hierbei entsteht in jedem Fall *Acetyl-Coenzym A als zentrales Stoffwechsel-Zwischenprodukt* und eine aktivierte Fettsäure, deren Acyl-Gruppe zwei (nämlich die als Acetyl-Gruppe abgespaltenen) C-Atome weniger enthält.

In entsprechender Weise wiederholt sich diese Aufeinanderfolge von Stoffwechsel-Reaktionen so lange, bis schließlich sämtliche C-Atome der ursprünglich vorhandenen Fettsäure als Acetyl-Gruppen in Acetyl-Coenzym A vorliegen. Man spricht anschaulich davon, daß die langkettigen Fettsäuren bei ihrem Abbau zahlreiche Windungen

einer Spirale durchlaufen. So ergibt der Abbau von 1 mol Palmitinsäure nach 7 maligem Durchlaufen der Spirale der β-**Oxidation** insgesamt:
8 mol Acetyl-CoA
7 mol FADH$_2$
7 mol NADH + H$^\oplus$

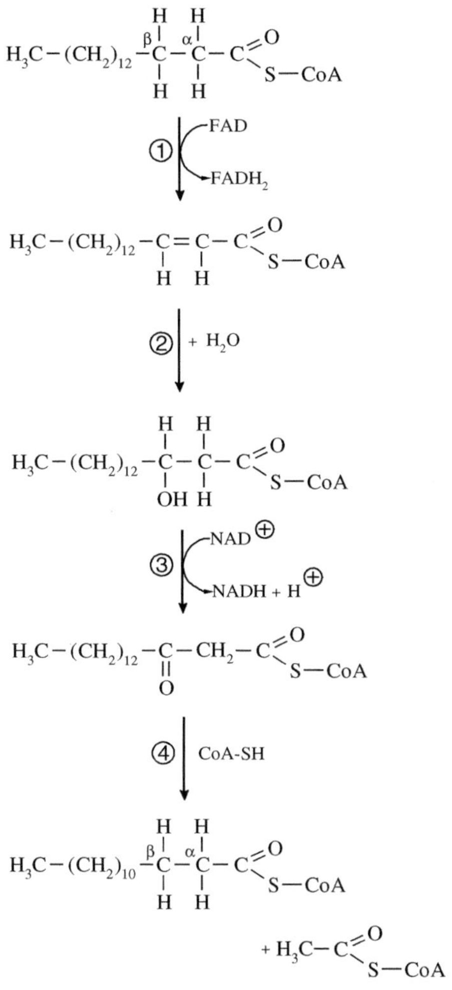

$$H_3C-(CH_2)_{12}-\overset{H}{\underset{H}{\overset{|}{\underset{|}{C}}}}^\beta-\overset{H}{\underset{H}{\overset{|}{\underset{|}{C}}}}^\alpha-C\overset{\diagup O}{\diagdown S-CoA}$$

① ⤵ FAD → FADH$_2$

$$H_3C-(CH_2)_{12}-\overset{H}{\underset{}{\overset{|}{C}}}=\overset{H}{\underset{}{\overset{|}{C}}}-C\overset{\diagup O}{\diagdown S-CoA}$$

② ↓ + H$_2$O

$$H_3C-(CH_2)_{12}-\overset{H}{\underset{OH}{\overset{|}{\underset{|}{C}}}}-\overset{H}{\underset{H}{\overset{|}{\underset{|}{C}}}}-C\overset{\diagup O}{\diagdown S-CoA}$$

③ ⤵ NAD$^\oplus$ → NADH + H$^\oplus$

$$H_3C-(CH_2)_{12}-\overset{}{\underset{O}{\overset{|}{\underset{\|}{C}}}}-CH_2-C\overset{\diagup O}{\diagdown S-CoA}$$

④ ↓ CoA-SH

$$H_3C-(CH_2)_{10}-\overset{H}{\underset{H}{\overset{|}{\underset{|}{C}}}}^\beta-\overset{H}{\underset{H}{\overset{|}{\underset{|}{C}}}}^\alpha-C\overset{\diagup O}{\diagdown S-CoA}$$

$$+ H_3C-C\overset{\diagup O}{\diagdown S-CoA}$$

Abb. 23-1. Fettsäure-Abbau durch β-Oxidation.

23.6 Lipide

Naturstoffe, die die *gleichen Löslichkeits-Eigenschaften* wie die Fette – hydrophobes Verhalten, Löslichkeit nur in unpolaren (lipophilen) Lösungsmitteln – aufweisen, werden mit den Fetten unter dem Begriff **Lipide** zusammengefaßt.

Hinsichtlich ihrer chemischen Struktur gehören Lipide sehr unterschiedlichen Verbindungsklassen an. Die Einteilung der Lipide unterscheidet zunächst zwischen nicht verseifbaren Lipiden und verseifbaren Lipiden.

Nicht verseifbare Lipide enthalten keine durch Reaktion mit Wasser spaltbaren Bindungen. Die Summenformeln dieser Lipide lassen eine Vielzahl an C- und H-Atomen und nur wenige O-Atome erkennen. Erwartungsgemäß bestimmen die zahlreichen unpolaren C – C- und C – H-Bindungen die Löslichkeits-Eigenschaften solcher Lipid-Moleküle.

Nicht verseifbare Lipide sind:
– Langkettige gesättigte und ungesättigte Fettsäuren,
– Carotinoide (z. B. β-Carotin und Vitamin A),
– Vitamin E (Tocopherol),
– Verbindungen mit dem Steroid-Ringsystem (Steroide) wie Cholesterin und Gallensäuren.

Verseifbare Lipide sind:
– Fette (Ester aus Glycerin und Fettsäuren),
– Cholesterin-Ester,
– Wachse (Ester aus einwertigen langkettigen Alkoholen und Fettsäuren, z. B. Bienenwachs),
– Phospholipide und zwar Glycero-phospholipide und Sphingomyeline,
– Glycolipide und zwar Cerebroside und Ganglioside.
– Die molekularen Bausteine sämtlicher Glycerophospholipide sind:
– der dreiwertige Alkohol Glycerin,
– langkettige, gesättigte und ungesättigte Fettsäuren (2 mol),
– Phosphorsäure, die mit einer primären OH-Gruppe von Glycerin verestert ist.

Die aus diesen Bausteinen gebildeten Verbindungen heißen Phosphatidsäuren. Durch Reaktion der in diesen Stoffwechsel-Zwischenprodukten vorliegenden Phosphat-Gruppe mit der alkoholischen OH-Gruppe von Ethanolamin oder von Cholin entstehen folgende Phosphorsäure-diester (Glycerophospholipide):
– Kephaline (Phosphatidyl-ethanolamin),
– Lecithine (Phosphatidyl-cholin).

Gemeinsame Bausteine der Sphingomyeline, Cerebroside und Ganglioside, die man als Sphingolipide zusammenfassen kann, sind:
– der langkettige Amino-alkohol Sphingosin,
– langkettige Fettsäuren (1 mol), die mit der Amino-Gruppe von Sphingosin amidartig verknüpft sind.

Phosphatidsäure + Cholin

$R^1-\overset{O}{\overset{\|}{C}}-O-\overset{H}{\underset{|}{C}}-H$

$R^2-\overset{O}{\overset{\|}{C}}-O-\overset{|}{C}-H$

$H-\overset{|}{\underset{H}{C}}-O-\overset{O}{\overset{\|}{P}}-\boxed{OH \;+\; H}-O-CH_2-CH_2-\overset{\overset{\oplus}{|}}{\underset{|}{N}}(CH_3)_3$

Phosphatidsäure Cholin

↓

Phosphatidyl-cholin (Lecithin)

$R^1-\overset{O}{\overset{\|}{C}}-O-\overset{H}{\underset{|}{C}}-H$

$R^2-\overset{O}{\overset{\|}{C}}-O-\overset{|}{C}-H$

$H-\overset{|}{\underset{H}{C}}-O-\overset{O}{\overset{\|}{\underset{O^{\ominus}}{P}}}-O-CH_2-CH_2-\overset{\overset{\oplus}{|}}{\underset{CH_3}{N(CH_3)_2}}$

Die aus diesen Bausteinen gebildeten Verbindungen heißen Ceramide. Von ihnen leiten sich die genannten Sphingolipide durch Reaktion an der primären alkoholischen OH-Gruppe in folgender Weise ab (Kap. 23.7):
– Sphingomyeline durch esterartige Verknüpfung mit Phosphorsäure und weitere Reaktion mit Cholin zu einem Phosphorsäure-diester,
– Cerebroside durch glycosidische Verknüpfung mit D-Galactose (Kap. 24.2.5),
– Ganglioside durch glycosidische Verknüpfung mit verschiedenen Oligosacchariden.

Cerebroside und Ganglioside gehören zu den Glycolipiden, da in ihnen ein hydrophiler, zu den Sacchariden gehörender Molekülteil mit einem lipophilen Molekülteil verknüpft ist.

23.7 Lipide in biologischen Membranen

Biologische Membranen bestehen aus bestimmten Lipiden und Proteinen. Während Plasmamembranen Zellen von ihrer Umgebung abgrenzen, umgeben innere Membranen die in Zellen von Eukaryoten vorhandenen Kompartimente (Zell-Organellen), wie z. B. die Lysosomen-Membran.

Als Membran-Lipide kommen Phospholipide (Kap. 23.6), Glycolipide und Cholesterin vor. Phospholipide sind als überwiegender Anteil in allen biologischen Membranen vorhanden.

Die als Bestandteile biologischer Membranen vorkommenden Lipide weisen *übereinstimmend* das Strukturmerkmal auf, daß ein ausgeprägt hydrophober (lipophiler) Molekülbereich mit einem hydrophilen Molekülteil verknüpft ist.

Bei den **Phospholipiden** (Kephalinen, Lecithinen und Sphingomyelinen) bilden die folgenden, elektrische Ladungen tragenden Atomgruppen den hydrophilen Molekülteil:

$-O-\overset{O}{\overset{\|}{\underset{O^{\ominus}}{P}}}-O-CH_2-CH_2-\overset{\oplus}{N}H_3 \quad\quad -O-\overset{O}{\overset{\|}{\underset{O^{\ominus}}{P}}}-O-CH_2-CH_2-\overset{\overset{\oplus}{|}}{\underset{CH_3}{N(CH_3)_2}}$

Bei den **Glycolipiden** bilden Zucker-Reste den hydrophilen Molekülteil. Bei den Cerebrosiden besteht er aus dem mehrere alkoholische OH-Gruppen aufweisenden Galactose-Rest, bei den Gangliosiden aus unterschiedlichen Oligosaccharid-Resten.

Dagegen ist als hydrophiler Molekülteil bei Cholesterin (Kap. 23.8) lediglich eine alkoholische Hydroxy-Gruppe vorhanden, die an ein hydrophobes Ring-System gebunden ist.

Als hydrophobe Molekülteile sind bei den Glycero-phospholipiden die einer Diglycerid-Struktur entsprechenden Bereiche vorhanden.

Bei den Sphingolipiden bilden die den **Ceramiden** *entsprechenden Molekülteile den hydrophoben Bereich.* In den nachstehenden Formeln leiten sich die Acyl-Reste jeweils von langkettigen Fettsäuren mit 16 bis 24 Kohlenstoff-Atomen ab.

In wäßrigem Medium bilden die Phospholipide und Glycolipide Doppelschichten aus und verhalten sich somit anders als die kleinsten Teilchen von Detergentien, die sich lediglich zu Micellen zusammenlagern.

Ausgedehnte **Lipid-Doppelschichten**, an deren Aufbau auch Cholesterin beteiligt ist, bilden die Grundstrukturen der biologischen Membranen. Hierbei sind die hydrophilen Molekülteile jeweils außen angeordnet, so daß sie dem wäßrigen extrazellulären Medium und dem Zellplasma zugewandt sind.

Dagegen befinden sich die hydrophoben Mole-

tung für die vielfältigen Funktionen biologischer Membranen. Bestimmte Membranen sind in ihrer ganzen Schichtdicke von Proteinen durchdrungen, deren hydrophobe Teilsequenzen in Wechselwirkung mit den hydrophoben Molekülbereichen der Lipide stehen. Man bezeichnet sie als integrale Membran-Proteine.

Die nach außen weisenden Teilsequenzen dieser Proteine können nun weitere Proteine (periphere Proteine) mittels elektrostatischer Kräfte oder Wasserstoffbrücken-Bindungen binden.

Die in biologischen Membranen vorliegenden Proteine erfüllen sehr unterschiedliche Aufgaben, indem sie z. B. als Ionen-Kanäle oder -Pumpen dienen oder enzymatische Aktivität aufweisen. Zahlreiche an biologische Membranen gebundene Proteine sind Glycoproteine (Kap. 28.2) und bringen ihrerseits Oligosaccharid-Einheiten mit, die als spezifische Rezeptoren bei der Erkennung und Bindung körpereigener wie auch körperfremder Stoffe wirken.

23.8 Steroide

Zu den Steroiden gehören zur Aufrechterhaltung der Lebensfunktionen unentbehrliche Naturstoffe, die *als gemeinsames Strukturmerkmal ein aus vier kondensierten Ringen bestehendes Ring-System* enthalten. Der Grundkörper der Steroide ist der durchgehend hydrierte, als **Gonan** bezeichnete Kohlenwasserstoff $C_{17}H_{28}$ mit der Konstitutionsformel:

Die Formel ist so zu verstehen, daß sich an sämtlichen Ecken des Ring-Systems (das wie angegeben numeriert ist) C-Atome befinden. Die C-Atome 5, 10, 8, 9 und 13, 14 sind jeweils mit einem H-Atem, alle übrigen mit zwei H-Atomen verknüpft.

Von diesem alicyclischen Grundkörper lassen sich sämtliche Steroide ableiten, deren Moleküle Doppelbindungen und unterschiedliche funktionelle Gruppen in verschiedenen Positionen am Gonan-Ringsystem enthalten können und in vielfältiger

külbereiche im Inneren der Lipid-Doppelschichten. Diese Anordnung ist bereits durch die chemische Struktur der Membran-Lipide vorbestimmt, so daß hydrophobe Wechselwirkungen zur Ausbildung des nicht-polaren wasserabweisenden Innenbereichs führen, in welchem zahlreiche Atomgruppen aus Kohlenstoff- und Wasserstoff-Atomen in Form von langen Ketten oder kondensierten Ringen (Cholesterin) miteinander verknüpft sind. Die Anordnung im Innenbereich führt nun dazu, daß Membranen aus Lipid-Doppelschichten für Ionen und die meisten polare Gruppen enthaltenden Moleküle nicht durchlässig (nicht permeabel) sind.

Die außerdem vorhandenen **Membran-Proteine**, die je nach Membran in unterschiedlich großen Anteilen vorliegen, sind von entscheidender Bedeu-

Weise durch Seitenketten substituiert sein können. Zu den Steroiden gehören die:
- Sterine (Sterole), vor allem Cholesterin,
- Gallensäuren, z. B. Cholsäure, und
- Steroid-Hormone, und zwar Sexualhormone und Hormone der Nebennierenrinde.

Die D-Vitamine, z. B. Cholecalciferol (Vitamin D_3) stehen den Steroiden strukturell nahe und entstehen unter Öffnung des Ringes B.

Die Vielfalt unter den Steroiden wird durch das Vorkommen von stereoisomeren Verbindungen noch vergrößert. Die *sterische Anordnung* der einzelnen Substituenten sowie der Wasserstoff-Atome, insbesondere an denjenigen Kohlenstoff-Atomen, durch welche die Ringe A bis D miteinander verknüpft sind, ist von entscheidender Bedeutung für die biologische Aktivität der Steroide. Zur Vereinfachung bleiben die stereochemischen Gegebenheiten jedoch bei der Wiedergabe der folgenden Formeln unberücksichtigt.

Cholesterin

Cholsäure

Cholesterin ist ein einwertiger sekundärer Alkohol. Die alkoholische OH-Gruppe ist mit dem C-Atom 3 verknüpft. Der Vergleich mit Gonan zeigt weiter, daß sich in Ring B eine Doppelbindung befindet und daß die C-Atome 10 und 13 jeweils mit einer Methyl-Gruppe und das C-Atom 17 mit einer verzweigtkettigen Octyl-Gruppe verknüpft sind. Cholesterin enthält 8 asymmetrische C-Atome und ist daher optisch aktiv.

Die Formel macht auch verständlich, daß sich Cholesterin ($C_{27}H_{45}OH$; Schmp. 150°C) ausgesprochen lipophil verhält und in Wasser unlöslich ist. Ester des Cholesterins mit langkettigen Fettsäuren sind noch ausgeprägter lipophil als Cholesterin selbst.

Cholesterin kommt als solches (freies Cholesterin) oder in Form seiner Ester mit Fettsäuren in allen Zellen und Körperflüssigkeiten des menschlichen und tierischen Organismus vor. Es ist ein unentbehrlicher Bestandteil der Zellmembran (Kap. 23.7).

Die Biosynthese von Cholesterin erfolgt vor allem in der Leber und in der Darmwand, sein Transport im Blutplasma in Gestalt von Plasma-Lipoproteinen (Kap. 28.2.1).

Cholesterin ist jedoch nicht nur als Bestandteil der Zellmembranen von großer Bedeutung, sondern auch *als Ausgangsstoff* für Stoffwechsel-Reaktionen, die zu Gallensäuren, Sexualhormonen, Hormonen der Nebennierenrinde und D-Vitaminen führen.

So entsteht in der Leber durch oxidativen Abbau von Cholesterin, bei dem die mit dem C-Atom 17 verknüpfte Seitenkette um 3 C-Atome verkürzt wird, Cholsäure. Diese ist der Ausgangsstoff für die Synthese von Chenodesoxycholsäure. Das endständige C-Atom in der Seitenkette dieser beiden unmittelbar gebildeten Gallensäuren liegt als Carboxy-Gruppe vor, die ebenfalls in der Leberzelle Carbonamid-Bindungen mit Glykokoll (Glycin) zu Glykocholsäure und mit Taurin (Kap. 25.6) zu Taurocholsäure eingeht. In dieser Form kommen die **Gallensäuren** in der Galle vor. Aufgrund der Atomgruppen

$- CO - NH - CH_2 - COO^\ominus$ und
$- CO - NH - CH_2 - CH_2 - SO_3^\ominus$

sind Glykocholsäure und Taurocholsäure stärker polar und besser wasserlöslich als die nichtkonjugierten Gallensäuren.

Die Salze der Gallensäuren sind an der Fettverdauung im Dünndarm wesentlich beteiligt, indem sie als Emulgatoren die feine Verteilung von Fett- und Öltröpfchen bewirken und wahrscheinlich auch Lipasen aktivieren.

Die Umsetzung zu Gallensäuren in der Leber ist der hauptsächliche Weg zur Ausscheidung von Cholesterin aus dem Körper. Zu den **Steroid-Hormonen** gehören die Sexualhormone und die Hormone der Nebennierenrinde (Corticosteroide). Die Schlüsselsubstanz für die Biosynthese sämtlicher Steroid-Hormone ist Cholesterin.

Bei den Sexualhormonen erfolgt eine Unterteilung in Androgene, Oestrogene (Estrogene) und Gestagene.

Bei der Biosynthese entsteht aus Cholesterin über mehrere Stoffwechsel-Reaktionen zunächst das zu den **Gestagenen**, einer Gruppe von weiblichen

Keimdrüsenhormonen, zählende Progesteron (Corpus luteum-Hormon).

Progesteron

Von Progesteron führt dann ein Stoffwechsel-Weg zu den **Androgenen**, den männlichen Sexualhormonen. Die wichtigste Verbindung aus dieser Stoffgruppe, Testosteron, wird in den Zwischenzellen des Hodengewebes gebildet.

Testosteron

Die Verbindungen aus der Stoffgruppe der **Oestrogene** (Estrogene), einer weiteren Gruppe weiblicher Keimdrüsenhormone, weisen die strukturelle Besonderheit auf, daß der Ring A ein aromatisches Bindungssystem enthält und die Hydroxy-Gruppe am C-Atom 3 somit eine phenolische OH-Gruppe ist. Das wirksamste natürliche Oestrogen ist Oestradiol (Estradiol). Oestrogene (Follikelhormone) werden besonders im Graafschen Follikel des Ovars und im Gelbkörper (während der Schwangerschaft auch in der Plazenta) gebildet. Die Biosynthese von Oestradiol erfolgt aus Testosteron.

Oestradiol

Ausgehend von Progesteron werden in der Nebennierenrinde auch **Corticosteroide** (Corticoide) synthetisiert, die man in
– Glucocorticoide, z. B. Cortisol, und
– Mineralocorticoide, z. B. Aldosteron, unterteilt.
Eine der physiologischen Wirkungen des Glucocorticoids **Cortisol** besteht darin, die Gluconeogenese (Neubildung von Glucose) aus bestimmten Aminosäuren zu stimulieren und somit die Glycogen-Bildung in der Leber zu erhöhen.

Als das wichtigste Mineralocorticoid bewirkt **Aldosteron** eine Steigerung der Rückresorption von Natrium-Ionen (wie auch von Chlorid-Ionen und Wasser) in der Niere sowie der Ausscheidung von Kalium-Ionen.

Kontrollfragen

23-1 Welches sind die ungesättigten Fettsäuren mit insgesamt 18 C-Atomen?
23-2 Wie heißt die hieraus durch vollständige Hydrierung entstehende Fettsäure?
23-3 Beschreiben Sie die chemische Zusammensetzung von fetten Ölen (flüssigen Fetten) und von Mineralölen.
23-4 Erläutern Sie die Begriffe Fetthärtung, Fettspaltung und Verseifung (im engeren Sinne).
23-5 Welche Zwischenprodukte und welche Bausteine entstehen beim Abbau der Nahrungsfette?
23-6 Welche Enzyme katalysieren die Fett-Spaltung?
23-7 Welche chemische Reaktion findet a) bei der Verdauung von Fetten statt und b) welche sonstigen Stoffe sind daran beteiligt?
23-8 Welche Verbindungen bezeichnet man als aktivierte Fettsäuren?
23-9 Welche Aufeinanderfolge von Reaktionen findet statt, wenn die Kohlenstoff-Kette beim Abbau aktivierter Fettsäuren (durch β-Oxidation) um 2 C-Atome verkürzt wird?
23-10 Zu welchen Bausteinen führt die vollständige hydrolytische Spaltung von Lecithinen?
23-11 Nennen Sie Beispiele für *nicht verseifbare* Lipide.
23-12 Welche Lipid-Klassen faßt man unter der Bezeichnung Glycero-phospholipide zusammen?
23-13 Welche Lipid-Klassen faßt man als Sphingolipide zusammen?
23-14 Nennen Sie einige zu den Steroiden gehörende Verbindungen.
23-15 Wie wirken Salze von Gallensäuren bei der Fettverdauung?

24 Kohlenhydrate

24.1 Einführung

Zur Verbindungsklasse der Kohlenhydrate gehören:

Monosaccharide	Disaccharide	Polysaccharide
Glucose	Saccharose	Stärke
Galactose	Lactose	Glycogen
Fructose	Maltose	Cellulose
Ribose	Cellobiose	Heparin

Die Bezeichnung Kohlenhydrate drückt aus, daß die meisten **Monosaccharide** eine Summenformel haben, die der Zusammenhang von „Hydraten des Kohlenstoffs" (daraus kurz: Kohlenhydrate) entspricht:

$C_n(H_2O)_n$ oder $C_nH_{2n}O_n$

Für Glucose ergibt sich mit n = 6 $C_6H_{12}O_6$.
Die wissenschaftlichen Namen der Zucker enden auf **-ose**. So ergeben sich Bezeichnungen wie:
Glucose für Traubenzucker (Dextrose),
Fructose für Fruchtzucker (Lävulose),
Saccharose für Rohrzucker und Rübenzucker,
Lactose für Milchzucker,
Maltose für Malzzucker.
Für den *Energie-Stoffwechsel* des Organismus ist die Aufnahme von Zuckern und von Kohlenhydrathaltigen Nahrungsmitteln von großer Bedeutung. Die Verbrennungs-Energie von Kohlenhydraten im Stoffwechsel beträgt etwa 16 kJ/g. Der Energie-Bedarf des Körpers wird mindestens zur Hälfte durch Zufuhr von Zuckern (in Nahrungsmitteln, Süßwaren, Früchten, Getränken) und von Stärke (in Brot, Kartoffeln, Reis, Mais) gedeckt. Lediglich Monosaccharide, vor allem Glucose, werden unmittelbar resorbiert, Disaccharide und Stärke müssen zunächst durch hydrolytische Spaltung zu den Monosaccharid-Bausteinen abgebaut werden. Dies geschieht bei den Verdauungs-Vorgängen unter Mitwirkung der Enzyme Saccharase, Lactase, Maltase und α-Amylase. Glucose wird entweder unmittelbar im Energie-Stoffwechsel verwertet oder in Form des Polysaccharids Glycogen (tierische Stärke) in der Leber und im Muskel-Gewebe gespeichert.

24.2 Monosaccharide

In der typischen Kohlenhydrat-Formel $C_nH_{2n}O_n$ hat „n" die Zahlenwerte 3, 4, 5, 6 oder 7. Zur Bezeichnung der Anzahl der Kohlenstoffatome in den Zucker-Molekülen werden die üblichen Vorsilben verwendet; durch Kombination mit der Endung „ose" ergeben sich die Monosaccharid-Stoffklassen Triosen, Tetrosen, Pentosen, Hexosen, Heptosen, von denen Triosen, Pentosen und Hexosen von größter Bedeutung sind.
Zucker-Moleküle enthalten Sauerstoff-Atome in verschiedenartigen funktionellen Gruppen:
– Ein Sauerstoff-Atom gehört entweder zu einer Aldehyd-Gruppe oder zu einer Keto-Gruppe.
– Alle weiteren Sauerstoff-Atome liegen als primäre oder sekundäre alkoholische OH-Gruppen vor und werden durch die Bezeichnung „Polyhydroxy" zusammengefaßt.
Monosaccharide sind somit entweder Polyhydroxy-aldehyde (Aldosen) oder Polyhydroxy-ketone (Ketosen).
Zur genaueren Kennzeichnung der Zucker stellt man daher die Silben Aldo- oder Keto- den Namen voran. Dies führt zu folgender *Einteilung der Monosaccharide*:

Aldotriose   Ketotriose
(Glycerinaldyhd)   (Dihydroxy-aceton)
Aldopentosen
(Ribose, 2-Desoxy-ribose)

Aldohexosen Ketohexosen
(Glucose, Galactose) (Fructose)

24.2.1 Triosen

Die beiden Triosen **Glycerinaldehyd** und **Dihydroxy-aceton** sind die einfachsten Monosaccharide. Sie haben die Strukturformeln:

```
    H                    H    O
    |                     \\ //
  H-C-O-H                  C
    |                      |
    C=O                  H-C-O-H
    |                      |
  H-C-O-H                H-C-O-H
    |                      |
    H                      H
 Dihydroxy-            D - Glycerin-
 aceton                aldehyd
```

Die Triosen sind Zwischenprodukte bei der **Glycolyse**, das ist der Stoffwechsel-Weg, auf dem Glucose unter Energie-Gewinn zu Pyruvat abgebaut wird. Die Glycolyse beginnt mit der Übertragung einer Phosphat-Gruppe (Phosphorylierung) auf Glucose, hierdurch entsteht ein Phosphorsäureester der Glucose. In der Biochemie werden die **Phosphorsäure-ester** als „**Phosphate**" bezeichnet. Auch alle folgenden Reaktionen der Glycolyse verlaufen über Phosphate (Kap. 34.1). Hier sollen nur die ersten Glycolyse-Schritte bis zur Spaltung von einem Mol Hexose in je ein Mol der beiden Triosen skizziert werden (die Formeln der Hexosephosphate und ihre Benennung sind bei Fructose erläutert). Außer den Stoffwechsel-Produkten sind der Reaktions-Typ und das beteiligte Enzym erwähnt:

Glucose
↓ (Phosphorylierung durch ATP;
  Hexokinase)
Glucose-6-phosphat
↓ (Isomerisierung;
  Glucose-6-phosphat-Isomerase)
Fructose-6-phosphat
↓ (Phosphorylierung durch ATP;
  Phosphofructokinase)
Fructose-1,6-bisphosphat
↓ (Spaltung; Aldolase)
Dihydroxyaceton-phosphat
       + D-Glycerinaldehyd-3-phosphat

Zwischen den beiden Triose-phosphaten stellt sich unter der Katalyse von Triosephosphat-Isomerase ein chemisches Gleichgewicht ein.

```
    H     O                    H    O
    |    //                     \\ //
  H-C-O-P-O⊖                    C
    |    \                      |
    C=O   O⊖                  H-C-O-H
    |              ⇌           |        O
  H-C-O-H                    H-C-O-P // 
    |                          |    \ O⊖
    H                          H     O⊖
```
Dihydroxyaceton-   D - Glycerinaldehyd -
phosphat   3 - phosphat

Glycerinaldehyd-phosphat wird im Stoffwechsel weiter umgesetzt, das hierdurch gestörte Gleichgewicht stellt sich erneut ein, indem Glycerinaldehyd-phosphat durch **Isomerisierung** von Dihydroxyaceton-phosphat „nachgeliefert" wird.

Glycerinaldehyd ist als gemeinsames Zwischenprodukt des Kohlenhydrat- und des Fett-Stoffwechsels anzusehen, da er noch auf einem zweiten Stoffwechsel-Weg entsteht:

Durch Hydrolyse von Nahrungsfetten entstandenes Glycerin wird wie ein primärer Alkohol dehydriert:

```
    ⟨H⟩                        H    O
    ⋮|⋮                         \\ //
  H-C-O⟨H⟩                       C
    |              - [2 H]      |
  H-C-O-H          ────→       H-C-O-H
    |                           |
  H-C-O-H                     H-C-O-H
    |                           |
    H                           H
```

Das C-Atom 2 des Glycerinaldehyds ist asymmetrisch. Der natürliche Glycerinaldehyd hat D-Konfiguration, was in seiner Projektionsformel durch die rechts stehende OH-Gruppe zum Ausdruck kommt.

Die einfachste Ketose, Dihydroxy-aceton, ist der einzige nicht optisch aktive Zucker, weil die Moleküle kein asymmetrisches C-Atom enthalten.

24.2.2 Pentosen

Die beiden Aldopentosen **Ribose** und **2-Desoxyribose** haben große Bedeutung als Bausteine der Nucleinsäuren: Ribose als Baustein der Ribonucleinsäuren (RNA), 2-Desoxy-ribose als Baustein der Desoxyribonucleinsäuren (DNA).
Ribose ist außerdem Baustein von: Adenosinmo-

nophosphat (AMP), Adenosin-diphosphat (ADP), Adenosin-triphosphat (ATP), Nicotinamid-adenindinucleotid (NAD$^\oplus$) und Flavin-adenindinucleotid (FAD).

Die Strukturformeln von Ribose und 2-Desoxyribose werden hier zunächst in der in wäßrigen Lösungen vorhandenen sogenannten offenkettigen Form wiedergegeben. Beide Pentosen haben D-Konfiguration, die Anordnung der OH-Gruppen an den asymmetrischen C-Atomen ist aus den *Projektionsformeln* ersichtlich.

D-Ribose $\quad$ 2-Desoxy-D-ribose
$C_5H_{10}O_5 \quad\quad C_5H_{10}O_4$

(Die Vorsilbe „Des" weist stets auf das Fehlen eines Atoms oder einer Atomgruppe hin, „2-Desoxy"- hier auf das Fehlen eines Sauerstoffatoms am C−2.)

Im kristallinen Zustand liegen die Pentosen, ebenso wie die Hexosen sowie die Di- und Polysaccharide, nicht in offenkettiger Form vor, sondern haben cyclische Strukturen, die durch Ringschluß-Reaktionen aus der offenkettigen Form entstehen.

Wie schon erwähnt (S. 193), reagieren Aldehyde mit Alkoholen zu Halbacetalen:

Aldehyd + Alkohol $\quad\quad$ Halbacetal

Aldopentosen enthalten sowohl eine Aldehyd-Gruppe als auch mehrere alkoholische Hydroxy-Gruppen. Zwischen diesen Gruppen findet ebenfalls eine **Additions-Reaktion** statt, die aber *intramolekular* verläuft und daher zu **cyclischen Halbacetalen führt**. Dabei reagiert die Aldehyd-Gruppe mit der OH-Gruppe am C-Atom 4, es entsteht ein Ring-System aus vier C-Atomen und einem O-Atom. Fünfgliedrige Ringe sind so stabil, daß sie sich bevorzugt bilden. Man nennt diese fünfgliedrigen cyclischen Halbacetale der Zucker **Furanosen**.

Um diese Ringschluß-Reaktion besser verständlich zu machen, kann man die offenkettige Form z. B. von D-Ribose so darstellen, daß die miteinander reagierenden Gruppen in räumlicher Nähe zueinander stehen (punktierte Linien: entstehende Bindungen):

Aus der offenkettigen Form von D-Ribose entstehen zwei Verbindungen mit Furanose-Struktur (ebenso aus 2-Desoxy-D-ribose), weil der Ringschluß zu einem unterschiedlichen räumlichen Aufbau der cyclischen Halbacetale führt. Die fünf die Furanose-Struktur bildenden Atome liegen in einer Ebene. Die durch die intramolekulare Addition entstandene OH-Gruppe am C-Atom 1 ist bei einer Furanose-Struktur oberhalb (*β*-**Konfiguration**), bei der anderen unterhalb (*α*-**Konfiguration**) der Ring-Ebene angeordnet.

Bei der Formelschreibweise für cyclische Halbacetale ist es üblich, das Symbol C für die Ring-Kohlenstoffatome und H für die mit diesen verknüpften H-Atome wegzulassen:

α–D–Ribofuranose $\quad\quad$ β-D–Ribofuranose

Baustein von RNA und der genannten Nucleotide ist *β*-D-Ribofuranose, Baustein von DNA ist 2-Desoxy-*β*-D-ribofuranose, die sich von *β*-D-Ribofuranose nur dadurch unterscheidet, daß mit dem C-Atom 2 zwei Wasserstoff-Atome verknüpft sind.

24.2.3 Glucose

Glucose (Traubenzucker) ist als bekanntestes Monosaccharid am besten dazu geeignet, die chemischen und physikalischen Eigenschaften der gesamten Stoffklasse und den räumlichen Aufbau der Moleküle ausführlich zu besprechen.

Glucose enthält eine Aldehyd-Gruppe und fünf alkoholische OH-Gruppen. Auf die Aldehyd-Gruppe ist es zurückzuführen, daß Glucose sowie ganz allgemein folgende Zucker *reduzierende Eigenschaften* haben:
– Aldosen in offenkettiger Struktur (Glycerinaldehyd),
– Aldosen im Gleichgewicht mit ihren cyclischen Halbacetalen,
– Ketosen in alkalischer Lösung, soweit sie sich hierin zu Aldosen umlagern,
– Disaccharide, sofern Ringöffnung eines Monosaccharid-Bausteins zur Aldehyd-Struktur stattfinden kann.

Die Aldosen werden dabei zu den entsprechenden Carbonsäuren oxidiert, z. B. Glucose zu Gluconsäure oder deren Salzen.

Auf den reduzierenden Eigenschaften von Mono- und Disacchariden beruhen zahlreiche Nachweis- und Bestimmungs-Methoden. So reduziert Glucose $Ag^{\oplus}$-Ionen zu metallischem Silber (Entstehung eines als „Silberspiegel" bezeichneten Überzugs aus metallischem Silber an der Glaswand) und $Cu^{\oplus\oplus}$-Ionen zu $Cu^{\oplus}$-Ionen (Ausfällung eines rötlichen Niederschlags von Cu_2O in alkalischer Lösung). Nachweis-Reagentien sind dabei:
– ammoniakalische Silbernitrat-Lösung (Tollenssche Probe) bzw.
– eine wäßrige Lösung von Kupfer(II)-sulfat, die Natronlauge und Seignettesalz (Kalium-natriumtartrat) enthält (Fehlingsche Probe).

Die meisten Methoden zur Bestimmung von Glucose in der Klinischen Chemie beruhen auf ihrer reduzierenden Wirkung.

Als weitere charakteristische Reaktion der Aldehyd-Gruppe ist die Anlagerung von Wasserstoff zu nennen. Durch Hydrierung von Zuckern entstehen Zuckeralkohole, z. B. aus Glucose der (als Zuckeraustauschstoff verwendete) sechswertige Alkohol **Sorbit**.

Da alle Zucker mehrere alkoholische OH-Gruppen enthalten, sind von ihnen die Eigenschaften mehrwertiger Alkohole zu erwarten:
– Sehr gute Löslichkeit in Wasser, bedingt durch die Wasserstoffbrücken-Bindungen zu den Wasser-Molekülen,
– süßer Geschmack
– die Eigenschaft, mit Säuren Ester zu bilden (z. B. im Stoffwechsel Monosaccharid-phosphorsäureester, die Zucker-phosphate).

Konfiguration der Glucose
In Glucose- und anderen Monosaccharid-Molekülen sind *alle mit asymmetrischen C-Atomen verknüpften OH-Gruppen in ganz bestimmter Weise räumlich angeordnet.*

Der räumliche Aufbau eines Moleküls läßt sich am besten mit Hilfe von dreidimensionalen Modellen wiedergeben. Da diese jedoch nicht immer zur Verfügung stehen, hat man Regeln vereinbart, die es erlauben, räumliche Strukturen durch zweidimensionale Projektionsformeln wiederzugeben. Diese Regeln lauten für die sogenannte Fischer-Projektion:
– Die C-Atome der kettenförmigen Struktur werden senkrecht untereinander geschrieben.
– Ganz oben steht bei Aldosen das C-Atom der Aldehyd-Gruppe (C-1); das C-Atom der Keto-Gruppe (C-2) von Ketosen ist das zweite von oben.
– Bei optisch aktiven Verbindungen, die der D-Reihe angehören, steht die OH-Gruppe am untersten asymmetrischen C-Atom rechts, bei Verbindungen der L-Reihe steht sie links, dieses C-Atom ist bei Pentosen C-4, bei Hexosen C-5).

Die wichtigsten in der Natur vorkommenden Zucker, wie Glycerinaldehyd, Ribose, Desoxyribose, Glucose, Galactose und Fructose sowie die aus den genannten Hexosen aufgebauten Disaccharide, gehören der D-Reihe an, sie haben **D-Konfiguration**.

Die Anordnung der OH-Gruppen an den asymmetrischen C-Atomen wurde auf experimentellem Wege und durch Vergleiche mit optisch aktiven Verbindungen bekannter Konfiguration ermittelt.

Die C-Atome 2, 3, 4 und 5 sind asymmetrisch (durch * hervorgehoben).

Die OH-Gruppe an C-5 steht rechts. Somit gehört die Verbindung in die D-Reihe.

Daraus ergibt sich für D-Glucose folgende *Fischer-Projektionsformel*:

```
    H    O
     \ //
      C¹
      |
  H-*C²-O-H
      |
  H-O-C³-H
      |
  H-*C⁴-O-H
      |
  H-*C⁵-O-H
      |
    H-C -O-H
      |
      H
```
D-Glucose

Die Projektionsformeln von D-Fructose und von D-Galactose kann man sich leicht einprägen: D-Fructose unterscheidet sich von D-Glucose nur darin, daß bei Fructose das C-Atom 2 als Keto-Gruppe vorliegt und das C-Atom 1 mit einer OH-Gruppe verknüpft ist.

Zwischen Glucose (Aldose) und Fructose (Ketose) liegt somit Funktions-Isomerie vor.

D-Galactose unterscheidet sich von D-Glucose nur durch die entgegengesetzte Konfiguration an C-4. In der Projektionsformel von D-Galactose ist die OH-Gruppe an diesem asymmetrischen C-Atom links angeordnet. So ergeben sich folgende Projektionsformeln:

```
    H              H   O            H   O
    |               \ //             \ //
  H-C-OH             C                C
    |                |                |
    C=O           H-C-OH           H-C-OH
    |                |                |
 HO-C-H          HO-C-H           HO-C-H
    |                |                |
  H-C-OH           H-C-OH          HO-C-H
    |                |                |
  H-C-OH           H-C-OH           H-C-OH
    |                |                |
  H-C-OH           H-C-OH           H-C-OH
    |                |                |
    H                H                H
```
D-Fructose   D-Glucose   D-Galactose

D-Glucose und D-Galactose sind Stereo-Isomere. Ihre Moleküle verhalten sich zueinander aber nicht wie Bild und Spiegelbild (das Spiegelbild von D-Glucose ist die in der Natur nicht vorkommende L-Glucose), D-Glucose und D-Galactose sind **Diastereomere**. Diastereomere können sich in ihrem räumlichen Aufbau an mehreren asymmetrischen C-Atomen oder auch – wie Glucose und Galactose – nur an einem einzigen asymmetrischen C-Atom unterscheiden. Diastereomere, die sich in der Konfiguration nur an einem asymmetrischen C-Atom unterschieden, nennt man

Epimere, diese Art der Stero-Isomerie Epimerie. Glucose und Galactose sind epimere Aldosen.

In einer wäßrigen D-Glucose-Lösung beträgt der Anteil offenkettiger Glucose-Moleküle weniger als 1%. Nahezu die gesamte Glucose-Menge liegt vor in Form von zwei *ringförmigen Verbindungen* (**cyclische Halbacetale**), *die über die offenkettige Form im Gleichgewicht miteinander stehen.*

An dieser Stelle sei an den Zusammenhang zwischen Ring-Größe (Anzahl der Atome, die ein Ring-System bilden) und Ring-Stabilität erinnert: Fünf- und sechsgliedrige Ringe sind besonders stabil. Bei den Kohlenhydraten enthalten diese Ringe stets ein O-Atom sowie vier oder fünf C-Atome. Da solche Ring-Systeme in den – nicht zu den Kohlenhydraten gehörenden – Sauerstoff-Heterocyclen Furan und Pyran vorliegen, bezeichnet man ringförmige Zucker-Moleküle als *Furanose- und Pyranose-Strukturen*.

Ringgröße	Grundkörper	Kohlenhydrate
1 O + 4 C	Furan	Furanosen
1 O + 5 C	Pyran	Pyranosen

Die beiden aus der offenkettigen Glucose-Struktur entstehenden cyclischen Halbacetale sind Gluco**pyranosen**. Mit der C–O-Doppelbindung am C-1 reagiert die alkoholische OH-Gruppe am C-5. Hierdurch entstehen aus der offenkettigen Form α und β-D-Glucopyranose

α-D-Glucopyranose   β-D-Glucopyranose

Die für die cyclischen Halbacetale angegebenen Strukturformeln bezeichnet man nach dem englischen Chemiker Haworth als *Haworth-Formeln*.
Der Ringschluß zum cyclischen Halbacetal hat folgende Auswirkungen auf die Struktur:
– Am C-1 entsteht eine OH-Gruppe. Diese OH-Gruppe ist keine alkoholische OH-Gruppe; sie ist reaktionsfähiger als alkoholische OH-Gruppen. Man bezeichnet diese OH-Gruppe am C-1 (bei Fructose am C-2) als **glycosidische OH-Gruppe**.
– Für den Ringschluß zum Halbacetal bestehen zwei Möglichkeiten: Die entstehende glycosidische OH-Gruppe kann entweder unterhalb (α-) oder oberhalb (β-) der Ring-Ebene angeordnet sein (in den Haworth-Formeln bilden die Ring-Atome eine Ebene).
– Die cyclischen Halbacetale enthalten ein asymmetrisches C-Atom mehr als die offenkettigen Verbindungen. Das durch den Ringschluß entstehende asymmetrische C-Atom ist bei Aldosen das C-1 (Ribofuranosen, Glucopyranosen), bei Ketosen das C-2.
– α- und β-D-Glucopyranose (kurz: α- und β-D-Glucose) *unterscheiden sich nur in der räumlichen Anordnung der glycosidischen OH-Gruppe*. Man bezeichnet sie als **Anomere**. Die Anomerie ist eine für cyclische Strukturen der Kohlenhydrate typische Art der Stereo-Isomerie.
Bei den Kohlenhydraten treten folgende Stereo-Isomere auf:
– **Enantiomere** (optische Antipoden, Spiegelbild-Isomere); Beispiele: D-Glycerinaldehyd/L-Glycerinaldehyd, D-Glucose/L-Glucose.
– **Diastereomere** (optische Isomere mit mehreren asymmetrischen C-Atomen, die sich zueinander nicht wie Bild und Spiegelbild verhalten), im besonderen:
– **Epimere** (Diastereomere, die sich durch die Konfiguration an nur einem asymmetrischen C-Atom unterscheiden); Beispiel: D-Glucose/D-Galactose (Unterschied am C-4).
– **Anomere** (Diastereomere, die sich durch die Konfiguration an demjenigen C-Atom unterscheiden, das mit der glycosidischen OH-Gruppe verknüpft ist); Beispiele:
– α-D-Glucopyranose/β-D-Glucopyranose (Unterschied an C-1),
– α- und β-D-Fructofuranose (Unterschied an C-2).
Sowohl α- als auch β-D-Glucose kann man in reiner Form aus Glucose-Lösungen erhalten. Die beiden Glucosen unterscheiden sich in folgenden Eigenschaften:

Eigenschaft	α-D-Glucose	β-D-Glucose
spezifische Drehung $[\alpha]_{589}^{20}$	+ 112,2	+ 18,7
Schmelztemperatur (°C)	146	150
Gewichts-Anteil in wäßriger Lösung im Gleichgewicht	36%	64%

Löst man reine α-D-Glucose in Wasser und mißt *unmittelbar danach* den Drehwert (bei 20 °C im Polarimeter mit gelbem Natrium-Licht), dann ergibt sich als spezifische Drehung + 112,2. Bei weiteren Messungen in zeitlichen Abständen stellt man eine stetige Abnahme des Drehwertes fest, bis schließlich nach mehr als 5 Stunden bei 20 °C die spezifische Drehung $[\alpha]$ + 52,7 erreicht ist.
Durch entsprechende Messungen an einer Lösung reiner β-D-Glucose läßt sich eine Änderung der anfänglich ermittelten spezifischen Drehung $[\alpha]$ + 18,7 auf ebenfalls $[\alpha]$ + 52,7 nachweisen.
Da es sich um eine allmählich erfolgende Änderung (Mutation) der optischen Drehung (Rotation) handelt, bezeichnet man diesen Vorgang als **Mutarotation**.
Die Mutarotation entsteht dadurch, daß sich in wäßriger Lösung sowohl reine α-D-Glucose als auch reine β-D-Glucose solange in das andere Anomer umwandelt, bis sich ein **chemisches Gleichgewicht** eingestellt hat. Unter den angegebenen Meßbedingungen beträgt die spezifische Drehung dann $[\alpha]$ + 52,7 (c = 10 in Wasser).
Die Umwandlung von α-D-Glucose in β-D-Glucose (und umgekehrt) ist nur über die offenkettige Form möglich: Durch Ringöffnung entsteht die offenkettige Form, durch Ringschluß unter anderer räumlicher Anordnung der glycosidischen OH-Gruppe dann das andere Anomere. Im Gleichgewicht liegen neben nur ca. 0,1% offenkettiger D-Glucose die folgenden Massen-Anteile vor:

α-D-Glucose ⇌ offenkettige ⇌ β-D-Glucose
(36%)   Glucose   (64%)

Die Geschwindigkeit, mit der sich dieses Gleichgewicht einstellt, hängt von der Temperatur der wäßrigen Glucose-Lösung ab. Bei 20 °C dauert die Einstellung des Gleichgewichts mehr als fünf Stunden. Höhere Temperaturen und Katalysatoren (wie das Enzym **Mutarotase**) beschleunigen die Gleichgewichts-Einstellung.
Werden zu Glucose-Bestimmungen in der Klini-

24.2 Monosaccharide

schen Chemie *die Enzyme Glucose-Dehydrogenase oder Glucose-Oxidase* eingesetzt, die auf Grund ihrer Stereo-Spezifität nur Umsetzungen von β-D-Glucose (nicht dagegen von α-D-Glucose) katalysieren, so ist die Einhaltung einer bestimmten Inkubationszeit erforderlich. In dem Maße, wie der anfangs vorliegende Anteil an β-D-Glucose enzymatisch umgesetzt wird, wird dieses Substrat durch Umwandlung von α-D-Glucose nachgeliefert, die erneute Einstellung des chemischen Gleichgewichtes zwischen den Anomeren erfordert jedoch eine gewisse Zeit.

Die bisher erwähnten und weitere wichtige *Reaktionen der Glucose* lassen sich wie folgt zusammenfassen (Pentosen und andere Hexosen reagieren entsprechend):

Reaktionen der offenkettigen Struktur:
– Hydrierung an der Aldehyd-Gruppe zu mehrwertigen Alkoholen (Zuckeralkohole, Glucose → Sorbit)
– Oxidation an der Aldehyd-Gruppe zu Carbonsäuren.

Wird D-Glucose in alkalischer Lösung oxidiert, so entstehen **D-Gluconat**-Ionen. Durch Ansäuern einer solchen Lösung erhält man D-Gluconsäure, eine Polyhydroxy-carbonsäure, aus der in stärker saurer Lösung durch intramolekulare Wasser-Abspaltung zwischen der Carboxy-Gruppe und der alkoholischen OH-Gruppe am C-Atom 5 (δ-C-Atom in der Nomenklatur der Hydroxy-carbon-säuren, vgl. Kap. 20.6.2) ein cyclischer Ester entsteht. Derartige Ester nennt man **Lactone**. Aus D-Gluconsäure entsteht durch Ringschluß das D-Gluconsäure-δ-lacton, kurz **D-Gluconolacton**.

Reaktionen der cyclischen Halbacetale:
– Kondensation mit Monosacchariden zu Disacchariden
– Kondensation mit „Nicht-Zuckern" (Aglykone, z. B. Alkohole, Phenole, Stickstoff-Heterocyclen) zu Glycosiden (Glucose → Glucoside)
– Dehydrierung am C-Atom 6 zu Uronsäuren (Glucose → Glucuronsäure)
– Veresterung alkoholischer OH-Gruppen mit Phosphorsäure (Glucose-, Fructose-, Ribose-, Desoxy-ribose-phosphate) oder mit Carbonsäuren.

Die **Oxidation** am C-Atom 1 der Glucose führt, wie gezeigt wurde, zu D-Gluconat-Ionen. Bei der Glucose-Bestimmung mittels Glucose-Oxidase (GOD) ist Sauerstoff das Oxidationsmittel:

β-D-Glucose + O_2 + H_2O → D-Gluconat + H_2O_2

Bei der Glucose-Bestimmung mittels Glucose-Dehydrogenase erfolgt **Dehydrierung** am C-Atom 1 der β-D-Glucose:

β-D-Glucose → D-Gluconolacton

D-Glucose → D-Gluconat

D-Gluconsäure → D-Gluconolacton

Das Dehydrierungs-Produkt ist hierbei unmittelbar das Lacton der Gluconsäure.

In alkalisch eingestellten wäßrigen Lösungen öffnet sich der Lacton-Ring, es entstehen die Gluconat-Ionen mit kettenförmiger Struktur.

Die Oxidation der primären alkoholischen OH-Gruppe am C-Atom **6** der β-D-Glucose ergibt **Glucuronsäure**. Ihre Anionen sind die **Glucuronat**-Ionen. Da die Oxidation selektiv am C-Atom 6 erfolgt, bleibt das Ring-System unverändert, so daß auch Glucuronsäure als cyclisches Halbacetal vorliegt.

Glucuronsäure bildet mit zahlreichen körpereigenen und körperfremden Alkoholen, Phenolen und Aminen wasserlösliche **Glucuronide**, die auch zur

Ausscheidung (Entgiftung) von Arzneimittel-Metaboliten dienen.

β-D-Glucose → β-D-Glucuronsäure

24.2.4 Glycoside

Als kristalline Verbindungen liegen Monosaccharide in der Furanose- oder Pyranose-Struktur vor. In wäßrigen Lösungen stellt sich ein chemisches Gleichgewicht zwischen α- und β-Anomeren auf dem Wege über die offenkettige Struktur ein.

Aus Halbacetalen und Alkoholen entstehen in einer durch Wasserstoffionen katalysierten Kondensations-Reaktion Vollacetale, kurz Acetale.

Halbacetal + Alkohol ⇌ Acetal + H$_2$O

Cyclische Halbacetale reagieren entsprechend:

cycl. Halbacetal + Alkohol ⇌ cycl. Acetal + H$_2$O

Die aus Furanosen und Pyranosen durch *Kondensations-Reaktion* mit Alkoholen entstehenden Vollacetale bilden eine eigene Verbindungsklasse, die man **Glycoside** nennt. Glycoside sind säureempfindliche Verbindungen: Während sie in neutraler und alkalischer Lösung stabil sind, erfolgt in saurer Lösung hydrolytische Spaltung der Glycosid-Bindung unter Rückbildung der Ausgangsstoffe. Glysocide zeigen *keine Mutarotation*. Zu den Glycosiden gehören wichtige Arzneistoffe (z. B. Digitalis-Glycoside).

Reaktions-Partner zur Herstellung von Glycosiden aus Furanosen und Pyranosen sind nicht nur Alkohole, sondern auch Phenole, ferner NH-Gruppen oder SH-Gruppen enthaltende Verbindungen. Die Glycosid-Bildung erfolgt nach dem Schema:

(Formelausschnitt; „X" bezeichnet ein Sauerstoff- oder Schwefel-Atom oder eine NH-Gruppe.)

Im einzelnen erhält man durch Kondensation der glycosidischen OH-Gruppe:

mit Alkanolen → Alkyl-glycoside ⎫
mit Phenolen → Phenol-glycoside ⎬ O-Glycoside

mit NH-haltigen Verbindungen → N-Glycoside
mit SH-haltigen Verbindungen → S-Glycoside

Der Name Glycoside ist die allgemeine Bezeichnung der Stoffklasse. Die sich von den einzelnen Sacchariden ableitenden Glycoside heißen z. B. **Glucoside** (Glucopyranoside) oder **Riboside** (Ribofuranoside).

So erhält man aus α-D-Glucose und Methylalkohol Methyl-α-D-glucopyranosid:

Phenol-glycoside sind im Gegensatz zu vielen Phenolen gut wasserlöslich, weil die alkoholischen OH-Gruppen am Zuckerrest die Löslichkeit in Wasser erhöhen. Um körperfremde Phenole auszuscheiden, entstehen aus ihnen und Glucuronsäure im Zuge der „Entgiftung" die entsprechenden Glycoside, z. B. Phenol-β-D-**glucuronid**:

24.2 Monosaccharide

Die wichtigsten N-Glycoside sind die aus β-D-Ribofuranose und 2-Desoxy-β-D-ribofuranose und Purin- sowie Pyrimidin-Basen entstehenden Nucleoside.

S-Glycoside kommen als Pflanzeninhaltsstoffe (Senföle) vor.

24.2.5 Weitere Hexosen

Die Aldohexose **D-Galactose** ist als Baustein des Disaccharids Lactose (Milchzucker) von Bedeutung. Sie unterscheidet sich von D-Glucose nur in der räumlichen Anordnung der OH-Gruppe am C – 4: Galactose und Glucose sind Epimere. β-D-Galactose hat folgende Haworth-Formel:

Fructose: D-Fructose (Fruchtzucker) ist die wichtigste Ketose. Als Monosaccharid kommt Fructose in Fruchtsäften und im Honig vor. Von großer Bedeutung ist D-Fructose als Baustein des Disaccharids Saccharose (Rohrzucker, Rübenzucker).

Ebenso wie Glucose besitzt die in der Natur vorkommende Fructose die D-Konfiguration. Die Ebene des polarisierten Lichtes wird durch Fructose-Lösungen nach links gedreht, dies erklärt den nur noch selten gebrauchten Namen Lävulose für Fructose ($[\alpha]$ - 92,4).

D-Glucose und D-Fructose haben an den asymmetrischen C-Atomen 3, 4 und 5 denselben räumlichen Aufbau. In den Fructose-Kristallen liegt nicht die offenkettige Struktur vor, sondern β-D-Fructopyranose.

D-Fructose   β-D-Fructopyranose

In alkalischer Lösung lagert sich D-Fructose über ein Zwischenprodukt, das man als „Endiol" bezeichnet, in die isomere D-Glucose um (**Isomerisierung**). Von den beiden durch eine Doppelbindung („en") verknüpften C-Atomen 1 und 2 geht eine Bindung zu je einer OH-Gruppe aus („diol").

D-Fructose   (Endiol)   D-Glucose

(In den Formeln bezeichnet „R" den unverändert bleibenden Teil der Moleküle mit den C-Atomen 3 bis 6.)

Da sich ein chemisches Gleichgewicht von beiden Seiten her einstellt, erfolgt auch eine Umlagerung von D-Glucose in D-Fructose.

Bei der Glycolyse wird das durch Übertragung einer Phosphat-Gruppe von ATP auf Glucose entstandene **Glucose-6-phosphat** zu **Fructose-6-phosphat** isomerisiert, aus dem anschließend durch Übertragung einer Phosphat-Gruppe von ATP **Fructose-1,6-bisphosphat** entsteht. Der Name besagt, daß die OH-Gruppen an den C-Atomen 1 und 6 der Fructose mit Phosphorsäure verestert sind („bis" bedeutet zweimal).

In diesen Verbindungen liegt Fructose in der Furanose-Struktur vor.

α-D-Glucose-6-phosphat

α-D-Fructose-6-phosphat

Fructose-1,6-bisphosphat

(Bei physiologischem pH-Wert liegen die Anionen der Hexosephosphate vor.)
Saccharose enthält den Fructose-Baustein in der β-D-Fructofuranose-Struktur (als 5-gliedriges Ring-System).

Aminozucker: Die wichtigsten Aminozucker sind **D-Glucosamin** und **D-Galactosamin**. Sie unterscheiden sich von Glucose und Galactose dadurch, daß sie am C-Atom 2 statt der OH-Gruppe eine primäre Amino-Gruppe aufweisen und daher basische Eigenschaften haben.

β-D-Galactosamin   β-D-Glucosamin

Beide Aminozucker sind Bausteine von Polysacchariden, D-Glucosamin z. B. von Chitin (Panzer von Krebsen und Insekten), D-Galactosamin von Chondroitin, dem Polysaccharid des Knorpels. Ferner ist Galactosamin Baustein von Glycolipiden.

24.3 Disaccharide

Disaccharide entstehen durch *Kondensations-Reaktion* aus zwei gleichen oder zwei verschiedenen Monosacchariden, z. B. aus Glucose und Glucose oder aus Fructose und Glucose.

Monosaccharid + Monosaccharid ⟶
                Disaccharid + H_2O

Die Eigenschaften von Disacchariden (wie auch von Polysacchariden) hängen entscheidend von dem Verknüpfungs-Prinzip zwischen den Monosaccharid-Bausteinen ab. Jedes Monosaccharid-Halbacetal enthält:
− Eine glycosidische OH-Gruppe,
− mehrere alkoholische OH-Gruppen.
Hieraus ergeben sich zwei grundlegend verschiedene Verknüpfungs-Prinzipien:
Die **glycosidische OH-Gruppe** des einen Monosaccharids reagiert *mit der glycosidischen OH-Gruppe* des zweiten Monosaccharids. Das entstehende Disaccharid enthält keine glycosidische OH-Gruppe mehr: Disaccharide dieses Typs können nicht an einer glycosidischen OH-Gruppe zu höhermolekularen Sacchariden weiterreagieren, Disaccharide dieses Typs sind nicht reduzierend, ihre wäßrigen Lösungen zeigen keine Mutarotation. Das wichtigste Beispiel für diesen Disaccharid-Typ ist Saccharose

Fructose + Glucose ⟶ Saccharose + H_2O

Der zweite, in seinem chemischen Verhalten grundlegend verschiedene Disaccharid-Typ ergibt sich aus der Reaktion der **glycosidischen OH-Gruppe** eines Monosaccharids *mit einer alkoholischen OH-Gruppe* eines anderen Monosaccharids. Die wichtigsten Disaccharide entstehen durch Reaktion mit der alkoholischen OH-Gruppe am C-Atom 4.

Monosaccharid, dessen glycosidische OH-Gruppe reagiert	Monosaccharid, dessen alkoholische OH-Gruppe reagiert	Disaccharid
α-D-Glucose	D-Glucose α (1→ 4)	Maltose
β-D-Glucose	D-Glucose β (1→ 4)	Cellobiose
β-D-Galactose	D-Glucose β (1→ 4)	Lactose

Bei Disacchariden dieses Typs besitzt ein Monosaccharid-Baustein (hier: Glucose) *noch seine glycosidische OH-Gruppe*. Folglich sind hier α- und β-Anomere sowie, in wäßriger Lösung, offenkettige Aldehyd-Strukturen vorhanden, die reduzierend wirken. Disaccharide dieses Typs können zu höhermolekularen Sacchariden (Tri-, Tetra- ... → Polysacchariden) weiterreagieren, indem ihre glycosidische OH-Gruppe nunmehr mit der alkoholischen OH-Gruppe am C-4 des nächsten Monosaccharid-Bausteins reagiert und so fort. Nach diesem Verknüpfungs-Prinzip entstehen die wichtigsten Polysaccharide.

24.3.1 Saccharose (Rohrzucker, Rübenzucker)

Saccharose ist das am weitesten verbreitete Disaccharid und kommt in allen Pflanzen vor, die Kohlenhydrate unter Nutzung der Sonnenenergie durch

Photosynthese aus CO_2 und Wasser aufbauen; man gewinnt sie aus Zuckerrüben und Zuckerrohr. Die Bausteine dieses Disaccharids sind die beiden Monosaccharide α-D-Glucopyranose und β-D-Fructofuranose. Durch Wasser-Abspaltung zwischen den glycosidischen OH-Gruppen entsteht Saccharose:

α-D-Glucopyanose

β-D-Fructofuranose   Saccharose

Durch diese Verknüpfung unter Beteiligung beider glycosidischer OH-Gruppen entsteht ein Disaccharid, das in wäßriger Lösung nicht im Gleichgewicht mit einer offenkettigen Struktur stehen kann. Saccharose hat weder reduzierende Eigenschaften (sie gehört zu den nicht-reduzierenden Zuckern), noch beobachtet man Mutarotation. Saccharose dreht die Ebene des polarisierten Lichtes nach rechts. Durch Einwirkung von Säuren (Protonen-Katalyse) oder des Enzyms Saccharase findet hydrolytische Spaltung statt, bei der gleiche Anteile D-Glucose und D-Fructose entstehen. Die entstehende D(−)-Fructose dreht die Ebene des polarisierten Lichtes um einen größeren Winkel nach links als D(+)-Glucose nach rechts. Man beobachtet daher eine Umkehrung der Drehrichtung von anfangs rechtsdrehend nach linksdrehend. Diese Umkehrung nennt man **Inversion**, das die hydrolytische Spaltung von Saccharose katalysierende Enzym heißt auch Invertase und das entstehende Stoff-Gemisch aus Glucose und Fructose Invertzucker. Invertzucker ist übrigens der Hauptbestandteil von Bienenhonig.

Ein Saccharose-Molekül enthält insgesamt acht alkoholische OH-Gruppen. Man kann sechs, sieben oder sämtliche acht OH-Gruppen der Saccharose mit Fettsäuren verestern. Mit solchen Saccharose-estern können Speisen ebenso zubereitet werden wie mit natürlichen Fetten, den Triestern des Glycerins. Diese **Saccharose-fettsäureester** werden – im Gegensatz zu den Nahrungsfetten – im Dünndarm nicht gespalten, weil die Lipasen des Verdauungstraktes keine Substrat-Spezifität zu diesem synthetischen „Fettersatz" aufweisen; eine Fettsäure-Aufnahme findet nicht statt (Anwendung bei der Diät adipöser Patienten).

Folgende Tabelle gibt die spezifische Drehung für vier Zucker-Lösungen in Wasser, gemessen bei 20 °C, an (Polarimeter mit gelbem Natrium-Licht):

Zucker	spezifische Drehung [α]
Saccharose	+66,5
Glucose	+52,7
Fructose	−92,4
Invertzucker	−19,8

24.3.2 Maltose (Malzzucker)

Das Disaccharid **Maltose** entsteht durch Kondensation von zwei α-D-Glucose-Molekülen. Die Wasser-Abspaltung findet zwischen der glycosidischen OH-Gruppe eines **α**-Glucose-Moleküls und der alkoholischen OH-Gruppe am C-Atom 4 des zweiten Moleküls statt. Es entsteht eine **α (1 → 4)-Verknüpfung**.

Ebenso wie von Glucose gibt es auch von Maltose ein α-Anomer (Strukturformel) und ein β-Anomer, die über die Ring-Öffnung des rechts gezeichneten Glucose-Restes miteinander im Gleichgewicht stehen. Im Gegensatz zu Saccharose ist eine Ring-Öffnung zur offenkettigen Form bei Maltose, Cellobiose und Lactose möglich und findet in wäßriger Lösung auch statt. Diese Disaccharide haben daher – im Gegensatz zu Saccharose – reduzierende Eigenschaften, kommen als α- und β-Anomere vor und zeigen in wäßriger Lösung Mutarotation. Die Erscheinung der Mutarotation ist also keineswegs auf Monosaccharide beschränkt, sondern typisch auch für alle Disaccharide, die durch Wasser-Abspaltung zwischen der glycosidischen OH-Gruppe eines Monosaccharid-Moleküls und einer alkoholischen OH-Gruppe des zweiten Monosaccharid-Moleküls entstanden sind.

Maltose entsteht beim Abbau des Polysaccharids Stärke durch Einwirkung von α-Amylasen und wird ihrerseits mit Hilfe des Enzyms Maltase zu α-Glucose hydrolysiert.

24.3.3 Cellobiose

Cellobiose ist das durch 1 → 4-Verknüpfung aus β-D-Glucose entstehende Disaccharid. Die enzymatische Hydrolyse von Cellobiose wird durch β-Glucosidasen katalysiert.

24.3.4 Lactose (Milchzucker)

Das Disaccharid **Lactose** entsteht durch Wasser-Abspaltung zwischen der glycosidischen OH-Gruppe von β-D-Galactose und der alkoholischen OH-Gruppe am C-Atom 4 von Glucose.

Die enzymatische Hydrolyse von Milchzucker mittels Lactase ergibt die epimeren Monosaccharide *Galactose und Glucose.*

Lactose ist in vielen pharmazeutischen Präparaten neben den Wirkstoffen als gut verträglicher Füllstoff enthalten.

24.4 Polysaccharide

Die wichtigsten Polysaccharide sind Stärke, Glycogen und Cellulose. In der Struktur ihrer Makromoleküle und in ihrer biologischen Funktion unterscheiden sich diese Biopolymere erheblich voneinander.

Cellulose ist der wichtigste pflanzliche Gerüststoff, die Zellwände pflanzlicher Zellen bestehen überwiegend aus Cellulose. Zur technischen Gewinnung von Cellulose werden Holz (ca. 50% Cellulose) und Stroh (ca. 30% Cellulose) verwendet. Cellulose ist in Wasser unlöslich, ihre Makromoleküle haben faserförmige Struktur. Die Cellulose-Fasern sind in Längsrichtung ineinander verdrillt, ihr Zusammenhalt wird durch eine Vielzahl von Wasserstoffbrücken-Bindungen bewirkt, die von den alkoholischen OH-Gruppen ausgehen. So ergibt sich die hohe Zugfestigkeit von Baumwollfäden (Baumwolle ist nahezu reine Cellulose). Der Baustein von Cellulose ist β-D-Glucopyranose. Wasser-Abspaltung zwischen der glycosidischen OH-Gruppe eines β-Glucose-Moleküls und der alkoholischen OH-Gruppe am C-Atom 4 eines zweiten Moleküls führt zu dem Disaccharid Cellobiose, dessen glycosidische OH-Gruppe dann ebenfalls unter β (1 → 4)-Verknüpfung reagiert und so fort. *Als alleiniges Verknüpfungs-Prinzip liegt in den Cellulose-Makromolekülen die β (1 → 4)-Verknüpfung der D-Glucopyranose-Bausteine vor.* Hierdurch ist die unverzweigte Struktur der aus bis zu mehreren tausend Glucose-Einheiten aufgebauten Cellulose-Moleküle bedingt. Die im menschlichen Verdauungstrakt vorhandenen Glucosidasen (Amylasen) können nur α-glycosidische Verknüpfungen spalten. Da in der Cellulose ausschließlich β-glycosidische Verknüpfung vorliegt, werden cellulosehaltige Nahrungsbestandteile unverdaut ausgeschieden.

Stärke und **Glycogen** sind Reserve-Kohlenhydrate (Glucose-Speicherstoffe). Die durch Photosynthese aufgebaute Glucose wird in Form des Polysaccharids Stärke (als Stärkekörner) in den Wurzeln, Knollen und Samen der Pflanzen gespeichert. Stärkekörner bestehen aus zwei Polysacchariden unterschiedlicher Struktur und molarer Masse. Hauptbestandteil pflanzlicher (wie auch tierischer) Stärke ist. das die Hülle der Stärkekörner bildende hochmolekulare, wasserunlösliche **Amylopektin**. Das Innere der Stärkekörner bildet **Amylose**, die in Wasser kolloidal löslich ist. Stärke wird hauptsäch

24.4 Polysaccharide

lich aus Kartoffeln, Mais und Weizen gewonnen, der Amylose-Gehalt dieser Stärken beträgt ca. 20%, ihr Amylopektin-Gehalt ca. 80%. Baustein dieser Polysaccharide ist stets α-D-Glucopyranose. Die Unterschiede in der Makromolekül-Gestalt und -Größe zwischen Amylose und Amylopektin sind auf verschiedenartige Verknüpfung der α-Glucose-Bausteine zurückzuführen. In dem Biopolymer Amylose liegt ausschließlich α (1→4)-Verknüpfung der Glucopyranose-Einheiten vor nach dem Schema:

α-D-Glucopyranose ⟶ Maltose ⟶ Maltotriose
⋯⋯⋯⋯⟶ Amylose.

Dieses α (1→ 4)-Verknüpfungsprinzip führt zu einer unverzweigten, spiralförmigen (helixförmigen) Aneinanderreihung einiger hundert Glucopyranose-Bausteine. In dieser Amylose-Helix sind Hohlräume (Kanäle) vorhanden (Abb. 24-1), in die

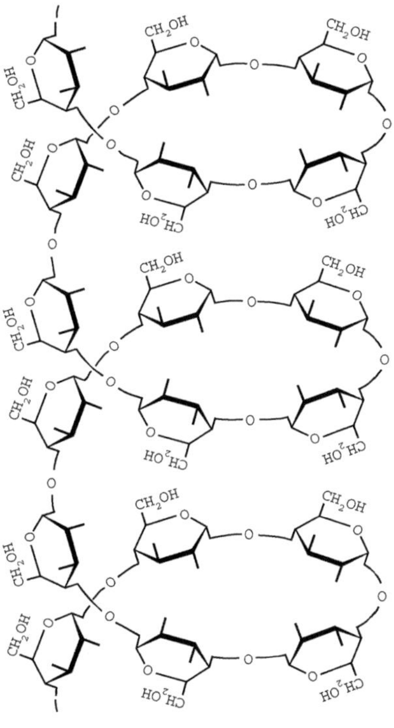

Abb. 24-1. In den Makromolekülen der Amylose sind die α-D-Glucose-Bausteine (anstelle der OH-Gruppen an C-2 und C-3 stehen senkrechte Striche, H-Atome am Ring sind nicht eingezeichnet) zu einer Hohlräume bildenden Struktur verknüpft, in die sich z. B. Iod-Moleküle einlagern können (Iod-Stärke-Reaktion).

Stoffe passender Molekülform eingelagert werden können. Auf der Entstehung einer solchen Einlagerungsverbindung beruht die charakteristische Blaufärbung beim Zusammengeben von Amylose (löslicher Stärke) und Iod/Kaliumiodid-Lösung. Diese „*Iod-Stärke-Reaktion*" ermöglicht einen empfindlichen Nachweis von Iod bei iodometrischen Titrationen.

Zur Gewinnung von Amylose erhitzt man pflanzliche Stärke mit Wasser auf ca. 90 °C. Hierbei quillt das unlösliche Amylopektin auf, während Amylose kolloidal in Lösung geht und hieraus als „lösliche Stärke" abgetrennt wird. Amylopektin ist höhermolekular als Amylose und liegt in Form verzweigter (verknäuelter) Makromoleküle vor: mit der – CH_2OH-Gruppe mancher Glucopyranose-Bausteine sind „Seitenketten" aus jeweils 20 bis 25 Glucose-Einheiten verknüpft. Zur α **(1→4)-Verknüpfung** kommt beim Aufbau von Amylopektinen immer dort eine α **(1→ 6)-Verknüpfung** hinzu, wo eine Glucopyranose-Seitenkette abzweigt. Innerhalb solcher Seitenketten liegt wiederum α (1→4)-Verknüpfung vor.

Der Amylopektin-Anteil von **Glycogen** ist in viel stärkerem Maße verzweigt, die Glucopyranose-Seitenketten sind jedoch kürzer. Aufgrund seiner sehr hohen molaren Masse und seiner kompakten Struktur ist *Glycogen als tierisches Reserve-Kohlenhydrat* besonders geeignet. Glycogen wird im Muskelgewebe und in der Leber gespeichert.

Überwiegend durch α (1 → 6)-Verknüpfung von D-Glucose-Bausteinen bauen Lactobakterien das schleimartige Polysaccharid **Dextran** auf. Durch partielle Hydrolyse und anschließende Auftrennung kann man aus dem sehr hochmolekularen nativen Dextran Fraktionen von Dextranen mit einer relativen Molekülmasse im Bereich von 60000 bis 75000 gewinnen, die als Plasmaersatzmittel verwendet werden.

Durch chemische Reaktionen, die zu einer Quervernetzung von Dextran-Molekülen führen, werden in Wasser unlösliche Dextran-Gele (Sephadex) hergestellt, die vielfach zur Trennung von Proteinen durch Gelfiltration verwendet werden.

Im Gegensatz zu den bisher erwähnten Polysacchariden ist **Heparin** aus zwei unterschiedlichen Monosaccharid-Bausteinen aufgebaut, die abwechselnd miteinander durch α (1 → 4)-Bindungen verknüpft sind. Die Bausteine D-Glucuronsäure und D-Glucosamin liegen im Polysaccharid Heparin jedoch in strukturell abgewandelter Form vor, weil Schwefelsäure-Reste esterartig an OH-Gruppen bzw. amidartig an die NH_2-Gruppe gebunden sind.

Bei physiologischem pH-Wert sind die sauren funktionellen Gruppen dissoziiert.

Heparin wird in den Granulocyten des Blutes und in den Mastzellen des Bindegewebes gebildet. Es ist im Blut in geringen Konzentrationen vorhanden und wird auf Grund seiner **gerinnungshemmenden Wirkung** als physiologisches Antikoagulans bezeichnet.

Polysaccharide bezeichnet man auch als **Glycane** und unterteilt sie nach der Struktur ihrer molekularen Bausteine in:
- Homoglycane, die durchgehend aus einem bestimmten Monosaccharid aufgebaut sind, z. B. Galactan, sowie die aus Glucose aufgebauten Glucane wie Stärke und Cellulose,
- Heteroglycane, die aus unterschiedlichen Monosacchariden aufgebaut sind, und
- Proteoglycane, in denen Heteroglycane als mengenmäßig überwiegende Komponente (mehr als 90%) mit geringen Protein-Anteilen verknüpft sind.

Die wichtigsten Heteroglycane enthalten Derivate von Aminozuckern als einen der unterschiedlichen Monosaccharid-Bausteine und werden daher **Glycosamino-glycane** genannt. Die *ältere Bezeichnung für diese Verbindungen ist Mucopolysaccharide.*

Die Vorsilbe „Muco" weist darauf hin, daß derartige Stoffe aus Mucinen isoliert worden sind. Mit dem Namen Mucine hat man hochmolekulare Substanzen bezeichnet, die in den schleimartigen Sekreten enthalten sind. Chemisch sind sie meist den Proteoglycanen zuzuordnen.

Typische Monosaccharid-Bausteine von Glycosamino-glycanen sind D-Glucuronsäure und N-Acetyl-D-glucosamin oder N-Acetyl-D-galactosamin, die jeweils abwechselnd zu einer sich regelmäßig wiederholenden Disaccharid-Einheit miteinander verknüpft sind. Die Monosaccharid-Bausteine von **sauren** Mucopolysacchariden enthalten Carboxy (−COOH)-Gruppen und/oder Schwefelsäuremonoester (−O−SO$_3$H)- oder Schwefelsäuremonoamid (−NH−SO$_3$H)-Gruppen, die dissoziiert sind, so daß diese Biopolymeren als Polyanionen vorliegen.

Als Beispiel für ein nicht an ein Protein gebundenes Glycosamino-glycan ist die im Bindegewebe, im Glaskörper des Auges und in der Synovialflüssigkeit vorkommende Hyaluronsäure (Hyaluronat) zu nennen.

Zu den Proteoglycanen gehören Chondroitinsulfat und Keratan-sulfat, die im Knorpelgewebe vorkommen.

Kontrollfragen

24-1 Geben Sie diejenige allgemeine Formel an, von der sich der Name Kohlenhydrate ableitet.

24-2 Welche als Baustein von DNA bedeutsame Pentose besitzt eine Zusammensetzung, die dieser Formel nicht entspricht?

24-3 Nennen Sie zwei Ketosen.

24-4 Schreiben Sie die Fischer-Projektionsformel von D-Glucose hin. Woraus ergibt sich die Konfigurations-Angabe?

24-5 In welche Stoffklassen kann man die Kohlenhydrate auf der Grundlage zunehmender molarer Masse einteilen?

24-6 Nennen Sie aus Glucose-Bausteinen aufgebaute Polysaccharide sowie das jeweilige Verknüpfungsprinzip.

24-7 Stellen Sie Struktur-Merkmale und Eigenschaften zusammen, in denen natürlich vorkommende Glucose und Fructose übereinstimmen bzw. sich unterscheiden: a) Konfiguration, b) Drehrichtung, c) Summenformel, d) Aldose-Struktur, e) Ketose-Struktur, f) Anzahl der asymmetrischen C-Atome, g) reduzierende Eigenschaften.

24-8 Welche chemischen Vorgänge sind die Ursache für die nach dem Auflösen von reiner α-D-Glucose (oder reiner β-D-Glucose) in Wasser zu beobachtende Mutarotation?

24-9 Welches Monosaccharid entsteht aus Glucose bei der durch Glucose-Isomerase katalysierten Reaktion?

24-10 Geben Sie die Namen der Monosaccharide an, die durch enzymatische Hydrolyse aus Milchzucker und Malzzucker entstehen.

24-11 Wie heißen die betreffenden Enzyme?

24-12 Welche Monosaccharide entstehen aus Saccharose (Rohrzucker) bei der entweder durch Protonen (Säure-Zugabe) oder durch Saccharase (Invertase) katalysierten Hydrolyse?

24-13 Warum nennt man das Enzym „Invertase"?

24-14 Welches ist die Strukturformel von Methyl-α-D-glucosid?

24-15 Geben Sie die Strukturformel für Gluconsäure und Glucuronsäure an.

24-16 Welche Verbindung entsteht aus Glucose bei der durch Glucose-Dehydrogenase katalysierten Reaktion?

24-17 Was bedeuten die Begriffe Glycogenolyse und Glycolyse?

24-18 Phosphorsäure-ester werden in der Biochemie als „Phosphate" bezeichnet. Welche Haworth-Formel hat α-D-Glucose-6-phosphat?

24-19 Geben Sie die Formel an für α-D-Fructofuranose-1,6-bisphosphat.

25 Schwefelhaltige organische Verbindungen

25.1 Einführung

Alkohole, Ether und Ester enthalten sauerstoffhaltige funktionelle Gruppen. Tauscht man – formal – die Sauerstoff-Atome gegen Schwefel-Atome aus, dann erhält man Thioalkohole, Thioether und Thioester. Die Vorsilbe „**Thio**" weist darauf hin, daß Sauerstoff durch Schwefel ersetzt ist, wie das Beispiel Sulfat (SO_4^{2-}) und Thiosulfat ($S_2O_3^{2-}$) zeigt.

Verbindungsklasse	allgemeine Formel
Alkohole	R–O–H
Thioalkohole	R–S–H
Ether	R^1–O–R^2
Thioether	R^1–S–R^2
Ester	$R^1-C{\begin{smallmatrix}\nearrow O\\\searrow O-R^2\end{smallmatrix}}$
Thioester	$R^1-C{\begin{smallmatrix}\nearrow O\\\searrow S-R^2\end{smallmatrix}}$

Als weitere Stoffklassen schwefelhaltiger Verbindungen kommen hinzu:

Disulfide	R–S–S–R
Sulfonsäuren	R–SO_3H
Schwefelsäuremonoester	R–O–SO_3H

25.2 Thioalkohole (Thiole)

Thioalkohole (Thiole, Mercaptane) enthalten als funktionelle Gruppe die Thiol-Gruppe (Mercapto-Gruppe) –SH. Aus der Stoffklasse der Alkanthiole sei lediglich Ethanthiol dem entsprechenden Alkohol, Ethanol, gegenübergestellt.

Verbindung	Formel	M(g/mol)	Sdp.(°C)
Ethanol	H_5C_2–O–H	46,1	78
Ethanthiol	H_5C_2–S–H	62,1	35

Thioalkohole lassen sich bereits mit schwachen Oxidationsmitteln an den SH-Gruppen zu den entsprechenden **Disulfiden** oxidieren:

$$R-S-H + H-S-R \xrightarrow[-H_2O]{+[O]} R-S-S-R$$

Die Aminosäure Cystein (Kap. 27) enthält eine Thiolgruppe. Bei Peptiden (z. B. Insulin) und Proteinen (z. B. Keratin des Haares), an deren Aufbau Cystein beteiligt ist, entstehen durch diese Oxidation Disulfid-Bindungen. Die Reduktion von Disulfiden führt zurück zu den Thiolen, diese beiden Verbindungsklassen gehen leicht ineinander über.

Die strukturelle Analogie zwischen Hydroxy-Gruppe (– OH) und Thiol-Gruppe (– SH) läßt sich auch beim Struktur-Vergleich der biogenen Amine Ethanolamin und **Cysteamin** erkennen. Diese Stoffwechsel-Produkte entstehen durch Decarboxylierung aus der entsprechenden Aminocarbonsäure, Serin oder **Cystein**.

$$\underset{\text{Serin}}{\underset{HO\ \ NH_2}{H_2C-CH-COOH}} \xrightarrow{-CO_2} \underset{\text{Ethanolamin}}{\underset{HO\ \ NH_2}{H_2C-CH_2}}$$

$$\underset{\text{Cystein}}{\underset{HS\ \ NH_2}{H_2C-CH-COOH}} \xrightarrow{-CO_2} \underset{\text{Cysteamin}}{\underset{HS\ \ NH_2}{H_2C-CH_2}}$$

Cysteamin ist ein Baustein von Coenzym A.

25.3 Thioether

Die Bedeutung der essentiellen Aminosäure **L-Methionin** beruht auf der Thioether-Gruppe.

$$\underset{\underset{CH_2-CH_2-S-CH_3}{|}}{\overset{\overset{COO^{\ominus}}{|}}{H_3\overset{\oplus}{N}-C-H}}$$

Für die im Organismus ablaufenden Transmethylierungs-Reaktionen ist Methionin der wichtigste Methyl-Gruppen-Donator, da die an das S-Atom gebundene Methyl-Gruppe leicht übertragen werden kann.

25.4 Thioester

Der Abbau der aus pflanzlichen und tierischen Fetten stammenden langkettigen Fettsäuren zu „*aktivierter Essigsäure*" verläuft in allen Stufen über **Thioester**. Diese Thioester werden aus den Fettsäuren und **Coenzym A** gebildet, wobei die von dem Baustein Cysteamin in das CoenzymA-Molekül eingebrachte Thiol-Gruppe mit der Carboxy-Gruppe der Fettsäure reagiert. Die so entstandenen Thioester

$$R-C\overset{\displaystyle\nearrow O}{\underset{\displaystyle\searrow S-CoA}{}}$$

sind wesentlich reaktionsfähiger als die Fettsäuren selbst und werden daher als *aktivierte Fettsäuren* bezeichnet.

Der Abbau der langkettigen aktivierten Fettsäuren führt schließlich zu aktivierter Essigsäure, Acetyl-Coenzym A

$$H_3C-C\overset{\displaystyle\nearrow O}{\underset{\displaystyle\searrow S-CoA}{}}$$

(In diesen Formeln bedeutet „CoA" den Teil des Coenzym A-Moleküls, mit dem das S-Atom verknüpft ist.)

Aktivierte Essigsäure nimmt eine zentrale Stellung im Stoffwechsel ein, da Acetyl-CoA nicht nur beim Fettsäure-Abbau, sondern auch beim Kohlenhydrat-Abbau entsteht und selbst wiederum zum Aufbau zahlreicher körpereigener Stoffe dient.

25.5 Sulfonsäuren

Bei den **Sulfonsäuren** ist die funktionelle Gruppe – SO_3H mit einem Kohlenstoff-Atom verknüpft. Zur Namengebung fügt man an den Namen des Kohlenwasserstoffes die Bezeichnung „Sulfonsäure" an.

allgemeine Formel $\quad R-\underset{\underset{O}{\|}}{\overset{\overset{O}{\|}}{S}}-O-H$

Methansulfonsäure $\quad H_3C-SO_3H$

Benzolsulfonsäure $\quad$ ⟨◯⟩$-SO_3H$

Sulfonsäuren sind **starke** organische **Säuren**, ihre Säurestärke entspricht der von Schwefelsäure. Der Wasserstoff der – SO_3H-Gruppe (Sulfonsäure-Gruppe) wird als Proton übertragen. Die Säurerest-Ionen $R-SO_3^{\ominus}$ heißen Sulfonat-Ionen, die Salze der Sulfonsäuren Sulfonate, z. B. Natrium-benzolsulfonat.

Natrium-sulfonate der allgemeinen Formel

$$R-SO_3^{\ominus}Na^{\oplus}$$

in denen R eine Alkyl-Gruppe mit 12 bis 18 C-Atomen (**Alkansulfonate**) oder ein entsprechend substituierter Phenylrest ist (**Alkylbenzolsulfonate**), sind synthetisch in großen Mengen hergestellte *Detergentien*, die als waschaktive Stoffe in zahlreichen Waschmitteln enthalten sind.

Als weitere funktionelle Derivate der Sulfonsäuren sind vor allem die Sulfonsäureamide, kurz **Sulfonamide**, zu nennen. Die Einführung von Arzneimitteln mit Sulfonamid-Wirkstoffen begründete die Chemotherapie bakterieller Infektionen. Die antibakteriell wirksamen Sulfonamide haben die allgemeine Formel

$$H_2N-C_6H_4-\underset{\underset{O}{\|}}{\overset{\overset{O}{\|}}{S}}-N\underset{H}{\overset{R}{\diagup}}$$

Die therapeutische Anwendung von Sulfonamiden ist mit Einführung der Antibiotika zurückgegangen, sie werden derzeit bei Infektionen der Harnwege und bei bakteriellen Darminfektionen eingesetzt.

Die bakteriostatische Wirksamkeit der Sulfonamide beruht darauf, daß sie auf Grund ihrer dem Bakterienwuchsstoff p-Amino-benzoesäure ähnlichen chemischen Konstitution eine kompetitive Hemmung im Bakterien-Stoffwechsel bewirken.

$H_2N-C_6H_4-COOH$ $H_2N-C_6H_4-SO_2NH_2$

p-Amino-benzoesäure   Sulfanilamid

25.6 Amino-sulfonsäuren

Die Amino-sulfonsäure mit der einfachsten Struktur ist Amino-ethansulfonsäure (**Taurin**):

$$\underset{H}{\overset{H}{\diagdown}}N-\underset{H}{\overset{H}{\underset{|}{C}}}-\underset{H}{\overset{H}{\underset{|}{C}}}-SO_3H$$

Taurin enthält je eine funktionelle Gruppe mit Base- und mit Säure-Eigenschaften: Das freie Elektronenpaar am Stickstoff der Amino-Gruppe reagiert (wie von Ammoniak bekannt) als Protonen-Acceptor, die Sulfonsäure-Gruppe gibt ihren Wasserstoff als Proton ab. Da bei den Amino-sulfonsäuren (ebenso wie bei den Amino-carbonsäuren, Kap. 27) sowohl Protonen-Acceptor- als auch Protonen-Donator-Gruppen vorhanden sind, kommt es zu einer Protonen-Übertragung, die dazu führt, daß als kleinste Teilchen dieser Stoffe nicht Moleküle, sondern Ionen vorliegen. Diese Ionen weisen sowohl eine positive als auch eine negative Ladung auf, man bezeichnet sie als **Zwitterionen**. Taurin besteht aus den Zwitterionen:

$$H-\overset{\oplus}{\underset{H}{\overset{H}{N}}}-\underset{H}{\overset{H}{\underset{|}{C}}}-\underset{H}{\overset{H}{\underset{|}{C}}}-SO_3^{\ominus}$$

Bestimmte Amino-sulfonsäuren werden als **zwitterionische Puffer-Substanzen** im physiologischen pH-Bereich beim Arbeiten mit Zell- und Gewebekulturen eingesetzt. Sie sind im Labor unter folgenden Abkürzungen bekannt:

Puffer	pK_S (20°C)	Puffer-Bereich (pH)
HEPES	7,55	6,5 – 8,5
PIPES	6,80	6,1 – 7,5
MOPS	7,20	6,5 – 7,9
TES	7,50	6,8 – 8,2

Für folgende Anwendungsgebiete sind diese Puffer besser geeignet als Bicarbonat-, Phosphat- oder TRIS-Puffer (Kap. 26):
- Virologie (Identifizierung und Vermehrung von Viren),
- Impfstoff-Herstellung,
- Aufbewahrung von biologischem Material (Gewebe, Blut, Samen) bei tiefen Temperaturen,
- Wachstum von Bakterien-Kulturen,
- Präparieren von Gewebe für elektronenmikroskopische Untersuchungen,
- Gewinnung bestimmter Inhaltsstoffe biologischen Materials durch chromatographische Trennung,
- Pflanzen-Wachstum in optimal gepufferten Nährlösungen.

Bei allen diesen Verbindungen reagieren die Zwitterionen als Puffer.
Abfangen von $OH^{\ominus}$-Ionen durch:

$$\overset{\oplus}{\diagup}N-H + OH^{\ominus} \rightleftarrows \diagup N| + H_2O$$

Abfangen von $H^{\oplus}$-Ionen durch:

$$-SO_3^{\ominus} + H^{\oplus} \rightleftarrows -SO_3H$$

Gegenüber den herkömmlichen Puffern weisen die genannten Zwitterionen-Puffer folgende Vorteile auf:
- Biologische Membranen werden nur in geringem Maße passiert (geringe Penetrationsfähigkeit),
- das biologische Reaktionsgeschehen wird nicht

gestört,
– vorhandene Metall-Kationen werden nicht oder nur in geringem Maße komplex gebunden.

wird bei einer Standard-Methode zur Bestimmung der relativen Molekülmassen von Proteinen verwendet: Als Detergens bewirkt es die Denaturierung der Proteine und bildet mit diesen Komplexe, deren Beweglichkeit bei der Polyacrylamid-Gelelektrophorese direkt von der relativen Molekülmasse der Proteine abhängt.

25.7 Schwefelsäuremonoester

Große Bedeutung als synthetische Detergentien haben auch die Natrium-Salze der Monoester aus Schwefelsäure und Alkanolen mit 12 bis 18 C-Atomen (sogenannten Fettalkoholen). Diese Ester nennt man Monoalkylsulfate, kurz **Alkylsulfate** oder **Fettalkoholsulfate**, sie haben die allgemeine Formel

R – O – SO$_3$H

Alkylsulfate sind stark sauer, ihre Natrium-Salze sind oberflächenaktiv. Diese Detergentien bilden zusammen mit den langkettigen Natrium-sulfonaten und den Seifen die Gruppe der **Anion-tenside**, deren gemeinsames Struktur-Merkmal eine mit dem jeweiligen langkettigen hydrophoben Kohlenwasserstoff-Rest verknüpfte, *negativ geladene* hydrophile Atomgruppe ist.

Die Formeln zeigen die in den Seifen, Sulfonaten und Alkylsulfaten vorliegenden Anionen.

Die Verwendung der synthetischen Aniontenside hat gegenüber den Seifen bestimmte Vorteile:
– Ihre wäßrigen Lösungen reagieren praktisch neutral, eine (bei den Seifen zur alkalischen Reaktion führende) Salz-Protolyse findet nicht statt, da sich die Na-Sulfonate und Na-Alkylsulfate von starken Säuren ableiten.
– Selbst in hartem Wasser werden mit Calcium- und Magnesium-Ionen keine unlöslichen Salze gebildet, während bei Verwendung von Seifen in hartem Wasser die Ca- und Mg-Salze langkettiger Fettsäuren ausfallen.

Das Natriumsalz des Monoesters aus Schwefelsäure und Dodecanol, Natrium-dodecylsulfat (SDS),

Kontrollfragen

25-1 Beurteilen Sie die Säurestärke der Sulfonsäuren.
25-2 Welche Konstitutionsformel haben (A) Benzolsulfonsäure, (B) p-Toluol-sulfonsäure und (C) p-Aminobenzol-sulfonsäure (Sulfanilsäure)?
25-3 Zu welcher Verbindungsklasse gehören die in der Therapie bakterieller Infektionen eingesetzten Sulfonsäure-Derivate?
25-4 Geben Sie die rationelle Formel für das Natrium-Salz des aus Dodecanol und Schwefelsäure entstehenden Monoesters an.

H$_3$C – CH$_2$ – CH$_2$ – CH$_2$ – CH$_2$ – CH$_2$ – CH$_2$ – CH$_2$ – CH$_2$ – CH$_2$ – CH$_2$ – CH$_2$ – O – SO$_3^\ominus$Na$^\oplus$

26 Stickstoffhaltige organische Verbindungen

26.1 Amine

Die „Muttersubstanz" der Amine ist die anorganische Base Ammoniak. Amine entstehen aus Ammoniak durch Substitution von H-Atomen durch Kohlenwasserstoff-Reste. Mit fortschreitender Substitution erhält man folgende Amine:

- **Primäre** Amine (ein H substituiert)

- **Sekundäre** Amine (zwei H substituiert)

- **Tertiäre** Amine (drei H substituiert)

Wenn in den obigen Formeln die Methyl-Gruppe an die Stelle von R tritt, ergeben sich die einfachsten Amine:

pK_B 3,34	3,27	4,19
Methylamin	Dimethylamin	Trimethylamin
H_3C-NH_2	$(H_3C)_2NH$	$(H_3C)_3N$

Bei Raumtemperatur sind diese Methylamine, ebenso wie Ammoniak, farblose Gase. Ihr Geruch wird als unangenehm fischartig empfunden.

Wie Ammoniak lösen sich die gasförmigen **Methylamine** (Mono-, Di- und Trimethylamin) in Wasser, die Lösungen reagieren basisch. Diese Amine sind die einfachsten **organischen Basen**, das freie Elektronenpaar am Stickstoff reagiert als Protonen-Acceptor.

Die positive Ladung der aus den Aminen entstandenen substituierten Ammonium-Ionen wird durch $OH^\ominus$-Ionen ausgeglichen. Zur Benennung der Ammonium-Ionen wird der Name des Substituenten dem Wort „ammonium" vorangestellt, z. B.
Ammoniak   Ammonium-Ionen
Methylamin   Methylammonium-Ionen
Dimethylamin   Dimethylammonium-Ionen
Trimethylamin   Trimethylammonium-Ionen

26.1.1 Alkylamine (Aminoalkane)

Wie die Methylamine, so lassen sich Amine mit jeder anderen Alkyl-Gruppe herstellen und als organische Basen verwenden.

Die funktionelle Gruppe $-NH_2$ der primären Amine wird als Amino-Gruppe (auch *primäre Amino-Gruppe*) bezeichnet. Am Beispiel

$$H_3C-CH_2-N\begin{matrix}H\\H\end{matrix}$$

sollen zwei Möglichkeiten der Namengebung erläutert werden:

- Man bezeichnet die Verbindungsklasse durch die Endung „amin" und stellt den Namen der Alkyl-Gruppe voran: **Ethylamin**.
- Man geht vom Namen des Kohlenwasserstoffes mit demselben C-Gerüst aus und sieht Wasserstoff als durch die Amino-Gruppe substituiert an: **Aminoethan**.

Bei der Unterscheidung von Aminen drücken die Beifügungen primär, sekundär und tertiär aus, daß das **Stickstoff**-Atom mit einem, zwei oder drei Kohlenwasserstoff-Resten verknüpft ist. Werden diese Bezeichnungen dagegen zur Kennzeichnung von Kohlenstoff-Atomen verwendet, so geben sie an, mit wievielen anderen C-Atomen ein bestimmtes C-Atom direkt verknüpft ist.

In Tab. 26-1 sind Beispiele von Aminen mit kurzkettigen Alkyl-Gruppen zusammengestellt. Die dort genannten primären und sekundären Amine sowie Trimethylamin sind in Wasser (bei 25 °C) sehr gut löslich. In dem Maße, wie die Gesamtzahl der C-Atome in den Amin-Molekülen zunimmt, wird die Wasser-Löslichkeit geringer.

Die in Tab. 26-1 aufgeführten Amine sind ausnahmslos organische Basen. Ihre pK_B-Werte lassen sich aus den Protolyse-Gleichgewichten ermitteln.

Tab. 26-1: Einige Amine und ihre Siedetemperaturen

Name	Formel	Sdp. (°C)
Methylamin	H_3C-NH_2	-6
Ethylamin	$H_3C-CH_2-NH_2$	16
n-Propylamin	$H_3C-CH_2-CH_2-NH_2$	49
n-Butylamin	$H_3C-CH_2-CH_2-CH_2-NH_2$	78
Dimethylamin	$(H_3C)_2NH$	7
Diethylamin	$(H_5C_2)_2NH$	56
Trimethylamin	$(H_3C)_3N$	4
Triethylamin	$(H_5C_2)_3N$	89
Pyrrolidin	(Ringstruktur)	89
Piperidin	(Ringstruktur)	106
Morpholin	(Ringstruktur)	130

Die Kenntnis der pK_B-Werte ist wichtig, wenn man Amine als Bestandteile von Puffer-Mischungen einsetzen will.

Aus Aminen und anorganischen oder organischen Säuren entstehen die entsprechenden Salze, z. B. aus Triethylamin und Salzsäure das Salz **Triethylammonium-chlorid**, auch als Triethylaminhydrochlorid bezeichnet:

$$(H_5C_2)_3N: + H^\oplus + Cl^\ominus \longrightarrow [(H_5C_2)_3\overset{\oplus}{N}-H]\, Cl^\ominus$$

26.1.2 Heterocyclische Amine

Gesättigte Verbindungen mit Stickstoff im Ring: Der Amino-Stickstoff kann auch am Aufbau eines Ring-Systems beteiligt sein. Die als **Pyrrolidin** und **Piperidin** bezeichneten heterocyclischen sekundären Amine haben Eigenschaften, die denen kettenförmiger sekundärer Amine weitgehend entsprechen.

Diethylamin	Pyrrolidin (Tetrahydropyrrol)	Piperidin (Hexahydropyridin)
pK_B 3,51	2,73	2,88

26.1.3 Amine mit alkoholischen Hydroxy-Gruppen

Bestimmte Amine entstehen bei Stoffwechsel-Reaktionen aus Aminocarbonsäuren (Kap. 27) und werden daher als biogene Amine bezeichnet. Hierzu gehört **Ethanolamin** (Amino-ethanol),

$$HO-CH_2-CH_2-NH_2$$

das Baustein von Phospholipiden ist.

Ein unter der Abkürzung TRIS bekanntes Amin (pK_B 5,7 bei 20 °C) wird häufig in Puffer-Mischungen verwendet. TRIS hat die Formel

$$HOH_2C-\underset{\underset{NH_2}{|}}{\overset{\overset{CH_2OH}{|}}{C}}-CH_2OH$$

und die systematische Bezeichnung 2-Amino-2-(hydroxymethyl)-1,3-propandiol.

Ersetzt man die H-Atome der **Methyl**-Gruppe von Aminomethan formal durch drei (tris = dreimal) Hydroxymethyl-Gruppen (HO – CH₂ –), so ergibt sich der besser bekannte Name Tris-(hydroxymethyl)-amino-methan.

Als Beispiel für ein körpereigenes Amin mit stark ausgeprägter physiologischer Wirksamkeit soll **Adrenalin** erwähnt werden:

26.1.4 Aromatische Amine

Bei aromatischen Aminen ist die Amino-Gruppe direkt mit einem C-Atom eines aromatischen Ring-Systems verknüpft. Das einfachste aromatische Amin ist **Anilin** (Aminobenzol):

Sdp. 184 °C pK_B 9,42 (25 °C)

Die **direkte** Verknüpfung der Amino-Gruppe mit dem aromatischen Ring ist die Ursache für die großen Unterschiede zwischen dem chemischen Verhalten aromatischer Amine und dem aller übrigen Amine, in denen die Amino-Gruppe mit dem C-Atom einer kettenförmigen Struktur verknüpft ist. Aromatische Amine sind um Größenordnungen schwächer basisch. Besondere Reaktionen (Diazotierung und Kupplung) führen von aromatischen Aminen über Diazoniumsalze zu Azofarbstoffen. Hierauf basieren manche Farbreaktionen in der Klinischen Chemie und Histologie.

26.2 Ungesättigte Stickstoff-Heterocyclen

Fünf- und sechsgliedrige Ring-Verbindungen mit einem oder zwei N-Atomen im Ring sind als Grundkörper wichtiger Naturstoffe von Bedeutung. Zu diesen Stickstoff-Heterocyclen gehören:

Name	Ringgröße Atome insgesamt	davon N-Atome	vorliegend in
Pyrrol	5	1	rotem Blutfarbstoff
Imidazol	5	2	Histamin, Histidin, Globin, Enzymen
Pyridin	6	1	Nicotinamid, NAD$^\oplus$
Pyrimidin	6	2	Pyrimidin-Basen, Nucleinsäuren
Indol	(6 + 5) (zwei Ringe)	1	Tryptophan, Serotonin
Purin	(6 + 5) (zwei Ringe)	2 + 2	Purin-Basen, Nucleinsäuren

Die Formeln ungesättigter cyclischer Verbindungen werden oft als „Kurzfassungen" wiedergegeben: man zeichnet ein regelmäßiges Fünf- oder Sechseck als Symbol für ein fünfgliedriges oder sechsgliedriges Ring-System und gibt nur die **Hetero-Atome** im Ring (O, N und S) an, außerdem bei Stickstoff-Heterocyclen die N – H-Bindungen.

Zur eindeutigen Benennung von Substitutions-Produkten cyclischer Grundkörper werden die das Ring-System bildenden Atome numeriert. Bei Heterocyclen mit **einem** Hetero-Atom beginnt die Numerierung an diesem Hetero-Atom. Bei Heterocyclen mit mehreren Hetero-Atomen wurden Regeln für die Numerierung international vereinbart, z. B. bei Purin.

Pyridin ist nicht nur als Grundkörper wichtiger Substitutionsprodukte zu erwähnen, sondern wird auch oft als Lösungsmittel (Sdp. 116 °C) mit schwach basischen Eigenschaften (pK_B 8,75) verwendet (z. B. in Lösungsmittel-Mischungen für chromatographische Zwecke).

Vollständige Formel	Kurzfassung	Name
(Pyrrol-Struktur)	(Pyrrol-Kurzform, N1, 2,3,4,5)	Pyrrol
(Imidazol-Struktur)	(Imidazol-Kurzform, N1, 2, N3, 4, 5)	Imidazol
(Pyridin-Struktur)	(Pyridin-Kurzform, N1, 2,3,4,5,6)	Pyridin
(Pyrimidin-Struktur)	(Pyrimidin-Kurzform, N1, 2, N3, 4, 5, 6)	Pyrimidin
(Indol-Struktur)	(Indol-Kurzform, N1, 2, 3, 4, 5, 6, 7)	Indol
(Purin-Struktur)	(Purin-Kurzform, N1, 2, N3, 4, 5, 6, N7, 8, N9)	Purin

Die voranstehenden Struktur-Formeln enthalten Lactam-Gruppen (**Lactame** sind cylische Verbindungen mit einer Carbonamid-Gruppe –CO–NH– im Ring). Bei Harnsäure tritt dieselbe Art der Tautomerie auf, wie bei substituierten Barbitursäuren (vgl. Kap. 26.3): Die Lactam-Form steht im Gleichgewicht mit tautomeren Verbindungen mit der funktionellen Gruppe,

$$-\underset{OH}{C}=N-$$

die Säure-Eigenschaften haben. Die beiden abgebildeten Harnsäure-Formeln zeigen zwei tautomere Strukturen. Die aus Harnsäure entstehenden Anionen heißen **Urat**-Ionen, die Salze der Harnsäure Urate.

Harnsäure   Urat-Ion

In der Klinischen Chemie wird zur Bestimmung von Harnsäure im Urin (wie auch im Serum) im ersten Verfahrensschritt eine durch das Enzym Uricase katalysierte Ringöffnung (an der durch die Pfeilspitze bezeichneten Bindung) durchgeführt. Unter Abspaltung von CO_2 (Decarboxylierung) entstehen die Reaktions-Produkte Allantoin und Wasserstoffperoxid nach der Gleichung:

Harnsäure + 2 H_2O + O_2 ⟶ Allantoin + CO_2 + H_2O_2

26.2.1 Harnsäure

Harnsäure ist das *Endprodukt des Stoffwechsels der Purin-Basen* und wird mit dem Harn ausgeschieden. Aus den Nucleosiden Adenosin und Guanosin entstehen in mehreren Stoffwechselschritten die Purin-Verbindungen Hypoxanthin und Xanthin; ihre durch Xanthin-Oxidase katalysierte Oxidation ergibt Harnsäure:

Bemerkenswert ist die sehr geringe Löslichkeit von Harnsäure und von Uraten. Ein erhöhter Urat-Spiegel im Serum kann zur Ausfällung von kristallinem Natrium-urat führen, das Gelenk-Entzündungen (Gicht) auslöst.

26.3 Harnstoff und Ureide

Die herausragende Bedeutung der Wöhlerschen Harnstoff-Synthese in der historischen Entwicklung der Chemie ist in Kap. 16 beschrieben.
Harnstoff ist kein Carbonsäureamid, sondern das Diamid der Kohlensäure:

$$O=C\begin{smallmatrix}OH\\OH\end{smallmatrix} \qquad O=C\begin{smallmatrix}NH_2\\NH_2\end{smallmatrix}$$

Kohlensäure   Harnstoff

Harnstoff bildet farblose, in Wasser mit neutraler Reaktion lösliche Kristalle (Schmp. 133 °C). In der chemischen Großindustrie werden jährlich gewaltige Mengen Harnstoff (aus Kohlendioxid und Ammoniak) hergestellt. Harnstoff wird als Stickstoff-Dünger, als Futtermittel-Zusatz und als Ausgangsstoff zur Herstellung von Kunststoffen verwendet.

Der *Nachweis von Harnstoff* erfolgt durch die **Biuret-Reaktion:** Beim Erhitzen auf 150 bis 160 °C entsteht aus 2 mol Harnstoff unter Abspaltung von Ammoniak eine als Biuret bezeichnete Verbindung. Löst man das beim Erhitzen erhaltene Produkt in Wasser und gibt Kalilauge und $CuSO_4$-Lösung zu, so entsteht ein charakteristisch violett-rot gefärbter Chelat-Komplex aus Biuret und $Cu^{\oplus\oplus}$-Ionen (im Mol-Verhältnis 2:1).

In der Physiologischen Chemie ist Harnstoff als Endprodukt des Eiweiß- und Aminosäure-Stickstoff-Stoffwechsels des Menschen und der Säugetiere von Bedeutung. Die pro Tag mit dem menschlichen Urin ausgeschiedene Harnstoff-Menge beträgt bis zu 30 g.

In alkalisch reagierenden wäßrigen Lösungen entstehen bei der Hydrolyse von Harnstoff neben Ammoniak Carbonat-Ionen

$$O=C\begin{smallmatrix}NH_2\\NH_2\end{smallmatrix} + 2\ OH^\ominus \longrightarrow CO_3^{\ominus\ominus} + 2\ NH_3$$

Auswertung von Elementaranalysen: Am Beispiel der Summenformel von Harnstoff sei erläutert, wie man aus dem Ergebnis einer **Elementaranalyse** das in einer organischen Verbindung vorliegende Atom-Verhältnis berechnet. Bei der quantitativen Bestimmung des Kohlenstoff-, Wasserstoff- und Stickstoff-Gehaltes seien folgende Werte erhalten worden:

C: 19,88%   H: 6,63%   N: 46,81%

Daraus läßt sich als Differenz zu 100% der Sauerstoff-Gehalt berechnen: O: 26,68%.

Um aus diesen Daten das Atom-Verhältnis zu berechnen, wird jeder Analysenwert durch die relative Masse des betreffenden Elements dividiert.

$$C: \frac{19,88}{12,011} = 1,655 \qquad H: \frac{6,63}{1,008} = 6,58$$

$$N: \frac{46,81}{14,007} = 3,34 \qquad O: \frac{26,64}{15,999} = 1,665$$

Aus diesen Werten ergibt sich das Atom-Verhältnis in ganzen Zahlen, wenn man durch den kleinsten Zahlenwert (hier: 1,655) dividiert:

C : H : N : O = 1 : 3,98 : 2,02 : 1,01

Die sich hieraus ergebende Formel ist $(CH_4N_2O)_n$. Ob ein Molekül der analysierten Verbindung diese Anzahl an Atomen oder die n-fache (doppelte, dreifache) Anzahl enthält, muß durch eine *Bestimmung der molaren Masse* (Molekulargewichts-Bestimmung) festgestellt werden. Hierbei sei ermittelt worden:

M(X) = 58,4 g/mol.

Da der für CH_4N_2O berechnete Wert M(X) = 60,1 g/mol beträgt, ist in unserem Beispiel n = 1.

Harnstoff ist einer der Ausgangsstoffe zur Herstellung der **Barbitursäure** und der substituierten Barbitursäuren (sog. **Barbiturate** mit sedativer, hypnotischer und narkotischer Wirkung). Die anderen Ausgangsstoffe leiten sich von Malonsäure ab und werden als Diethylester eingesetzt, die eine höhere Reaktivität haben. Barbiturate gehören zur Stoffklasse der **cyclischen Ureide**.

$$\begin{array}{c}R\\R\end{array}\!\!>\!C\!\!<\!\!\begin{array}{c}C(=O)-OC_2H_5\\C(=O)-OC_2H_5\end{array} + \begin{array}{c}H-N-H\\\ \ \ \ \ \ \ \ C=O\\H-N-H\end{array} \longrightarrow \begin{array}{c}R\\R\end{array}\!\!>\!C\!\!<\!\!\begin{array}{c}C(=O)-N-H\\\ \ \ \ \ \ \ \ \ \ \ \ \ \ \ C=O\\C(=O)-N-H\end{array}$$

Bei der Reaktion von Harnstoff mit Malonsäurediethylester erhält man Barbitursäure (R = H), mit

Diethylmalonsäure-diethylester entsteht **Veronal** (R = C$_2$H$_5$).

Barbitursäure ist eine stärkere Säure als Essigsäure. Auch Veronal ist eine Säure, die zusammen mit ihrem Natrium-Salz (Veronalnatrium) als Puffer-System verwendet wird.

Die Säure-Eigenschaften der cyclischen Ureide, wie Barbitursäure und Veronal, sind auf das „Wandern" eines beweglichen H-Atoms bei den Atomgruppen:

$$-\underset{\underset{H}{|}}{\overset{\overset{O}{\|}}{C}}-N- \rightleftharpoons -\underset{OH}{\overset{}{C}}=N-$$

zurückzuführen (**Tautomerie**).

Man erhält so eine Struktur mit einer OH-Gruppe, die als Protonen-Donatorgruppe reagiert:

26.4 Guanidin

Der Übergang von Harnstoff zu Guanidin, bei dem eine als Imino-Gruppe bezeichnete NH-Gruppe mit dem C-Atom verknüpft ist, führt zu einer ausgeprägt basisch reagierenden Verbindung. Ein im biochemischen Labor eingesetztes Salz ist Guanidinium-chlorid:

$$\underset{H_2N}{\overset{H_2N}{>}}C=\overset{\oplus}{N}H_2 \quad Cl^{\ominus}$$

Es ist sehr gut in Wasser löslich. Bei 20 °C werden 214 g Guanidinium-chlorid von 100 g Wasser gelöst. Der pH-Wert wäßriger Lösungen beträgt 4,5 bis 5,5 (bei 25 °C).

Guanidinium-chlorid wird als Reagenz zur reversiblen Denaturierung von Proteinen verwendet. Es ist hierfür in geringeren Konzentrationen als Harnstoff wirksam.

Die Guanidino-Gruppe ist charakteristisches Struktur-Merkmal von Creatin und Arginin (Kap. 27.4).

26.5 Quartäre Ammoniumsalze

Ammoniak reagiert mit Säuren zu Ammoniumsalzen, in denen Stickstoff eine positive Ladung trägt, z. B. mit Chlorwasserstoff zu Ammoniumchlorid. Sind alle vier H-Atome des Ammonium-Ions durch Kohlenwasserstoff-Reste substituiert, dann liegen **quartäre Ammonium-Ionen** vor:

Ammonium-Ion   Tetramethyl-ammonium-Ion   quartäres Ammonium-Ion

Die positive Ladung der quartären Ammoniumionen wird durch die Anionen von anorganischen oder organischen Säuren ausgeglichen.

Die vier Substituenten müssen nicht gleichartig sein. Ein wichtiges Beispiel für ein quartäres Ammoniumsalz mit unterschiedlichen Atomgruppen am Stickstoff ist **Cholin**, hier als Cholinchlorid wiedergegeben:

$$HO-CH_2-CH_2-\underset{\underset{CH_3}{|}}{\overset{\overset{CH_3}{|}}{\overset{\oplus}{N}}}-CH_3 \quad Cl^{\ominus}$$

Cholin ist ein Baustein der Lecithine (Kap. 23).

Acetylcholin, das als cholinerger Neurotransmitter wirkt, ist der Essigsäure-ester von Cholin.

Von den organischen Stickstoff-Verbindungen haben grenzflächenaktive **quartäre** (auch als quaternäre bezeichnet) **Ammonium-Verbindungen** antibakterielle Wirksamkeit. In diesen Verbindungen ist eine langkettige Alkyl-Gruppe, z. B. eine Hexadecyl(Cetyl)-Gruppe, gemeinsam mit drei Methyl-Gruppen an ein N-Atom gebunden, das somit eine positive Ladung trägt:

$$[H_3C-(CH_2)_{14}-CH_2-\overset{\oplus}{N}(CH_3)_3]Cl^{\ominus}$$

Verbindungen wie Cetyl-trimethylammoniumchlorid sind Kationtenside, da eine lipophile Alkyl-Gruppe hier mit einer positiv geladenen Endgruppe verknüpft ist.

Dagegen zeigen die zusammenfassend als Aniontenside bezeichneten Seifen (Kap. 22.2.1), langkettigen Sulfonate (Kap. 25.5) und Fettalkoholsulfate (Kap. 25.7), in denen die polare Endgruppe negativ geladen ist, keine antibakterielle Wirksamkeit.

26.6 Stickstoffhaltige organische Verbindungen als Komplexbildner

Von dem freien Elektronenpaar der Stickstoff-Atome in Amino-Gruppen und in Stickstoff-Heterocyclen können koordinative Bindungen zu Reaktions-Partnern mit einer „Elektronenlücke" ausgehen. Dies führt zur Entstehung von Komplexen (Kap. 5.5).

Diamine reagieren bei der Komplex-Bildung als *zweizähnige Liganden*. Die einfachsten zweizähnigen Amin-Liganden sind die Moleküle von Ethylendiamin:

$$\text{H}_2\text{N-CH}_2\text{-CH}_2\text{-NH}_2$$

Auch organische Verbindungen mit einer Amino-Gruppe und einer andersartigen, ebenfalls ein freies Elektronenpaar aufweisenden Atomgruppe sind zweizähnige Liganden, so z. B. das Anion der einfachsten Aminosäure Glycin, das **Glycinat**-Ion:

$$\text{H}_2\text{N-CH}_2\text{-COO}^\ominus$$

Glycin-Anion (Glycinat)

Auch die Anionen anderer Aminocarbonsäuren (Kap. 27) haben die Eigenschaften von zweizähnigen Liganden. Da Aminocarbonsäuren die Bausteine der Peptide und Proteine sind, sind auch Eiweißstoffe zur Komplex-Bildung befähigt. Diese Eigenschaft ist biologisch von großer Bedeutung. Im Organismus liegen bestimmte Metallionen (z. B. $Ca^{\oplus\oplus}$, $Fe^{\oplus\oplus}$, $Cu^{\oplus\oplus}$, $Zn^{\oplus\oplus}$) an Transport- und Speicher-Proteine gebunden vor. Die Wirksamkeit bestimmter Enzyme beruht auf ihrer Fähigkeit zur Bildung von Metall-Komplexen.

Eine Nachweis-Reaktion für Proteine beruht darauf, daß diese mit $Cu^{\oplus\oplus}$-Ionen violett gefärbte Komplexe bilden. Diese Reaktion wird als **„Biuret-Probe"** bezeichnet, weil die aus Harnstoff durch Erhitzen entstehende Verbindung Biuret (ein zweizähniger Ligand) mit $Cu^{\oplus\oplus}$-Ionen ebenfalls einen violett gefärbten Komplex bildet.

Aus Ethylendiamin kann man **Ethylendiamintetraessigsäure** (EDTA) herstellen, deren Tetraanionen als sechszähnige Liganden mit zahlreichen Metallkationen (auch $Mg^{\oplus\oplus}$ und $Ca^{\oplus\oplus}$) reagieren. Auf dieser Komplex-Bildung mit EDTA („Komplexon", „Titriplex") beruhen zahlreiche Bestimmungsmethoden für Metallkationen (komplexometrische Titrationen)

$$^\ominus\text{OOC-H}_2\text{C}\diagdown\text{N-CH}_2\text{-CH}_2\text{-N}\diagup\text{CH}_2\text{-COO}^\ominus$$
(Ethylendiamintetraessigsäure-Tetraanion)

Ethylendiamintetraessigsäure-Tetraanion

Auf der Komplex-Bildung mit Calcium-Ionen beruht die Verwendung des Dinatrium- oder Dikalium-Salzes von EDTA als gerinnungshemmende Substanz (**Antikoagulans**) bei der Gewinnung von Plasma für hämatologische Untersuchungen. Durch die Komplex-Bildung mit EDTA-Ionen wird die für die Blutgerinnung erforderliche physiologische Konzentration an freien Ca-Ionen so stark verringert, daß die Gerinnung ausbleibt.

Im folgenden ist die Zähnigkeit einiger Liganden zusammengestellt. Die Zähnigkeit gibt an, wieviele Bindungen von einem Liganden-Teilchen zu **demselben** Zentralion ausgehen. In dieser Aufstellung sind Sauerstoff und Kohlen(stoff)monoxid(CO) mit aufgeführt, weil Sauerstoff durch komplexe Bindung an das Eisen(II)-Zentralion von Hämoglobin transportiert und bei Einatmen von CO von diesem aus der komplexen Bindung verdrängt wird.

Liganden	Zähnigkeit
O_2 CO NH_3 $[|C\equiv N|]^{\ominus}$	einzähnig
Biuret, Glycin, Aminosäuren	zweizähnig
Porphyrine (Protoporphyrin)	vierzähnig
EDTA	sechszähnig

Porphyrin ist ein großes (vielgliedriges) Ring-System, in das vier Pyrrol-Ringe einbezogen sind.

Substitution sämtlicher Wasserstoff-Atome an den Kohlenstoff-Atomen der Pyrrol-Ringe führt zu den unterschiedlichen Porphyrinen, die als Chelat-Komplexe mit Eisen(II)-Ionen in dem tiefroten Häm (dem farbgebenden Bestandteil von Hämoglobin) oder mit Magnesium-Ionen in dem Blattfarbstoff Chlorophyll vorliegen. Das **Häm** hat folgende Struktur:

Aus diesem Häm (Farbstoff) entsteht Hämoglobin durch Verknüpfung mit dem Imidazol-Stickstoff eines **Histidin**-Restes von Globin (Protein). Hierdurch ist die fünfte Koordinationsstelle des Eisen(II)-Zentralions besetzt, an die sechste wird Sauerstoff (O_2) reversibel gebunden.

Der Abbau von Hämoglobin findet in der Leber, in der Milz und im Knochenmark statt. Als erster Schritt erfolgt die Öffnung des Häm-Ringsystems durch oxidatives Herausspalten einer CH-Gruppe als Kohlenstoffmonoxid (CO). Der weitergehende Zerfall führt zu Eisen (II)-Ionen und einer linearen (nicht mehr ringförmigen und nicht mehr eisenhaltigen) Tetrapyrrol-Struktur, die für die **Gallenfarbstoffe** kennzeichnend ist.

Der zuerst entstehende Gallenfarbstoff definierter Struktur ist das grüne Biliverdin. Im menschlichen Organismus wird Biliverdin in das orangerote **Bilirubin** umgewandelt.

26.7 Weitere stickstoffhaltige Verbindungen

Als weitere Stoffklassen stickstoffhaltiger organischer Verbindungen sind zu erwähnen:

Verbindungsklasse	funktionelle Gruppe	allg. Formel
Nitrosamine	$\diagdown$N—NO	$R^1\diagdown$N—NO $R^2\diagup$
Nitro-Verbindungen	—NO_2	$R-NO_2$
Azo-Verbindungen	—N=N—	$R^1-N=N-R^2$

Nitroso-amine, kurz **Nitrosamine**, entstehen bei der Einwirkung von salpetriger Säure (HNO_2) auf sekundäre Amine:

Nitrosamine gehören zu den **cancerogenen** (krebserregenden) Stoffen. Salpetrige Säure entsteht aus ihren Salzen, den Nitriten, bei Einwirkung stärkerer Säuren. Mit sekundären Aminen, die z. B. in Fischprodukten vorhanden sind, kann HNO_2 unter Entstehung von Nitrosaminen reagieren. Deshalb ist es nach dem Lebensmittelgesetz untersagt, Nitrite zu Pökelsalzen für Fischerzeugnisse zuzugeben.

Die Azo-Gruppe – N = N – ist eine chromophore (farbgebende) Gruppe, aromatische Azo-Verbindungen sind daher farbig (vielfach gelb, orange oder rot).

Bei den wichtigsten Nitro- und Azo-Verbindungen sind die funktionellen Gruppen (– NO_2 bzw. – N = N –) direkt mit einem Benzol- oder Naphthalin-Ringsystem verknüpft. Die einfachsten derartigen Verbindungen sind:

Nitrobenzol   Azobenzol

Kontrollfragen

26-1 Die Beifügungen „primär", „sekundär" und „tertiär" dienen zur Einteilung von Phosphaten, Alkoholen und Aminen und haben dabei unterschiedliche Bedeutungen. Geben Sie je ein Beispiel für primäre, sekundäre und tertiäre Phosphate, Alkohole und Amine.

26-2 Geben Sie je ein primäres, sekundäres und tertiäres Alkylamin der Summenformel $C_6H_{15}N$ an.

26-3 Welche Formel hat Hexadecyl-trimethylammonium-chlorid?

26-4 Welche Formel hat Ethylendiamin (1,2-Diamino-ethan)?

26-5 Wie heißt die aus Ethylendiamin und 4 mol Chloressigsäure erhältliche Säure?

26-6 Machen Sie über die Verbindung

$$H_3C-\overset{\overset{CH_3}{|}}{\underset{\underset{CH_3}{|}}{N}}{}^{\oplus}-CH_2-CH_2-O-\overset{\overset{}{}}{\underset{\underset{O}{||}}{C}}-CH_3 \quad Cl^{\ominus}$$

folgende Aussagen ($Cl^{\ominus}$ als Gegenionen bleiben dabei außer Betracht): a) Wie lautet ihr Trivialname? b) In welche Verbindungsklasse ist sie einzuordnen? c) Welche Verbindungen entstehen bei ihrer hydrolytischen Spaltung? d) Wie heißt das Enzym, welches die Reaktion c) katalysiert?

26-7 Geben Sie die Namen derjenigen *unsubstituierten* Stickstoff-Heterocyclen an, von denen sich (A) Adenin, (B) Cytosin, (C) Harnsäure, (D) Histidin und (E) Nicotinsäureamid ableiten.

26-8 Welches ist das Endprodukt (Ausscheidungsprodukt) des Stoffwechsels der Purin-Basen?

26-9 Wie reagieren wäßrige Lösungen von Harnstoff?

26-10 Geben Sie die rationelle Formel des ausgeprägt basisch reagierenden Guanidins an.

27 Aminosäuren und Peptide

27.1 Einführung

Zur Verbindungsklasse der **Amino-carbonsäuren** (kurz als Aminosäuren bezeichnet) gehören die Carbonsäuren, deren Kohlenstoff-Gerüst durch eine Amino-Gruppe ($-NH_2$) substituiert ist. Die Aminosäuren enthalten also zwei funktionelle Gruppen: die Carboxy-Gruppe ($-COOH$) und die Amino-Gruppe ($-NH_2$).

Zur eindeutigen Bezeichnung der Stellung dieser beiden funktionellen Gruppen zueinander bestehen zwei Möglichkeiten:
- Die Bezifferung der C-Atome, beginnend mit dem C-Atom der Carboxy-Gruppe, und
- die Bezeichnung der auf die Carboxy-Gruppe folgenden C-Atome mit kleinen griechischen Buchstaben.

Konstitution	Name
$\overset{\beta}{H_3C}-\overset{\alpha}{CH}-COOH$ $\quad\quad\;\;\; |$ $\quad\quad\;\;NH_2$	Alanin (α-Amino-propionsäure) (2-Amino-propansäure)
$\overset{\beta}{H_2C}-\overset{\alpha}{CH_2}COOH$ $\;\;\; |$ $\;\;NH_2$	β-Alanin (β-Amino-propionsäure) (3-Amino-propansäure)
$\overset{\gamma}{H_2C}-\overset{\beta}{CH_2}-\overset{\alpha}{CH_2}-COOH$ $\;\;\; |$ $\;\;NH_2$	γ-Amino-buttersäure (4-Amino-butansäure)

In der Aminosäure-Chemie ist die Verwendung von griechischen Buchstaben und von Trivialnamen üblich.

20 Aminosäuren, die *proteinogenen Aminosäuren*, sind die Bausteine der Eiweißstoffe (Proteine). Ihre Aufeinanderfolge (Sequenz) bei der Verknüpfung zu bestimmten Proteinen ist durch den genetischen Code festgelegt. Alle proteinogenen Aminosäuren sind α-Aminosäuren. Ihre in die Papier-Ebene projizierte Formel

$$\begin{array}{c} COOH \\ | \\ H_2N-C-H \\ | \\ R \end{array} \qquad \begin{array}{c} COOH \\ |\,\alpha \\ H_2N-C-H \\ | \\ R \end{array}$$

zeigt, daß die beiden für Aminosäuren typischen funktionellen Gruppen ($-COOH$ und $-NH_2$) mit demselben C-Atom (dem α-C-Atom) verknüpft sind. Das **α-C-Atom** ist ferner mit einem H-Atom und mit dem übrigen Teil des Kohlenstoff-Gerüstes verknüpft, den man in der Aminosäure- und Protein-Chemie als **Seitenkette** R bezeichnet. Die proteinogenen Aminosäuren unterscheiden sich nur in der Zusammensetzung der Seitenkette R, die auch eine weitere COOH-Gruppe oder eine weitere NH_2-Gruppe enthalten kann. Nach der Anzahl der funktionellen Gruppen unterteilt man:

Anzahl der Gruppen		Stoffklasse
$-COOH$	H_2N-	
1	1	Monoamino-monocarbonsäuren
2	1	Monoamino-dicarbonsäuren
1	2	Diamino-monocarbonsäuren

Die einfachste Aminosäure, Glycin (Aminoessigsäure) enthält keine Seitenkette (R = H). Mit Ausnahme von Glycin sind alle α-Aminosäuren optisch aktiv. Das α-C-Atom ist mit vier verschiedenen Substituenten verknüpft: Drei unterschiedlichen Atomgruppen und einem Wasserstoff-Atom:

$-COOH \qquad -NH_2 \qquad -R \qquad -H$

Somit ist das α-C-Atom ein asymmetrisches C-Atom. *Die proteinogenen Aminosäuren haben stets L-Konfiguration*, in ihren Projektionsformeln (mit oben stehender Carboxy-Gruppe) ist die Amino-Gruppe links von dem α-C-Atom angeordnet.

Im Stoffwechsel von Mikroorganismen treten auch Aminosäuren mit D-Konfiguration auf. So enthalten Bakterienzellwände Glycoproteine mit D-Alanin-Resten. L- und D-Alanin sind optische Antipoden (Enantiomere) mit spiegelbildlichem räumlichen Aufbau.

$$\begin{array}{cc} \text{COOH} & \text{HOOC} \\ \overset{*}{|} & \overset{*}{|} \\ H_2N-C-H & H-C-NH_2 \\ | & | \\ CH_3 & H_3C \end{array}$$

L-Alanin   D-Alanin

Die proteinogenen Aminosäuren sind farblose kristalline Verbindungen, die erst bei Temperaturen im Bereich zwischen 220 und 340 °C unter Zersetzung schmelzen. Die meisten organischen Verbindungen schmelzen schon bei erheblich niedrigeren Temperaturen. Niedrigschmelzende organische Feststoffe sind aus Molekülen aufgebaut; bei ihnen werden die schwachen zwischenmolekularen Kräfte schon durch Erhitzen auf relativ niedrige Temperaturen überwunden. Aminosäuren sind dagegen nicht aus Molekülen, sondern aus **Zwitterionen** mit negativer und positiver Ladung aufgebaut, sie liegen als innere Salze vor. Zur Überwindung der im Kristallgitter wirksamen starken Anziehungskräfte sind wesentliche höhere Temperaturen erforderlich.

Die Zwitterionen, aus denen die kristallinen Aminosäuren bestehen und die nach dem Auflösen von Aminosäuren in Wasser auch in den wäßrigen Lösungen vorliegen, haben folgende Struktur (die rechtsstehende Formel ist die übliche Kurzschreibweise):

Zwitterionen enthalten an ein und demselben Kohlenstoff-Gerüst die gleiche Anzahl an negativen Ladungen (hier an der Carboxylat-Gruppe) **und** positiven Ladungen (hier an der Ammonium-Gruppe).

Die Amino-Gruppe mit dem freien Elektronenpaar am Stickstoff-Atom reagiert als Protonen-Acceptor:

$$R-\overline{N}H_2 + H^\oplus \rightleftharpoons R-\overset{\oplus}{N}H_3$$

Carbonsäuren sind Protonen-Donatoren, wie ihre Dissoziation zeigt:

$$R-COOH \rightleftharpoons R-COO^\ominus + H^\oplus$$

Bei den Aminocarbonsäuren sind Protonen-Acceptorgruppe und Protonen-Donatorgruppe mit demselben Kohlenstoff-Gerüst verknüpft, die Protonen-Übertragung führt zu Zwitterionen.

27.2 Eigenschaften von Monoamino-monocarbonsäuren

Die proteinogenen **Monoamino-monocarbonsäuren** sind in Tab. 27-1 aufgeführt, daneben sind die international vereinbarten, aus drei Buchstaben bestehenden Abkürzungen angegeben.

Monoamino-monocarbonsäuren bezeichnet man auch als *neutrale Aminosäuren*. Die Seitenkette R enthält bei neutralen Aminosäuren entweder
– keine funktionelle Gruppe oder
– eine funktionelle Gruppe mit geringem Einfluß auf die Protolyse-Reaktionen in wäßriger Lösung.

Seitenkette R enthält	Aminosäure(n)
keine funktionelle Gruppe (nur C–H-Bindungen)	Gly, Ala, Val, Leu, Ile, Phe, Pro
eine alkoholische OH-Gruppe	Ser, Thr
eine Thiol-Gruppe (–SH)	Cys
eine H_3CS-Gruppe	Met
eine Carbonamid-Gruppe (H_2N–CO–)	Asn, Gln
eine phenolische OH-Gruppe	Tyr
einen heterocyclischen Ring	Trp

27.2 Eigenschaften von Monoamino-monocarbonsäuren

Tab. 27-1: Proteinogene Monoamino-monocarbonsäuren

Glycin Gly	Alanin Ala	Valin Val	Leucin Leu	Isoleucin Ile

	Phenylalanin Phe		Prolin Pro	

Mit einer funktionellen Gruppe in der Seitenkette

Serin Ser	Threonin Thr	Tyrosin Tyr	Tryptophan Trp

Cystein Cys	Methionin Met	Asparagin Asn	Glutamin Gln

Ihre Eigenschaften in wäßrigen Lösungen ergeben sich daraus, daß Zwitterionen **amphotere Elektrolyte**, kurz **Ampholyte**, sind; sie können sowohl als Protonen-Donator als auch als Protonen-Acceptor reagieren. Ihr jeweils vorherrschendes Verhalten hängt von der Wasserstoffionen-Konzentration in ihren wäßrigen Lösungen ab. In Lösungen hoher $H^{\oplus}$-Ionen-Konzentration reagiert die Carboxylat-Gruppe als Protonen-Acceptor, es entstehen Kationen. In Lösungen niedriger $H^{\oplus}$-Ionen-Konzentration reagiert die Ammonium-Gruppe als Protonen-Donator, es entstehen Anionen.

Kationen ⇌ Zwitterionen ⇌ Anionen

Die angegebenen **Kationen** verhalten sich wie eine zweiprotonige Säure. Die erste Dissoziationsstufe entspricht dem Gleichgewicht:

Kationen ⇌ H$^\oplus$ + Zwitterionen

Die Dissoziations-Konstante K_1 ergibt sich aus:

$$K_1 = \frac{c\,(\text{H}^\oplus) \cdot c\,(\text{Zwitterionen})}{c\,(\text{Kationen})}$$

Aus den Zwitterionen entstehen durch Protonen-Abgabe die angegebenen **Anionen**:

Zwitterion ⇌ H$^\oplus$ + Anionen

Die Dissoziations-Konstante K_2 ergibt sich aus:

$$K_2 = \frac{c\,(\text{H}^\oplus) \cdot c\,(\text{Anionen})}{c\,(\text{Zwitterionen})}$$

Bei keinem pH-Wert sind ausschließlich Zwitterionen vorhanden, bei einem bestimmten pH-Wert ist der Zwitterionen-Anteil jedoch besonders hoch und der Anteil an Kationen und Anionen gleich groß und besonders gering. Bei diesem pH-Wert gilt

$c\,(\text{Kationen}) = c\,(\text{Anionen})$

und die Multiplikation der beiden obigen Gleichungen ergibt:

$K_1 \cdot K_2 = c\,(\text{H}^\oplus) \cdot c\,(\text{H}^\oplus) = c^2\,(\text{H}^\oplus)$

Die Formulierung auf der Grundlage der entsprechenden pK-Werte ergibt für diesen pH-Wert:

$$\text{pH} = \text{pI} = \frac{\text{p}K_1 + \text{p}K_2}{2}$$

Der pH-Wert, bei dem nahezu alle Aminosäure-Teilchen als Zwitterionen vorliegen, ist für jede Aminosäure charakteristisch und wird als ihr **isoelektrischer Punkt** (pI) bezeichnet.

Die isoelektrischen Punkte neutraler Aminosäuren ohne eine weitere funktionelle Gruppe (A) oder mit einer die Protolyse nur geringfügig beeinflussenden Gruppe (B) sind in folgender Tabelle zusammengestellt:

(A)	pI	(B)	pI
Gly	5,97	Ser	5,68
Ala	6,01	Thr	6,16
Val	5,96	Tyr	5,66
Leu	5,98	Met	5,74
Ile	6,02	Trp	5,89
Phe	5,48	Asn	5,41
Pro	6,30	Gln	5,65

Am isoelektrischen Punkt hat die betreffende Aminosäure die geringste Wasser-Löslichkeit.

Die Tatsache, daß jede Aminosäure einen charakteristischen isoelektrischen Punkt besitzt, erlaubt die Auftrennung von Aminosäure-Gemischen durch **Elektrophorese**. Mit Hilfe von Puffer-Lösungen stellt man einen bestimmten pH-Wert ein. Bei den Aminosäuren, deren isoelektrischer Punkt mit dem eingestellten pH-Wert zusammenfällt, tritt keine nach außen hin wirksame elektrische Ladung *(keine Überschuß-Ladung)* auf, sie wandern im elektrischen Feld nicht. Die übrigen Aminosäuren hingegen wandern entsprechend der Überschuß-Ladung ihrer kleinsten Teilchen zur Kathode oder zur Anode, so daß man auf diese Weise eine Auftrennung herbeiführen kann.

Die Eigenschaften von Aminosäure-Lösungen lassen sich wie folgt zusammenfassen:

pH-Wert der wäßrigen Lösung	Ionen in der Lösung	Eigenschaften
stark sauer	überwiegend Kationen	Wanderung zur Kathode
pH = pK_1	$c\,(\text{Kationen}) = c\,(\text{Zwitterionen})$	gute Puffer-Eigenschaften
pH = pI	Zwitterionen-Anteil maximal $c\,(\text{Kationen}) = c\,(\text{Anionen})$ (sehr gering)	keine Puffer-Eigenschaften keine Wanderung im elektrischen Feld geringste Löslichkeit
pH = pK_2	$c\,(\text{Zwitterionen}) = c\,(\text{Anionen})$	gute Puffer-Eigenschaften
stark alkalisch	überwiegend Anionen	Wanderung zur Anode

27.2 Eigenschaften von Monoamino-monocarbonsäuren

Aus Aminosäuren kann man durch Reaktion mit starken Säuren Ammonium-Salze herstellen und in kristalliner Form gewinnen. Die durch Reaktion mit Salzsäure erhaltenen Salze nennt man Aminosäure-hydrochloride, z. B. **Glycin-hydrochlorid** (HCl · H$_2$N – CH$_2$ – COOH):

$$\overset{\oplus}{H_3N}-CH_2-C\overset{O}{\underset{O^{\ominus}}{\diagup\!\!\!\diagdown}} + H^{\oplus} + Cl^{\ominus} \longrightarrow \overset{Cl^{\ominus}}{\underset{}{}}\overset{\oplus}{H_3N}-CH_2-C\overset{O}{\underset{O-H}{\diagup\!\!\!\diagdown}}$$

Auch aus Hydroxiden, z. B. Natriumhydroxid, und Aminosäuren entstehen Salze, z. B. **Natriumglycinat** (H$_2$N – CH$_2$ – COONa):

$$\overset{\oplus}{H_3N}-CH_2-C\overset{O}{\underset{O^{\ominus}}{\diagup\!\!\!\diagdown}} + OH^{\ominus} + Na^{\oplus} \longrightarrow$$

$$H_2N-CH_2-C\overset{O}{\underset{O^{\ominus}}{\diagup\!\!\!\diagdown}} Na^{\oplus} + H_2O$$

Die pH-Änderungen in Aminosäure-Lösungen durch Säure- oder Base-Zugabe lassen sich für jede einzelne Aminosäure durch Aufzeichnen einer Titrationskurve darstellen. In die Titrationskurven der Monoamino-monocarbonsäuren werden die beiden pK-Werte und der isoelektrische Punkt eingetragen.

Der Verlauf einer **Titrationskurve** ist am Beispiel Glycin in Abb. 27-1 wiedergegeben. Man geht dabei von reinem, kristallinem Glycin-hydrochlorid aus und mißt die pH-Änderungen beim Zugeben von Natronlauge bekannter Konzentration.

Für Glycin ergeben sich:
pK_1 = 2,34 (als Wendepunkt des unteren Kurvenastes)
pK_2 = 9,60 (als Wendepunkt des oberen Kurvenastes).

Nach der durch die Henderson-Hasselbalchsche Gleichung festgelegten Beziehung zwischen pK- und pH-Wert liegen vor:
bei pH = 2,34: gleiche Konzentration an Glycin-Kationen und Zwitterionen
bei pH = 9,60: gleiche Konzentration an Zwitterionen und Glycin-Anionen.

Der isoelektrische Punkt der einzelnen Aminosäuren ergibt sich aus der Gleichung

$$pI = \frac{1}{2}(pK_1 + pK_2)$$

Für Glycin ist

$$pI = \frac{1}{2}(2,34 + 9,60) = 5,97$$

Bei pH = 5,97 liegt nahezu die gesamte Glycin-Menge in Form von Zwitterionen vor.

Enthalten Aminosäuren in der Seitenkette funktionelle Gruppen, dann können diese spezielle Reaktionen eingehen. So reagiert die **Thiol-Gruppe** des Cysteins in charakteristischer Weise, indem bei Einwirkung schwacher Oxidationsmittel aus zwei Mol Cystein ein Mol **Cystin** entsteht:

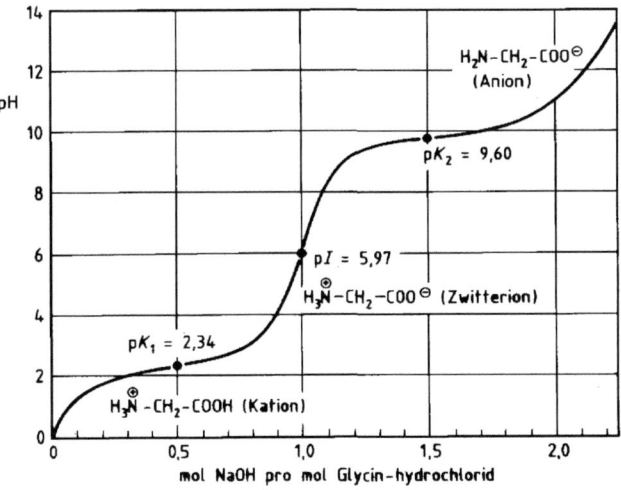

Abb. 27-1. Änderung des pH-Wertes einer wäßrigen Lösung von Glycinhydrochlorid in Abhängigkeit von der Stoffmenge Natriumhydroxid (als Natronlauge; Titrationskurve).

$$\underset{\text{Cystein}}{\overset{\oplus}{H_3N}-\overset{COO^\ominus}{\underset{H_2C-S-H}{C}}-H} + \underset{}{\overset{\oplus}{H_3N}-\overset{COO^\ominus}{\underset{H-S-CH_3}{C}}-H} \underset{+\ 2\ H}{\overset{+\ [O]\ -\ H_2O}{\rightleftharpoons}}$$

$$\underset{\text{Cystin}}{\overset{\oplus}{H_3N}-\overset{COO^\ominus}{\underset{H_2C-S\ \ \ \ \ \ \ }{C}}-H \ \ \ \overset{\oplus}{H_3N}-\overset{COO^\ominus}{\underset{S-CH_2}{C}}-H}$$

Durch Reduktion (Aufnahme von Wasserstoff) geht Cystin in Cystein über.

27.3 Monoamino-dicarbonsäuren

Es gibt nur zwei proteinogene Aminosäuren aus dieser Stoffklasse, die jedoch eine vielseitige Rolle im Stoffwechsel spielen.

L-Asparaginsäure
pI = 2,77

L-Glutaminsäure
pI = 3,24

Wäßrige Lösungen dieser Monoaminodicarbonsäuren reagieren erwartungsgemäß sauer. Die in der Seitenkette R vorhandene zweite Carboxy-Gruppe liegt bei physiologischen pH-Werten dissoziiert vor: **Asparaginsäure** und **Glutaminsäure** sind *saure Aminosäuren*.

Ihre Titrationskurven sind komplizierter als die von neutralen Aminosäuren und ergeben drei pK-Werte.

An dieser Stelle sei darauf hingewiesen, daß Asparagin und Glutamin nicht zu den sauren Aminosäuren gehören, weil ihre Seitenkette keine zweite Carboxy-Gruppe, sondern an deren Stelle eine neutral reagierende Carbonamid-Gruppe,

$$-C\underset{NH_2}{\overset{O}{\diagup}} \quad \text{enthält}$$

27.4 Diamino-monocarbonsäuren

Von den proteinogenen Aminosäuren ist nur Lysin den Diamino-monocarbonsäuren zuzuordnen. Bei Lysin ist das letzte C-Atom der Seitenkette mit der zweiten Amino-Gruppe verknüpft.

Außer **Lysin** sind noch Arginin und Histidin *basische Aminosäuren*.

L-Lysin
pI = 9,82

L-Arginin
pI = 10,76

L-Histidin
pI = 7,59

Die schwach basischen Eigenschaften von **Histidin** sind auf das Imidazol-Ringsystem zurückzuführen. **Arginin** ist die am stärksten basische Aminosäure, was auf das Vorhandensein der Guanidino-Gruppe $-N-C\diagdown^{NH}_{NH_2}$ in der Seitenkette zurückzuführen ist.

Als nicht proteinogene Aminosäure ist **Creatin** (N-Methyl-guanidinoessigsäure) von Bedeutung, das bei der Muskelkontraktion aus Phosphocreatin (einem energiereichen Phosphat, Tab. 34-2) freigesetzt wird. Während die überwiegende Menge des Creatins dann wieder phosphoryliert wird, reagiert ein kleiner Anteil spontan unter Wasser-Abspaltung und Ringschluß zu **Creatinin**, das als stickstoffhaltiges Endprodukt mit dem Harn ausgeschieden wird.

$$\underset{\text{Creatin}}{\overset{H_2C-COOH}{\underset{H_3C-N}{\overset{|}{\underset{NH_2}{\underset{C}{\parallel}}}}}} \xrightarrow{-H_2O} \underset{\text{Creatinin}}{\overset{H_2C-C=O}{\underset{H_3C-N}{\overset{|}{\underset{C}{\underset{NH}{\parallel}}}}\underset{NH}{N-H}}}$$

$$\underset{\alpha\text{-Keto-glutarat}\quad L\text{-}\alpha\text{-Aminosäure}}{\overset{\begin{array}{c}C{-}O^\ominus\\\parallel\\O\end{array}}{\underset{\begin{array}{c}CH_2\\|\\CH_2\\|\\C{=}O\\\diagdown O^\ominus\end{array}}{\overset{|}{C{=}O}}} + \underset{}{\overset{\begin{array}{c}C{-}O^\ominus\\\parallel\\O\end{array}}{\underset{R}{H_2N{-}C{-}H}}} \rightleftharpoons \underset{}{\overset{\begin{array}{c}C{-}O^\ominus\\\parallel\\O\end{array}}{\underset{R}{C{=}O}}} + \underset{\alpha\text{-Ketosäure} + L\text{-Glutamat}}{\overset{\begin{array}{c}C{-}O^\ominus\\\parallel\\O\end{array}}{\underset{\begin{array}{c}CH_2\\|\\CH_2\\|\\C{=}O\\\diagdown O^\ominus\end{array}}{H_2N{-}C{-}H}}}$$

27.5 Aminosäuren im Stoffwechsel

Der menschliche Organismus braucht Aminosäuren vor allem zum Aufbau der außerordentlichen Vielfalt an körpereigenen Eiweißstoffen, wie Enzymen, Transportproteinen, Proteinen des Immunsystems und Faserproteinen. Der Bedarf an Aminosäuren wird hauptsächlich durch Aufnahme von Nahrungsproteinen gedeckt. Die verschiedenen mit der Nahrung aufgenommenen Eiweißstoffe werden im Verdauungstrakt zu Aminosäuren abgebaut. Die Protein-Verdauung erfolgt durch hydrolytische Spaltung von Peptid-Bindungen im Inneren und an den Enden von Peptid-Ketten unter Mitwirkung bestimmter Enzyme: der Proteinasen (Pepsin, Trypsin, Chymotrypsin) und der Peptidasen. Die erhaltenen Aminosäuren werden durch die Darmwand aufgenommen (resorbiert).

Von den 20 proteinogenen Aminosäuren kann der Organismus des Erwachsenen die folgenden acht nicht synthetisieren:
Valin, Leucin, Isoleucin, Phenylalanin, Tryptophan, Threonin, Methionin, Lysin.
Der Körper ist also auf die Zufuhr von Nahrungsproteinen angewiesen, welche diese *essentiellen* (lebensnotwendigen) *Aminosäuren* als Bausteine enthalten.

Im Organismus sind Aminosäuren nicht nur in den Proteinen gebunden, sondern auch in einem als „Aminosäure-Pool" bezeichneten Reservoir an freien Aminosäuren in Geweben und Körperflüssigkeiten vorhanden.

Im Aminosäure-Pool der Zellen vorhandene proteinogene Aminosäuren reagieren *unter Transaminierung mit α-Ketoglutarat*, wobei letztlich eine Übertragung von Amino-Gruppen auf das α-C-Atom des gemeinsamen Acceptors, α-Ketoglutarat, erfolgt.

Hierbei entsteht *aus der Aminosäure die entsprechende α-Ketosäure mit demselben Kohlenstoff-Gerüst* und aus α-Keto-glutarat L-Glutamat. Diese Transaminierungs-Reaktionen sind reversibel und werden durch Amino-Transferasen (Transaminasen) katalysiert wie die folgenden Beispiele zeigen:

L-Alanin + α-Keto-glutarat $\xrightleftharpoons{\text{Alanin-Aminotransferase}}$ Pyruvat + L-Glutamat

L-Aspartat + α-Keto-glutarat $\xrightleftharpoons{\text{Aspartat-Aminotransferase}}$ Oxalacetat + L-Glutamat

Diese **Transaminierung-Reaktionen** führen somit zu dem Ergebnis, daß die zunächst in ganz unterschiedlichen Aminosäuren enthaltenen Amino-Gruppen in einem einzigen Stoffwechsel-Produkt, L-Glutamat, „zusammengeführt" werden.

Die Abspaltung der in den proteinogenen Aminosäuren enthaltenen α-Amino-Gruppen erfolgt durch **Oxidative Desaminierung** nach dem Schema:

$$\underset{NH_2}{\overset{H}{\underset{|}{R-C-COO^\ominus}}} \xrightarrow{-2H} \underset{NH}{\overset{}{\underset{\parallel}{R-C-COO^\ominus}}} \xrightarrow[-NH_3]{+H_2O} \underset{O}{\overset{}{\underset{\parallel}{R-C-COO^\ominus}}}$$

Dem ersten Reaktions-Schritt, bei dem die α-Aminosäure durch **Dehydrierung** (Oxidation) in ein Zwischenprodukt übergeht, schließt sich die **hydrolytische Spaltung** zur α-Ketosäure und Ammoniak an, das zu Ammonium-Ionen protoniert wird.

Außer den genannten Umsetzungen, bei denen das jeweilige Kohlenstoff-Gerüst in seiner Länge unverändert bleibt, finden noch ganz andersartige Stoffwechsel-Reaktionen von Aminosäuren statt, die **Decarboxylierungen zu biogenen Aminen:** Hierbei verbleibt die Amino-Gruppe im Reaktions-Produkt, und es wird CO_2 abgespalten, was zur *Verkürzung der Kohlenstoff-Kette um ein C-Atom* führt.

Durch Abspaltung von Kohlenstoffdioxid aus der

α-Carboxy-Gruppe von Aminosäuren entstehen als **biogene Amine** bezeichnete Verbindungen mit eigener physiologischer Wirkung. Die Decarboxylierung erfolgt nach dem Schema:

α-Aminosäure ⟶ biogenes Amin + CO_2

$$\underset{R}{\underset{|}{H_2N-C-H}} \begin{array}{c} O \\ \diagup\diagdown \\ C \\ \diagdown \\ O-H \end{array} \longrightarrow R-CH_2-NH_2 + CO_2$$

Die Decarboxylierung von Asparaginsäure und Glutaminsäure an der α-Carboxy-Gruppe führt zu biogenen Aminen, die selbst Aminosäuren sind: zu β-Alanin und zu γ-Amino-buttersäure.

Aminosäure	biogenes Amin	Funktion
Serin	Ethanolamin	Baustein von Phospholipiden
Cystein	Cysteamin	Baustein von Coenzym A
Histidin	Histamin	Gewebshormon
Asparaginsäure	β-Alanin	Baustein von Coenzym A
Glutaminsäure	γ-Aminobutter-säure	Neurotransmitter

27.6 Harnstoff-Synthese

Der Stickstoff-Anteil, der in Proteinen in den Peptid-Gruppen und in den Aminogruppen der Seitenketten gebunden ist, liegt nach ihrem Abbau zu Aminosäuren und deren Desaminierung in Form von Ammonium-Ionen und Ammoniak vor. Bei einem pH-Wert von 7,4 stellt sich ein Gleichgewicht ein, in dem der NH_3-Anteil zwar nur 1% beträgt. Ammoniak wirkt jedoch *toxisch*, was darauf zurückzuführen ist, daß NH_3-Moleküle (im Gegensatz zu $NH_4^{\oplus}$-Ionen) durch Membranen hindurch gelangen. Für die meisten im Wasser lebenden Tiere besteht keine Notwendigkeit, das toxisch wirkende Ammoniak durch chemische Umsetzungen zu entgiften, weil sie *Ammoniak unmittelbar* in das ihren Lebensraum bildende Wasser ausscheiden können.

Dagegen scheiden Vögel und Reptilien Ammoniak über die Synthese von *Harnsäure* aus, während die meisten auf dem Lande lebenden Wirbeltiere Ammoniak zur Entgiftung in das nicht toxische, wasserlösliche Ausscheidungsprodukt **Harnstoff** umwandeln. Hierzu wird jedoch ein längerer Weg beschritten, auf dem die Harnstoff-Synthese als Stoffwechsel-Cyclus abläuft.

27.7 Peptide

Aminosäuren sind die Bausteine (Monomere) von Peptiden und Proteinen.
Der Aufbau höhermolekularer Verbindungen aus Aminosäuren erfolgt schrittweise:

Verbindungen aus Aminosäure-Bausteinen	Anzahl der Aminosäure-Reste
Dipeptide	2
Tripeptide	3
Tetrapeptide . . .	4 . . .
. . . Decapeptide	. . . 10
Oligopeptide	3–10
Polypeptide	11–100
Proteine	**mehr als 100**

Zu den **Oligopeptiden** gehören Verbindungen, die die Freisetzung von Hormonen auslösen (Releasing-Hormone) sowie zahlreiche Peptide mit spezifischer physiologischer Wirkung.

Polypeptide und bestimmte **Proteine** (z. B. das aus 191 Aminosäure-Resten aufgebaute Wachstumshormon) bilden neben den Steroid-Hormonen die wichtigste Hormongruppe *(Peptid- und Proteohormone)*. Die folgende Zusammenstellung soll einen Eindruck von der physiologischen Bedeutung von Peptiden vermitteln:

Peptid	Aminosäure-Reste	biologische Funktion
Enkephaline	5	Verringerung der Schmerzempfindung (endogene Opiate)
Angiotensin II	8	Erhöhung des Blutdrucks durch Gefäßkontraktion
Gastrin	17	Anregung zur Produktion von Magensäure und Pepsin
Glucagon	29	Glykogenolyse fördernd
Calcitonin	32	Erniedrigung des $Ca^{\oplus\oplus}$-Spiegels im Plasma, Ca-Einbau in das Skelett
Adrenocorticotropes Hormon (ACTH)	39	Anregung der Nebennierenrinde
Insulin	51	Senkung des Blutzuckerspiegels
Parathormon	84	Mobilisierung von $Ca^{\oplus\oplus}$ aus dem Skelett, Erhöhung der $Ca^{\oplus\oplus}$-Konzentration im Plasma

27.7 Peptide

Beim *Aufbau von Peptiden besteht das Verknüpfungs-Prinzip in der Wasser-Abspaltung (Kondensations-Reaktion) zwischen den Aminosäure-Bausteinen*, im einfachsten Fall:

Aminosäure + Aminosäure → Dipeptid + H$_2$O

Dabei reagiert die α-**Carboxy**-Gruppe einer Aminosäure mit der α-**Amino**-Gruppe einer zweiten Aminosäure. Jede dieser beiden funktionellen Gruppen muß in „reaktionsbereiter" Form vorliegen. Bei der Formulierung der Peptid-Synthese kann man nicht von der Zwitterionen-Form der Aminosäuren ausgehen, weil die Wasser-Abspaltung nur zwischen den ungeladenen funktionellen Gruppen -COOH und -NH$_2$ stattfinden kann. Die Entstehung eines Dipeptids verläuft nach dem Schema:

$$H_2N-CH(R^1)-CO-OH + H-NH-CH(R^2)-COOH$$
$$\downarrow$$
$$H_2N-CH(R^1)-CO-NH-CH(R^2)-COOH + H_2O$$

Die beiden Aminosäure-Reste sind durch die – CO – NH-Bindung miteinander verknüpft. Diese Bindung entspricht der Carbonamid-Bindung, wird jedoch wegen der großen Bedeutung der Peptide mit dem eigenen Namen **Peptid-Bindung** bezeichnet.

Aus zwei Molekülen derselben Aminosäure kann nur ein Dipeptid entstehen, z. B. aus Glycin Glycylglycin, das einfachste Dipeptid:

Gly – Gly   H$_2$N–CH$_2$–CO–NH–CH$_2$–COOH

Reagieren zwei verschiedene Aminosäuren miteinander, dann entstehen Dipeptide unterschiedlicher Konstitution. Zum einen erhält man aus Glycin und Alanin **Glycyl-alanin**:

Gly – Ala   H$_2$N–CH$_2$–CO–NH–CH(CH$_3$)–COOH

entstanden durch die Reaktion der Carboxy-Gruppe von Glycin mit der Amino-Gruppe von Alanin.

Als zweites Dipeptid erhält man **Alanyl-glycin:**

Ala – Gly   H$_2$N–CH(CH$_3$)–CO–NH–CH$_2$–COOH

entstanden durch die Reaktion der Carboxy-Gruppe von Alanin und der Aminogruppe von Glycin.

Zur Wiedergabe von Peptid- und Protein-Strukturen benutzt man die aus drei Buchstaben bestehenden Kurzbezeichnungen für die Aminosäuren (s. Tab. 27-1). Um die Position der Aminosäure-Reste in diesen Strukturen eindeutig beziffern zu können, wurde international vereinbart, am Anfang ihrer Aufeinanderfolge den Aminosäure-Rest mit freier α-Amino-Gruppe *(N-terminal)* und am Ende den Aminosäure-Rest mit freier α-Carboxy-Gruppe *(C-terminal)* aufzuführen, z. B.:

Peptid	N-terminal	C-terminal
Gly-Ala	Gly	Ala
Ala-Gly	Ala	Gly

Die unvorstellbare Vielzahl an Peptiden und Proteinen ergibt sich daraus, daß die **Aufeinanderfolge** (Sequenz) der Aminosäure-Reste in Peptid-Strukturen so außerordentlich variationsfähig ist. Bereits aus drei Aminosäuren (hier mit A, B, C bezeichnet) können sechs verschiedene Tripeptide entstehen:

A – B – C   A – C – B
B – A – C   B – C – A
C – A – B   C – B – A

Die Aufeinanderfolge der Aminosäure-Reste in einem Peptid oder Protein bezeichnet man als dessen **Primär-Struktur.**

Mit modernen analytischen Methoden hat man die Aminosäure-Sequenzen und somit die Primärstrukturen zahlreicher Peptide und Proteine ermittelt. Die Sequenz

Tyr-Gly-Gly-Phe-Met

beschreibt ein **Pentapeptid**, dessen vollständige Bezeichnung Tyrosyl-glycyl-glycyl-phenylalanylmethionin lautet. Dieses Pentapeptid kommt in Gehirn-Zellen vor und setzt das Schmerzempfinden in ähnlich starkem Maße herab wie Morphin. Da es im Körper selbst gebildet wird, hat man es als „endogenes Opiat" bezeichnet. Die angegebene Aufeinanderfolge der Aminosäure-Bausteine ist für die biologische Wirksamkeit ganz entscheidend (s. **Abb. 27-2, Farbtafel**).

Auch in längerkettigen Peptiden erfolgt die Verknüpfung der Aminosäure-Reste miteinander stets durch Peptid-Bindungen. Das Pentapeptid Tyr-Gly-Gly-Phe-Met hat die Konstitution:

Ein weiteres Beispiel: Das den Blutdruck erhöhende Hormon AngiotensinII ist ein **Octapeptid** der Sequenz

Asp-Arg-Val-Tyr-Ile-His-Pro-Phe

Die Ermittlung der Primär-Struktur ist jedoch nur der erste Schritt zum Verständnis der äußerst vielfältigen biologischen Funktionen von Peptiden und Proteinen.

Die Raum-Struktur von Peptiden und Proteinen wird dadurch geprägt, daß die *freie Drehbarkeit um die C-N-Bindung der Peptid-Verknüpfung stark eingeschränkt* ist, weil folgende Grenzstrukturen vorliegen (vgl. auch Carbonsäureamide Kap. 22.5):

Aus der angegebenen Elektronen-Verteilung geht hervor, daß die C-N-Bindung Doppelbindungscharakter hat; die zur Peptid-Bindung gehörenden vier Atome liegen in einer Ebene und sind trans-ständig angeordnet (vgl. auch Kap. 21.4).

Die typischen Struktur-Merkmale von Peptiden und Proteinen sind:
– das „**Rückgrat**" der Peptid-Kette, das ist die Aufeinanderfolge von Peptid-Bindungen und α-C-Atomen und
– die mit den α-C-Atomen verknüpften **Seitenketten** (R^1, R^2, R^3 ...).

Es hängt nun entscheidend von der Primärstruktur ab, welche **Konformation** eine Peptid-Kette einnimmt.

Eine Peptid-Kette mit vorgegebener Primärstruktur erhält dadurch eine ganz bestimmte **Sekundär-Struktur**, *daß zwischen den* $>C=O$ *-und-* $H-N<$ *Gruppen des Peptid-Rückgrats intramolekulare Wasserstoffbrücken-Bindungen ausgebildet werden.* Diese Wasserstoffbrücken-Bindungen tragen dazu bei, daß die Peptid-„Ketten" nicht als langgestreckte Aneinanderreihung der N – C(α) – C-Atome des Peptid-Rückgrats vorliegen, sondern als schraubenförmig gewundene, gefaltete oder knäuelförmig angeordnete Gebilde. Vielfach bilden Peptid-Ketten oder bestimmte Bereiche (Teilsequenzen) von Proteinen eine rechtsgängige Helix (Schraube), in der 18 Aminosäure-Reste auf fünf Helix-Windungen (d. h. 3,6 Aminosäure-Reste auf eine Windung) entfallen. Diese Konformation heißt **α-Helix**. *Die Seitenketten R der verschiedenen Aminosäure-Bausteine, die mit dem jeweiligen a-C-Atom verknüpft sind, sind nach außen weisend angeordnet.* Bei der α-Helix befinden sich jeweils drei Aminosäure-Reste zwischen der CO-Gruppe und der NH-Gruppe, zwischen denen die Wasserstoffbrücken-Bindung ausgebildet worden ist.

An der Ausbildung der **Tertiär-Struktur** von Peptiden und Proteinen sind die Seitenketten R^1, R^2, R^3 ... und ihre funktionellen Gruppen beteiligt. Dabei treten folgende Bindungen und Wechselwirkungskräfte auf:
– **Disulfid-Bindungen** (–S–S–) als Verknüpfung zwischen Cysteinyl-Resten innerhalb einer Peptid-Kette oder zwischen zwei verschiedenen Peptid-Ketten. Disulfid-Bindungen sind kovalente Bindungen, von ihrer Ausbildung hängt die Tertiär-Struktur, und damit auch die physiologische Wirksamkeit von Peptiden, in besonderem Maße ab. Ebenso wie zwei Moleküle der Aminosäure Cystein (Kap. 27.2) reagieren auch zwei Cysteinyl-Reste einer Peptid-Kette oder je ein Cysteinyl-

Rest verschiedener Peptid-Ketten an der Thiol-Gruppe ihrer Seitenkette, deren Oxidation zu Cystinyl-Resten führt:

$$2 \quad \begin{matrix} \diagdown N-H \\ O=C \diagup \\ \diagdown C-CH_2-S-H \\ H-N \diagup \\ \diagdown C=O \diagup \end{matrix} \xrightarrow{-[2H]}$$

$$\begin{matrix} \diagdown N-H & & O=C \diagup \\ O=C \diagup & H & H & \diagdown N-H \\ \diagdown C-CH_2-S-S-CH_2-C \diagup \\ H-N \diagup & & \diagdown C=O \\ \diagdown C=O & H-N \diagup \end{matrix}$$

In dem Polypeptid Insulin sind drei Disulfid-Bindungen vorhanden. Disulfid-Bindungen enthält z. B. auch das Keratin des Haars. Um das Haar in eine bestimmte Form zu bringen, werden Disulfid-Bindungen reduziert, danach erfolgt die „Formgebung" und zu ihrer Erhaltung die zu Cystinyl-Resten zurückführende Oxidation (Dauerwelle).

– **Elektrostatische Kräfte** (Ionen-Beziehungen) zwischen geladenen polaren Gruppen, z. B.

$-\overset{\oplus}{N}H_3$ in der Seitenkette von Lys und

$-C\begin{matrix}\diagup O \\ \diagdown O^{\ominus}\end{matrix}$ in der Seitenkette von Asp oder Glu.

(Auch die Seitenketten von Arginin- und Histidin-Resten enthalten funktionelle Gruppen mit positiver Ladung an Stickstoff-Atomen.)
– *Wasserstoffbrücken-Bindungen* unter Beteiligung von *polaren Atomgruppen in den Seitenketten* von Aminosäure-Resten, z. B. von Hydroxy-Gruppen der Seryl-, Threonyl- und Tyrosyl-Reste und von Carbonamid-Gruppen der Asparaginyl- und Glutaminyl-Reste.
– **Hydrophobe Wechselwirkungen** zwischen den wasserabweisenden Alkyl- und Phenyl-Seitenketten, die in den Aminosäure-Resten Val, Leu, Ile und Phe vorliegen.
Folgende Tabelle faßt die verschiedenen Polypeptid- und Protein-Strukturen zusammen:

Polypeptid- und Protein-Strukturen	Struktur-Merkmale
Primär-Struktur (durch die Synthese festgelegt)	Peptid-Bindungen, Aufeinanderfolge und Anzahl der Aminosäure-Bausteine (Aminosäure-Sequenz)
Sekundär-Struktur (Konformation)	Wasserstoffbrücken-Bindungen am Peptid-Rückgrat, intramolekular oder zwischenmolekular
Tertiär-Struktur (Konformation)	Wechselwirkungen zwischen den Seitenketten der Aminosäure-Reste: Disulfid-Bindungen (– S – S –) elektrostatische Kräfte (Ionen-Beziehungen, z. B. zwischen – COO$^{\ominus}$ und $\overset{\oplus}{N}H_3$) Wasserstoffbrücken-Bindungen hydrophobe Wechselwirkung zwischen wasserabweisenden Seitenketten
Quartär-Struktur (bei mehrkettigen Proteinen)	Struktur der „Untereinheiten"

Kontrollfragen

27-1 Geben Sie die Formeln an für: Alanin, β-Alanin, γ-Amino-buttersäure.
27-2 Welchen Massen-Anteil Stickstoff in Prozent enthält Glutamin?
27-3 Welches Ring-System enthalten β-Lactame?
27-4 Weshalb ist dieses Ring-System von großer Bedeutung?
27-5 Geben Sie die Formeln derjenigen Ionen an, aus denen die kristallinen chemischen Verbindungen Glycin (A), Glycin-hydrochlorid (B) und Natrium-glycinat (C) bestehen.
27-6 Fassen Sie die folgenden Aminosäuren nach gemeinsamen Strukturmerkmalen und Eigenschaften zusammen: Glutaminsäure, Cystein, Glycin, Asparaginsäure, Alanin, Lysin, Methionin.
27-7 Wie groß ist der Massen-Anteil Schwefel in Prozent in der Aminosäure Cystein?
27-8 Welche Reaktion läuft bei Wasserstoff-Übertragung auf Cystin ab?

27-9 Durch welche Reaktion entsteht aus bestimmten Aminosäuren das betreffende biogene Amin?

27-10 Formulieren Sie diese Reaktion am Beispiel Cystein.

27-11 Die folgenden Dicarbonsäuren mit insgesamt vier C-Atomen treten als Stoffwechselprodukte auf: Bernsteinsäure, Fumarsäure, Äpfelsäure, Oxalessigsäure, Asparaginsäure. Wie heißen ihre Anionen?

27-12 Auf welches Strukturmerkmal ist die optische Aktivität der proteinogenen Aminosäuren zurückzuführen?

27-13 Welche α-Ketosäure übernimmt bei Transaminierungen die Amino-Gruppe von Aminosäuren?

27-14 Formulieren Sie die Transaminierungen, die durch A) Alanin-Aminotransferase und B) Aspartat-Aminotransferase katalysiert werden.

27-15 Das folgende Tripeptid wird in einer durch eine Carboxypeptidase katalysierten Reaktion hydrolytisch gespalten. Benennen Sie die hierbei entstehenden Verbindungen.

$$H_2N-\overset{\overset{CH_3}{|}}{CH}-\overset{\overset{O}{\|}}{C}-\overset{\overset{H}{|}}{N}-CH_2-\overset{\overset{O}{\|}}{C}-\overset{\overset{H}{|}}{N}-\overset{\overset{CH_2OH}{|}}{CH}-COOH$$

27-16 Bezeichnen Sie das folgende Tripeptid (A) durch die Dreibuchstaben-Symbole seiner Aminosäure-Bausteine.

27-17 Welche weiteren, mit (A) isomeren Tripeptide (Kurzbezeichnung der Aminosäure-Rest) gibt es.

28 Proteine

28.1 Einführung

Proteine, auch als Eiweißstoffe (früher als Eiweißkörper) bezeichnet, bilden die für das Leben auf der Erde wichtigste und vielfältigste Klasse hochmolekularer organischer Verbindungen. Der Name „Eiweißstoffe" leitet sich von Hühnereiweiß (Eiklar) ab. In dem Namen „Proteine" (von griechisch proteios: erstrangig) kommt die grundlegende Bedeutung dieser Verbindungen, die in allen lebenden Zellen vorhanden sind, für den Ablauf der Lebensvorgänge zum Ausdruck.

Proteine bilden den Hauptanteil der Zellsubstanz und machen zusammen mit den Nucleinsäuren mehr als zwei Drittel der Trockenmasse der Zellen aus. Selbst in einer prokaryotischen Zelle, wie der Escherichia coli-Zelle, sind etwa 3000 verschiedene Proteine enthalten.

Allen natürlich vorkommenden Peptiden und Proteinen sind folgende Struktur-Merkmale gemeinsam:
– ihr Aufbau aus bis zu 20 unterschiedlichen proteinogenen Aminosäuren,
– das Verknüpfungsprinzip, das heißt die kovalente Verknüpfung der jeweiligen Aminosäure-Reste durch Peptid-Bindungen unter Ausbildung von Peptid-Ketten mit bestimmter Primär-, Sekundär- und Tertiär-Struktur.

Dagegen *unterscheiden sich* Peptide und Proteine voneinander (wie auch die Verbindungen innerhalb dieser Verbindungsklassen) in starkem Maße *durch die biologischen Funktionen*, die sie ausüben. Erheblichen Einfluß auf die Eigenschaften dieser biologisch aktiven Verbindungen hat ihre Kettenlänge. Die Kettenlänge (Molekül-Größe) bildet die Grundlage für die Abgrenzung zwischen Peptiden und Proteinen.

Die Bezeichnung „Proteine" sollte konsequent auf diejenigen Verbindungen angewendet werden, in denen **mindestens 100 Aminosäure-Reste** miteinander verknüpft sind.

Die Primär-Struktur der Proteine (wie auch der Peptide) ist durch die in allen Lebewesen vorhandene genetische Information festgelegt. Selbst Viren enthalten genetische Information, welche in den jeweiligen Wirtsorganismen die Produktion von Virus-Proteinen bewirkt.

In den folgenden Abschnitten sind Beispiele für die unterschiedlichsten Proteine angegeben. Die physikalisch-chemischen wie auch die biologischen Eigenschaften von Peptiden und Proteinen hängen entscheidend von folgenden Struktur-Merkmalen ab:
– der Art der bei der Biosynthese eines einzelnen Proteins an den Ribosomen tatsächlich zusammengefügten Aminosäuren,
– der Aufeinanderfolge der Aminosäure-Reste in der wachsenden Peptid-Kette
– der Anzahl der Aminosäure-Reste, die eine Peptid-Kette bilden, das heißt der Länge der jeweiligen Peptid-Kette,
– dem Massenanteil, in dem eine bestimmte Aminosäure am Aufbau eines Proteins beteiligt ist.

Im Hinblick auf die **Art** der am Aufbau einer bestimmten Peptid-Kette beteiligten Aminosäuren stellt sich die Frage, welche der insgesamt 20 proteinogenen Aminosäuren, die jeder Zelle als molekulare Bausteine zum Aufbau zelleigener Proteine zur Verfügung stehen, auch tatsächlich miteinander verknüpft sind. Es ist keinesfalls so, daß am Aufbau jedes Proteins sämtliche 20 Aminosäuren beteiligt sind. So gibt es Proteine, deren Peptid-Kette bestimmte Aminosäure-Reste überhaupt nicht enthält. Die betreffenden Aminosäuren sind also am Aufbau solcher Proteine gar nicht beteiligt. Dagegen sind andere Aminosäure-Reste in einem derart hohen Anteil vorhanden („überrepräsentiert"), daß ihre Eigenschaften die Eigenschaften des Proteins insgesamt prägen.

Im Hinblick auf die **Aufeinanderfolge** der Aminosäure-Reste, beginnend mit dem N-terminalen bis hin zum C-terminalen Aminosäure-Rest, bestehen nahezu unendlich viele Möglichkeiten, die von den Zellen nur in dem Maße „verwirklicht" werden können, wie die hierfür codierenden Gene vorhanden sind. Manche Proteine, z. B. Kollagene, zeigen die Besonderheit, daß sie repetitive Sequenzen enthalten, da sich kurze Abschnitte ihrer Peptid-Kette in bestimmten Abständen vielfach wiederholen. Bei anderen Proteinen, z. B. Membran-Proteinen, können z. B. in der Peptid-Kette längere hydrophobe Abschnitte vorliegen, die aus der unmittelbaren Aufeinanderfolge hydrophober Aminosäure-Reste resultieren.

Die **Längen der Peptid-Kelten** von Proteinen können sich sehr erheblich voneinander unterscheiden. So sind z. B. in den Molekülen des Enzyms Ribonuclease vom Rind insgesamt nur 124 Aminosäure-Reste, in den Molekülen des menschlichen Blutgerinnungs-Faktors VIII dagegen 2332 Aminosäure-Reste miteinander verknüpft.

Auch im Hinblick auf den **Massenanteil**, in dem eine bestimmte Aminosäure tatsächlich am Aufbau eines Proteins beteiligt ist, können große Unterschiede bestehen. So ist der Anteil von Resten basischer Aminosäuren (Arginin, Lysin) in manchen Fisch-Proteinen außergewöhnlich hoch, wohingegen bestimmte Getreide-Proteine einen vorherrschenden Anteil an sauren Aminosäuren (Glutaminsäure) aufweisen.

Außer den Proteinen im engeren Sinne, an deren Aufbau ausschließlich Aminosäure-Reste beteiligt sind, kommen vielfach *zusammengesetzte Proteine* (auch konjugierte Proteine genannt) vor. Diese früher als „Proteide" bezeichneten Verbindungen sind komplexer gebaut; sie bestehen aus einem mengenmäßig überwiegenden Protein-Anteil und einem daran (mehr oder weniger fest) gebundenen Nicht-Protein-Anteil, wie die folgende Zusammenstellung zeigt:

Bezeichnung	Nicht-Protein-Anteil
Lipoproteine (wie β-Lipoprotein)	Lipide
Glycoproteine (Mucoproteine)	Kohlenhydrate
Chromoproteine (wie Hämoglobin)	Farbstoffe, z. B. Häm
Nucleoproteine	Nucleinsäuren
Phosphoproteine (wie Casein)	Phosphorsäure mit OH-Gruppen von Seryl-, Threonyl- oder Tyrosyl-Resten verestert
Metalloproteine	Proteine (Enzyme) mit komplex gebundenen Metall-Ionen
Holoenzyme	eine fest gebundene prosthetische Gruppe oder ein Coenzym

Vergleichende Untersuchungen über die Aminosäure-Sequenz (Primär-Struktur) von Peptiden und Proteinen, welche dieselbe biologische Funktion, z. B. in verschiedenen Tierarten (z. B. als Wachstumshormon in Mensch, Rind, Schwein und Ratte) ausüben, haben ergeben, daß hier erhebliche Unterschiede auftreten können.

Peptide und Proteine sind artspezifisch. Das Ausmaß der Übereinstimmung (Homologie) von Aminosäure-Sequenzen eines Proteins aus verschiedenen Tierarten läßt Rückschlüsse auf die stammesgeschichtliche Entwicklung zu. Geringe Homologie deutet auf eine lange zurückliegende auseinanderlaufende Entwicklung hin.

So unterscheidet sich z. B. die aus insgesamt 191 Aminosäure-Resten aufgebaute Peptid-Kette des Wachstumshormons von Mensch, Rind und Schwein an zahlreichen Stellen, so z. B. in Position (8), an der sich an Stelle von Arg (Mensch), Gly (Rind) oder Ser (Schwein) befindet.

28.2 Einteilung der Proteine

Die Verbindungsklasse der Proteine kann man nach sehr unterschiedlichen Gesichtspunkten unterteilen:
– Nach dem **Vorkommen** unterscheidet man tierische und pflanzliche Proteine sowie in Mikroorganismen und schließlich in Viren vorkommende Proteine.

Für die menschliche Ernährung sind diejenigen Proteine besonders wertvoll, welche einen hohen Gehalt an essentiellen Aminosäuren aufweisen, die zum Aufbau körpereigener Eiweißstoffe unentbehrlich sind.

Eine weitergehende Einteilung faßt Proteine nach ihrem Vorkommen gruppenweise zusammen, wie die folgenden Beispiele zeigen:

Vorkommen in bestimmten	Gruppen von Proteinen, z. B.
Organen und Geweben	Muskel-Proteine
Körperflüssigkeiten	Plasma-Proteine
Zellorganellen	Membran-Proteine

Die Unterscheidung zwischen intrazellulären und extrazellulären Proteinen gibt an, ob die betreffenden Proteine nach ihrer Biosynthese im Zellinneren verbleiben oder in das die Proteine produzierenden

Zellen umgebende Nährmedium ausgeschleust werden.

Nach ihrer **biologischen Funktion** kann man Proteine einteilen in (s. auch Tab. 1-1):
– Gerüst-Proteine und strukturgebende Proteine (kurz: Struktur-Proteine),
– Enzyme (Biokatalysatoren),
– Transport-Proteine (Carrier-Proteine),
– Speicher-Proteine (in Pflanzensamen),
– Blutgerinnungsfaktoren,
– Proteine, welche die Immunabwehr tierischer Organismen bewirken (Immunglobuline, Antikörper),
– Rezeptoren für körpereigene Botenstoffe (für Hormone),
– Proteohormone (Proteine mit eigener Hormon-Wirkung).

Nach ihrem **Löslichkeits-Verhalten** und ihrer Molekül-Gestalt unterscheidet man zwischen globulären Proteinen (Sphäroproteinen) und fibrillären Proteinen (Faserproteinen, Skleroproteinen). Die globulären Proteine sind in Wasser und verdünnten Salz-Lösungen löslich. Ihre kugelförmige Molekül-Gestalt entsteht durch Faltung der Peptid-Kette in der Weise, daß sich die Seitenketten unpolarer, hydrophober Aminosäure-Reste nach innen orientieren und miteinander hydrophobe Wechselwirkungen eingehen.

Dagegen sind die Seitenketten mit hydrophilen, elektrische Ladungen tragenden Atomgruppen fast ausschließlich an der Molekül-Oberfläche lokalisiert. Dort werden sie von einer Hydrat-Hülle umgeben, was zu der beobachteten guten Wasser-Löslichkeit der globulären Proteine führt.

Die **globulären Proteine** bilden die größte und vielfältigste Gruppe von Proteinen. Allein aus dem Blutplasma des Menschen hatte man bis 1980 mehr als 100 Proteine isoliert. Der Bereich ihrer Konzentration erstreckt sich von
3,5-5,5 g pro 100 mL Plasma für Albumin bis
5 µg pro 100 mL Plasma für Immunglobulin E (IgE).

Zu den Plasma-Proteinen gehören:
– die Proteine des Gerinnungssystems (z. B. Prothrombin),
– die Proteine des Komplementsystems,
– die Immunglobuline,
– Transport-Proteine (z. B. Albumin, Transferrin).

Globuläre Proteine (darunter zahlreiche Enzyme) mit Molekülmassen von etwa 50000 Da an liegen zum überwiegenden Teil in **Quartär-Strukturen** vor. In den Quartär-Strukturen sind mehrere, als Untereinheiten (engl. subunits) bezeichnete Polypeptid-Ketten, die identisch oder auch nichtidentisch sein können, in definierter Weise zu einer funktionellen Einheit assoziiert. Die Vereinigung von Peptid-Ketten zu Quartär-Strukturen ist die Grundlage für eine kooperative Wirkungsweise bei den in der Zelle ablaufenden Regulationsvorgängen. So wird es verständlich, daß regulatorische Enzyme stets aus Untereinheiten bestehen. Dagegen haben nur aus einer Peptid-Kette aufgebaute Enzyme keine regulatorische Funktion.

Aus mehreren Untereinheiten (deren Anzahl in Klammern angegeben ist) bestehende Proteine sind:
– Immunglobuline (2)
– Hämoglobin (4)
– Katalase aus Rinderleber (4)
– Alkohol-Dehydrogenase aus Hefe (4)
– Phosphofructokinase aus Hefe (6).

Nach der Anzahl der miteinander assoziierten Untereinheiten bezeichnet man solche Proteine als Dimere, Tetramere oder allgemein als Oligomere.

Fibrilläre Proteine sind unlöslich in Wasser und üben die Funktionen von Gerüst- und Struktur-Proteinen aus. Durch langgestreckte und parallel zueinander angeordnete Polypeptid-Ketten ergibt sich eine hohe Zugfestigkeit. Zu diesen Proteinen gehören:
– die Keratine der Hornhaut, Haare, Nägel und Wolle;
– die Kollagene im Bindegewebe und in der Knochensubstanz;
– Elastin im elastischen Bindegewebe (Sehnen).

Als **kontraktile Proteine** im Muskel sind Myosin und Actin zu nennen.

Proteine können aus einer einzigen langen, Helix-förmig angeordneten Peptid-Struktur oder aus mehreren Polypeptid-Ketten aufgebaut sein (mehrkettige Proteine).

In dem folgenden Überblick sind Eigenschaften und biologische Funktionen der wichtigsten Klassen von Proteinen und einzelner Proteine beschrieben.

Albumine sind im Tierreich weit verbreitet. Sie sind in Wasser gut löslich. Mit einem Anteil von etwa 60% am Gesamteiweiß des Blutplasmas sind Albumine die mengenmäßig überwiegenden Proteine im Plasma und Serum. Die wichtigsten Aufgaben der Albumine sind:
– Aufrechterhaltung des kolloidosmotischen Drucks im intravaskulären System durch Regulierung der Wasser-Aufnahme des Blutes und des zirkulierenden Volumens.
– Die Funktion als Transport-Protein im Blutkreislauf z. B. für Calcium-Ionen, Bilirubin, freie Fettsäuren, Hormone und Arzneimittel-Wirkstoffe.

Die Anwendungen von Albuminen sind vielfältig: Menschliche Albumin-Präparate werden nach starkem Blutverlust zur Aufrechterhaltung des Kreislaufs eingesetzt. Vor allem Rinderserum-Albumin (BSA, 68000 Da) wird z. B. beim Anlegen von Zellkulturen und in der Serologie verwendet.

Das bei der Elektrophorese von Serum-Proteinen vor dem Albumin wandernde Prä-Albumin ist Transport-Protein für Thyroxin und Vitamin A.

Weitere **Transport-Proteine** sind:
– Transferrin für Eisen-Ionen,
  Coeruloplasmin für Kupfer-Ionen,
– die Apolipoproteine A und B für Triglyceride, Cholesterin und dessen Fettsäure-Ester.

Als **Immunglobuline** bezeichnet man diejenigen Glycoproteine, die im Blut von Wirbeltieren als Antikörper enthalten und an der Abwehrreaktion gegen körperfremde hochmolekulare Stoffe (Antigene) maßgebend beteiligt sind.

Es gibt fünf verschiedene Klassen von Immunglobulinen (IgG, IgA, IgM, IgD und IgE, von denen die ersteren noch in Unterklassen auftrennbar sind), die sich in ihrer Molekül-Größe unterscheiden und denen jeweils spezifische Aufgaben bei der Immunabwehr seitens des Körpers zukommen.

Die für Immunglobuline typische Protein-Struktur hat die Form eines Ypsilons, da Ig-Moleküle aus zwei schweren und leichten Ketten bestehen (H- und L-Ketten), die durch Disulfid-Bindungen miteinander verknüpft sind.

Immunglobuline der Klasse G überwiegen im Serum mengenmäßig. Die höchste Serum-Konzentration erreicht IgG_1. Sie beträgt bei Erwachsenen im Mittel 800 mg/dL.

Das höchste Molekulargewicht hat das als Pentamer vorliegende IgM. Nachstehend sind Kennzahlen für einige Immunglobuline angegeben:

Immunglobuline	IgG_1	IgA_2	IgM
Molekulargewicht	146000	400000	900000
Kohlenhydrat-Anteil	2–3%	7–11%	12%
vorliegend als	Monomer	Dimer	Pentamer

IgG-Moleküle besitzen eine größere Spezifität für bestimmte, auf der Oberfläche von Antigenen angeordnete Bereiche (antigene Determinanten, Epitope) als IgM-Moleküle. Die Produktion von Immunglobulinen, den als Antikörper spezifisch wirkenden körpereigenen Proteinen, wird durch das Eindringen von Antigenen ausgelöst. Die als Antigene wirkenden Stoffe sind in der Regel selbst Proteine (z. B. aus der Protein-Hülle von Viren) oder bestimmte mit Proteinen verknüpfte niedermolekulare Stoffe (Haptene).

Antikörper erkennen Antigene in hochspezifischer Weise und binden diese unter Bildung von Antigen-Antikörper-Komplexen.

Außer Albuminen und Globulinen bilden **Gerinnungsfaktoren** eine weitere wichtige Klasse von Plasma-Proteinen. Das Zusammenwirken der unter der Bezeichnung Gerinnungsfaktoren zusammengefaßten Proteine und Glycoproteine ist für den physiologischen Ablauf bei der Blutgerinnung unerläßlich (Gerinnungs-Kaskade). Hierbei ist es charakteristisch, daß manche Proteine zunächst in Form inaktiver Vorstufen gebildet werden. Diese als **Zymogene** bezeichneten Proteine haben ein höheres Molekulargewicht und werden erst im Bedarfsfall durch proteolytisch wirkende Enzyme in die aktiven Verbindungen gespalten z. B.

Plasminogen $\longrightarrow$ Plasmin

Fibrinogen $\longrightarrow$ Fibrin.

Das Protein, welches die Umwandlung von Plasminogen in Plasmin bewirkt, heißt Plasminogen-Aktivator. Das entstandene Plasmin trägt zur Auflösung von Blutgerinnseln bei.

Das Protein **Kollagen** bildet Fibrillen aus drei Strängen, die am Aufbau des weichen Bindegewebes maßgebend beteiligt sind. Kollagene unterscheiden sich von anderen Proteinen durch einen besonders hohen Anteil an Prolin- und Hydroxyprolin-Resten. Hydroxyprolin gehört nicht zu den 20 proteinogenen Aminosäuren, sondern Hydroxyprolyl-Reste entstehen erst durch nachträgliche Hydroxylierung (in 4-Stellung) der in den Kollagen-Molekülen enthaltenen Prolyl-Reste. Für Kollagene ist die folgende repetitive Sequenz charakteristisch.

– Pro(Hyp)-X-Gly-Pro(Hyp) –

In dieser Sequenz bedeutet „Hyp" Hydroxyprolyl und „X" den Rest einer neutralen Aminosäure.

28.2.1 Lipoproteine

Im Blutplasma liegen die in Wasser nicht löslichen Triglyceride (Fette), Cholesterin, Cholesterin-Ester und Phospholipide in Form von Zusammenlagerungen mit bestimmten Proteinen, den Apolipoproteinen, als **Plasma-Lipoproteine** vor. Anders als bei den Glycoproteinen sind ihre Bestandteile nicht durch kovalente Bindungen miteinander verknüpft.

In Gestalt der Plasma-Lipoproteine werden ihre jeweiligen Bestandteile zu den verschiedenen Geweben transportiert und dort durch das Zusammenwirken von Rezeptoren und Enzymen gebunden und chemisch verändert.

Die Plasma-Lipoproteine bestehen aus einem
- hydrophoben inneren Bereich mit Triglyceriden und Cholesterin-Estern als Hauptbestandteilen, der von einer
- Phospholipid-Einzelschicht umgeben ist, in die freies Cholesterin und Apolipoproteine eingelagert sind.

Die polaren Gruppen der Phospholipide, die OH-Gruppe von Cholesterin und die hydrophilen Teilsequenzen der Apolipoproteine sind hierbei nach außen weisend angeordnet. So wird trotz des hohen Lipid-Gehaltes Löslichkeit in wäßrigem Medium erreicht.

In Abhängigkeit von ihrer **Dichte** lassen sich die im Plasma enthaltenen Lipoproteine durch Ultrazentrifugation in folgende Fraktionen auftrennen:
- Chylomikronen (0,94 g/mL),
- VLDL (0,94-1,006 g/mL)
  Lipoproteine sehr niedriger Dichte (very low density lipoproteins),
- LDL (1,006-1,063 g/mL)
  Lipoproteine niedriger Dichte (low density lipoproteins),
- HDL (1,063-1,210 g/mL)
  Lipoproteine hoher Dichte (high density lipoproteins).

Mit zunehmender Dichte der Lipoproteine nehmen ihre Teilchengröße und ihr Lipid-Gehalt ab. Die Gehalte der Lipoprotein-Fraktionen an den einzelnen Bestandteilen liegen *innerhalb bestimmter Bereiche*. Die folgende Aufstellung enthält die Massen-Anteile (in %) zur Kennzeichnung ihrer Zusammensetzung (nach Behring Institute Mitteilungen 86, 1990, Seite 14):

Anteil (in %)	Chylomikronen	VLDL	LDL	HDL
Triglyceride	80 – 95	45 – 65	4 – 8	2 – 7
Cholesterin und Cholesterin-Ester	4 – 6	20 – 26	45 – 50	18 – 23
Phospholipide	3 – 6	15 – 20	18 – 24	26 – 32
Apolipoproteine	1 – 2	6 – 10	18 – 25	45 – 55

Chylomikronen bilden sich nach einer fetthaltigen Mahlzeit und transportieren Lipide, vor allem Fette, von der Darmwand zu peripheren Geweben.

Die Aufgabe von VLDL ist es, Lipide von der Leber zu anderen Geweben zu transportieren. Die im Blutplasma zirkulierenden Chylomikronen und VLDL werden an die Kapillarwände von Körpergeweben gebunden. Nach Aktivierung von Lipoprotein-Lipase katalysiert dieses Enzym die hydrolytische Spaltung der herantransportierten Triglyceride. Die hierbei entstehenden Fettsäuren werden von den Zellen aufgenommen.

Außer der Spaltung von Triglyceriden erfolgt bei den VLDL auch eine Veränderung ihrer Apolipoprotein-Zusammensetzung, was schließlich zur Entstehung von LDL führt. Diese Lipoprotein-Fraktion ist durch den höchsten Gehalt an Cholesterin gekennzeichnet und versorgt die peripheren Gewebe überwiegend mit dem für den Aufbau biologischer Membranen unerläßlichen Cholesterin.

Zunächst erfolgt die Bindung von LDL an spezifische Rezeptoren. Nach einer Reihe von Vorgängen werden LDL-Partikel von Lyosomen aufgenommen, wo Cholesterin-Ester, Triglyceride und Ester-Bindungen der Phospholipide durch Einwirkung von Lipasen gespalten werden.

HDL werden von der Leber sezerniert. Sie nehmen in den peripheren Geweben nicht benötigtes (überschüssiges) Cholesterin auf und transportieren es zur Leber, wo es abgebaut und in Form von Gallensäuren mit der Galle ausgeschieden wird.

Den Lipoproteinen hoher Dichte (HDL) kommt somit eine Schutzfunktion im Hinblick auf durch Cholesterin-Ablagerungen bedingte atherosklerotische Gefäßveränderungen zu.

28.2.2 Glycoproteine

Viele Proteine sind *durch kovalente Bindungen* mit Oligosacchariden oder Polysacchariden verknüpft. Diese Protein-Konjugate werden als **Glycoproteine** bezeichnet. Die meisten Proteine an den Oberflächen der Zellmembranen und nahezu alle extrazellulären Proteine sind Glycoproteine.

Man unterscheidet zwischen N- und O-Glycoproteinen. Am weitesten verbreitet sind die **N**-Glycoproteine. Die kovalente Bindung des Saccharids an das Protein erfolgt bei ihnen durch glycosidische Bindungen, die in der Regel von N-Acetyl-β-D-glucosamin ausgehen, zu N-Atomen, die in den

Carbonamid-Gruppen von Asparagin-Resten enthalten sind.

In den **O**-Glycoproteinen gehen die glycosidischen Bindungen von N-Acetyl-α-D-galactosamin aus und führen zu in den Hydroxy-Gruppen von Serin- und Threonin-Resten enthaltenen O-Atomen. Die Formeln zeigen einen Ausschnitt aus einem N- und einem O-Glycoprotein. Die gepunktete Linie soll darauf hinweisen, daß sich dort der Oligosaccharid-Teil der Glycoprotein-Moleküle und die Protein-Kette fortsetzen.

Nachstehend sind wichtige molekulare Bausteine von Oligosaccharid-Komponenten der Glycoproteine zusammengestellt:

Monosaccharid	Abkürzung
N-Acetyl-D-glucosamin	GlcNAc
N-Acetyl-D-galactosamin	GalNAc
N-Acetyl-neuraminsäure	NeuNAc
D-Galactose	Gal
D-Mannose	Man

Mannose ist mit Glucose epimer, die Verbindungen unterscheiden sich lediglich durch die Konfiguration der OH-Gruppe am C-Atom 2.

N-Acetyl-neuraminsäure ist die bekannteste Sialinsäure. Die Stoffgruppen-Bezeichnung „**Sialinsäuren**" umfaßt mehr als zwanzig natürlich vorkommende substituierte Neuraminsäuren, in denen eine Acetyl- oder Glycolyl-Gruppe [von der Glycolsäure (Hydroxy-essigsäure) abgeleiteter Acyl-Rest] mit dem N-Atom der Amino-Gruppe oder eine Acetyl-, Lactyl-, Methyl- oder Schwefelsäuremonoester-Gruppe mit dem O-Atom einer Hydroxy-Gruppe verknüpft sind.

Sialinsäuren sind auch molekulare Bausteine der Ganglioside des Nervengewebes. Mit weiteren Saccharid-Resten ist die jeweilige Sialinsäure über die glycosidische OH-Gruppe am C-Atom 2 verknüpft.

Nach erfolgter **Glycosylierung**, d. h. nach Verknüpfung mit dem jeweiligen Oligosaccharid-Rest, sind zahlreiche Proteine vor der Einwirkung proteolytischer Enzyme geschützt.

Glycoproteine sind im Blut und in zahlreichen Sekreten enthalten. In **Membran**-Doppelschichten sind sie mit den Oberflächen verknüpft, ihr Oligosaccharid-Teil ist hierbei extrazellulär angeordnet. Seine Struktur ist wesentlich für die Erkennung von Zellen, für Wechselwirkungen zwischen Zellen und für die Kontrolle des Zellwachstums. Darüber hinaus fungiert dieser Teil von Glycoproteinen als Rezeptor für Enzyme, wie auch für Hormone, bakterielle Toxine und Viren und er determiniert spezifische Immunreaktionen.

Als Beispiele für Glycoproteine seien genannt:

N-Glycoproteine	O-Glycoproteine
Amylase	Blutgruppen-
Fibrinogen	Glycoproteine
Transferrin	Glycophorin
Immunglobuline	(in der Erythrocyten-Membran)

In der folgenden Zusammenstellung sind durch rekombinante DNA-Technologie hergestellte (Glyco)Proteine unter Angabe der *Anzahl der in der Peptid-Kette miteinander verknüpften Aminosäure-Reste* und ihrer therapeutischen Anwendung aufgeführt:

Gewebefaktoren:		
Interleukin-2	(133)	maligne Tumoren
Interferon-γ	(146)	Granulomatose
Interferon-α 2A	(166)	Haarzell-Leukämie
Gewebe Plasminogen-		Herzinfarkt
Aktivator	(527)	Lungenembolie
Gerinnungsfaktoren:		
Faktor VIII	(2332)	Hämophilie A
Hormone:		
Erythropoietin	(167)	Anämie
Wachstumshormon	(191)	Zwergwuchs

Die genannten Wirkstoffe sind extrazelluläre Proteine, die nach ihrer Biosynthese aus den Wirtszellen ausgeschleust werden. Bei der Auswahl der Wirtszellen muß man beachten, ob das gewünschte Protein nach seiner Biosynthese (d. h. posttranslational) in den Zellen, die es normalerweise produzieren, noch verändert wird. Da Mikroorganismen, wie E. coli, die mit einer post-translationalen Modifikation verbundenen chemischen Umsetzungen, z. B. die Verknüpfung von Oligosaccharid-Resten mit dem zunächst produzierten Protein (dessen **Glycosylierung**), nicht durchführen können, muß man rekombinante Glycoproteine (wie Gewebe-Plasminogen-Aktivator und Erythopoietin) in Zellinien von Säugetieren herstellen.

Dagegen wird menschliches Wachstumshormon nach seiner Biosynthese nicht glycosyliert und kann daher als heterologes (d. h. als ein dem Wirtsorganismus fremdes) Protein von E. coli produziert werden.

28.3 Eigenschaften von Proteinen

Die unter physiologischen Bedingungen vorliegende räumliche Anordnung eines Proteins bezeichnet man als native Konformation. Proteine sind empfindliche Substanzen, sie können unter **Konformations-Änderung** denaturiert werden. Wenn die Denaturierung reversibel ist (rückgängig gemacht werden kann), erlangt das Protein seine biologische Aktivität wieder. Dagegen führt eine irreversibel verlaufende Denaturierung zum Verlust der biologischen Aktivität, so sind z. B. Enzyme nach irreversibler Denaturierung als Biokatalysatoren unwirksam.

Das Verhalten der Proteine und ihre biologische Funktion hängen in starkem Maße mit ihren Säure-Base Eigenschaften zusammen.

Die *Säure-Base-Eigenschaften von Proteinen* werden durch die in den Seitenketten der folgenden Aminosäure-Reste vorliegenden Protonen-Donator- oder Protonen-Acceptor-Gruppen bestimmt:

Aminosäure-Rest	pH-Wert abhängige Reaktion der Seitenkette
Asp, Glu	$-COO^{\ominus} + H^{\oplus} \rightleftarrows -COOH$
Tyr	$-\langle\bigcirc\rangle-O^{\ominus} + H^{\oplus} \rightleftarrows -\langle\bigcirc\rangle-OH$
Lys	$-\overset{\oplus}{N}H_3 \rightleftarrows -NH_2 + H^{\oplus}$
Arg, His	Protonen-Aufnahme durch N-haltige basische Atomgruppen (Guanidino-Gruppe, Imidazol-Ring) Protonen-Abgabe durch die entsprechenden Ammonium-Gruppen

Ebenso wie für Aminosäuren und Peptide lassen sich auch für Proteine pH-Werte angeben, bei denen sie die geringste Löslichkeit in Wasser haben und im elektrischen Feld nicht wandern (isoelektrische Punkte). Unterschiede in den pI-Werten verschiedener Proteine werden zur fraktionierten Fällung und bei der Auftrennung durch Elektrophorese genutzt.

Die elektrostatischen Kräfte zwischen den geladenen Atomgruppen der Seitenketten von Proteinen hängen stark ab von:
– der Wasserstoffionen-Konzentration des umgebenden Milieus sowie von
– der Konzentration anderer Ionen (Salz-Konzentration).

Wenn diese Konzentrationen erheblich verändert werden, führt dies zu einer **Denaturierung der Proteine**. Irreversible Denaturierung erfolgt durch Zugeben von starken Säuren, starken Basen oder Schwermetallsalzen und durch Erhitzen (thermische Koagulation).

In wäßrigem Milieu, in dem neben Proteinen auch Salze vorliegen, hat die Salz-Konzentration, genauer gesagt die Ionenstärke, erheblichen Einfluß auf die **Löslichkeit** des jeweiligen Proteins. Durch in hoher Ionenstärke vorhandene Salze wird die Löslichkeit von Proteinen herabgesetzt. Das Zugeben von Salzen kann dazu führen, daß Proteine ausfallen, was man als **Aussalzen** bezeichnet. Die Ursache für das Ausfallen der Proteine besteht darin, daß sie bei hoher Ionenstärke in geringerem Maße hydratisiert sind, weil ihnen die Salz-Ionen Wasser entziehen und sich selbst mit einer Hydrat-Hülle umgeben.

Unter Ausnutzung von Löslichkeits-Unterschieden läßt sich durch Aussalzen unter schonenden Bedingungen (z. B. durch Zugeben gut wasserlöslicher Neutralsalze wie Ammoniumsulfat) eine fraktionierende Fällung von Proteinen erzielen.

Eine fraktionierende Fällung von Proteinen kann auch durch Zugeben von mit Wasser mischbaren organischen Lösungsmitteln, wie Aceton oder Ethanol, herbeigeführt werden.

Ein Ausfällen von Proteinen kann schließlich auch dadurch bewirkt werden, daß der pH-Wert der vorliegenden Protein-Lösung dahingehend verändert wird, daß er dem isoelektrischen Punkt des jeweiligen Proteins, bei welchem es seine geringste Löslichkeit besitzt, entspricht. Man kann die pH-Einstellung auch mit dem Aussalzen kombinieren, indem man das betreffende Protein nahe an seinem isolektrischen Punkt aussalzt.

Zur Bestimmung des Gehalts (des Massenanteils), in welchem die einzelnen Aminosäuren am Aufbau der verschiedenen Peptide und Proteine beteiligt sind, muß man letztere zunächst in reiner Form isolieren und dann eine **Totalhydrolyse** durchführen.

Unter Totalhydrolyse versteht man hier die hydrolytische Spaltung aller in einem Peptid oder Protein vorliegenden Peptid-Bindungen. Die saure Totalhydrolyse wird in der Regel durch 24stündiges Erhitzen mit Salzsäure (c(HCl) = 6 mol/L) bei 110 °C oder als Kurzzeit-Hydrolyse (1,5 h) durch Erhitzen auf 165 °C durchgeführt.

Nach der Totalhydrolyse liegt ein Aminosäure-Gemisch vor. Die darin enthaltenen Aminosäuren werden zu Derivaten umgesetzt, die gaschromatographisch identifiziert und quantitativ bestimmt werden können.

Unter den drastischen Reaktions-Bedingungen der Totalhydrolyse erfolgen jedoch die Zersetzung von Tryptophan sowie weitere Nebenreaktionen mit Serin, Threonin und Cystein. Die in dem eingesetzten Polypeptid oder Protein enthaltenen Asparagin- und Glutamin-Reste werden bei der Totalhydrolyse zu Asparaginsäure und Glutaminsäure umgesetzt.

Zur Durchführung und Auswertung der Totalhydrolyse von Polypeptiden sind Analysen-Automaten entwickelt worden, die Bauteile für die Hydrolyse und die Derivatisierung der Aminosäuren enthalten.

Zur **partiellen Hydrolyse** läßt man Proteinasen (wie Trypsin) mit unterschiedlicher Spezifität auf Proteine einwirken. Durch hydrolytische Spaltung von im Inneren der Peptid-Ketten gelegenen Peptid-Bindungen entstehen Spaltprodukte (Peptid-Fragmente), die ihrerseits weiter analysiert werden können. Die vollständige Bestimmung der Aufeinanderfolge der Aminosäure-Reste in Peptiden und Proteinen bezeichnet man als Sequenz-Bestimmung oder **Sequenzierung**. Hierzu dienen zunehmend leistungsfähiger werdende Automaten (Sequenatoren).

Die Sequenzierung erfolgt in der Regel durch systematischen Abbau, das heißt schrittweise durch Verkürzung der Peptid-Kette um jeweils einen Aminosäure-Rest von der N-terminalen Seite her (Edman-Abbau).

Das erste Protein, über dessen Primär-Struktur 1961 berichtet wurde, war das Enzym **Ribonuclease**. Dieses Enzym kommt in allen Zellen vor und katalysiert den hydrolytischen Abbau von Ribonucleinsäuren. In den Ribonuclease-Molekülen sind insgesamt 124 Reste von 19 proteinogenen Aminosäuren in ganz bestimmter Reihenfolge miteinander verknüpft. Aus **Abb. 28-1 (Farbtafel)** ist auch die Lage der vier Disulfid-Bindungen ersichtlich.

Mit Hilfe des genetischen Codes lassen sich die in Peptiden und Proteinen vorliegenden Aminosäure-Sequenzen auch aus der Nucleotid-Sequenz ableiten, die in den entsprechenden Genen vorliegt. Auf beiden Wegen, durch Protein-Sequenzierung direkt wie auch durch Nucleinsäure-Sequenzierung, sind die Primär-Strukturen zahlreicher Peptide und Proteine ermittelt worden.

Die *Bestimmung* der Molekülmasse (des *Molekulargewichts*) von *Proteinen* kann vorgenommen werden durch:
– gelchromatographische Verfahren oder
– Polyacrylamid-Gelelektrophorese, die unter Zugeben von Natrium-dodecylsulfat (SDS) durchgeführt wird.

Dazu ist es jedoch erforderlich, als Bezugssubstanzen Proteine bekannten Molekulargewichts, die im Handel als „Eichproteine" erhältlich sind, unter denselben Bedingungen „mitlaufen" zu lassen. In Kap. 6.6 sind einige der hierzu verwendeten Proteine angegeben.

Aus dem Molekulargewicht eines Proteins kann man die Anzahl der Aminosäure-Reste, die an seinem Aufbau beteiligt sind, abschätzen. Die Länge der Peptidkette ergibt sich, indem man das Molekulargewicht durch den Wert 110 dividiert.

Zahlreiche Proteine, insbesondere Enzyme, hat man auch in **kristalliner** Form erhalten, nachdem es dem Biochemiker Sumner 1926 erstmals gelungen war, das Enzym Urease aus Schwertbohnen zu kristallisieren.

Sobald ein Protein zahlreiche Reinigungs-Verfahren durchlaufen hat und schließlich in kristalliner Form vorliegt, kann man seine dreidimensionale Struktur mit physikalischen Methoden (Röntgenstrukturanalyse) bestimmen und genauen Einblick in die räumliche Beschaffenheit der für die Bindung anderer Stoffe entscheidenden Regionen erhalten. Bei den Enzymen ist dies insbesondere das jeweilige aktive Zentrum, bei Proteinen, die als **Rezeptoren** für Hormone, Stoffwechsel-Produkte (wie Cholesterin) oder Pharmaka wirken, sind dies bestimmte Bindungsorte (binding sites).

Der Nutzen, den man aus der Bestimmung der Raumstruktur von kristallinen Proteinen ziehen kann, ist entscheidend für das Verständnis der Spezifität von Enzymen und Rezeptoren und hat auch größte praktische Bedeutung bei der Suche nach neuen Arzneimittel-Wirkstoffen.

So kann man erstmals sehr gezielt vorgehen und am Bildschirm von Computern die Wechselwirkungen zu der dreidimensionalen Struktur am Bindungsort des Rezeptors simulieren.

Die Bestimmung der dreidimensionalen Struktur von Proteinen hat gezeigt, daß neben Helix-förmig angeordneten Peptid-Ketten auch solche mit Krümmungen ähnlicher Art wie bei Haarnadeln (Turns oder Loops) sowie ungeordnete Bereiche auftreten.

In bestimmten Proteinen, insbesondere Keratinen, sind dagegen Faltblatt-Strukturen (β-Sheets) vorherrschend.

28.4 Isolierung und Reinigung von Proteinen

28.4.1 Einführung

Bis gegen Ende der 70er Jahre konnte man Proteine nur aus natürlichen Vorkommen in Geweben, Zellen oder Körperflüssigkeiten isolieren. Die Isolierung und Charakterisierung von Proteinen erwies sich oft als sehr schwierig, weil manche Proteine nur in äußerst geringen Mengen in dem natürlichen Ausgangsmaterial vorkommen. Andere Proteine können in bestimmten Zell-Organellen, in Membranen, im Protoplasma oder in speziellen Geweben angereichert sein, so daß sich ganz unterschiedliche Protein-Verteilungen ergeben. Durch die rekombinante DNA-Technologie (Gentechnologie) besteht nun seit etwa 1980 die Möglichkeit, Proteine in beliebigen Mengen herzustellen, indem man die für das gewünschte Protein codierende DNA in einen Vektor einsetzt und diesen zur Expression in einen Mikroorganismus oder in tierische oder pflanzliche Wirtszellen einschleust.

Das jeweilige Protein, das normalerweise von den Wirtszellen nicht synthetisiert wird (das heterologe Protein, z. B. ein Protein eukaryotischen Ursprungs nach seiner Expression in einer Bakterienzelle) sammelt sich entweder
– intrazellulär im Cytoplasma an oder es wird
– in den periplasmatischen Raum oder
– in das umgebende Medium, die Kulturbrühe (extrazellulär) ausgeschieden.

Sowohl bei der Isolierung eines Proteins oder Polypeptids mit der gesuchten biologischen Aktivität aus Gewebe oder Zellen oder Körperflüssigkeiten als auch bei der Aufarbeitung solcher gentechnologisch hergestellten Wirkstoffe müssen zahlreiche, oft in großen Anteilen vorhandene Begleitstoffe abgetrennt werden.

Die Protein-Isolierung und -Reinigung gründet sich auf Unterschiede in den physikalisch-chemischen Eigenschaften des zu isolierenden Proteins und der Begleitproteine, z. B. auf Unterschiede in der
– Löslichkeit
– Stabilität bei unterschiedlichen Bedingungen
– Molekülmasse
– elektrischen Ladung
– Hydrophobizität (der Stärke hydrophober Wechselwirkungen).

Die Protein-Reinigung wird durch folgende Faktoren erschwert:
– proteolytischen Abbau durch gleichzeitig vorhandene Proteinasen
– Verunreinigung mit Nucleinsäuren, Pyrogenen und Viren
– Denaturierung des gewünschten Proteins. Die Aufgabenstellung besteht in der
– Anreicherung der Protein-Fraktion durch Abtrennen möglichst vieler Begleitstoffe
– Reinigen des gewünschten Proteins durch Abtrennen von Begleitproteinen
– Charakterisierung des gereinigten Proteins.

Zur Isolierung und Reinigung von **intrazellulär** vorliegenden Proteinen wird oftmals die Aufeinanderfolge folgender Verfahren durchgeführt:
Zellernte
Zentrifugation; Filtration

Zellaufschluß (Zellaufbruch)
  mechanische Verfahren (Kugelmühlen, Homogenisatoren)
  oder
Zell-Lyse durch Einwirkung von Enzymen oder
  Einwirkung von Guanidiniumchlorid oder von Detergentien (wie Triton X 100 in einer Puffer-Lösung) oder von Lösungsmitteln (wie Toluol), um die Zellstruktur permeabel zu machen.
Abtrennung von Zelltrümmern (Debris)/Herstellung klarer Lösungen aus dem Zell-Homogenisat oder dem Rohextrakt.
  Zentrifugation und Filtration
Konzentrierung und Vorreinigung
  Ultrafiltration; Fällung (Präzipitation) durch Zugeben von Salzen (insbesondere Ammoniumsulfat) oder organischen Lösungsmitteln (wie Aceton)
  Abtrennung von Nucleinsäuren durch Ausfällen
Feinreinigung
  Zugeben eines Adsorptionsmittels zur vorliegenden Lösung, Filtration,
  Aufeinanderfolge von mehreren unterschiedlichen säulenchromatographischen Verfahren.

Die Gewinnung von Proteinen aus dem **extrazellulären** Medium nach der Kultivierung von Mikroorganismen oder Säugerzellen oder aus Blutserum oder Urin umfaßt dagegen nur:
– Konzentrieren der Kulturbrühe oder des Zellkultur-Überstandes oder des Urins
– Zentrifugation
– Filtration und Aufbringen der hiernach vorliegenden klaren Protein-Lösungen auf Chromatographie-Säulen.

28.4.2 Reinigung von Peptiden und Proteinen durch chromatographische Trennverfahren

Zur Auftrennung von Protein-Gemischen und zur Reindarstellung von Proteinen sind folgende Verfahren entwickelt worden, die auf den nachstehend angegebenen Eigenschaften der Proteine beruhen:
Gel-Chromatographie
  Molekül-Größe
Ionenaustausch-Chromatographie
  elektrische Nettoladung
Chromatofokussierung
  Isoelektrischer Punkt

Hydrophobe Wechselwirkungs-Chromatographie
  Hydrophobe Eigenschaften (Hydrophobizität)
Affinitäts-Chromatographie
  Biospezifische Affinität des zu reinigenden Proteins zu Antikörpern, Antigenen, Rezeptoren oder Enzym-Inhibitoren oder
  Affinität von Proteinen, die Seitenketten enthalten, welche Metall-Chelate bilden, zu an feste Träger gebundenen (immobilisierten) Metall-Ionen.

Die Trennung von Proteinen unter Anwendung chromatographischer Methoden hat sich zur Anreicherung und Reinigung von in biologischen Extrakten enthaltenen Proteinen als sehr leistungsfähig erwiesen. Zur Abtrennung von Begleitproteinen, deren Eigenschaften denen des gewünschten Proteins sehr ähnlich sind, müssen mehrere der voranstehend aufgeführten Chromatographie-Verfahren nacheinander durchgeführt werden.

Das bei einer bestimmten chromatographischen Trennung erzielte Ergebnis hängt mitunter von mehreren Eigenschaften des Proteins ab. So ist zwar die elektrostatische Wechselwirkung zwischen Protein-Ladungen und den Ladungen der funktionellen Gruppen des Ionenaustauschers bei der Ionenaustausch-Chromatographie von größter, aber nicht von alleiniger Bedeutung, weil die Trennleistung auch von hydrophoben Wechselwirkungskräften und der molaren Masse des Proteins beeinflußt werden kann.

Für die Trennung von Proteinen durch **Ionenaustausch-Chromatographie** macht man es sich zunutze, daß Proteine in Abhängigkeit von dem pH-Wert der sie umgebenden Lösung als Kationen oder als Anionen vorliegen können, weil nach außen hin eine positive oder negative Nettoladung wirksam wird.

Die Auswahl des jeweiligen Ionenaustauschers und des pH-Wertes der Lösung, mit der das Stoff-Gemisch aufgetragen wird, muß sich vor allem nach den Eigenschaften desjenigen Proteins richten, welches man abtrennen und reinigen will. Bei vorgegebenem pH-Wert hängt die Bindungsstärke eines Proteins an den Ionenaustauscher von der Anzahl der ionisierten Gruppen des Proteins, der Art des Ionenaustauschers und der Ionenstärke der mobilen Phase ab.

Die *Elution* wird meist so durchgeführt, daß man durch eine Puffer-Lösung einen bestimmten pH-Wert vorgibt und in dieser einen Salz-Gradienten einstellt.

Die zu Protein-Trennungen verwendeten Ionenaustauscher bestehen meist aus einer Polysaccharid-

Matrix und werden aus Cellulose, Dextran oder Agarose hergestellt, indem insbesondere die OH-Gruppe am C-Atom 6 dieser Polysaccharide mit Seitenketten verknüpft wird, die elektrisch geladene funktionelle Gruppen aufweisen oder bilden können.

Die **Hydrophobe Wechselwirkungs-Chromatographie** ist eine schonende Methode zur Reinigung von Proteinen unter Erhaltung ihrer biologischen Aktivität. Sie beruht darauf, daß viele Proteine an ihrer Oberfläche ausgedehnte hydrophobe Bereiche aufweisen (insgesamt jedoch eine gute Wasser-Löslichkeit besitzen). Als stationäre Phasen verwendet man Gele aus einer neutralen, hydrophilen Polysaccharid-Matrix, wie Agarose oder Dextran, in denen OH-Gruppen mit wasserabweisenden Kohlenwasserstoff-Resten (C_4 bis C_8-Alkyl-Gruppen oder Phenyl-Gruppen) verknüpft sind.

Die Trennung von Proteinen erfolgt hierbei durch Aufbringen des Proteins auf die stationäre Phase bei sehr hoher Ionenstärke in der mobilen Phase, gefolgt von der Elution -unter Einstellung eines absteigenden Ionen-Gradienten.

Die Makromoleküle von Enzymen und Antikörpern haben die charakteristische Eigenschaft, die Moleküle bestimmter anderer Stoffe, wie Substrate oder Antigene, sehr spezifisch zu erkennen und diese mit hoher Affinität, jedoch in reversibler Weise zu binden. Auf dieser hochspezifischen Wechselwirkung beruhen nun einerseits quantitative Bestimmungen, wie Enzym-Immunoassays, andererseits bilden diese Wechselwirkungen die Grundlage für die **Affinitäts-Chromatographie**.

Die Affinitäts-Chromatographie zeichnet sich gegenüber allen übrigen Chromatographie-Verfahren durch die hervorragende Trennwirkung aus, da es hierbei möglich ist, einen einzigen Stoff aus biologischem Material abzutrennen, in welchem er im Gemisch mit zahlreichen anderen Stoffen ähnlicher Struktur vorliegt.

Betrachten wir zunächst eine Aufgabe, die darin besteht, einen Stoff **A** (z. B. ein Enzym oder einen Antikörper) aus einer Lösung abzutrennen, in der **A** im Gemisch mit anderen Stoffen vorliegt. Bevor dies erfolgen kann, muß man einen Stoff **B** (als spezifischen Bindungspartner für **A**) an ein festes polymeres Trägermaterial fixieren.

Als Trägermaterialien sind perlförmige Polymere auf Agarose-, Dextran- oder Polyacrylamid-Basis in Form von reaktionsfähigen Derivaten im Handel. Der Stoff **B** wird mit einem dieser aktivierten Derivate kovalent verknüpft. Nach kovalenter Fixierung des Stoffes **B** an den polymeren Träger Ⓟ steht nun ein perlförmiges Material der Zusammensetzung Ⓟ∿∿ **B** als Sorbens (das man als stationäre Phase in eine Säule einfüllen kann) zur Affinitäts-Chromatographie zur Verfügung. Die Zick-Zack-Linie in Ⓟ∿∿ **B** deutet an, daß sich zwischen der polymeren Matrix Ⓟ und dem Stoff **B** noch eine kettenförmige Struktur befindet, die einen Abstand herstellt und somit als Spacer (Spacer-Arm) wirkt.

Falls der Stoff **B** die Struktur eines Antikörpers hat, liegt dieser nun in immobilisierter Form vor und kann dazu verwendet werden, Stoffe, die an diesen Antikörper gebunden werden, durch Immunoaffinitäts-Chromatographie zu reinigen.

Besteht die Aufgabenstellung dagegen darin, den Stoff **B** aus einem Stoff-Gemisch zu isolieren, so muß man seinen Bindungspartner **A** vorher an einen polymeren Träger fixieren. Da sich die Stoffe **A** und **B** wechselseitig erkennen und binden, wird hierbei der Stoff **B** an das Sorbens Ⓟ∿∿**A** gebunden.

Zu einem leistungsfähigen Trennverfahren gehört jedoch nicht nur die Bindung eines (im Idealfall einzigen) abzutrennenden Stoffes an das in der Säule befindliche Material, sondern auch die anschließende Desorption unter Erhaltung der biologischen Aktivität.

28.4.3 Protein-Trennungen aufgrund von Ladungs-Unterschieden

Die **Elektrophorese** wird vor allem zur Trennung von Gemischen aus Proteinen oder Nucleinsäuren angewendet. Insbesondere dient sie der
– Bestimmung von Protein-Verteilungsmustern in biologischem Untersuchungsmaterial (z. B. in Körperflüssigkeiten wie Serum) oder in Lebensmitteln
– Bestimmung der molaren Masse von Proteinen und Nucleinsäuren.

Die Art des verwendeten Gels und die Verfahrensbedingungen der Elektrophorese müssen auf die strukturelle Besonderheit der zu trennenden Stoffe abgestellt sein. So verwendet man insbesondere
– Agarose-Gele zur Trennung von Proteinen und
– Polyacrylamid-Gele zur Trennung von Nucleinsäuren.

Bei der Elektrophorese wandern Proteine entsprechend ihrer unter den gewählten Verfahrensbedingungen vorliegenden Nettoladung und ihrer Größe.

Die **Isoelektrische Fokussierung** (IEF) hat als analytisches Verfahren zur Charakterisierung von Proteinen große Bedeutung, weil die Protein-Fraktionen während der Trennung zu sehr scharfen Banden fokussiert werden. Bei der IEF erzeugt man in einem Polyacrylamid-Gel oder einem Agarose-Gel unter Verwendung von Gemischen aus zahlreichen niedermolekularen amphoteren Stoffen (Ampholyten mit einer Anzahl von $-COO^{\ominus}$-Gruppen *und* substituierten Ammonium-Gruppen) im elektrischen Feld einen kontinuierlich ansteigenden pH-Gradienten.

In dem durch die Trägerampholyte gebildeten pH-Gradienten wandern die einzelnen Proteine bis zu der Zone, in welcher der jeweilige pH-Wert gerade ihrem **isoelektrischen Punkt** entspricht. Unter den vorgegebenen Bedingungen erfolgt von hier ab keine weitere Wanderung mehr, da die Nettoladung der Proteine am isoelektrischen Punkt null beträgt. Es bilden sich somit scharfe Zonen aus, welche die erzielte Protein-Trennung widerspiegeln.

Die **Chromatofokussierung** ist eine für präparative Trennungen von hydrophoben Proteinen, Membran-Proteinen und Lipoproteinen geeignete Methode. Sie beruht (ebenso wie die analytische Trennung mittels der isoelektrischen Fokussierung) auf Unterschieden der isoelektrischen Punkte von Proteinen.

Als stationäre Phase wird hierbei ein spezieller Ionenaustauscher in eine Chromatographie-Säule eingefüllt und mit einer Puffer-Lösung mit hohem pH-Wert äquilibriert. Dann wird das zu trennende Protein-Gemisch aufgebracht und anschließend mit einem Ampholyt-Gemisch (Polybuffer) eluiert, das für diesen Zweck auf einen niedrigen pH-Wert eingestellt wird. Hierdurch bildet sich in der Säule ein linearer pH-Gradient aus.

Kontrollfragen

28-1 Welches ist das gemeinsame Struktur-Merkmal der Peptide und Proteine?

28-2 Bei welcher Kettenlänge sollte man zwischen Polypeptiden und Proteinen unterscheiden?

28-3 Wie bezeichnet man die Aufeinanderfolge der Aminosäure-Reste in Peptiden und Proteinen?

28-4 Welche Aminosäure-Reste bestimmen die Eigenschaften von sauren Proteinen?

28-5 Welche Aminosäure-Reste bestimmen die Eigenschaften von basischen Proteinen?

28-6 Welche Aminosäure-Reste sind in den hydrophoben Bereichen von Proteinen vorherrschend?

28-7 Welche Aminosäure-Reste sind zur Ausbildung von Disulfid-Bindungen erforderlich?

28-8 Wie bezeichnet man Proteine, deren Quartär-Struktur aus a) 2 oder b) 4 Untereinheiten besteht? Geben Sie je ein Beispiel an.

28-9 Nennen Sie die Aminosäure-Reste, die für die Struktur von A) Keratin und B) Kollagen typisch sind.

28-10 Welche Lipoprotein-Fraktion weist den höchsten Gehalt an Gesamtcholesterin auf?

28-11 Über welche Aminosäure-Reste erfolgt die Verknüpfung von Proteinen mit Sacchariden zu Glycoproteinen?

28-12 Wie nennt man a) die posttranslationale Modifikation von Proteinen zu Glycoproteinen und b) in welchen Zellen findet sie statt?

28-13 Welche funktionellen Gruppen in den Seitenketten bestimmen die Säure-Base-Eigenschaften von Proteinen?

28-14 Wie bezeichnet man denjenigen pH-Wert, bei dem ein bestimmtes Protein die geringste Löslichkeit in Wasser hat und im elektrischen Feld nicht wandert?

28-15 Unter welchen experimentellen Bedingungen führt man a) die vollständige und b) die partielle hydrolytische Spaltung von Proteinen durch?

28-16 Was versteht man unter Sequenzierung?

28-17 Auf welchen Eigenschaften der Proteine beruhen die folgenden, zur Abtrennung einzelner Proteine aus Protein-Gemischen durchgeführten Verfahren: A) Gel-Chromatographie, B) Ionenaustausch-Chromatographie, C) Chromatofokussierung, D) Affinitäts-Chromatographie?

29 Enzyme

29.1 Einführung

Durch eine Vielzahl wissenschaftlicher Untersuchungen wurde der Nachweis erbracht, daß die Stoffe mit enzymatischer Wirksamkeit (Enzyme, Fermente) ihrer chemischen Natur nach **Proteine** sind.

Zahlreiche Proteine besitzen die Fähigkeit, die Geschwindigkeit von Stoffwechsel-Reaktionen in starkem Maße (in der Regel um Faktoren von mindestens 1 Million) zu erhöhen und die Einstellung chemischer Gleichgewichte zu beschleunigen. Ohne die Mitwirkung von Enzymen dagegen laufen die meisten Reaktionen in biologischen Systemen nicht mit merklicher Geschwindigkeit ab. Enzyme wirken als Biokatalysatoren und zeichnen sich durch ihre Wirkungs- und Substrat-Spezifität aus. Jedes Enzym katalysiert eine Stoffwechsel-Reaktion eines ganz bestimmten Typs (Wirkungs-Spezifität), zum Beispiel eine hydrolytische Spaltung, und bewirkt nur die Umsetzung eines ganz bestimmten Substrats (Substrat-Spezifität) oder einiger weniger Substrate aus der Vielzahl der Nahrungsbestandteile und Stoffwechsel-Produkte.

Enzyme sind auch außerhalb der lebenden Zelle wirksam. 1897 stellten E. und H. Buchner aus Hefezellen einen Extrakt her, der keine Hefezellen enthielt (zellfreier Hefe-Extrakt), aber dennoch die Umsetzung von Zucker zu Alkohol (Ethanol) und CO_2 bewirkte. Hiermit wurde nachgewiesen, daß die als Alkohol-Gärung bezeichnete Aufeinanderfolge biochemischer Reaktionen auch außerhalb lebender Zellen stattfinden kann. In der Folgezeit hat man aus der Erkenntnis, daß Enzyme ihre katalytische Aktivität auch außerhalb lebender Zellen entfalten können, großen Nutzen für ihre praktische Anwendung in vielen Bereichen (Lebensrnittel-Industrie, Biotechnologie, Klinische Chemie) gezogen.

Enzyme sind aus Peptid-Ketten aufgebaut, die aufgrund von intramolekularen wie auch von intermolekularen Wechselwirkungen eine Vielzahl von räumlichen Anordnungen (Konformationen) einnehmen können. Diese Konformationen sind veränderlich je nach dem Milieu, in dem sich das Enzym befindet. Bevor die jeweilige Stoffwechsel-Reaktion stattfindet, binden Enzyme ihr Substrat unter Entstehung eines Enzym-Substrat-Komplexes und bringen das Substrat hierdurch in eine optimale Orientierung für die dann stattfindende chemische Umsetzung.

Enzyme stabilisieren den bei der Knüpfung oder Spaltung chemischer Bindungen durchlaufenen Übergangszustand und setzen somit die Aktivierungsenergie der jeweiligen Reaktion beträchtlich herab.

Durch das hohe Maß an **Selektivität**, das Enzyme auszeichnet, wird erreicht, daß in der lebenden Zelle nicht zahlreiche chemische Reaktionen ungeordnet nebeneinander ablaufen, sondern daß eine **Auswahl** in dem Sinne erfolgt, daß aus der Vielzahl von Substraten jeweils nur ein ganz bestimmtes umgesetzt wird.

Selbst eine so einfache Reaktion wie die Umsetzung von CO_2 mit H_2O

$$CO_2 + H_2O \rightleftharpoons H_2CO_3 \rightleftharpoons HCO_3^{\ominus} + H^{\oplus}$$

wird durch ein Carboanhydrase genanntes Enzym in dem Maße beschleunigt, daß die katalysierte Reaktion 10^7 mal schneller abläuft als die nicht katalysierte. Diese Reaktion findet beim Übergang (Abtransport) von CO_2 aus dem Gewebe in den Blutstrom und dann in die Alveolarluft statt. Carboanhydrase ist eines der wirksamsten Enzyme, da ein Enzym-Molekül die Hydratisierung von $6 \cdot 10^5$ Molekülen CO_2 in der Sekunde katalysiert.

Die Entstehung eines Enzym-Substrat-Komplexes ist der erste Schritt einer enzymkatalysierten

Reaktion. Das jeweilige Substrat wird an eine bestimmte Region des Enzyms gebunden, die man als **aktives Zentrum** (active site) bezeichnet. Auf diese Weise wird das Substrat in eine für seine Umsetzung besonders günstige Orientierung gebracht und so den anderen Reaktions-Teilnehmern „dargeboten". Von bestimmten Enzymen, zum Beispiel Dehydrogenasen, wird außer dem Substrat noch ein weiteres, an der enzymkatalysierten Reaktion teilnehmendes Stoffwechsel-Produkt, ein Cosubstrat (meist als Coenzym bezeichnet), gebunden, so daß sich die Reaktions-Teilnehmer, zum Beispiel an einer Wasserstoff-Übertragung, in nächster Nähe zueinander befinden. Die aus dem Substrat und dem Coenzym entstandenen Reaktions-Produkte verlassen dann das aktive Zentrum, dessen katalytische Aktivität damit wieder zur Verfügung steht. In dem aktiven Zentrum von Enzymen sind häufig solche Aminosäure-Reste vorhanden, deren Seitenketten funktionelle Gruppen aufweisen, die an der Knüpfung oder Spaltung von Bindungen im Substrat teilnehmen.

Selbst für Enzyme, die sich in ihrer Struktur, Spezifität und katalytischen Wirksamkeit erheblich voneinander unterscheiden, gilt übereinstimmend, daß das jeweilige aktive Zentrum einen verhältnismäßig kleinen Bereich der gesamten Raumerfüllung eines Enzyms einnimmt. Die größte Zahl der 250 bis 400 Aminosäure-Reste, welche die für viele Enzyme typische Kettenlänge ergeben, ist an der Substrat-Bindung nicht beteiligt, wird aber zur Bildung und Stabilisierung der jeweiligen Konformation benötigt.

An der Bindung von Substraten an Enzyme sind viele schwache, nicht-kovalente Wechselwirkungskräfte wie Wasserstoff-Brückenbindungen, van der Waals-Kräfte und hydrophobe Wechselwirkungen beteiligt. Bei allen Enzymen, deren Struktur man bisher aufgeklärt hat, werden die Substrat-Moleküle in einer Spalte oder Tasche gebunden. Hierbei wird Wasser gewöhnlich verdrängt, wenn es nicht als Reaktionspartner beteiligt ist. In derartigen Spalten entsteht eine für die katalytische Wirksamkeit wesentliche „Mikroumgebung". Die Spezifität der Bindung eines Substrats an ein Enzym hängt stark von der Anordnung der Atome und Atomgruppen im aktiven Zentrum ab. Schon 1890 hat E. Fischer das Schloß-Schlüssel-Prinzip formuliert, so daß das Substrat (wie ein Schlüssel) zu den räumlichen Gegebenheiten des Enzyms (als Schloß) passen muß. Allerdings kennt man heute eine Reihe von Beispielen dafür, daß die räumliche Gestalt des aktiven Zentrums mancher Enzyme durch die Bindung des Substrats in erheblichem Maße abgewandelt wird. In diesen Fällen liegt eine entsprechende Anpassung des aktiven Zentrums der Enzyme an die Gestalt des Substrats erst dann vor, wenn das Substrat gebunden ist. Der Bindung des Substrats geht eine von dem Substrat ausgelöste Konformations-Änderung des Enzyms voraus, die man **induced fit** nennt.

Allosterische Enzyme können auch andere Stoffe als das umzusetzende Substrat binden und zwar an einem von ihrem aktiven Zentrum entfernten Molekülbereich, den man **regulatorisches Zentrum** nennt. Die so gebundenen Stoffe bezeichnet man zusammenfassend als Effektoren, da sie eine Änderung der Konformation des Enzyms bewirken.

Wenn auf diese Weise eine katalytisch aktivere Konformation ausgebildet wird, spricht man von allosterischer Aktivierung (ausgelöst durch positive Effektoren), im gegenteiligen Fall von allosterischer Hemmung. Durch allosterische Effekte werden insbesondere solche enzymkatalysierten Reaktionen reguliert, von deren Geschwindigkeit und Richtung der Verlauf eines Stoffwechsel-Weges bestimmt wird. Ein anschauliches Beispiel ist der in der Muskelzelle erfolgende Abbau von Glucose. Der langsamste Vorgang bei der Glycolyse ist die durch Phosphofructokinase katalysierte Reaktion. In der Aufeinanderfolge der Glycolyse-Reaktionen ist dies der geschwindigkeitsbestimmende Schritt. Die Stoffwechsel-Lage im Muskel kann sich nun in folgender Weise unterscheiden:

– Die Muskelzelle ist in starker Aktivität, es wird Muskelarbeit in erheblichem Maße erbracht; Adenosintriphosphat wird verbraucht. Dadurch steigt die Konzentration an ADP beträchtlich an. ADP bewirkt nun eine allosterische Aktivierung von Phosphofructokinase und somit eine Steigerung der Glycolyse-Rate unter ATP-Bildung.
– Bei ausreichender ATP-Konzentration in der Zelle besteht zu dieser Zeit keine Notwendigkeit, weiteres ATP durch Glycolyse bereitzustellen. In diesem Fall übt ATP eine allosterische Hemmung auf Phosphofructokinase aus.

⟨**Spezifität von Enzymen**⟩
Als besonderes Merkmal enzymkatalysierter Reaktionen wird immer wieder hervorgehoben, daß Enzyme eine hohe Spezifität für jeweils ganz bestimmte Substrate aufweisen.

Im Extremfall bindet ein bestimmtes Enzym nur ein einziges Substrat einer bestimmten Konfiguration. Zu der Substrat-Spezifität von Enzymen kommt die Stereospezifität hinzu. Dies zeigt sich daran, daß von spiegelbildisomeren Verbindungen nur ein Enantiomeres, zum Beispiel eine Verbindung mit L-Konfiguration, im Stoffwechsel verwertet wird, wohingegen der optische Antipode (in unserem Beispiel das Enantiomere mit D-Konfiguration) nicht enzymatisch umgesetzt wird.

Ein Beispiel für ein Enzym, das die Umsetzung nur eines einzigen Substrats katalysiert, ist Glucose-6-phosphat-Dehydrogenase.

Bei anderen Enzymen ist die Substrat-Spezifität jedoch weniger stark ausgeprägt. Dies zeigt sich daran, daß sie die Umsetzungen mehrerer, einander strukturell ähnlicher Substrate katalysieren. Ein Beispiel hierfür ist Hexokinase, welche die Übertragung einer Phosphat-Gruppe von ATP nicht nur auf das Substrat Glucose, sondern auch auf andere Hexosen katalysiert.

Ein weiteres Beispiel hierfür ist Alkohol-Dehydrogenase, welche die folgenden Reaktionen katalysiert:

primärer oder sekundärer Alkohol + NAD$^\oplus$
$\updownarrow$
Aldehyd oder Keton   + NADH + H$^\oplus$

Das Ausmaß der *Spezifität* von Enzymen im Hinblick auf die Auswahl von Substraten kann demnach sehr unterschiedlich sein. Insbesondere manche Verdauungs-Enzyme weisen eine nur geringe Spezifität auf. So katalysieren Proteasen, wie Pepsin und Trypsin, nicht nur die hydrolytische Spaltung von Proteinen und Peptiden, sondern auch von Estern. Wenn ein Enzym mehrere Substrate binden kann, so geschieht dies mit unterschiedlicher katalytischer Aktivität.

Zu den Enzymen mit geringer Spezifität gehört die **alkalische Phosphatase**, welche die Hydrolyse von etwa 100 Phosphorsäure-estern katalysiert, zu denen das in der Natur nicht vorkommende p-Nitrophenyl-phosphat gehört. Dieses synthetische Substrat wird zur Bestimmung der Aktivität der alkalischen Phosphate eingesetzt, indem die Intensität der Gelbfärbung der alkalisch eingestellten Lösung gemessen wird.

Wie diese Beispiele zeigen, bestehen graduelle Unterschiede in der *Substrat-Spezifität von Enzymen*. Es gibt somit
– Enzyme, die sich durch sehr hohe Spezifität jeweils gegenüber einem einzigen Substrat auszeichnen
– Enzyme, die jeweils gegenüber einem bestimmten Substrat eine deutlich höhere Spezifität aufweisen als gegenüber anderen Substraten und
– Enzyme, vor allem Verdauungs-Enzyme, welche Umsetzungen einer Vielzahl von Substraten (mitunter sogar aus unterschiedlichen Verbindungsklassen wie Peptide und Ester) katalysieren und sich daher unspezifisch verhalten.

29.2 Chemischer Aufbau und Eigenschaften der Enzyme

Bis vor einigen Jahren, als man feststellte, daß auch bestimmte Ribonucleinsäuren (Ribozyme) eine katalytische Aktivität aufweisen können, galt ohne Einschränkung: Enzyme sind **Proteine** mit der Fähigkeit, chemische Reaktionen innerhalb und außerhalb der lebenden Zelle zu katalysieren. Manche Proteine sind allein durch ihre Protein-Struktur katalytisch wirksam; zur Bindung und katalytischen Umsetzung ihrer Substrate benötigen sie keine nicht-proteinartigen Anteile. Beispiele hierfür sind Trypsin und Ribonuclease. Dagegen ist bei manchen Enzymen, die komplizierter verlaufende Stoffwechsel-Reaktionen katalysieren, die ständige Verknüpfung der Protein-Struktur (des Apoenzyms) mit einer niedermolekularen Verbindung unerläßlich. Nach Bindung an das Protein wird der niedermolekulare Anteil als **prosthetische Gruppe** bezeichnet, die aufgrund ihrer ganz andersartigen chemischen Struktur spezifische Funktionen übernimmt. Derartige Enzyme bezeichnet man als Holoenzyme.

Apoenzym + prosthetische Gruppe ⟶ Holoenzym

Beispiele für *Enzyme mit einer prosthetischen Gruppe*, z. B. Flavin-adenin-dinucleotid (FAD), sind:
Glucose-Oxidase   FAD
Succinat-Dehydrogenase   FAD
Peroxidase   Häm
Katalase   Häm
Amino-Transferasen   Pyridoxal-phosphat

Schließlich sind am Stoffwechsel-Geschehen zahlreiche Enzyme beteiligt, die zur Entfaltung ihrer katalytischen Aktivität auf das *zeitweilige* Zusammenwirken mit sogenannten Cofaktoren angewiesen sind. Bestimmte **Metall-Ionen** können als Cofaktoren wirksam sein.

Vielfach wirken jedoch niedermolekulare organische Verbindungen (die im Stoffwechsel des Menschen aus wasserlöslichen Vitaminen entstehen) als Cofaktoren. Man bezeichnet sie als **Coenzyme**, weil sie mit dem jeweiligen Enzym zusammenwirken müssen. Solche Coenzyme werden auch Cosubstrate genannt, weil sie, ebenso wie das jeweilige Substrat, vorübergehend an das Enzym gebunden werden müssen, damit die betreffende Stoffwechsel-Reaktion ablaufen kann. So wirken Kinasen mit Adenosin-triphosphat (ATP), Dehydrogenasen mit Nicotinamid-adenin-dinucleotid ($NAD^{\oplus}$) zusammen.

Bestimmte sehr hochmolekulare Enzyme bestehen aus mehreren gleichen oder verschiedenen **Protein-Untereinheiten**, die in kooperativer Weise zusammenwirken. Hierzu gehören Phosphofructokinase (ein Tetramer, 4 Untereinheiten) und Glutamat-Dehydrogenase (ein Hexamer, 6 Untereinheiten). Innerhalb eines Organismus können Enzyme vorhanden sein, die zwar die gleiche Stoffwechsel-Reaktion katalysieren, die sich jedoch in bestimmten Eigenschaften unterscheiden. Einige dieser multiplen Formen von Enzymen werden als **Isoenzyme** bezeichnet. Ein Beispiel hierfür sind die von der Lactat-Dehydrogenase bekannten Isoenzyme. Lactat-Dehydrogenase ist ein Tetramer, das sich aus Untereinheiten vom Herzmuskel-Typ (H) und vom Skelettmuskel-Typ (M) zusammensetzt, so daß sich 5 Isoenzyme ergeben.

⟨**pH-Abhängigkeit der Enzym-Aktivität**⟩
Kennzeichnend für Enzyme ist, daß ihre Aktivität in starkem Maße von der $H^{\oplus}$-Ionen-Konzentration (dem pH-Wert) der umgebenden wäßrigen Lösung abhängt. Verständlich wird dies aus der Protein-Natur der Enzyme, an deren Aufbau stets Aminosäure-Reste mit protonierbaren und deprotonierbaren funktionellen Gruppen in der Seitenkette beteiligt sind. Derartige Gruppen liegen auch im aktiven Zentrum der Enzyme vor und wirken bei der Bindung von Substraten und deren Umwandlung in die aus der enzymkatalysierten Reaktion hervorgehenden Produkte mit. Dieses Zusammenwirken ist nur bei einem bestimmten Ladungs-Zustand optimal. In dem Maße, wie dieser durch Protonen-Übertragungsreaktionen mit dem umgebenden Milieu verändert wird, wird die Enzym-Aktivität verringert.

Die Folge hiervon ist, daß eine ausgeprägte Abhängigkeit der Enzym-Aktivität vom pH-Wert des umgebenden Milieus besteht. Als *pH-Optimum* eines Enzyms bezeichnet man denjenigen pH-Wert (oder pH-Bereich), in dem das Enzym seine größte Aktivität besitzt.

Die meisten Enzyme haben ihr pH-Optimum bei einem pH-Wert aus dem Bereich 6 bis 8.

Für die Anwendung von Enzymen in der Praxis, insbesondere bei klinisch-chemischen Bestimmungsmethoden, und in anderen Bereichen der Analytik, ist es unerläßlich, zur Einstellung und Aufrechterhaltung des jeweiligen pH-Wertes ausgewählte Puffer-Lösungen zu verwenden. Auch bei biotechnologischen Verfahren stellt man die Reaktions-Bedingungen so ein, daß sie möglichst nahe am pH- und Temperatur-Optimum des jeweiligen Enzyms liegen.

⟨**Temperatur-Abhängigkeit der Enzym-Aktivität**⟩
Die Aktivität von Enzymen hängt nicht nur vom pH-Wert, sondern auch von der Temperatur des sie umgebenden Milieus ab, so daß Enzyme neben ihrem pH-Optimum auch ein *Temperatur-Optimum* besitzen. Mit steigender Temperatur nimmt die katalytische Aktivität der Enzyme zunächst zu. Dem sind jedoch Grenzen gesetzt, weil oberhalb einer bestimmten Temperatur die native Konformation der Enzyme durch Denaturierungs-Vorgänge so stark verändert wird, daß ein Aktivitätsverlust eintritt und die katalytische Wirkung schließlich überhaupt verloren geht. Für die meisten Enzyme liegt das Temperatur-Optimum zwischen 40 und 60 °C.

Allerdings kommen in thermophilen Mikroorganismen auch Enzyme vor, die bei wesentlich höheren Temperaturen wirksam sind. Hieraus isolierte thermostabile Enzyme, zum Beispiel Amylase und thermostabile Proteasen, sind für industrielle Anwendungen, zum Beispiel als Bestandteil von Waschmitteln, von großer Bedeutung.

Durch Temperatur-Erniedrigung wird die Enzym-Aktivität herabgesetzt. Bei Aufbewahrung von Lebensmitteln bei tiefen Temperaturen werden durch vorhandene Enzyme katalysierte Umsetzungen so stark verlangsamt, daß eine Konservierung erzielt wird.

Für die Bestimmung von Enzym-Aktivitäten ist die Festlegung der Meßtemperatur von maßgebender Bedeutung. Zur Zeit werden in der Enzymologie Bestimmungen von Enzym-Aktivitäten vielfach bei 25 °C, aber auch bei 30 °C und 37 °C durchgeführt. Für Routine-Bestimmungen der Enzym-Aktivität ist die Einhaltung der Temperatur von 37 °C verbindlich festgelegt.

⟨**Enzym-Einheiten**⟩
Um für jedes Enzym standardisierte Werte zu erhal-

ten, wurde 1961 eine Enzym-Einheit (U) als diejenige Menge Enzym definiert, die unter optimierten Bedingungen die Umsetzung von einem Mikromol (1 µmol = 10^{-6} mol) Substrat in einer Minute katalysiert.

$$1\text{ U} = \frac{1\text{ µmol Substrat}}{1\text{ min}}$$

Außerdem wurde als SI-Einheit für die Enzym-Einheit das Katal (kat) definiert als diejenige Aktivität, die 1 mol Substrat in einer Sekunde unter Standardbedingungen umsetzt

$$1\text{ kat} = \frac{1\text{ mol Substrat}}{1\text{ s}}$$

Durch Umrechnung ergibt sich

1 kat = 60 000 000 U

Als experimentelle Bedingungen für die Aktivitäts-Bestimmung von Enzymen sind die Substrat-Konzentration, die Temperatur, der pH-Wert, die Ionenstärke und gegebenenfalls einzusetzende Coenzyme und Aktivatoren festgelegt. Liegt ein bestimmtes Enzym nicht in reiner Form, sondern im Gemisch mit anderen Proteinen vor, so erhält man bei der Aktivitäts-Bestimmung eine bestimmte Anzahl an Enzym-Einheiten bezogen auf ein mg (Gesamt-) Protein. Diese Größe bezeichnet man als *spezifische Aktivität*.

29.3 Einordnung und Benennung von Enzymen

Zunächst hat man die in pflanzlichen, tierischen und mikrobiellen Organismen aufgefundenen Enzyme mit Trivialnamen bezeichnet, welche die Endung -in erhielten, wie Pepsin und Trypsin. Später ging man zu der Regel über, die Namen für Enzyme von den Namen der umgesetzten Stoffe, der Substrate, abzuleiten und mit der Endung *-ase* zu versehen, wie Amylase, Urease, Ribonuclease.

In solchen Trivialnamen kommen der Typ der jeweiligen enzymkatalysierten Reaktion und die chemische Natur der dabei umgesetzten Substrate nur unvollständig zum Ausdruck. Mit der Beschreibung einer von Jahr zu Jahr zunehmenden Anzahl von Proteinen mit biokatalytischer Aktivität in den wissenschaftlichen Fachzeitschriften wurde es unumgänglich, eine Klassifizierung der Enzyme vorzunehmen und systematische Namen zu ihrer Benennung international festzulegen. Seit 1961 gilt nun die vom Nomenclature Committee der International Union of Biochemistry vorgenommene Systematik als verbindliche Grundlage für die Klassifizierung und Nomenklatur von Enzymen, die seitdem dem aktuellen Stand der Forschung angepaßt wird. So waren bereits in der 1984 erschienenen Ausgabe der „Enzyme Nomenclature" 2859 Enzyme aufgeführt.

Voraussetzung für die Einordnung eines bestimmten Enzyms in eine Enzym-Klasse ist die Kenntnis der chemischen Reaktion, welche das Enzym katalysiert.

Die systematische Ableitung von Enzym-Namen nach den Richtlinien der Enzyme-Commission geht aus von:
– dem Namen des Substrats
– dem Typ der katalysierten Reaktion
– und (soweit beteiligt) dem Namen des Coenzyms.

Auf diese Weise können sich mitunter lange (unübersichtliche) systematische Enzym-Bezeichnungen ergeben, so daß für viele Enzyme nach wie vor Trivialnamen gebräuchlich sind, wie Tab. 29-1 verdeutlicht:

Bei der **Benennung von Substraten und Enzymen** sieht man sich der Schwierigkeit gegenüber, daß unterschiedliche Bezeichnungen für ein und dieselben Stoffe in Gebrauch sind. Früher übliche Namen werden nach wie vor verwendet. Empfehlungen, sie durch neue Bezeichnungen zu ersetzen, haben sich noch nicht allgemein durchgesetzt. Demzufolge wird es noch längere Zeit notwendig sein, sowohl ältere als auch neuere Bezeichnungen zu kennen und entsprechend zuzuordnen. So werden nebeneinander die Bezeichnungen verwendet:

Cholesterin	Cholesterol
α-Keto-glutarat	2-Oxo-glutarat
Triglyceride	Triacylglycerine
Transaminasen	Amino-Transferasen

Alle in lebenden Organismen ablaufenden Reaktionen gehören einem der folgenden 5 Reaktions-Typen an:

1. Oxidations-Reduktions(Redox)-Reaktionen (Wasserstoff- oder Elektronen-Übertragungen)
   $AH_2 + B \rightleftharpoons A + BH_2$
2. Gruppen-Übertragungen (Transfer von Atomgruppen, zum Beispiel von Amino-Gruppen)
   $A - B + C \rightleftharpoons A + C - B$
3. Hydrolyse (hydrolytische Spaltung, zum Beispiel von Ester-, Peptid- und Glycosid-Bindungen)
   $AB + H - OH \rightleftharpoons A - H + B - OH$
4. Abspaltung (Lyse)
   Verknüpfung (Synthese)
   $A - B \rightleftharpoons A + B$
5. Isomerisierung
   $A - B - C \rightleftharpoons C - A - B$

Bei dieser Einteilung ist jedoch noch ein besonderer Gesichtspunkt zu berücksichtigen. Solche Enzyme, die unter ATP-Verbrauch verlaufende Reaktionen katalysieren,

$A + B + ATP \rightleftharpoons A - B + ADP + P_i$

werden in eine eigene Enzym-Klasse eingeordnet, so daß sich insgesamt die 6 folgenden Enzym-Klassen ergeben:
- Oxidoreduktasen
- Transferasen
- Hydrolasen
- Lyasen
- Isomerasen
- Ligasen.

Es hat sich als notwendig erwiesen, innerhalb dieser 6 Enzym-Klassen eine weitere Unterteilung in Unterklassen vorzunehmen, der man die chemische Natur der jeweils umgesetzten Substrate zugrunde legt. So wurden zum Beispiel die Hydrolasen in insgesamt 11 Unterklassen eingeteilt. Hydrolasen der Unterklassen 1, 2, 3 und 4 katalysieren die Spaltung von Estern, Glycosiden, Ethern oder Peptiden.

Innerhalb von Unterklassen erfolgt dann nach verschiedenen Kriterien eine Feinaufteilung in Unter-Unterklassen, und schließlich werden die einzelnen Enzyme unter Nennung ihrer E.C.-Nummer und ihres Namens an eine ganz bestimmte Stelle des E.C.-Systems eingeordnet. So umfaßt die Enzym-Klasse 3, Hydrolasen, als Unterklasse 4 die Peptid-Hydrolasen, kurz Peptidasen, und ist ihrerseits in 24 Unter-Unterklassen unterteilt, von der Unter-Unterklasse 1, den Amino-peptidasen, bis hin zur Unter-Unterklasse 24, den Metalloproteinasen.

29.3.1 Oxidoreduktasen

Diese Enzym-Klasse umfaßt sämtliche Enzyme, die Redox-Reaktionen katalysieren.

Die Bezeichnung Oxidase wird nur dann verwendet, wenn Sauerstoff das Oxidationsmittel ist.

Eine wichtige Unterklasse sind die **Dehydrogenasen**, deren Namen unter Nennung des Substrats, dessen Dehydrierung sie katalysieren, gebildet werden. Sie binden nicht nur das umzusetzende niedermolekulare Substrat (z. B. Lactat) zu einem Enzym-Substrat-Komplex, sondern auch eine weitere niedermolekulare Verbindung, das *Coenzym* (z. B. NAD$^\oplus$), das für die Wasserstoff-Übertragung *in stöchiometrischer Menge* benötigt wird. Zu ihnen gehören Lactat-Dehydrogenase, Malat-Dehydrogenase und Alkohol-Dehydrogenase.

Der systematische Name wird nach dem System Donator: Acceptor-Oxidoreduktase gebildet, z. B. β-D-Glucose: NAD(P)$^\oplus$ 1-Oxidoreduktase für Glucose-Dehydrogenase Gluc-DH (E.C. 1.1.1.47).

Der systematische Name beinhaltet, daß das Enzym die Oxidation von β-D-Glucose am C-Atom 1 unter Reduktion von NAD$^\oplus$ oder NAD$^\oplus$-Phosphat katalysiert. Weitere Beispiele sind in Tab. 29-1 aufgeführt.

Tab. 29-1: Beispiele für die systematische Enzym-Benennung

Trivialname	Abkürzung	Systematischer Name	E.C.-Nummer
Alkohol-Dehydrogenase	ADH	Alkohol: NAD$^\oplus$-Oxidoreduktase	1.1.1.1
Lactat-Dehydrogenase	LDH	L-Lactat: NAD$^\oplus$-Oxidoreduktase	1.1.1.27
Glucose-Dehydrogenase	Gluc-DH	β-D-Glucose: NAD$^\oplus$-1-Oxidoreduktase	1.1.1.47
Glucose-Oxidase	GOD	β-D-Glucose: 1-Oxidoreduktase	1.1.3.4
Aspartat-Aminotransferase	ASAT	L-Aspartat: 2-Oxo-glutarat-Aminotransferase	2.6.1.1
Alanin-Aminotransferase	ALAT	L-Alanin: 2-Oxo-glutarat-Aminotransferase	2.6.1.2

29.3.2 Transferasen

Transferasen katalysieren die Übertragung bestimmter Atomgruppen von einer Verbindung, einem Donator, auf eine andere, einen Acceptor, die beide bei der Bildung des systematischen Namens genannt werden, z. B. Alanin: 2-Oxo-glutarat-Aminotransferase (früher als Glutamat-Pyruvat-Transaminase, GPT, bezeichnet).

Es werden folgende Atomgruppen übertragen:

Atomgruppe	Reaktion
Amino- ($-NH_2$)	Transaminierung
Acyl- ($-CO-R$)	Transacylierung
Glycosyl (Zuckerreste)	Transglycosylierung
Methyl- ($-CH_3$)	Transmethylierung
Phosphat	Phosphorylierung

Aminotransferasen (Tab. 29-1), früher als Transaminasen (z. B. Glutamat-Oxalacetat-Transaminase, GOT) bezeichnet, katalysieren die Übertragung von $-NH_2$-Gruppen von Aminosäuren auf α-Ketosäuren.

Zu den Transferasen gehören auch die **Kinasen**, welche die Übertragung von Phosphat-Gruppen von ATP als Donator auf zahlreiche Acceptor-Verbindungen katalysieren, z. B.
- Glycerokinase (GK; E.C. 2.7.1.30)
ATP: Glycerin 3-Phosphotransferase
- Hexokinase (HK; E.C. 2.7.1.1)
ATP: D-Hexose 6-Phosphotransferase
D-Hexose + ATP ⇌
  D-Hexose-6-phosphat + ADP
Weiterhin gehören zu den Kinasen auch die Enzyme, welche die Übertragung von Phosphat-Gruppen *von besonders energiereichen Phosphaten auf* ADP (unter Entstehung von ATP) katalysieren, z. B.
Creatin-Kinase (CK; E.C. 2.7.3.2)
ATP: Creatin N-Phosphotransferase

29.3.3 Hydrolasen

Hydrolasen katalysieren die Spaltung von *bestimmten* Bindungen zwischen
C- und O-Atomen,
P- und O-Atomen sowie
C- und N-Atomen
durch Reaktion mit Wasser (hydrolytische Spaltung).

In der folgenden Aufstellung sind solche Enzyme und ihre Substrate angegeben:

Esterasen	Carbonsäure-ester
Lipasen	Triglyceride
Glycosidasen	Oligosaccharide
α-Amylase	Stärke
Phosphatasen	Phosphorsäuremonoester
Nucleasen	Phosphorsäurediester
Prote(in)asen	Proteine
Endopeptidasen	Peptide (im Inneren)
Carboxypeptidasen	Peptide (C-terminal)
Aminopeptidasen	Peptide (N-terminal)

Für die Einteilung der proteolytischen Enzyme in Unter-Unterklassen geht man davon aus, welcher Aminosäure-Rest im aktiven Zentrum des jeweiligen Enzyms für den Ablauf der Protein-Hydrolyse bestimmend ist. Hieraus ergibt sich die Unterteilung in
- Serinproteinasen (E.C. 3.4.21), wie Trypsin, Chymotrypsin, Thrombin und Plasmin
- Cysteinproteinasen (E.C. 3.4.22), wie Papain und Bromelain (pflanzliche Proteinasen)
- Asparaginsäureproteinasen (E.C. 3.4.23), wie Pepsin sowie, falls an das Enzym komplex gebundene Metall-Ionen für die katalytische Aktivität erforderlich sind,
- Metalloproteinasen (E.C. 3.4.24), wie Kollagenase und Thermolysin.

29.3.4 Lyasen

Unter der Bezeichnung Lyasen faßt man die Enzyme zusammen, welche die folgenden Reaktionen katalysieren:
- Spaltung von C – C-Bindungen
- Eliminierungs-Reaktionen (Abspaltungs-Reaktionen) unter Entstehung von C = C-Doppelbindungen oder, in entgegengesetzter Reaktionsrichtung,
- Anlagerungen an Doppelbindungen.

In diese Enzymklasse gehören als Unterklasse 4.1 die C – C-Lyasen, die
- Carboxy-Lyasen (Decarboxylasen, z. B. Pyruvat-Decarboxylase), welche die Abspaltung von Kohlenstoffdioxid katalysieren, ferner
- Aldehyd-Lyasen mit Aldolase (E.C. 4.1.2.13) als wichtigem Beispiel, weil dieses Enzym die Spaltung von Fructose-1,6-bisphosphat zu den Triose-Phosphaten katalysiert.

Als weitere Unterklasse (E.C. 4.2) sind die C – O-Lyasen zu nennen und hier z. B. das Enzym Fumarase (Fumarat-Hydratase), das im Citrat-Cyclus die Hydratisierung von Fumarat unter Entstehung von L-Malat katalysiert

Fumarat + H_2O ⇌ L-Malat

29.3.5 Isomerasen

Isomerasen katalysieren Umlagerungs-Reaktionen (Isomerisierungs-Reaktionen), die von einem bestimmten Ausgangsstoff ausgehend zu einem hiermit isomeren Reaktionsprodukt führen, z. B.
- Triosephosphat-Isomerase (E.C. 5.3.1.1)
  Glycerinaldehyd-3-phosphat
  $\updownarrow$
  Dihydroxyaceton-phosphat
- Glucose-Isomerase
  Glucose $\rightleftharpoons$ Fructose
- Mutarotase
  α-D-Glucose $\rightleftharpoons$ β-D-Glucose

Hierzu gehören auch die **Racemasen**, durch deren katalytische Aktivität aus einer optisch aktiven Verbindung das betreffende Racemat entsteht, wie z. B. Gärungsmilchsäure.

29.3.6 Ligasen

Ligasen katalysieren das Entstehen neuer Bindungen und damit die Verknüpfung von niedermolekularen zu höhermolekularen Verbindungen bei Biosynthesen. Die hierzu erforderliche Energie wird durch den hiermit gekoppelten Verbrauch von ATP aufgebracht.

Hierzu gehören die Aminosäure-RNA-Ligasen, welche die Bildung aktivierter Aminosäuren durch Verknüpfung mit der jeweiligen Transfer-Ribonucleinsäure(tRNA) katalysieren.

Auch Enzyme, die unter Ausbildung von C–C-Bindungen verlaufende Synthesen katalysieren, wie Acetyl-CoA-Carboxylase, gehören zu den Ligasen.

Pyruvat-Carboxylase (E.C. 6.4.1.1), systematisch Pyruvat: Carbondioxid-Ligase, katalysiert die Synthese von Oxalacetat aus Pyruvat und CO_2 unter Spaltung von ATP zu ADP und anorganischem Phosphat.

29.4 Enzym-Kinetik

Die Enzym-Kinetik gibt die Abhängigkeit der Geschwindigkeit enzymkatalysierter Reaktionen von der Substrat-Konzentration wieder. Die einfachsten enzymkatalysierten Reaktionen sind diejenigen, bei denen **ein** Ausgangsstoff, das Substrat S, zu einem Reaktions-Produkt P umgesetzt wird. Man kann sie Ein-Substrat-Reaktionen nennen:

$$\text{Substrat} \xrightleftharpoons{\text{Enzym}} \text{Produkt}$$

Derartige Umsetzungen verlaufen so, daß das Substrat S von dem Enzym E in einer reversiblen Reaktion zu einem Enzym-Substrat-Komplex (**ES**) gebunden wird. Bezeichnet man die Geschwindigkeitskonstante für die Bildung des Enzym-Substrat-Komplexes mit k_{+1} und diejenige für den folgenden Reaktionsschritt, den Zerfall (der hier als praktisch irreversibel angesehen wird) des **ES**-Komplexes in Enzym und Produkt als k_2, so ergibt sich die Gleichung

$$E + S \xrightleftharpoons[k_{-1}]{k_{+1}} ES \xrightarrow{k_2} E + P$$

Das Minuszeichen kennzeichnet die Geschwindigkeitskonstante des in die entgegengesetzte Richtung führenden Reaktionsschrittes, der Rückreaktion zu nicht gebundenem Substrat. Nicht eigens wiedergegeben ist die Umwandlung des Enzym-Substrat-Komplexes in einen Enzym-Produkt-Komplex (EP), die der Abwanderung des Reaktions-Produktes unter Freisetzung des Enzyms vorausgeht.

Die Geschwindigkeit V solcher enzymkatalysierten Reaktionen drückt sich zum einen in der Abnahme der Konzentration des Substrats, c(S), in der Zeiteinheit t aus, die ihrerseits den Konzentrationen an Substrat und Enzym sowie der Konzentration an ES-Komplex proportional ist.

Zum anderen drückt sie sich in der Zunahme der Konzentration an Produkt in der Zeiteinheit aus, die der Konzentration an ES-Komplex proportional ist. Eine Erhöhung der Substrat-Konzentration führt zunächst zu einer deutlichen Erhöhung der Reaktions-Geschwindigkeit (Umsatz-Geschwindigkeit). Dies kann man feststellen, indem man den Verbrauch (die Abnahme der jeweiligen Anfangs-Konzentration) des Substrats in einem gegebenen Zeitintervall bestimmt.

Durch fortgesetzte Erhöhung der Substrat-Konzentration ergeben sich jedoch schließlich Bedingungen, unter denen keine weitere Erhöhung der Reaktions-Geschwindigkeit mehr eintritt.

Wie die graphische Darstellung der Reaktions-Geschwindigkeit, V, als Funktion der Substrat-Konzentration, c(S), zeigt, nähert sich erstere asymptotisch einem Grenzwert, der maximalen Geschwindigkeit V_{max}.

29.4 Enzym-Kinetik

Für viele Enzyme gilt, daß sich die Geschwindigkeit V der von ihnen katalysierten Reaktionen mit der Substrat-Konzentration in der in Abb. 29-1 wiedergegebenen Weise ändert. Diejenige Substrat-Konzentration, bei der die Annäherung an die maximale Geschwindigkeit erreicht ist, bezeichnet man als *Substrat-Sättigung*. Solange die Substrat-Konzentration niedrig ist, sind Bindungsstellen an den vorliegenden Enzym-Molekülen zur Substrat-Bindung verfügbar. Mit zunehmender Substrat-Konzentration werden jedoch die Bindungsstellen des Enzyms in zunehmendem Maße besetzt. Im Grenzfall sind sämtliche Bindungsstellen des Enzyms von Substrat-Molekülen besetzt, so daß sich eine darüber hinausgehende Konzentrations-Erhöhung des Substrats nicht mehr auswirken kann.

Unter bestimmten Annahmen, wie denen, daß k_2 sehr viel kleiner als k_2 ist ($k_2 \ll k_1$) und daß eine Rückreaktion des Produktes zu vernachlässigen ist, haben Michaelis und Menten hieraus die nach ihnen benannte **Michaelis-Menten-Gleichung** mathematisch abgeleitet

$$V = \frac{V_{max} \cdot c(S)}{K_M + c(S)}$$

K_M-Werte haben die Dimensionen von Stoffmengen-Konzentrationen mol/L und geben für jeweils ein bestimmtes Enzym diejenige Substrat-Konzentration an, bei der die enzymkatalysierte Reaktion die Hälfte ihrer maximalen Geschwindigkeit erreicht.

Die Tatsache, daß bei manchen enzymkatalysierten Reaktionen bereits eine sehr geringe Substrat-Konzentration ausreicht, um die halbmaximale Reaktions-Geschwindigkeit zu erreichen, zeigt, daß (unter den vorgegebenen Bedingungen) eine hohe Affinität zwischen dem Substrat und dem betreffenden Enzym besteht. Mit anderen Worten: Je kleiner die Michaelis-Konstante für eine bestimmte Enzym/Substrat-Kombination ist, desto größer ist die Affinität zwischen diesem Enzym und dem Substrat.

Die Bedeutung der K_M-Werte liegt somit darin, daß sie die Stärke der Enzym/Substrat-Affinität widerspiegeln.

Für die meisten Enzyme sind K_M-Werte im Bereich zwischen 10^{-3} und 10^{-5} mol/L bestimmt worden.

Die Bestimmung von Substrat-Konzentrationen unter physiologischen Bedingungen hat ergeben, daß die Substrat-Konzentration dort, wo das jeweilige zur Umsetzung des Substrats erforderliche Enzym lokalisiert ist, vielfach im Bereich des K_M-Wertes liegt. Das Vorhandensein an freiem Enzym (d.h. derzeit nicht in Form eines ES-Komplexes vorliegendem Enzym) dient der Zelle zur raschen Anpassung an eine veränderte Stoffwechsel-Lage und somit zur Regulierung des Substrat-Umsatzes.

Ein bestimmter K_M-Wert ist immer der Umsetzung eines ganz bestimmten Substrates an einem bestimmten Enzym zugeordnet. Es gibt jedoch zahlreiche enzymkatalysierte Reaktionen, bei denen dasselbe Enzym auch noch weitere an der Umsetzung beteiligte Substrate sowie gegebenenfalls beteiligte Cosubstrate (Coenzyme) bindet.

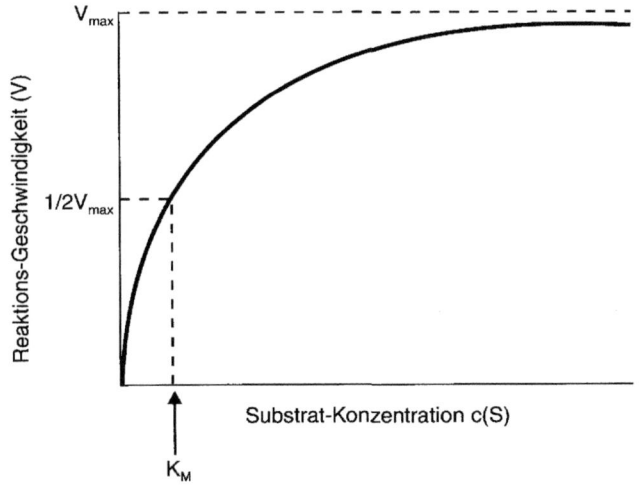

Abb. 29-1. Abhängigkeit der Geschwindigkeit einer enzymkatalysierten Reaktion von der Substrat-Konzentration gemäß der Michaelis-Menten-Gleichung

Sind zu einer enzymkatalysierten Reaktion zwei Ausgangsstoffe erforderlich, so kann man sie als Zwei-Substrat-Reaktion bezeichnen

$$S^1 + S^2 \xrightleftharpoons{\text{Enzym}} P^1 + P^2$$

Eine derartige **Zwei-Substrat-Reaktion** kann nach ganz unterschiedlichen Mechanismen ablaufen:
A) In geordneter Weise:
Die Bindung der beiden Substrate S^1 und S^2 an das Enzym erfolgt in geordneter Reihenfolge nacheinander, zum Beispiel in der Weise, daß S^2 vor S^1 gebunden wird. Hierbei entsteht der Komplex aus dem Enzym und S^2.

$$S^2 + \text{Enzym} \rightleftharpoons ES^2$$

An diesen Komplex wird nun S^1 gebunden, was zu dem folgenden Komplex führt:

$$ES^2 + S^1 \rightleftharpoons ES^2S^1$$

Nach diesem Mechanismus verläuft zum Beispiel die durch Lactat-Dehydrogenase katalysierte Umsetzung folgender Reaktions-Teilnehmer: S^1 ist L-Lactat, S^2 ist $NAD^{\oplus}$; P^1 ist Pyruvat, P^2 ist NADH.
Hier, wie auch bei anderen durch Dehydrogenasen katalysierten Reaktionen, wird zunächst das Coenzym (Cosubstrat S^2) an das Enzym gebunden. Erst nachdem dies geschehen ist, erfolgt die Bindung von S^1. Der beide Ausgangsstoffe umfassende Komplex zerfällt dann in die Reaktionsprodukte P^1 und P^2 (hier das Coenzym als reduzierte Verbindung NADH).
B) In zufälliger Weise:
Hierbei wird entweder zuerst S^1 und danach S^2 gebunden oder dies geschieht in umgekehrter Reihenfolge.

Kontrollfragen

29-1 Erläutern Sie den Begriff Enzyme.
29-2 Da Enzyme auch außerhalb lebender Zellen wirksam sind, wird ihre katalytische Aktivität und Spezifität für eine Vielzahl von Anwendungen genutzt. Nennen Sie einige Anwendungsgebiete.
29-3 Worin besteht der erste Schritt einer enzymkatalysierten Reaktion?
29-4 Welche Reaktion katalysiert das Enzym Hexokinase?
29-5 Eine Anzahl von Enzymen ist nur dadurch biokatalytisch wirksam, daß ihre Protein- oder Glycoprotein-Struktur ständig mit einem (nicht-proteinartigen) niedermolekularen Molekül-Teil verknüpft ist. Wie bezeichnet man solche Enzyme und ihre unterschiedlichen Molekül-Teile?
29-6 Nennen Sie zwei Enzyme, die FAD als prosthetische Gruppe enthalten.
29-7 Welche Coenzyme nehmen an Reaktionen teil, die durch Dehydrogenasen unter Entstehung von C – O-Doppelbindungen katalysiert werden?
29-8 Von welchen äußeren Bedingungen wird die katalytische Aktivität von Enzymen stark beeinflußt?
29-9 Welche Kriterien werden bei der systematischen Benennung von Enzymen zugrunde gelegt?
29-10 Welche Enzyme werden als Oxidasen bezeichnet?
29-11 Welche Reaktion wird von Creatin-Kinase katalysiert?
29-12 Nennen Sie Substrate von A) Lipasen, B) Glycosidasen und C) α-Amylase.
29-13 Nennen Sie Enzyme, welche die hydrolytische Spaltung von P – O-Bindungen katalysieren.
29-14 Unter welchen Bezeichnungen werden Enzyme zusammengefaßt, welche die hydrolytische Spaltung von Proteinen oder Peptiden katalysieren?
29-15 Welche Reaktion wird durch A) Glucose-Isomerase und B) Mutarotase katalysiert?
29-16 Welche Reaktion katalysiert eine Aminopeptidase?
29-17 Wie werden Aminotransferasen noch bezeichnet?
29-18 Geben Sie zwei Isomerisierungs-Reaktionen an.
29-19 Wie heißen die sechs Enzym-Klassen?

30 Vitamine und Coenzyme

30.1 Vitamine

Unter der Bezeichnung Vitamine faßt man die nachstehend genannten niedermolekularen organischen Verbindungen zusammen, die der menschliche Organismus nicht selbst synthetisieren kann. Da Vitamine für die Aufrechterhaltung von Lebensfunktionen unentbehrlich sind, müssen sie in geringen Mengen (meist im mg-Bereich) ständig mit der Nahrung zugeführt werden. Vitamine sind essentielle Nahrungsbestandteile.

Die Vitamine gehören sehr unterschiedlichen Verbindungsklassen an, wie die Betrachtung ihrer Strukturformeln zeigt. Geht man von den Löslichkeits-Eigenschaften der Vitamine aus, so ergibt sich die Einteilung in wasserlösliche und fettlösliche Vitamine (Kap. 34.1).

Die meisten **wasserlöslichen Vitamine** werden vom Organismus zur Synthese von Coenzymen benötigt. Coenzyme sind im Zusammenwirken mit Enzymen für den Stoffwechsel zahlreicher Substrate unerläßlich.

Tabelle 30-1 gibt einen Überblick über die wasserlöslichen Vitamine, über die aus ihnen gebildeten aktiven Verbindungen und Vitamin-abhängigen Coenzyme und über ihre biochemische Funktion.

Die wasserlöslichen Vitamine werden im oberen Dünndarm resorbiert. Da eine Speicherung nicht benötigter Mengen nicht stattfindet, werden wasserlösliche Vitamine oder ihre Metabolite mit dem Harn ausgeschieden.

Die überwiegend ebenfalls im oberen Dünndarm erfolgende Resorption der **fettlöslichen Vitamine** ist von der Resorption der Fette abhängig. Fettlösliche Vitamine können aufgrund ihrer lipophilen Eigenschaften gespeichert werden. In Tabelle 30-2 sind physiologische Vorgänge zusammengestellt, an denen fettlösliche Vitamine unmittelbar beteiligt sind.

Tab. 30-1: Wasserlösliche Vitamine

Vitamin	aktive Verbindungen	Funktion
B_1 Thiamin	→Thiamin-diphosphat	Coenzym bei Decarboxylierung
B_2 Riboflavin	→Riboflavin-5'-phosphat (FMN) →Flavin-adenin-dinucleotid (FAD)	Coenzyme bei Wasserstoff-Transfer
Pantothensäure	→Coenzym A	Transfer von Acyl-Gruppen
Folsäure	→Tetrahydrofolsäure	Transfer von Gruppen mit 1 C
Niacin (Nicotinsäure)	→Nicotinsäureamid $NAD^{\oplus} \rightarrow NADP^{\oplus}$	Coenzyme bei Wasserstoff-Transfer
B_6 Pyridoxin	→Pyridoxal →Pyridoxal-5'-phosphat	Coenzym bei Transaminierung u. Decarboxylierung von Aminosäuren
B_{12} Cyanocobalamin	→5'-Desoxyadenosylcobalamin	Coenzym B_{12} Wanderung von Methyl-Gruppen
Biotin	→N-Carboxybiotin	prosthetische Gruppe bei Carboxylierung
C L-Ascobinsäure		Hydroxylierung von Kollagen

Tab. 30-2: Fettlösliche Vitamine

Vitamin	Name	unentbehrlich für
A	Retinol →Retinal	Sehvorgang; Erhaltung der Funktion epithelialer Gewebe
D_3	Cholecalciferol	Calcium- und Phosphat-Stoffwechsel
E	Tocopherole (α-Tocopherol)	Schutz biolog. Membranen vor Oxidation
K	Phyllochinon (K_1) Menachinone (K_2)	Blutgerinnungs-System

Vitamin C, Vitamin E und β-Carotin (als Provitamin A) haben außerdem die Eigenschaft, daß sie im menschlichen Organismus gebildete Sauerstoffhaltige Radikale abfangen und Zellen auf diese Weise schützen können. Aufgrund ihrer antioxidativen Eigenschaften wirken sie möglicherweise der Entstehung von Krebszellen entgegen. Im Folgenden sind die einzelnen Vitamine näher beschrieben:

Vitamin B_1 (Thiamin) ist besonders in Getreidekeimlingen und Hefe enthalten. Das hieraus in der Darmmucosa gebildete Thiamin-diphosphat (TDP) wirkt als Coenzym mit verschiedenen Enzymen zusammen, z. B. in dem als Pyruvat-Dehydrogenase bezeichneten Enzym-System. Als erster Schritt auf dem Weg von Pyruvat zu aktivierter Essigsäure wird dieses mittels Pyruvat-Decarboxylase und TDP zu Hydroxyethyl-thiamindiphosphat (dem aktivierten Acetaldehyd) decarboxyliert.

Vitamin B_2 (Riboflavin) wird in den Mucosazellen der Darmwand zu Riboflavin-5'-phosphat (Flavin-mononucleotid, FMN) phosphoryliert. Durch Verknüpfung mit Adenosin-monophosphat entsteht hieraus Flavin-adenin-dinucleotid (FAD).

Die üblichen Bezeichnungen für diese beiden Coenzyme sind deshalb nicht korrekt, weil Nucleotide (Kap. 31) zu den N-Glycosiden gehören, die durch Reaktion an einer glycosidischen Hydroxy-Gruppe, z. B. von D-Ribose, entstehen. Dagegen enthalten FMN und **FAD** den mehrwertigen Alkohol Ribitol als molekularen Baustein.

FMN und FAD wirken beim Wasserstoff- und Elektronen-Transfer mit verschiedenen Dehydrogenasen und Oxidasen zusammen (Kap. 29.2).

Pantothensäure ist das Carbonamid aus α, γ-Dihydroxy-β,β-dimethyl-buttersäure (Pantoinsäure) und β-Alanin. Pantothensäure wird als molekularer Baustein für die Biosynthese von Coenzym A benötigt.

Durch Umsetzung mit Coenzym A werden Carbonsäuren für Stoffwechsel-Reaktionen, wie z. B. den Abbau langkettiger Fettsäuren, aktiviert. Als Thioester (Kap. 27.4) sind in dieser Weise aktivierte Carbonsäuren leicht zur Übertragung von Acyl-Gruppen befähigt.

Folsäure (Pteroyl-glutaminsäure) kommt besonders in der Leber, in Hefe und grünen Pflanzen vor. Die biochemisch aktive Form der Folsäure ist die Tetrahydrofolsäure. Verschiedene ihrer Derivate sind als Coenzyme an solchen Stoffwechsel-Reaktionen beteiligt, bei denen aktive, ein Kohlenstoff-Atom enthaltende Atomgruppen übertragen werden, wie dies z. B. bei der Biosynthese von Purinen geschieht.

Das Vitamin **Niacin** (Nicotinsäure) und Nicotinsäure-amid sind unentbehrliche molekulare Bausteine für die Synthese von Nicotinamid-adenindinucleotid ($NAD^{\oplus}$) sowie von dessen Phosphat ($NADP^{\oplus}$). Diese beiden Coenzyme sind an einer Vielzahl von Stoffwechsel-Reaktionen beteiligt, bei denen Wasserstoff- und Elektronen-Transfer erfolgen. Wichtige Beispiele für derartige Umsetzungen von $NAD^{\oplus}$ aus dem Bereich des Stoffwechsels und der klinischen Chemie sind in Kap. 30.2 und 30.3 aufgeführt.

Vitamin B_6 (Pyridoxin, auch Pyridoxol genannt) wird zunächst am C-Atom 4' oxidiert und der so entstehende Aldehyd, Pyridoxal, dann mit Phosphorsäure verestert. Das gebildete Pyridoxal-5'-phosphat wirkt als Coenzym, insbesondere im Aminosäure-Stoffwechsel, mit unterschiedlichen Enzymen zusammen. Zum einen ist es an den von Transaminasen katalysierten Transaminierungs-Reaktionen beteiligt, zum anderen an der von Decarboxylasen katalysierten Decarboxylierung von Amino-carbonsäuren zu biogenen Aminen.

Vitamin B$_{12}$ (Cyanocobalamin) ist ein kompliziert strukturierter Chelat-Komplex eines porphyrinähnlichen Ring-Systems mit Cobalt(III)-Ionen. Das hieraus gebildete Coenzym B$_{12}$ (5'-Desoxyadenosyl-cobalamin) ist an Stoffwechsel-Reaktionen beteiligt, bei denen die Wanderung einer Methyl-Gruppe stattfindet, z. B. bei der Umlagerung des verzweigtkettigen Methylmalonyl-CoA in Succinyl-CoA.

Biotin ist als prosthetische Gruppe an bestimmte Carboxylasen, z. B. an Acetyl-CoA-Carboxylase gebunden. Nach Übergang in eine N-Carboxybiotinyl-Struktur kann die Carboxy-Gruppe übertragen werden, z. B. bei der Schlüsselreaktion der Fettsäure-Synthese, der Carboxylierung von Acetyl-CoA zu Malonyl-CoA.

Vitamin C [(+)-L-Ascorbinsäure] enthält eine Endiol-Gruppierung und hat demzufolge stark reduzierende Eigenschaften. Die wäßrigen Lösungen reagieren sauer und enthalten Ascorbat-Ionen. Durch Oxidation von Ascorbinsäure entsteht Dehydro-ascorbinsäure.

Bei der enzymatischen Reduktion des Vitamins Folsäure zu Tetrahydro-folsäure ist Ascorbinsäure Wasserstoff-Donator, ebenso wie bei vielen anderen biochemischen Redox-Vorgängen.

Zusammen mit Eisen(II)-Ionen und molekularem Sauerstoff ist Ascorbinsäure Cofaktor bei Hydroxylierungs-Reaktionen. So werden unter Beteiligung von Ascorbat in den *Kollagenen (fibrillären Proteinen, die den Hauptanteil des Bindegewebes bilden)* nach erfolgter Protein-Biosynthese enthaltene Prolyl-Reste unter Mitwirkung von Prolin-Hydroxylase in 4-Hydroxyprolyl-Reste und Lysyl-Reste unter Mitwirkung von Lysin-Hydroxylase in 5-Hydroxylysyl-Reste umgewandelt. Ascorbinsäure ist für die Funktion der genannten Enzyme essentiell. Ihr Mangel beeinträchtigt den Kollagen-Stoffwechsel erheblich und kann zu dem als Skorbut bekannten Krankheitsbild führen.

Vitamin A (Retinol) ist ein mehrfach ungesättigter primärer Alkohol. Ester von Vitamin A mit Fettsäuren kommen im Fettgewebe, in der Milch, im Eidotter sowie in Leberölen von Seefischen vor.

Der mit der Nahrung aufgenommene Karotten-Farbstoff β-Carotin wird als Provitamin A bezeichnet, weil daraus in den Mucosazellen der Darmwand durch oxidative Spaltung zwei Mol Vitamin A-Aldehyd (Retinal) entstehen. Dessen Reduktion zu Retinol und anschließende Veresterung mit Palmitinsäure ergibt Vitamin A-Palmitat, das in der Leber gespeichert wird.

Vitamin A hat eine wichtige Funktion beim Sehvorgang. Im Sehpurpur (Rhodopsin) ist Retinal kovalent mit dem Protein Opsin verknüpft. In Verbindung mit einer cis-trans-Isomerisierung von Retinal wird Licht in Nervenimpulse transformiert.

Die Verbindungen Cholecalciferol (Vitamin D$_3$) und Ergocalciferol (Vitamin D$_2$) werden als antirachitische Vitamine bezeichnet. Aus **Vitamin D$_3$** entsteht 1,25-Dihydroxy-cholecalciferol, das eine hormonähnliche Wirkung bei der Regulation des Calcium- und Phosphat-Stoffwechsels, der Bildung und Erhaltung normaler Knochen-Strukturen und der Stimulation des Wachstum entfaltet.

Von der Bezeichnung **Vitamin E** (Tocopherole) werden mehrere Verbindungen umfaßt, die sich von 6-Hydroxy-chroman ableiten und sich nur durch die Anzahl der Methyl-Gruppen am aromatischen Ring und die Anzahl der Wasserstoff-Atome in der Seitenkette unterscheiden. Die wichtigste Verbindung ist α-Tocopherol.

Chemisch sind die Tocopherole als cyclische Monoether des Hydrochinons (Kap. 18.5) aufzufassen und daher, ähnlich wie dieses, leicht oxidierbar. Ihre wesentliche biologische Wirkung besteht darin, spontane Oxidationen mehrfach ungesättigter Fettsäure-Reste zu verhindern und somit zur Erhaltung der Funktionsfähigkeit biologischer Membranen beizutragen.

Alle von der Bezeichnung **Vitamin K** umfaßten Verbindungen sind durch Alkyl-Gruppen substituierte 1,4-Naphthochinone. Das als Vitamin K_1 bezeichnete Phyllochinon ist 2-Methyl-3-phytyl-1,4-naphthohochinon (der Phytyl-Rest leitet sich von dem langkettigen Alkohol Phytol ab).

Ihre physiologische Bedeutung liegt in der Funktionserhaltung des Blutgerinnungs-Systems. K-Vitamine sind an der Biosynthese bestimmter Gerinnungsfaktoren in der Leber beteiligt.

30.2 Die Coenzyme $NAD^{\oplus}$ und FAD

Aerobe Lebewesen gewinnen den größten Teil an biologisch nutzbarer Energie letztendlich aus der Übertragung von Wasserstoff und Elektronen auf molekularen Sauerstoff (O_2) unter Entstehung von Wasser. Zuvor finden jedoch an den in der Atmungskette angeordneten Proteinen, die zu Redox-Reaktionen befähigte prosthetische Gruppen enthalten, Elektronen-Übertragungsvorgänge statt. Verbunden hiermit bildet sich an der Mitochondrien-Membran ein Protonen-Gradient aus (ein Konzentrations-Gefälle an Protonen), durch den die Synthese der „Energie-Währung" der Zellen, Adenosintriphosphat (ATP), angetrieben wird. Die Entstehung von ATP auf diesem Wege bezeichnet man als oxidative Phosphorylierung.

Bevor jedoch in der Atmungskette biologisch nutzbare Energie erzeugt werden kann, müssen in vorangehenden Reaktionen des Zellstoffwechsels *mit Wasserstoff „beladene" Verbindungen* entstehen. Solche Verbindungen entstehen bei Dehydrierungs-Reaktionen. Hierbei werden Substrate ganz unterschiedlicher chemischer Struktur an das für das jeweilige Substrat spezifische Enzym, eine Dehydrogenase, gebunden, und Wasserstoff wird auf einen Acceptor übertragen. Die wichtigsten Wasserstoff-Acceptoren sind:
– Nicotinamid-adenin-dinucleotid ($NAD^{\oplus}$) und
– Flavin-adenin-dinucleotid (FAD).

Bei diesen enzymkatalysierten Dehydrierungen laufen zwei *miteinander gekoppelte Reaktionen* ab:
– das Substrat wird dehydriert,

– der Wasserstoff-Acceptor geht durch Aufnahme von Wasserstoff aus der oxidierten Verbindung ($NAD^{\oplus}$ oder FAD) in die reduzierte Verbindung ($NADH + H^{\oplus}$ oder $FADH_2$) über.

Die oxidierte Verbindung $NAD^{\oplus}$ ist als Coenzym (Cosubstrat) immer dann Wasserstoff-Acceptor, wenn durch Dehydrierung von Alkoholen, Aldehyd-hydraten oder Hydroxy-carbonsäuren C=O-Doppelbindungen entstehen. Die miteinander gekoppelt ablaufenden Reaktionen entsprechen der allgemeinen Gleichung:

$$\begin{matrix}R^1\\R^2\end{matrix}\!\!>\!\!C\!\!<\!\!\begin{matrix}H\\O-H\end{matrix} + NAD^{\oplus} \rightleftharpoons \begin{matrix}R^1\\R^2\end{matrix}\!\!>\!\!C=O + NADH + H^{\oplus}$$

zu deren Veranschaulichung die folgenden Beispiele dienen:

Substrate	Dehydrierungs-Produkte
α-Hydroxy-carbonsäuren	α-Keto-carbonsäuren
Lactat	Pyruvat
Malat	Oxalacetat
β-Hydroxy-fettsäuren	β-Keto-fettsäuren
β-Hydroxy-buttersäure	β-Keto-buttersäure
prim. Alkohole	Aldehyde
Ethanol	Acetaldehyd

$NAD^{\oplus}$ hat die folgende Strukturformel:

Seine molekularen Bausteine sind Nicotinsäureamid (kurz: Nicotinamid, das ist Pyridin-3-carbonsäureamid), D-Ribose, Phosphorsäure und Adenin. Bei der Wasserstoff-Aufnahme verändert sich nur das Pyridin-Ringsystem (dessen N-Atom glycosidisch mit D-Ribose verknüpft ist), so daß man alle weiteren Molekülteile als „R" zusammenfassen kann. Wasserstoff wird auf eine mesomere Grenzstruktur von NAD$^\oplus$, bei der die positive Ladung (nicht am N-Atom, sondern) am C-Atom 4 des Pyridin-Ringsystems auftritt, in Form von Hydrid-Ionen H$^\ominus$ (einem Wasserstoff-Atomkern mit zwei Elektronen) übertragen. Hierbei entsteht die ein Dihydropyridin-Ringsystem enthaltende reduzierte Verbindung NADH, außerdem werden Protonen H$^\oplus$ an das umgebende Medium abgegeben.

– die im Citronensäure-Cyclus erfolgende, durch Succinat-Dehydrogenase katalysierte Dehydrierung von Succinat zu Fumarat und die
– beim Abbau langkettiger Fettsäuren erfolgende, durch Acyl-CoA-Dehydrogenase katalysierte Dehydrierung von aktivierten gesättigten Fettsäuren zu aktivierten, α,β-ungesättigten Fettsäuren.

FAD hat die im Abschnitt „Vitamin B$_2$" angegebene Strukturformel. Bei der Wasserstoff-Aufnahme verändert sich *nur das Isoalloxazin-Ringsystem*, das in der reduzierten Verbindung FADH$_2$ zwei (in Form von nacheinander gebundenen Protonen und Elektronen) aufgenommene Wasserstoff-Atome enthält.

Die oxidierte Verbindung **FAD** ist dann Wasserstoff-Acceptor, wenn Reaktions-Produkte mit C = C-Doppelbindungen aus Substraten mit C – C-Einfachbindungen (z. B. aus gesättigten Mono- und Dicarbonsäuren) entstehen entsprechend der allgemeinen Gleichung:

FAD ist entweder als prosthetische Gruppe kovalent an bestimmte Dehydrogenasen gebunden, z. B. an Succinat-Dehydrogenase, oder FAD ist als Coenzym beteiligt.
Beispiele für die Wasserstoff-Übertragung auf FAD sind:

Die genannten *Wasserstoff-Übertragungsreaktionen auf NAD$^\oplus$ und FAD sind reversibel*. Für den Zellstoffwechsel ist es notwendig, daß die oxidierten Verbindungen NAD$^\oplus$ und FAD, die in jeder Zelle nur in begrenzter Menge vorliegen, aus den reduzierten Verbindungen **regeneriert** werden, damit sie erneut als Wasserstoff-Acceptoren reagieren können. Die Regenerierung von NAD$^\oplus$ und FAD erfolgt in dem Maße, wie NADH und FADH$_2$ den von ihnen gebundenen Wasserstoff an andere Acceptoren, insbesondere unter aeroben Bedingungen an bestimmte Proteine der Atmungskette, weitergeben.

Am Zellstoffwechsel ist auch das Coenzym Nicotinamid-adenin-dinucleotid-**phosphat** (NADP$^\oplus$) beteiligt, das sich von NAD$^\oplus$ strukturell nur dadurch unterscheidet, daß das C-Atom 2' des mit dem Adenin-Rest verknüpften Ribose-Restes eine Phosphat-Gruppe trägt. Die biologischen Funktionen dieser beiden Coenzyme sind jedoch unterschiedlich.

NAD$^\oplus$ reagiert als Wasserstoff-**Acceptor** bei katabolischen Dehydrierungs-Reaktionen:

$$>\!\!C\!\!<^H_{O-H} \longrightarrow \;>\!\!C=O$$

Die mit NAD$^\oplus$ korrespondierende reduzierte Verbindung NADPH reagiert dagegen als Wasserstoff-**Donator** bei Biosynthesen, bei denen eine Hydrierung (Reduktion) des folgenden Typs stattfindet:

$$>\!\!C=O \longrightarrow \;>\!\!C\!\!<^H_{O-H}$$

wie auch

$$>\!\!C\!\!<^H_{O-H} \longrightarrow \;>\!\!C\!\!<^H_H$$

Insgesamt dient NADPH als Wasserstoff-Lieferant für zahlreiche Biosynthese-Reaktionen, bei denen eine Reduktion stattfindet, insbesondere bei der Biosynthese von Fettsäuren und Steroiden, weiterhin bei der Biosynthese von Desoxy-ribonucleotiden aus den entsprechenden Ribonucleotiden.

30.3 Die Bedeutung von NAD$^\oplus$ / NADH für quantitative Bestimmungen

Bei der Untersuchung von biologischem Material, von Körperflüssigkeiten und von Lebensmitteln muß vielfach die
– Aktivität von Enzymen oder die
– Konzentration von Substraten
quantitativ bestimmt werden.

Hierzu hat man spezifisch verlaufende und optimierte Bestimmungsmethoden ausgearbeitet und in die Laborpraxis eingeführt. Viele dieser Verfahren beruhen auf chemischen Reaktionen, bei denen eine Substanz gebildet wird (entsteht) oder verbraucht wird (umgesetzt wird), die Licht im sichtbaren oder ultravioletten Bereich absorbiert. Den Verlauf derartiger Reaktionen kann man mit Hilfe von Spektralphotometern quantitativ verfolgen.

Hierzu eignen sich vielfach Reaktionen, bei denen die genannten **Pyridin-nucleotide** in definierter Weise umgesetzt werden, weil Verbindungen mit dem Pyridin-Ringsystem ein andersartiges Absorptions-Verhalten gegenüber ultraviolettem Licht zeigen als Verbindungen mit dem **Dihydro**-pyridin-Ringsystem.

Letzteres liegt in den reduzierten Verbindungen NADH und dessen Phosphat NADPH vor und ist die Ursache dafür, daß *diese reduzierten Coenzyme* (neben einem Absorptionsmaximum bei 260 nm) noch *ein weiteres Absorptionsmaximum bei 340 nm* aufweisen. Die Absorptionsspektren von NAD$^\oplus$ und NADH zeigen im ultravioletten Bereich einen charakteristischen Verlauf (Abb. 30-1). Da nur die reduzierten Verbindungen NADH und NADPH ein Absorptionsmaximum bei 340 nm haben, kann man die Extinktion bei dieser Wellenlänge bestimmen und sie zur NADH- oder NADPH-Konzentration in Beziehung setzen (optimierte UV-Tests).

In Form eines *einfachen optischen* Tests lassen sich nun solche Meßreaktionen durchführen, bei denen eines der reduzierten Pyridin-Nucleotide *unmittelbar* entsteht oder verbraucht wird. Man beobachtet das

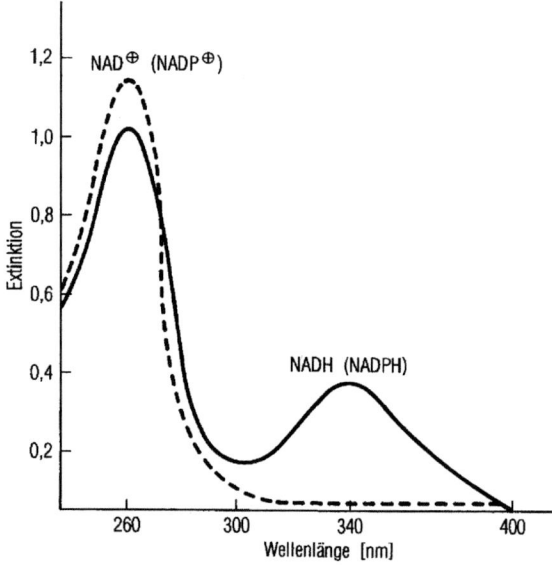

Abb. 30-1. Absorptionsspektren von NAD$^\oplus$ (punktiert) und NADH (durchgezogen) und ihren Phosphaten (nach Boehringer Mannheim).

- Auftreten der Absorption bei 340 nm und ein Ansteigen der Extinktion bei Umsetzungen, bei denen NADH (oder NADPH) entsteht, dagegen eine
- Abnahme der Extinktion bei 340 nm bei Reaktionen, bei denen diese reduzierten Coenzyme verbraucht (oxidiert) werden.

Die jeweilige Extinktions-Änderung ist der Konzentration des Substrats bzw. der Aktivität des beteiligten Enzyms proportional. Beispiele für die Anwendung eines einfachen optischen Tests sind:
- Die Alkohol-Bestimmung unter Verwendung von Alkohol-Dehydrogenase (ADH):

$$\text{Ethanol} + \text{NAD}^\oplus \longrightarrow \text{Acetaldehyd} + \textbf{NADH} + \text{H}^\oplus$$

- Die Bestimmung der Aktivität von Lactat-Dehydrogenase LDH (E.C. 1.1.1.27). Sie beruht auf der Umsetzung:

$$\text{Pyruvat} + \textbf{NADH} + \text{H}^\oplus \longrightarrow \text{L-Lactat} + \text{NAD}^\oplus$$

Da nur NADH, das reduzierte Coenzym, bei 340 nm absorbiert (die übrigen Reaktions-Teilnehmer hingegen nicht), ist die Abnahme der Extinktion bei 340 nm ein Maß für die LDH-Aktivität.

Es gibt jedoch auch zahlreiche chemische Reaktionen, bei denen weder ein Substrat noch ein Reaktionsprodukt eine charakteristische Licht-Absorption zeigt. In solchen Fällen, in denen sich die einer Bestimmung von Enzym-Aktivitäten oder Substrat-Konzentrationen zugrundeliegenden chemischen Reaktionen (die Meßreaktionen) nicht unmittelbar photometrisch erfassen lassen, muß man mit einer Aufeinanderfolge mehrerer Reaktionen arbeiten, die zu einem *zusammengesetzten optischen Test* genau aufeinander abgestimmt sind. Nachdem die Meßreaktion abgelaufen ist, kann sich nun eine Indikatorreaktion zur quantitativen Auswertung unmittelbar anschließen. In weniger günstigen Fällen muß dagegen erst eine Hilfsreaktion durchgeführt werden, bevor die Indikatorreaktion durchgeführt werden kann, wie die folgenden Beispiele zeigen:

Die durch Hexokinase katalysierte Umsetzung von Glucose mit ATP zu Glucose-6-phosphat kann als Meßreaktion für Glucose nicht unmittelbar photometrisch verfolgt werden. Eine Bestimmungsmethode für Glucose ergibt sich erst daraus, daß sich als Indikatorreaktion die durch Glucose-6-phosphat-Dehydrogenase katalysierte Reaktion zu 6-Phosphogluconat unter Entstehung von NADPH anschließt:

Meßreaktion:
$$\text{Glucose} + \text{ATP} \longrightarrow \text{Glucose-6-phosphat} + \text{ADP}$$

Indikatorreaktion:
$$\text{Glucose-6-phosphat} + \text{NADP}^\oplus \longrightarrow$$
$$\text{6-Phosphogluconat} + \textbf{NADPH} + \text{H}^\oplus$$

Besteht die Aufgabe in der Bestimmung der Aktivität des Enzyms Creatin-Kinase, so basiert der zusammengesetzte optische Test auf der Reaktionsfolge:

Meßreaktion:
$$\text{Phosphocreatin} + \text{ADP} \longrightarrow \text{Creatin} + \text{ATP}$$

Hilfsreaktion:
$$\text{ATP} + \text{Glucose} \longrightarrow \text{Glucose-6-phosphat} + \text{ADP}$$

Indikatorreaktion:
$$\text{Glucose-6-phosphat} + \text{NADP}^\oplus \longrightarrow$$
$$\text{6-Phosphogluconat} + \textbf{NADPH} + \text{H}^\oplus$$

Kontrollfragen

30-1 In welche beiden Gruppen werden die Vitamine aufgrund ihrer Löslichkeit unterteilt?
30-2 Nennen Sie a) einige wasserlösliche sowie b) einige fettlösliche Vitamine.
30-3 Wie heißen die Coenzyme, für deren Biosynthese Riboflavin erforderlich ist?
30-4 Wie heißen die Coenzyme, für deren Biosynthese Nicotinsäureamid erforderlich ist?
30-5 In welchen Enzymen ist Pyridoxal-5'-phosphat als prosthetische Gruppe gebunden?
30-6 Wie heißen die Enzyme, welche unter Abspaltung von Wasserstoff verlaufende Reaktionen katalysieren?
30-7 Welcher Wasserstoff-Acceptor wird bei der Dehydrierung von Hydroxycarbonsäuren und von Alkoholen im Stoffwechsel zusammen mit dem Substrat an die betreffende Dehydrogenase gebunden?

30-8 Welche Verbindung wird bei der Entstehung von C = C-Doppelbindungen im Stoffwechsel reduziert?

30-9 Welches Ring-System wird bei der Übertragung von Wasserstoff (und Elektronen) von dem jeweiligen Substrat auf A) NAD$^\oplus$ und B) FAD reduziert?

30-10 Während NAD$^\oplus$ bei katabolischen Reaktionen Wasserstoff-Acceptor ist, hat dessen Phosphat bei Biosynthesen eine ganz andersartige Funktion. Erläutern Sie diese.

30-11 Welches Absorptionsmaximum ist a) für die reduzierten Pyridin-Nucleotide charakteristisch und b) welche praktischen Anwendungen basieren hierauf

31 Nucleotide

31.1 Einführung

Nucleotide sind niedermolekulare Verbindungen, die in den Zellen aller Organismen vorkommen und dort lebenswichtige Aufgaben erfüllen:
- Einige Nucleotide sind am Aufbau von **Coenzymen** beteiligt.
- Bestimmte Nucleotide dienen der *Energie-Übertragung* bei der Koppelung von energieliefernden mit energieverbrauchenden Stoffwechsel-Reaktionen (Kap. 34.4.1).
- **Aus Nucleotiden werden die Nucleinsäuren (Polynucleotide) aufgebaut** (Kap. 32.2).

Desoxyribonucleinsäuren (DNA) und Ribonucleinsäuren (RNA) sind nach dem gleichen Bauprinzip aufgebaut, unterschieden sind jedoch in der Art zweier molekularer Bausteine, die in der folgenden Gegenüberstellung aufgeführt sind:

Bausteine	DNA	RNA
Phosphorsäure	Phosphorsäure	Phosphorsäure
Pentose	**2-Desoxy**-D-ribose	D-Ribose
Purin-Basen	Adenin	Adenin
	Guanin	Guanin
Pyrimidin-Basen	Cytosin	Cytosin
	Thymin	**Uracil**

Aus den Eigenschaften der Nucleinsäuren ergibt sich, daß diese Verbindungen *hochmolekulare* Stoffe (**Biopolymere**) sind. Ihre molekularen Bausteine bezeichnet man als **Mononucleotide**.

Bei der *Verdauung* werden die mit der Nahrung aufgenommenen Nucleinsäuren durch hydrolytische Spaltung zu niedermolekularen Verbindungen (**Oligonucleotiden**) und schließlich zu ihren monomeren Bausteinen, den **Mononucleotiden**, abgebaut. Dieser Abbau findet vorwiegend im Duodenum statt und wird durch im Pankreas und im Darm gebildete Verdauungsenzyme (*Nucleasen* und *Phosphodiesterasen*) katalysiert.

Bei Einwirkung von Alkalihydroxid-Lösungen auf Mononucleotide erfolgt eine Abspaltung von **Phosphat-Ionen**, und man erhält als *Nucleoside* bezeichnete Verbindungen. Nucleotide sind somit **Ester aus Nucleosiden und Phosphorsäure.**

Auch bei der Verdauung findet die hydrolytische Spaltung der in den Mononucleotiden vorliegenden Phosphorsäureester-Bindung statt. Die hierdurch entstehenden Nucleoside können durch die Darmwand aufgenommen (resorbiert) oder ihrerseits in unterschiedliche molekulare Bausteine gespalten werden.

Im Labor wird die hydrolytische Spaltung der **Nucleoside** durch Säure-Einwirkung katalysiert.

Sie führt zu einer Pentose (D-Ribose oder 2-Desoxy-D-ribose; Kap. 24.2.2) und zu heterocyclischen Basen (Nucleobasen), die sich zum einen von Purin, zum anderen von Pyrimidin ableiten (s. Tab. 16-1).

Nachstehend sind die Strukturformeln der molekularen Bausteine der Nucleotide und der entsprechenden Nucleoside wiedergegeben:

Phosphorsäure

Pentosen: Ribose   Desoxy-ribose

Beide Pentosen liegen in der D-Konfiguration als β-Anomere vor, die glycosidische OH-Gruppe liegt also in der Haworth-Formel oberhalb der Ring-Ebene. Sie unterscheiden sich dadurch von einander, daß das C-Atom 2 der Desoxy-ribose mit zwei Wasserstoff-Atomen, das der Ribose dagegen mit einer OH-Gruppe und einem H-Atom verknüpft ist.

31 Nucleotide

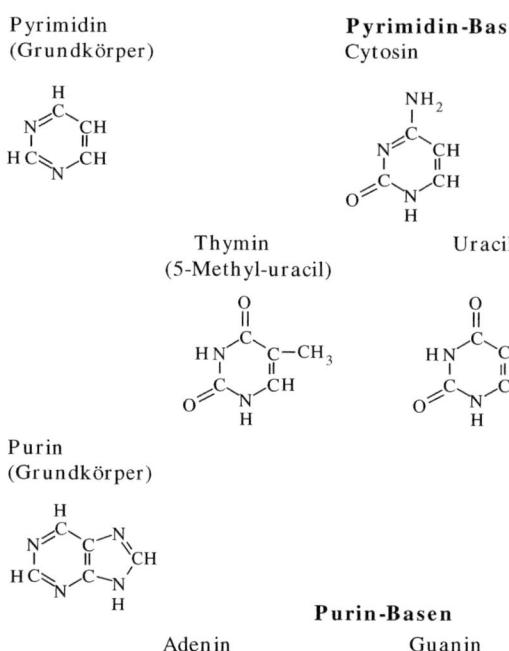

Guanin und die Pyrimidin-Basen reagieren mit Ribose und Desoxy-ribose zu den entsprechenden Nucleosiden. Insgesamt ergeben sich hieraus folgende **Nucleoside**:

Base	Ribo-nucleosid (X=OH)	Desoxy-ribonucleosid (X=H)
Adenin (A)	Adenosin (A)	Desoxy-adenosin
Guanin (G)	Guanosin (G)	Desoxy-guanosin
Cytosin (C)	Cytidin (C)	Desoxy-cytidin
Thymin (T)		Thymidin (dT)
Uracil (U)	Uridin (U)	

31.2 Mononucleotide

Durch Reaktion der glycosidischen OH-Gruppe der Pentose mit einer NH-Gruppe des Base-Ringsystems entstehen unter Wasser-Abspaltung die entsprechenden N-Glycoside, die als Nucleoside bezeichnet werden. So entsteht aus β-D-Ribose und Adenin das Adenosin genannte N-Glycosid: (In den folgenden Formeln sind die C-Atome im Ringsystem der Pentose und der Basen nicht mehr gesondert eingezeichnet; zur Kennzeichnung der Ring-Atome werden die Ziffern für die C-Atome der Pentose mit einem Strich versehen, z. B. 5'.)

Von den Nucleosiden leiten sich strukturell die Nucleosid-monophosphate ab. Hierzu wird eine Phosphat-Gruppe entweder mit der alkoholischen OH-Gruppe in 5'-Stellung oder mit der in 3'-Stellung verknüpft. Die entsprechenden Nucleosid-5'- und Nucleosid-3'-monophosphate (Phosphorsäuremonoester) nennt man Nucleotide oder, zur Abgrenzung von höhermolekularen Verbindungen, **Mononucleotide**. Sie sind die eigentlichen Bausteine der Nucleinsäuren.

Das bekannteste Nucleotid ist **Adenosinmonophosphat** (AMP), in dem die OH-Gruppe am C-Atom 5' der Ribose mit Phosphorsäure verestert ist (die Formel zeigt die bei physiologischem pH-Wert vorliegenden Anionen):

31.2 Mononucleotide

Das **Verknüpfungsprinzip** zwischen den Bausteinen der Nucleotide ist:
- die N-glycosidische Bindung zwischen dem C-Atom 1' der Pentose und dem N-Atom 1 der Pyrimidin-Base oder dem N-Atom 9 der Purin-Base
- die Ester-Bindung zwischen der alkoholischen OH-Gruppe am C-Atom 5' (oder am C-Atom 3') der Pentose und Phosphorsäure

Nachstehend sind die Bezeichnungen der wichtigsten 5'-Nucleotide aufgeführt („d" bedeutet hier stets „Desoxy"):

Ribonucleotide	Desoxy-ribonucleotide
Adenosin-5'-monophosphat (AMP)	Desoxy-adenosin-5'-monophosphat (dAMP)
Guanosin-5'-monophosphat (GMP)	Desoxy-guanosin-5'-monophosphat (dGMP)
Cytidin-5'-monophosphat (CMP)	Desoxy-cytidin-5'-monophosphat (dCMP)
	Thymidin-5'-monophosphat (dTMP)
Uridin-5'-monophosphat (UMP)	

Gebräuchlich sind auch auf „-säure" endende Namen um auszudrücken, daß diese Verbindungen Säure-Eigenschaften haben, z. B. Adenylsäure, Guanylsäure, Cytidylsäure und Uridylsäure.

Aus den genannten **Mono**nucleotiden als monomeren Verbindungen sind sowohl **Oligo**nucleotide als auch **Poly**nucleotide aufgebaut:
- *Ribonucleinsäuren aus*:

AMP

UMP

GMP

CMP

- *Desoxyribonucleinsäuren aus*:

dAMP

dTMP

dGMP

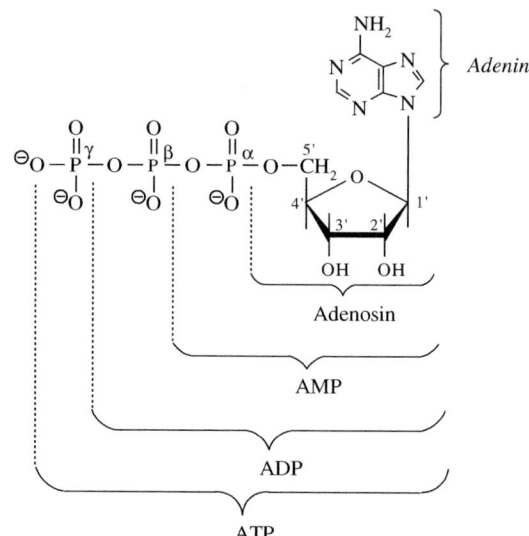

dCMP

Mononucleotide sind nicht nur als Bausteine der Polynucleotide (Nucleinsäuren) von Bedeutung, sondern dienen auch zum Aufbau von *energiereichen* Phosphaten. Aus dem Phosphorsäuremonoester **Adenosin-5'-monophosphat** (AMP) werden in der Zelle **Adenosin-diphosphat** (ADP) und **Adenosin-triphosphat** (ATP) aufgebaut. In diesen Verbindungen ist lediglich der erste Phosphorsäurerest durch eine Ester-Bindung mit dem Sauerstoff-Atom am C-Atom 5' der Ribose verknüpft. Der zweite und der dritte Phosphorsäurerest sind mit dem übrigen Teil des Moleküls durch *Phosphorsäureanhydrid-Bindungen* verknüpft. In den Formeln der so entstehenden energiereichen Phosphate kann man die Anhydrid-Bindung durch eine Wellenlinie (statt des üblichen Valenzstriches) hervorheben. Anhydrid-Bindungen zwischen Phosphorsäure-Gruppen sind somit in den Nucleosid-phosphaten ADP und ATP vorhanden. Zu beachten ist, daß die an Phosphor-Atome gebundenen OH-Gruppen Säure-Eigenschaften haben, bei physiologischem pH-Wert liegen die entsprechenden **Anionen** vor.

Das System ATP/ADP hat große Bedeutung für den Energie-Austausch in allen Zellen (Kap. 34.4.1).

Adenosin-5'-monophosphat ist außerdem am Aufbau von wichtigen **Coenzymen** beteiligt, insbesondere von:
− Nicotinamid-adenin-dinucleotid (NAD$^⊕$),
− Flavin-adenin-dinucleotid (FAD) und von
− Coenzym A.

31.3 Benennung von Nucleotiden

Der Benennung von Nucleotiden und ihrer Bausteine liegen *Trivialnamen* zugrunde, beginnend mit den Bezeichnungen

− Adenin und Guanin für die Purin-Basen (sowie Hypoxanthin, Xanthin und Harnsäure für ihre Stoffwechsel-Produkte, Kap. 26.2.1) und
− Cytosin, Uracil und Thymin für die Pyrimidin-Basen.
− Hiervon leiten sich die Namen der **Ribo**nucleoside ab durch Verwendung der Endsilbe
− **osin** bei den Purin-Basen, so daß sich Adenosin und Guanosin ergeben, sowie
− **idin** bei den Pyrimidin-Basen, so daß sich Cytidin und Uridin ergeben.

Zur Benennung der **Desoxy**ribonucleoside dieser Basen muß immer **Desoxy-** vorangestellt werden, so ergibt sich z. B. Desoxy-adenosin.

Eine Ausnahme bildet der Name *Thymidin* für das N-Glycosid aus Thymin und **Desoxy**ribose. „Desoxy" wird hier aus dem Grunde weggelassen, weil Thymin nur in Desoxyribonucleinsäuren als molekularer Baustein auftritt.

Zur eindeutigen Benennung von Nucleotiden müssen die Vorsilben „mono" bis hin zu „poly" zur Bezeichnung der **Anzahl** der miteinander verknüpften Nucleotide verwendet werden (Tab. 16-3).

Die Vorsilben -mono-, -di- und -tri- sind auch zur Angabe der Anzahl der **Phosphat**-Gruppen notwendig, die **miteinander** verknüpft sind. So ergeben sich die Namensbestandteile Monophosphat, Diphosphat oder Triphosphat, wie z. B. Guanosin**tri**phosphat.

Auf dem Gebiet der Nucleotide und Nucleinsäuren werden ständig *Abkürzungen* verwendet; die wichtigsten sind:
A, G, C, T und **U**

N für ein **beliebiges** Nucleosid oder für einen **beliebigen** Nucleotid-Rest,
M für Mono, D für Di und T für Tri sowie P für Phosphat,
d für Desoxy sowie dd für Didesoxy, insbesondere bei Nucleosid-triphosphaten der 2',3'-**Didesoxy**-D-ribose. Derartige kommerziell erhältliche Triphosphate werden bei der Sequenzierung von DNA verwendet.

31.4 Nucleosid-triphosphate

Neben Adenosin-triphosphat (ATP) sind in allen Zellen noch andere **Ribo**nucleosid-5'-triphosphate vorhanden (allerdings in erheblich niedrigeren Konzentrationen als ATP), wie Guanosin-triphosphat (GTP, das als energiereiches Phosphat im Citronensäure-Cyclus entsteht), Cytidin-triphosphat (CTP) und Uridin-triphosphat (UTP). Diese vier Verbindungen sind die Ausgangsstoffe für die Synthese von **Ribo**nucleinsäuren (RNA).

Darüber hinaus sind auch die vier **2'-Desoxy**-ribonucleosid-triphophate vorhanden, die zur Synthese von Desoxyribonucleinsäuren (DNA) benötigt werden.

Im Vergleich mit den übrigen Nucleosidphosphaten zeichnen sich Nucleosid-**tri**phosphate aufgrund der *zwischen Phosphat-Gruppen vorliegenden* **Anhydrid**-Bindungen durch eine besonders ausgeprägte Reaktionsfähigkeit aus. Sie sind die unmittelbaren Ausgangsstoffe für die Biosynthese aller Nucleinsäuren. Man kann die Struktur der wichtigsten 8 Nucleosid-triphosphate durch die folgende *allgemeine* Formel wiedergeben, die auch deutlich macht, daß diese Verbindungen als *vierfach negativ geladene Ionen* vorliegen.

Wenn man in die angegebene Formel an Stelle von **X** eine **OH**-Gruppe einsetzt und das Strukturmerkmal „Base" zu der jeweiligen Purin- oder Pyrimidin-Base vervollständigt, ergeben sich so die **Ribo**nucleosid-triphosphate ATP, GTP, CTP und UTP.

Entsprechend ergeben sich mit einem **H**-Atom an Stelle von **X** die **Desoxy**ribonucleosid-triphosphate dATP, dGTP, dCTP und dTTP.

Wie erwähnt, erfolgt die Synthese von Nucleinsäuren nicht unmittelbar aus Nucleosid-*mono*phosphaten, sondern aus diesen werden in den Zellen durch von **Kinasen** katalysierte Phosphorylierungs-Reaktionen zunächst Nucleosid-**di**phosphate aufgebaut. Die anschließende Phosphorylierung dieser *Di*phosphate führt schließlich zu den benötigten Nucleosid-**tri**phosphaten. Bei diesen Phosphorylierungs-Reaktionen dient vor allem **ATP** als Phosphatgruppen-Überträger. So verläuft z. B. die Phosphorylierung von Guanosin-monophosphat wie folgt:

GMP + ATP ⇌ GDP + ADP

Die sich anschließende Phosphorylierung von GDP ergibt GTP:

GDP + ATP ⇌ GTP + ADP

Aus dem hierbei (unter **Verbrauch von ATP**) entstandenen ADP wird das für weitere Umsetzungen wiederum erforderliche **ATP** durch den Energie-Stoffwechsel **wiedergewonnen** (Kap. 34.4.1). Besonders hervorzuheben ist, daß **Desoxy**ribonucleosid-phosphate in den Zellen **nicht** ausgehend von Desoxyribose aufgebaut, sondern aus den vorhandenen Ribonucleosid-phosphaten durch **Reduktion am C-Atom 2'** des Ribose-Restes gebildet werden. Ausgangsstoffe für diese Reduktion sind vor allem die Ribonucleosid-**di**phosphate. An der Reaktion

NDP ⟶ dNDP

muß ein *Wasserstoff-Acceptor* teilnehmen; sie wird durch eine *Ribonucleotid-Reduktase* katalysiert.
Im Anschluß an diese Reduktion findet die Phosphorylierung zu den benötigten **Desoxy**ribonucleosid-triphosphaten statt:

dNDP + ATP ⇌ dNTP + ADP

In den Zellen werden auch Desoxy**uridin**-phosphate synthetisiert, obwohl Uracil als Nucleobase am Aufbau von DNA *nicht* beteiligt ist. Der in

Desoxyuridin-monophosphat enthaltene Uracil-Rest wird jedoch durch Austausch eines H-Atoms durch eine **Methyl**-Gruppe (durch Methylierung am C-Atom 5) in einen **Thymin**-Rest umgewandelt (Thymin ist nichts anderes als 5-Methyl-uracil). Das so gebildete (Desoxy)**Thymidin**-monophosphat wird dann in der üblichen Weise phosphoryliert, so daß auf diesem Wege schließlich auch (Desoxy)Thymidin-**tri**phosphat für die Synthese von DNA zur Verfügung steht.

Zur Synthese von DNA-Fragmenten (bestimmten *Abschnitten* aus längeren DNA-Ketten) **außerhalb lebender Zellen (*in vitro*)** werden Desoxyribonucleosid-triphosphate (dNTP) als Tetranatrium- oder Tetralithium-Salze in den Handel gebracht. Diese Triphosphate sind die Ausgangsstoffe für:
– die Vervielfältigung von DNA durch die Polymerase-Kettenreaktion (PCR, Kap. 32.9) und
– die Sequenzierung von DNA nach der Kettenabbruch-Methode (Kap. 32.8).

31.5 Oligonucleotide

31.5.1 Chemischer Aufbau

Als **Oligonucleotide** bezeichnet man Verbindungen, die aus bis zu 30 Mononucleotid-Resten aufgebaut sind. Die Kettenlänge kürzerer Oligonucleotide kann man durch Vorsilben angeben (Tab. 16-3, z. B. Tetranucleotid, Decanucleotid), bei längeren wird einfach die Zahl vorangestellt, welche die Kettenlänge wiedergibt. So bezeichnet man ein Oligonucleotid, in dem 16 Nucleotid-Reste miteinander verknüpft sind, als 16-Oligomer, kurz 16-mer.

Die wichtigsten Oligonucleotide enthalten 2'-Desoxyribose-Reste, an welche die am Aufbau von DNA beteiligten Nucleobasen A, G, C und T gebunden sind.

In diesem Zusammenhang stellt sich die Frage, nach welchem **Verknüpfungsprinzip** aus Mononucleotiden nun Di-, Tri-, Tetra- und Oligonucleotide (und auch die Nucleinsäuren selbst) entstehen. Dieses Verknüpfungsprinzip beruht auf der Eigenschaft der Phosphorsäure, nicht nur Monoester, sondern auch **Di**ester zu bilden.

Wenn der Aufbau einer Oligodesoxyribonucleotid-Kette seinen Anfang z. B. mit Desoxyguanosin-5'-monophosphat (dGMP) genommen hat, dann war dieses „Anfangsglied" der Kette durch eine **freie OH-Gruppe am C-Atom 3'** des Desoxyribose-Restes gekennzeichnet. Die 3' OH-Gruppe war zu diesem Zeitpunkt *nicht* mit Phosphorsäure verestert. (Dies gilt allgemein für alle Nucleotide, die *am Anfang* einer Nucleotid-Kette auftreten).

Sobald nun dieses erste Nucleotid mit einem (in reaktionsfähiger Form vorliegenden) zweiten Nucleotid reagiert, z. B. mit Thymidin-5'-triphosphat (dTTP), wird die freie 3' OH-Gruppe des ersten Nucleotids mit dem zweiten Nucleotid **kovalent verknüpft**. (Hierbei wird anorganisches Diphosphat aus dem reagierenden Nucleosid-triphosphat abgespalten).

Das so entstandene Dinucleotid hat die folgenden Struktur-Merkmale:
– die 5' OH-Gruppe des 1. Nucleotids liegt nach wie vor als Phosphorsäure-**mono**ester vor,
– das 1. und das 2. Nucleotid sind nach erfolgter **Übertragung** eines Nucleosid-monophosphats jetzt durch eine Phosphorsäure**di**ester-Bindung miteinander verknüpft,
– die **3' OH-Gruppe** des 2. Nucleotids liegt als solche vor und steht damit für die **Verlängerung der Nucleotid-Kette** zur Verfügung.

Es schließt sich die Reaktion mit einem weiteren Nucleosid-triphosphat an, und dieser Ablauf kann sich **n-mal** wiederholen. Jedesmal entsteht eine weitere **kovalente Verknüpfung** durch eine **Phosphorsäurediester-Bindung**.

In Abb. 31-1 ist die Strukturformel des als Beispiel gewählten Tetranucleotids GTCA (in Ionenform) dargestellt. Zur Wiedergabe der Aufeinanderfolge der Nucleotide, der sogenannten **Basen-Sequenz**, in niedermolekularen Nucleotiden ebenso wie in Nucleinsäuren verwendet man die Buchstaben A, G, C und T (an dessen Stelle U in Ribonucleinsäuren). Vereinbarungsgemäß *beginnt* die Aneinanderreihung der Symbole der Nucleobasen mit demjenigen Nucleotid, dessen **5'-OH-Gruppe** als Phosphorsäure-monoester vorliegt. Am *Ende* der Sequenz steht stets das Nucleotid mit der *freien OH-Gruppe am C-Atom 3'*. Die Wiedergabe der Sequenz erfolgt somit in 5' → 3' -Richtung, was auch Abb. 31-1 zeigt (GTCA).

Auch die in Oligonucleotiden vorliegenden Nucleotid-Sequenzen gibt man in dieser Weise an,

z. B. für das 14-mer   GCTTACCAGGGTAC

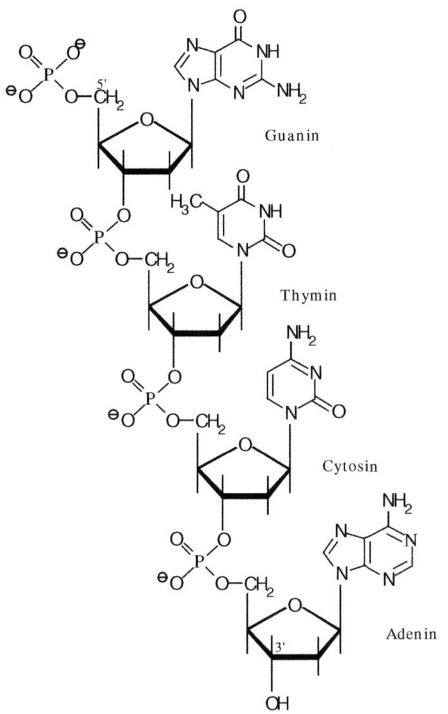

Abb. 31-1. Die Struktur-Formel des Tetranucleotids **GTCA** zeigt das für alle Oligo- und Polynucleotide typische, aus Phosphorsäure-Gruppen und der betreffenden Ribose aufgebaute Rückgrat sowie die N-glycosidische Verknüpfung mit den Purin- und Pyrimidin-Basen in 5' ⟶ 3' - Richtung.

31.5.2 Anwendungen von Oligonucleotiden

Tausende von Oligonucleotiden, die sich in der **Kettenlänge** und in der **Aufeinanderfolge** ihrer Mononucleotid-Bausteine unterscheiden, werden unter Verwendung von Synthese-Automaten (mit denen sich jede beliebige Sequenz vorgeben läßt) kommerziell hergestellt, weil Oligonucleotide für die vielfältigsten Anwendungen eingesetzt werden:
A) Als **Sonden** bei der Suche nach solchen DNA-Sequenzen, zu denen sie **komplementär** sind. Zwischen der gesuchten DNA und der Sonde findet eine **Hybridisierung** statt. Auf diesem Prizip beruhen grundlegende Arbeitsweisen der Molekularbiologie, der Diagnostik und der Gentechnologie (Kap. 32.7).
B) Als **Primer** (Startermoleküle) bei der Synthese neuer DNA. Aufgrund des **Komplementaritäts-Prinzips** lagert sich der Primer an einer ganz bestimmten Sequenz an die vorhandene DNA an. Damit ist die Voraussetzung dafür geschaffen, daß das Enzym **DNA-Polymerase** neue DNA-Moleküle aufbauen kann (s. DNA-Sequenzierung sowie Polymerase-Kettenreaktion, Kap. 32.8 und 32.9).
C) Als **Adaptoren** und **Linker**, um bei der Neukombination von DNA gezielt Nucleotid-Sequenzen einzufügen, die der rekombinierten DNA (z. B. in Klonierungsvektoren) gewünschte Eigenschaften verleihen, z. B. zusätzliche Erkennungssequenzen und Schnittstellen für Restriktionsenzyme (Kap. 33.2).
D) Zur **Synthese vollständiger Gene** durch eine Kombination von *chemischen* Verfahren, durch die man alle benötigten Oligonucleotide herstellt, und *enzymatischen* Verfahren, bei denen man die Oligonucleotide dann durch Einwirkung von Enzymen (DNA-Ligasen) zur Gesamtlänge des Gens *miteinander verknüpft*. Voraussetzung für die chemisch-enzymatische Synthese vollständiger Gene ist natürlich, daß man die Sequenz der Nucleotide in dem jeweiligen Gen kennt.

Durch die perfektionierten Verfahren der DNA-Sequenzierung sind die Sequenzen sehr vieler Gene aufgeklärt worden und Gene damit durch *In-vitro*-Synthese erhältlich.

Darüber hinaus ist es in Kenntnis des **genetischen Codes** (Kap. 32.10.3) möglich, die durch direktes Sequenzieren eines Polypeptids oder Proteins erhaltene Aminosäure-Sequenz in die Nucleotid-Sequenz desjenigen Gens zu übersetzen, welches das betreffende Protein codiert.
E) Zur **zielgerichteten Mutagenese:** Die natürlich vorkommenden DNA-Sequenzen lassen sich in ganz *gezielter Weise* abändern und so bestimmte *Mutationen* an Genen herbeiführen. Zu diesem Zweck kann man Oligonucleotide herstellen, die sich an einer einzigen Position von einer natürlichen, in einer DNA vorhandenen Sequenz unterscheiden.

Wenn man ein solches Oligonucleotid als Primer bei der Vervielfältigung von DNA einsetzt, kann man DNA mit einer **Punktmutation** isolieren, diese mittels eines Vektors in einen Wirtsorganismus einschleusen und untersuchen, wie sich diese Mutation auf die Funktion des Gens auswirkt.

Mit auf dem Wege über Oligonucleotide synthetisch hergestellten Genen kann man durch Hinzufügen (**Insertion**) oder Weglassen (**Deletion**) von Nucleotid-Sequenzen noch weitere Mutationen vornehmen.
F) Zur Herstellung von **DNA-Chips** (DNA-Microarrays) können Oligonucleotid-Ketten unter Anwendung eines photolithographischen Verfahrens *direkt*

auf einen Silicium-Träger durch Schritt für Schritt erfolgende Verknüpfung von 18 bis 25 Nucleotiden synthetisiert werden. Hierbei können die Sequenzen der an das Trägermaterial gebundenen Oligonucleotid-Ketten unter Benutzung von Gen-Datenbanken in vielfältigster Weise variiert werden. So ist es möglich, an genau festgelegten Positionen in einem Rastersegment eine sehr große Anzahl an **Oligonucleotid-Sonden** in hoher Dichte anzubringen. Die Nucleotid-Sequenz dieser Sonden wird der für die jeweiligen DNA-Chips vorgesehenen Verwendung für diagnostische Zwecke, die wiederum auf dem Prinzip der **Hybridisierung** beruht, optimal angepaßt.

Kontrollfragen

31-1 Geben Sie die Namen der Verbindungen an, die durch vollständigen Abbau (hydrolytische Spaltung) von DNA entstehen.

31-2 Wie heißt das aus Adenin und D-Ribose entstehende Nucleosid?

31-3 Wie wird die Verknüpfung bezeichnet, die durch Reaktion zwischen den Molekülen einer Pentose und denen einer Purin- oder Pyrimidin-Base entsteht?

31-4 Durch welche Reaktion entstehen Nucleotide aus Nucleosiden?

31-5 Was bedeuten die Abkürzungen AMP, ADP und ATP? Worin besteht der Konstitutions-Unterschied?

31-6 Durch welches Verknüpfungsprinzip entstehen aus Mononucleotiden Oligonucleotide und Nucleinsäuren (Polynucleotide)?

31-7 Auf welches Struktur-Merkmal ist die besondere Reaktionsfähigkeit der Nucleosid-**tri**phosphate zurückzuführen?

31-8 Wie bezeichnet man Enzyme, die Phosphorylierungs-Reaktionen katalysieren?

31-9 Aus welchen Ausgangsstoffen entstehen **Desoxy**-ribonucleosid-diphosphate in den Zellen?

31-10 Was versteht man unter Oligonucleotiden?

32 Nucleinsäuren

32.1 Einführung

Die Nucleinsäuren bilden gemeinsam mit den Proteinen die Grundlage aller Lebensformen auf der Erde. Während die Proteine eine Vielzahl sehr unterschiedlicher biologischer Funktionen erfüllen (Kap. 28.2), besteht die Aufgabe der Nucleinsäuren in der Speicherung und Weitergabe der genetischen Information.

Der Name Nucleinsäuren geht darauf zurück, daß diese Verbindungen in Zellkernen (Kern, lat. nucleus) vorkommen und saure Eigenschaften haben.

Es gibt zwei Arten von Nucleinsäuren:
- **Desoxyribonucleinsäuren** (international mit **DNA**, von engl. deoxy-ribonucleic acid, im Deutschen mit DNS abgekürzt) sind die Träger der Erbinformation.
- **Ribonucleinsäuren** (**RNA** von ribonucleic acid; im Deutschen RNS) erfüllen wichtige Funktionen bei der Protein-Biosynthese, dem Aufbau der Eiweißstoffe in den Zellen aller Lebewesen.

Bis zur Mitte des 20. Jahrhunderts bestand die vorherrschende Auffassung darin, Proteine – und nicht Nucleinsäuren – als die Träger der Erbinformation anzusehen. 1944 wurde jedoch erstmals der Nachweis erbracht, daß *das genetische Material aus DNA besteht*. Zu dieser Zeit war der *räumliche Aufbau von DNA* nicht bekannt. Man kannte lediglich die niedermolekularen Verbindungen, aus denen DNA aufgebaut ist, sowie das Verknüpfungsprinzip der molekularen Bausteine miteinander (Kap. 31.5.1).

32.2 Chemischer Aufbau der Nucleinsäuren

Nucleinsäuren sind **Polynucleotide**. An ihrem Aufbau sind nur wenige niedermolekulare Verbindungen beteiligt (Kap. 31.1):

Bei **DNA**: **2-Desoxy**-ribose und Phosphorsäure
Adenin, Guanin, Cytosin und **Thymin**
Bei **RNA**: Ribose und Phosphorsäure
Adenin, Guanin, Cytosin und **Uracil**

Wie in Kapitel 31.5.1 ausgeführt ist, entstehen aus diesen molekularen Bausteinen zunächst **Mononucleotide**, aus denen dann über **Phosphorsäure-3',5'-diester-Bindungen** (kurz: Phosphodiester-Bindungen) die *Nucleinsäuren* aufgebaut werden, die aus *langen kettenförmigen Molekülen* bestehen.

Die zahlreichen Nucleinsäuren unterscheiden sich
- in der Anzahl der Nucleotide, die miteinander verknüpft sind, und damit in der Kettenlänge (Molekülgröße) sowie
- in der Aufeinanderfolge (der Sequenz bzw. Abfolge) ihrer Nucleotid-Reste A, G, C und T bei DNA und A, G, C und U bei RNA.

Die Kennzeichnung der *Kettenlänge* erfolgt einfach durch die Angabe der Zahl der Basen (bei Doppelsträngen der Zahl der Basen-Paare) unter Verwendung der Bezeichnung „Kilobasen" (kb) für jeweils 1000 Basen.

In den längsten DNA-Molekülen sind Millionen von Basen-Paaren enthalten. Desoxyribonucleinsäuren zeichnen sich unter den Biopolymeren durch die höchsten Molekülmassen aus.

Der Aufbau des Rückgrats der Nucleinsäure-Ketten ist ganz gleichförmig und besteht nur aus der sich ständig wiederholenden Verknüpfung von Pentose-Resten mit Phosphat-Gruppen, die aus den Phosphorsäurediester-Gruppen durch Dissoziation jeweils eines Protons entstehen. In dem folgenden Formelbild sind die kovalenten Bindungen zur Pentose nur angedeutet:

$$\text{H-O-}\overset{\overset{\displaystyle O}{|}}{\underset{\underset{\displaystyle O}{|}}{P}}\text{-O} + H_2O \rightleftharpoons {}^{\ominus}\text{O-}\overset{\overset{\displaystyle O}{|}}{\underset{\underset{\displaystyle O}{|}}{P}}\text{-O} + H_3O^{\oplus}$$

Weil in den Nucleinsäure-Molekülen eine Vielzahl dieser funktionellen Gruppen vorhanden ist, liegen bei *physiologischem pH-Wert* **Polyanionen** vor. Auf der Eigenschaft dieser Polyanionen, im elektrischen Feld zu wandern, beruhen die Verfahren zur Auftrennung von Nucleinsäuren durch Gel-Elektrophorese.

Diese **anionischen** Gruppen verleihen dem Rückgrat der Nucleinsäure-Ketten *hydrophile* Eigenschaften und bilden die strukturelle Grundlage für die Komplex-Bildung mit basischen Proteinen wie den Histonen.

Dagegen verhalten sich die N-glycosidisch gebundenen Nucleobasen *hydrophob*.

Die **Basen-Zusammensetzung von Desoxyribonucleinsäuren** aus tierischen Organismen, aus Pflanzen, aus Pilzen und aus Mikroorganismen wurde in Forschungsarbeiten ermittelt, die insbesondere der Biochemiker Chargaff vor etwa 50 Jahren durchgeführt hat. Die erhaltenen Ergebnisse lassen sich in den Chargaffschen Regeln zusammenfassen:
– In DNA ganz unterschiedlicher Herkunft ist der Anteil (in Mol-%) an Adenin und Thymin gleich groß (A:T=1:1).
– Auch der Anteil an Guanin und Cytosin ist gleich groß (G:C = 1:1).

Dies bedeutet, daß *in allen DNA-Molekülen*
– die Anzahl der Adenin-Reste gleich der Anzahl der Thymin-Reste ist und
– die Anzahl der Guanin-Reste gleich der Anzahl der Cytosin-Reste sowie
– die **Summe** der Purinbasen-Reste gleich der Summe der Pyrimidinbasen-Reste.

Dies gilt für DNA aus unterschiedlichen Spezies ebenso wie für DNA aus allen Zellen und Geweben von Organismen derselben Spezies.

Dagegen treten charakteristische Unterschiede zu Tage, wenn man bei der Analyse der Basen-Zusammensetzung der DNA die **Summe** der Adenin- und Thymin-Reste in Relation zur Summe der Guanin- und Cytosin-Reste setzt. Das Verhältnis (A+T):(G+C) beträgt **nicht** 1:1, sondern es hängt im einzelnen davon ab, in welcher Spezies von Tieren, Pflanzen oder Mikroorganismen die DNA vorkommt. Der jeweilige Wert ist für die betreffende Spezies charakteristisch.

Darüber hinaus hatte die von Wilkins und Franklin durchgeführte Röntgen-Strukturanalyse an DNA-Kristallen ergeben, daß die *native* DNA zwei Ordnungsmerkmale aufweist, die periodisch in Abständen von 0,34 nm und 3,4 nm auftreten.

Auf diesen Erkenntnissen aufbauend haben Watson und Crick 1953 ein Modell vorgeschlagen, das den **räumlichen Aufbau der DNA als Doppelhelix** wiedergibt (s. **Farbtafel, Abb. 32-1**). Hiernach bestehen DNA-Moleküle aus **zwei** Polynucleotid-Ketten (zwei *Strängen*), die sich *rechtsgängig* um eine gemeinsame Achse winden und eine Doppelhelix mit einem Durchmesser von 2 nm bilden. Die beiden Stränge verlaufen *antiparallel* (entgegengesetzt gerichtet), der eine in 5' ⟶ 3'-Richtung, der andere in 3' ⟶ 5'-Richtung (Kap. 32.10.1).

An den **Außenseiten** der Doppelhelix befindet sich das von Desoxyribose (dRib) und Phosphodiester-Gruppen (als **P** abgekürzt) gebildete, hydrophile **Rückgrat**, das ganz gleichförmig gebaut ist:

-**P**-dRib-**P**-dRib-**P**-dRib-**P**-dRib-**P**-dRib-**P**-

Die *hydrophoben* Purin- und Pyrimidin-Basen jedes Strangs sind **innen** angeordnet und im Inneren der Doppelhelix übereinander gestapelt (**Basen-Stapelung**). Die Doppelhelix-Struktur der DNA resultiert daraus, daß sich *zwischen ganz bestimmten Basen* **Wasserstoffbrücken-Bindungen** *ausbilden,* und zwar **streng spezifisch** zwischen Adenin und Thymin (2 Wasserstoffbrücken-Bindungen) sowie zwischen Guanin und Cytosin (3 Wasserstoffbrücken-Bindungen) wie Abb. 32-2 (Farbtafel) zeigt. Man bezeichnet diesen Vorgang als **Basen-Paarung** und die daran beteiligten Basen **A** und **T** zum einen sowie **G** und **C** zum anderen als **komplementäre Basen**.

Die DNA-Doppelhelix ist so aufgebaut, daß einer Base, die eine bestimmte Position in einem Einzelstrang einnimmt, in der entsprechenden Position des anderen Einzelstrangs immer nur eine **komplementäre Base** gegenübersteht. Da die komplementären Basen-Paare A und T sowie G und C sind, bedeutet das, daß z. B. jedem A auf einem Strang ein T auf dem anderen Strang zugeordnet ist und umgekehrt. Das gleiche Prinzip gilt für G und C.

Aus dieser Tatsache heraus erklären sich die in den Chargaffschen Regeln niedergelegten Ergebnisse über die Basen-Zusammensetzung von nativer DNA.

Abb. 32-2 (Farbtafel) zeigt, zwischen welchen Atomgruppen in den komplementären Basen Wasserstoffbrücken-Bindungen vorliegen.

Nur aus der Paarung zwischen den genannten komplementären Basen resultieren Gegebenheiten, die sowohl in *energetischer* Hinsicht als auch im Hinblick auf den *geometrischen* Aufbau der DNA-Doppelhelix optimiert sind.

Die in lebenden Zellen ganz überwiegend vorliegende Struktur der Doppelhelix bezeichnet man als

B-DNA. In der B-DNA sind 10 Basen-Paare pro helicaler Windung vorhanden. Der helicale Anstieg pro Basen-Paar beträgt 0,34 nm, so daß sich eine helicale Ganghöhe von 3,4 nm ergibt.

Der Aufbau der DNA-Doppelhelix ist oft durch den Vergleich mit einer Wendeltreppe oder mit einer Strickleiter veranschaulicht worden, bei der das Desoxyribose-Phosphat-Rückgrat die Holme und die durch Wasserstoffbrücken-Bindungen zusammengehaltenen komplementären Nucleobasen die Sprossen der Leiter bilden.

DNA liegt normalerweise in Form von **doppelsträngigen** Molekülen vor, die fadenförmig (linear) oder bei Plasmiden in sich geschlossen (ringförmig, circulär) sein können. Lediglich die Genome einiger Viren bestehen aus *einzelsträngiger* DNA. So besteht die DNA mancher Bakterien-Viren (Bakteriophagen oder Phagen), wie die des Phagen M13, aus einem circulären Einzelstrang.

Im Gegensatz zu den DNA-Molekülen liegen die Moleküle von **Ribo**nucleinsäuren (**RNA**) in der Regel *als Einzelstrang* vor. RNA kann sich jedoch mit DNA zu doppelsträngigen RNA/DNA-Hybrid-Molekülen zusammenlagern.

Des weiteren können in einzelsträngigen RNA-Molekülen *kurze doppelsträngige Abschnitte* vorhanden sein, die sich durch **intra**molekulare Basen-Paarung bilden.

Die Ausbildung von Wasserstoffbrücken-Bindungen zwischen komplementären Basen, das Prinzip der **Basen-Paarung**, ist die Grundlage für sämtliche nachstehend aufgeführten biologischen Vorgänge wie auch für viele außerhalb der lebenden Zelle (*in vitro*) durchgeführte Verfahren, wie

– die Entstehung der DNA-Doppelhelix-Struktur und damit der Replikation und der Transkription,
– der Bindung der Transfer-Ribonucleinsäuren mit ihren Anticodons an die betreffenden Codons der messenger Ribonucleinsäuren,
– die Bindung von Starter-Oligonucleotiden (Primern) an einen als Zielsequenz dienenden DNA-Abschnitt als Voraussetzung für die Vervielfältigung (Amplifikation) von DNA durch die Polymerase-Kettenreaktion,
– die Sequenzierung von DNA durch Kettenabbruch-Synthese,
– die Hybridisierung von Nucleinsäuren mit anderen Nucleinsäuren, mit DNA-Fragmenten, mit Gen-Sonden und mit Oligonucleotiden; allein auf der Hybridisierung beruht eine große Vielzahl und Vielfalt an Verfahren zum Aufspüren bestimmter DNA-Abschnitte in der medizinischen Diagnostik und in der Gerichtsmedizin,
– das Anlegen von cDNA-Bibliotheken ausgehend von der zellulären mRNA,
– die Affinitäts-Chromatographie zur Abtrennung von Poly(A)mRNA von allen anderen Nucleinsäuren durch Bindung ihrer Polyadenyl-Sequenz an Oligo-dT-Sequenzen, die mit einem festen Trägermaterial (wie Cellulose oder beschichteten paramagnetischen Partikeln) verknüpft sind.

32.3 Chemische Eigenschaften von Nucleinsäuren

Der Name Nucleinsäuren schließt nicht nur den Hinweis auf das Vorkommen dieser Verbindungen in Zellkernen ein, sondern macht auch ihre Eigenschaft deutlich, als **Säuren** zu reagieren. Somit leiten sich von den Nucleinsäuren auch **Salze** ab, z. B. mit Alkalimetall-Ionen.

Nucleinsäuren liegen meist nicht als *Moleküle* hochmolekularer Säuren vor (obwohl meist von DNA- und RNA-Molekülen die Rede ist), sondern als **Polyanionen**, d.h. als hochmolekulare Teilchen, die eine **Vielzahl negativer Ladungen** tragen.

Bedingt durch die außergewöhnliche *Länge der DNA-Stränge* (bei kleinem Durchmesser) führt bereits mechanische Beanspruchung häufig zum *Strangbruch*, z. B. bei der Isolierung von DNA aus Geweben.

RNA und **DNA** unterscheiden sich in der Stabilität gegenüber **hydrolytischer Spaltung** erheblich voneinander. RNA wird sowohl durch Einwirkung von Ribonucleasen (RNasen) als auch durch $OH^\ominus$-Ionen in wässrig-alkalischer Lösung sehr leicht gespalten. Diese leichte Hydrolysierbarkeit ist auf das Vorhandensein der **2′ OH**- Gruppe am **Ribose**-Rest zurückzuführen.

In den **Desoxyribose**-Resten der DNA liegt **keine 2′ OH**-Gruppe vor. Daher ist DNA gegenüber der durch DNasen katalysierten hydrolytischen Spaltung stabiler. DNasen benötigen $Mg^{\oplus\oplus}$-Ionen als Cofaktor und können leicht durch Zugeben von Ethylendiamintetraessigsäure (EDTA, Kap. 26.6) gehemmt werden, weil EDTA $Mg^{\oplus\oplus}$-Ionen in Form von Chelat-Komplexen bindet.

Auch in alkalischer Lösung wird RNA leicht hydrolytisch gespalten in einer Reaktion, die durch **Hydroxid-Ionen** katalysiert wird. Zusammen mit RNA vorhandene DNA wird unter diesen Bedingungen *nicht* hydrolysiert.

32.4 Vorkommen von DNA

Die genetische Information aller Lebewesen sowie zahlreicher Viren ist in der Aufeinanderfolge der Nucleotide (der Basen-Sequenz) in der DNA gespeichert.

Bei den **Eukaryoten** befindet sich fast die gesamte DNA der Zellen **im Zellkern**.

Darüber hinaus ist DNA auch in den *Mitochondrien* und (bei pflanzlichen Zellen) in den *Chloroplasten* enthalten.

In den Zellkernen von Eukaryoten liegen die Nucleinsäuren in Form von Nucleoprotein-Komplexen vor. Derartige aus DNA, RNA **und** Proteinen gebildete **Nucleoproteine** bezeichnet man als **Chromatin**. Das im Zell-Cyclus während der *Interphase* vorliegende Chromatin ist während der *Metaphase* (Mitose) zu lichtmikroskopisch sichtbaren **Chromosomen** zusammengedrängt. Die am Aufbau von **Chromatin** beteiligten Proteine sind ganz überwiegend **Histone**. Hinzu kommen jedoch auch „Nicht-Histon-Proteine", und zwar Struktur-Proteine, bestimmte Enzyme und Transkriptions-Faktoren. Die Histone sind unmittelbar mit DNA assoziiert.

Als **Histone** bezeichnet man einige kurzkettige Proteine, für die ein hoher Anteil an **Lysin**-Resten in der Aminosäure-Sequenz und somit **basische Eigenschaften** charakteristisch sind. Der zwischen den Ammonium-Gruppen in den Lysin-Seitenketten der Histone und den Phosphat-Gruppen der DNA (Polyanionen) erfolgende Ausgleich elektrischer Ladungen erlaubt die *dichte Packung der DNA im Zellkern*. Je zwei Moleküle von vier unterschiedlichen Histonen bilden einen *scheibenförmigen octameren Komplex*, um den Abschnitte von DNA-Molekülen herumgewickelt sind. Die so gebildeten Partikel nennt man **Nucleosomen**.

An der Bildung *eines* Nucleosoms sind etwa 200 bp der DNA beteiligt, von denen 146 bp um den Histon-Komplex gewickelt sind und 54 bp der DNA unter Bindung an ein weiteres Histon das „Bindeglied" zum folgenden Nucleosom bilden. Diese Aneinanderreihung von Nucleosomen ähnelt im Bild einer Perlenkette.

Eine Vorstellung darüber, wie dicht die DNA im Zellkern gepackt ist, vermittelt der Hinweis, daß die gesamte DNA in einer menschlichen Zelle aneinandergereiht eine Länge von 1,7 m hätte.

Die im Chromatin und den Chromosomen vorliegenden DNA-Moleküle sind aus Millionen von Nucleotid-Monomeren aufgebaut. Schon das kleinste menschliche Chromosom (Chromosom 21, das vollständig sequenziert ist) umfaßt mehr als 33,5 Millionen Basen-Paare. Auf diesen außerordentlich langen Molekülen sind nun **DNA-Abschnitte** (Sequenzen) vorhanden, welche die in ihnen enthaltene genetische Information an *funktionelle Ribonucleinsäuren* weitergeben. Diesen Vorgang bezeichnet man als *Transkription* (Kap. 32.10.2)

Die meisten dieser funktionellen Ribonucleinsäuren dienen dann als „Arbeitskopien" für die Synthese von Proteinen – ihre Nucleotid-Sequenzen werden hierbei in die Aminosäure-Sequenzen von Proteinen übersetzt.

Alle **Abschnitte** auf der DNA, die für ein *funktionelles Transkript*, d.h. für eine RNA oder für ein Polypeptid oder Protein *codieren*, bezeichnet man als **Gene**.

Eine geringe Zahl an Genen trägt die Information für die Synthese von *ribosomaler RNA* oder von *Transfer-RNA*. Als Gen-Produkte übernehmen diese Ribonucleinsäuren dann ihrerseits ganz bestimmte Aufgaben in der Zelle (Kap. 32.10.3).

Die meisten Gene codieren für Proteine.

Als *funktionelle Einheiten* auf der DNA enthalten die Gene sowohl *codierende* Sequenzen als auch *regulatorische* Sequenzen. Der regulatorische Teil eines Gens kontrolliert das *Ablesen der genetischen Information* und hat somit Einfluß darauf, in welchen Zellen oder Geweben und zu welcher Zeit das betreffende Gen exprimiert (ausgeprägt) wird. Über diese Kontrollsequenzen der Gene werden die entwicklungs- und gewebespezifische *Expression* und die Anpassungen an unterschiedliche Stoffwechsellagen geregelt.

In jeder einzelnen Körperzelle eines vielzelligen Organismus sind zwar sämtliche Gene vorhanden, jedoch werden je nach Zelltyp nur bestimmte Gene exprimiert.

In der weitaus überwiegenden Zahl der Gene sind die Bauanleitungen für die Synthese aller für die Zelle lebenswichtigen Proteine niedergelegt. Diese „Bauanleitungen" sind diejenigen DNA-Abschnitte, die in *messenger-RNA* transkribiert werden.

Der Aufbau der Gene in höheren Eukaryoten unterscheidet sich grundlegend von dem Aufbau der Gene in Prokaryoten.

In **eukaryotischen Genen** liegen die codierenden Bereiche nicht als zusammenhängende DNA-Sequenzen vor, sondern die *codierenden*, **Exons** genannten Sequenzen sind durch *nicht-codierende*, **Introns** genannte Sequenzen in sehr unterschiedlicher Länge und Anzahl *unterbrochen*.

Auch die menschlichen Gene weisen viele kurze Exons auf, **zwischen** denen sich lange Introns befinden. Als *Ausnahme* sind Gene für Histone und Interferone zu erwähnen, die keine Introns enthalten. Andererseits sind Gene bekannt, die mehr als 50 Introns einschließen. Das längste menschliche Gen überspannt 2,4 Millionen Basen-Paare und besteht größtenteils aus nicht-codierender DNA; seine codierenden Sequenzen enthalten den Bauplan für das Muskelprotein Dystrophin.

In den meisten **Prokaryoten** liegt die DNA überwiegend in Form eines einzelnen doppelsträngigen circulären Moleküls vor. An der Bildung von Komplexen mit **Bakterien-DNA** sind nur *regulatorische Proteine* beteiligt.

Im Gegensatz zu den eukaryotischen Genen bestehen die Gene von Prokaryoten, wie Bakterien, aus *unmittelbar aufeinanderfolgenden codierenden DNA-Sequenzen, zwischen denen es **keine Introns** gibt*.

Darüber hinaus enthalten viele Prokaryoten (und auch einige niedere Eukaryoten) *außerhalb* ihres Chromosoms noch **ringförmige** doppelsträngige DNA. Aus dieser DNA bestehen die **Plasmide**, die vor allem in Bakterien in unterschiedlicher Größe und Kopienzahl vorhanden sind.

Die wesentlichen Unterschiede im Aufbau der Gene von Prokaryoten und Eukaryoten sind in Tab. 32-1 aufgeführt.

Als **Genom** bezeichnet man das gesamte genetische Material einer Zelle bzw. eines Organismus. Bei Eukaryoten umfaßt das Genom ganz überwiegend die im Zellkern auf den Chromosomen angeordneten Gene, schließt aber auch die in der extrachromosomalen DNA von Zellorganellen (Mitochondrien, Chloroplasten) vorliegenden Gene ein.

Von der Bezeichnung „Bakterien-Genom" werden *Plasmide* ausgenommen, weil sich Plasmide in ihren Wirtszellen *autonom replizieren*, d.h. unabhängig vom Bakterien-Chromosom vermehren.

Während die Genome aller lebenden Organismen aus *doppelsträngiger* DNA bestehen, zeichnen sich die in den Partikeln von **Viren** und **Bakteriophagen** (Bakterien-Viren) verpackten Genome durch große Vielfalt aus. Sie bestehen bei manchen Viren aus doppelsträngigen, bei anderen hingegen aus *einzelsträngigen* DNA-Molekülen und kommen in linearer Form ebenso vor wie in circulärer Form.

Darüber hinaus gibt es *Viren*, deren Erbsubstanz (nicht aus DNA, sondern) aus *RNA* besteht. Man nennt sie **Retroviren**. Nach der Infektion durch Retroviren bildet deren RNA die Matrix, an der im Wirtsorganismus ein hierzu komplementärer Strang von DNA synthetisiert wird. Den Vorgang der DNA-Synthese an einer RNA-Matrize bezeichnet man als **Reverse Transkription**, weil er in *umgekehrter Richtung* wie die für den Fluß der genetischen Information grundlegende Umschreibung (Transkription) von DNA in RNA stattfindet. Für die Reverse Transkription von RNA in DNA ist die Mitwirkung einer *RNA-abhängigen DNA-Polymerase* notwendig. Dieses Enzym nennt man **Reverse Transkriptase.**

Reverse Transkriptase wird auch bei der Polymerase-Kettenreaktion und in der Gentechnologie (Kap. 33.2) immer dann eingesetzt, wenn man in einem vorangegangenen Verfahrensschritt messenger RNA gewonnen hat und aus dieser dann mit Hilfe von Reverser Transkriptase die komplementäre DNA (**cDNA**) synthetisieren will.

Tab. 32-1: DNA in Prokaryoten und Eukaryoten

Prokaryoten	Eukaryoten
Die Gene liegen auf einem in sich geschlossenen (circulären) DNA-Doppelstrang, der im Cytoplasma der Zelle eingebettet ist.	Die DNA ist im Zellkern in Chromosomen angeordnet. Die Gene verteilen sich auf sämtliche Chromosomen.
Die Gene enthalten keine Introns.	Zwischen den codierenden Sequenzen eines Gens (den Exons) befinden sich lange, nicht-codierende Sequenzen (Introns).
Fast alle Bakterien-Arten (und einige Pilze) enthalten extrachromosomale ringförmige DNA in Form von Plasmiden.	DNA ist auch in Mitochondrien und Chloroplasten vorhanden.

32.5 Isolierung und Aufreinigung von Nucleinsäuren

Die Isolierung und Aufreinigung von Nucleinsäuren bildet die Grundlage für viele Arbeiten in molekularbiologischen und diagnostischen Laboratorien und im Bereich der Gentechnologie. Hierfür stehen zahlreiche Verfahren zur Verfügung, die auf die Art der zu isolierenden Nucleinsäuren (Tab. 32-2), auf die Herkunft des Ausgangsmaterials (Probenmaterial) und auf die Anforderungen zugeschnitten sind, die hinsichtlich des Reinheitsgrades der Nucleinsäure-Präparationen gestellt werden.

Die Anforderungen an den **Reinheitsgrad** hängen stark von der vorgesehenen *Verwendung* ab und sind besonders hoch für:
- therapeutische Anwendungen, z. B. zur Vakzinierung oder zur Gentherapie,
- diagnostische Anwendungen, z. B. zur Durchführung der Polymerase-Kettenreaktion sowie
- zur Bestimmung von DNA-Sequenzen (zur Sequenzierung).

Die Reinheit von Nucleinsäure-Präparationen kann UV-spektroskopisch bestimmt werden, indem man das Verhältnis der Absorption bei 260 nm und bei 280 nm ermittelt. Dieses sollte folgende Werte haben:

Für reine **DNA**: $A_{260} : A_{280} \geq 1{,}8$
Für reine **RNA**: $A_{260} : A_{280} \geq 2{,}0$

Ist dieses Verhältnis *kleiner als* 1,8 für DNA oder kleiner als 2,0 für RNA, so enthält die untersuchte Präparation Verunreinigungen, die bei 280 nm absorbieren, d.h. Proteine und/oder Phenol.

Die komplex zusammengesetzten biologischen Ausgangsmaterialien können von ganz unterschiedlicher Herkunft und Beschaffenheit sein. Die bestehenden Unterschiede, z. B. in der Strukturierung von tierischem und pflanzlichem Gewebe oder im Aufbau der Zellwände von Gram-positiven und Gram-negativen Bakterien machen mechanische Behandlungen (wie Homogenisieren) oder die Einwirkung von zum Abbau von Zellwand-Bestandteilen geeigneten Enzymen, wie Lysozym, erforderlich, bevor mit der eigentlichen Isolierung der gewünschten Nucleinsäuren begonnen werden kann.

Hierzu sind insbesondere die Freisetzung aller Zellbestandteile und die *Inaktivierung der zelleigenen (endogenen)* **Nucleasen** notwendig. Der Zweck dieser Inaktivierung ist, die gewünschten Nucleinsäuren ohne Substanz-Verluste und in ihrer natürlichen Molekülgröße isolieren zu können. Bei der Isolierung von Nucleinsäuren ist speziell zu beachten, daß sowohl die im Zellmaterial vorhandenen Nucleasen als auch die im Laborbereich nahezu überall verbreiteten Ribonucleasen die hydrolytische Spaltung von Nucleinsäuren katalysieren. Hierzu benötigen **Ribonucleasen** keinen Cofaktor. Dagegen brauchen **Desoxy-ribonucleasen** Magnesium-Ionen als Cofaktor für ihre enzymatische Aktivität. Bei der Isolierung von Nucleinsäuren kommt es, vereinfacht dargestellt, darauf an,
- **DNA** zu gewinnen und RNA und Proteine abzutrennen oder
- **RNA** zu gewinnen und hierbei DNA und Proteine abzutrennen.

Je nach Aufgabenstellung müssen nun die endogenen Nucleasen in ihrer Aktivität gehemmt (inhibiert) werden. Besonders die Isolierung von **RNA** aus Zellen und Geweben wird durch die Empfindlichkeit von RNA gegenüber Ribonucleasen (RNasen) erheblich beeinträchtigt. Daher muß man bereits bei der Zell-Lyse verhindern, daß die im Zellmaterial vorhandenen Ribonucleasen RNA „angreifen" können.

Tab. 32-2: Ausgangsmaterial zur Isolierung von Nucleinsäuren

Art der Nucleinsäuren	Ausgangsmaterial (Probenmaterial)
Gesamt-RNA oder Genomische DNA	tierische und pflanzliche Zellkulturen, Gewebe, Blut, Bakterien, Hefen
Poly(A) mRNA (Polyadenylierte mRNA)	Zellkulturen, Gewebe, Humanes Vollblut, Leukocyten
Virus RNA oder Virus DNA	Serum, Plasma, Vollblut, Körperflüssigkeiten, Kulturüberstände
Plasmid-DNA	Bakterien-Kulturen
Phagen-DNA	Flüssigkulturen, Plattenkulturen
DNA-Fragmente	aus dem enzymatischen Abbau von DNA

Um RNasen zu inhibieren, kann man Zellen mit einer Puffer-Lösung lysieren, die **Guanidiniumthiocynat** (Guanidin, Kap. 26.4) und ein Detergenz enthält. In diesem Puffer bleibt RNA in Lösung, wohingegen die RNasen denaturiert werden.

Bei der Isolierung von **DNA** läßt sich DNase einfach durch Zugeben von Ethylendiamintetraessigsäure (EDTA, Kap. 26.6) inhibieren, die $Mg^{\oplus\oplus}$-Ionen in einem Chelat-Komplex bindet.

Weitere Verfahrensmaßnahmen bei der Gewinnung von Nucleinsäuren bestehen darin, **Enzyme** zweckbestimmt **zuzugeben**, um spezielle Ergebnisse zu erzielen, z. B.
- Lysozym zur Lyse der Zellwand von Grampositiven Bakterien (oder entsprechende Enzyme bei Hefen),
- Proteinase K zur hydrolytischen Spaltung von Proteinen beim Aufschluß von Zellen,
- Ribonuclease zum *gewollten* Abbau von RNA (zwecks Gewinnung von DNA) oder
- DNase I zum *gewollten* Abbau von DNA (zwecks Gewinnung von RNA).

Die nach der Zell-Lyse vorliegenden **Gemische** enthalten nicht nur die *verschiedenen Arten von DNA und RNA* nebeneinander, sondern darüber hinaus auch *Proteine* und Polysaccharide sowie zur Zell-Lyse eingesetzte Detergenzien und Salze.

Die *Proteine* können aus wäßrigen, Nucleinsäure enthaltenden Lösungen durch *Extraktion mit Phenol oder mit Mischungen aus Phenol und Chloroform* (und Isoamylalkohol, d.h. 3-Methyl-butanol) entfernt werden. Hierbei reichern sich die Proteine in denaturierter Form in der *Interphase* (zwischen der wäßrigen und der organischen Phase) wie auch in der organischen Phase an.

Die in der wäßrigen Phase verbliebenen Nucleinsäuren können dann durch Zugeben von Ethanol oder Isopropanol ausgefällt (präzipitiert) werden.

In zunehmendem Maße werden kommerziell auch Reagenziensätze und Materialien als „Kits" zur Isolierung von Nucleinsäuren angeboten, bei deren Anwendung einzelne Schritte früherer Reinigungsverfahren (wie Zentrifugieren) wegfallen und die Verwendung bestimmter Extraktionsmittel (wie Phenol und Chloroform) nicht mehr erforderlich ist.

32.5.1 Gewinnung von genomischer DNA

Zur Gewinnung von DNA in reiner Form werden mehrere Verfahren angewendet:

Die Gleichgewichtszentrifugation in einem Caesiumchlorid-Dichtegradienten in einer Ultrazentrifuge erlaubt die Trennung genomischer DNA von Plasmid-DNA. Diese Nucleinsäuren erscheinen jeweils als Bande bei $\varrho = 1{,}6930$ g/cm^3 (genomische DNA) und bei $\varrho = 1{,}7035$ g/cm^3 (Plasmid-DNA).

Vielfach basiert die Reinigung von DNA auf der Adsorption an Glasfasermaterialien. Aus Lösungen, die außer DNA noch RNA, zelluläre Proteine und Polysaccharide enthalten, wird **DNA** *selektiv* an SiO_2 adsorbiert, sofern solchen Lösungen chaotrope Salze, wie Guanidinium-thiocyanat oder Natriumiodid, in hoher Ionenstärke zugesetzt werden.

Nachdem die *Adsorption von DNA* erfolgt ist, werden diese Salze sowie alle anfangs vorhandenen Verunreinigungen ausgewaschen. Schließlich wird die *DNA mit Puffer-Lösungen niedriger Ionenstärke eluiert*.

Zur Aufreinigung von DNA sind auch paramagnetische Teilchen kommerziell erhältlich, in denen Magnetit (Eisenoxide) von Siliciumdioxid (SiO_2) umhüllt ist. Aus den aufzureinigenden Lösungen wird DNA *selektiv* an die SiO_2-Oberfläche dieser Teilchen gebunden, die sich dann im magnetischen Feld abtrennen lassen.

Ein weiteres Reinigungsverfahren beruht darauf, daß Desoxyribonucleinsäuren in entsprechend eingestellten Puffer-Lösungen in Form ihrer **Polyanionen** vorliegen, die *selektiv* an eine **Anionenaustauscher-Membran** oder an **DEAE-Anionenaustauscher** (Kap. 2.5.4.3) gebunden werden. Noch anhaftende Verunreinigungen werden durch Waschvorgänge entfernt.

Danach wird die DNA von dem Adsorptionsmaterial *eluiert*. In dem Eluat liegt nun die gesamte DNA aus dem Probenmaterial vor. Dieses Verfahren liefert DNA von höchster Reinheit – ebenso wie die Zentrifugation in einem Caesiumchlorid-Dichtegradienten.

32.5.2 Gewinnung von Plasmid-DNA

Mit dem Ziel, Plasmid-DNA zu isolieren, werden Bakterienzellen in einer Lösung von Natriumhydroxid und Natriumdodecylsulfat (SDS) lysiert. Zu dem alkalischen Lyse-Reagenz wird Ribonuclease A zugegeben, um die bei der Zell-Lyse mit freigesetzte RNA abzubauen. SDS bewirkt die *Solubilisierung* der Phospholipid- und Protein-Bestandteile der Zellmembran und die Freisetzung des Zellinhaltes.

Nach beendeter Zell-Lyse wird eine mit Eisessig auf den pH-Wert 5,5 eingestellte Lösung von Kaliumacetat zugegeben und das Lysat hiermit neutralisiert. Bei der vorliegenden hohen Salz-Konzentration fällt *Kaliumdodecylsulfat* aus. Hierbei werden Proteine und genomische DNA in denaturierter Form sowie Zelltrümmer (Zelldebris), mit ausgefällt.

Die im Vergleich mit genomischer DNA kleinere, kovalent in sich geschlossene Plasmid-DNA wird hierbei **re**naturiert und bleibt im Überstand.

Nach Abtrennung des erhaltenen Präzipitats kann die in Lösung vorliegende Plasmid-DNA durch Anionenaustausch-Chromatographie weiter gereinigt werden. Die hierzu verwendeten Anionenaustauscher bestehen aus festen Trägermaterialien unterschiedlicher Art, deren an der Oberfläche befindliche Schicht wiederum mit Diethylaminoethyl(DEAE)-Gruppen kovalent verknüpft ist. Als Trägermaterialien werden z. B. mit einer hydrophilen Oberflächenbeschichtung versehene Glas-Partikel (silica beads) verwendet.

Durch Einstellen der pH-Werte und der Ionenstärken gelöster Salze in den verwendeten Puffer-Lösungen bewirkt man, daß *bei niedriger Ionenstärke nur Plasmid-DNA selektiv an den Anionenaustauscher gebunden wird*, nicht dagegen die bei dem Abbau von RNA entstandenen Ribonucleotide und sonstigen Begleitstoffe, die durch Auswaschen entfernt werden. Das **Eluieren der Plasmid-DNA** erfolgt dann mit einem Puffer *hoher Ionenstärke*, z. B. mit einer Natriumchlorid und 3-(N-Morpholino)-propansulfonsäure (MOPS, Kap. 25.6) enthaltenden, mit NaOH auf pH 7,0 eingestellten Puffer-Lösung.

32.5.3 Gewinnung von eukaryotischer mRNA (Poly(A)mRNA)

Eukaryotische messenger-RNA weist im Vergleich mit allen anderen Nucleinsäuren die Besonderheit auf, daß am 3'- Ende der RNA-Kette 150 bis 200 **Adenin**-Nucleotidreste aufeinanderfolgen. Aufgrund des Vorhandenseins dieser **Poly(A)-Sequenz** bezeichnet man sie als **Polyadenylierte mRNA**. Dieses besondere Struktur-Merkmal macht man sich zunutze, um Poly(A)mRNA aus der Gesamt-RNA oder unmittelbar aus Gemischen mit allen anderen Nucleinsäuren und Proteinen zu isolieren. Hierzu führt man eine **Affinitäts-Reinigung** durch unter Verwendung von Trägermaterialien, die kovalent mit einem aus 25 oder 30 Thymidin-Nucleotiden aufgebauten Oligonucleotid verknüpft sind. Zunächst wurde meist *Oligo(dT)-Cellulose* in Chromatographie-Säulen zu diesem Zweck verwendet.

Kommerziell erhältlich sind jedoch auch Polystyrol-Partikel mit einer mikroporösen Struktur, in deren Mikroporen Körnchen aus Eisenoxiden als magnetisierbares Material verteilt sind und an deren Oberfläche Oligo $(dT)_{25}$ gebunden ist. Derart beschichtete paramagnetische Partikel kann man zur *selektiven Isolierung von **Poly(A)mRNA*** verwenden.

Dieses Verfahren beruht auf der selektiven Hybridisierung an komplementäre Nucleotid-Sequenzen (hier: **A** an **T**). In einer Puffer-Lösung konditionierte Partikel werden mit dem zu trennenden Material versetzt, inkubiert und anschließend in einem Magnetfeld sedimentiert.

32.6 Denaturierung von DNA

Die *nativen* Moleküle nahezu aller Desoxyribonucleinsäuren haben eine Doppelhelix-Struktur. Damit diese **doppel**strängige DNA ihre biologische Funktion bei der Replikation, wie auch bei der Transkription, erfüllen kann, müssen die hieran beteiligten DNA-Doppelstränge zu gegebener Zeit *in örtlich begrenzten Bereichen entspiralisiert* werden. Dieses begrenzte Entspiralisieren (Aufwinden) erfolgt in den lebenden Zellen stets unter Mitwirkung von Proteinen.

Im Labor stellt sich nun oft die Aufgabe, über die *gesamte Länge* der DNA-Doppelhelix eine Trennung von doppelsträngiger DNA (**dsDNA**) in einzelsträngige DNA (**ssDNA**) herbeizuführen. So ist z. B. die Trennung der vorliegenden DNA-Doppelstränge in zwei *komplementäre* Einzelstränge der erste Verfahrensschritt zur Vervielfältigung von DNA durch die Polymerase-Kettenreaktion.

Ausgehend von dsDNA kommt es bei der Denaturierung zunächst zu einer örtlich begrenzten Aufhebung der Basen-Paarung. Anschließend gehen die bereits teilweise getrennten Doppelhelix-Moleküle in DNA-Einzelstränge über, die in Form von *ungeordneten Knäueln* entstehen (helix-coil transition). Da Ordnungsbereiche in den entstehenden DNA-Knäueln nur rein zufällig auftreten, spricht man von „random coil"-Strukturen.

Zur **Denaturierung** von dsDNA werden zwei sehr unterschiedliche Verfahren angewendet:
- Die Einwirkung von stark alkalischen Lösungen, insbesondere von Natronlauge, im Zuge der Aufreinigung von DNA sowie vor allem
- das Erhitzen von dsDNA in Puffer-Lösungen auf Temperaturen meist im Bereich von 70° bis 95°C. Diese durch Erhitzen herbeigeführte Denaturierung bezeichnet man als **Aufschmelzen** der DNA.

Die Temperaturen, bei denen die thermische Denaturierung von DNA erfolgt, hängen stark von dem molaren Anteil an Guanin- und Cytosin-Nucleotiden in der Doppelhelix ab. Der Zusammenhalt zwischen den beiden Strängen beruht auf den Wechselwirkungskräften, die zwischen den komplementären Basen wirksam sind. Um diese Wechselwirkungskräfte zu überwinden und eine Trennung in Einzelstränge herbeizuführen, muß Wärme-Energie durch Erhitzen der DNA-Lösungen zugeführt werden. Zu einer Spaltung *kovalenter* Bindungen in den DNA-Molekülen kommt es hierbei jedoch nicht.

Da der Zusammenhalt zwischen den komplementären Basen Guanin und Cytosin aufgrund von 3 Wasserstoffbrücken-Bindungen stärker ist als zwischen Adenin und Thymin, zwischen denen nur 2 Wasserstoffbrücken-Bindungen vorhanden sind, beginnt das Aufschmelzen in denjenigen Bereichen der dsDNA, die einen relativ hohen A/T-Anteil haben. Je mehr G/C-Basen-Paare in einer DNA-Doppelhelix vorhanden sind, desto größer ist der zur Trennung der beiden Stränge aufzuwendende Energie-Betrag und desto höher liegt die Schmelztemperatur. Der Unterschied zwischen den Schmelztemperaturen von dsDNA mit besonders hohem G/C-Anteil und solchen mit besonders niedrigem G/C-Anteil kann bis zu 40°C betragen.

Durch *Erhitzen von dsDNA* wird die Wechselwirkung zwischen den Nucleobasen so stark beeinträchtigt, daß die geordnete Doppelhelix-Struktur in die erwähnten ungeordneten Knäuel übergeht. Hierbei ist jedoch zu beachten, daß die Höhe der Schmelztemperatur von mehreren solcher Parameter abhängt, die *generell* die Ausbildung von Wasserstoffbrücken-Bindungen beeinflussen, vor allem von
- dem in der Lösung der dsDNA eingestellten **pH-Wert**, von
- der dort vorliegenden **Konzentration an einwertigen Kationen**, z. B. an Natrium-Ionen, und von
- der gezielten Zugabe von Verbindungen mit denaturierender Wirkung, wie **Formamid** und **Harnstoff**.

In Lösungen *hoher Ionenstärke* schwächen die positiven Ladungen der **Natrium-Ionen** die abstoßenden Kräfte zwischen jeweils negativ geladenen Phosphodiester-Gruppen des DNA-Rückgrats ab und verringern so deren Einfluß auf die Entspiralisierung.

Hieraus folgt, daß man die *Versuchsbedingungen* angeben muß, unter denen eine thermische Denaturierung durchgeführt wird. Vielfach stellt man Lösungen von DNA in einem „Standard Saline Citrate"-Puffer (SSC-Puffer) von pH = 7,5 (bei 37° C) folgender Zusammensetzung her, der vor dem Auflösen der DNA verdünnt wird:

Natriumchlorid   c = 1,5 mol/L
Trinatriumcitrat c = 0,15 mol/L

Durch **langsames** Abkühlen von denaturierter DNA kann man eine Zusammenlagerung der DNA-Einzelstränge zu der DNA-Doppelhelix herbeiführen, die vor der Denaturierung vorgelegen hat. Diesen Vorgang bezeichnet man als *Renaturierung* oder *Reassoziation*.

Dagegen führt schnelles Abkühlen dazu, daß die Einzelstränge nicht reassoziieren.

32.7 Hybridisierung von Nucleinsäuren

Durch chemische oder physikalische Maßnahmen (z. B. durch Zugeben von Natronlauge oder durch Erhitzen in Puffer-Lösungen) kann man bewirken, daß sich native doppelsträngige DNA in die beiden komplementären Einzelstränge, aus denen sie besteht, trennt.

Durch Veränderung der äußeren Bedingungen (z. B. durch langsames Abkühlen) kann man diese Denaturierung von DNA (weitgehend) rückgängig machen, so daß sich die beiden Einzelstränge wieder zusammenlagern.

Darüber hinaus können als Einzelstrang vorliegende Nucleinsäuren jedoch auch Doppelstränge mit folgendem Aufbau bilden:
- **DNA** und komplementäre **DNA** *andersartiger Herkunft*,
- **DNA** und komplementäre **RNA** (hierdurch entsteht ein DNA/RNA-Doppelstrang),
- DNA oder RNA und mehr oder weniger langkettige DNA-*Fragmente*,
- DNA oder RNA und *Oligonucleotide*.

In den beiden letztgenannten Fällen entstehen

doppelsträngige Abschnitte auf der eingesetzten DNA oder RNA in einer Länge, welche der Länge der komplementären Poly- oder Oligonucleotide entspricht.

Tab. 32-3: Verhalten von Nucleinsäure-Strängen

Denaturierung
dsDNA trennt sich durch Erhitzen
in die komplementären Einzelstränge

Renaturierung / Reassoziation
diese Einzelstänge bilden bei langsamem Abkühlen wiederum Doppelhelix-Moleküle

Hybridisierung
zwei *voneinander getrennte* komplementäre Nucleinsäure- oder Oligonucleotid-Einzelstränge bilden doppelsträngige **Hybrid-Moleküle** aus:
– DNA und DNA andersartiger Herkunft
– DNA und RNA
– DNA oder RNA und Nucleinsäure-Fragmenten oder Oligonucleotiden

Annealing
DNA-oder RNA-Einzelstränge binden Oligonucleotide als **Primer** zu kurzen Doppelstrang-Abschnitten (zur Synthese von Nucleinsäuren)

*Nach dem **Prinzip der Basen-Paarung** erfolgende Zusammenlagerungen von als Einzelstränge vorliegenden Nucleinsäuren mit anderen einzelsträngigen Nucleinsäuren, Nucleinsäure-Fragmenten oder Oligonucleotiden bezeichnet man als **Hybridisierung**.* Hybridisierungen haben große praktische Bedeutung und bilden die **Grundlage für viele Anwendungen** (Tab. 32-4).

Tab. 32-4: Anwendungen der Hybridisierung

Fachgebiet	Anwendungsbereich
Medizinische Diagnostik	Nachweis von Mutationen (als Ursache von genetisch bedingten Erkrankungen)
Mikrobiologie	Klassifizierung von Mikroorganismen Nachweis pathogener Bakterien
Virologie	Nachweis von Virus-Nucleinsäuren (als Ursache von Infektionskrankheiten)
Gerichtsmedizin	Personen-Identifizierung durch genetischen Fingerabdruck
Lebensmittel-Analytik	Nachweis der Herkunft von Nahrungsstoffen aus gentechnisch veränderten Nutzpflanzen
Gentechnologie	Auffinden von Bakterien-Klonen, die mit Vektoren eingeschleuste Gene enthalten

Zur Beantwortung der Frage, ob bestimmte Nahrungsmittel aus gentechnisch veränderten Organismen (**GMO**, genetically modified organisms), – insbesondere aus transgenen Pflanzen – stammen, wird untersucht, ob charakteristische **DNA-Fragmente** nachweisbar sind.

Auch für die **medizinische Diagnostik**, z. B.
– die Tumor-Früherkennung,
– die Prüfung auf Veranlagung zu bestimmten erblich bedingten Erkrankungen oder
– die zuverlässige und rasche Diagnose von Infektionskrankheiten

sind die einschlägigen DNA-Sequenzen bekannt, nachdem durch die Grundlagenforschung Onkogene und Erbkrankheiten bedingende Mutationen identifiziert und darüber hinaus *die vollständigen Genome zahlreicher pathogener Bakterien und Viren* entschlüsselt worden sind.

Somit beruhen die angewendeten Analyse- und Diagnose-Verfahren darauf, daß das Untersuchungsmaterial auf das Vorhandensein **spezifischer DNA-Abschnitte** geprüft wird. Derartige DNA-Abschnitte bezeichnet man als *Zielsequenzen*.

Die bekannte Nucleotid-Abfolge der jeweiligen Zielsequenz ist nun ausschlaggebend dafür, welche Oligonucleotide man als **Sonden** (zum Auffinden der Zielsequenz) oder als **Primer** (bei der Vervielfältigung der Zielsequenz) verwendet.

Der Verlauf von **Hybridisierungen** hängt von den folgenden Gegebenheiten ab:
– der Länge der einzelsträngigen Moleküle,
– dem Anteil der komplementären Basen **G** und **C**, der die Stabilität des entstehenden Doppelstrangs bestimmt,
– der Nucleinsäure-Konzentration, die Einfluß darauf hat, wie oft sich komplementäre Sequenzen nahekommen,
– der gewählten Temperatur bei der Inkubation der Einzelstränge,
– der Konzentration an hinzugegebenen einwertigen Kationen, wie Natrium-Ionen, welche die *zwischenmolekulare* Abstoßung der negativ geladenen Einzelstränge verringern.

Die optimale Hybridisierungs-Temperatur liegt oft 25° C unter der Schmelztemperatur T_m des betreffenden Doppelstrangs und somit bei den meisten Nucleinsäuren in wäßriger Puffer-Lösung im Bereich von 60 bis 75° C.

Das Zusammenwirken der Verfahrensparameter, die bei der Hybridisierung von Nucleinsäuren angewendet werden, bezeichnet man als **Stringenz**. Wenn man gezielt Hybridisierungs-Bedingungen mit **hoher Stringenz** (stringente Bedingungen) wählt, so will man eine perfekte Basen-Paarung zwischen den hybridisierenden Einzelsträngen herbeiführen. Bei niedriger Stringenz kommt es bei der Zusammenlagerung zu Doppelsträngen zu **Fehlpaarungen** (mismatches) zwischen den Nucleobasen. Bei Untersuchungen, ob Mutationen vorliegen, will man bestimmte Fehlpaarungen, z. B. zwischen **G** und **T** (anstelle von C) absichtlich herbeiführen.

Die Stringenz von Hybridisierungen steuert man meist durch die Festlegung der Temperatur und/oder der Salz-Konzentration.

Hybridisierungen werden vielfach durchgeführt, um festzustellen, ob eine *bestimmte* Nucleinsäure neben zahlreichen anderen Nucleinsäuren vorhanden ist, z. B. in einer *Gen-Bibliothek* oder unter vielen, durch Gel-Elektrophorese aufgetrennten DNA- oder RNA-Fragmenten. Um bestimmte Nucleinsäuren oder Gene durch Hybridisierungen „aufzuspüren", muß man **Sonden** (engl. probe für Sonde) einsetzen, die an die jeweilige Zielsetzung nach Möglichkeit optimal angepaßt sein sollten. Solche **Sonden** (auch als Gen-Sonden bezeichnet) müssen mehrere Anforderungen erfüllen, insbesondere müssen ihre Nucleotid-Sequenzen so aufgebaut sein, daß sie mit komplementären Nucleotid-Sequenzen in den gesuchten bzw. nachzuweisenden Genen oder Nucleinsäuren einen Doppelstrang oder spezifische doppelsträngige Abschnitte bilden.

Darüber hinaus müssen Sonden mit einer **Markierung** versehen sein, die zuverlässig und mit hoher Empfindlichkeit (Sensitivität) anzeigt, ob zwischen der gesuchten Nucleinsäure (der Zielsequenz) und der Sonde tatsächlich eine Hybridisierung stattgefunden hat. Als Sonden werden Nucleinsäuren selbst, wie auch Nucleinsäure-Fragmente und synthetisch hergestellte Oligonucleotide, verwendet. Viele Sonden werden nach wie vor mit einer *radioaktiven Markierung* versehen, insbesondere mit dem unter ß-Strahlung zerfallenden Phosphor-Isotop ^{32}P (Kap. 3.5.2).

In zunehmendem Maße werden auch Sonden mit *nicht-radioaktiven* Markierungen eingesetzt, die sich von Biotin oder von fluoreszierenden Farbstoffen oder von Verbindungen ableiten, die eine nachgeschaltete, unter Chemolumineszenz ablaufende Reaktion ermöglichen.

Hybridisierungen können nur dann stattfinden, wenn **Einzel**stränge zusammentreffen, die komplementäre Basen-Sequenzen enthalten. In der Regel müssen diese Einzelstränge durch thermische Denaturierung erst erzeugt werden, und zwar aus zunächst durchgehend doppelsträngigen Nucleinsäuren *ebenso wie* aus einzelsträngigen Nucleinsäuren, sofern diese durch **intra**molekulare Basen-Paarung entstandene doppelsträngige Abschnitte enthalten.

Die durch Hybridisierung nachzuweisenden Nucleinsäuren (DNA oder RNA) können in folgender Form vorliegen:
- in Lösung in einem Untersuchungsmaterial wie Blutserum oder Liquor (z. B. beim Nachweis von Virus-Nucleinsäuren),
- auf einer Nitrocellulose- oder Nylon-Membran (Blot-Hybridisierungen),
- in ihrer natürlichen Umgebung in Zellen und Geweben (*in situ* -Hybridisierung).

Bei Hybridisierungen, die letztlich direkt auf der Oberfläche von Trägermaterialien (Membranen, Filtern) durchgeführt werden sollen, sind vorbereitende Arbeiten norwendig: Die nachzuweisenden Nucleinsäuren müssen zunächst aus dem Untersuchungsmaterial isoliert werden. Das weitere Vorgehen hängt dann von der Art der Nucleinsäuren ab. Die wichtigsten Verfahren sind
- die **Southern Blot**-Hybridisierung für **DNA**
- die **Northern Blot**- Hybridisierung für **RNA**.

Das auch **Southern Blotting** genannte Verfahren besteht aus den folgenden Schritten:
- Einwirkung von Restriktionsenzymen (Kap. 33.2) auf die isolierte DNA,
- Auftrennung der hierdurch erhaltenen DNA-Fragmente nach ihrer Länge durch Gel-Elektrophorese,
- Denaturierung der doppelsträngigen DNA-Fragmente im Gel,
- Transfer der jetzt einzelsträngigen und nach ihrer Molekülgröße aufgetrennten DNA-Fragmente auf ein Nitrocellulose- oder Nylon-Filter (diesen Verfahrensschritt bezeichnet man als Blotten, engl. blotting),
- Immobilisieren der DNA auf dem Filter durch Erhitzen (Filter mit immobilisierten Nucleinsäuren bezeichnet man als „Blot"),
- Inkubieren des Filters mit einer Lösung, welche die für den speziellen Zweck ausgewählte markierte Sonde enthält zur **Hybridisierung**, die *direkt auf dem Filter* erfolgt,
- Waschen des Filters, wobei zur Hybridisierung und zum Auswaschen aller das Ergebnis verfälschenden Begleitstoffe solche Verfahrensbedingungen gewählt werden müssen, die (ebenso wie die Sonde) dem Zweck entsprechend optimiert worden sind,
- Nachweis der erfolgten Hybridisierung über eine *für die Markierung der Sonde charakteristische Eigenschaft*, z. B. durch **Autoradiographie** auf einem Röntgenfilm als einzelne Banden nach

Hybridisierung mit einer mit radioaktivem ^{32}P markierten Sonde.

Beim **Northern Blotting** wird **RNA** elektrophoretisch aufgetrennt, und die erhaltenen RNA-Fraktionen werden aus der Gelmatrix eines Trenngels auf eine Trägermatrix, wie Nitrocellulose-Membranen, übertragen und dort immobilisiert. Auch hierbei *bleibt das nach der Elektrophorese im Gel vorliegende Trennmuster der Nucleinsäure-Moleküle* (hier RNA) *erhalten*.

Zum Nachweis einer spezifischen RNA durch Hybridisiemng verwendet man oft eine hierzu komplementäre, markierte DNA, die als Gen-Sonde zur Bildung von RNA/DNA-Hybridmolekülen dient.

In situ-**Hybridisierungen** liefern wertvolle zusätzliche Informationen, weil sie direkt an Zellen oder Geweben durchgeführt werden und somit Aufschluß über das Vorliegen und die Funktion bestimmter DNA- oder RNA-Sequenzen am natürlichen Ort (*in situ*) geben.

Die **Kolonie-Hybridisierung** dient dazu, in einer großen Anzahl von **Bakterien-Klonen** diejenigen Klone aufzufinden (zu identifizieren), die einen rekombinierten Vektor (Kap. 33.5) enthalten. Der Vektor seinerseits enthält ein bestimmtes Gen oder einen DNA-Abschnitt, der kloniert (vermehrt) werden sollte und dessen Vorhandensein letztlich durch Hybridisierung mit einer Sonde nachgewiesen werden soll.

Bei diesem Hybridisierungs-Verfahren werden auf einem Nährboden wachsende Bakterien-Kolonien von einer Platte durch Überstempeln auf eine Trägermembran (z. B. auf ein Filter aus Nitrocellulose) übertragen und dort *lysiert*. Hiernach wird die freigesetzte DNA denaturiert und die so erhaltene einzelsträngige DNA wird auf dem Filter fixiert. Durch Inkubation mit einer zur Hybridisierung ausgewählten, radioaktiv markierten Sonde läßt sich im positiven Fall das Vorliegen von Hybrid-Molekülen autoradiographisch nachweisen. Die Auswertung des Röntgenfilms durch Vergleich mit dem ursprünglichen Muster der Bakterien-Kolonie ermöglicht es, diejenigen *Bakterien-Klone zu identifizieren*, die den gesuchten DNA-Abschnitt (z. B. ein Gen) enthalten.

32.8 DNA-Sequenzanalyse

Die Sequenzierung von DNA wird durchgeführt, um die *Aufeinanderfolge der Nucleotide*, die **Basen-Sequenz**, in DNA oder in DNA-Fragmenten unterschiedlicher Herkunft zweifelsfrei zu bestimmen.

Die bei der **DNA-Sequenzanalyse** erhaltenen Ergebnisse sind von großer Bedeutung für
- die molekularbiologische und die medizinische Grundlagenforschung, z. B. auf den Gebieten der genetisch bedingten Erkrankungen, der Entstehung von Krebszellen und der Veränderungen des Immunsystems, ferner für
- die Entwicklung pharmazeutischer Wirkstoffe mit neuartigen Wirkungsprofilen und für
- diagnostische Anwendungen auf vielen Gebieten.

Sequenzierungen werden durchgeführt mit
- genomischer DNA aus Mikroorganismen, Pflanzen und Tieren,
- cDNA, die als komplementäre DNA an einer Matrize **aus mRNA** synthetisiert wurde,
- Plasmid-DNA,
- Viren-DNA und
- DNA-Fragmenten, die durch eine Polymerase-Kettenreaktion hergestellt wurden.

Ausgehend von **genomischer DNA** ist man bestrebt, auf der Grundlage der durch Sequenzierung erhaltenen Daten Gene zu identifizieren und die Funktionen von Genen aufzuklären.

Weltweit größte Beachtung hat die im Februar 2001 erfolgte Mitteilung gefunden, daß die *Entzifferung des menschlichen Genoms*, und damit die Bestimmung der Sequenz von mehr als 3 Milliarden Basen-Paaren, nahezu abgeschlossen ist.

Darüber hinaus sind die Genome vieler Bakterienarten, von Hefe und von einigen vielzelligen Organismen *vollständig sequenziert* worden.

Zur Sequenzierung von DNA wird weltweit ein **enzymatisches** Verfahren angewendet, das im Prinzip auf einer Veröffentlichung von Sanger aus dem Jahre 1977 beruht.. Hierbei dient *das DNA-Fragment, das sequenziert werden soll, als Matrize* (engl. template) für die durch eine DNA-Polymerase katalysierte Synthese **neuer** DNA-Fragmente. Weil die Nucleotid-Sequenz des Matrizen-Strangs aufgrund der spezifischen Basen-Paarung *eindeutig die Aufeinanderfolge der Nucleotide in dem zu synthetisierenden Strang bestimmt*, kann man die Sequenz des eingesetzten Matrizen-Strangs aus der Sequenz der neu synthetisierten DNA-Fragmente ableiten. Voraussetzung hierfür ist jedoch, daß bei der Synthese dieser DNA-Fragmente eine **Fluoreszenz-Markierung** eingebaut wird, welche die anschließende Bestimmung ihrer Nucleotid-Sequenzen ermöglicht.

Die in dem Sequenzierungs-Ansatz entstandenen DNA-Fragmente werden entweder durch Kapillar-

Elektrophorese oder durch konventionelle Elektrophorese in speziell hierfür geeigneten Polyacrylamid-Gelen voneinander getrennt.

Die Fragmente erscheinen bei der Elektrophorese gemäß ihrer Länge an einer bestimmten Position und werden aufgrund ihrer Fluoreszenz-Markierung detektiert.

Die Sequenzen werden anschließend mit Hilfe computer-unterstützter Programme zugeordnet und zusammengefügt. Die bei der **DNA-Sequenzanalyse** erhaltenen ungeheuren Daten-Mengen sind in Daten-Banken niedergelegt, die ständig zu Vergleichen von Nucleinsäure-Sequenzen, wie auch zum Vergleich von Protein-Sequenzen, herangezogen werden (Bioinformatik).

32.9 Polymerase-Kettenreaktion

Mit der Entwicklung der rekombinanten DNA-Technologie stellte sich immer wieder die Aufgabe, Gene zu vervielfältigen und bestimmte Abschnitte der DNA zu vermehren. Dies war zunächst nur dadurch möglich, daß man diese Gene oder DNA-Fragmente als Fremd-DNA in Plasmide oder Bakteriophagen als Vektoren einfügte, die rekombinierten Vektoren in Wirtszellen einschleuste und die erfolgreich transformierten Wirtszellen unter ausgewählten Wachstumsbedingungen vermehrte.

Die Vermehrung der Vektoren und damit auch der in diese eingefügten DNA durch derartige Klonierungsverfahren beruht hierbei auf der Replikation von DNA *in lebenden Zellen.*

1985 wurde ein ganz andersartiges Verfahren zur millionenfachen Vervielfältigung (**Amplifikation**) von DNA beschrieben, das außerhalb von lebenden Zellen, d.h. *in vitro*, durchgeführt wird. Dieses als **Polymerase-Kettenreaktion** (**PCR**, polymerase chain reaction) bezeichnete Verfahren wird seitdem weltweit angewendet.

In die Polymerase-Kettenreaktion werden eingesetzt:
– als Ausgangsmaterial doppelsträngige DNA, welche den *zu amplifizierenden DNA-Abschnitt* (die DNA-Zielsequenz) enthält,
– eine thermostabile **DNA-Polymerase,**
– als **Primer** zwei (durch chemische Synthese hergestellte) Oligonucleotide, in denen in der Regel 20 bis 30 Desoxyribonucleotid-Reste miteinander verknüpft sind, und
– die vier 2'-Desoxyribonucleosid-triphopsphate dATP, dGTP, dCTP und dTTP

Durch thermische **Denaturierung** wird zunächst eine Trennung der eingesetzten doppelsträngigen DNA in die beiden Einzelstränge herbeigeführt, von denen jeder dann als Matrize für die Synthese neuer DNA-Abschnitte dient. Die **Primer** werden so ausgewählt, daß sie jeweils zu einer gleich langen Nucleotid-Sequenz am Ende der beiden Stränge *komplementär* sind und dort durch Zusammenlagerung kurze doppelsträngige Sequenzen bilden, die für die Aktivität der DNA-Polymerase erforderlich sind.

Die Polymerase-Kettenreaktion kann weitgehendst automatisiert durchgeführt werden. Durch Anwendung der Polymerase-Kettenreaktion können die gewünschten Abschnitte auf einer DNA – selbst wenn diese zunächst nur in Form einer einzigen Kopie vorliegen sollte – millionenfach vervielfältigt werden. Hierzu muß die Nucleotid-Sequenz der zu amplifizierenden Target-DNA keineswegs *vollständig* bekannt sein. In aller Regel muß jedoch die Aufeinanderfolge der Nucleotide in den beiden *flankierenden Regionen* bekannt sein, die sich an das jeweilige 3'-Ende der gewünschten doppelsträngigen DNA anschließen.

Die Kenntnis der Sequenz von etwa 20 bis 30 Nucleotiden in diesen flankierenden Bereichen ist unumgänglich, damit man zwei hierauf zugeschnittene (maßgeschneiderte) Primer synthetisieren kann, die zu diesen Bereichen genau komplementär sind.

Von der Sorgfalt, mit der das *Primer-Design*, d. h. die Festlegung der Nucleotid-Sequenz bei der Primer-Synthese, vorgenommen wird, hängt die **Spezifität** der PCR in starkem Maße ab. Bei Verwendung weniger geeigneter Primer zum Start der DNA-Synthese werden außer dem *gewünschten DNA-Abschnitt* auch weitere DNA-Fragmente vervielfältigt, d. h. eine geringere Spezifität führt zur Bildung unerwünschter Nebenprodukte.

Im einzelnen umfaßt die Polymerase-Kettenreaktion drei Verfahrensschritte, die gemeinsam einen *Cyclus* bilden. In der Regel werden bei einer PCR 20 bis 40 Cyclen unmittelbar nacheinander durchgeführt. Die Menge der DNA wird in dem nach Anlagerung der beiden Primer *abgesteckten Bereich* bei jedem folgenden Cyclus verdoppelt. So entstehen theoretisch aus einer DNA-Kopie nach **n** Cyclen 2^n DNA-Kopien. In der Praxis liegt die Ausbeute bei der DNA-Amplifikation unter dem für die exponentielle Vervielfältigung berechneten Wert. Nach 20 Cyclen werden etwa eine Millionen Kopien der Target-DNA erhalten.

Die drei Verfahrensschritte der PCR werden bezeichnet als:
1. Denaturierung (Trennung des DNA-Doppelstranges in zwei Einzelstränge),
2. Annealing (Hybridisierung, Zusammenlagerung jedes der beiden Primer mit „seinem" Strangende),
3. Extension, d.h. Vervollständigung zu einem mit der Target-DNA komplementären neuen Strang, der hierbei mit seiner Matrize einen Doppelstrang bildet.

1. Die **Denaturierung** der eingesetzten doppelsträngigen DNA zu zwei Einzelsträngen wird meist bei 95° C vorgenommen. Der zu amplifizierende DNA-**Abschnitt** kann einige hundert bis einige tausend Nucleotid-Bausteine umfassen und Teil eines weitaus längeren DNA-Moleküls sein. Bei dieser hohen Temperatur werden die beiden DNA-Stränge voneinander getrennt, weil die (im Vergleich mit den kovalenten Bindungen im DNA-Rückgrat) schwachen Wasserstoffbrücken-Bindungen zwischen den Nucleobasen „aufbrechen".

2. Anschließend muß auf eine Temperatur im Bereich von 40 bis 60° C abgekühlt werden, damit sich Wasserstoffbrücken-Bindungen ausbilden können, und zwar gezielt *zwischen der flankierenden Nucleotid-Sequenz am 3'-Ende jedes Matrizen-Stranges und dem dazu passenden Primer*. Durch dieses **Primer-Annealing** wird die Länge des zu amplifizierenden DNA-Abschnitts festgelegt.

3. Die so entstandenen kurzen (meist 20 bis 30 bp langen) Doppelstränge ermöglichen es der **DNA-Polymerase**, die dem Reaktionsansatz ebenfalls zugegebenen 2'-Desoxyribonucleosid-triphosphate kovalent mit der jeweils vorhandenen 3'-OH-Gruppe zu verknüpfen. Die **Extension** unter Bildung der Target-DNA wird bei 72° C durchgeführt. Sie beginnt am 3'-OH-Ende an jeder der beiden Primer-Sequenzen.

Der Ablauf der PCR konnte erst dann automatisiert werden, als es gelungen war, aus dem thermophilen Bakterium *Thermus aquaticus* die erste **thermostabile** DNA-Polymerase, **Taq-Polymerase**, zu isolieren. Sie ist nicht nur bei 72° C enzymatisch aktiv, sondern übersteht auch die zur Denatunerung der DNA eingestellte hohe Temperatur von 95° C ohne stärkere Beeinträchtigung ihrer Aktivität.

Somit ist es möglich, *sämtliche* für den Ablauf der PCR notwendigen Reaktionsteilnehmer auf einmal zuzugeben und dann alle vorgesehenen Cyclen ablaufen zu lassen.

Hierbei liefern die neu gebildeten DNA-Abschnitte in dem darauffolgenden Cyclus jeweils die Matrizen (Kopiervorlagen) für die Synthese der neuen DNA-Stränge, so daß im Verlauf der Cyclen eine Kettenreaktion stattfindet.

Das einzuhaltende Temperatur-Programm wird in als ThermoCycler bezeichneten Geräten eingestellt. Hierbei werden die Temperaturen zur Denaturierung (95° C) und zur Extension (72° C) in der Regel über alle Cyclen beibehalten. Im Zuge der Optimierung, die je nach *Zielsetzung* vorgenommen wird, muß man jedoch die Temperatur für den Verfahrensschritt **Annealing** so auswählen, daß die besten Bedingungen für die Hybridisierung der Primer mit den flankierenden Sequenzen der Target-DNA geschaffen werden.

Abb. 32-3 (Farbtafel) soll verdeutlichen, daß die PCR zu neu synthetisierten DNA-Sequenzen von *unterschiedlicher Länge* führt. Die neu gebildeten DNA-Stränge haben zwar einen definierten Anfang am 5'-Ende jedes der beiden Primer, aber ein variables 3'-Ende mit unterschiedlich langen überstehenden Nucleotid-Sequenzen. Nach erfolgter Extension (am Ende jedes dritten Verfahrensschrittes) lagern sich die neu gebildeten DNA-Einzelstränge zu Doppelsträngen mit *gegensinniger* Orientierung zusammen.

Dies führt mit fortschreitender Zahl der Cyclen immer öfter dazu, daß ein Strang mit *definiertem 5'-Ende* als Matrize für die Synthese eines neuen Stranges dient. Hieraus resultiert, daß der an einer solchen Matrize neu synthetisierte DNA-Strang dann eine genau definierte Länge hat, die auf beiden Seiten durch das 5'-Ende der beiden Primer begrenzt wird. Bereits nach wenigen Cyclen entstehen auf diese Weise DNA-Doppelstränge, deren Länge genau der Länge des zu amplifizierenden DNA-Abschnitts entspricht, die durch die beiden Primer-Bindungsorte „abgesteckt" ist.

Nach einigen weiteren Cyclen machen die DNA-Fragmente mit variabler Kettenlänge nur noch einen kleinen Anteil in Relation zu den gesamten neu synthetisierten DNA-Abschnitten aus. Nach Ablauf des gesamten Cyclen-Programms liegen somit nahezu ausschließlich solche DNA-Abschnitte vor, die durch Amplifikation aus der von den beiden Primern „eingerahmten" Target-DNA hervorgegangen sind.

Die **Spezifität** der Polymerase-Kettenreaktion läßt sich vor allem dadurch steuern, daß man für die Primer-Anlagerung eine ganz bestimmte Temperatur einstellt. Diese Temperatur ist für die Genauigkeit, mit der die Hybridisierung zwischen bekannten Nucleotid-Sequenzen der Target-DNA und den eingesetzten Primer-Sequenzen stattfindet, von entscheidender Bedeutung. In Abhängigkeit von der Länge der Primer-Sequenz, aber auch von dem Anteil an Adenin- und Thymin-Nucleotiden im Verhältnis zu Guanin- und Cytosin-Nucleotiden, gibt es eine optimale Temperatur, bei der sich die Primer *nur dann* anlagern, wenn **vollständige Komplementarität** zu der (flankierenden) Sequenz der Target-DNA besteht. Hierbei kommt es also nicht dazu, daß sich zwei nicht miteinander komplementäre Basen gegenüber liegen, d. h. ein „mismatch" bei der Basen-Paarung tritt nicht auf. Mit der Auswahl einer höheren Temperatur gibt man höhere Anforderungen an die Spezifität der Hybridisierung vor. Stellt man eine niedrigere Annealing-Temperatur ein, so binden die Primer auch an Sequenzen der Target-DNA, die *nicht in vollem Umfang komplementär* sind.

Diejenige DNA, die in eine PCR als Ausgangsmaterial eingesetzt wird und dort zur Vervielfältigung einer Target-DNA als Matrize dienen soll, muß *nicht* von anderen Desoxyribonucleinsäuren, mit denen sie gemeinsam vorkommt, abgetrennt werden. Dagegen muß **vor** dem Einsatz von DNA in eine PCR eine *Abtrennung von RNA und von Proteinen* durchgeführt werden. Zu diesem Zweck werden z. B. Bakterienzellen oft unter Verwendung von Natrium-dodecylsulfat (SDS, Kap. 25.7) lysiert. Hieran schließen sich eine *Extraktion mit Phenol* (zum Entfernen von Proteinen, wie Proteasen und Nucleasen) und eine *Ausfällung der DNA mit Ethanol* an. Als anionisches Detergens bewirkt SDS eine Denaturierung von Proteinen.

Die in die PCR eigesetzte DNA darf nun kein SDS und kein Phenol (oberhalb einer bestimmten Konzentration) mehr enthalten, weil diese Verunreinigungen die PCR inhibieren oder die Ausbeute erniedrigen.

Nach Beendigung der PCR (nach 20 bis 40 Cyclen) müssen die amplifizierten DNA-Abschnitte (die Amplikons) nachgewiesen und *charakterisiert* werden. Dies erfolgt durch *Elektrophorese in einem Agarose- oder Polyacrylamid-Gel*. In einem elektrischen Feld wandert DNA in einer entsprechend eingestellten Puffer-Lösung als **Polyanion** in Richtung zur Anode, weil am Rückgrat der DNA-Ketten eine Vielzahl negativ geladener Phosphodiester-Gruppen vorhanden ist.

Die Laufstrecke der DNA-Abschnitte ist umgekehrt proportional zu ihrer Länge. Kürzere DNA-Fragmente wandern schneller durch die Gel-Matrix und legen infolgedessen längere Wegstrecken zurück.

Die Elektrophorese ist beendet, sobald ein (blauer) Farbstoff, den man der Puffer-Lösung zur Markierung zugegeben hat, am Ende der Gel-Bahnen angelangt ist. Nun kann die Lage der DNA-Abschnitte auf dem Gel (ihre Wanderungsstrecke vom Startpunkt aus) festgestellt werden. Weil DNA selbst nicht sichtbar ist, muß sie erst durch Anfärben mit einem ausgewählten Farbstoff sichtbar gemacht werden.

Hierzu verwendet man meist den Fluoreszenz-Farbstoff **Ethidium-bromid**, der sich zwischen die übereinander liegenden Schichten der Basen-Paare der DNA-Doppelhelix einlagert (mit DNA interkaliert). Bei Bestrahlung mit UV-Licht tritt eine violette Fluoreszenz auf. Um die Länge der bei der PCR vervielfältigten DNA-Fragmente zu bestimmen, läßt man bei der Gel-Elektrophorese auf einer Bahn zum Vergleich eine Anzahl von DNA-Fragmenten *bekannter Länge* mitlaufen. Solche Sätze von **Marker**-DNA mit Fragmenten unterschiedlicher Länge, die wie üblich in Basen-Paaren angegeben ist, sind kommerziell erhältlich.

32.10 Biologische Funktionen der Nucleinsäuren

32.10.1 Die Replikation von DNA

Damit Zellen die in ihnen vorliegende genetische Information bei der Zellteilung vollständig an die Tochterzellen weitergeben können, müssen zuvor von allen DNA-Molekülen Kopien hergestellt werden. Die vor der Zellteilung stattfindende Verdoppelung (Reduplikation) der DNA bezeichnet man als **Replikation**.

Hierbei dient jeder der beiden Einzelstränge der als Doppelhelix vorliegenden DNA als **Matrize** (Kopiervorlage) für die Synthese eines neuen DNA-Strangs, der zu dem Matrizen-Strang **komplementär** ist. Auf diese Weise werden zwei *Tochter-Doppelstränge* gebildet, von denen jeder *einen Strang aus der ursprünglichen DNA enthält* (semikonservative Replikation).

32 Nucleinsäuren

Bei der identischen Verdoppelung der DNA laufen äußerst komplexe Vorgänge ab, an denen zahlreiche Enzyme sowie weitere Proteine beteiligt sind.

Die Synthesen von Nucleinsäuren sind energieverbrauchende Reaktionen. Die hierzu benötigte Energie wird durch die Spaltung der **energiereichen** Nucleosid-**tri**phosphate (Kap. 31.4) in der Weise bereitgestellt, daß anorganisches Diphosphat abgespalten wird und die hierdurch gebildeten Mononucleotide mit der endständigen 3' OH-Gruppe der wachsenden Nucleinsäure-Kette (hier: einer **DNA**-Kette) verknüpft werden (Abb. 32-6)

Die **Reihenfolge**, in der das nächste, das übernächste und auch alle folgenden Nucleotide an eine wachsende DNA-Kette angefügt werden, *wird durch die Sequenz der komplementären Basen auf dem Matrizen-Strang bestimmt.*

Die Matrizen-Sequenz liegt zwar zunächst noch nicht in „kopierfähiger" Form vor, weil sie in der ursprünglichen *doppelsträngigen* DNA „verborgen" ist. Durch Einwirkung von Enzymen wird die Doppelhelix jedoch entspiralisiert, so daß die Einzelstränge ablesbar werden. Die genetische Information wird dann mit außerordentlich hoher Genauigkeit auf den neu entstehenden DNA-Strang übertragen.

Die für die Synthese von DNA aus Desoxyribonucleosid-triphosphaten wichtigsten Enzyme sind die **DNA-Polymerasen**, weil sie die kovalente Verknüpfung der Desoxy-ribonucleotide katalysieren. Voraussetzung für die Wirksamkeit der DNA-Polymerase ist jedoch, daß *ein kurzer Abschnitt am 3'-Ende der Matrizen-DNA als Doppelstrang* (als „Startblock" für die Synthese des komplementären Strangs) *vorliegt*.

Die **Synthese** eines neuen Nucleinsäure-Strangs **verläuft stets in 5' ⟶ 3'-Richtung**. Die Nucleotide auf dem komplementären Matrizenstrang (der Arbeitskopie für die Neusynthese) sind somit in 3' ⟶ 5'-Richtung angeordnet, weil komplementäre Stränge immer *antiparallel* verlaufen.

Bei der **Replikation** kommt es vor, daß sich die **DNA-Polymerase** „irrt" und an einer Stelle des neuen DNA-Stranges nicht das komplementäre Nucleotid, sondern statt dessen ein „falsches", nicht-komplementäres Nucleotid einbaut. Wird z. B. gegenüber von **G** nicht das komplementäre **C**, sondern **T** eingebaut, so resultiert hieraus eine **G=T-Fehlpaarung**. Zur Korrektur solcher Fehlpaarungen hat die Zelle *Reparatur-Enzyme*, welche die Abspaltung der „falschen" Base und den Einbau der durch die Matrize vorgegebenen Base katalysieren. Falls jedoch bis zur nächsten Replikationsrunde keine Reparatur der Fehlpaarung erfolgt, wird eine **Punktmutation** an eine der beiden Tochterzellen weitergegeben.

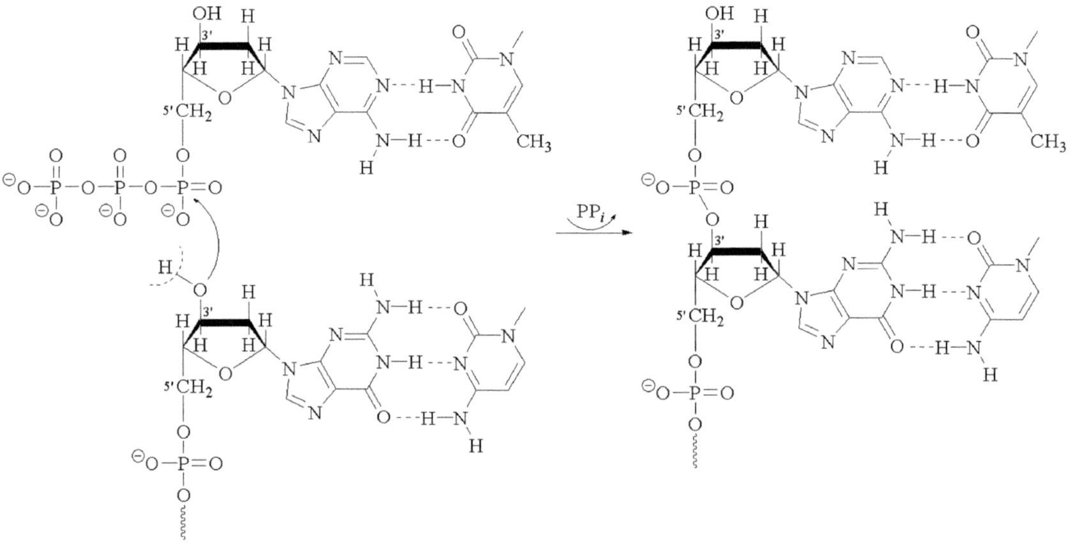

Abb. 32-4. Die Synthese von DNA: Der als Matrize dienende Strang ist (jeweils rechtsstehend) nur durch 2 Nucleobasen (**C** und **T**) angedeutet. Ein neu entstehender DNA-Strang weist an einem Guanin-Nucleotid eine freie 3'-OH-Gruppe auf. Das α-P-Atom der reaktionsfähigen Triphosphat-Gruppe von dATP (**A** ist vorher eine Basen-Paarung mit **T** auf dem Matrizen-Strang eingegangen) wird kovalent an das O-Atom am C-Atom 3' gebunden.

Durch **Mutationen** entstandene Veränderungen in der *protein-codierenden* Sequenz eines Gens können dazu führen (sogar schon dann, wenn nur ein einziges Nucleotid an die Stelle eines anderen getreten ist), daß ein für eine bestimmte physiologische Funktion benötigtes Protein im Körper nicht mehr hergestellt wird. Als Folge hiervon können schwerwiegende Erkrankungen auftreten, die auf dem Defekt *eines* Gens beruhen (s. Kap. 32.10.3).

DNA-Polymerasen sind nicht nur für die Replikation unentbehrlich, sondern sie werden auch zur Synthese von DNA **außerhalb der lebenden Zelle** (*in vitro*) benötigt bei der
- Amplifikation von DNA-Sequenzen durch die Polymerase-Kettenreaktion und der
- Sequenzierung von DNA-Fragmenten mittels der Kettenabbruch-Methode nach Sanger.

Bei **jeder** dieser DNA-Synthesen katalysiert eine DNA-Polymerase die Umsetzung der 4 Desoxyribonucleosid-triphosphate in **der** Aufeinanderfolge, die durch eine *bereits vorhandene, als* **Matrize** *dienende DNA* **vorgegeben ist.**

Die für die DNA-Polymerase-Wirkung erforderlichen doppelsträngigen DNA-Abschnitte erzeugt man bei den genannten Verfahren durch Zugeben von ausgewählten Oligonucleotiden, die als Starter-Moleküle (Primer) dienen.

32.10.2 Die Transkription von DNA in RNA

Gemäß dem so genannten „*Zentralen Dogma der Molekularen Genetik*" fließt die genetische Information von Desoxyribonucleinsäuren zu Ribonucleinsäuren und von dort zu Proteinen:

DNA ⟶ **RNA** ⟶ **Proteine**

Der Ablauf dieser äußerst komplexen biochemischen Vorgänge in den Zellen beginnt damit, daß bestimmte **DNA-Abschnitte** auf den langen DNA-Molekülen die in ihnen enthaltene genetische Information an *funktionelle* **Ribonucleinsäuren** (RNA) weitergeben. Diesen Vorgang bezeichnet man als Transkription (transkribieren im Sinne von „überschreiben").

Funktionelle Ribonucleinsäuren sind:
- **ribosomale** Ribonucleinsäuren (rRNA), aus denen – gemeinsam mit Proteinen – die *Ribosomen* und die *Polysomen* (größere, ebenfalls der Protein-Biosynthese dienende Zellorganellen) aufgebaut sind,
- **Transfer**-Ribonucleinsäuren (tRNA), durch welche Aminosäuren in aktivierter Form für den Einbau in wachsende Peptid-Ketten übertragen werden, und
- **messenger** Ribonucleinsäuren (mRNA), welche die von der DNA erhaltene genetische Information zu den Ribosomen transportieren. Hiervon leitet sich der Name „Boten-RNA" ab (engl. messenger RNA, kurz: mRNA). An den Ribosomen dienen die mRNA-Moleküle als „Arbeitskopien" für die Synthese von Proteinen – ihre Nucleotid-Sequenzen werden hierbei in die Aminosäure-Sequenzen von Proteinen übersetzt.

Bei der **Transkription** wird die in den *Genen* gespeicherte Erbinformation von der „Sprache der DNA" in die ähnlich lautende „Sprache der RNA" überschrieben, d.h. von den A, G, C und T-Sequenzen in die komplementären A, G, C und U-Sequenzen transkribiert.

Die Ausgangsstoffe für die Synthese **aller** Ribonucleinsäuren sind die entsprechenden **Ribonucleosid-5'-triphosphate**. Die Synthese der RNA wird durch *DNA-abhängige RNA-Polymerasen* katalysiert. Die Angabe „DNA-abhängig" macht deutlich, daß zur Synthese jedes RNA-Moleküls ein komplementärer DNA-Strang als **Matrize** vorhanden sein muß. Durch die in der Matrizen-DNA vorgegebene Nucleotid-Sequenz ist dann die Aufeinanderfolge der Nucleotide in der gebildeten RNA festgelegt.

Der Matrizen-Strang ist als solcher zunächst noch nicht „abrufbar", weil das Gen, welches für die betreffende RNA codiert, als Abschnitt auf einer langen doppelstängigen DNA vorliegt. Die DNA muß somit in einem definierten Längenbereich erst entspiralisiert werden, damit die RNA-Polymerase den freigelegten DNA-Strang ablesen und als Matrize nutzen kann.

Die **Transkription** verläuft in drei Schritten: Initiation, Elongation und Termination. Zur Initiation wird die **RNA-Polymerase** an eine **Promotor** genannte DNA-Sequenz gebunden. Der Promotor selbst ist Teil einer *regulatorischen Sequenz, die vor der codierenden Sequenz eines Gens* angeordnet ist.

Zur Elongation wandert die RNA-Polymerase auf der DNA entlang und katalysiert den Einbau der Nucleotide in der vorgegebenen Reihenfolge.

Die Termination erfolgt, sobald die RNA-Polymerase spezifische Sequenzen auf der DNA erkennt, welche die Beendigung der RNA-Synthese auslösen.

Die Synthese von RNA aus NTP erfolgt im Prinzip entsprechend wie die Synthese von DNA aus dNTP ebenfalls in 5' ⟶ 3'-Richtung.

Bei *Prokaryoten* führt die Transkription von der DNA *unmittelbar* zu einer funktionsfähigen RNA, weil die genetische Information auf der DNA durchgehend (nicht unterbrochen) vorliegt.

Dagegen ist es für die meisten **eukaryotischen Gene** kennzeichnend, daß sich **zwischen** den codierenden Abschnitten (**Exons**) ein und desselben Gens nicht-codierende Abschnitte (**Introns**) von ganz unterschiedlicher Länge und in unterschiedlicher Anzahl befinden. Diese Abschnitte haben entweder eine regulatorische oder überhaupt keine (bisher bekannte) Funktion. Beim Menschen machen die *codierenden Sequenzen* überraschenderweise nur etwa **2 %** des Genoms aus.

Eukaryotische Gene, die diesen Exon/Intron-Aufbau aufweisen, werden bei der Synthese von RNA zunächst *in ihrer gesamten Länge transkribiert*. Auf diese Weise synthetisierte mRNA-Moleküle enthalten noch sämtliche Intron-Sequenzen (in transkribierter Form) und werden als **Primärtranskripte** (Vorläufer-mRNA) bezeichnet. Die sich anschließende **Prozessierung der Primärtranskripte** findet im Zellkern statt und wird durch mehrere Enzyme katalysiert. Bei einem der aufeinanderfolgenden biochemischen Vorgänge wird an das 3'-Ende der mRNA-Kette durch eine sich vielfach wiederholende Reaktion mit ATP (Polyadenylierung) eine aus 150 bis 200 Nucleotiden bestehende **Poly(A)-Sequenz** angefügt. Diese poly(A)-Sequenz ist ein für *eukaryotische mRNA typisches Struktur-Merkmal*.

Im Verlauf der weiteren Prozessierung der Primärtranskripte werden die nicht-codierenden Abschnitte durch enzymatische Spaltung aus den langen mRNA-Molekülen „herausgeschnitten" und die jeweils benachbarten *Exons zu einer durchgehend codierenden Sequenz miteinander verknüpft (ligiert)*. Dieser als **Gen-Spleißen** (oder nur Spleißen; splicing) bezeichnete Vorgang ergibt **reife mRNA** als funktionstüchtige Arbeitskopien von eukaryotischen Genen (**Abb. 32-5, Farbtafel**).

Die zweckentsprechend prozessierte, reife mRNA wird dann aktiv aus dem Zellkern in das Cytoplasma transportiert, weil sie dort als Matrize zur Protein-Synthese an den Ribosomen benötigt wird.

Bisher ist man davon ausgegangen, daß in jedem Gen durch eine bestimmte Aufeinanderfolge seiner Nucleotid-Bausteine die Information für **ein** Protein gespeichert ist – es galt die Auffassung: *Ein Gen* $\longrightarrow$ *Ein Protein*.

Seit der Entzifferung des menschlichen Genoms weiß man jedoch, daß es Gene gibt, die für **mehrere** Proteine (im Durchschnitt für 3 Proteine) codieren können. Die Ursache hierfür ist, daß bei der Prozessierung der Vorläufer-mRNA *nicht immer alle Exons eines Gens* miteinander verknüpft werden. Bei den für mehrere Proteine codierenden Genen werden jeweils nur einige Exons (in manchen Fällen auch in unterschiedlichen Kombinationen) zu reifen mRNA-Molekülen ligiert.

Diese Art der Prozessierung wird als **Alternatives Spleißen** bezeichnet. Hierdurch entstehen *aus derselben Vorläufer-mRNA mehrere verschiedene reife mRNA, die dann für verschiedene Proteine codieren*.

Alternatives Spleißen findet z. B. vor der Synthese von Immunglobulinen statt.

32.10.3 Die Translation von mRNA in Proteine

Damit die von den Genen an die messenger RNA weitergegebene genetische Information für die Biosynthese der Proteine genutzt werden kann, muß eine Übersetzung (**Translation**) aus der „Sprache der Nucleinsäuren" in die ganz andersartige „Sprache der Proteine" erfolgen, mit anderen Worten: Es muß der Übergang von der Ebene der Nucleinsäuren auf die Ebene der Proteine stattfinden.

Jede messenger RNA ist durch eine für sie charakteristische Aufeinanderfolge der **4** Nucleobasen A, T, C und U gekennzeichnet.

Dagegen unterscheiden sich die vielen tausend an der Aufrechterhaltung der Lebensvorgänge beteiligten Proteine durch die Aufeinanderfolge der an ihrem Aufbau beteiligten **20** proteinogenen Aminosäuren, durch ihre Aminosäure-Sequenz.

Bis 1961 war nichts darüber bekannt, welche Aufeinanderfolge von Nucleotiden in der mRNA dafür verantwortlich ist, daß nun gerade eine ganz bestimmte Aminosäure an einer ganz bestimmten Stelle in eine wachsende Peptid-Kette eingebaut wird.

Der genetische Code war noch nicht entschlüsselt. In den folgenden Jahren wurde nachgewiesen, daß *immer 3 in der mRNA-Kette aufeinanderfolgende Nucleotid-Reste für eine bestimmte Aminosäure codieren*. Aus der unterschiedlichen Aufeinanderfolge von jeweils 3 der 4 Nucleobasen A, G, C, U ergeben sich insgesamt $4^3=64$ **Tripletts**, die man als **Codons** bezeichnet.

Somit sind erheblich mehr Codons vorhanden, als

32.10 Biologische Funktionen der Nucleinsäuren

zur *Festlegung der Aufeinanderfolge von 20 Aminosäure-Resten in den Proteinen* erforderlich sind. Die Tabellen 32-5 und 32-6 zeigen das Ergebnis der **Entschlüsselung des Genetischen Codes** und enthalten die Antwort auf die Frage, welche Aminosäuren welchen Codons zuzuordnen sind. Hierbei zeigte sich, daß
- die meisten Aminosäuren 2 Codons haben,
- nur Methionin und Tryptophan durch lediglich ein Triplett codiert werden,
- Arginin, Leucin und Serin sogar 6 Codons haben,
- das Codon **AUG** zwei unterschiedliche Aufgaben erfüllt:
  Es codiert für Methionin, wenn es *im Inneren* einer mRNA-Kette vorliegt.
  Am Anfang einer codierenden Sequenz hat das Codon **AUG** die Funktion des **Start-Codons**. Somit ist AUG auch das Triplett, das den Beginn des Leserahmens und damit solche Stellen der mRNA kennzeichnet, von denen aus bei der Translation mit dem *Ablesen der Codons* begonnen wird.
- sich die Codons UAA, UAG und UGA als **Stop-Codons** verhalten, weil ihr Auftreten in der mRNA dazu führt, daß die Synthese der jeweiligen Peptid-Kette beendet wird.

Der Genetische Code gilt (nahezu) *universell.* Nur in Mitochondrien codieren einige Tripletts abweichend vom Standard-Code.

Seit der Entschlüsselung des Genetischen Codes ist es ohne weiteres möglich, die Aminosäure-Sequenzen von Proteinen aus bekannten, codierenden Nucleotid-Sequenzen abzuleiten.

Tab. 32-6: Diese Wiedergabe des Genetischen Standard-Codes läßt *unmittelbar* erkennen, welche Aminosäuren durch welche Tripletts codiert werden

Ala	Arg	Asp	Asn	Cys	Glu	Gln
GCA	AGA	GAC	AAC	UGC	GAA	CAA
GCC	AGG	GAU	AAU	UGU	GAG	CAG
GCG	CGA					
GCU	CGC					
	CGG					
	CGU					

Gly	His	Ile	Leu	Lys	Met	Phe
GGA	CAC	AUA	UUA	AAA	AUG	UUC
GGC	CAU	AUC	UUG	AAG		UUU
GGG		AUU	CUA			
GGU			CUC			
			CUG			
			CUU			

Pro	Ser	Thr	Trp	Tyr	Val	Stop
CCA	AGC	ACA	UGG	UAC	GUA	UAA
CCC	AGU	ACC		UAU	GUC	UAG
CCG	UCA	ACG			GUG	UGA
CCU	UCC	ACU			GUU	
	UCG					
	UCU					

		U	C	A	G	
U		UUU Phe	UCU Ser	UAU Tyr	UGU Cys	U
		UUC Phe	UCC Ser	UAC Tyr	UGC Cys	C
		UUA Leu	UCA Ser	UAA Stop	UGA Stop	A
		UUG Leu	UCG Ser	UAG Stop	UGG Trp	G
C		CUU Leu	CCU Pro	CAU His	CGU Arg	U
		CUC Leu	CCC Pro	CAC His	CGC Arg	C
		CUA Leu	CCA Pro	CAA Gln	CGA Arg	A
		CUG Leu	CCG Pro	CAG Gln	CGG Arg	G
A		AUU Ile	ACU Thr	AAU Asn	AGU Ser	U
		AUC Ile	ACC Thr	AAC Asn	AGC Ser	C
		AUA Ile	ACA Thr	AAA Lys	AGA Arg	A
		AUG Met	ACG Thr	AAG Lys	AGG Arg	G
G		GUU Val	GCU Ala	GAU Asp	GGU Gly	U
		GUC Val	GCC Ala	GAC Asp	GGC Gly	C
		GUA Val	GCA Ala	GAA Glu	GGA Gly	A
		GUG Val	GCG Ala	GAG Glu	GGG Gly	G

Tab. 32-5: Der Genetische Code umfaßt 64 Tripletts. Jedes Codon wird durch eine aus 3 Nucleotiden bestehende Sequenz gebildet, die sich in 5' ⟶ 3'-Richtung aus den Nucleotiden der linken Spalte, der oberen Zeile und der rechten Spalte ergibt. Diese Tabelle zeigt, welche Tripletts für welche Aminosäuren codieren

Die **Synthese der Proteine** findet an den **Ribosomen**, den „Protein-Fabriken" der Zelle, statt. Jedes Ribosom setzt sich aus einer kleinen und einer großen Untereinheit zusammen. Ribosomen sind **Nucleoprotein**-Partikel, die aus **ribosomalen Ribonucleinsäuren** und vielen Proteinen bestehen (in eukaryotischen Ribosomen sind es mehr als 50 Proteine).

Der **Fluß der genetischen Information** von der DNA zur RNA und von der RNA zu den Proteinen beinhaltet, daß die in der RNA vorliegenden *Nucleotid-Sequenzen* in die *Aminosäure-Sequenzen* der Proteine übersetzt werden. Die Aufgabe der „Übersetzer" übernehmen die Moleküle der **Transfer-Ribonucleinsäuren (tRNA)**. (Abb. 32-6, Farbtafel).

Jede Zelle enthält eine ganze Anzahl *unterschiedlicher* Transfer-Ribonucleinsäuren, schon aufgrund dessen, daß am Aufbau der Proteine 20 proteinogene Aminosäuren beteiligt sind.

Die Synthese der Polypeptid-Ketten verläuft immer in Richtung von dem N-terminalen Aminosäure-Rest zu dem C-terminalen Rest, jedesmal unter Elongation der wachsenden Peptid-Kette um einen Aminosäure-Rest.

Die Funktionen von Nucleinsäuren sind in Tabelle 32-7 zusammengefaßt, der Fluß der genetischen Information ist in Abb. 32-7 skizziert.

Der **Energie-Bedarf der Protein-Synthese** ist hoch. Die erforderliche Energie wird durch den Verbrauch von ATP (zur Aktivierung der Aminosäuren) und vor allem von GTP zur Durchführung der zahlreichen Elongationsschritte bereitgestellt.

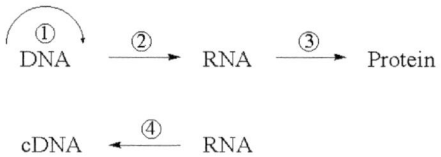

Abb. 32-10. ① Replikation/DNA-Polymerase ② Transkription/RNA-Polymerase ③ Translation/Ribosomen ④ Reverse Transkription/Reverse Transkriptase.

Die Peptid-Ketten falten sich schon während ihrer Synthese. Ihre *native* räumliche Struktur nehmen die Proteine jedoch erst nach der Abspaltung von den Ribosomen ein.

Sehr wesentlich ist, daß viele Proteine *nach ihrer Synthese* in **eukaryotischen Zellen** noch in ganz unterschiedlicher Weise *modifiziert werden*, damit sie ihre biologische Wirksamkeit erlangen. Als Beispiele für die **post-translationale Modifikation** sind die Verknüpfung mit Oligosacchariden zu O- und N-Glycoproteinen (Kap. 28.2.2) und die Phosphorylierung von Proteinen zu nennen.

Dagegen sind Prokaryoten *nicht* zur posttranslationalen Modifikation von Proteinen befähigt.

Das Protein **Globin** bildet den Eiweißbestandteil von Hämoglobin. Globin besteht aus Polypeptid-Ketten unterschiedlicher Aminosäure-Sequenz. Die β-Kette des menschlichen Globins ist aus 146 Aminosäure-Resten aufgebaut.

Eine erbliche **Punktmutation** in Position 17 des β-Globin-Gens, bei der **T** an die Stelle von **A** getreten ist, führt dazu, daß in Position 6 der β-Kette an Stelle des dort normalerweise vorhandenen **Glutaminsäure**-Restes ein **Valin**-Rest getreten ist. Diese Mutation ist die genetische Ursache für eine schwere Störung des Sauerstoff-Transports, für die **Sichelzellanämie**.

Das für die β-Kette von Globin codierende Gen enthält als 6. Codon —GAG—, das in **Glu** übersetzt wird. Infolge der erwähnten Punktmutation tritt als 6. Codon jedoch —GTG— auf, das in **Val** übersetzt wird. Das so entstehende, lediglich in Position 6 veränderte β-Globin ist *weniger löslich* als das normalerweise gebildete β-Globin.

Nachdem eine Punktmutation spontan durch Einwirkung energiereicher Strahlung oder über einen Fehler bei der Replikation eingetreten ist, tritt an einer bestimmten Stelle des betreffenden Gens nun ein anderes Nucleotid (eine andere Base) als normalerweise auf. Falls das durch Punktmutation entstandene andere **Codon** aufgrund der Entartung

Tab. 32-7: Funktionen von Nucleinsäuren

DNA	identische Replikation
	Transkription zu RNA
Gene	als Abschnitte auf der DNA, die für funktionelle Transkripte codieren
funktionelle Transkripte	messenger RNA
	ribosomale RNA
	transfer-RNA
mRNA	Translation zu Proteinen
RNA	Retrotranskription zu cDNA (Retroviren)
Proteine	„Funktionsträger" aller Lebensformen vielfach erst nach post-translationaler Modifikation zu Glycoproteinen und Phosphoproteinen

des genetischen Codes für *dieselbe* Aminosäure codiert, ergibt sich *keine* Änderung der Aminosäure-Sequenz des von dem mutierten Gen codierten Proteins. In diesem Fall spricht man von einer *stummen Mutation*.

Kommt es dagegen aufgrund der Bildung des mutierten Codons zum Einbau einer **anderen Aminosäure** in das Polypeptid oder Protein, so kann dies entweder nur geringfügige oder aber – in gewissen Fällen – sehr schwerwiegende Auswirkungen auf die biologischen Eigenschaften des Gen-Produktes haben. Mit dem Letzteren ist stets zu rechnen, wenn die Mutation in das *aktive Zentrum eines Enzyms* oder in eine *für die physiologische Funktion eines Proteins essentielle Aminosäure-Sequenz eingreift*.

Kontrollfragen

32-1 Welchen räumlichen Aufbau hat DNA?

32-2 In Form welcher Teilchen liegen die Nucleinsäuren bei physiologischem pH-Wert vor?

32-3 Wie entstehen diese Teilchen?

32-4 Wie bezeichnet man die Aufeinanderfolge der Nucleotide in den Nucleinsäuren?

32-5 Beschreiben Sie den Aufbau des Rückgrats der Nucleinsäure-Ketten.

32-6 Welcher Vorgang findet bei der komplementären Basen-Paarung von DNA statt?

32-7 Zwischen welchen Basen-Paaren werden Wasserstoffbrücken-Bindungen bei Zusammenlagerung eines DNA-Strangs mit einem RNA-Strang gebildet?

32-8 Unter welchen Reaktions-Bedingungen wird RNA leicht hydrolytisch gespalten?

32-9 Inwiefern unterscheidet sich der Aufbau der Gene von höheren Eukaryoten vom Aufbau prokaryotischer Gene?

32-10 Welches charakteristische Struktur-Merkmal weist eukaryotische messenger RNA (im Vergleich zu anderen Nucleinsäuren) auf?

32-11 Nennen Sie zwei Verfahren, mit denen die Auftrennung von doppelsträngiger DNA in die beiden Einzelstränge herbeigeführt wird?

32-12 Welche Ausgangssubstanzen und welches Enzym sind für die *in vitro* Synthese von DNA erforderlich?

32-13 Bei welcher, in allen molekularbiologischen Laboratorien durchgeführten Reaktion werden DNA-Zielsequenzen amplifiziert?

32-14 Welche Ionen werden bei der Synthese von Nucleinsäuren durch Reaktion der OH-Gruppe am C-Atom 3' des Pentose-Restes mit einem Nucleosidtriphosphat abgespalten?

32-15 In welche Richtung verläuft die Synthese jedes neuen Nucleinsäure-Strangs?

32-16 Weshalb ist zur Synthese eines neuen Nucleinsäure-Strangs stets das Vorhandensein eines Matrizen-Strangs erforderlich?

32-17 Beschreiben Sie den Fluß der genetischen Information gemäß dem „Zentralen Dogma der Molekularen Genetik".

32-18 Beschreiben Sie die biologische Aufgabe von drei Arten von **Ribo**nucleinsäuren.

32-19 Erläutern Sie den Begriff „Genetischer Code".

32-20 Wieviele Codons gibt es und welche unterschiedlichen Funktionen haben diese?

32-21 Erklären Sie die *zweifache* biologische Aufgabe der Transfer-Ribonucleinsäuren.

33 Gentechnologie

33.1 Einführung

Die **Gentechnologie** (genetic engineering) wird auch als **rekombinante DNA-Technologie** bezeichnet, weil es die auf diesem Gebiet entwickelten Verfahren ermöglichen, **Gene** in *eindeutig definierter Weise* neu zu kombinieren (zu rekombinieren). Die rekombinante DNA-Technologie konnte sich jedoch erst enwickeln, nachdem die zur *gezielten* Bearbeitung und Neu-Kombination der in allen Lebewesen vorkommenden **DNA** erforderlichen „Werkzeuge" entdeckt und verfügbar gemacht worden waren. Diese Werkzeuge sind vor allem **Enzyme**, die bestimmte Nucleinsäuren als Substrate binden und den Ablauf spezifischer chemischer Umsetzungen an den Nucleinsäuren katalysieren.

Die Grundlagen für die **Neu-Kombination** von DNA wurden durch Forschungsarbeiten auf dem Gebiet der Bakteriologie, insbesondere der Bakterien-Genetik, geschaffen. Aus Bakterien wurden nicht nur alle für die Neu-Kombination von DNA erforderlichen **Enzyme** (Restriktionsendonucleasen und DNA-Ligasen), sondern auch die als Transportmittel für rekombinierte DNA und zu ihrer Vermehrung in den Wirtszellen benötigten **Plasmide** isoliert.

Die **DNA-Rekombination** nahm ihren Anfang mit einer Arbeit von Berg (1972), bei der einerseits DNA des Virus SV 40 und andererseits DNA eines Bakteriophagen in Fragmente zerlegt wurde. Durch anschließende **kovalente Verknüpfung** solcher DNA-Fragmente *unterschiedlicher Herkunft* miteinander wurde die erste *rekombinierte DNA* erhalten. Diese neu kombinierte DNA wurde jedoch nicht in Wirtszellen eingebracht.

1973 stellten Cohen und Boyer ein *rekombiniertes Plasmid* her und transformierten *E. coli* mit diesem rekombinierten Plasmid.

Diese Arbeiten lösten die Entwicklung der Gentechnologie aus.

Die *Übertragung von Genen* aus Zellen eines Organismus in Zellen eines anderen, artfremden Organismus (in Wirtszellen oder Wirtsorganismen) und die **Expression** der mit Hilfe von Vektoren eingeschleusten Fremd-Gene *unter Bildung von Fremd-Proteinen* durch die Verfahren der rekombinanten DNA-Technologie sind nur deshalb möglich, weil die nachstehend genannten biologischen Vorgänge *in allen Lebensformen im Prinzip übereinstimmend verlaufen*:
– identische Verdoppelung (Replikation) der DNA zur Weitergabe der genetischen Information bei den Zellteilungen,
– die Überschreibung (Transkription) der in der DNA gespeicherten Baupläne der Organismen auf die messenger RNA,
– die Übersetzung (Translation) der in der mRNA verschlüsselt vorliegenden Bauanweisungen in die Strukturen der funktionellen Proteine.

Der **universell geltende Genetische Standard-Code** bildet die Grundlage dafür, daß Wirtsorganismen durch Expression von Fremd-Genen Proteine synthetisieren können, die sie für ihren *eigenen* Lebenscyclus überhaupt nicht benötigen und demzufolge normalerweise nicht produzieren.

So können Gene aus menschlichen, tierischen oder pflanzlichen Organismen, wie auch aus Mikroorganismen, isoliert und mit Hilfe von Vektoren über die Artgrenzen hinweg in ganz unterschiedliche Wirtsorganismen eingebracht werden. Die Wahl geeigneter **Expressions-Vektoren** gewährleistet, daß die jeweiligen Wirtszellen – zusätzlich zu ihren eigenen Proteinen – nun auch Fremd-Proteine (**heterologe Proteine**) synthetisieren, wie z. B. Zellen von *E. coli*, die nach Aufnahme eines Expressions-Vektors, der das Gen für *menschliches Wachstumshormon* enthält, dann dieses Protein produzieren.

33.2 Enzyme für Nucleinsäure-Substrate

Enzyme, die entweder die Spaltung oder die Synthese von Nucleinsäuren katalysieren, sind unentbehrliche „Werkzeuge" in molekularbiologischen Laboratorien. Bei der Isolierung und Aufreinigung von Nucleinsäuren (Kap. 32.5) werden Enzyme zu dem Zweck eingesetzt, bestimmte Nucleinsäuren (je nach Zielsetzung RNA oder DNA) aus komplex zusammengesetzten Gemischen zu entfernen.

Tab. 33-1: Enzyme, die chemische Reaktionen von Nucleinsäuren katalysieren

Enzyme	Reaktion
Nucleasen (Phosphodiesterasen)	hydrolytische Spaltung von Phosphodiester-Bindungen
Ribonucleasen	– bei RNA
Desoxyribonucleasen	– bei DNA
Endonucleasen	– im Inneren
Exonucleasen	– am Anfang oder am Ende der Polynucleotid-Ketten
Ribonuclease H	nur die Spaltung von RNA in RNA/DNA-Doppelsträngen
Restriktionsendonucleasen (vom Typ II)	hydrolytische Spaltung von Phosphodiester-Bindungen an bestimmten Schnittstellen in jedem der beiden Stränge von dsDNA
DNA-Ligasen	kovalente Verknüpfung zwischen benachbarten 3'-OH und 5'-Phosphat-Gruppen von DNA-Fragmenten
Polymerasen (Nucleotidyl-Transferasen)	Synthese von Nucleinsäuren aus Nucleosid-triphophaten
DNA-Polymerase	– von DNA an einer DNA-Matrize
RNA-Polymerase	– von RNA an einer DNA-Matrize
Reverse Transkriptase	– von cDNA an einer RNA-Matrize

Nucleasen sind Phosphodiesterasen, weil sie die Spaltung von Phosphodiester-Bindungen katalysieren, die am Aufbau des Rückgrats von RNA und DNA beteiligt sind. Nach der Art ihrer Substrate unterscheidet man **Ribonucleasen** (RNasen) und **Desoxyribonucleasen** (DNasen).

Je nachdem, ob diese Enzyme die Spaltung von Phosphodiester-Bindungen am Anfang oder am Ende oder aber im Inneren der Nucleinsäure-Ketten katalysieren, spricht man von **Exo**nucleasen oder **Endo**nucleasen.

Für die Entwicklung der **rekombinanten DNA-Technologie** war die Entdeckung von grundlegender Bedeutung, daß *Bakterien* Enzyme besitzen, mit denen sie eingedrungene DNA in Fragmente spalten und somit „unschädlich" machen können (während ihre eigene DNA an bestimmten Adenin- und Cytosin-Resten methyliert wird und somit von dem jeweiligen Restriktionsenzym nicht angegriffen wird).

Derartige Enzyme mit der Wirkung einer an genau definierten Stellen ansetzenden „molekularen Schere" kommen in nahezu allen **Prokaryoten** vor und haben die folgenden charakteristischen Eigenschaften:

– Jedes dieser Enzyme besitzt eine Spezifität für eine bestimmte Aufeinanderfolge von **4** bis **8** Nucleotid-Resten innerhalb der als Doppelstrang vorliegenden DNA. An diese **Erkennungssequenz** (Bindungsstelle) wird das Enzym gebunden.
– Sie katalysieren die hydrolytische Spaltung jeweils einer Phosphodiester-Bindung an einer bestimmten Stelle (**Schnittstelle**) *innerhalb jedes der beiden DNA-Stränge*.

Durch diese Enzym-Wirkung wird die DNA in Bruchstücke (DNA-Fragmente) zerlegt. Man bezeichnet diese Enzyme als Restriktionsenzyme, genauer als **Restriktionsendonucleasen** (vom Typ II), weil ihre Substrate DNA sind und deren Spaltung im Inneren (-endo-) der Polynucleotid-Ketten erfolgt.

Seit der Entdeckung der ersten Restriktionsendonuclease *dieses Typs* 1970 in *Haemophilus influenzae*-Bakterien sind mehr als 2000 dieser Enzyme isoliert und hinsichtlich ihrer Erkennungssequenzen und Schnittstellen charakterisiert worden.

Ebenso wie für andere Enzyme ist auch für Restriktionsenzyme, die zu den unverzichtbaren Werkzeugen der Molekularbiologen gehören, ein bestimmtes *pH-Optimum* charakteristisch, so daß sie zusammen mit hierauf abgestimmten *Puffer-Lösungen* (und mit Magnesium-Ionen als Cofaktor) zum Einsatz kommen.

Man verwendet Restriktionsendonucleasen dazu, um:
– Langkettige, linear angeordnete DNA in DNA-

Fragmente mit ganz bestimmten Nucleotid-Sequenzen an den Enden zu zerlegen oder um
– ringförmig (circulär) angeordnete DNA, z. B. Plasmide, an ganz bestimmten Stellen zu öffnen (zu linearisieren).

Die Einwirkung von Scherkräften auf langkettige DNA ist hierzu nicht geeignet, weil dabei nur Fragmente entstehen, auf denen die Nucleotid-Sequenzen in zufälliger Weise verteilt sind. Dagegen ist durch Verwendung von **Restriktionsendonucleasen** (vom Typ II), die sich durch *hohe Spezifität* auszeichnen, sichergestellt, daß nur jeweils eine ganz bestimmte Aufeinanderfolge von Nucleotiden erkannt wird und *innerhalb* dieser Erkennungssequenz an einer ganz bestimmten Stelle, der Schnittstelle, die Spaltung einer Phosphodiester-Bindung in jedem der beiden DNA-Stränge erfolgt.

Zur **kovalenten Verknüpfung** von in gezielter Weise hergestellten DNA-Fragmenten zu *rekombinierter DNA* werden **DNA-Ligasen** eingesetzt (Tab. 33-1).

Darüber hinaus will man vielfach DNA und RNA außerhalb der lebenden Zelle (*in vitro*) synthetisieren. Für diese *de novo* Synthese von DNA und RNA sind **Polymerasen** erforderlich.

33.3 Plasmide

Plasmide sind ringförmige (circuläre), doppelsträngige DNA-Moleküle, die meist 3000 bis 50 000 Basen-Paare umfassen.

Plasmide sind in Bakterien sehr weit verbreitet, kommen aber auch in Hefen vor. Sie vermehren sich in ihren Wirtszellen selbständig (unabhängig vom Bakterien-Genom) und werden bei der Zellteilung an die Tochterzellen weitergegeben. Da sie sich **autonom replizieren**, müssen Plasmide nicht nur die Gene enthalten, die zu ihrer eigenen Vermehrung notwendig sind, sondern jeweils auch eine bestimmte Nucleotid-Sequenz, von der die Replikation ausgeht, einen **Replikationsursprung** (ori, origin of replication). Charakteristisch für viele Plasmide ist, daß sie ein Gen enthalten, das den Bakterien, in denen solche Plasmide vorkommen, *Resistenz gegenüber einem bestimmten Antibiotikum* verleiht. So gibt es Plasmide mit einem Gen, das Resistenz gegenüber Tetracyclin vermittelt, während andere Plasmide ein Gen enthalten, das ihren Wirtszellen Resistenz gegenüber Ampicillin (oder einem anderen Antibiotikum) verleiht.

In der Gentechnologie werden Plasmide als **Vektoren** verwendet, um DNA-Fragmente anderer Herkunft (Fremd-Gene) aufzunehmen. Diese **rekombinierten Plasmide** schleust man anschließend (als Gen-Fähren) in Wirtszellen ein, in denen sie sich autonom vermehren – und mit ihnen immer auch das DNA-Fragment, das man zuvor in das Plasmid eingebaut hat. Um Plasmide für die vorgesehene gentechnischen Anwendungen optimal geeignet zu machen, sind natürlich vorkommende Plasmide in vielfältiger Weise verändert worden.

Aus ihnen wurden **DNA-Abschnitte** herausgenommen und neue DNA-Sequenzen eingefügt, so daß schließlich *Plasmide konstruiert* wurden, die für ganz bestimmte Verwendungen „maßgeschneidert" waren. Das Plasmid **pBR 322** ist schon 1977 aus einem natürlichen Plasmid aus *Escherichia coli* konstruiert und seitdem vielfach eingesetzt worden. In dem Plasmid pBR 322 sind 4363 Basen-Paare am Aufbau eines circulären Doppelstrangs beteiligt.

Das Plasmid pBR 322 enthält zwei Antibiotikaresistenz-Gene, und zwar ein Ampicillin- und ein Tetracyclinresistenz-Gen. Das in dem Plasmid pBR 322 enthaltene Ampicillinresistenz-Gen (Amp^R) codiert für das Enzym ß-Lactamase. Dieses katalysiert bei Antibiotika vom ß-Lactam-Typ, zu denen Penicilline wie Ampicillin gehören, die hydrolytische Spaltung des ß-Lactam-Rings, so daß diese Antibiotika unwirksam werden.

Wenn man auf pBR 322 oder eines der vielen anderen Plasmide bestimmte Restriktionsendonucleasen einwirken läßt, für die jeweils nur **eine Schnittstelle** vorhanden ist, erhält man das betreffende **linearisierte** (an einer Stelle jedes Doppelstrangs geöffnete) **Plasmid** mit *überstehenden Enden*. Solche linearisierten Plasmide können auf einfache Weise mit einem **Fremd-Gen** verknüpft werden, das die gleichen überstehenden Enden aufweist.

Durch die Ausbildung von Wasserstoffbrücken-Bindungen lagern sich die **komplementären Basen** an den überstehenden Enden des Plasmids und des Fremd-Gens aneinander. Hierdurch kommen sich die 5'-Phosphat-Gruppe und die 3'-OH-Gruppe der jeweils endständigen Nucleotide so nahe, daß bei Einwirkung einer **DNA-Ligase** in jedem der beiden DNA-Stränge eine kovalente Verknüpfung zu einer Phosphodiester-Bindung erfolgt, so daß wieder ein **circuläres** Plasmid entsteht. Dieses **rekombinierte Plasmid** enthält nun erheblich mehr Nucleotid-Bausteine als das Ausgangs-Plasmid, weil es die DNA des Fremd-Gens (als **Insert**) aufgenommen hat.

33.4 Gen-Bibliotheken

Gen-Bibliotheken werden angelegt, damit man sie als Ausgangsmaterial für molekularbiologische Arbeiten verwenden kann mit dem Ziel, bestimmte DNA-Fragmente oder Gene zu vermehren, zu identifizieren, zu isolieren und zu sequenzieren.

Es gibt zwei Arten von Gen-Bibliotheken, die sich in ihrem *Aufbau grundlegend voneinander unterscheiden*: Genomische Gen-Bibliotheken und cDNA-Bibliotheken.

Eine **Genomische Bibliothek** (gene library, Genbank) besteht aus einer *Sammlung* von Hunderttausenden Klonierungs-Vektoren, von denen jeder einen Abschnitt aus der genomischen DNA eines Organismus enthält. Diese in die Vektoren eingebauten DNA-Fragmente sollen das gesamte Genom des betreffenden Organismus repräsentieren.

Aufgrund der Unterschiede im Aufbau prokaryotischer und eukaryotischer Gene (Kap. 32.4) führt das Einschleusen von Vektoren mit eukaryotischen Genen, *in denen die codierenden Sequenzen durch Introns voneinander getrennt sind*, in Bakterienzellen dort **nicht** zur Expression der entsprechenden eukaryotischen Proteine. Bakterienzellen sind nicht in der Lage, die aus eukaryotischer DNA zunächst gebildete Vorläufer-mRNA zur reifen mRNA zu prozessieren.

Um eukaryotische DNA-Fragmente zu erhalten, die nicht durch Introns unterbrochen sind, muß man ausgehend von der reifen mRNA eukaryotischer Zellen eine **cDNA-Bibliothek** herstellen.

Die in eukaryotischen Zellen zu einer bestimmten Zeit vorhandene **reife mRNA** ist kennzeichnend für die dann gebildeten Proteine, für den Entwicklungszustand der Zellen und für ihre Zugehörigkeit zu bestimmten Geweben.

In spezialisierten Zellen und Geweben können *bestimmte* **mRNA** in sehr hohem Anteil (bis zu 90% der gesamten mRNA) gebildet werden. Zur Isolierung derartiger mRNA bietet es sich an, von solchen spezialisierten Zellen auszugehen, z. B. von Leukocyten zur Gewinnung von mRNA, die für α-Interferon codiert.

Die Gewinnung der **gesamten mRNA** einer Zelle ist von großer Bedeutung für die Herstellung von **cDNA**-Bibliotheken, d. h. der gesamten *komplementären* (complementary) DNA.

Zur Isolierung und Aufreinigung von mRNA macht man sich das charakteristische Struktur-Merkmal **eukaryotischer mRNA**-Moleküle zunutze, die an ihrem 3'-Ende eine **Poly(A)-Sequenz** tragen (Kap. 32.10.2).

Anschließend wird die mRNA – entgegen dem allgemeinen Fluß der genetischen Information – in cDNA transkribiert. Diese **Retro**transkription wird mit Hilfe einer *RNA-abhängigen* **DNA-Polymerase** durchgeführt, die man als **Reverse Transkriptase** bezeichnet. Derartige Polymerasen bauen die jeweilige cDNA an der vorliegenden mRNA als *Matrize* (template) in Gegenwart von Magnesium-Ionen aus den Desoxyribonucleosid-triphosphaten der komplementären Basen auf.

33.5 Rekombination von DNA

Die wichtigsten Verfahrensschritte zur Rekombination von DNA, insbesondere mit dem Ziel, Gene aus bestimmten Organismen zur Herstellung der von ihnen codierten Proteine in Wirtsorganismen zu übertragen, sind:

1. *Die Identifizierung des gesuchten Gens* unter Verwendung von Gen-Bibliotheken, vor allem von cDNA-Bibliotheken.
2. *Die Vermehrung des betreffenden Gens* durch Klonieren (oder durch Anwendung der Polymerase-Kettenreaktion) und die Isolierung des Gens.
3. *Die Vorbereitung des Gens für den Einbau (die Insertion) in einen Vektor*, der das Gen später als Insert (zwischen seine eigene DNA) in die Wirtszelle transportiert. Hierzu wird das Gen an den Enden seiner doppelsträngigen DNA-Moleküle mit kurzen Nucleotid-Sequenzen versehen, die komplementär zu den Enden des zur Aufnahme des Gens vorbereiteten Vektor-Moleküls sind.
4. *Die Vorbereitung des Vektors für die Aufnahme des Gens*. Falls Plasmide als Vektoren verwendet werden, müssen diese circulären doppelsträngigen DNA-Moleküle an **einer** Stelle geöffnet (**linearisiert**) werden.

Zur Festlegung von Schnittstellen steht eine große Zahl von ganz *spezifisch wirkenden* **Restriktionsendonucleasen** (kommerziell) zur Verfügung.

Vielfach gewinnt man das zum Einbau in den Vektor vorgesehene Gen durch Herausschneiden aus längeren DNA-Molekülen (z. B. aus Klonierungs-Vektoren).

5. *Der Einbau des Gens in den Vektor.* Hierzu wer-

den das an seinen Enden angepaßte Gen und das linearisierte Plasmid zusammengegeben und unter der katalytischen Wirkung einer DNA-Ligase unter Verbrauch von ATP ligiert.

Durch die Ausbildung von Wasserstoffbrücken-Bindungen lagern sich die **komplementären Basen** an den überstehenden Enden des Plasmids und des Fremd-Gens aneinander. Hierdurch kommen sich die 5'-Phosphat-Gruppe und die 3'-OH-Gruppe der jeweils endständigen Nucleotide so nahe, daß bei Einwirkung einer **DNA-Ligase** in jedem der beiden DNA-Stränge eine kovalente Verknüpfung zu einer Phosphodiester-Bindung erfolgen kann, so daß wieder ein **circuläres** Plasmid entsteht. Dieses **rekombinierte Plasmid** enthält nun erheblich mehr Nucleotid-Bausteine als das Ausgangs-Plasmid, weil es die DNA des Fremd-Gens (als **Insert**) aufgenommen hat.

6. *Das Einschleusen des rekombinierten Vektors in Wirtszellen.* Vor der beabsichtigten Transformation mit einem Vektor müssen die als Wirtszellen vorgesehenen Bakterienzellen durch eine spezielle Behandlung (z. B. durch Einwirkung einer Calciumchlorid-Lösung) so weit durchlässig gemacht werden, daß sie den Vektor überhaupt aufnehmen können. Nach dieser Behandlung liegen *kompetente Zellen* vor.

Falls Fremd-DNA mit Hilfe von Vektoren in Hefezellen oder in pflanzliche oder tierische Zellen eingebracht werden soll, müssen diese eukaryotischen Zellen in geeigneter Weise vorbehandelt werden.

7. *Die Selektion von erfolgreich transformierten Wirtszellen.*

Zur **Expression** von Fremd-Genen eignen sich Mikroorganismen, wie *Escherichia coli* und *Bacillus subtilis*, deshalb gut, weil sie sich leicht kultivieren lassen und sich rasch vermehren.

In *E. coli* als Wirtsorganismus werden manche Fremd-Proteine (heterologe Proteine) so stark exprimiert, daß sie einen großen Anteil der von *E. coli* insgesamt gebildeten Proteine ausmachen und sogar in den Wirtszellen ausfallen können.

Nach ihrer Synthese in *B. subtilis* werden heterologe Proteine oft in das Kulturmedium ausgeschleust.

Bei der Auswahl der **Wirtszellen** zur Herstellung rekombinanter Proteine ist zu beachten, daß Proteine ihre *volle biologische Aktivität* erst erlangen, nachdem eine korrekte *Protein-Faltung* stattgefunden hat. So ist es z. B. sehr wesentlich, daß sich in Polypeptiden oder Proteinen, die eine ganze Anzahl von Cysteinyl-Resten enthalten, ***Disulfid-Bindungen** gerade zwischen ganz bestimmten Cysteinyl-Resten ausbilden.* Erfolgt dies nicht, resultieren Proteine mit geringerer oder ohne biologische Aktivität.

Zahlreiche Proteine werden erst durch **posttranslationale Modifikation** (wie Glycosylierung oder Phophorylierung) biologisch aktiv und können daher nicht in Bakterienzellen hergestellt werden. Die Herstellung von **Glycoproteinen** erfolgt daher in Säugerzellen, insbesondere in Hamster-Zellinien, wie CHO (Chinese hamster ovary)-Zellen.

Vektoren

Die Übertragung von Genen oder von DNA-Fragmenten, die aus Zellen eines Organismus stammen, in Zellen anderer Organismen, welche die Fremd-DNA aufnehmen, vermehren und auch in Proteine umsetzen sollen, erfordert die Verwendung von **Vektoren**.

Als Vektoren werden vor allem **Plasmide** und **Bakteriophagen** eingesetzt, die man aus in der Natur vorkommenden Plasmiden und Bakteriophagen dadurch hergestellt hat, daß man deren DNA in vielfältiger Weise **neu kombiniert** hat, damit die so konstruierten Vektoren bestimmten Anforderungen entsprechen. Die Konstruktion von Vektoren für molekularbiologische Arbeiten wird dadurch bestimmt, für welchen Verwendungszweck die betreffenden Vektoren vorgesehen sind und in welchen Wirtszellen sie eingesetzt werden sollen.

So müssen für die Verwendung in **eukaryotischen** Zellen (in Säugerzellen, pflanzlichen Zellen und Hefezellen) andere Vektoren verwendet werden als für die Transformation von **prokaryotischen** Zellen.

Für die unterschiedlichen Vektor-Systeme gilt jedoch *übereinstimmend*, daß sie

– DNA-Fragmente (Fremd-DNA) zwischen definierten Abschnitten ihrer eigenen DNA aufnehmen können,

– Selektions-Marker enthalten; dies sind meist Antibiotikaresistenz-Gene oder Gene, die für ausgewählte Enzyme des Eukaryoten-Stoffwechsels codieren,

– nach entsprechender Vorbehandlung der Wirtszellen in diese eindringen können,

– sich in den Wirtszellen als eigenständige genetische Einheit mit der Fähigkeit zur Replikation von DNA verhalten,

– in den Wirtszellen in einer größeren Zahl von Kopien gebildet werden, damit alle Nachkommen der ursprünglichen Wirtszellen den Vektor bei der Zellteilung mindestens einmal erhalten.

Vektoren erfüllen somit die Aufgabe, die mit ihrer eigenen DNA **kovalent verknüpfte** Fremd-DNA in Wirtszellen hinein zu transportieren (sie dienen hierbei als Transportmittel, als Gen-Fähre) und dort zu replizieren.

Bei Arbeiten auf dem Gebiet der Gentechnologie müssen die Regelungen des Gentechnik-Gesetzes beachtet werden. Einige Versuchsanordnungen sind jedoch so gestaltet, daß grundlegende gentechnische Verfahrensschritte im Unterricht durchgeführt werden können, ohne daß hierzu ein Sicherheitslabor der Stufe 1 vorhanden sein muß. Hierzu hat der Fond der Chemischen Industrie einen Experimentierkoffer mit der Bezeichnung „Blue Genes" zusammengestellt, um mit dem Bakterienstamm *Escherichia coli* K12 eine „Selbstklonierung" durchzuführen. Es handelt sich hierbei um einen *Sicherheitsstamm*, der seit Jahrzehnten bei gentechnischen Arbeiten verwendet wird und außerhalb der Labor-Bedingungen *nicht* lebensfähig ist.

In Deutschland sind sämtliche gentechnischen Arbeiten durch das **Gentechnik-Gesetz** von 1990/1993 geregelt. Das Gentechnik-Gesetz sieht den Schutz von Menschen, Tieren, Pflanzen und der Umwelt vor möglichen Gefahren der Gentechnik vor.

Es gilt für gentechnische Anlagen, gentechnische Arbeiten, die Freisetzung von gentechnisch veränderten Organismen und das Inverkehrbringen von Produkten, die gentechnisch veränderte Organismen enthalten oder aus solchen bestehen.

Gentechnische Arbeiten dürfen nur in abgegrenzten gentechnischen Anlagen, die anmeldepflichtig oder genehmigungspflichtig sind, durchgeführt werden. Damit ist sichergestellt, daß gentechnisch veränderte Organismen nicht unbeabsichtigt in die Umwelt gelangen können. Gentechnische Arbeiten werden nach ihrem Gefährdungspotential in vier Kategorien eingeteilt: Bei der Sicherheitsstufe 1 (S 1) besteht kein Risiko für Mensch und Umwelt, während man bei den höheren Sicherheitsstufen von einem geringen (S 2), mäßigen (S 3) oder hohen Risiko (S 4) auszugehen hat.

Die weitaus überwiegende Zahl gentechnischer Arbeiten ist den Sicherheitsstufen 1 und 2 zuzuordnen.

33.6 Rekombinante Pharma-Proteine

Unter der Bezeichnung „Rekombinante Pharma-Proteine" kann man diejenigen physiologisch wirksamen **Polypeptide** und **Proteine** zusammenfassen, die als Arzneimittel-**Wirkstoffe** eingesetzt werden und die nach Verfahren der *rekombinanten DNA-Technologie* hergestellt werden.

Das Polypeptid **Human-Insulin** war der erste Wirkstoff aus gentechnischer Produktion, der 1982 zur therapeutischen Anwendung zugelassen wurde. Die gentechnische Herstellung von Pharma-Proteinen erfolgt derzeit nur in ganz bestimmten Wirtszellen, wie die folgenden Beispiele zeigen. Die verwendeten Säugerzellen stammen aus etablierten Zellinien, die seit langem in Kultur vermehrt werden.

Escherichia coli	*Saccharomyces cerevisiae*	*Hamster-Zellinien*
Insuline	Insuline	Faktor VIII
Somatotropin	Hirudin	Erythropoietin
Interferone	Reteplase	Alteplase

Gentechnisch hergestellte Pharma-Proteine werden vor allem in der Krebs-Therapie, zur Behandlung von Blutgerinnungs-Störungen, von Autoimmunkrankheiten, von Entzündungskrankheiten und bei bestimmten Hormon-Störungen eingesetzt. Das Ziel der anfangs entwickelten gentechnischen Verfahren bestand darin, Proteine herzustellen, die in ihrer chemischen Struktur und in ihrer physiologischen Wirksamkeit mit den im menschlichen Körper gebildeten Proteinen übereinstimmen, um die für therapeutische Anwendungen benötigten Wirkstoffe als *naturidentische* Verbindungen (als Pharma-Proteine der *ersten Generation*) in ausreichenden Mengen verfügbar zu machen.

Beispiele für gentechnisch hergestellte Protein-Wirkstoffe sind auch in Kap. 28.2.2 angegeben.

Voraussetzung für den physiologischen Ablauf der **Blutgerinnung** ist u.a. das Vorhandensein eines als **Faktor VIII** bezeichneten Glycoproteins. Das durch einen genetischen Defekt auf dem X-Chromosom bedingte Fehlen des Blutgerinnungs-Faktors VIII führt zu der am häufigsten auftretenden Form von Blutgerinnungs-Störungen, der *Hämophilie A* (Bluterkrankheit). Die Therapie der Hämophilie A mit dem Ziel, den fehlenden Faktor VIII durch Infusion von menschlichem Blutplasma oder daraus gewonnenen Faktor VIII-Konzentraten zu substituieren, erwies sich in mehrfacher Hinsicht als problematisch. Dies führte dazu, Faktor VIII durch gentechnologische Verfahren in nicht begrenzter Menge herzustellen und durch Aufreinigungs-Verfahren in hoher Reinheit zu gewinnen.

Das Faktor VIII-Gen hat eine Länge von 186 000 Basen-Paaren. In der Protein-Kette von Faktor VIII sind 2332 Aminosäure-Reste miteinander verknüpft. Hieraus folgt, daß der für Faktor VIII codierende DNA-Abschnitt nur 6996 Basen-Paare umfaßt. Der weitaus überwiegende Teil des **Faktor VIII-Gens** besteht somit aus *nicht-codierenden* Abschnitten (**Introns**).

Zur gentechnischen Herstellung von Faktor VIII mußte der codierende DNA-Abschnitt mit einem geeigneten Vektor-System in **Säugetier-Zellen** (hier in Hamster-Nierenzellen) eingebracht werden, weil nach der Synthese des Proteins selbst noch eine **Glycosylierung** unter Bildung eines ebenso wie menschlicher Faktor VIII wirksamen **Glycoproteins** erfolgen muß. Bakterien-Zellen kamen als Wirtszellen für die gentechnologische Herstellung von Faktor VIII nicht in Betracht, weil in ihnen keine *posttranslationalen Modifikationen an Proteinen* erfolgen.

Entsprechendes gilt auch für das Glycoprotein **Erythropoietin** (EPO), das hauptsächlich in der Niere gebildet wird. Es stimuliert im Knochenmark die Neubildung von Erythrocyten. EPO kommt in menschlichem Blut in so geringer Konzentration vor, daß dieser Wirkstoff *nur* durch die gentechnische Herstellung für die Therapie verfügbar wurde. Rekombinantes Erythopoietin wird insbesondere zur Behandlung von Anämien eingesetzt.

Als die Zusammenhänge zwischen den Aminosäure-Sequenzen, dem räumlichen Aufbau und der pharmakologischen Wirksamkeit dieser Proteine immer besser erforscht waren, ging man dazu über, die Aminosäure-Sequenzen von Pharma-Proteinen der ersten Generation durch Austausch oder Deletion (Herausnehmen) von Aminosäure-Resten oder durch Deletion ganzer Sequenz-Abschnitte (Domänen), d. h. durch mehr oder weniger weitgehende **gezielte Mutationen**, zu verändern. Die hierdurch erhaltenen Wirkstoffe bezeichnet man als Pharma-Proteine der *zweiten Generation*.

Im einfachsten Fall hat man einen Aminosäure-Rest durch einen anderen ersetzt. So führte der Austausch des **Cys**-Restes in Position 17 eines β-**Interferons** durch einen **Ser**-Rest zu einem beta-Interferon mit erheblich besserer Löslichkeit.

Beim **Human-Insulin** gelangte man durch Vertauschen der Aufeinanderfolge von zwei Aminosäure-Resten am C-terminalen Ende der **B-Kette** zu einem neuen Insulin mit rascher einsetzender Wirkung. Insulin ist ein *Polypeptid-Hormon*. In den Insulin-Molekülen sind zwei Polypeptid-Ketten durch Disulfid-Bindungen miteinander verknüpft: Die aus 21 Aminosäure-Resten aufgebaute A-Kette und die aus 30 Aminosäure-Resten aufgebaute B-Kette. Die C-terminale Sequenz der B-Kette des natürlichen Human-Insulins ist in (I), die des erwähnten neuen Insulins in (II) gezeigt:

	28	29	30
(I)	—Pro—Lys—Thr
(II)	– Lys—Pro—Thr

Kontrollfragen

33-1 Wie bezeichnet man diejenigen Enzyme, die spezifisch an 4 bis 8 Nucleotide umfassende Erkennungssequenzen auf DNA-Doppelsträngen gebunden werden und die hydrolytische Spaltung an einer bestimmten Schnittstelle innerhalb ihrer Erkennungssequenz katalysieren?

33-2 Zu welchen Spaltprodukten führt die Einwirkung solcher Enzyme (A) auf lange kettenförmige DNA-Moleküle und (B) auf Plasmide, welche *nur eine* Schnittstelle für das betreffende Enzym enthalten?

33-3 Welche Enzyme katalysieren die kovalente Verknüpfung benachbarter 5′-Phosphat-Gruppen mit 3′-OH-Gruppen und somit auch das Einfügen eines Fremd-Gens in linearisierte Plasmid-DNA?

33-4 Wie bezeichnet man in Bakterien weit verbreitete, circuläre doppelsträngige DNA-Moleküle, die sich unabhängig vom Bakterien-Genom replizieren?

33-5 Wie nennt man eine aus sehr vielen Klonisierungs-Vektoren bestehende Sammlung, in der jeder Vektor einen Abschnitt aus der genomischen DNA eines Organismus enthält?

33-6 Wie nennt man Gen-Bibliotheken, die man ausgehend von eukaryotischer messenger RNA mit Hilfe von Reverser Transkriptase herstellt?

33-7 Welche Wirtszellen werden zur gentechnischen Herstellung von menschlichen Proteinen (rekombinanten Pharma-Proteinen) meist verwendet?

33-8 Nennen Sie drei Beispiele für gentechnisch hergestellte Pharma-Proteine.

33-9 Wie bezeichnet man (A) den Austausch eines einzigen Nucleotids in einem Gen und (B) das Herausnehmen von mehreren Nucleotiden oder ganzen Sequenz-Abschnitten aus Genen?

34 Biochemie

34.1 Einführung

Die **Biochemie** beschreibt den chemischen Aufbau der im Tier- und Pflanzenreich, in Mikroorganismen und als Viren vorkommenden Stoffe und Strukturen sowie die chemischen Vorgänge in allen Bereichen der belebten Natur. Ein Teilgebiet der Biochemie ist die **Physiologische Chemie**, die das chemische Geschehen im menschlichen Organismus in enger Verbindung zur Physiologie erfaßt. Die vor allem durch die Organische Chemie vermittelten Kenntnisse über die Strukturen der chemischen Verbindungen, die im menschlichen Körper vorliegen oder von ihm aufgenommen werden, werden durch die Physiologische Chemie wesentlich erweitert, weil der gesamte Stoffwechsel und die chemischen Vorgänge beim Wachstum, der Fortpflanzung und der Übertragung von Reizen einbezogen werden. Hierbei spielen Hormone und Neurotransmitter (Überträgerstoffe für die Signalübermittlung an Nervenendigungen) eine große Rolle. Die **Hormone** sind in sehr verschiedenartige Klassen organischer Verbindungen einzuordnen:

Verbindungsklasse	Hormon
Amine	Adrenalin
Aminosäuren	Thyroxin
Peptide	Insulin
	Glucagon
	Calcitonin
	Somatostatin
Steroide	Cortisol
	Aldosteron
	Sexualhormone

Auch die **Vitamine** gehören, chemisch betrachtet, zu völlig verschiedenen Verbindungsklassen. Ihre Einteilung in die Gruppe der wasserlöslichen oder fettlöslichen Vitamine beruht auf den Unterschieden in ihrer Löslichkeit.

Wasserlösliche Vitamine		Fettlösliche Vitamine	
B_1	Thiamin	A	Retinol
B_2	Riboflavin	D_3	Cholecalciferol
B_6	Pyridoxin	E	Tocopherol
B_{12}	Cyanocobalamin	K_1	Phyllochinon
C	Ascorbinsäure		

Im menschlichen Organismus findet ein äußerst vielfältiger **Stoffwechsel** statt. Mit der Nahrung aufgenommene hochmolekulare Stoffe (Proteine, Stärke, Glycogen, Nucleinsäuren), Fette und andere niedermolekulare Nahrungsbestandteile (z. B. Rübenzucker) werden durch Verdauungsvorgänge abgebaut. Die dabei entstehenden Bausteine werden, ebenso wie Vitamine, Mineralstoffe und Wasser, in den Organismus aufgenommen (resorbiert). Innerhalb des Körpers ablaufende chemische Reaktionen führen dann zur Bereitstellung von Stoffwechsel-Energie und zum Aufbau körpereigener Stoffe. Der Stoffwechsel verläuft über zahlreiche Zwischenprodukte; die Stoffwechsel-Endprodukte werden ausgeschieden. Folgende Tabelle faßt dieses Stoffwechsel-Geschehen an einigen Beispielen zusammen:

Nahrungsbestandteile	Stoffwechsel-Produkte
Proteine (Eiweißstoffe)	Aminosäuren
Kohlenhydrate (Zucker, Stärke und Glycogen)	Monosaccharide (Glucose, Fructose)
Fette und fettähnliche Stoffe (z. B. Lecithine)	Fettsäuren und Glycerin
Nucleinsäuren	Zwischenprodukte: Brenztraubensäure
Vitamine	aktivierte Essigsäure Endprodukte: Harnstoff, Harnsäure

Unter welchen Reaktions-Bedingungen laufen nun Stoffwechsel-Vorgänge ab? In chemischen Laboratorien und Herstellungsbetrieben kann man die **Reaktions-Bedingungen** (Temperatur, Druck,

Lösungsmittel etc.) in sehr weiten Grenzen variieren. Demgegenüber verlaufen chemische Reaktionen unter **physiologischen Bedingungen** innerhalb sehr enger Grenzen:
- bei 37 °C (Körpertemperatur)
- bei atmosphärischem Druck (und entsprechenden Partialdrucken von Sauerstoff und CO_2),
- beschleunigt durch Biokatalysatoren (Enzyme),
- in Wasser als Lösungsmittel,
- bei pH-Werten nahe dem Neutralpunkt (nahe 7).

Trotz dieser geringen Variationsbreite bei den Reaktions-Bedingungen sind viele Stoffwechsel-Leistungen der Zelle unübertroffen. Dies ist auf die besondere Leistungsfähigkeit der am Stoffwechsel-Geschehen beteiligten Biokatalysatoren (**Enzyme**) zurückzuführen.

In jeder Zelle sind zahlreiche Stoffwechsel-Produkte (Metabolite) vorhanden. Ein bestimmtes Enzym katalysiert in der Regel nur Umsetzungen eines bestimmten Stoffwechsel-Produktes, das man als Substrat dieses Enzyms bezeichnet. Der räumliche Aufbau der Substrat-Moleküle oder -Ionen ist von großer Bedeutung, ebenso wie die räumlichen Gegebenheiten am **aktiven Zentrum** (Wirkort) des Enzyms: das Substrat muß räumlich zu dem Enzym passen „wie ein Schlüssel in ein Schloß" (E. Fischer). Enzym und Substrat bilden miteinander einen Enzym-Substrat-Komplex:

Enzym + Substrat ⇌ Enzym-Substrat-Komplex

Auf diese Weise wird die Aktivierungs-Energie der von dem Enzym katalysierten Reaktion so weit herabgesetzt, daß diese Reaktion selbst bei Körpertemperatur (sehr) rasch ablaufen kann.

Im Hinblick auf die Energie-Bilanz enzymkatalysierter Reaktionen muß man zwischen energieliefernden und energieverbrauchenden Stoffwechsel-Reaktionen unterscheiden. Der Organismus benötigt **Energie** für:
- die Aufrechterhaltung der Körpertemperatur,
- die Ausführung mechanischer Arbeit,
- die unter Energie-Verbrauch stattfindenden Stoffwechsel-Reaktionen,
- den aktiven Transport von Stoffen gegen ein Konzentrations-Gefälle.

Stoffwechsel-Energie wird durch Abbau von Substraten, wie Glucose, gewonnen und in Form der „Energie-Währung" des Organismus, **Adenosin-triphosphat** (ATP, Kap. 34.4.1), gespeichert und **universell** genutzt.

Grundlage allen Lebens auf der Erde ist die Fähigkeit der grünen Pflanzenzellen und bestimmter Mikroorganismen (der Blaugrünalgen), die Energie des Sonnenlichtes zur Synthese von Kohlenhydraten zu nutzen (Photosynthese). Lebewesen, die hierzu befähigt sind, nennt man autotrophe Organismen. Die Ausgangsstoffe der Photosynthese sind Kohlenstoffdioxid und Wasser, aus denen unter Energie-Verbrauch gemäß folgender Bruttogleichung Glucose aufgebaut wird:

$$6 CO_2 + 6 H_2O + ENERGIE \longrightarrow C_6H_{12}O_6 + 6 O_2$$

Der Energie-Aufwand bei der Photosynthese ist erforderlich, um C-Atome von ihrer höchsten Oxidationsstufe (+IV in CO_2) zu organischen Verbindungen, in denen sie mit H-Atomen verknüpft sind, zu **reduzieren** und hierzu den anderen Ausgangsstoff, Wasser, in Wasserstoff und Sauerstoff zu spalten.

Organismen, welche die Fähigkeit zur Photosynthese nicht haben (heterotrophe Organismen), nehmen Glucose als Nährstoff auf. Sie nutzen Glucose vor allem dazu, die zur Aufrechterhaltung ihrer Lebensvorgänge notwendige Energie zu liefern. Dies geschieht in aeroben Organismen durch vollständige Oxidation von Glucose zu CO_2 und H_2O.

Der Glucose-Abbau erfolgt in zahlreichen aufeinanderfolgenden Stoffwechsel-Reaktionen. Aus der Bruttogleichung geht hervor, daß die C-Atome der Glucose hierbei **oxidiert** werden und die H-Atome dann in dem Reaktions-Produkt Wasser enthalten sind.

$$C_6H_{12}O_6 + 6 O_2 \longrightarrow 6 CO_2 + 6 H_2O + ENERGIE$$

In der Gegenüberstellung ergibt sich somit folgendes Bild:

Photosynthese unter Energie-Verbrauch:
Reduktion von CO_2 zu Glucose
Spaltung von Wasser unter Freisetzung von Sauerstoff
Glucose-Abbau unter Energie-Gewinn:
Oxidation von Glucose zu CO_2
Bildung von Wasser unter Reduktion von molekularem Sauerstoff

Der beim Abbau von einem Mol Glucose gewonnene Energie-Betrag ist ebenso groß wie der bei der Photosynthese von einem Mol Glucose aufgewendete Energie-Betrag.

Bruttogleichungen sind zur Zusammenfassung von chemischen Vorgängen in einer einzigen Gleichung von Nutzen; sie geben jedoch keinen Einblick, wie komplex die Aufeinanderfolge einer Reihe einzelner Reaktionen verläuft. Die bei der Photosynthese wie auch beim Glucose-Abbau in der lebenden Zelle ablaufenden chemischen und physikalischen Vorgänge sind in jahrzehntelanger intensiver Forschungsarbeit aufgeklärt worden. Der Verlauf der Photosynthese ist in Lehrbüchern der Biologie eingehend beschrieben. Der Abbau von Glucose durch Glycolyse und die hiermit verknüpften Stoffwechselwege werden hier besprochen.

An dieser Stelle schließen sich einige grundlegende Betrachtungen an, die das gesamte Stoffwechsel-Geschehen besser überschaubar machen sollen:
– Die Spaltung von Wasser in die Elemente Sauerstoff und Wasserstoff erfordert einen großen Energie-Aufwand.
– Bei der Bildung von Wasser aus den Elementen wird ein großer Energie-Betrag in einer explosionsartig verlaufenden Reaktion (Knallgas-Reaktion) freigesetzt (– 286 kJ/mol).
– In lebenden Zellen verlaufen chemische Reaktionen bei gleichbleibender Temperatur und bei konstantem Druck. Die Freisetzung eines großen Energie-Betrages in einer einzigen chemischen Reaktion würde zur Zerstörung der empfindlichen biologisch aktiven Strukturen führen.
– Die Evolution hat dazu geführt, daß Energie in biologischen Systemen in einer Reihe (Kette) aufeinanderfolgender Stoffwechsel-Reaktionen in kleinen „Teilbeträgen" bereitgestellt wird und in Form energiereicher Stoffwechsel-Produkte kürzere Zeit gespeichert wird.
– Die in den Glucose-Molekülen (nach vorangegangener Photosynthese) enthaltene Bindungsenergie (chemische Energie) wird durch den Abbau der Glucose genutzt.
– Untrennbar hiermit verknüpft sind Reduktions-/Oxidations-Vorgänge, und letztendlich bei aeroben Lebewesen die Reduktion von molekularem Sauerstoff (O_2) zu Wasser.

34.2 Stoffwechsel

Unter dem Namen *Stoffwechsel* (Metabolismus) werden alle in lebenden Organismen ablaufenden chemischen Reaktionen zusammengefaßt. Am Stoffwechsel-Geschehen nehmen zahlreiche organische Verbindungen (Stoffwechsel-Produkte, Metabolite) sowie Mineralstoffe (Ionen) und Wasser teil.

In lebenden Zellen werden praktisch sämtliche Stoffwechsel-Reaktionen durch Enzyme katalysiert. Voraussetzung für den Ablauf enzymkatalysierter Reaktionen ist die Bindung der umzusetzenden Verbindungen, die man als *Substrate* bezeichnet, an das jeweilige Enzym.

Die mit der Nahrung aufgenommenen Stoffe bilden die Grundlage für den Stoffwechsel. *Niedermolekulare* Verbindungen, wie Glucose und Aminosäuren, werden unmittelbar durch die den Darm auskleidenden Epithelzellen hindurch in die an der Innenseite befindlichen Blutkapillaren und Lymphgefäße transportiert und somit resorbiert.

Dagegen müssen *höhermolekulare* Nahrungsbestandteile erst durch die Verdauungsvorgänge in ihre molekularen Bausteine (oder in resorbierbare Verbindungen wie Monoglyceride) hydrolytisch gespalten werden.

Die nach der Nahrungs-Aufnahme im Verdauungstrakt ablaufenden Vorgänge bewirken die hydrolytische Spaltung von:
– Stärke und Glycogen letztlich zu D-Glucose
– Disacchariden zu Monosacchariden
– Proteinen zu L-Aminosäuren
– Lipiden (Fetten, Phosphatiden, Cholesterin-Estern) zu Fettsäuren und Glycerin.

Die am Abbau von Kohlenhydraten, Proteinen und Peptiden sowie Lipiden beteiligten Verdauungsenzyme sind:
– Amylase (im Speichel und Pankreas-Sekret)
  1,6-Glucosidase
  Maltase, Saccharase und Lactase (sämtlich im Dünndarm-Sekret)
– Pepsin (im Magensaft)
  Trypsin, Chymotrypsin, Carboxypeptidasen (sämtlich im Pankreas-Sekret)
  Aminopeptidasen, Dipeptidasen (im Dünndarm-Sekret)
– Lipase (im Pankreas-Sekret)
  Phospholipasen
  Cholesterin-Esterase

Das äußerst vielfältige Stoffwechsel-Geschehen wird in zwei große Bereiche eingeteilt: Katabolismus und Anabolismus.

Der **Katabolismus** umfaßt die **Abbau-Wege**, auf denen mit der Nahrung aufgenommene Stoffe, wie auch körpereigene Stoffe, chemisch umgesetzt werden und die hiermit verbundene *Gewinnung von biologisch nutzbarer Energie*.

Kennzeichnend für die mit dem Begriff Katabolismus zusammengefaßten Stoffwechsel-Vorgänge ist, daß aus *ganz unterschiedlichen Ausgangsstoffen* durch chemische Umwandlungen **gemeinsame**

Stoffwechsel-Zwischenprodukte entstehen, und zwar
- aus Monosacchariden auf dem Weg des Abbaus von Glucose (Glycolyse)
- aus Fettsäuren durch deren Abbau über die β-Oxidation
- aus Aminosäuren durch Transaminierung
- außerdem im Verlauf des Citronensäure-Cyclus.

34.2.1. Glycolyse

Glucose wird von nahezu allen Organismen als Energiequelle genutzt. In einer als *Glycolyse* bezeichneten Aufeinanderfolge von zehn enzymkatalysierten Reaktionen wird Glucose zu Pyruvat abgebaut. Die für diesen Stoffwechsel-Weg erforderliche Glucose kann entweder unmittelbar mit der Nahrung aufgenommen oder durch Abbau (Verdauung) des Polysacchards Stärke und durch Spaltung der Disaccharide Saccharose und Lactose bereitgestellt werden.

Bei weiterem Glucose-Bedarf werden auch körpereigene Speicher von Reserve-Polysacchariden (Glycogen, Stärke) zu Glucose abgebaut. Schließlich werden auch andere Monosaccharide, vor allem Fructose, dem Abbau durch glycolytische Reaktionen zugeführt.

Der Abbau von 1 mol Glucose ergibt 2 mol Pyruvat. Der bei der Glycolyse selbst erzielte Gewinn an biologisch nutzbarer Energie ist gering, da ausgehend von 1 mol Glucose netto nur 2 mol ATP und 1 mol NADH gebildet werden. Die in den Glucose-Molekülen vorhandene Bindungsenergie wird beim Abbau zu Pyruvat nur unvollständig genutzt. Erst die im Anschluß an die Glycolyse stattfindenden, von Pyruvat ausgehenden Stoffwechsel-Vorgänge in aeroben Organismen bewirken die Synthese von insgesamt 36 mol oder 38 mol ATP bezogen auf 1 mol Glucose.

Die Betrachtung von Abb. 34-1 zeigt, daß sämtliche bei der Glycolyse auftretenden StoffwechselZwischenprodukte Phosphat-Gruppen enthalten. Die vor der Spaltung der Hexose-Struktur in zwei Triose-Zwischenprodukte liegenden Reaktionen ① und ③ verlaufen unter Verbrauch von 2 mol ATP, bezogen auf 1 mol Glucose. Dagegen entstehen nach erfolgter Spaltung (Reaktion ④) energiereiche Phosphate als Zwischenprodukte, so daß im zweiten Abschnitt der Glycolyse ein Energie-Gewinn erfolgt.

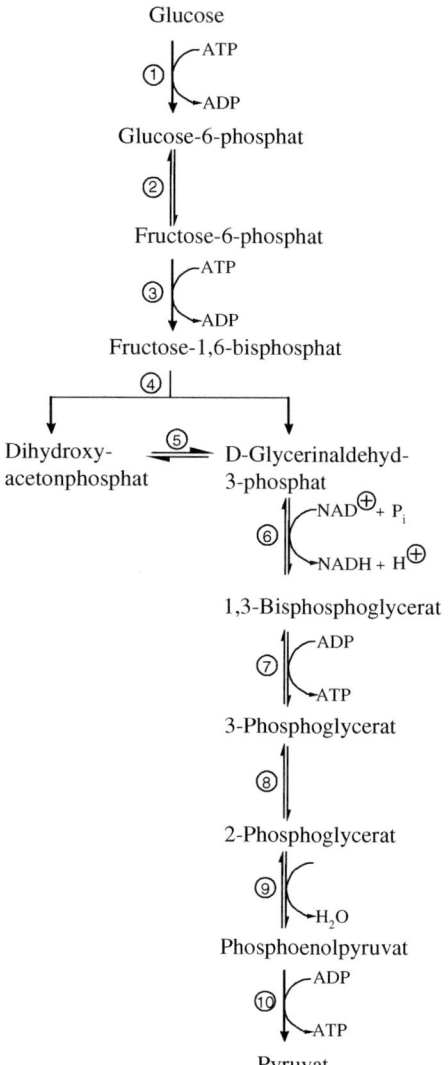

Abb. 34-1. Die Glycolyse.

34.2.2 Citronensäure-Cyclus

Als **Citronensäure-Cyclus**, bezeichnet man eine cyclische Aufeinanderfolge von Stoffwechsel-Reaktionen, die maßgebend zum Energie-Stoffwechsel wie auch zum Baustoffwechsel der Zelle beitragen. Im Verlauf des Citronensäure-Cyclus erfolgt:
- die vollständige Oxidation der in Acetyl-Coenzym A enthaltenen Acetyl-Gruppe zu CO_2

– die Bereitstellung von Stoffwechsel-Zwischenprodukten, die für Biosynthese-Reaktionen benötigt werden.

Das im Citronensäure-Cyclus umgesetzte Acetyl-CoA (auch „aktivierte Essigsäure" genannt) ist ein universelles Stoffwechsel-Zwischenprodukt, das auf folgenden Wegen entsteht:
– unmittelbar durch Abbau aktivierter Fettsäuren sowie
– durch oxidative Decarboxylierung von Pyruvat unter aeroben Bedingungen.

Pyruvat wiederum entsteht sowohl beim Abbau von Glucose durch Glycolyse als auch beim Abbau bestimmter Aminosäuren. *Somit ist der Citronensäure-Cyclus ein gemeinsamer Weg, in welchen der Abbau der aus den aufgenommenen Nährstoffen stammenden molekularen Bausteine, Glucose, Fettsäuren, Glycerin und Aminosäuren einmündet.* Während die Glycolyse im Cytosol abläuft, erfolgen die chemischen Reaktionen des Citronensäure-Cyclus in eukaryotischen Zellen in den Mitochondrien.

Der im Citronensäure-Cyclus unmittelbar erzielte Gewinn von biologisch nutzbarer Energie beruht darauf, daß die zwei als Acetyl-Gruppen ($H_3C - CO -$) in den Cyclus eintretenden C-Atome zur höchsten Oxidationsstufe des Kohlenstoffs oxidiert werden und den Cyclus als Kohlenstoffdioxid (CO_2) verlassen.

Die Einbeziehung der entstandenen Reduktions-Äquivalente (NADH + H$^\oplus$ sowie FADH$_2$), die weiter umgesetzt werden, in die Energie-Bilanz führt zu dem Ergebnis, daß der Citronensäure-Cyclus der Hauptabbauweg zur ATP-Gewinnung ist. Der Ablauf des Citronensäure-Cyclus wird dem jeweiligen Bedarf der Zellen an ATP genau angepaßt.

34.2.3. Biosynthese

Den zweiten großen Bereich bilden die Stoffwechsel-Reaktionen, die dem Aufbau, der **Biosynthese** aller körpereigenen Stoffe dienen *(Anabolismus)*. Dieser Stoffwechsel schließt zahlreiche energieverbrauchende Reaktionen ein, die nur gekoppelt mit energieliefernden Reaktionen ablaufen können. An der Koppelung energieverbrauchender Vorgänge mit energieliefernden Vorgängen ist in allen lebenden Zellen vor allem das System
Adenosin**tri**phosphat (ATP)/
Adenosin**di**phosphat (ADP)
beteiligt. Aus diesem Grund bezeichnet man ATP anschaulich als „universelle Energie-Währung" des Organismus.

Bei der *Biosynthese* beschrittene Stoffwechsel-Wege gehen zunächst von einem gemeinsamen Ausgangsstoff aus, verzweigen und verästeln sich dann jedoch in vielfältiger Weise, um die unterschiedlichsten Verbindungsklassen angehörenden Naturstoffe (Primär-Metabolite und Sekundär-Metabolite, wie von Mikroorganismen synthetisierte Antibiotika) aufzubauen. Hervorzuheben ist, daß die Biosynthese zelleigener Stoffe (wie die Neubildung von Glucose) nicht einfach dadurch erfolgen kann, daß der beim Abbau des betreffenden Stoffes beschrittene Weg in umgekehrter Richtung durchlaufen wird. Vielmehr müssen solche Abbau-Reaktionen, bei denen Freie Energie gewonnen worden ist, durch andere Reaktionsschritte umgangen werden.

Hervorzuheben sind die Gemeinsamkeiten im Stoffwechsel-Geschehen auf zellulärer Ebene, denn die Mehrzahl der Stoffwechsel-Reaktionen läuft in allen Lebewesen von Prokaryoten bis zum menschlichen Organismus in gleicher Weise ab. Die hierzu erforderliche enzymatische Aktivität ist in allen Lebewesen vorhanden, wenn auch die einzelnen Enzyme Unterschiede in der Aminosäure-Sequenz aufweisen können.

Es ist äußerst beeindruckend, daß selbst in besonders einfach strukturierten Bakterien-Zellen tausend und mehr miteinander verflochtene Stoffwechsel-Reaktionen ablaufen können. Um ein die Lebensfunktionen des Organismus aufrecht erhaltendes Stoffwechsel-Geschehen zu gewährleisten, müssen eine strenge Kontrolle und Abstimmung der Stoffwechsel-Reaktionen erfolgen. Die Stoffwechsel-Kontrolle muß auch anpassungsfähig sein, weil die äußere Umgebung der Zellen hinsichtlich ihrer Zusammensetzung und des Nährstoff-Angebots Veränderungen unterworfen ist.

Die Regulierung von Stoffwechsel-Vorgängen erfolgt durch vielfältige unterschiedliche Mechanismen. So besteht ein allgemeines Prinzip des Stoffwechsels darin, daß Abbau-Reaktionen einerseits und dem Aufbau körpereigener Stoffe, der Biosynthese, dienende Stoffwechsel-Reaktionen aus energetischen Gründen meist auf getrennten Wegen verlaufen. Bei eukaryotischen Organismen ist die Stoffwechsel-Regulierung aufgrund des Vorhandenseins von Zell-Kompartimenten besonders leistungsfähig. So erfolgt z. B. der oxidative Abbau von Fettsäuren in den Mitochondrien, wohingegen die Synthese der längerkettigen Fettsäuren aus C_2-Bausteinen im Cytosol stattfindet.

34.3 Gemeinsamkeiten des Stoffwechsels

Auch die in lebenden Organismen ablaufenden Vorgänge unterliegen den in der unbelebten Natur geltenden physikalischen und chemischen Gesetzmäßigkeiten. Im Zuge der langen Evolution des Lebens auf der Erde haben sich Strukturen und Vorgänge herausgebildet, die sich in der Folgezeit im wesentlichen nicht mehr verändert haben. Aus diesem Grunde weisen nahezu sämtliche Lebensformen, von prokaryotischen Organismen bis zu den höheren Lebewesen, gemeinsame Merkmale auf, wie:
- die Speicherung der Erbinformation in Form von aus DNA bestehenden Genen und der Fluß der genetischen Information über die RNA zu den Proteinen (Gen-Expression),
- die Verwendung derselben molekularen Bausteine zur Synthese von Nucleinsäuren und von Proteinen,
- die katalytische Aktivität bestimmter Proteine, der Enzyme, bei praktisch sämtlichen Stoffwechsel-Vorgängen,
- die Koppelung energieverbrauchender Vorgänge mit energieliefernden Vorgängen unter Verwendung von ATP als der „universellen Energie-Währung",
- das Einmünden übereinstimmender Hauptstoffwechselwege in dieselben zentralen Stoffwechsel-Produkte wie Pyruvat, aktivierte Essigsäure und Citrat,
- die Beteiligung derselben Coenzyme, wie $NAD^{\oplus}$ und $NAD^{\oplus}$, bei vielen Stoffwechsel-Reaktionen, die mit einer Wasserstoff-Übertragung verbunden sind.

Die von tierischen Organismen mit der Nahrung aufgenommenen Kohlenhydrate, Fette und Proteine besitzen einen wesentlich höheren Energie-Gehalt als die aus ihnen entstehenden Ausscheidungsprodukte wie CO_2, Wasser und Harnstoff. Ihr Abbau verläuft über zahlreiche Zwischenprodukte und erfüllt zwei Aufgaben; zum einen dient er der Gewinnung von biologisch nutzbarer Energie wie auch von Wärme, zum anderen werden bestimmte als Stoffwechsel-Zwischenprodukte entstehende chemische Verbindungen unbedingt zum Aufbau von körpereigenen Stoffen und Strukturen benötigt, weil die in der Zelle vorhandenen Stoffe einem ständigen Aufbau und Abbau (Turnover) unterliegen.

Charakteristische Merkmale des Stoffwechsels sind:
- Viele Stoffwechsel-Vorgänge laufen nacheinander ab. Auf diesen Stoffwechsel-Wegen ist das Produkt, das bei der vorhergehenden Reaktion gebildet wird, dann das Substrat (der Ausgangsstoff) der darauffolgenden Reaktion. Ein typisches Beispiel hierfür ist der als Glycolyse bezeichnete Abbau von Glucose zu Pyruvat, der insgesamt zehn aufeinanderfolgende Reaktionen umfaßt.
- Für bestimmte Stoffwechsel-Reaktionen haben sich bei der Evolution cyclische Stoffwechsel-Wege (Stoffwechsel-Cyclen) herausgebildet. Hier ist vor allem der Citrat-Cyclus für den Energie- und für den Baustoffwechsel von Bedeutung.
- Die in der Zelle ablaufenden Stoffwechsel-Reaktionen finden in einem **offenen System** statt, das in einem ständigen Austausch von Stoffen, Energie und Information mit seiner Umgebung steht. Hierbei stellen sich keine chemischen Gleichgewichte in dem Sinne ein, wie sie der Ableitung des Massenwirkungs-Gesetzes in geschlossenen Systemen zugrunde liegen, sondern es bilden sich stationäre Zustände aus. Im **stationären Zustand** (steady state) ist der Zustrom von Ausgangsstoffen für chemische Umsetzungen aus der Umgebung gleich groß wie der Abstrom von Umsetzungsprodukten. Die Konzentration von Zwischenprodukten (Intermediärprodukten) bleibt hierbei konstant. Aufgrund der so vorliegenden **Fließgleichgewichte** ergibt sich, daß erhebliche Stoff-Umsätze erzielt werden können, obwohl die Konzentrationen der beteiligten Zwischenprodukte in der Zelle verhältnismäßig niedrig sind.
- Die Stoffwechsel-Reaktionen laufen in der Zelle bei konstant bleibender Temperatur und bei konstantem Druck ab.
- Die Stoffwechsel-Reaktionen verlaufen außerordentlich schnell, weil sie durch Enzyme katalysiert werden. Die Reaktions-Geschwindigkeiten sind um viele Größenordnungen höher als bei entsprechenden nicht durch Enzyme katalysierten Reaktionen der organischen Chemie.
- Die Geschwindigkeit des Stoff-Durchsatzes beim Durchlaufen einer Aufeinanderfolge von Stoffwechsel-Reaktionen wird durch die Geschwindigkeit der langsamsten daran beteiligten Reaktion bestimmt, die man als Schrittmacher-Reaktion bezeichnet.
- Innerhalb eukaryotischer Zellen hat sich bei der Evolution eine Zuordnung bestimmter Stoffwechsel-Vorgänge zu bestimmten Zell-Kompar-

timenten herausgebildet, nachdem die beteiligten Enzyme in bestimmten Zell-Organellen lokalisiert sind. Aufgrund ihrer unterschiedlichen biologischen Funktion für den Gesamtorganismus können sich auch die Zellen verschiedener Organe und Gewebe durch ihre Enzym-Ausstattung unterscheiden. Hervorzuheben ist hierbei, daß zahlreiche Enzyme ihre katalytische Funktion nur im Zusammenwirken mit weiteren Enzymen oder supramolekularen Strukturen, wie sie bei membrangebundenen Enzymen vorliegen, erfüllen können.

Tab. 34-1 gibt eine Übersicht über die Kompartimentierung (Abb.1-1, Farbtafel) wichtiger Stoffwechsel-Wege.

Tab. 34-1: Biochemische Vorgänge in Kompartimenten eukaryotischer Zellen

Zell-Organelle	Biochemischer Vorgang
Zellkern	DNA-Replikation, Transkription, RNA-Processing
rauhes endoplasmatisches Reticulum	Synthese von membrangebundenen und von sekretorischen Proteinen
Golgi-Apparat	posttranslationale Modifikation von Membran-Proteinen und von sekretorischen Proteinen Bildung von Plasma-Membranen und von sekretorischen Vesikeln
glattes endoplasmatisches Reticulum	Lipid-Biosynthese Steroid-Biosynthese
Mitochondrium	Fettsäure-Oxidation Aminosäure-Abbau Citronensäure-Cyclus oxidative Phosphorylierung
Cytosol	Glycolyse Pentosephosphat-Weg Fettsäure-Biosynthese Gluconeogenese-Reaktionen
Lysosomen	enzymatischer Abbau von Zell-Bestandteilen und zellfremden Stoffen
Peroxisomen	durch Katalase und durch Aminosäure-Oxidasen katalysierte Reaktionen

34.4 Bioenergetik

Die Bioenergetik befaßt sich mit dem in lebenden Zellen stattfindenden Energie-Umsatz. Jeder lebende Organismus hat einen ständigen Energie-Bedarf zur Aufrechterhaltung seiner Lebensfunktionen, so
– zur Biosynthese, um eigene Stoffe aus molekularen Bausteinen aufzubauen,
– um Stoffe gegen ein Konzentrations-Gefälle durch Membranen zu transportieren und
– um mechanische Arbeit, wie Muskelkontraktion, zu verrichten.

Die benötigte Energie wird von Organismen, die zur Photosynthese befähigt sind (autotrophen Organismen), aus dem Sonnenlicht gewonnen. Bei heterotrophen Organismen wird sie durch Abbau von mit der Nahrung aufgenommenen Nährstoffen, insbesondere von Kohlenhydraten und Fetten, bereitgestellt. Lebende Zellen können nur den Energie-Anteil nutzen, der nicht in Form von Wärme-Energie freigesetzt wird. Mit der Bezeichnung „Freie Energie" verbindet man hier die Vorstellung von dem Anteil an biologisch nutzbarer Energie an der mit biochemischen Vorgängen verknüpften Energie-Änderung. In Tabellen und nach Reaktions-Gleichungen sind in der Regel Werte für ΔG^0, d. h. für die Freie Energie unter Standardbedingungen, angegeben.

Charakteristisch für viele biochemische Reaktionen ist, daß Wasserstoff-Ionen daran teilnehmen. Bliebe man bei der für ΔG^0-Werte geltenden Festlegung der Anfangskonzentrationen aller Reaktions-Teilnehmer auf c = 1 mol/L, so entspräche das einem pH-Wert von Null für $c(H^{\oplus})$ = 1 mol/L. Die meisten biochemischen Reaktionen laufen jedoch bei einem physiologischen pH-Wert in der Nähe von pH 7 ab. Aus diesem Grunde legt man für biochemische Reaktionen, an denen Wasserstoff-Ionen teilnehmen, nicht die Konzentration $c(H^{\oplus})$ = 1 mol/L, sondern $c(H^{\oplus})$ = 10^{-7} mol/L, entsprechend pH = 7, zugrunde. Die hierauf bezogenen Werte werden als Freie Standardenergie mit dem Symbol $\Delta G^{0\prime}$ - bezeichnet. Durch den hochgestellten ′ kommt zum Ausdruck, daß die Freie Standardenergie eines biochemischen Systems auf pH = 7 als Standard-pH-Wert bezogen ist.

34.4.1 Die Schlüsselstellung von Adenosin-triphosphat im Energie-Stoffwechsel

Die Gewinnung der benötigten Energie erfolgt bei vielen Lebewesen durch Oxidation von organischen Verbindungen, die direkt als Nährstoffe aufgenommen oder im Stoffwechsel aus Nahrungsbestandteilen gebildet werden.

Im Verlauf des Energie-Stoffwechsels wird biologisch nutzbare Energie bereitgestellt, indem energiereiche organische Verbindungen synthetisiert werden. Die Evolution des Zell-Stoffwechsels insgesamt hat dazu geführt, daß eine ganz bestimmte Verbindung *von allen Zellen* (und somit universell) zur Energie-Übertragung genutzt wird: Adenosin-triphosphat (ATP).

Zusammen mit Adenosin-diphosphat (ADP) und anorganischem Phosphat (P_i, „i" steht für „inorganic") bildet ATP das System

$$ADP + P_i \rightleftharpoons ATP$$

das fundamentale Bedeutung für den Energie-Austausch in allen Zellen hat. Man hat ATP als „Energie-Währung" der Zellen bezeichnet, um damit seine Bedeutung als universell nutzbarer Energie-Überträger zu veranschaulichen. Ähnlich, wie man Geld ansammeln und wieder ausgeben kann, nutzt die Zelle die bei bestimmten Stoffwechsel-Reaktionen gewonnene Energie zur Synthese von ATP (Ansammeln der Energie-Währung ATP), das dann bei energieverbrauchenden Reaktionen als Energie-Überträger zur Verfügung steht. Die zur Bildung oder zum Verbrauch von ATP führenden Vorgänge sind nachstehend zusammengefaßt:

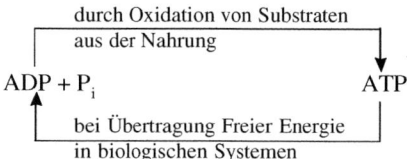

Bei der Oxidation von Substraten aus der Nahrung wird ATP auf zwei Wegen aus ADP synthetisiert:
– Beim Abbau von Glucose werden Phosphate gebildet, die noch energiereicher als ATP sind. Von diesen besonders energiereichen Phosphaten wird jeweils eine Phosphat-Gruppe auf ADP unter Synthese von ATP übertragen.
– Bei zahlreichen Dehydrierungs-Reaktionen (insbesondere bei der Oxidation von Fettsäuren) entstehen mit Wasserstoff „beladene" Coenzyme, die den aufgenommenen Wasserstoff in der Atmungskette weitergeben, wo er letztendlich auf molekularen Sauerstoff übertragen wird. Bei der Synthese von Wasser freigesetzte Energie wird zur Synthese von ATP genutzt. Auf diese Weise erzeugen aerob lebende Organismen den größten Anteil an ATP.

Der Synthese von ATP steht ein ständiger ATP-Verbrauch gegenüber, insbesondere durch Stoffwechsel-Reaktionen zu folgendem Zweck:
– Aktivierung von Substraten zu Stoffwechsel-Zwischenprodukten, die für weitere Umsetzungen ausreichend reaktionsfähig sind.
– Biosynthese-Reaktionen, die dem Aufbau körpereigener Stoffe und supramolekularer Strukturen dienen.
– Synthese von Endprodukten des Stoffwechsels (wie Harnstoff), die aus dem Organismus ausgeschieden werden.

Zum Verbrauch von ATP tragen jedoch nicht nur zahlreiche Stoffwechsel-Leistungen bei, sondern auch komplexe energieverbrauchende Vorgänge wie
– der aktive Transport von Substanzen durch Membranen entgegen einem Konzentrations-Gefälle (osmotische Arbeit) und
– die Muskel-Kontraktion (mechanische Arbeit).

Die chemische Struktur der energiereichen Adenosin-phosphate ist in Kap. 31.2 wiedergegeben.

Adenosin-5'-monophosphat (AMP, Adenylsäure) wie auch ADP und ATP kommen in allen Organismen vor. Die Phosphat-Gruppen der Adenosinphosphate liegen bei pH 7 nahezu vollständig ionisiert vor: ATP in Form der Anionen $ATP^{4\ominus}$, ADP als $ADP^{3\ominus}$. Mit den in der intrazellulären Flüssigkeit in hoher Konzentration vorhandenen $Mg^{\oplus\oplus}$-Ionen bilden diese Anionen die Magnesium-Komplexe Mg-$ATP^{\ominus\ominus}$ und Mg-$ADP^{\ominus}$.

In den Zellen liegt ATP in verhältnismäßig geringer Konzentration in einem Fließgleichgewicht vor. Da seine biologische Funktion in der Kopplung von energieverbrauchenden Vorgängen mit energieliefernden Vorgängen besteht, wird ATP einerseits ständig verbraucht, andererseits ständig neu gebildet. Ein Vergleich der in Tab. 34-2 angegebenen Werte der Änderung der Freien Standardenergie $\Delta G^{0'}$ für die hydrolytische Spaltung von in der Zelle vorkommenden Phosphaten macht deutlich, daß ATP zwar ein energiereiches Phosphat ist, hier jedoch eine mittlere Stellung einnimmt. Tab. 34-2 enthält drei Phosphate, die wesentlich energiereicher sind als ATP, und zwar **Phosphoenolpyruvat** und **1,3-Bisphosphoglycerat** (die beide bei der Glycolyse entstehen) sowie das im Muskelgewebe vorliegende **Phosphocreatin**. Die $\Delta G^{0'}$-Werte für die hydrolytische Abspaltung der jeweils endständigen, anhydridartig gebundenen Phosphat-Gruppe aus ATP und ADP sind gleich groß und betragen – 30,5 kJ/mol.

Tab. 34-2: Freie Standardenergie für die Hydrolyse phosphorylierter Stoffwechsel-Produkte

Phosphorylierte Verbindung	$\Delta G^{0\prime}$ (kJ/mol)
Phosphoenolpyruvat	−61,9
1,3-Bis-phosphoglycerat ($\to$ 3-Phosphoglycerat + P_i)	−49,3
Phosphocreatin	−43,1
ATP ($\to$ ADP + P_i)	−30,5
ADP ($\to$ AMP + P_i)	−30,5
Glucose-6-phosphat	−20,9
Fructose-6-phosphat	−15,9
AMP ($\to$ Adenosin + P_i)	−14,2
Glucose-6-phosphat	−13,8
Glycerin-3-phosphat	−9,2

ATP + H_2O $\longrightarrow$ ADP + P_i

ADP + H_2O $\longrightarrow$ AMP + P_i

Dagegen ist der $\Delta G^{0\prime}$-Wert für die hydrolytische Spaltung von AMP zu Adenosin und P_i bedeutend kleiner, weil AMP keine Anhydrid-Verknüpfung von Phosphat-Gruppen mehr enthält, sondern lediglich eine Ester-Bindung.

Auch die in Tab. 34-2 aufgeführten Verbindungen Fructose-6-phosphat, Glucose-6-phosphat und Glycerin-3-phosphat enthalten lediglich esterartig gebundene Phosphat-Gruppen. Aufgrund der niedrigen $\Delta G^{0\prime}$-Werte bezeichnet man diese Ester als „energiearme" Phosphate.

Die Stellung von ATP zwischen den besonders energiereichen Phosphaten einerseits und den energiearmen Phosphaten andererseits führt
– zur **Synthese** von ATP durch Übertragung der Phosphat-Gruppe von Phosphoenol-pyruvat, 1,3-Bis-phosphoglycerat und Phosphocreatin auf ADP sowie
– zum **Verbrauch** von ATP, z. B. durch Übertragung seiner endständigen Phosphat-Gruppe auf Glucose (zu Glucose-6-phosphat), auf Fructose-6-phosphat (zu Fructose-1,6-bisphosphat) und auf Glycerin.

Der **Synthese von ATP** dienen folgende Umsetzungen:

Die in dem Nährstoff Glucose enthaltene chemische Bindungsenergie wird von den Zellen beim Abbau dieses Zuckers durch Glycolyse insoweit unmittelbar genutzt als dabei *zwei besonders energiereiche Verbindungen* entstehen:
– Das Anhydrid aus 3-Phosphoglycerinsäure und Phosphorsäure, nämlich **1,3-Bis-phosphoglycerat** und
– der Phosphorsäureester der Enol-Form der Brenztraubensäure, **Phosphoenolpyruvat**.

1,3-Bis-phosphoglycerat   Phosphoenolpyruvat

Die Übertragung jeweils einer Phosphat-Gruppe von diesen Verbindungen auf ADP wird in Gegenwart von $Mg^{\oplus\oplus}$-Ionen durch das Enzym Phosphoglycerat-Kinase bzw. Pyruvat-Kinase katalysiert.

1,3-Bis-phosphoglycerat + ADP $\longrightarrow$
　　　　　　　　　　3-Phosphoglycerat + ATP

Phosphoenolpyruvat + ADP $\longrightarrow$ Pyruvat + ATP

Die auf diese Weise mit der Glycolyse verbundene Synthese von ATP bezeichnet man als **Substratketten-Phosphorylierung**.

In Muskel-, Gehirn- und Nervenzellen von Vertebraten wird biologisch nutzbare Energie in Form der Verbindung **Phosphocreatin** gespeichert. Dieses besonders energiereiche Phosphat überträgt bei erhöhtem Energie-Bedarf eine Phosphat-Gruppe in einer durch das Enzym Creatin-Kinase katalysierten Reaktion auf ADP.

Phosphocreatin + ADP $\rightleftharpoons$ Creatin + ATP

Durch diese reversibel verlaufende Phosphorylierung von ADP wird verbrauchtes ATP in diesen Zellen rasch „nachgeliefert".

Zum **Verbrauch von ATP** führen beispielsweise folgende Umsetzungen:
– Die Phosphorylierung von AMP zu ADP in einer durch das in allen tierischen Zellen vorkommende Enzym Adenylat-Kinase katalysierten Reaktion:

AMP + ATP $\rightleftharpoons$ ADP + ADP

– Die Phosphorylierung von Glycerin:

Glycerin + ATP $\longrightarrow$
　　　　　　　Glycerin-3-phosphat + ADP

– Die die Glycolyse einleitenden Reaktionen, bei denen die Zelle ATP „investiert":

Glucose + ATP
$\longrightarrow$ Glucose-6-phosphat + ADP

Fructose-6-phosphat + ATP $\longrightarrow$
Fructose-1,6-bisphosphat + ADP

Da eine Phosphat-Gruppe von ATP auch auf zahlreiche andere Stoffwechsel-Produkte (R – OH) übertragen wird, die ebenso wie Glucose und Glycerin Hydroxy-Gruppen enthalten, kann man als Reaktions-Gleichung formulieren:

$$R-OH + ATP \longrightarrow R-O-P(O)(O^{\ominus})-OH + ADP$$

Diese als **Phosphorylierung** bezeichneten Übertragungen von Phosphat-Gruppen werden durch **Kinasen** genannte Enzyme katalysiert; die als Beispiel genannten Phosphorylierungen durch Glycerin-Kinase, Hexokinase bzw. Phosphofructokinase. Das Stoffwechsel-Geschehen beruht nun darauf, daß in der Zelle energieverbrauchende chemische Reaktionen stets gekoppelt mit energieliefernden Reaktionen stattfinden *(Prinzip der energetischen Kopplung)*. Das **universell** als Energie-Überträger genutzte energiereiche Phosphat ist ATP. Das bedeutet, daß z. B. zur Synthese von Glucose-6-phosphat die endständige Phosphat-Gruppe von ATP auf Glucose übertragen wird, dagegen nicht direkt von Phosphoenolpyruvat oder 1,3-Bisphosphoglycerat.

34.4.2 Oxidative Phosphorylierung

Bei der Oxidation von Glucose zu CO_2 und H_2O entstehen im Stoffwechsel von höheren Organismen maximal 38 mol ATP aus einem Mol Glucose. Hiervon werden lediglich 4 mol ATP durch die als Substratketten-Phosphorylierung bezeichneten Glycolyse-Reaktionen gebildet. Somit ergibt sich die Frage, durch welche Stoffwechsel-Vorgänge die weitaus überwiegende Menge des universellen Energie-Überträgers Adenosin-triphosphat (ATP) synthetisiert wird. Zu ihrer Beantwortung müssen wir davon ausgehen, daß auf den zentralen Stoffwechsel-Wegen, (bei der Glycolyse, vor allem aber im Citronensäure-Cyclus und bei der Fettsäure-Oxidation) sehr erhebliche Mengen an
– reduziertem Nicotinamid-adenin-dinucleotid (NADH) und
– reduziertem Flavin-adenin-dinucleotid ($FADH_2$) entstehen.

Von diesen reduzierten Coenzymen wird jeweils ein Elektronenpaar letztendlich auf den bei der Zellatmung aufgenommenen molekularen Sauerstoff übertragen, der hierdurch reduziert wird. Hiermit einhergehend werden die oxidierten Coenzyme $NAD^{\oplus}$ und FAD regeneriert und somit als Wasserstoff-Acceptoren bei Dehydrierungs-Reaktionen wieder verfügbar. In der folgenden Reaktions-Gleichung ist die Umsetzung von reduziertem Nicotinamid-adenin-dinucleotid zusammengefaßt:

$1/2\ O_2 + NADH + H^{\oplus} \longrightarrow H_2O + NAD^{\oplus}$

Hierbei wird ein großer Energie-Betrag gewonnen; die Freie Standardenergie dieses stark exergonischen Vorgangs beträgt –220 kJ/mol. Bei der Betrachtung dieses Vorgangs in Form der zwei Gleichungen

$NADH \longrightarrow NAD^{\oplus} + H^{\oplus} + 2e^{\ominus}$

$1/2\ O_2 + 2\ H^{\oplus} + 2e^{\ominus} \longrightarrow H_2O$

wird deutlich, daß hierbei letztlich die Synthese von Wasser aus Sauerstoff und Wasserstoff erfolgt (auf andere Weise als bei der bekannten Knallgas-Reaktion, aber unter Freisetzung des gleichen Energie-Betrags).

Diese Energie wird sowohl von prokaryotischen als auch von eukaryotischen Zellen zur *Synthese von ATP durch oxidative Phosphorylierung* genutzt.

Die Übertragung von Elektronen von NADH und FADH$_2$ auf molekularen Sauerstoff verläuft in Wirklichkeit sehr viel aufwendiger, als dies in den voranstehenden Gleichungen zum Ausdruck kommt. Die Elektronen von NADH und FADH$_2$ werden nicht unmittelbar auf O$_2$ übertragen, sondern durch mehrere aufeinanderfolgende Redox-Reaktionen an bestimmte Protein-Komplexe (wie Cytochrome) unterschiedlichen Redoxpotentials „weitergereicht" und erst am Schluß auf Sauerstoff übertragen. Die hieran beteiligten, aus Proteinen und Eisen-Komplexverbindungen aufgebauten Protein-Komplexe üben die Funktion von Elektronen-Carriern aus und bilden die Elektronen-Transportkette. Bei den Eukaryoten sind diese die Atmungskette bildenden Protein-Komplexe in der inneren Mitochondrien-Membran lokalisiert und durchdringen in ihrer Ausdehnung die innere Mitochondrien-Membran. Der Elektronenfluß durch die Eisen-Komplexe dieser Membran-Proteine bewirkt einen Protonen-Transport durch die Membran; es werden Protonen aus der mitochondrialen Matrix hinausgepumpt und somit ein pH-Gradient erzeugt. Beim Zurückfließen der Protonen in die mitochondriale Matrix wird dann ATP durch Reaktion von ADP mit anorganischem Phosphat synthetisiert:

$$ADP + P_i + H^{\oplus} \rightleftharpoons ATP + H_2O$$

oder unter Hervorhebung der Ladungen:

$$ADP^{3\ominus} + HPO_4^{2\ominus} + H^{\oplus} \rightleftharpoons ATP^{4\ominus} + H_2O$$

Die ATP-Synthese ist ein endergonischer Vorgang; die Freie Standardenergie beträgt +30,5 kJ/mol.

Bei der oxidativen Phosphorylierung laufen somit die folgenden (über einen Protonen-Gradienten an der inneren Mitochondrien-Membran) miteinander gekoppelten Vorgänge ab:
– die Oxidation von NADH (unter Bildung von 3 mol ATP) wie auch
– die Oxidation von FADH$_2$ (unter Bildung von 2 mol ATP) mit der
– Phosphorylierung von ADP.

Bei den Prokaryoten erfolgen der Elektronen-Transport über die Atmungskette und die ATP-Synthese in der Cytoplasma-Membran. Für alle aerob lebenden Zellen ist die oxidative Phosphorylierung der wichtigste Weg zur ATP-Synthese. In den zur Photosynthese befähigten Zellen erfolgt die ATP-Synthese durch Photophosphorylierung.

Dagegen verwenden anaerob lebende Bakterien andere Wasserstoff-Acceptoren wie elementaren Schwefel, Nitrat- oder Sulfat-Ionen (jeweils anstelle von Sauerstoff) zum Zwecke der ATP-Synthese.

Kontrollfragen

34-1 Unter welcher Bezeichnung faßt man die Stoffwechsel-Wege zusammen, die A) dem Abbau und B) der Biosynthese von Stoffwechsel-Produkten dienen?

34-2 Welches Zell-Kompartiment ist bei eukaryotischen Zellen für den Energie-Stoffwechsel von größter Bedeutung?

34-3 Für welche Vorgänge benötigen lebende Organismen Stoffwechsel-Energie?

34-4 Auf welchen pH-Wert des vorliegenden Milieus ist die für biochemische Reaktionen angegebene Freie Standardenergie ($\Delta G^{0'}$) bezogen?

34-5 a) Welche Ladung tragen ATP und ADP bei physiologischem pH-Wert überwiegend? b) Mit welchen (in der intrazellulären Flüssigkeit in hoher Konzentration vorliegenden) Ionen werden Komplexe gebildet?

34-6 Nennen Sie im Stoffwechsel gebildete Phosphate, die erheblich energiereicher als ATP sind.

34-7 Durch welchen Bindungstyp sind die endständigen Phosphat-Gruppen in ATP und ADP mit dem übrigen Molekülteil verknüpft?

34-8 Durch welchen Bindungstyp ist die Phosphat-Gruppe in „energiearmen" Phosphaten mit dem übrigen Molekülteil verknüpft?

34-9 Welche der Synthese von ATP dienende Reaktionen bezeichnet man als Substratketten-Phosphorylierung?

34-10 Durch welche Reaktion wird verbrauchtes ATP in Muskel-, Gehirn- und Nervenzellen rasch „nachgeliefert"?

34-11 Nennen Sie einige Substrate, die durch ATP (in von der jeweiligen Kinase katalysierten Reaktionen) phosphoryliert werden.

34-12 Welches sind die für den Energie-Stoffwechsel wichtigsten Abbau-Wege?

34-13 Welche Vorgänge laufen im Ergebnis bei der oxidativen Phosphorylierung ab?

Chemische Elemente in alphabetischer Reihenfolge (Auswahl)

Element	Symbol	Z	A_r
Aluminium	Al	13	26,9815
Antimon	Sb	51	121,76
Argon	Ar	18	39,948
Arsen	As	33	74,9216
Barium	Ba	56	137,33
Beryllium	Be	4	9,01218
Bismut	Bi	83	208,980
Blei	Pb	82	207,2
Bor	B	5	10,81
Brom	Br	35	79,904
Cadmium	Cd	48	112,41
Caesium	Cs	55	132,905
Calcium	Ca	20	40,08
Cer	Ce	58	140,12
Chlor	Cl	17	35,453
Chrom	Cr	24	51,996
Cobalt	Co	27	58,9332
Eisen	Fe	26	55,845
Fluor	F	9	18,9984
Gold	Au	79	196,967
Helium	He	2	4,00260
Iod	I	52	126,904
Kalium	K	19	39,0983
Kohlenstoff	C	6	12,011
Krypton	Kr	36	83,80
Kupfer	Cu	29	63,546
Lanthan	La	57	138,906
Lithium	Li	3	6,941
Magnesium	Mg	12	24,305
Mangan	Mn	25	54,9380
Molybdän	Mo	42	95,94
Natrium	Na	11	22,9898
Neon	Ne	10	20,179
Nickel	Ni	28	58,69
Phosphor	P	15	30,9738
Platin	Pt	78	195,08
Quecksilber	Hg	80	200,59
Radium	Ra	88	226,025
Radon	Rn	86	(222)
Rubidium	Rb	37	85,4678
Sauerstoff	O	8	15,9994
Schwefel	S	16	32,06
Selen	Se	34	78,96
Silber	Ag	47	107,868
Silicium	Si	14	28,0855
Stickstoff	N	7	14,0067
Strontium	Sr	38	87,62
Technetium	Tc	43	(98)
Thallium	Tl	81	204,383
Titan	Ti	22	47,87
Uran	U	92	238,029
Vanadium	V	23	50,9415
Wasserstoff	H	1	1,0079
Xenon	Xe	54	131,29
Zink	Zn	30	65,39
Zinn	Sn	50	118,71

Antworten zu den Kontrollfragen

2-1 Physikalische Vorgänge sind: Destillation, Sublimation, Filtration, Dialyse

2-2 Element: Mg/Verbindungen: Harnsäure, Harnstoff, Vitamin C/Stoff-Gemische: Messing, Olivenöl, NaCl-Lösung, Serum-Proteine

2-3 Aus einer Phase

2-4 Nein; wenn die Lösung an NaCl gesättigt ist, wird kein NaCl mehr gelöst (Bodenkörper).

2-5 Ja, weil unbegrenzt ineinander löslich.

2-6 Dispersionsmittel und dispergierten Stoffen

2-7 Dispersion von miteinander nicht mischbaren flüssigen Stoffen/Aufschlämmung fester Stoffe in einer Flüssigkeit

2-8 Siedetemperatur, Dichte, Brechzahl

2-9 V = 681,8 mL

2-10 m = 828 g

2-11 a) Der Nachweis, welche Stoffe vorliegen; b) die Bestimmung des Gehalts an bestimmten Stoffen

2-12 Kieselgele (Silicagel), Aluminiumoxid, Hydroxyapatit, Aktivkohle, Cellulose-Pulver und Polyamid-Pulver

2-13 a) Als hydrophil; b) hydrophob (lipophil)

3-1 Protonen, Neutronen, Elektronen

3-2 p und n im Atomkern, $e^\ominus$ in der Hülle

3-3 p: $+1/ \approx 1$ u   n: $0/ \approx 1$ u
$e^\ominus : -1 \approx \frac{1}{1840}$ u

3-4 Übereinstimmende Anzahl p und $e^\ominus$

3-5 p und $e^\ominus$

3-6 Durch die Anzahl der Neutronen

3-7 (A) 8, (B) 18, (C) 8, (D) 0

3-8 Atome

3-9 Moleküle

3-10 Ionen, Kationen und Anionen

3-11 Überhaupt nicht, sie sind identisch

3-12 Nucleonen sind p und n/Nuclide: Atomsorten

3-13 Nein, Nuclide ist der Oberbegriff

3-14 Kernladungszahl und Massenzahl

3-15 Deuterium, Tritium

3-16 Bestimmte Isotope enthaltende Verbindungen

3-17 Die Anordnung der $e^\ominus$ in der Elektronenhülle

3-18 Die Atome der Edelgase (außer Helium)

3-19 Li eins, N fünf, S sechs, F sieben

3-20 vgl. S. 50

3-21 Alkalimetalle, Erdkalimetalle, Halogene

3-22 Aussendung von $_2^4 He$-Kernen

3-23 Z –2   A –4

3-24 Aussendung von $e^\ominus$ (infolge n $\rightarrow$ p + $e^\ominus$)

3-25 Z +1   A unverändert

3-26 energiereiche elektromagnetische Strahlung

3-27 Die Halbwertzeit

3-28 Durch Beschuß von Atomkernen mit Neutronen oder α-Teilchen

3-29 $_{53}^{131}I$, $_{24}^{51}Cr$

3-30 $_{53}^{131}I \rightarrow {}_{54}^{131}Xe$

4-1 Die Protonenzahl (Kernladungszahl)

4-2 Dieselbe Anzahl an Außenelektronen

4-3 Durch die von einer bestimmten Elektronenschale maximal aufgenommene Elektronen-Zahl

4-4 Übergangselemente, Nebengruppen-Elemente

4-5 Li, K/Mg, Ba/Cu, Ag/Zn, Hg/C, Si/N, P/O, S, Se/F, I

4-6 eines, zwei, sieben

4-7 Die besonders stabile Elektronen-Anordnung auf der äußersten Schale der Edelgas-Atome

4-8 Die Edelgase, da die besonders stabile Elektronen-Konfiguration schon vorliegt

4-9 Alkalimetalle, Halogene, weil durch Abgabe bzw. Aufnahme eines einzigen $e^\ominus$ Edelgas-Konfiguration erreicht wird

4-10 +I: K, Cu, Ag/+II: Ca, Cu, Zn, Mn, Fe/+III: Al, Fe

4-11 In welchem Ausmaß die Atome eines Elements Bindungselektronen zu sich hinziehen

4-12 Fluor, Sauerstoff, Chlor, Stickstoff

5-1 (A), (D) Atome / (B), (C) zweiatomige Moleküle

5-2 In der Zahl der Nucleonen
5-3 $K^⊕$, $Ba^{⊕⊕}$, $Al^{⊕⊕⊕}$ sind durch Abgabe, $F^⊖$, $I^⊖$, $S^{⊖⊖}$ durch Aufnahme der entspr. Anzahl $e^⊖$ entstanden
5-4 Das Vorzeichen der Ladung
5-5 (A) und (B), $Na^⊕$ und $Cl^⊖$, (C) diese Ionen hydratisiert
5-6 (B) und (C), da hier die Ionen beweglich sind
5-7 Kationen zur Kathode, Anionen zur Anode
5-8 Die heteropolare Bindung
5-9 Fe: +II und +III, Cu: +I und +II
5-10 Kovalente Bindung (Elektronenpaar-Bindung)
5-11 In der Bindungsart (hetero- bzw. homöopolar)
5-12 Wenn ein Atom die Bindungselektronen stärker zu sich hinzieht
5-13 Die Elektronegativitäts-Werte
5-14 KI (Ionen), H_2S (Moleküle), CCl_4 (Moleküle), Al (Atome), $KAl(SO_4)_2$ (Ionen), Br_2 (Moleküle)
5-15 $H_2 + Br_2 \longrightarrow 2\,HBr$
5-16 Hydrogenbromid (Bromwasserstoff)
5-17 Eine (polarisierte) kovalente Bindung
5-18 $NaClO/NaClO_3/MgBr_2/KBrO_3/KClO_4/Na_2SO_3$
5-19 Zinn(II)-chlorid, Zinn(IV)-chlorid, Eisen(II)-sulfat, Kupfer(II)-sulfid
5-20 $Fe^{⊕⊕}$: 24 $e^⊖$, $Fe^{⊕⊕⊕}$: 23 $e^⊖$
5-21 Liganden
5-22 Natrium-thiosulfat, $Na_2S_2O_3$, Komplex-Bildung mit $Ag^⊕$

6-1 Massenzahl 127, Protonenzahl 53, Moleküle sind 2atomig
6-2 Ein Zehntel, ein Tausendstel, ein Millionstel
6-3 vgl. S. 62
6-4 Die Teilchenanzahl pro Mol, $N_A = 6{,}022 \cdot 10^{23}$
6-5 NaCl: $w(Cl)=60{,}66\%$ $MgCl_2$: $w(Cl)=74{,}46\%$
6-6 M (Harnstoff) = 60,06 g/mol
6-7 n (Harnstoff) = 0,343 mol
6-8 $m(Cu) = 63{,}546$ g, $m(Br_2) = 159{,}81$ g, $m(K^⊕) = 39{,}098$ g, $m(I^⊖) = 126{,}90$ g, $m(C_6H_8O_7) = 192{,}12$ g
6-9 $m(Ba(OH)_2) = 34{,}276$ g, $m(Ba(OH)_2 \cdot 8H_2O) = 63{,}102$ g
6-10 Der Milliardste, d.h. 10^{-9} mol
6-11 $n(I) = 0{,}2$ mol / $n(I_2) = 0{,}1$ mol
6-12 $m(Na_2HPO_4) = 7{,}1$ g
6-13 $n(Ag) = 0{,}927$ mol, $n(N_2) = 3{,}57$ mol, $n(C_2H_6O) = 2{,}17$ mol, $n(HgBr_2) = 0{,}277$ mol, $n(C_8H_{10}N_4O_2) = 0{,}515$ mol
6-14 $n(HCOOH) = 6{,}628$ mol

7-1 Volumen-Anteil $(N_2) \approx 78\%$, $(O_2) \approx 21\%$
7-2 Temperatur 273 K $\triangleq$ 0 °C, Druck 1,013 bar
7-3 Volumen, das ein Mol eines Gases im Normzustand einnimmt
7-4 $V = 22{,}414$ L/mol
7-5 Emissionen
7-6 Als Immissionswerte
7-7 Auf unzureichendem Sauerstoff-Transport im Organismus, weil CO eine höhere Affinität (als O_2) gegenüber den Eisen(II)-Zentralionen des Hämoglobins hat
7-8 Überwiegend NO, neben geringen Anteilen NO_2
7-9 Schwefeldioxid, SO_2

8-1 H_2O, H_2O_2
8-2 H_2, N_2, O_2, F_2, Cl_2
8-3 $N_2 + 3\,H_2 \rightleftharpoons 2\,NH_3$
$C_4H_{10} + 6\,1/2\,O_2 \rightleftharpoons 4\,CO_2 + 5\,H_2O$
8-4 m (NaCl) = 163,5 g
8-5 $V(HCl) = 62{,}7$ L
8-6 Weil auch im Gleichgewichts-Zustand Umsetzung der Reaktions-Teilnehmer stattfindet (Hin- und Rückreaktion)
8-7 Nein, weil Hin- und Rückreaktion gleich schnell ablaufen
8-8 Die chemische Thermodynamik
8-9 In offenen Systemen bei konstantem Druck
8-10 Die Herabsetzung der Aktivierungs-Energie und damit die beschleunigte Einstellung eines chemischen Gleichgewichts
8-11 Keinen
8-12 Substrate, Enzyme
8-13 Bei 37 °C und pH-Werten um 7,4 in Wasser

9-1 Blutplasma, interstitielle und intrazelluläre Flüssigkeit
9-2 $2\,H_2 + O_2 \longrightarrow 2\,H_2O$
9-3 Stark exotherm
9-4 Durch Elektrolyse
9-5 Die Dipol-Orientierung
9-6 Wasserstoffbrücken-Bindungen ergeben Molekül-Assoziate
9-7 Für polare Lösungsmittel
9-8 Salze, Säuren, Basen, Alkohole, Zucker
9-9 Verbindungen mit in stöchiometrischem Verhältnis gebundenem Wasser
9-10 wasseranziehend, wasser„freundlich", wasserabweisend
9-11 $H_2O + H_2O \rightleftharpoons H_3O^⊕ + OH^⊖$
9-12 Oxonium- und Hydroxid-Ionen
9-13 Bei der Autoprotolyse entstehen Ionen
9-14 Saure und basische Eigenschaften aufweisend
9-15 Weil bei der Autoprotolyse $H_3O^⊕$- und $OH^⊖$-Ionen in gleicher Anzahl entstehen
9-16 $c(H_3O^⊕) = c(OH^⊖)$

9-17 Das Ionenprodukt wird mit steigender Temperatur größer
9-18 10^{-14} mol^2/L^2
9-19 jeweils 10^{-7} mol/L
9-20 Negativer dekadischer Logarithmus der Wasserstoffionen-Konzentration; pH = $-\lg c(H^\oplus)$

10-1 Die Größe der gelösten Teilchen (bei kolloidalen Dispersionen 10^{-5} bis 10^{-7} cm)
10-2 Zerfall in Ionen
10-3 Weil Ionen hydratisiert werden bzw. Protolyse-Reaktionen mit Wasser stattfinden
10-4 Auf die OH-Gruppen in ihren Molekülen
10-5 Als gesättigte Lösung
10-6 Sie nimmt zu
10-7 Auftreten eines NaCl-Niederschlags; durch hinzukommende Cl$^\ominus$-Ionen wird die NaCl-Löslichkeit überschritten
10-8 Die Nitrate, Nitrite, Acetate, Chloride, Bromide, Iodide, Sulfate
10-9 Die Sulfide, Carbonate, Oxalate, Phosphate
10-10 Die Ag-, Cu(I)-, Hg(I)- und Pb-chloride, -bromide und -iodide; SrSO$_4$, BaSO$_4$, PbSO$_4$
10-11 Die Alkalihydroxide sind gut löslich, die übrigen mäßig löslich oder unlöslich
10-12 Stoffmengen-Konzentration, Massen-Konzentration, Massen-Anteil
10-13 Auf ein bestimmtes Volumen
10-14 Die Stoffmengen-Konzentration
10-15 mol/L (mmol/L, μmol/L)
10-16 m(AgNO$_3$) = 16,989 g
10-17 m (EDTANa$_2$ · 2 H$_2$O) = 7,445 g
10-18 m (NaF)=12,6 g / m (1/2 Na$_2$C$_2$O$_4$)= 20,1 g
10-19 c (NaOH) = 10,83 mol/L
10-20 w (KI) = 11,32%
10-21 c(Fe$^\oplus$) = 86,5 mmol/L
10-22 Der Umrechnungsfaktor ist 59,485
10-23 Dampfdruck, Siedetemperatur, Gefriertemperatur, osmotischer Druck
10-24 w (NaCl) = 0,9%
10-25 Der osmotische Druck der NaCl-Lösung ist zweimal so groß wie der der Glucose-Lösung

11-1 Ionen, Molekülen
11-2 Salze, Säuren, Basen
11-3 Von amphoterer Elektrolyt
11-4 Weil Wasser-Moleküle Säure- und Base-Eigenschaften haben
11-5 Als Protonen-Donator bzw. Protonen-Acceptor zu reagieren
11-6 HBr + H$_2$O $\rightleftharpoons$ H$_3$O$^\oplus$ + Br$^\ominus$
11-7 NH$_3$ + H$_2$O $\rightleftharpoons$ NH$_4^\oplus$ + OH$^\ominus$
11-8 Salzsäure, Kohlensäure, Kalkwasser, Barytwasser
11-9 a) H$_2$PO$_4^\ominus$, S$^{\ominus\ominus}$, NH$_3$, HPO$_4^{\ominus\ominus}$
b) HF, H$_2$O, NH$_4^\oplus$, HPO$_4^{\ominus\ominus}$
11-10 Salzsäure, Salpetersäure/Schwefelsäure, Kohlensäure/Phosphorsäure, Borsäure
11-11 In aufeinanderfolgenden Gleichgewichts-Reaktionen (stufenweise)
11-12 Die Säurekonstanten bzw. die pK_S-Werte
11-13 $K_S = \dfrac{c(H_3O^\oplus) \cdot c(A^\ominus)}{c(HA)}$

$pK_S = -\lg K_S$
11-14 Um den Faktor zehntausend (10^4)
11-15 H$_3$O$^\oplus$ + OH$^\ominus$ $\rightleftharpoons$ 2 H$_2$O
(H$^\oplus$ + OH$^\ominus$ $\rightleftharpoons$ H$_2$O)
11-16 m(KOH) = 1,4 g
11-17 Den pH-Wert, der sich nach Titration einer bestimmten Säure-Menge mit der äquivalenten Menge Base (oder umgekehrt) einstellt
11-18 Bei der Titration starker Säuren mit starken Basen
11-19 (A) Na$_2$S, Na$^\oplus$, S$^{\ominus\ominus}$, (B) NH$_4$Cl, NH$_4^\oplus$Cl$^\ominus$, (C) K$_2$SO$_4$, K$^\oplus$, SO$_4^{\ominus\ominus}$, (D) KHSO$_4$, K$^\oplus$HSO$_4^\ominus$, (E) Na$_2$CO$_3$, Na$^\oplus$, CO$_3^{\ominus\ominus}$, (F) Mg(HCO$_3$)$_2$, Mg$^{\oplus\oplus}$HCO$_3^\ominus$, (G) CaHPO$_4$, Ca$^{\oplus\oplus}$HPO$_4^{\ominus\ominus}$
11-20 (B) NH$_4^\oplus$ + H$_2$O $\rightleftharpoons$ H$_3$O$^\oplus$ + NH$_3$
(C) K$_2$SO$_4$, keine Salz-Protolyse
(D) HSO$_4^\ominus$ + H$_2$O $\rightleftharpoons$ H$_3$O$^\oplus$ + SO$_4^{\ominus\ominus}$
(E) CO$_3^{\ominus\ominus}$ + H$_2$O $\rightleftharpoons$ HCO$_3^\ominus$ + OH$^\ominus$
11-21 (B) und (D) sauer, (C) neutral, (E) alkalisch

12-1 Zur Einstellung und Aufrechterhaltung enger pH-Bereiche
12-2 Klinische Chemie, Mikrobiologie, Arbeiten mit Zell- und Gewebekulturen
12-3 Meistens aus einer schwachen Säure und einem ihrer Salze mit einer starken Base
12-4 Essigsäure/Acetat; Dihydrogenphosphat/Hydrogenphosphat
12-5 pH = pK_S + $\lg \dfrac{c(A^\ominus)}{c(HA)}$
12-6 Beim Verhältnis 1 : 1
12-7 V(NaH$_2$PO$_4$) = 724,5 mL,
V(Na$_2$HPO$_4$) = 275,5 mL
12-8 Aus wäßrigen Lösungen der Säure und NaOH
12-9 Die Zwitterionen reagieren mit H$^\oplus$ bzw. OH$^\ominus$

13-1 Elektronen
13-2 Das Reduktionsmittel
13-3 vgl. S. 128
13-4 Das Oxidationsmittel
13-5 vgl. S. 128

13-6 Das Oxidationsmittel
13-7 Den Begriff Oxidationszahl
13-8 $Cl_2 + 2\,I^{\ominus} \rightleftharpoons 2\,Cl^{\ominus} + I_2$
13-9 +IV, +II, +VII
13-10 Auf der reduzierenden Wirkung von Oxalsäure
13-11 $5\,C_2O_4^{\ominus\ominus} + 2\,MnO_4^{\ominus} + 16\,H^{\oplus} \rightarrow 10\,CO_2 + 2\,Mn^{\oplus\oplus} + 8\,H_2O$
13-12 An der Kathode erfolgt Elektronen-Aufnahme (z. B. $Na^{\oplus} + e^{\ominus} \rightarrow Na$), an der Anode Elektronen-Abgabe

14-1 Elektrische Leitfähigkeit, Wärmeleitfähigkeit, Oberflächenglanz
14-2 Metall-Ionen (Kationen) und Valenzelektronen (als Elektronengas)
14-3 NaOH, KOH, $Ca(OH)_2$, $Ba(OH)_2$
14-4 $CaSO_4 \cdot 1/2\,H_2O$ geht in das Dihydrat über
14-5 $Ba(OH)_2 + CO_2 \rightarrow BaCO_3 + H_2O$
14-6 $BaSO_4$
14-7 $Ca(HCO_3)_2 \rightarrow CaCO_3 + H_2O + CO_2$
14-8 Lithiumbromid, Kaliumsulfat, Quecksilbersulfid, Kupfer(I)-oxid, Kupfer(II)-oxid, Schwefeldioxid, Distickstoffpentaoxid, Eisen(III)-oxid
14-9 $MgCl_2$, $FeBr_3$, CO, $BaCO_3$, NaH_2PO_4, K_2HPO_4, NH_4MgPO_4
14-10 NaCN, $[Cu(NH_3)_4]SO_4$, $K_4[Fe(CN)_6]$
14-11 $Na^{\oplus}$, $CN^{\ominus}$ / $[Cu(NH_3)_4]^{\oplus\oplus}$, $SO_4^{\ominus\ominus}$ / $K^{\oplus}$, $[Fe(CN)_6]^{4\ominus}$
14-12 Diamant, Graphit
14-13 Tetraeder/Schichtebenen und Elektronengas
14-14 Verdrängung von O_2 aus dem Häm-Komplex
14-15 Salpetrige Säure, HNO_2
14-16 Säureanhydride
14-17 Kohlensäure, Salpetersäure, schweflige Säure
14-18 Sulfid, Hydrogensulfid, Hydrogensulfit, Sulfit, Hydrogensulfat, Sulfat
14-19 Chlorid, Hypochlorit, Chlorit, Chlorat, Perchlorat, Bromat, Iodat
14-20 H_2O_2 / Oxidationsmittel / desinfizierende und bleichende Wirkung

15-1 $Na^{\oplus}$, $K^{\oplus}$, $Mg^{\oplus\oplus}$, $Ca^{\oplus\oplus}$
15-2 $Na^{\oplus}$, $Ca^{\oplus\oplus}$, $Cl^{\ominus}$, $HCO_3^{\ominus}$/$K^{\oplus}$, $Mg^{\oplus\oplus}$, $HPO_4^{\ominus\ominus}$, $SO_4^{\ominus\ominus}$
15-3 Fe, Zn, Cu, Mn, Co, Mo

16-1 Harnstoff
16-2 Aus Proteinen nach dem Abbau zu Aminosäuren als Endprodukt des Stickstoff-Stoffwechsels
16-3 Kohlensäure und deren Salze; CO_2, CO, HCN, Blausäure und deren Salze, Cyanate
16-4 Moleküle
16-5 C 4, H 1, N 3 oder 5, O 2, P 5, S 2 oder 6
16-6 Alle Verbindungen mit derselben Summenformel
16-7 kettenförmig, ringförmig/Einfach-, Doppel- oder Dreifachbindungen, aromatischer Bindungszustand
16-8 Die Konstitutionsformeln (Strukturformeln)
16-9 Den räumlichen Aufbau der Moleküle
16-10 Proteine, Nucleinsäuren, Polysaccharide
16-11 Als Monomere
16-12 a) Cyclisierung, b) Substitution, c) Dehydrierung, d) Hydratisierung, e) Isomerisierung, f) intermolekular, g) exotherm, h) intramolekular, i) Dehydratisierung, j) Hydrierung,
16-13 Es sind Hydrolyse-Reaktionen
16-14 Ein langkettiger hydrophober Kohlenwasserstoff-Rest ist mit einer negativ geladenen Atomgruppe verknüpft

17-1 n-Hexan
17-2 Zu den Kohlenwasserstoffen
17-3 Zu den Alkanen
17-4 C_nH_{2n+2},
17-5 n-Pentan
17-6 Die Summenformel, z. B. C_4H_{10} n-Butan/iso-Butan
17-7 Gerüst-Isomerie
17-8 Zu den Alkenen oder den Cycloalkanen
17-9 Zu den aromatische Kohlenwasserstoffen
17-10 Substitution
17-11 Mono-, Di-, Tri- und Tetrachlormethan
17-12 vgl. S. 174 und 1,1-Dichlorethen
17-13 Durch Polymerisation

18-1 C_3H_8O
18-2 Zu den Alkanolen
18-3 Die Hydroxy-Gruppe
18-4 (A) n-Propanol, (B) Isopropanol
18-5 Stellungs-Isomerie
18-6 Isobutanol (2-Methyl-propanol)
18-7 Diethylether, $H_3C-CH_2-O-CH_2-CH_3$
18-8 Aus Ethanol
18-9 Sauer; Phenol ist ein Protonen-Donator
18-10

(A) C₆H₅–O⁻ K⁺, (B) Cl–C₆H₄–OH, (C) 3-Methylphenol (m-Kresol)

(D) 2-Bromphenol, (E) 2,4-Dinitrophenol (O₂N–C₆H₃(NO₂)–OH)

19-1 Verbindungen mit der funktionellen Gruppe – CHO; von der Dehydrierung primärer Alkohole
19-2 Auf ihrer reduzierenden Wirkung
19-3 Autoxidation, Carbonsäuren
19-4 n-Butanol → n-Butanal
Isobutanol → 2-Methyl-propanal
19-5 Glycerin-aldehyd

20-1 Mono-, Di- und Trichloressigsäure
20-2 $F_3C - COOH$
20-3 Acrylsäure, $H_2C = CH - COOH$
20-4 α-, β- und -γ-Hydroxy-buttersäure
20-5 Aus γ-Hydroxy-buttersäure, vgl. S. 200
20-6 $H_3C - CO - CH_3 + CO_2$ / Acetessigsäure (β-Keto-buttersäure), Aceton und CO_2
20-7 Stellungs-Isomerie / o-, m- und p-Hydroxy-benzoesäure/Salicylsäure ist o-Hydroxy-benzoesäure
20-8 a) Essigsäure, $H_3C - COOH$;
b) Palmitat, $H_3C - (CH_2)_{14} - COOH$;
c) Bernsteinsäure, Succinat;
d) Milchsäure, $H_3C - CH(OH) - COOH$;
e) Malat, $HOOC - CH_2 - CH(OH) - COOH$;
f) Glutarsäure, Glutarat;
g) Brenztraubensäure, $H_3C - CO - COOH$;
h) Fumarsäure, trans-$HOOC-CH = CH-COOH$
20-9 Die Dehydrierung Succinat ⇌ Fumarat
20-10

$$\begin{matrix} COOH \\ | \\ COOH \end{matrix} \rightleftharpoons \begin{matrix} COO^\ominus \\ | \\ COOH \end{matrix} + H^\oplus \rightleftharpoons \begin{matrix} COO^\ominus \\ | \\ COO^\ominus \end{matrix} + H^\oplus$$

Hydrogenoxalat / Oxalat

20-11 $m\,(H_2C_2O_4 \cdot 2\,H_2O) = 3{,}152$ g
20-12 Einprotonig: C, E, I, K; zweiprotonig: A, F, J, L; dreiprotonig: B, H; vierprotonig: D, G

21-1 cis- und trans-1,2-Dichlor-ethen
21-2 Keine freie Drehbarkeit um $C = C$ (Stereoisomere)
21-3 Geometrische Isomerie, Maleinsäure (cis), Fumarsäure (trans)
21-4 Als asymmetrisches C-Atom
21-5 Enantiomere, optische Antipoden
21-6 Optisch aktiv sind: C, D, F, G
21-7 vgl. S. 205
21-8 vgl. S. 230

22-1 Natrium-lactat / Ammonium-formiat
22-2 $HCOOCH_3$, Ameisensäure-methylester
22-3 $H_3C - COOH + HO - C_5H_{11} \rightleftharpoons$
$H_3C - COOC_5H_{11} + H_2O$ (Essigsäure-n-pentylester)
22-4 $M\,(H_3C - COOH) = 60{,}05$ g/mol; M (Ester) = 116,16 g/mol; Essigsäure-Moleküle bilden H-Brücken aus (Dimere), die Ester-Moleküle nicht

22-5 a) p-Hydroxy-benzoesäure-ethylester, b) Acetyl-salicylsäure (Aspirin)

23-1 Ölsäure, Linolsäure, Linolensäure
23-2 Stearinsäure
23-3 Gemische aus Triglyceriden bzw. aus Kohlenwasserstoffen
23-4 Hydrierung/Hydrolyse zu Glycerin und Fettsäuren/Hydrolyse mit NaOH oder KOH zu Glycerin und Seifen
23-5 Diglyceride, Monoglyceride, Glycerin und Fettsäuren
23-6 Lipasen, Esterasen
23-7 a) Hydrolytische Spaltung, b) Lipasen (als Enzyme), Salze von Gallensäuren (als Emulgatoren)
23-8 Die (unter Verbrauch von ATP) aus Fettsäuren und Coenzym A synthetisierten Thioester der Fettsäuren
23-9 ① Dehydrierung zu einer α,β-ungesättigten Fettsäure, ② Wasser-Anlagerung zu einer β-Hydroxyfettsäure, ③ Dehydrierung zu einer β-Keto-fettsäure, ④ Abspaltung von Acetyl-Coenzym A
23-10 Glycerin, Fettsäuren (2 mol), Phosphorsäure (1 mol), Cholin
23-11 Langkettige Fettsäuren, Carotinoide, Vitamin E, Cholesterin, Gallensäuren
23-12 Kephaline und Lecithine
23-13 Sphingomyeline, Cerebroside und Ganglioside
23-14 Sterine, Gallensäuren, Sexualhormone, Hormone der Nebennierenrinde
23-15 Als Emulgatoren bewirken sie die feine Verteilung von Fett- und Öltröpfchen

24-1 $C_n(H_2O)_n$
24-2 2-Desoxy-D-ribose
24-3 Dihydroxy-aceton, Fructose
24-4 vgl. S. 229; die OH-Gruppe an dem am weitesten unten stehenden C-Atom ist rechts angeordnet
24-5 Mono-, Di-, Oligo-, Polysaccharide
24-6 Amylose α(1 → 4)/Amylopektin α(1 → 4), außer dem α(1 → 6) Cellulose β(1 → 4)
24-7 Übereinstimmend: a, c; Unterschied hinsichtlich Merkmal: b, d, e, f, g
24-8 Die Einstellung chemischer Gleichgewichte zwischen dem Anomer und der Aldehyd-Form, sowie dieser und dem anderen Anomer
24-9 Fructose
24-10 D-Galactose und D-Glucose / 2 mol α-D-Glucose
24-11 Lactase/Maltase
24-12 D-Glucose und D-Fructose
24-13 Weil Saccharose rechtsdrehend, das Gemisch

von Glucose und Fructose jedoch linksdrehend ist (Inversion, Invertzucker)
24-14 vgl. S. 232
24-15 vgl. S. 231 und 232
24-16 D-Gluconsäure-δ-lacton
24-17 Abbau von Glycogen/Abbau von Glucose
24-18 vgl. S. 233
24-19 vgl. S. 233

25-1 Es sind starke Säuren
25-2

⟨O⟩—SO$_3$H / H$_3$C—⟨O⟩—SO$_3$H / H$_2$N—⟨O⟩—SO$_3$H

25-3 Es sind Sulfonamide
25-4 $H_3C-(CH_2)_{11}-O-SO_3^{\ominus} Na^{\oplus}$

26-1 NaH_2PO_4, Na_2HPO_4, Na_3PO_4/Ethanol, Isopropanol, tert.-Butanol/Mono-, Di- und Triethylamin
26-2 n-Hexylamin/Di-(n-propyl)-amin/Triethylamin
26-3 $[H_{33}C_{16}N(CH_3)_3]^{\oplus} Cl^{\ominus}$
26-4 $H_2N-CH_2-CH_2-NH_2$
26-5 Ethylendiamin-tetraessigsäure
26-6 a) Acetylcholin, b) Ester, c) Cholin und Essigsäure, d) Cholin-esterase
26-7 Purin (A und C)/Pyrimidin (B)/Imidazol (D)/ Pyridin (E)
26-8 Harnsäure
26-9 neutral
26-10 $HN=C-(NH_2)_2$

27-1
$H_3C-\underset{NH_2}{CH}-COOH$, $H_2\underset{NH_2}{C}-CH_2-COOH$, $H_2\underset{NH_2}{C}-CH_2-CH_2-COOH$

27-2 $w(N) = 19{,}17\%$
27-3 Ein viergliedriges mit der – CO – NH-Gruppe
27-4 Es ist Struktur-Merkmal der Penicilline
27-5 $H_3\overset{\oplus}{N}-CH_2-COO^{\ominus}$ (A)
$Cl^{\ominus} H_3\overset{\oplus}{N}-CH_2-COOH$ (B)
$H_2N-CH_2-COO^{\ominus} Na^{\oplus}$ (C)

27-6 Monoamino-monocarbonsäuren: Gly, Ala, Cys, Met / saure Aminosäuren: Asp, Glu / basische Aminosäure: Lys / S-haltige Aminosäuren: Cys, Met
27-7 $w(S) = 26{,}47\%$
27-8 Reduktion zu 2 mol Cystein
27-9 Durch Decarboxylierung
27-10 $HS-CH_2-CH(NH_2)-COOH \rightarrow HS-CH_2-CH_2-NH_2 + CO_2$
27-11 Succinat/Fumarat/Malat/Oxalacetat/Aspartat
27-12 Auf das asymmetrische α-C-Atom
27-13 α-Keto-glutarat
27-14 A) L-Alanin + α-Keto-glutarat ⇌ Pyruvat + L-Glutamat
B) L-Aspartat + α-Keto-glutarat ⇌ Oxalacetat + L-Glutamat
27-15 Alanyl-glycin und Serin
27-16 Asp-Cys-Ala
27-17 Asp-Ala-Cys/Cys-Ala-Asp/Cys-Asp-Ala/Ala-Asp-Cys/Ala-Cys-Asp

28-1 Die Verknüpfung von Aminosäuren (als molekulare Bausteine) durch Peptid-Bindungen
28-2 Bei einer Verknüpfung von mindestens 100 Aminosäure-Resten in der Peptid-Kette spricht man von Proteinen
28-3 Als Primär-Struktur (Aminosäure-Sequenz)
28-4 Asp, Glu, Tyr
28-5 Arg, Lys, His
28-6 Val, Leu, Ile, Phe
28-7 Cysteinyl-Reste
28-8 Als a) Dimere (Immunglobuline) und b) Tetramere (Hämoglobin)
28-9 A) Cysteinyl; B) Prolyl und Hydroxyprolyl
28-10 LDL (45-50%)
28-11 Asn, Ser, Thr
28-12 a) Glycosylierung; b) nur in eukaryotischen Zellen
28-13 Carboxy-Gruppen (in Asp und Glu); phenolische OH-Gruppen (in Tyr); Amino-Gruppen (in Lys); Guanidino-Gruppen (in Arg); Imidazol-Reste (in His)
28-14 Als isoelektrischen Punkt
28-15 a) Durch Erhitzen mit Salzsäure (c(HCl) = 6 mol/L) auf 110° oder b) durch Einwirkenlassen von Proteasen (wie Pepsin und Trypsin) in wäßrigem Medium
28-16 Die Bestimmung der Aufeinanderfolge der Aminosäure-Reste (der Primär-Struktur) in Peptiden und Proteinen
28-17 A) Molekül-Größe, B) elektrische Nettoladung, C) isoelektrischer Punkt, D) spezifische Bindung an Antikörper, Antigene oder Rezeptoren

29-1 Proteine mit biokatalytischer Aktivität, die sich durch hohe Substrat-Spezifität und Wirkungs-Spezifität auszeichnen
29-2 Lebensmittel-Technologie, Biotechnologie; in pharmazeutischen Präparaten, als technische Enzyme (in Waschmitteln), in der Analytik und klinischen Chemie
29-3 In der Bindung des Substrats an das aktive Zentrum des Enzyms unter Bildung eines Enzym-Substrat-Komplexes

29-4 Die Übertragung einer Phosphat-Gruppe von ATP auf eine Hexose
29-5 Als Holoenzyme, gebildet durch Verknüpfung eines Apoenzyms mit einer prosthetischen Gruppe
29-6 Glucose-Oxidase; Succinat-Dehydrogenase
29-7 NAD$^\oplus$ oder NADP$^\oplus$
29-8 Vom pH-Wert und von der Temperatur sowie von der Zusammensetzung des umgebenden Milieus
29-9 a) Der Name des Substrats, b) der Typ der katalysierten Reaktion und (soweit beteiligt) c) der Name des Coenzyms
29-10 Enzyme, die solche Redox-Reaktionen katalysieren, bei denen Sauerstoff das Oxidationsmittel ist
29-11 Phosphocreatin + ADP $\rightleftharpoons$ Creatin + ATP
29-12 A) Triacylglycerine (Fette), B) Oligo- und Disaccharide, C) Stärke
29-13 Phosphatasen; Nucleasen
29-14 Proteinasen und Peptidasen
29-15 A) Glucose $\rightleftharpoons$ Fructose
B) α-D-Glucose $\rightleftharpoons$ β-D-Glucose
29-16 Die hydrolytische Spaltung an der N-terminalen Peptid-Bindung
29-17 Als Transaminasen
29-18 Ammoniumcyanat $\rightarrow$ Harnstoff
Glucose $\rightarrow$ Fructose
29-19 Oxidoreduktasen, Transferasen, Hydrolasen, Lyasen, Isomerasen, Ligasen

30-1 In wasserlösliche und fettlösliche Vitamine
30-2 a) die B-Vitamine und Vitamin C, b) die Vitamine A, D_2, E und K
30-3 Flavin-mononucleotid (FMN) und Flavin-adenin-dinucleotid (FAD)
30-4 Nicotinamid-adenin-dinucleotid (NAD$^\oplus$) und dessen Phosphat (NADP$^\oplus$)
30-5 In Aminotransferasen (Transaminasen)
30-6 Dehydrogenasen
30-7 NAD$^\oplus$
30-8 FAD zu $FADH_2$
30-9 A) Das Pyridin- bzw. B) das Isoalloxazin-Ringsystem, jeweils zur Dihydro-Verbindung
30-10 Die mit Wasserstoff beladene (reduzierte) Verbindung NADPH reagiert als Wasserstoff-Donator, z. B. bei der Reduktion von β-Keto-fettsäuren und Ribonucleotiden
30-11 a) Das bei 340 nm auftretende Absorptionsmaximum. b) Man verwendet die Reagenzien NAD$^\oplus$/NADH + H$^\oplus$ (sowie deren Phosphate) bei zahlreichen optischen Tests zur Bestimmung der Aktivität von Enzymen oder der Konzentration von Substraten

31-1 2-Desoxy-D-ribose/Adenin, Guanin, Cytosin, Thymin/Phosphorsäure
31-2 Adenosin
31-3 N-glycosidisch
31-4 Durch Veresterung mit Phosphorsäure
31-5 Adenosin-mono-, di- und triphosphat; in der Bindung der Phosphat-Reste
31-6 Durch Phosphorsäurediester-Bindungen an die OH-Gruppen der C-Atome 3' und 5'
31-7 Auf die Anhydrid-Bindungen zwischen den Phosphat-Gruppen
31-8 Als Kinasen
31-9 Aus den entsprechenden Ribonucleosiddiphosphaten durch Reduktion
31-10 Nucleotide, die aus bis zu 30 Mononucleotid-Resten aufgebaut sind

32-1 Die Struktur einer Doppelhelix
32-2 Als Polyanionen
32-3 Durch Dissoziation von Phosphodiester-Gruppen
32-4 Als Basen-Sequenz
32-5 In ständiger Wiederholung sind Pentose-Reste und Phosphodiester-Gruppen miteinander verknüpft
32-6 Die Ausbildung von Wasserstoffbrücken-Bindungen zwischen Adenin und Thymin sowie Guanin und Cytosin unter Entstehung eines Doppelstrangs
32-7 Zwischen Adenin und **Uracil** sowie Guanin und Cytosin
32-8 Durch Einwirkung von Ribonucleasen oder von OH$^\ominus$-Ionen in wässriger Lösung
32-9 In eukaryotischen Genen sind die codierenden DNA-Abschnitte (Exons) vielfach durch lange, nicht-codierende Sequenzen (Introns) unterbrochen
32-10 Eine aus 150 bis 200 Adenin-Nucleotidresten bestehende Poly(A)-Sequenz am 3'-Ende der RNA-Kette
32-11 a) Durch Einwirkung von stark alkalischen Lösungen sowie b) vor allem durch Erhitzen in Puffer-Lösungen auf 70 bis 95°C
32-12 Ein als Matrize dienender DNA-Einzelstrang, ausgewählte Oligonucleotid-Primer, eine thermostabile DNA-Polymerase und die vier Desoxyribonucleosidtriphosphate
32-13 Bei der Polymerase-Kettenreaktion
32-14 Anorganisches Diphosphat (PP$_i$)
32-15 In 5' $\rightarrow$ 3'-Richtung
32-16 Die *Reihenfolge*, in der die Nucleotid-Bausteine in eine wachsende Nucleinsäure-Kette eingebaut werden, wird durch die Sequenz der komplementären Basen auf dem Matrizen-Strang bestimmt
32-17 Die Transkription von DNA führt zu RNA; durch Translation der an mRNA weiter gegebenen genetischen Information entstehen Proteine

32-18 messenger-RNA enthält die genetische Information zur Protein-Synthese; ribosomale RNA bildet gemeinsam mit zahlreichen Proteinen die Ribosomen; Transfer-RNA wird mit jeweils einer bestimmten Aminosäure „beladen" und bindet mit ihrem Anticodon an die mit den Ribosomen assoziierte mRNA

32-19 Der Genetische Code umfaßt 64 Informationseinheiten (Codons), von denen jede aus einer ganz bestimmten Sequenz von 3 Nucleotiden (einem Triplett) besteht

32-20 Insgesamt 64, von denen 61 für bestimmte Aminosäuren codieren und 3 als Stop-Codons dienen. Das Codon **AUG** hat zwei Funktionen: Es fungiert entweder als Start-Codon oder es codiert im Inneren einer wachsenden Polypeptid-Kette für Methionin

32-21 Jede Transfer-RNA kann eine ganz bestimmte Aminosäure in reaktionsfähiger Form kovalent binden und enthält außerdem ein zu dem betreffenden Codon auf der mRNA komplementäres Anticodon

33-1 Als Restriktionsendonucleasen vom Typ II
33-2 (A) zu DNA-Fragmenten, (B) zu linearisierter Plasmid-DNA
33-3 Ligasen
33-4 Als Plasmide
33-5 Genomische Bibliothek
33-6 cDNA-Bibliotheken (von complementary DNA)
33-7 *E. coli*, *S. cerevisiae*, Hamster-Zellinien
33-8 Interferone, Erythropoietin, Faktor VIII, Gewebe- Plasminogen-Aktivatoren
33-9 Als (A) gezielte Punktmutation, (B) Deletion

34-1 A) Katabolismus, B) Anabolismus
34-2 Das Mitochondrium
34-3 Zur Biosynthese körpereigener (oder zelleigener) Stoffe; zum Stoff-Transport gegen ein Konzentrations-Gefälle (osmotische Arbeit); zur Verrichtung mechanischer Arbeit
34-4 Auf pH = 7 (was in der Nähe des physiologischen pH-Wertes liegt)
34-5 a) $ATP^{4\ominus}$, $ADP^{3\ominus}$, b) mit $Mg^{\oplus\oplus}$-Ionen
34-6 Phosphoenolpyruvat; 1,3-Bisphosphoglycerat; Phosphocreatin
34-7 Durch Phosphorsäure**anhydrid**-Bindungen
34-8 Durch Phosphorsäure**ester**-Bindungen
34-9 1,3-Bisphosphoglycerat + ADP $\longrightarrow$ 3-Phosphoglycerat + ATP
Phosphoenolpyruvat + ADP $\longrightarrow$ Pyruvat + ATP
34-10 Phosphocreatin + ADP $\rightleftharpoons$ Creatin + ATP
34-11 Glycerin, Glucose, Fructose-6-phosphat
34-12 Glycolyse, Fettsäure-Oxidation und Citronensäure-Cyclus
34-13 Die Oxidation von NADH und von $FADH_2$ sowie die Synthese von ATP (aus ADP und P_i)

Literaturverzeichnis

Bücher

Alberts, B. et al.: *Lehrbuch der molekularen Zellbiologie*, Wiley-VCH, Weinheim. 2. Aufl. 2001.

Atkins, Peter W.: *Einführung in die Physikalische Chemie*. VCH Verlagsgesellschaft, Weinheim 1993.

Boehringer Mannheim GmbH, Biochemica: *Methoden der enzymatischen BioAnalytik und Lebensmittelanalytik*, 1994.

Brink, K./Fastert, G./Ignatowitz, E.,: Technische Mathematik und Datenverarbeitung für Laborberufe. Verlag Europa-Lehrmittel, Haan 2002.

Buddecke, E.: *Grundriß der Biochemie*. de Gruyter, Berlin. 9. Aufl. 1994.

Emsley, J.: *Die Elemente*. de Gruyter, Berlin 1994.

Freyschlag, H.: *Chemie – Die Frage nach dem Stoff*. Belser Verlag, Stuttgart 1967.

Gassen, H.-G./Schrimpf, G.: *Gentechnische Methoden* (Sammlung von Arbeitsanleitungen), Gustav Fischer Verlag, Stuttgart 2. Aufl. 1999.

Geckeler, K.E /Eckstein, H.: *Bioanalytische und biochemische Labormethoden*, Vieweg Verlag, Braunschweig 1998.

Hallbach, J.,: Klinische Chemie für den Einstieg, Thieme-Verlag, Stuttgart 2001.

Hübschmann, U./Links, E.: *Einführung in das chemische Rechnen*. Verlag Handwerk und Technik, Hamburg 10. Aufl. 2000.

Ibelgaufts, H.: *Gentechnologie von A bis Z* (Studienausgabe), VCH Verlagsgesellschaft, Weinheim 1993.

Jakubke, H. D./Jeschkeit, H.: *Aminosäuren, Peptide, Proteine*. Verlag Chemie, Weinheim 1982.

Kellner, R./Lottspeich, F./Meyer, H.E.: *Microcharacterization of Proteins*, Wiley-VCH, Weinheim 2. Aufl. 1999.

Kleber, H.-P./Schlee, D./Schöpp, W.: *Biochemisches Praktikum*, Gustav Fischer Verlag, Stuttgart 5. Aufl. 1997.

Knippers, R.: *Molekulare Genetik*, Thieme Verlag, Stuttgart 8. Aufl. 2001.

Koolman, J./Röhm, K.-H.: *Taschenatlas der Biochemie*, Thieme Verlag, Stuttgart 2. Aufl. 1998.

Kunze, U.R./Schwedt, G.: *Grundlagen der qualitativen und quantitativen Analyse*, Wiley-VCH, Weinheim 5. Aufl. 2001.

Lehninger, A. L./Nelson, D. L./Cox, M. M.: *Prinzipien der Biochemie*. Spektrum Akademischer Verlag, Heidelberg, 2. Aufl. 1994.

Linder: *Biologie*, Schroedel Verlag, Hannover 21. Aufl. 1998.

Lottspeich, F./Zorbas, H.: *Bioanalytik*, Spektrum Akademischer Verlag, Heidelberg 1998.

Mertes, G. et al.: *Automatische genetische Analytik*, Wiley-VCH, Weinheim 1997.

Otto, M.: *Analytische Chemie*, Wiley-VCH, Weinheim 2. Aufl. 2000.

Pingoud, A./Urbanke, C.: *Arbeitsmethoden in der Biochemie*, de Gruyter, Berlin 1997.

Pingoud, A./Urbanke, C./Hogett, J./Jeltsch. A.: *BioChemical Methods*, Wiley-VCH, Weinheim 2002.

Richter, G.: *Stoffwechselphysiologie der Pflanzen*, ThiemeVerlag, Stuttgart 6. Aufl. 1998.

Römpp kompakt Lexikon – *Biochemie und Molekularbiologie*, Thieme Verlag, Stuttgart 1999.

Römpp Lexikon – *Biotechnologie und Gentechnik*, Thieme Verlag, Stuttgart 2. Aufl. 1999.

Römpp kompakt – *Basislexikon Chemie*, 4 Bände, Thieme Verlag, Stuttgart 1998/99.

Römpp Lexikon – *Chemie*, 6 Bände, Thieme Verlag, Stuttgart 10. Aufl. 1999.

Römpp Lexikon – *Umwelt*, Thieme Verlag, Stuttgart 2. Aufl. 2000.

Schmid, R.D.: *Taschenatlas der Biotechnologie und Gentechnik*, Wiley-VCH, Weinheim 2002.

Sewald, N./Jakubke, H.D.: *Peptides: Chemistry and Biology*, Wiley-VCH, Weinheim 2002.

Solomons, T. W. G.: *Organic Chemistry*. John Wiley & Sons, New York. 6. Aufl. 1996.

Süßmuth, R. et al.: *Mikrobiologisch-biochemisches Praktikum*, Thieme Verlag, Stuttgart 2. Aufl. 1999.

Voet D./Voet J.G./Pratt, C.W.: Lehrbuch der *Biochemie*. Wiley-VCH, Weinheim 2002.

Vollmer, G./Franz, M.: *Chemie in Haus und Garten.* Wiley-VCH, Weinheim 1994.

Watson, James D./Gilman, Michael/Witkowski, Jan/Zoller Mark: *Rekombinierte DNA.* Spektrum Akademischer Verlag, Heidelberg, 2. Aufl. 1993.

Westermeier. R.: *Electrophoresis in Practice,* Wiley-VCH, Weinheim 3.Aufl. 2001.

Wilson, K./Goulding, K.: *Methoden der Biochemie.* 3. Aufl., Thieme Verlag, Stuttgart 1991.

Wollenberger, U.: *Analytische Biochemie,* Wiley-VCH Weinheim 2003.

Zeitschriften

biologen heute
Mitteilungen des Verbandes Deutscher Biologen und biowissenschaftlicher Fachgesellschaften e.V.

CLB Chemie in Labor und Biotechnik (mit VBTA-Verbandsmitteilungen)

Biologie in unserer Zeit

Chemie in unserer Zeit

Pharmazie in unserer Zeit

BIOforum

MaxPlanckForschung
Das Wissenschaftsmagazin der Max-Planck Gesellschaft

2001.

Das große Tafelwerk, Volk und Wissen Verlag, Berlin 1999.

DIN

32640 (Dezember 1986)
   Chemische Elemente und einfache anorganische Verbindungen
   Namen und Symbole
32625 (Dezember 1989)
   Stoffmenge und davon abgeleitete Größen
   Begriffe und Definitionen
32629 (November 1988)
   Stoffportion
   Begriff, Kennzeichnung
1310 (Februar 1984)
   Zusammensetzung von Mischphasen
   (Gasgemische, Lösungen, Mischkristalle)
   Begriffe, Formelzeichen

Werkberufsschule der Bayer AG, Leverkusen Erläuterungen zur Anwendung der DIN-Normen 32625 und 1310 im Bereich der naturwissenschaftlichen Ausbildung (August 1985)

Tabellen

Physikalische Daten aus:

West, R. C.: *CRC Handbook of Chemistry and Physics.* CRC Press, Cleveland. 83. Edition 2002-2003.

Küster/Thiel: *Rechentafeln für die Chemische Analytik.* de Gruyter, Berlin. 105. Aufl. 2002.

Hübschmann, U./Links, E.: *Tabellen zur Chemie.* Verlag Handwerk und Technik, Hamburg. 8. Aufl. 2002.

Aylward, G.H./Findlay, T.J.V.: *Datensammlung Chemie in SI-Einheiten.* VCH Verlagsgesellschaft, Weinheim. 3. Aufl. 1999.

The Merck Index. Merck & Co. Rahway. 13. Aufl.

Register

Absorption 65ff., 292, 308
Absorptionsspektren 66, 292, 308
Acetaldehyd 190, 290
Acetale 193
Acetanhydrid 212
Acetat(e) 105, 107, 197
Aceton 192
Acetylcholin 248
Acetyl-CoenzymA s. aktivierte Essigsäure
Acetyl-salicylsäure 212
acidimetrische Titration 110ff.
Acrolein 191
Acrylamid 176, 213
Acrylsäure 195, 197
- ester 176
Acyl-Reste 209
Additions-Reaktionen 162f.
- mit Aldehyden 193, 227
- mit Fetten 216f.
Adenin 295f.
Adenosin 296
Adenosin-diphosphat(ADP) 298f., 340-342
Adenosin-monophosphat(AMP) 296ff.
Adenosin-triphosphat(ATP) 148, 298f., 340-342
Adrenalin 245
Adsorptions-Chromatographie 26f.
Adsorptionsmittel 26
Aerosol 21
Affinitäts-Chromatographie 275
Agarose 26, 275, 317
Aggregatzustand 3, 17, 20
Agonisten 11
aktives Zentrum s. Enzyme
aktivierte Essigsäure 218f., 240, 336f.
aktivierte Fettsäuren 218f., 240
Aktivierungs-Energie 79f.
Aktivkohle 136
Alanin 205f., 253ff., 259
ß-Alanin 253, 260
Albumine 267f.
Aldehyde 183, 189ff.
- chemische Reaktionen 192f.

Aldehyd-Hydrate 192
Aldolase 226, 283
Aldosteron 223
Alkalimetall(e) 49, 134
- Ionen 49f., 134
- Salze 134
alkalimetrische Titration 110ff.
Alkanale 190
Alkane 168ff.
- Gerüst-Isomerie 170ff.
- homologe Reihe 169
- Substitutions-Reaktionen 172
- systematische Nomenklatur 171f.
Alkanole 179ff.
- chemische Reaktionen 182f.
- homologe Reihe 181
- Isomerie 180f.
- Löslichkeit 181
- Siedetemperatur 181
- Wasserstoffbrücken-Bindung 182
Alkanone 191f.
Alkansäuren 195
Alkansulfonate 161, 240
Alkene 168, 173ff.
Alkohol-Dehydrogenase(ADH) 180, 279, 282, 293
Alkohole 179ff.
- chemische Reaktionen 182f., 193
- einwertige 179ff.
- mehrwertige 179, 183f.
- primäre/sekundäre/tertiäre 179
Alkohol-Gärung 180
Alkylamine 243f.
Alkylbenzole 177f.
Alkylbenzolsulfonate 240
Alkyl-Gruppen 171
Alkylsulfate 242
allosterische Enzyme 278
Aluminium 136
- hydroxid 135
- oxid 26
Amalgame 137
Ameisensäure 196

Amide
- s. a. Carbonsäure-Amide 213
- s. a. Sulfonamide 240f.
Amine 243ff.
Amino-alkane 243f.
p-Aminobenzoesäure 241
gamma -Amino-buttersäure 253, 260
Aminocarbonsäuren s. Aminosäuren
Aminosäuren 15, 253-260
- Abkürzungen 255
- basische 258
- essentielle 259
- isoelektrischer Punkt 256ff.
- Komplex-Bildung mit Metall-Ionen 249
- L-Konfiguration 253f.
- neutrale 254f.
- proteinogene 254f.
- Salze von 257
- saure 258
- Stoffwechsel-Reaktionen 259f.
- Titrationskurve 257
- Zwitterionen 254ff.
Aminosäure-Sequenz 260ff., 265f.
Amino-sulfonsäuren 241
Aminotransferasen 259, 282f.
Ammin-Komplexe 57
Ammoniak 107, 147, 243, 260
- Moleküle 53f.
Ammonium
- cyanat 151
- Ionen 54, 107
- Salze 112, 116, 139
Ampholyte 113f., 255
amphoter 85, 113, 255
Ampicillin 7, 327
alpha-Amylase 283
Amylopektin 236f.
Amylose 236f.
Androgene 223
Angiotensin II 260, 262
Anhydride 212
Anhydrit 135
Anilin 245
Anionen 50, 103, 105f., 210
- aus organischen Säuren 210
- im Elektrolyt-Haushalt 145f., 149f.
- von Aminosäuren 255ff.
Anionenaustauscher 27, 309
Anion-Säuren 106, 113
Aniontenside 161, 210, 242
Anlagerung
- von Alkoholen 193
- von Iod 216f.

- von Wasser s. Hydratisierung
- von Wasserstoff s. Hydrierung
Anlagerungs-Reaktion s. Additions-Reaktion
Annealing 316
Anode 126
anodische Oxidation 126
Anomere 230
Antagonisten 11
Anteil
- in Lösungen 92
Antibiotika 7f., 327
Anziehungskräfte
- elektrostatische 16f., 31
Apatite 135, 147
Äpfelsäure 201
Apoenzym 279
Apolipoproteine 269
Aqua-Komplexe 57
Äquivalent
- Konzentration 93ff., 129f.
- Stoffmenge 130
- Teilchen 63, 130
- Zahl 111, 130
Äquivalente 63, 130
Äquivalenzpunkt (bei Titrationen) 110, 113
Arbeitsstoffe 23
Arginin 258
Argon 32
aromatische Verbindungen 156, 162, 176ff., 185ff.
aromatischer Bindungszustand 156, 177
Arsen 139
Arzneimittel 10, 14f.
L-Ascorbinsäure s. Vitamin C 289
Asparagin 255
Asparaginsäure 258
Aspartat 259
asymmetrische C-Atome 205, 253f.
Atmungskette 343
Atom 30, 39f., 47
- Aufbau 31f.
- Durchmesser 31
- gruppe 62
- kern 30f.
- Modell 31f.
- Radius 44
atomare Masseneinheit 31
Atomgewicht s. relative Atommasse
ATP s. Adenosin-triphosphat
Aufbau-Prinzip der Elektronenhülle 40ff.
Ausfällen 25, 271f.
Ausgangsstoffe 4, 76ff.
Aussalzen 271
Außenschale 32

Autoprotolyse von Wasser 85
Avogadro-Konstante 31, 62
Avogadrosche Hypothese 75
Azobenzol 250

Bakterienzellen 2
Bakteriophagen 329
Barbiturate 248
Barbitursäure 247f.
Barium-Salze 91, 109, 135
Barytwasser 135
Basenkonstante 107
Basen-Paarung 304f., 318
Basen-Triplett 320f.
Benzaldehyd 191
Benzin 169
Benzoesäure 198
Benzol 176f.
Benzolsulfonsäure 240
Bernsteinsäure 197f.
Bicarbonat 98, 149
- Puffer 121f.
Bilirubin 250
Bindungselektronenpaar 51ff.
Bindungswinkel 53, 169
Biochemie 333-343
Bioenergetik 339-343
biogene Amine 259f.
Biokatalysatoren s. Enzyme
biologische Membranen 220f.
biologische Zellen 2, 4
Biopolymere 154, 157f.
Biosphäre 5
Biosynthese 35, 337
- von Proteinen 320ff.
Biotechnologie 8f.
Biotin 287, 289
1,3-Bisphosphoglycerat 336, 341
Biuret-Reaktion 247, 249
Blausäure 103ff., 137
Blei 137
- Ionen 134
- Salze 91f.
"Blue Genes" 330
Blut
- plasma 83, 98, 145
- zucker (Gehalt) 59
Blutgerinnungsfaktor VIII 330f.
Bohrsches Atom-Modell 31
Bor 135
Borsäure 135
- /Borat-Puffer 121
Boyle-Mariottesches Gesetz 69

Brenztraubensäure 201f.
Brom 142f.
- Verbindungen 142
Brombenzol 162, 177
Bromid(e) 91, 103
Bromwasserstoffsäure 103
Bruttoformel 169, 247
n-Butan 170
Butanole 180ff., 205
Butene 174, 207
Buttersäure 196f., 216

Cadmium 134
Calcium
- hydroxid 135
- Ionen 145-148
- Salze 87f., 135f.
Carboanhydrase 277
carbocyclisch 155f.
Carbonate 88, 92, 106, 136
Carbonsäure-amide 213
Carbonsäure-anhydride 212
Carbonsäure-ester 211f.
Carbonsäuren 195ff.
- Anionen 165, 209f.
- gesättigte 196f., 216
- homologe Reihe 196
- Salze 209f.
- ungesättigte 197, 216
Carbonyl-Gruppe 189
Carbonyl-Verbindungen 189ff.
Carboxy-Gruppe 195f.
Carboxylat-Ionen 145f., 195ff., 210
Carotine 289
Carotinoide 66, 219
cDNA 314, 322
cDNA-Bibliothek 328
Cellobiose 236
Cellulose 26, 158, 236
Ceramide 220f.
Cerebroside 221
Chelat-Komplexe 57, 211, 249f.
chemische Bindung 55, 154ff., 168
chemische Elemente 29f., 33, 39, 42f.
chemische Formeln 60
chemische Reaktionen
- bei konstantem Druck 79
chemische Verbindungen (allg.) 47ff., 154ff.
chemisches Gleichgewicht 75ff., 230
Chinon 186
Chiralitätszentrum 205
Chlor 51, 142f.
- Isotope 31, 33

Chloral-Hydrat 192
Chloramine 142
Chlorat(e) 103, 142
Chlordioxid 142
Chloressigsäure 199
Chloride 50, 91
Chlorid-Ionen 50, 103, 105, 145f., 149
Chlorit 103, 142
Chlorkalk 142
Chlorkohlenwasserstoffe 173
Chloroform 21, 24, 90
Chlorsäure 142
Chlorwasser 142
Chlorwasserstoff 52, 98
Chlorwasserstoffsäure s. Salzsäure
Cholesterin (Cholesterol) 219, 222, 269
- ester 219, 269
Cholin 230, 248
Chrom 137
Chromate 138
Chromatin 306
Chromatofokussierung 276
Chromatographie 25ff.
Chromoproteine 266
Chromosomen 6, 306
cis-trans-Isomerie 174, 206f.
Citrat-Puffer 121
Citronensäure/Citrat 120f., 201
Citronensäure-Cyclus 336f.
Cobalt
- als Spurenelement 145f., 148
Codon 320f.
CoenzymA 218f., 240
Coenzyme 180, 198, 282, 287f., 290ff.
Corticosteroide 223
Cortisol 223
Creatin 258f., 293
Creatinin 258f.
Cyanid-Ionen 103, 105
Cyano-Komplexe 137
Cyanwasserstoffsäure 103ff., 137
cyclische Halbacetale 227, 229f., 233
Cyclisierung 200, 247
Cycloalkane 172
Cyclohexan 172
Cysteamin 239, 260
Cystein 205, 239, 255, 257f., 260
Cystin 257f.
Cytidin 296
Cytosin 295f.

Dalton 64
Dampfdruck-Erniedrigung 95f.

Decarboxylasen 283
Decarboxylierung 283
- von alpha-Aminosäuren 259f.
- von Cystein 239
- von Serin 239
- zu biogenen Aminen 259f.
Dehydratisierung 163
- von Alkanolen 182f.
- von Ethanol 182f.
Dehydrierung 163, 183, 201f., 282, 290ff.,
- von ß-D-Glucose 231
Dehydrogenasen 282
Denaturierung
- von DNA 310f., 316
- von Proteinen 271
Desaminierung s. oxidative Desaminierung
Desinfektionsmittel
- s. Chlor und Verbindungen
- s. Dialdehyde
- s. Ethanol
- s.Formaldehyd
- s. Iod
- s. Isopropanol
- s. Ozon
- s. Peressigsäure
- s. quartäre Ammoniumsalze
- s. Wasserstoffperoxid
Desoxyribonucleasen 305, 308, 326
Desoxyribonucleinsäuren s. DNA
Desoxy-ribonucleoside 296
Desoxy-ribonucleotide 297
2-Desoxy-D-ribose 226f., 295
Destillation 3, 25
Detergentien 240, 242
Dextran 26, 237
Dialdehyde 191
Dialkylether 184f.
Dialyse 25
Diamine 249
Diamino-monocarbonsäuren 258
Diastereomere 205, 229f.
Dicarbonsäuren 195, 197f.
Dichte 19ff., 269
Diene 168, 175
Diethylamin 244
Diethylether 182-185
Diglyceride 218
Dihydrogenphosphat(e) 106, 118ff., 139
Dihydroxyaceton 226
- phosphat 226, 236
Dimethylamin 243f.
Dimethylether 184
Dimethylformamid 213

Dinatrium-hydrogenphosphat 120
Dipeptide 164, 260f.
Diphosphorsäure 139
Dipol-Moleküle 52f., 84
Disaccharide 225, 234ff.
Dispersion 21
Dispersionsmittel 21
Disproportionierung 142
Distickstoffoxid 132
Disulfid-Bindung 258, 262f.
Disulfide 239
DNA (DNS) 4f., 154, 303ff.
- Amplifikation 315
- Aufreinigung 308ff.
- Aufschmelzen 311
- chemische Eigenschaften 305
- chemischer Aufbau 303ff.
- Chips (Microarrays) 6, 301f.
- Denaturierung 310f.
- Doppelhelix 5, 304f.
- Hybridisierung 311-314
- Isolierung 308ff.
- Ligasen 301, 326ff.
- molekulare Bausteine 295
- Polymerasen 316, 318f., 326
- Rekombination 325, 328-330
- Replikation 317f.
- Sequenzierung 6, 314f.
- Transkription 319f.
- Vorkommen 306f.
Doppelbindungen 51, 156, 173-176
doppelte Umsetzung 139, 143
Dosis 12
Drehrichtung 204, 206
Drehwinkel 67f., 204, 206
Dreifachbindung 51
Druck-Volumen-Abhängigkeit
- bei Gasen 70
Dünnschichtchromatographie 26f.

echte Lösungen 89
Edelgase 33, 48
Edelgas-Konfiguration 33, 47
Eigenschaften
- anorganischer Verbindungen 152
- organischer Verbindungen 152
- physikalische 4, 17, 19f.
Einfachbindung 51ff., 155f., 168
einprotonige Säuren 103ff., 185f., 195ff.
Einschlußverbindungen 143
Eis 84
Eisen
- als Spurenelement 145f., 148f.

- Ionen 129
Eiweißstoffe s. Proteine
elektrische Ladung 30
elektrische Leitfähigkeit 16f., 84ff.
elektrochemische Reaktionen 126
Elektrolyte 18, 96
- im menschlichen Organismus 145-150
Elektrolyt-Haushalt
- Anionen im 145f., 149f.
- Kationen im 145ff.
- Spurenelemente im 145, 148
elektrolytische Dissoziation 96
- von Säuren 103ff.
- von Wasser 84ff.
elektromagnetische Strahlung 65
Elektron 30f., 35f.
Elektronegativität 45, 53f.
Elektronengas 55, 133, 136
Elektronenhülle 31ff., 40ff.
Elektronen-Konfiguration 31ff., 40ff.
Elektronenlücke 54f.
Elektronen-Oktett 33, 49f.
Elektronenpaar 51ff.
Elektronenpaar-Bindung 50ff.
Elektronenschale 31ff., 40
Elektronen-Übertragung 47ff., 125ff.
Elektroneutralität 50, 145f.
Elektrophorese 27, 256, 275, 317
elektrostatische Kräfte 16, 263
Elementaranalyse 153, 247
Elementarladung 30
Elementarteilchen 30f.
Element-Namen 29
Element-Symbole 29
Eliminierungs-Reaktionen 163
Elution 25f., 274
Elutionsmittel (Eluotrope Reihe) 25f., 90
Emissionen 70f.
Emulgatoren 218, 222
Emulsion 21
Enantiomere 204ff., 230
endotherme Reaktion 79ff.
Energetik chemischer Reaktionen 78ff.
Energie
- im Stoffwechsel 334f., 339-343
- Niveau 41
energiereiche Phosphate 299, 318, 339-343
Enkephalin 260ff.
Enzym
- Aktivität 293
- Einheiten 280f.
- Enzym-Substrat-Komplex 81, 203, 334
- Inhibitoren 11

- Katalyse 81, 164
- Kinetik 284ff.
- Klassen 281-284
- Nomenklatur 282ff.
- pH-Abhängigkeit 280
- Temperatur-Abhängigkeit 280
Enzyme 9, 148, 164, 277-284 326
- aktives Zentrum 278
- Spezifität 278f.
Epimere 230
Erdalkalimetalle 49, 135
Erythropoietin 331
essentielle Aminosäuren 259
essentielle Fettsäuren 216, 218
Essigsäure 104f., 116, 196f.
- /Acetat-Puffer 116ff.
Essigsäureanhydrid 212
Essigsäureethylester 211f.
Ester
- der Phosphorsäure 220, 226, 233, 295-298, 300f.
- der Schwefelsäure 149, 242
- von Carbonsäuren 211f.
Esterasen 164, 283
Ethan 168f.
Ethanol 3f., 153, 180-183, 293
Ethanolamin 219, 239, 244, 260
Ethen 163f., 174ff.
Ether 184f.
Ethidiumbromid 317
Ethylacetat s. Essigsäureethylester
Ethylalkohol s. Ethanol
Ethylamin 244
Ethylen s. Ethen
Ethylendiamin 249
Ethylendiamin-tetraessigsäure (EDTA) 249, 305
eukaryotische Zellen 1f., 271, 306f., 338f.
Exons 306, 320
exotherme Reaktion 79f.
Extension 316
Extinktion 292
Extraktion 24
extrazelluläre Flüssigkeit 145f.

FAD (Flavin-adenin-dinucleotid) 218f., 279, 291, 342f.
Farbindikatoren 110ff.
Farbumschlag 110ff.
Fehlingsche Lösung 201, 228
Fehlpaarung 313, 318
Fermenter 8
feste Stoffe (Feststoffe) 19, 69
Fette 215-219
- Spaltung 210, 217f., 283
- Stoffwechsel 218f.

- Verseifung 210
Fettalkoholsulfate 161, 242
Fettsäuren 215f.
- Abbau 218f.
fibrilläre Proteine 267
Fischer-Projektionsformeln s. Projektionsformeln
Fließgleichgewicht 338
Fluor 142
Fluoreszenz 66, 314
Fluorid-Ionen 103, 149
Fluorwasserstoffsäure 103ff.
Flüssigkeiten 69
Flüssigkeits-Chromatographie 26
Flüssigkeitsräume
- des menschlichen Körpers 83, 145f.
FMN (Flavin-mononucleotid) 287f.
Formaldehyd 180, 190
Formamid 213
Formeleinheit 50, 142
Formiate 196
freie Drehbarkeit 174
Freie Energie 79, 339
Freie Radikale 71
Freie Standardenergie 79, 339f.
freies Elektronenpaar 53f. 84, 161, 243f.
Fruchtzucker s. Fructose
D-Fructose 164f., 229, 233, 235
Fructose-1,6-bisphosphat 233, 342
Fructose-6-phosphat 233, 341f.
Fumarsäure/Fumarat 164f., 198, 207
funktionelle Gruppen 153, 159f., 199
Funktions-Isomere 184, 207
Furanose-Struktur 227, 233, 235

D-Galactosamin 234
D-Galactose 229, 233, 236
Gallenfarbstoffe 250
Gallensäuren 218, 222
Ganglioside 219f.
Gärungsmilchsäure 204f.
Gase 50f., 69-71
Gas-Flüssigkeits-Chromatographie 26
Gas-Gemische 20, 70
Gasgesetz
- von Boyle-Mariotte 69
Gefriertemperatur(Gefrierpunkt)-Erniedrigung 95f.
Gefriertrocknung 25
Gehalts-Angaben
- von Lösungen 92-95
gekoppelte Reaktionen
- Phosphorylierung 340ff.
- Redox-Reaktionen 125, 127
- Säure-Base-Reaktionen 102ff., 165

- Wasserstoff-Übertragung 290f.
Gel 21
- Chromatographie 26
gelöschter Kalk 135
gelöster Stoff 89ff.
Gen-Bibliotheken 328
Gene 6, 306f., 320
Genetischer Code 6, 321f.
Gen-Expression 6
Genom(e) 6f., 307
genomische Bibliothek 328
genomische DNA 309, 314
Gentechnik-Gesetz 10, 330
Gentechnisch Veränderte Organismen(GVO) 10
Gentechnologie 8, 325
geometrische Isomerie s. cis-trans-Isomerie
Gerinnungsfaktoren 268, 271
Gerüst-Isomerie 170f., 207
Gesamthärte des Wassers 87f.
Gesetz
- von den konstanten Proportionen 74f.
- von den multiplen Proportionen 75
- von der Erhaltung der Masse 4, 74
Gestagene 222f.
Gips 135
Gleichgewichts
- Konstante 77
- Zustand 76f.
gleichionige Salze 116
Globin 322
globuläre Proteine 267
Glucocorticoide 223
Gluconeogenese 223
D-Gluconolacton 231
Gluconsäure/Gluconat 201, 231
D-Glucosamin 234, 237
D-Glucose 16f.
- Abbau 334, 336
- Anomere 229-232
- Bestimmung von 231, 293
- chemische Reaktionen 228, 231f.
- Disaccharide aus 234ff.
- Eigenschaften 16f.
- Gehalt im Blut 59
- Konfiguration 206, 228f.
- Mutarotation 230
- osmotischer Druck 96
- Projektionsformel 229, 231
- Pyranose-Struktur 229, 231f.
Glucose-6-phosphat 233, 293, 341f.
Glucose-Dehydrogenase 231
Glucose-Oxidase 231
Glucoside 232

Glucuronide 232
D-Glucuronsäure/Glucuronat 231f., 237f.
Glutamin 255
Glutaminsäure/Glutamat 258f.
Glutardialdehyd 191
Glutarsäure 198
Glycane 238
Glycerin 183f., 215, 217, 226
- phosphat 341
D-Glycerinaldehyd 205f., 226
- 3-phosphat 226
Glycerinsäure/Glycerat 291
Glycero-phospholipide 219f.
Glycin 120f., 255, 257
- hydrochlorid 257
Glycinat 249, 257
Glycogen 225, 236f.
Glycol 183
Glycolipide 220
Glycolsäure 200
Glycolyse 336
Glycoproteine 269-271
Glycoside 232f.
glycosidische OH-Gruppe 230, 234
Glycosylierung 270f., 331
Gold 137
Gradienten-Elution 26
Graphit 136
Guanidin 248, 309
Guanin 295f.
Guanosin 296
- diphosphat 299
- monophosphat 297, 299
- triphosphat 299

Halbacetale 193, 227
Halbwertzeit 36f.
Halogencarbonsäuren 199
Halogene 51f., 141ff.
Halogenkohlenwasserstoffe 172f.
Halogen-Moleküle 51f.
Halogenwasserstoffe 52
Häm 250
Hämoglobin 98, 122, 250
Hämolyse 98
Harnsäure 246
Harnstoff 151, 153, 247, 260
- chemische Reaktionen 164f., 247
- osmotischer Druck 96f.
Hauptgruppen
- des Periodensystems 33, 42f., 54
Hauptkette (systematische Nomenklatur) 171f.
Haworth-Formeln s. cyclische Halbacetale

Helium 32, 36, 43
- Atomkerne 35f.
alpha-Helix 262
Henderson-Hasselbalch-Gleichung 116f.
Henrysches Gesetz 98
Heparin 237f.
heterocyclisch 156
heterologe Proteine 325
heteropolare Bindung 50
n-Hexan 169, 182
Hexokinase 226, 283
Hexosen 228f., 233f.
Hexose-phosphate 226, 233
Histamin 260
Histidin 250, 258, 260
Histone 306
Hochdruck-Flüssigkeitschromatographie 26
Holoenzyme 279
homologe Reihen organischer Verbindungen 168f., 175, 181, 185, 190, 192, 196f., 244
homöopolare Bindung s. kovalente Bindung
Hormone 222f., 260, 271, 333
Humangenom-Projekt 6
Hyaluronsäure 238
Hybridisierung 311-314
Hydrate 90, 92
Hydratation 90
Hydrat-Hülle 161
hydratisierte Ionen 92
Hydrierung 162f.
- von Fetten 217
Hydrochinon 186
Hydrogencarbonat(Bicarbonat) 98, 106, 136, 149
Hydrogenchlorid (s. a. Chlorwasserstoff) 52
Hydrogenphosphat(e) 106, 113f., 116, 118ff., 122, 139, 145f., 149
Hydrogensulfat(e) 106, 113
Hydrolasen 164, 283, 335
Hydrolyse
- s. hydrolytische Spaltung
- s. Protolyse von Salzen
hydrolytische Spaltung 164, 272, 282f.
- von Disacchariden 164, 235
- von Fetten 164, 210, 217
- von Glycosiden 232
- von Harnstoff 164, 247
- von Nucleinsäuren 295, 305, 308, 326
- von Peptiden 164, 272
- von Phosphorsäureestern 279, 283
- von Polysacchariden 283
- von Proteinen 164, 272
Hydronium-Ionen 85
hydrophile Stoffe 84, 89f., 160f., 181f.

hydrophobe Stoffe 84, 89, 160f., 181, 210, 219
hydrophobe Wechselwirkungen(bei Proteinen) 263
Hydrophobe Wechselwirkungschromatographie 275
Hydroxide 92
Hydroxid-Ionen 85ff., 92
Hydroxidionen-Konzentration 86f., 101f., 110
Hydroxyapatit 26, 147
Hydroxy-buttersäuren 200
Hydroxy-carbonsäuren 200f.
Hydroxy-Gruppe 179, 183, 185
Hydroxyl-Radikale 71
4-Hydroxy-prolin 289
hypertonische Lösungen 98
Hypochlorit 103, 142
hypotonische Lösungen 98

ideale Gase 70
Imidazol 245f.
Immissionen 71
Immunglobuline 268
Indikatoren 110ff.
Indol 245f.
induced fit 278
innere Elektronenschalen 40
Insulin 260, 263, 330f.
intermolekulare Reaktion 182f.
Internationales Einheiten-System(SI-System) 60f.
interstitielle Flüssigkeit 83, 145
intramolekulare Reaktion 200, 207
intrazelluläre Flüssigkeit 83, 145f.
Introns 306, 320
Inversion 235
Invertzucker 235
Iod 128, 142f.
- Iod-Stärke-Reaktion 143
- Lösungen 143
- Verbindungen 142
Iodide 91, 103, 130, 142, 150
Iodometrie 141, 143
Iodsäure/Iodat 103ff.
Iodwasserstoff 76f.
Iodwasserstoffsäure 103
Iodzahl 216f.
Ionen 48-50, 96
Ionen-Aktivität 96f.
Ionenaustausch-Chromatographie 27, 274f.
Ionenaustauscher 27
Ionen-Bindung 49f.
Ionen-Gitter 48
Ionenprodukt des Wassers 84-87, 101, 109
Ionenradius 44f.
Ionen-Verbindungen 50, 91f., 96
- Nomenklatur von 50

ionisierende Strahlung 36
irreversible Reaktion 76
Isoalloxazin 288, 291
Isobutanol 180
Isoelektrische Fokussierung 276
Isoelektrischer Punkt 256f., 271f., 276
Isoenzyme 280
Isoleucin 255
Isomerasen 284
Isomerie 156, 170f., 174f., 177, 180f., 184, 186f., 200, 205-207, 230, 253f.
Isomerisierung 151, 164f., 226, 233, 284
Isopren 175
Isopropanol 180f.
isotonische Lösungen 98
Isotope 33-35, 37
Isotopen-Gemisch 59

Kalilauge 109ff., 134
Kalium
- cyanid 137
- dichromat 91, 128, 130, 138
- dihydrogenphosphat 116
- Ionen 145-148
- permanganat 127-130
- Salze 91, 96, 112, 128, 130, 142f., 198
Kalkwasser 135
Kalotten-Modelle 157, 174, 262
Karbolsäure 185
Katabolismus 218f., 259f., 335-337
Katal 281
Katalysator 80f.
Katalyse 80f., 164, 277f., 284f.
Kathode 126
kathodische Reduktion 126
Kationen 50
- im Elektrolyt-Haushalt 145-149
- von Aminosäuren 255ff.
Kationenaustauscher 27
Kationtenside 248f.
Kelvin 60
Kephaline 219f.
Keratin 263, 267, 273
Kernladungszahl 30, 35f., 59
Kernreaktionen 35f.
Kesselstein 88
ß-Keto-buttersäure 202
Keto-carbonsäuren 199, 201f., 259
ß-Keto-fettsäuren 218f.
alpha-Keto-glutarat 259
alpha-Keto-glutarsäure 202
Ketone 183, 189, 191f.
kettenförmig 155, 167

Ketten-Verzweigung 167
Kieselgel 26f., 137
Kinasen 226, 283, 299
Knallgas 83
Knochen-Mineralien 147
Kohlendioxid s. Kohlenstoffdioxid
Kohlenhydrate 225ff.
Kohlenmonoxid s. Kohlenstoffmonoxid
Kohlensäure 98, 106, 116, 277
Kohlensäure/Bicarbonat-Puffer 118, 122
Kohlenstoff 33f., 136, 154f.
Kohlenstoffdioxid 71, 98, 136f., 277
- Moleküle 53
Kohlenstoffmonoxid 71, 136
Kohlenwasserstoffe 156, 167-178
- aromatische 176-178
- cyclische 172
- gesättigte 168-172
- ungesättigte 173-175
kolloidale Dispersionen 89
kolloidosmotischer Druck 97f.
Kolonie-Hybridisierung 314
komplementäre Basen 304f., 318
komplementäre Basen-Paarung 301f., 304f., 311-314, 316ff.
Komplementärfarben 65
Komplexsalze 56f., 137
Komplex-Verbindungen 55-57, 131, 249f.
Kondensations-Reaktion 163
Konfiguration 157, 174, 204-207, 227-230, 253f.
Konformation(von Proteinen) 262f., 271
konjugierte Proteine 266, 269ff.
Konstitution 156
Konstitutionsformel 153, 169
Konstitutions-Isomerie 170, 207
kontraktile Proteine 267
Konzentration 73, 92-95
Konzentrations-Gefälle 147
Koordinationsverbindungen 54ff.
Koordinationszahl 55f.
koordinative Bindung 54f.
korrespondierende Säure-Base-Paare 105, 107
kovalente Bindung 51ff., 168
Kresole 185f.
Kristallgitter 48, 50, 254
Kristallwasser 55f., 92, 120, 135
Kugel-Stab-Modelle 157, 169, 171, 184
Kunststoffe s. Polymere
Kupfer
- als Spurenelement 145f., 148
- Verbindungen 55f., 91f., 125, 228

ß-Lactamase 327

Lactame 246
Lactat 200, 293
Lactat-Dehydrogenase(LDH) 205, 293
Lactat-Racemase 205
Lactone 200f., 231
Lactose 164, 234, 236
Ladungszahl 127
Lambert-Beer-Gesetz 67
Lanthanoide 42
Laurinsäure 196, 216
Le Chateliersches Prinzip 78
Lecithin 219f.
Legierungen 20, 133
Leichtmetalle 133
Leucin 255
Licht-Absorption 65f.
Liganden 55f., 249f.
- Bezeichnung in Komplexen 56
Ligasen 284, 326
Linolensäure 216
Linolsäure 216
Lipasen 164, 218, 283
Lipid-Doppelschichten 220f.
Lipide 219-222
lipophile Stoffe 12, 181, 184
Lipoproteine 268f.
Liquid-Liquid-Chromatographie 26
Lithium 32
- Salze 91, 112
Löslichkeit 17f., 89ff.
- von Alkoholen 181
- von anorganischen Salzen 90f.
- von Carbonsäuren 197
- von Fetten 217f.
- von Lipiden 219
- von organischen Verbindungen 160f.
- von Seifen 210
Lösungen 20, 89-92
Lösungsmittel 20, 24, 74, 89f., 173
Luft 70
Lyasen 283
Lysin 258

Magnesium 135
- Salze 96, 112, 135
Magnesium-Ionen
- im Elektrolyt-Haushalt 145f., 148
Makromoleküle 89, 154, 157f., 175f.
Malat 201
Malonsäure 197f., 247
Maltase 164, 236
Maltose 164, 235f.
Malzzucker s. Maltose

Mangan
- als Spurenelement 145f., 148
- (II)-Ionen 129f.
markierte Verbindungen 35, 38
Masse 60
- von Elementarteilchen 30f.
Massen-Anteil 94
Masseneinheit
- atomare 31
Massen-Konzentration 94f.
Massen-Prozent s. Massen-Anteil
Massenwirkungsgesetz 77, 86
Massenzahl 36, 59
Maßlösung 110f., 198
Matrize 317f.
Mehrfachbindungen 167
mehrprotonige Säuren 103, 105f.
Mehrstoffsysteme 20f.
Membran 25
Membranen
- Passage durch 221
Membran-Proteine 221
messengerRNA 310, 319
Metabolismus s. Stoffwechsel
Metall(e) 133ff.
- Ionen 12
- toxische Wirkungen von Metallen 134
metallische Bindung 55, 133
Metalloproteine 134
Methan 168f.
Methanol 180f.
Methionin 240, 255
Methylalkohol s. Methanol
Methylamin 243f.
Methylenchlorid 173
Methylorange 110, 112
Michaelis-Konstante 285
Michaelis-Menten-Gleichung 285
Milchsäure 200, 204f.
Milchzucker s. Lactose
Mineralocorticoide 223
Mischungen 13f.
mobile Phase 25f.
Modifikation 136
Molalität 94ff.
molare Masse 60, 63f., 93, 153
molares Volumen 70
Molarität s. Stoffmengen-Konzentration
Mol-Definition 62
Molekularbiologie 5-8
molekulare Bausteine 154
Molekulargewicht s. relative Molekülmasse
Moleküle 47, 96

Molekül-Modelle 157
Molybdän
- als Spurenelement 145f., 148
Monoamino-dicarbonsäuren 258
Monoamino-monocarbonsäuren 253-258
Monocarbonsäuren 196f.
Monoglyceride 218
Monomere 153, 163f., 175f.
Mononucleotide 296ff.
Monosaccharide 225-234
Morpholin 244
Mucopolysaccharide 238
Mutarotation 230
Mutationen 301, 318f.
Myristinsäure 196, 216

Nachwachsende Rohstoffe 10
NAD(Nicotinamid-adenin-dinucleotid) 180, 218f., 288, 290-293, 336, 342f.
Nährmedien 21ff.
Nahrungsbestandteile 218, 333
Naphthalin 178
Natrium 134
- acetat 112f., 116
- carbonat 112f.
- chlorid 16f., 48, 50, 91, 96, 98, 112
- citrat 211
- dodecylsulfat 242, 309f.
- hydrogencarbonat 116
- Salze 112f., 128, 134
Natrium-Atome 32, 50
Natrium-Ionen 50
- im Elektrolyt-Haushalt 145-147
Natronlauge 109, 134
natürliche Radioaktivität 35ff.
Naturstoffe 5, 11, 151, 154
Nebengruppen-Elemente 43, 137f.
Neon 32
Nernstscher Verteilungssatz 24
Neuraminsäuren s. Sialinsäuren
neutrale Reaktion (in Wasser) 86
Neutralisations-Reaktion 108ff.
Neutralpunkt 86f., 111, 113
Neutron 30, 33, 35f.
Nichtmetalle 39, 138-143
Nichtmetall-Oxide 52f.
Nicotinamid 213, 288, 290f.
Nicotinamid-adenin-dinucleotid s. NAD
Nicotinamid-adenin-dinucleotid phosphat (NADP) 291f.
Nicotinsäure 287
Nitrate 91, 103
Nitrite 91, 103, 138

p-Nitro-phenol 186
Nitrosamine 138, 250
nitrose Gase 71,138
Nitro-Verbindungen 250
Normalität s. Äquivalent-Konzentration
Normzustand 70
Northern-Blotting 313f.
Nucleasen 295, 308f., 326
Nucleinsäuren 154, 303ff., 325ff.
Nucleobasen 295f.
Nucleonenzahl 33f., 35f., 59
Nucleoproteine 266, 306, 322
Nucleoside 154, 295f.
Nucleosid-triphosphate 299f., 315
Nucleotide 6, 154, 295ff.
Nuclide 36

Oestradiol 223
Oestrogene 223
Oligonucleotide 154, 295, 300-302
Oligopeptide 260-262
Oligosaccharide 154, 269f.
Ölsäure 216f.
optische Aktivität 203-207
optische Antipoden 205f., 253f.
optischer Test 292f.
Orbitale 40ff.
Ordnungszahl 30, 36, 39
organische Basen 243-245
Organische Chemie
- Einführung 151ff.
organische Säuren 185f., 195-202, 240-242
Osmose 97
osmotischer Druck 97f.
Oxalacetat 259
Oxalsäure/Oxalate 92, 128, 130, 197f.
Oxidation 125-130, 165
- von Aldehyden 189f.
- von primären Alkoholen 183, 189
- von sekundären Alkoholen 183, 191
- von Ameisensäure 196
- von Glucose 231
- von Hydrochinon 186
- von Oxalsäure 198
Oxidationsmittel 71, 127-130, 143
Oxidationszahl 127, 142
Oxidationszahlen von Metallen 133
oxidative Desaminierung 201, 259
oxidative Phosphorylierung 342f.
Oxide 50, 139f.
Oxidoreduktasen 282
Oxonium-Ionen 85f.
Oxosäuren 55, 103, 142

Ozon 71, 139f.

Palmitinsäure 160f., 196, 216f., 219
Pankreas-Lipase 218
Pantothensäure 288
Papierelektrophorese 27
Paraffine s. Alkane
Partialdruck 70, 98
partielle Hydrolyse
- von Proteinen 272
pathogene Bakterien 7
pBR 322 (Plasmid) 327
PCR s. Polymerase-Kettenreaktion
Penicilline 7
n-Pentan 169
Pentapeptid 261f.
Pentosen 226f., 295
Peptidasen 259, 283
Peptid-Bindung 261f.
Peptide 154, 260-263
Perchlorsäure/Perchlorat 103ff., 142f.
Peressigsäure 198f.
Perioden 41f.
Periodensystem der Elemente 39-43
Periodizität von Eigenschaften 44f.
Permanganat-Ionen 128ff.
Petrolether 169
Pflanzen, transgene 9f.
pH-Bereich
- von Körperflüssigkeiten 102
pH-Meter 111
pH-Wert 87, 101f., 108
Pflanzeninhaltsstoffe 5
pharmakologische Wirkung 11f.
Pharma-Proteine 9, 330f.
Phasen 20f.
Phasengrenze 21
Phenol/Phenolate 185f
Phenole 179, 185ff.
Phenylalanin 255
Phosphatase 279, 283
Phosphate 92, 106, 139
Phosphat-Puffer 116, 118ff., 122
Phosphocreatin 293, 340f.
Phosphodiesterasen 295, 326
Phospho-enol-pyruvat(PEP) 202, 336, 341
Phosphofructokinase 226, 278
Phospholipide 219f.
Phosphoproteine 266
Phosphorpentoxid 139
Phosphorsäure 106, 139
Phosphorsäure-diester 300f., 303f.
Phosphorsäure-ester

- von Monosacchariden 226, 233
- von Nucleosiden 295, 329f.
phosphorylierte Stoffwechsel-Produkte 336, 340ff.
Phosphorylierung 226, 336, 339-343
Photometrische Bestimmungen 66f., 292f.
Photosynthese 5, 334f., 343
physikalische Eigenschaften 17f.
physikalische Kennzahlen 19f.
physikalische Methoden 4
physikalische Vorgänge 3
physiologische Kochsalz-Lösung 98
Pikrinsäure 185
Piperidin 244
pK_B-Wert
- Definition 107
- von Aminen 243ff.
pK_S-Wert 105f., 117ff.
- von Halogencarbonsäuren 199
Plasma-Lipoproteine s. Lipoproteine
Plasma-Proteine 122, 266ff.
Plasmid-DNA 309f.
Plasmide 307, 327
Platin 138
polare Lösungsmittel 89f.
polare Stoffe 89
Polarimeter 67f.
Polarimetrie 67f.
polarisierte kovalente Bindung 52f., 181
polarisiertes Licht 67f.
Polyacrylamid 176
Polyacrylamid-Gelelektrophorese 27, 64, 242, 314f., 317
Polyanionen 238, 303f., 309, 317
Polyene 66, 175, 289
Polymerase-Kettenreaktion(PCR) 315ff.
Polymere 153, 157f., 164, 175f.
Polymerisation 159, 163f., 175
Polynucleotide 154
Polypeptide 154, 260-263, 265f.
Polysaccharide 154, 225, 234, 236ff.
Porphyrin 250
posttranslationale Modifikation 271, 329, 331
potentielle Elektrolyte 90, 96, 102ff.
Primär-Struktur (von Proteinen) s. Aminosäure-Sequenz
Primärtranskript 320
Primer 301, 315f.
Prinzip der komplementären Basen-Paarung 6, 304f., 318
Prinzip des kleinsten Zwanges 78
Progesteron 223
Projektionsformeln 205f., 227ff., 253f.
prokaryotische Zellen 2, 271, 307, 338, 343

Prolin 255
Promotor 319
Propan 153, 169
n-Propanol 180f.
Propionsäure 196f.
prosthetische Gruppe 279
Proteinasen 259, 283
Protein-Anionen 27, 145f., 271f., 274ff.
Proteine 7
- Aufbau 154, 259, 262f., 265f.
- biologische Funktion 7, 267f.
- Biosynthese 320-323
- Eigenschaften 89, 97f., 145f., 249, 267, 271ff.
- Einteilung 266-269
- hydrolytische Spaltung 272, 283
- Isolierung 273f.
- Kettenlänge 266, 271, 278
- Löslichkeit 267f., 271f.
- Molekülmasse 64f., 242
- Reinigung 274ff.
- Untereinheiten 263, 267f., 280
- Vorkommen 266
Proteom 6
Protolyse
- Gleichgewicht 116, 195f.
- von Basen 106f., 243
- von Salzen 112ff.
- von Säuren 102ff., 195f.
Proton 30, 36
Protonen-Acceptoren 85, 106f., 243ff.
Protonen-Donatoren 85, 103ff., 195ff
Protonen-Übertragungsreaktionen 102-114
Protonenzahl 33, 36, 39
ProvitaminA s. Carotine 289
Puffer 115-122
- Gleichung 116ff.
- Mischungen 116, 119ff., 241, 245
- Systeme des Blutes 121f.
- Wirkung 118f., 241, 256f.
Pufferungs-Bereich 117
Pufferungs-Kurve 119f.
Punktmutation 301, 322f.
Purin 245, 296
Purin-Basen 295f.
Pyranose-Struktur 229, 231ff.
Pyridin 245f.
Pyridoxal 288
Pyrimidin 245f., 296
Pyrimidin-Basen 295f.
Pyrrol 245f., 250
Pyrrolidin 244
Pyruvat 201f., 293, 336

qualitative und quantitative Analyse 23, 59, 153
quartäre Ammoniumsalze 248f.
Quartär-Struktur 263, 267
Quecksilber 134, 137

racemisches Gemisch 204
radioaktiver Zerfall 35ff.
Radioaktivität 35ff.
Radioisotope 34f., 37
Radionuclide 37
rationelle Formeln 170
Racemat 204f.
Reaktions
- Bedingungen 73f., 335, 338
- Geschwindigkeit 75f.
- Produkte 77
- Typen (in der Organischen Chemie) 162-165
reale Gase 70
Redox
- Gleichungen (Aufstellen von) 128f.
- Reaktionen 125-131, 148
- Titrationen 129ff.
Reduktion 125-130
Reduktionsmittel 128-130
Reichweite radioaktiver Strahlung 36
Reinheit von Stoffen 15
Reinigungsverfahren 9, 23-27, 273-276
rekombinante DNA-Technologie 325, 328ff.
relative Atommasse 31, 59, 63
relative Formelmasse 60, 63
relative Molekülmasse 60, 63
Replikation 317ff.
Resorption 12
Restriktionsendonucleasen 326ff.
Retinal 287, 289
Retroviren 307
Reverse Transkriptase 307
Reverse Transkription 307
Reversed Phase Chromatographie 27
reversible Reaktion 76ff.
Rezeptoren(Rezeptor-Proteine) 11, 273
Ribitol 288
Riboflavin-5'-monophosphat s. FMN
Ribonuclease 272, 305, 308, 326
Ribonucleinsäuren s. RNA
Ribonucleoside 296
Ribonucleotide 297
D-Ribose 226f., 295
ribosomale RNA 319
Ribosomen 319, 321
Ringschluß-Reaktion s. Cyclisierung
RNA (RNS) 154, 295, 297, 299, 303, 305, 308ff., 319f.

RNA-Polymerase 319, 326
Rohrzucker und Rübenzucker s. Saccharose

Saccharase 164, 235
Saccharide 154
Saccharose 97, 164, 234f.
Salicylsäure 212
Salpetersäure 103, 138
salpetrige Säure 103, 138
Salze 50, 90ff., 108
- von Carbonsäuren 209f.
- von organischen Säuren 161
Salzsäure 98, 103ff. 109
Sauerstoff 71, 98, 125, 127, 139f.
- Verbindungen 140f.
Säulenchromatographie 25ff., 274f.
Säure-Basen-Haushalt 121f.
Säure-Base-Reaktionen 165
Säurekonstante 104ff., 116ff., 197
- Umrechnung in pK_S-Wert 105
Säurestärke 104ff., 197ff.
Schmelztemperatur 19, 254
schwache Säuren 104ff.
Schwefel 140f.
Schwefeldioxid 71, 98, 128, 141
Schwefelsäure 106, 109, 141
Schwefelsäuremonoester 242
Schwefeltrioxid 141
Schwefelwasserstoff 53, 106, 141
schweflige Säure 98, 106
Schwermetalle 133
SDS s. Natrium-dodecylsulfat
Seifen 112, 161, 210, 217
Seignettesalz 201
Seitenkette 171f., 253, 262
Sekundärstoffwechsel 5
Selen 141
semipermeable Membran 97
Sequenzierung 272, 314f.
Serin 239, 255, 260
Sexualhormone 221ff.
Sialinsäuren 270
SI-Basiseinheiten 60f.
SI-Basisgrößen 60f.
Siedetemperatur(Siedepunkt) 19
Siedetemperatur-Erhöhung 95f.
Silber 137
- Salze 56f., 91, 137
Silicagel 26, 137
Silicium 136
- Verbindungen 137
Solvatation 90
Southern-Blotting 313

Spektroskopische Methoden 66f.
spezifische Drehung 68
Sphingolipide 219ff.
Spiegelbild-Isomere 204f., 254
Spleißen 320
Spurenelemente 145f., 148
Stärke 143, 236f.
starke Säuren 104ff.
Stearinsäure 196, 216f.
Stellungs-Isomerie 207
- bei Alkoholen 180
- bei Aminosäuren 253
- bei aromatischen Verbindungen 177, 185ff.
- bei Hydroxy-carbonsäuren 200
Stereoisomerie 203-207
Sterilisation 22
Steroide 221ff.
Stickstoff 70, 138
Stickstoffoxide 71, 138
Stöchiometrie 59, 64
stöchiometrische Faktoren 77
Stoffe
- Eigenschaften 17-20
- Einteilung 14, 16
- Identifizierung 19
- Reinheitsgrad 13, 15
- Verwendung 14
Stoff-Gemische 13, 20ff.
Stoff-Mischungen 13f.
Stoffmenge 61ff.
Stoffmengen-Konzentration 93ff.
Stoffportion 61
Stoff-Trennungen 22-27
Stoffwechsel 335-339
Strahlung (alpha-, ß-, gamma-) 35f.
Struktur
- Ermittlung und -Merkmale 152f., 156
stufenweise Dissoziation 105f., 198
Substitutions-Reaktion 162, 172f., 177
Substrat 81, 203
Substratketten-Phosphorylierung 341f.
Substrat-Spezifität 278
Succinat 198
Succinat-Dehydrogenase 279, 291
Sulfat(e) 91, 106, 145f., 149
Sulfid(e) 92, 106
Sulfit(e) 92, 106
Sulfonamide 240f.
Sulfonsäuren/Sulfonate 240
Summenformel 153, 169
Suspension 21

Tartrat 201

Taurin 241
Tautomerie 202, 207, 246, 248
alpha-Teilchen 35f.
Teilchenanzahl 61f., 95ff.
Teilladung 52
Temperatur
- als Zustandsgröße von Gasen 69f.
- Einfluß bei chemischen Reaktionen 75f., 78
Tenside 161, 210, 242
Testosteron 223
Tetrachlorethylen 173
Tetraeder-Struktur 169, 205
Tetrahydrofolsäure 287f.
Thermodynamik 78
Thioalkohole 239
Thioester 240
Thioether 240
Thiosulfat 128, 141
Threonin 255
Thymidin 296
Thymin 295f.
Thyroxin 150
Titration(en) 110f., 130f.
Titrationskurve 110, 257
Toluol 177f.
toxische Wirkung 12, 70f., 134
Toxizität
- von Benzol 177
- von Cyaniden 137
- von Formaldehyd 190
- von Kohlenstoffmonoxid 71, 136
- von Metallen(wie Cd, Hg, Pb) 134, 150
- von Methanol
- von Schwefelwasserstoff 141
Tracer 35, 37
Trägermaterial 25ff., 274ff.
Transaminasen s. Aminotransferasen
Transaminierung 259, 282f.
Transferasen 282f.
Transfer-RNA 319, 321
Transkription 319f.
Translation 320ff.
Transport-Proteine 7, 267
Transurane 29f., 42
Traubensäure 203f.
Traubenzucker s. Glucose
Trichloressigsäure 199
Triethylamin 244
Trifluoressigsäure 199
Triglyceride 215-218
Trimethylamin 243f.
Triosen 226
Tripeptide 261

TRIS-Puffer 121, 245
Tryptophan 255
Tyrosin 255

Übergangsmetalle 42f., 133, 137f., 146, 148
Ultrafiltration 25
Ultrazentrifugation 269
Umkristallisieren 25
Umlagerungs-Reaktion s. Isomerisierung
unedle Metalle 126
unpolare Stoffe 89
Uracil 295f.
Uran 35
Urease 164, 272
Urtiter-Substanz 198

Valenzelektronen 33, 47, 49ff.
Valin 255
Vektoren 329f.
Verbindungen höherer Ordnung 54f.
Verbrennung 4, 70f., 125, 167
Veresterung 211f.
Veronal 248
Verseifung 210, 217
Viren 27
Vitamine 287-290
Volumen-Änderung bei Gasen 70
Volumen-Konzentration 95
Volumen-Prozent s. Volumen-Konzentration
Vorläufer-mRNA 320
Vorsilben
- für bestimmte Atome 158f.
- für funktionelle Gruppen 159
- für SI-Einheiten 61
- in chemischen Fachausdrücken 158

Wachse 219
Wachstumshormon 266, 271
Wasser 21, 53, 83-87
Wasser-Härte 87f.
Wasserstoff 34, 43, 50f., 126
Wasserstoff-Abspaltung s. Dehydrierung
Wasserstoff-Acceptor 180, 198, 290-293
Wasserstoff-Anlagerung s. Hydrierung
Wasserstoffbrücken-Bindungen 161
- bei Alkoholen 182
- bei Carbonsäuren 197
- bei Nucleinsäuren 304f.
- bei Peptiden und Proteinen 262f.
- bei Wasser 83f.
Wasserstoffperoxid 127f., 140
wäßrige Lösungen 90ff., 101f., 112ff.
Weinsäure 201, 203f., 211

Wirkstoffe 5, 10, 152
Wirkungsspezifität von Enzymen 313-316
Wirtszellen 9, 329, 331

Xylole 194f.

Zahnmineralien 149
Zell-Kompartimente (-Organellen) 2, 339
Zellmembran s. biologische Membranen
Zentralionen in Komplexen 55ff.
Zerfall
- radioaktiver 35f.
- von Iodwasserstoff 76f.
Zink 126
- als Spurenelement 145f., 148
- sulfat 92
Zinn 137
Zuckeralkohole 183f., 228
Zucker-phosphate 226, 233
Zustandsgrößen 69
zwischenmolekulare Kräfte 18
Zwitterionen 165, 220f., 241, 254-258
zwitterionische Puffer 241

Printed and bound by CPI Group (UK) Ltd, Croydon, CR0 4YY
27/07/2021
03077261-0002